U0581321

# Python

## 从菜鸟到高手

Python Programming: from Rookie to Master

李宁◎编著
Li Ning

清华大学出版社
北京

## 内 容 简 介

本书从实战角度系统讲解了 Python 核心知识点以及 Python 在 Web 开发、数据分析、网络爬虫、桌面应用等领域的各种开发实践。本书用超过 5 万行的代码及大量的实战案例完美演绎了 Python 在各个领域的出色表现，每一个案例都有详细的实现步骤，带领读者由浅入深地系统掌握 Python 语言的核心及 Python 全栈开发技能。本书共分六篇，各篇内容如下：

Python 基础知识篇（第 1 章～第 10 章），内容主要包括 Python 的基本概念、开发环境安装和配置、Python 语言的基础知识，控制语句、列表、元组、字符串、字典、函数、类、对象、异常、方法、属性和迭代器；Python 高级编程篇（第 11 章～第 20 章），内容主要包括正则表达式、常用模块、文件和流、数据存储、TCP 和 UDP 编程、Urllib3、twisted、FTP、Email、多线程、tkinter、PyQt5 和测试；Python Web 开发篇（第 21 章、第 22 章），主要讲解了 Python 语言中最流行的两个 Web 开发框架（Flask 和 Django）的使用方法；Python 科学计算与数据分析篇（第 23 章～第 25 章），主要讲解了 Python 语言中最常用的 3 个数据分析和数据可视化库（NumPy、Matplotlib 和 Pandas）的使用方法；Python Web 爬虫技术篇（第 26 章、第 27 章），主要讲解了编写网络爬虫的关键技术和常用程序库，这些程序库主要包括 Beautiful Soup 和 Scrapy；Python 项目实战篇（第 28 章～第 33 章），内容主要包括 Web 项目开发实战、爬虫项目开发实战、API 项目开发实战、桌面应用项目开发实战和游戏项目开发实战。

本书适合作为 Python 程序设计者的参考用书。

本书封面贴有清华大学出版社防伪标签，无标签者不得销售。

版权所有，侵权必究。侵权举报电话：010-62782989　13701121933

图书在版编目（CIP）数据

Python 从菜鸟到高手/李宁编著. —北京：清华大学出版社，2018（2018.12 重印）

ISBN 978-7-302-50716-1

Ⅰ．①P…　Ⅱ．①李…　Ⅲ．①软件工具－程序设计　Ⅳ．①TP311.561

中国版本图书馆 CIP 数据核字（2018）第 170667 号

责任编辑：盛东亮
封面设计：李召霞
责任校对：时翠兰
责任印制：杨　艳

出版发行：清华大学出版社

　　　　网　　　址：http://www.tup.com.cn, http://www.wqbook.com
　　　　地　　　址：北京清华大学学研大厦 A 座　　邮　　编：100084
　　　　社 总 机：010-62770175　　邮　　购：010-62786544
　　　　投稿与读者服务：010-62776969，c-service@tup.tsinghua.edu.cn
　　　　质量反馈：010-62772015，zhiliang@tup.tsinghua.edu.cn
　　　　课件下载：http://www.tup.com.cn，010-62795954

印 装 者：三河市铭诚印务有限公司

经　　　销：全国新华书店

开　　本：203mm×260mm　　印　张：41　　　字　　数：1114 千字

版　　次：2018 年 9 月第 1 版　　　　　印　　次：2018 年 12 月第 5 次印刷

定　　价：128.00 元

产品编号：077797-01

# 推荐序

人类社会发展到现在已是日新月异，科技正在为这个世界勾勒更加绚丽的未来。这其中离不开人类与计算机之间沟通的艺术。凭借一行行的代码、一串串的字符，交流不再受到语言的限制和空间的阻隔，计算机语言的魅力随着时代的发展体现得淋漓尽致。

JetBrains 致力于为开发者打造智能的开发工具，让计算机语言交流也能够轻松自如。历经 15 年的不断创新，JetBrains 始终在不断完善我们的平台，以满足最顶尖的开发需要。

在全球，JetBrains 的平台备受数百万开发者的青睐，深入各行各业见证着他们的创新与突破。在 JetBrains，我们始终追求为开发者简化复杂的项目，自动完成那些简单的部分，让开发者能够最大程度专注于代码的设计和全局的构建。

JetBrains 提供一流的工具，用来帮助开发者打造完美的代码。为了展现每一种语言独特的一面，我们的 IDE 致力于为开发者提供如下产品：Java（IntelliJ IDEA）、C/C++（CLion）、Python（PyCharm）、PHP（PhpStorm）、.NET 跨平台（ReSharper, Rider），并提供相关的团队项目追踪、代码审查工具等。不仅如此，JetBrains 还创造了自己的语言 Kotlin，让程序的逻辑和含义更加清晰。

与此同时，JetBrains 还为开源项目、教育行业和社区提供了独特的免费版本。这些版本不仅适用于专业的开发者，满足相关的开发需求。同时也能够使初学者易于上手，由浅入深地使用计算机语言交互沟通。

2018 年，JetBrains 将同清华大学出版社一道，策划一套涉及上述产品与技术的高水平图书，也希望通过这套丛书，让更广泛的读者体会到 JetBrains 的平台协助编程的无穷魅力。期待更多的读者能够拥抱高效开发，发挥最大的创造潜力。

让未来在你的指尖跳动！

JetBrains 大中华区市场经理

赵 磊

# 前 言
PREFACE

目前，Python 语言的编程应用如火如荼，甚至很多小学都开设了 Python 语言课程。究其原因，很大程度上是受深度学习的影响。自 2016 年谷歌子公司 DeepMind 开发的围棋人工智能程序 AlphaGo 战胜世界围棋冠军李世石以来，科技界一直处于亢奋状态，因为 AlphaGo 的胜利不仅能证明人工智能程序终于战胜了对人类最有挑战的游戏——围棋，而且预示着人工智能具有无限可能。AlphaGo 背后的功臣就是近几年越来越火的深度学习，即让人工智能程序通过算法和数据模拟人脑的神经元，从而让人工智能在某些方面达到或超越人类的认知。而深度学习在最近几年发展如此迅速，除了硬件性能大幅度提高、数据大量积累，与 Python 语言也有非常大的关系。Python 语言简单易用，运行效率较高，而且拥有众多的深度学习与数据分析程序库，已经成为深度学习的首选编程语言。

Python 语言不仅仅是深度学习的专利，还是一个非常强大的、完备的编程语言，几乎能实现各种类型的应用。例如，通过 Flask 或 Django 可以实现仟意复杂的 Web 应用；通过 tkinter 和 PyQt5 可以实现跨平台的桌面应用；通过 NumPy、Matplotlib、Pandas 等程序库可以进行科学计算、数据分析以及数据可视化；通过 Beautiful Soup、Scrapy 等程序库可以实现强大的网络爬虫。Python 语言还有大量第三方的程序库，几乎包含了人们需要的所有功能，所以有很多人将 Python 看作全栈语言，因为 Python 语言什么都能做。

由于 Python 语言涉及的领域很多，学习资料过于分散。因此，我觉得很有必要编写一本全面介绍 Python 语言在各个主要领域应用与实战的书，并在书中分享我对 Python 语言以及相关技术的理解和经验，帮助同行和刚开始学习的读者快速掌握 Python 语言基础知识，还可以利用 Python 语言编写各种实际的应用。希望本书能起到抛砖引玉的作用，使读者对 Python 语言及相关技术产生浓厚的兴趣，并将 Python 语言作为自己职业生涯中的一项必备技能。

本书使用了最新的 Python 3 编写，并在书中探讨了 Python 3 中几乎所有的核心技术。本书分为六篇，共 33 章，涵盖了 Python 的基础知识、Python 的高级技术、Web 开发、数据分析、数据可视化、桌面应用、网络爬虫等常用技术，并在最后一篇提供了大量的实战项目以巩固前面所学的知识。此外，本书还提供了超过 40 小时的同步视频课程，读者可以利用这些视频课程更直观地学习本书的知识。

限于篇幅，本书无法涉及 Python 语言相关技术的所有方面，只能尽自己所能，与大家分享尽可能多的知识和经验，相信通过对本书的学习，读者可以拥有进一步深度学习的能力，成为 Python 高手只是时间问题。

最后，希望本书能为我国的 Python 语言以及相关技术的普及、为广大从业者提供有价值的实践经验和快速上手贡献绵薄之力。

作　者
2018 年 7 月 20 日

# 本书配套资源

本书配套资源包括视频教程、源代码、学习资源、题库等，并赠送了优惠卡（书签）。请读者用手机微信扫描右侧二维码，关注"欧瑞科技"公众号，并按提示操作获取赠送资源。如果读者有任何疑问，请访问欧瑞科技官网（https://geekori.com），在页面右侧有多个 QQ 交流群，请读者申请加入未满员的 QQ 交流群咨询。

## 一、优惠卡

随书会赠送价值 300 元的优惠卡，可以在欧瑞科技官网购买李宁老师的视频课程。

## 二、源代码

购买本书的读者均可获取配书源代码，包括 10 万余行代码（500 个实例、6 个综合案例）。

## 三、赠送学习视频课程

购买本书的读者可获赠超过 40 小时（2400 分钟）的"跟李宁老师学 Python 系列视频课程"（共 20 套），内容见表。

| 序　号 | 名　　称 | 时长/分钟 |
| --- | --- | --- |
| 第 1 套 | 初识 Python | 81 |
| 第 2 套 | Python 基础知识 | 131 |
| 第 3 套 | Python 控制语句 | 142 |
| 第 4 套 | Python 中的列表和元组 | 137 |
| 第 5 套 | Python 字符串 | 177 |
| 第 6 套 | Python 字典 | 128 |
| 第 7 套 | 函数 | 141 |
| 第 8 套 | 类和对象 | 74 |
| 第 9 套 | 异常 | 68 |
| 第 10 套 | 方法、属性和迭代 | 141 |
| 第 11 套 | 正则表达式 | 121 |
| 第 12 套 | 常用模块 | 176 |
| 第 13 套 | 文件和流 | 56 |
| 第 14 套 | 数据存储 | 184 |
| 第 15 套 | TCP 和 UDP 编程 | 103 |
| 第 16 套 | 网络高级技术 | 156 |
| 第 17 套 | Python 多线程 | 68 |
| 第 18 套 | GUI 库：tkinter | 143 |
| 第 19 套 | GUI 库：PyQt5 | 150 |
| 第 20 套 | 测试 | 56 |

#### 四、赠送海量学习资源（电子版）

购买本书读者都可以获赠大量学习资源，包括但不限于电子书、源代码等。

#### 五、赠送大量测试题

购买本书的读者会获赠大量 Python 测试题。这些测试题将通过"极客题库"提供，请用微信扫描右侧的小程序码进入"极客题库"小程序，或关注"欧瑞科技"公众号，指导说明会告诉你如何去使用"极客题库"。

# 目 录
## CONTENTS

# 第二篇　Python 高级编程

# 第三篇　Python Web 开发

# 第四篇　Python 科学计算与数据分析

# 第五篇　Python Web 爬虫技术

# 第一篇 Python 基础知识

Python 基础知识篇（第 1 章～第 10 章），主要介绍了 Python 的基本概念、开发环境安装和配置、Python 语言的基础知识，控制语句、列表、元组、字符串、字典、函数、类、对象、异常、方法、属性和迭代器。本篇各章标题如下：

第 1 章　初识 Python
第 2 章　Python 语言基础
第 3 章　条件、循环和其他语句
第 4 章　列表和元组
第 5 章　字符串
第 6 章　字典
第 7 章　函数
第 8 章　类和对象
第 9 章　异常
第 10 章　方法、属性和迭代器

# 第 1 章

# 初识 Python

Python 是一种跨平台的，面向对象的程序设计语言。本章将简单介绍 Python 的应用领域，以及学好 Python 语言的方法，并且还会一步步教读者搭建 Python 开发环境，毕竟强大的开发工具才是第一生产力。本章的主要目的是让读者对 Python 语言有一个整体的了解，然后再一点点深入 Python 语言的各种技术，最后达到完全掌握 Python 语言的目的。

通过阅读本章，您可以：

❑ 了解 Python 语言
❑ 了解 Python 的应用领域
❑ 了解如何学好 Python 语言
❑ 了解如何使用 Python API 文档
❑ 掌握如何搭建 Python 开发环境
❑ 掌握如何使用 IDE 开发 Python 程序
❑ 掌握 Python 程序的编写方法
❑ 掌握如何调试 Python 程序

## 1.1 Python 简介

Python 是一种高级的面向对象编程语言。使用 Python 语言编写的程序是跨平台的，从客户端到服务端，再到 Web 端，以及移动端，都有 Python 的身影。Python 就是一种全栈编程语言[①]。

### 1.1.1 什么是 Python

Python 是一种面向对象的解释型计算机程序设计语言，由荷兰人吉多·范罗苏姆（Guido van Rossum）于 1989 年发明，第一个公开发行版发行于 1991 年。目前 Python 的最新发行版是 Python 3.6。

Python 是纯粹的自由软件，源代码和解释器都遵循 GPL（General Public License）协议。Python 语法简洁清晰，特色之一是强制用空白符（white space）作为语句缩进。

Python 具有丰富和强大的库。它常被称为胶水语言，能够把用其他语言制作的各种模块（尤其是 C/C++）很轻松地集成在一起。常见的一种应用场景是，使用 Python 快速生成程序的原型（有时甚至

---

[①] 所谓全栈编程语言，就是指这种编程语言适合的领域非常多，例如 Python、JavaScript、Java 都可以称为全栈编程语言，因为这些编程语言都适合于至少 3 个以上的领域。Python 适合于 GUI、服务端、网络爬虫、深度学习，JavaScript 就更广了，除了 Python 适合的领域，还适合移动开发、区块链等领域。其实目前大多数编程语言都可以编写多个领域的应用，区别只是在难易程度和开发效率上。Python 语言之所以现在如此之火，除了 Python 语言本身容易学习，开发效率高以外，还依赖于大量的第三方模块的支持。

是程序的最终界面），然后对其中有特别要求的部分，用更合适的编程语言改写，例如 3D 游戏中的图形渲染模块，性能要求特别高，就可以用 C/C++ 重写，然后封装为 Python 可以调用的扩展类库。需要注意的是，在使用扩展类库时需要考虑平台问题，某些库不提供跨平台的实现。

尽管 Python 源代码文件（.py）可以直接使用 python 命令执行，但实际上 Python 并不是直接解释 Python 源代码，而是先将 Python 源代码编译生成 Python Byte Code（Python 字节码，字节码文件的扩展名一般是.pyc），然后再由 Python Virtual Machine（Python 虚拟机，可以简称为 PVM）来执行 Python Byte Code。也就是说，这里说 Python 是一种解释型语言，指的是解释 Python Byte Code，而不是 Python 源代码。这种机制的基本思想与 Java 和.NET 是一致的。

尽管 Python 也有自己的虚拟机，但 Python 的虚拟机与 Java 或.NET 的虚拟机不同的是，Python 的虚拟机是一种更高级的虚拟机。这里的高级并不是通常意义上的高级，不是说 Python 的虚拟机比 Java 或.NET 的功能更强大，而是说与 Java 或.NET 相比，Python 的虚拟机距离真实机器的距离更远。或者可以这么说，Python 的虚拟机是一种抽象层次更高的虚拟机。Python 语言程序代码的编译和运行过程如图 1-1 所示。

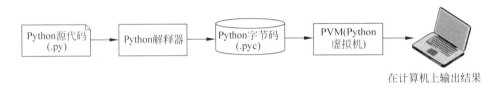

图 1-1　Python 语言程序代码的编译和运行过程

## 1.1.2　Python 的应用领域

Python 是一种跨平台编程语言，理论上，Python 可以运行在任何操作系统平台上。目前最常用的操作系统平台是 Windows、Mac OS X 和 Linux。毫无疑问，这三个平台都会成为 Python 的主战场。

Python 的简单易学、众多第三方程序库，以及运行速度快等特性让 Python 的应用领域异常广泛。Python 的应用主要有以下领域。

- ❑ Linux/UNIX 运维
- ❑ 命令行程序开发
- ❑ GUI 程序开发（PyQt、Kivy 等）
- ❑ Web 程序开发（Django 等框架）
- ❑ 移动 App 开发（PyQt、Kivy 等）
- ❑ 服务端程序开发（基于 Socket 等协议）
- ❑ 网络爬虫（为搜索引擎、深度学习等领域提供数据源）
- ❑ 数据分析
- ❑ 深度学习
- ❑ 科学计算

尽管这里没有列出 Python 的所有应用领域，但这些列出的领域就已经包含了绝大多数开发场景。用过 Mac OS X 或 Linux 的读者会发现，在这两个操作系统中，已经内置了 Python 开发环境。也就是说，Python 程序可以在 Mac OS X 和 Linux 上直接运行。所以，很多运维工程师都习惯使用 Python

完成自动化操作。而且 Python 在操作网络、文本方面尤为突出。Google 搜索引擎的第一个版本就是用 Python 写的。现在超级火热的深度学习也离不开 Python，而且 Python 已经成为深度学习的第一语言。因此，从各个角度来看，无论是学生、程序员，还是数据分析师，或是科学家，都离不开 Python。Python 俨然已经成为编程语言领域的世界语。

### 1.1.3　如何学好 Python

如何学好 Python 语言，是所有初学者需要共同面对的问题。其实，各种编程语言的学习方法都大同小异。下面是给初学者的几点建议。

❑ 大体了解一下 Python 是一种怎样的编程语言，以及主要的应用领域。说白了，就是要了解 Python 能做什么，擅长做什么。对 Python 语言有一个宏观的认识。

❑ 搭建开发环境，不管三七二十一，先弄出一个 Hello World 再说（可以复制现有的代码）。这样会给自己带来继续学习下去的信心。可以设想，学了一个星期，如果连一行代码都写不出来，继续学下去的兴趣还会剩多少呢？

❑ 不要深究设计模式，这些东西是给那些有多年经验的程序员准备的，而且设计模式也不是用来学的，更不是用来记的，是依靠自己的多年经验和实践得出来的。这就像学英语，只管说就好了，管他什么语法，说多了，英语自然就纯正了。所以在一开始写程序时，只管写就好了，让设计模式见鬼去吧！

❑ 模仿书中的例子代码，一定要自己亲手写代码。当然，一开始为了看运行结果，可以将书中的例子直接复制过来，但一定要完全自己写一遍，代码可以与书中的例子不同，只要实现同样的功能即可。

❑ 在编写代码的过程中，不需要对 Python 语言的语法死记硬背，如果某些语法实在记不住，就把这些语法写在卡片上，或干脆放到有道云笔记上，以便随时查看，写多了自然就记住了。

❑ 初学者不需要大量阅读 Python 的书籍，也不需要在网上查阅过多的技术资料，因为在自己的功力还没有达到一定程度时，摄入太多的信息会分散自己的精力，可能会适得其反。用一句武林中的话说就是：走火入魔。因此，对于初学者来说，应充分利用本书给出的代码多做练习，当学会了本书给出的各种知识和技巧后，就可以随心所欲地摄取任何自己想获得的知识。

❑ 读者应充分利用随书赠送的 Python 视频课程，这套视频课程是与本书同步的。书与视频的差别就是书只能给出一个结果，而视频不仅可以给出结果，还可以详细演示操作过程，这对于初学者尤为重要。

❑ 在模仿书中例子编写代码的过程中，可能对有些代码没有理解透彻，这并不要紧，读者应仔细阅读本书的相关内容，反复观看随书赠送的 Python 视频课程，以便领悟其中的奥秘。如果实在领悟不了，也可以到极客起源 IT 问答社区（https://geekori.com）去提问，会有很多人回答你提出的问题。

❑ 本书配有大量练习题，读者可以通过这些练习题更好地掌握书和视频中的知识点，而且这些练习题不是生硬地给出，而是通过"过关斩将""测能力"等形式给出（这些功能需要依托欧瑞科技旗下"极客题库"小程序实现）。读者可以通过这些功能以闯关的方式完成自己的学习任务，并对自己的知识点掌握情况了如指掌。

❑ 经常总结是一个好习惯，这个习惯对于程序员来说尤其重要。读者可以经常把自己的学习心得，以及经常需要查阅的内容发布到博客（如 https://geekori.com）上，这样不仅可以提高自己的技术能力，还可以提高自己的语言表达能力。

❑ 经常回答同行提出的技术问题也是一种提高技术能力的方式，而且更有效。如果你没有能力回答任何技术问题，或只能回答不到 10%的技术问题，那么你还是个小白。如果能回答超过 30%的技术问题，那么说明你已经至少达到了程序员的中级水平，如果这个比例是 50%，那么恭喜你已经成为该领域的高手。如果提高到 80%，会毫无悬念地成为该领域的专家。另外，欧瑞科技旗下的极客起源 IT 问答社区（https://geekori.com）包含了李宁老师的大量学员和读者提出的各种问题，各位读者也可以试试自己到底属于哪个层次。另外，在 https://geekori.com 中提问、回答问题以及撰写博客，都会获得可观的积分，可以换取更多的学习资源。

❑ 大量阅读源代码。如果前面的方法读者做得都很好，那么相信读者的技术水平已经有了一个质的飞跃，剩下来的工作就是更进一步地提高自己的技术能力。阅读各种开源项目的源代码是一个非常好的方式。另外，要注意，阅读源代码不是目的，目的是要理解这些源代码背后的原理。当然，最终的目的是自己可以实现一个类似的功能。读者可以到 https://github.com 获取各种类型的 Python 源代码。

## 1.1.4　Python API 文档

API 的全称是 Application Programming Interface，即应用程序编程接口。Python 官网（https://www.python.org）提供了完整的 Python API 文档供使用者查阅。这些 API 文档包括 Python 语言中所有元素的定义和使用方法（如类、接口、Lambda 表达式等），以及所有 Library（程序库）的定义和使用方法。不过要注意一点，这些 API 文档并不是用来学习的，而是当作字典使用的。如果忘记哪个 API 如何使用，可以利用这些文档进行查找。

目前 Python 的主流版本分为 Python 3.x 和 Python 2.x。很多操作系统内置的是 Python 2.x，因为这一版本的代码积累太大，历史包袱太重，因此很多系统仍然运行在 Python 2.x 下。不过，Python 3.x 无论在性能上，还是在语法上，以及在 Library 上，都有了更大的飞跃，是未来的趋势。所以本书将以 Python 3.x 为主来介绍 Python 的各种开发技术。

读者可以访问 https://www.python.org/doc 进入 Python 的文档首页，如图 1-2 所示。

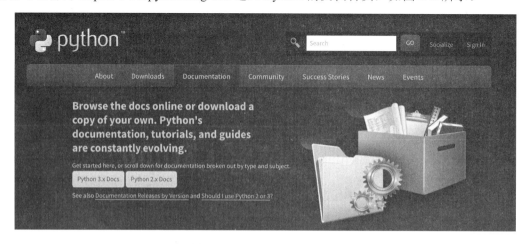

图 1-2　Python API 文档首页

在 Python API 文档首页有 Python 3.x Docs 和 Python 2.x Docs 两个按钮，单击这两个按钮可以分别进入 Python 3.x API 文档页面和 Python 2.x 文档页面。由于本书主要关注 Python 3.x，所以现在单击 Python 3.x Docs 按钮进入 Python 3.x API 文档页面。

进入文档页面后，默认显示最新版本的 Python API 文档，如图 1-3 所示。目前最新版本是 Python 3.6.2。在文档页面左上角和左下角是两个完全一样的下拉列表框，可以选择其他 Python 版本的文档。另外，在文档页面左上角的 Download 部分可以下载离线 Python API 文档。

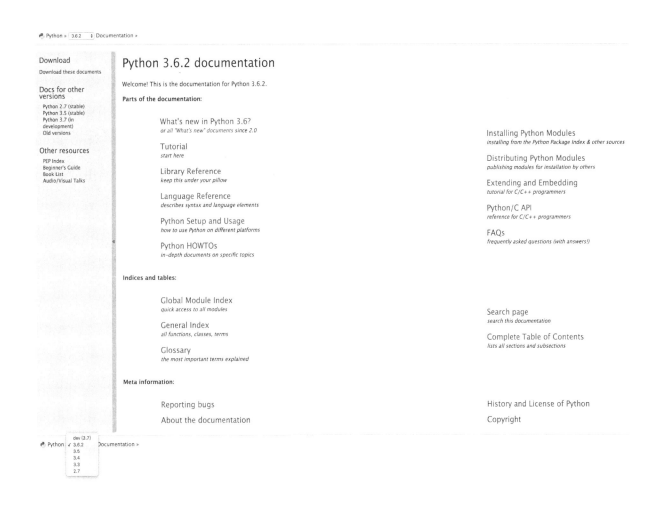

图 1-3　Python 3.6.2 API 文档页面

在文档页面有多个不同的文档，如训练文档（Tutorial）、Library 文档（Library Reference）、语法文档（Language Reference）等。读者可以根据需要进入相应的文档。例如，要查阅 Python 标准库 API 的使用，可以进入 Library Reference 页面，会看到如图 1-4 所示的文档内容。

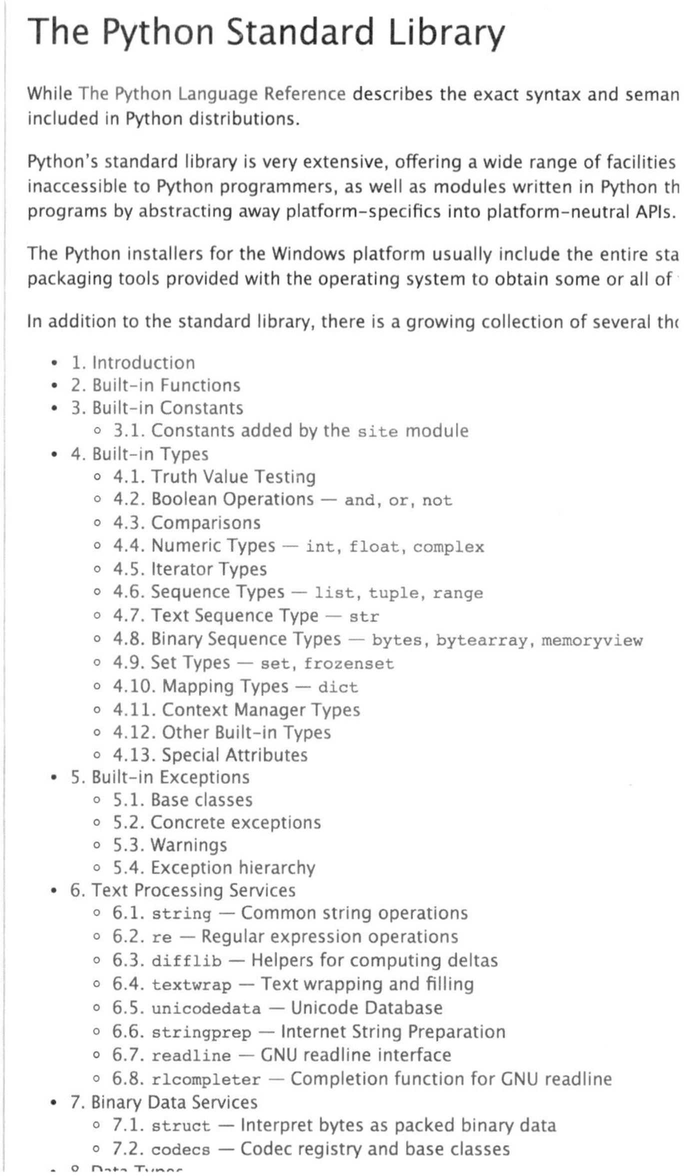

# The Python Standard Library

While The Python Language Reference describes the exact syntax and seman
included in Python distributions.

Python's standard library is very extensive, offering a wide range of facilities
inaccessible to Python programmers, as well as modules written in Python th
programs by abstracting away platform-specifics into platform-neutral APIs.

The Python installers for the Windows platform usually include the entire sta
packaging tools provided with the operating system to obtain some or all of

In addition to the standard library, there is a growing collection of several tho

- 1. Introduction
- 2. Built-in Functions
- 3. Built-in Constants
  - 3.1. Constants added by the `site` module
- 4. Built-in Types
  - 4.1. Truth Value Testing
  - 4.2. Boolean Operations — `and, or, not`
  - 4.3. Comparisons
  - 4.4. Numeric Types — `int, float, complex`
  - 4.5. Iterator Types
  - 4.6. Sequence Types — `list, tuple, range`
  - 4.7. Text Sequence Type — `str`
  - 4.8. Binary Sequence Types — `bytes, bytearray, memoryview`
  - 4.9. Set Types — `set, frozenset`
  - 4.10. Mapping Types — `dict`
  - 4.11. Context Manager Types
  - 4.12. Other Built-in Types
  - 4.13. Special Attributes
- 5. Built-in Exceptions
  - 5.1. Base classes
  - 5.2. Concrete exceptions
  - 5.3. Warnings
  - 5.4. Exception hierarchy
- 6. Text Processing Services
  - 6.1. `string` — Common string operations
  - 6.2. `re` — Regular expression operations
  - 6.3. `difflib` — Helpers for computing deltas
  - 6.4. `textwrap` — Text wrapping and filling
  - 6.5. `unicodedata` — Unicode Database
  - 6.6. `stringprep` — Internet String Preparation
  - 6.7. `readline` — GNU readline interface
  - 6.8. `rlcompleter` — Completion function for GNU readline
- 7. Binary Data Services
  - 7.1. `struct` — Interpret bytes as packed binary data
  - 7.2. `codecs` — Codec registry and base classes
- 8. Data Types

图 1-4  Python 标准库 API 文档

## 1.2  搭建 Python 开发环境

　　"工欲善其事，必先利其器。"在学习 Python 语言之前，必须先搭建好 Python 开发环境。Python
程序可以直接使用记事本开发，也可以使用 IDE（integrated development environment，集成开发环境）
开发。不过在大多数项目中，都会使用 IDE 进行开发。因为 IDE 支持代码高亮、智能提示、可视化等
功能，通过这些功能，可以让开发效率大大提升。因此，本节除了介绍如何通过记事本开发 Python 程
序外，还会介绍如何安装和使用 Python IDE。目前有非常多的 Python IDE 可供选择，本书会介绍两个
Python IDE：一个是 Eclipse（一个通用的 IDE）插件 PyDev；另一个是 PyCharm。这两个 IDE 都是跨
平台的。读者可以根据自己的喜好决定使用哪个 Python IDE。

## 1.2.1　安装官方的 Python 运行环境

不管用什么工具开发 Python 程序，都必须安装 Python 的运行环境。由于 Python 是跨平台的，所以在安装之前，先要确定在哪一个操作系统平台上安装，目前最常用的是 Windows、Mac OS X 和 Linux 三大平台。由于目前使用 Windows 的人数最多，所以本书主要以 Windows 为主介绍 Python 运行环境的搭建与程序的开发。

可以直接在 Python 的官网下载相应操作系统平台的 Python 安装包：

https://www.python.org/downloads

进入下载页面，浏览器会根据不同的操作系统显示不同的 Python 安装包下载链接。如果读者使用的是 Windows 平台，会显示如图 1-5 所示的 Python 下载页面。

图 1-5　Windows 平台的 Python 下载页面

如果使用的是 Mac OS X 平台，会显示如图 1-6 所示的 Python 下载页面。

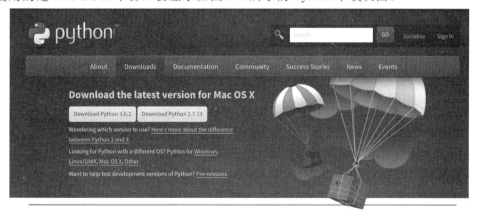

图 1-6　Mac OS X 平台的 Python 下载页面

不论是哪个操作系统平台的下载页面，都会出现 Download Python 3.6.2 和 Download Python 2.7.13 两个按钮（随着时间的推移，可能版本号略有不同）。由于本书使用 Python 3 讲解，所以单击 Download Python 3.6.2 按钮即可。如果是 Windows 平台，下载的是 exe 安装程序；如果是 Mac OS X 平台，下载的是 pkg 文件，这是 Mac OS X 上的安装程序，直接安装即可。

现在主要介绍在 Windows 平台如何安装 Python 运行环境。首先运行下载的 exe 文件，会显示如图 1-7 所示的 Python 安装界面。建议选中界面下方的 Add Python 3.6 to PATH 复选框，这样安装程序就会自动将 Python 的路径加到 PATH 环境变量中。

在图 1-7 所示的界面中出现两个安装选项：Install Now 和 Customize installation，一般单击 Install Now 即可。单击该选项后，会开始安装 Python。图 1-8 所示是显示安装进度的界面。读者只需要耐心等待 Python 安装完即可。

图 1-7　Windows 版 Python 安装程序初始界面

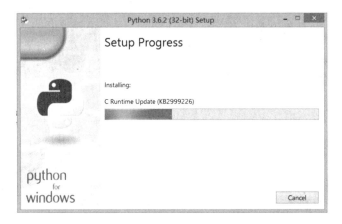

图 1-8　Python 安装进度

安装完后，会出现如图 1-9 所示的安装成功界面。

图 1-9　Python 安装成功界面

## 1.2.2　配置 PATH 环境变量

在安装完 Python 运行环境后，可以测试一下 Python 运行环境，如果在安装 Python 的过程中忘记选中 Add Python 3.6 to PATH 复选框，那么默认情况下，Python 安装程序是不会将 Python 安装目录添加到 PATH 环境变量的。这样一来，就无法在 Windows 命令行工具中的任何目录执行 python 命令，必须进入 Python 的安装目录才可以使用 python 命令。

为了更方便地执行 python 命令，建议将 Python 安装目录添加到 PATH 环境变量中。在 Windows 平台配置 PATH 环境变量的步骤如下。

（1）回到 Windows 的桌面，右击"计算机"，在弹出的快捷菜单中选择"属性"菜单项，会显示如图 1-10 所示的"系统"窗口。

图 1-10　"系统"窗口

（2）单击"系统"窗口左侧的"高级系统设置"，会弹出如图 1-11 所示的"系统属性"对话框。

（3）单击"系统属性"对话框下方的"环境变量(N)..."按钮，会弹出如图 1-12 所示的"环境变量"对话框。

图 1-11　"系统属性"对话框　　　　　　　　　图 1-12　"环境变量"对话框

（4）在"环境变量"对话框中有两个列表框，上面的列表框中是为 Windows 当前登录用户设置的环境变量，在这里设置的环境变量只对当前登录用户有效。下面的列表框中是为所有用户设置的环境变量，也就是说这些变量对所有的用户都有效。在哪里设置 PATH 环境变量都可以，本书在上面的列表框中设置了 PATH 环境变量。如果在列表框中没有 PATH 环境变量，单击"新建(N)..."按钮添加一个新的 PATH 环境变量。如果已经有了 PATH 环境变量，双击 PATH，就会弹出如图 1-13 所示的"编辑用户变量"对话框。

图 1-13 "编辑用户变量"对话框

（5）需要在"变量值(V)"文本框中添加 Python 的安装目录，多个路径之间要用分号（;）分隔。那么，怎么找到 Python 的安装路径呢？实际上，在图 1-7 所示安装界面的 Install Now 按钮下方就是 Python 的默认安装路径，这个路径可以修改，不过一般保持默认设置即可。如果仍然使用 Python 的默认安装路径，那么需要在 PATH 环境变量的最后添加如下路径：

C:\Users\Administrator\AppData\Local\Programs\Python\Python36-32

进入该路径，会显示如图 1-14 所示的目录内容。显然，要使用的就是目录中的 python.exe 文件。

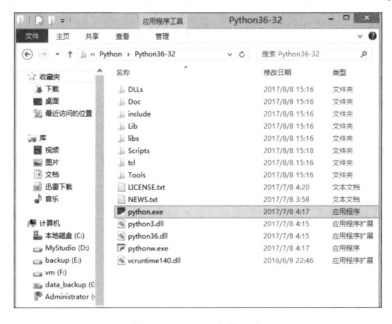

图 1-14 Python 安装目录

（6）打开 Windows 命令行工具，执行 python --version 命令，如果输出如图 1-15 所示的内容，则说明 Python 已经安装成功了。

图 1-15　测试 Python 运行环境

### 1.2.3　安装 Anaconda Python 开发环境

开发一个完整的 Python 应用，仅使用 Python 本身提供的模块是远远不够的，因此，需要使用大量第三方的模块。在发布 Python 应用时安装这些第三方模块是一件令人头痛的事，不过有了 Anaconda，让这件事轻松不少。Anaconda 是一个集成的 Python 运行环境。除了包含 Python 本身的运行环境外，还集成了很多第三方模块，如本书后面介绍的 NumPy、Pandas、Flask 等模块都集成在 Anaconda 中，也就是说，只要安装了 Anaconda，这些模块都不需要安装了。

Anaconda 的安装相当简单，首先进入 Anaconda 的下载页面，地址如下：

https://www.anaconda.com/download

Anaconda 的下载页面也会根据用户当前使用的操作系统自动切换到相应的 Anaconda 安装包。Anaconda 是跨平台的，支持 Windows、Mac OS X 和 Linux。不管是哪个操作系统平台的安装包，下载直接安装即可。

Anaconda 的安装包分为 Python 3.x 和 Python 2.x 两个版本。由于目前 Python 3.x 最新版是 Python 3.6，而 Python 2.x 最新版是 Python 2.7，所以习惯上称这两个版本为 Python 3.6 版和 Python 2.7 版。由于本书使用的是 Python 3.6，所以建议下载 Python 3.6 版的 Anaconda。下载界面如图 1-16 所示。下载完后，直接安装即可。安装完后，如果未设置 Python 的 PATH 环境变量，可以按上一节介绍的方式进行设置。

图 1-16　Anaconda 的下载页面

### 1.2.4　下载和安装 JDK

可能很多读者会感到奇怪，明明学的是 Python，为什么要安装 JDK（Java Development Kit，Java

开发包）呢？这是因为本书介绍的两个 Python IDE 都是用 Java 开发的，所以需要安装 JDK 才能使用这两个 Python IDE。

Java 的 JDK 也称 Java SE（以前称 J2SE），是 Sun 公司的产品，由于 Sun 公司已经被 Oracle 公司收购，因此，JDK 可以在 Oracle 公司的官方网站 http://www.oracle.com 下载。

**注意：** 在 Java6 发布之后，J2SE、J2EE 和 J2ME 正式更名，将名称中的 2 去掉，更名后分别称为 Java SE、Java EE 和 Java ME。

下面以 JDK8 为例介绍下载和安装 JDK 的方法。具体步骤如下：

（1）虽然可以在 Oracle 公司官网寻找 JDK 的下载链接，但很不好找。因此，可以通过百度（https://www.baidu.com）或谷歌（https://www.google.com）搜索引擎进行搜索，在搜索框中输入 jdk download，第一个搜索项就是 JDK 的下载地址。进入 JDK 的下载页面，如图 1-17 所示。

图 1-17　JDK 下载页面

（2）在 JDK 下载页面选择列表上方的 Accept License Agreement 选项，然后根据自己使用的操作系统选择合适的版本。例如，如果使用的是 64 位的 Windows，应该选择最后一项 Windows x64。Windows 版的 JDK 安装程序是一个 exe 文件，直接单击安装即可。

（3）运行 JDK 安装程序，会看到如图 1-18 所示的安装对话框。

图 1-18　JDK 安装对话框

（4）单击"下一步(N)"按钮，会弹出如图 1-19 所示的 JDK"定制安装"对话框。

（5）JDK 默认的安装目录是 C:\Program Files\Java\jdk1.8.0_144\，不过这个安装目录中包含 Program Files，其中含有空格，对于这种带空格的路径，引用时需要加双引号，比较麻烦。可以单击"更改(C)…"按钮修改 JDK 默认的安装路径，单击该按钮，会弹出如图 1-20 所示的"更改文件夹"对话框。在"文件夹名"文本框中输入 C:\Java\jdk8。然后单击"确定"按钮关闭"更改文件夹"对话框。

图 1-19　JDK 的"定制安装"对话框　　　　　　　　　　图 1-20　"更改文件夹"对话框

（6）关闭"更改文件夹"对话框，在"定制安装"对话框中单击"下一步(N)"按钮，会开始安装 JDK。现在读者只需等待即可。在安装的过程中会弹出如图 1-21 所示的"目标文件夹"对话框，要求指定 JRE（Java Runtime Environment，Java 运行环境）的安装路径。JRE 是 JDK 的子集。JRE 只包含运行 Java 的环境，不包含编译 Java 源代码的环境，JRE 一般用于发布 Java 程序（因为 JRE 体积较小）。可以将 JRE 放到 C:\Java\JRE8 目录中，修改路径的方式与修改 JDK 安装路径的方式相同。

（7）单击"下一步(N)"按钮，开始安装 JDK 和 JRE。等待一段时间后，如果出现如图 1-22 所示的对话框，说明 JDK 已经安装成功了。

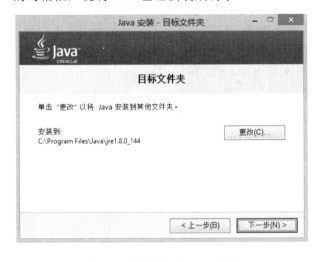 

图 1-21　"目标文件夹"对话框　　　　　　　　　　图 1-22　JDK 安装完成对话框

（8）读者可以使用 1.2.2 节介绍的方式将 C:\Java\JDK8\bin 路径加到 PATH 环境变量中，这样在任何目录都可以使用 javac.exe 命令编译 Java 程序，使用 java.exe 命令运行 Java 程序。

（9）运行 Windows 命令行工具，执行 java -version 命令，如果输出如图 1-23 所示的内容，表示 JDK 已经安装成功了。

图 1-23　测试 JDK 是否安装成功

### 1.2.5　下载和安装 Eclipse

Eclipse 是目前非常流行的一款 IDE，采用插件方式提供各种功能。最初主要用于开发 Java 应用，但目前几乎所有的编程语言都提供了 Eclipse 插件，因此，Eclipse 目前支持绝大多数编程语言。开发 Python 程序可以使用 PyDev 插件，不过为了使用这个插件，需要先安装 Eclipse。

Eclipse 的安装分为在线和离线两种模式。在线安装一开始需要下载一个较小的安装包（大概 40～50MB），运行安装包后，会要求用户选择要安装的具体 Eclipse 版本。不过并不建议采用这种方式安装 Eclipse，因为在安装的过程中会访问谷歌等网站，其中有一些网站在国内无法访问或速度很慢。所以强烈推荐采用离线方式安装 Eclipse。

离线方式首先需要下载 Eclipse 的完整安装包。安装 Eclipse 的步骤如下。

（1）进入如下 Url 指向的 Eclipse 下载页面：

http://www.eclipse.org/downloads/eclipse-packages

（2）Eclipse 的下载页面如图 1-24 所示。在这个下载页面中，出现了很多 Eclipse 下载项，这些下载项基本都是 Eclipse 应用于不同领域的版本。可以选择 Eclipse IDE for Java Developers，这个版本非常洁净，只可以开发 Java SE 应用。对于 Windows 用户来说，选择右侧 32bit 或 64bit 版本。

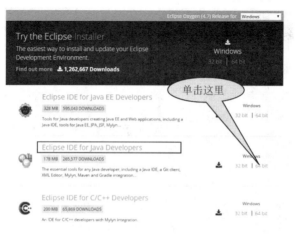

图 1-24　Eclipse 的下载页面

假设选择的是 64bit 版本，会进入该版本的下载页面。在页面的顶端会出现如图 1-25 所示的 DOWNLOAD 按钮。

图 1-25　64bit 版 Eclipse for Windows 下载页面

不过最好先不要单击 DOWNLOAD 按钮，因为默认的下载镜像可能下载速度会很慢。可以单击 Select Another Mirror 链接选择其他的下载镜像。单击该链接，下面会展现出更多的下载镜像，如图 1-26 所示。

（3）可以选择一个下载比较快的镜像链接，如"大连东软信息学院"，然后单击链接下载即可。一般单击下载镜像链接后，会进入如图 1-27 所示的 Eclipse 自动下载页面，过几秒钟会自动下载 Eclipse 的离线安装包（180MB 左右）。如果没有自动下载，可单击页面上方的 click here 链接下载 Eclipse 离线安装包。

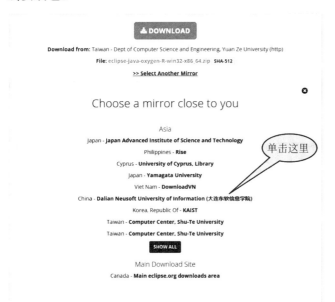

图 1-26　更多的下载镜像链接

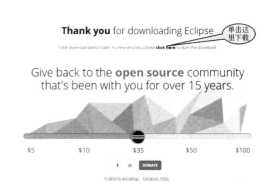

图 1-27　Eclipse 自动下载页面

（4）下载完 Eclipse 离线安装包（是一个 zip 压缩文件），直接解压即可。然后运行根目录中的 eclipse.exe 文件就可以启动 Eclipse。

## 1.2.6　Python IDE（PyDev）安装

PyDev 可以采用在线方式进行安装。

（1）进入 Eclipse 后，选择 Help→Install New Software 菜单项，会弹出如图 1-28 所示的 Install 对话框。

图 1-28　Install 对话框

（2）单击 Install 对话框右上角的 Add 按钮，会弹出 Add Repository 对话框，在 Name 文本框中输入 PyDev，在 Location 文本框中输入 http://pydev.org/updates，如图 1-29 所示。然后单击 OK 按钮关闭 Add Repository 对话框。

（3）关闭 Add Repository 对话框后，会从 http://pydev.org/updates 下载要更新的插件信息，因此，这时要保证网络畅通。更新完插件信息后，会在 Install 对话框的列表中显示如图 1-30 所示的插件信息。

图 1-29　Add Repository 对话框　　　　　　　图 1-30　Install 对话框

（4）选中所有的列表项，单击 Next 按钮完成安装。如果 Eclipse 没有安装过 PyDev 插件，Next 按钮是可以单击的，如果 Eclipse 已经安装了 PyDev 插件，则 Next 按钮不可用。

（5）如果 Next 按钮可用，单击 Next 按钮，进入下一个窗口（Install Details），如图 1-31 所示。继续单击 Next 按钮，进入下一个窗口。

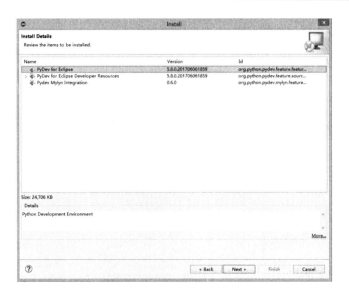

图 1-31　Install Details 窗口

（6）单击 Next 按钮后，会显示如图 1-32 所示的 Review Licenses 窗口，选择右下角的 I accept the terms of the license agreements 单选按钮，然后单击 Finish 按钮开始安装 PyDev。

图 1-32　Review Licenses 窗口

（7）在安装的过程中，Eclipse 的下方会出现如图 1-33 所示的 Progress 进度条。

图 1-33　安装 PyDev 的进度

（8）在安装的过程中，可能会弹出如图 1-34 所示的对话框。询问用户是否信任 PyDev 开发者的证书。选中列表中的复选框，单击 Accept selected 按钮，会继续安装 PyDev 插件。

（9）在安装的过程中，如果出现如图 1-35 所示或类似的对话框，单击 Install anyway 按钮继续安装。

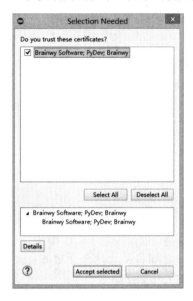

图 1-34　Selection Needed 对话框　　　　　　　图 1-35　Security Warning 对话框

（10）安装时间可能较长，请读者耐心等待，安装完后，会要求重启 Eclipse，按要求操作即可。

## 1.2.7　配置 Python IDE（PyDev）开发环境

PyDev 并不包含 Python 运行环境，所以在使用 PyDev 之前，要将 PyDev 在 1.2.1 节安装的 Python 运行环境与 PyDev 关联。

（1）在 Eclipse 中选择 Window→Preferences 菜单项，然后从弹出的 Preferences 对话框左侧的列表树中选择 PyDev→Interpreters→Python Interpreter 节点，在右侧会显示相应的设置界面，如图 1-36 所示。

图 1-36　Preferences 对话框

（2）单击 Preferences 对话框右上侧的 Quick Auto-Config 按钮，会自动检测 Python 运行环境，检测成功后，单击 Apply and Close 按钮关闭 Preferences 对话框。

## 1.2.8  测试 Python IDE（PyDev）开发环境

到现在为止，PyDev 已经安装完成了，本节来测试一下 PyDev 开发环境。首先需要建立一个 Python 工程。在 Eclipse 中选择 File→New→PyDev Project 菜单项，会弹出如图 1-37 所示的 PyDev Project 对话框。在 Project name 文本框中输入 MyFirstPython，在 Grammar Version 列表框中选择 3.6，然后选择下面的 Create 'src' folder and add it to the PYTHONPATH 选项，最后单击 Finish 按钮创建 Python 工程。

创建完 MyFirstPython 工程后，在工程中有一个 src 目录，选择该目录，在右击弹出的快捷菜单中选择 New→File 菜单项，在弹出的 New File 对话框下方的 File name 文本框中输入 Test.py，然后单击 Finish 按钮，会在 src 目录建立一个 Test.py 文件，如图 1-38 所示。

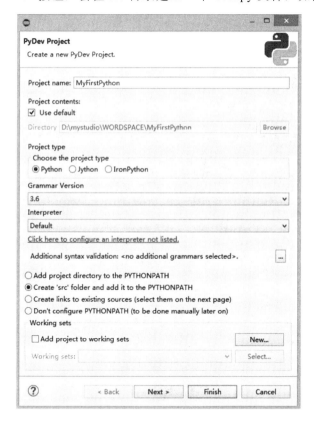

图 1-37  PyDev Project 对话框          图 1-38  MyFirstPython 工程的目录结构

双击 Test.py 文件，会在右侧出现代码编辑区域。输入如下的代码：

```
print("Hello World")
```

选中 Test.py，在右击弹出的快捷菜单中选择 Run As→Python Run 菜单项，这时会运行 Test.py，并在 Eclipse 的 Console 视图输出如图 1-39 所示的结果。

如果第二次及以后运行 Test.py 程序，直接单击如图 1-40 所示 Eclipse 工具条偏左侧的按钮即可。

图 1-39　在 Console 视图输出结果

图 1-40　Python 程序运行按钮

### 1.2.9　安装 PyCharm

PyCharm 是一个专门用于开发 Python 程序的 IDE，由 JetBrains 公司开发，这个公司开发出了很多非常流行的 IDE，如 WebStorm、Intellj IDEA 等，其中 Android Studio（开发 Android App 的 IDE）就是基于 Intellj IDEA 社区版开发的。

PyCharm 有两个版本：社区版和专业版。社区版是免费的，但功能有限，不过使用 PyCharm 编写本书的案例足够了。

可以到下面的 PyCharm 官网下载 PyCharm 的安装文件：

https://www.jetbrains.com/pycharm

进入 PyCharm 下载页面后，将页面垂直滚动条滑动到中下部，会看到如图 1-41 所示的 PyCharm 专业版和社区版的下载按钮。

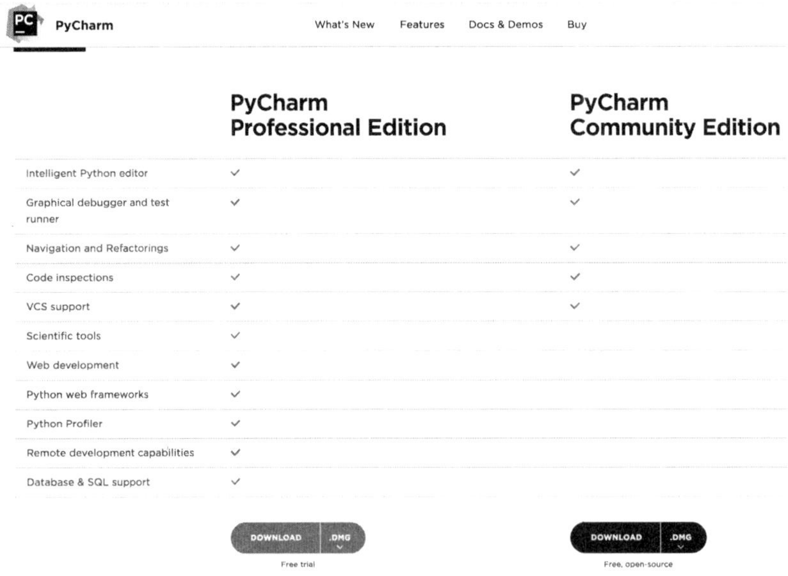

图 1-41　下载 PyCharm

PyCharm 下载页面会根据用户当前使用的操作系统自动切换到相应的安装文件，Windows 是 exe 文件，Mac OS X 是 dmg 文件，Linux 是 tar.gz 文件。只需要单击右侧的 DOWNLOAD 按钮即可下载相应操作系统平台的安装程序。

下载完 PyCharm 后即可运行 PyCharm，第 1 次运行 PyCharm，会显示如图 1-42 所示的欢迎界面。单击 Create New Project 按钮即可建立 Python 工程。

图 1-42　PyCharm 的欢迎界面

## 1.2.10　配置 PyCharm

单击图 1-42 所示 PyCharm 欢迎界面中的 Create New Project 按钮会显示 New Project 窗口，该窗口是用来创建 Python 工程的。在 Location 文本框中输入 Python 工程的名字，如果要选择不同的 Python 运行环境，可以单击 Project Interpreter，会在 New Project 窗口下方显示如图 1 43 所示的 Python 运行环境选择界面。

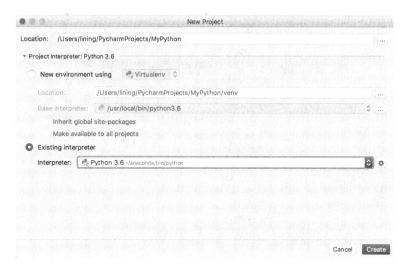

图 1-43　New Project 窗口

如果已经配置好了 PyCharm 中的 Python 运行环境，从 Interpreter 列表中选择一个 Python 运行环境即可。如果还没有对 PyCharm 进行配置，需要单击 Interpreter 列表框右侧的按钮，然后在弹出的菜单中选择 Add Local 菜单项，此时会弹出如图 1-44 所示的 Add Local Python Interpreter 窗口。

选择左侧列表中的 Virtualenv Environment，单击右侧 Interpreter 列表框右侧的省略号按钮，会弹出一个 Select Python Interpreter 窗口，如图 1-45 所示。在该窗口中选择 Anaconda 或其他 Python 解释器，然后单击 OK 按钮关闭该窗口。

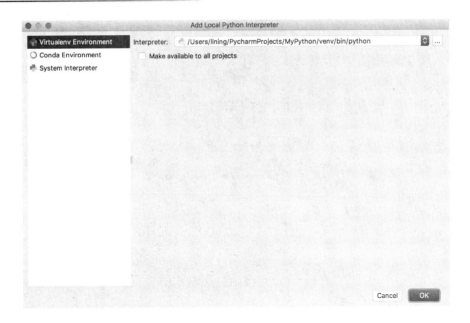

图 1-44　Add Local Python Interpreter 窗口

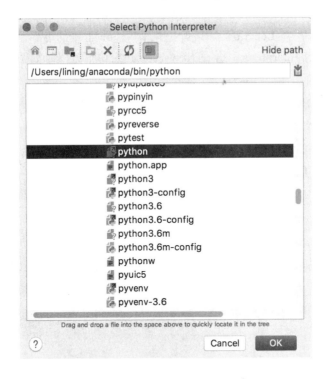

图 1-45　Select Python Interpreter 窗口

接下来回到图 1-43 所示的 New Project 窗口，在 Interpreter 列表中选择刚才指定的 Python 运行环境，最后单击 Create 按钮创建 Python 工程。一个空的 Python 工程如图 1-46 所示。

Python 源代码文件可以放在 Python 工程的任何位置，通常会将 Python 源代码文件放在 src 目录中，然后选择 src 目录，在右击弹出的快捷菜单中选择 New→Python File 菜单项创建一个 Python 文件（这里是 Test.py），如图 1-47 所示。

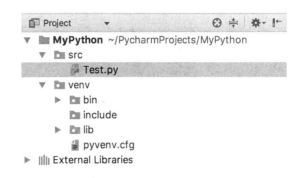

图 1-46　空的 Python 工程 | 图 1-47　创建 Test.py 文件

第一次运行 Python 程序可以选择 Test.py 文件，然后在右击弹出的快捷菜单中选择 Run Test 菜单项会运行 Test.py 脚本文件，以后再运行，可以直接单击 MyPython 主界面右上角的绿色箭头按钮。现在为 Test.py 文件输入一行简单的代码，如 print('hello world ')，然后运行 Test.py 脚本文件，会得到如图 1-48 所示的输出结果。如果按前面的步骤进行，并得到这个输出结果，就说明 PyCharm 已经安装成功。

图 1-48　在 PyCharm 中运行 Python 脚本文件

## 1.2.11　Python 中的 REPL 环境

Python 有如下三种运行方式。

❏ 直接通过 python 命令运行

❏ 在 Python IDE 中运行

❏ 在 Python 的 REPL 环境中运行

本节将介绍如何在 REPL 环境中运行 Python 程序，这里的 REPL 是 Read-Eval-Print Loop 的缩写，是一个简单的交互式编程环境，也可以将 Python REPL 环境称为 Python 控制台。为了统一，本书后面的章节都称 Python REPL 为 Python 控制台。

只需要在 Windows 命令行工具中执行 python 命令，即可进入 REPL 环境。在命令提示符（>>>）后输入 print("hello world")，按 Enter 键，就会在 REPL 环境中输出 hello world，如图 1-49 所示。

如果在 Windows 下，按 Ctrl+Z 键退出 REPL 环境；如果在 Mac OS X 下，按 Ctrl+D 键退出 REPL 环境。

图 1-49  Python 的 REPL 环境

# 1.3  第一个 Python 程序

**【例 1.1】** 下面编写本书的第一个 Python 程序。这个程序定义了两个整数类型的变量 n 和 m，并将两个变量相加，最后调用 print 函数输出这两个变量的和。

**实例位置：PythonSamples\src\chapter1\demo1.01.py**

（1）可以使用任何一个文本编辑器、Eclipse 或 PyCharm 创建 demo.py 文件，并输入下面的 Python 代码。

```
n = 20
m = 30
print("n + m =",n + m)
```

建议使用 Eclipse 或 PyCharm 来创建 demo.dy 文件，因为这样做可以直接在 IDE 中执行 Python 程序，并不需要像命令行方式运行 Python 程序那样在文本编辑器和 Windows 命令行工具之间来回切换。

（2）运行 Python 程序。

如果想在 Windows 命令行工具中运行 demo1.py，可以在命令行工具中进入 demo1.py 所在的目录，然后执行下面的命令运行 demo1.py：

```
python demo1.py
```

在命令行工具中运行 demo1.py 的输出结果如图 1-50 所示。

如果想在 Eclipse 中运行 demo1.1.py，可以参照 1.2.8 节的方法操作，在 Eclipse 的 Console 视图中输出的结果如图 1-51 所示。

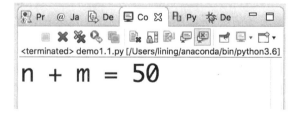

图 1-50  Windows 命令行工具中输出的结果          图 1-51  在 Eclipse 的 Console 视图中输出的结果

# 1.4  调试 Python 程序

在开发复杂的 Python 程序时，如果出现 bug（也就是程序中出现的错误），就需要对程序进行调试，以便找出 bug 对应的代码行。调试程序的方法很多，例如，可以使用 print 函数在程序的不同位置输出相应的信息，以便缩小 bug 出现的范围。不过这种方法太原始了，现在普遍使用的方法是通过调试器一步步跟踪代码行，这种方式可以非常方便地找到 bug 所在的位置。

由于 PyDev 是 Eclipse 插件，所以调试 Python 程序可以使用与调试 Java 类似的方式（PyCharm 的调试方法类似）。Eclipse 提供了调试接口，后台调用了各种编程语言的调试器。在调试 Python 代码时会调用 Python 的调试器。

用 Python 调试器调试 Python 代码的步骤如下。

### 1. 设置断点

设置断点是调试程序的过程中必不可少的一步。Python 调试器每次遇到断点时会将当前线程挂起，也就是暂停当前程序的运行。

可以在 Python 编辑器中显示代码行号的位置双击添加或删除当前行的断点，或者在当前行号的位置右击，会显示如图 1-52 所示的快捷菜单。在菜单中选择 Add Breakpoint 菜单项，会在当前代码行添加断点。也可以选择 Disable Breakpoint 菜单项，禁用当前行的断点。如果当前行已经有断点了，菜单中会出现 Remove Breakpoint 菜单项，选择该菜单项，会删除当前行的断点。

添加断点后的 Python 编辑器如图 1-53 所示。其中第 2 行设置了一个断点。

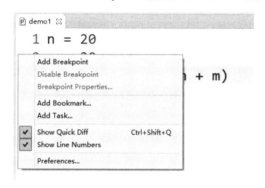

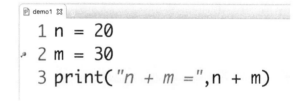

图 1-52　在 Python 编辑器中添加断点　　　　图 1-53　Python 编辑器设置断点后的效果

### 2. 以调试方式运行 Python 程序

在 Eclipse 中运行分为两种方式：Release 和 Debug，也就是发行和调试。如果只是观察程序的执行效果，可以选择 Release 方式，如果要调试程序，就需要使用 Debug 方式。

Debug 按钮在 Eclipse 工具栏左侧，如图 1-54 所示（有一个小爬虫的按钮，在 Release 按钮的左侧）。

图 1-54　Debug 按钮

现在单击 Debug 按钮，就会运行 Python 程序，如果 Python 程序没有设置任何断点，Debug 和 Release 方式运行的效果是一样的，都会输出运行结果。不过用 Debug 方式运行程序，Eclipse 会进入 Debug 透视图（Perspective），这里的透视图就是 Eclipse 中将多个相关视图以一定位置和尺寸放到一起，便于开展工作。Debug 透视图则是将与调试相关的视图放到一起，便于调试。

如果 Python 程序中有断点，当程序执行到断点处，就会暂停程序，并且在断点行用绿色背景展示，如图 1-55 所示。

### 3．观察调试信息

调试的主要目的是将程序中的数据展现出来，也就是说，调试调的就是程序中的数据。因此，通过 Python 调试器，可以用多种方式观察 Python 程序中数据的变化。例如，由于 n = 20 在 m = 30 前面，所以在 m = 30 处中断后，n = 20 肯定是已经执行了，所以可以将鼠标放到 n = 20 语句上，这时会在弹出窗口中显示变量 n 的数据类型和当前的值，如图 1-56 所示。

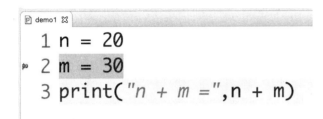

图 1-55　程序停留在断点行的效果

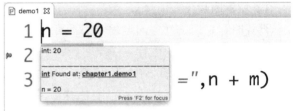

图 1-56　显示变量的数据类型和当前的值

在 Variables 视图中也可以观察变量值的变化情况，如图 1-57 所示。

图 1-57　Variables 视图

### 4．跟踪调试程序

调试的另一个重要功能是可以一步步跟踪程序，也就是 step into（单独跳入）和 step over（单步跳过）。其中，step into 可以跟踪进函数内部，step over 并不会跟踪进函数内部。这两个功能可以通过单击左上侧的两个按钮实现，如图 1-58 所示。

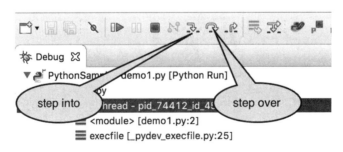

图 1-58　step into 和 step over 按钮

现在单击 step over 按钮，会发现 Python 代码区域 m = 30 代码行执行了，并且绿色背景跑到下一行，如图 1-59 所示。

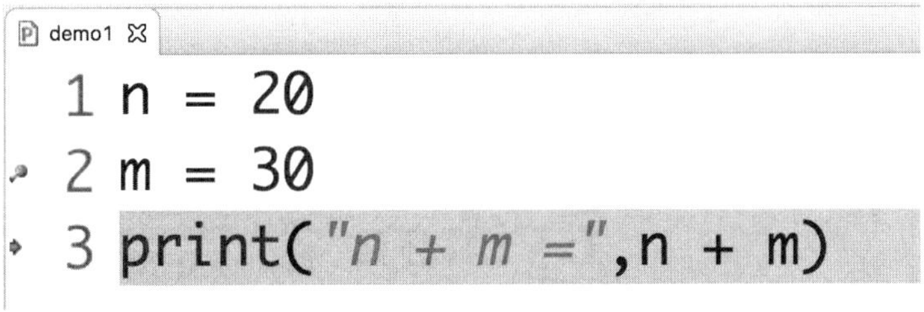

图 1-59　用 step over 跟踪代码行

## 1.5　小结

本章简单介绍了 Python 语言的历史和 Python 语言的应用领域。另外，还介绍了 Windows 系统平台中搭建 Python 开发环境和 IDE（PyDev 和 PyCharm）的方法，以及编写 Python 程序的简单步骤，最后介绍了如何在 Eclipse 中调试 Python 程序。通过本章的学习，读者应该能够了解什么是 Python 语言，以及能用 Python 语言来做什么和如何学好 Python 语言。本章的重点是 Python 开发环境的搭建，读者应该熟练掌握。

## 1.6　实战与练习

本章练习题，除了配有答案（源代码）外，还会在赠送的视频课程中讲解。

1. 尝试修改例 1.1，使程序输出 n * m 的值。

答案位置：PythonSamples\src\chapter1\practice\solution1.1.py

2. 尝试编写 Python 程序，分别用 "*、+、-、/" 四个四则运算符将两行字符串包围起来，并在 Eclipse 的 Console 视图中输出如图 1-60 所示的结果。

答案位置：PythonSamples\src\chapter1\practice\solution1.2.py

```
<terminated> solution1.2.py [/Users/lining/anaconda/bin/python3.6]
********************
+ Hello Python  -
+ I love python -
////////////////
```

图 1-60　Python 程序运行结果

# 第 2 章

# Python 语言基础

有很多人在学习 Python 语言时为了图快、贪多,一上来就学什么网络、多线程、并发、网络爬虫,甚至是深度学习。其实学这些技术都没问题,有旺盛的求知欲总是好的。不过这些技术的基础,却是 Python 语言中被认为最简单,一看就知道,不看也能猜出个八九不离十的基础知识。这些人认为这些基础的东西,差不多就行,还是学些炫酷的东西更过瘾。其实学习 Python 语言就像踮着脚尖够东西,差 1mm 你也够不着。所以还是老老实实打一下 Python 语言的基础,这样在以后学习 Python 高级技术的过程中才会游刃有余。

通过阅读本章,您可以:

❑ 了解如何声明变量
❑ 了解如何导入 Python 模块
❑ 掌握如何在二、八、十和十六进制之间互相转换
❑ 掌握如何格式化数字
❑ 掌握单行注释和多行注释
❑ 了解单引号字符串和双引号字符串
❑ 了解拼接字符串
❑ 掌握长字符串

## 2.1 Python 程序中的基本要素

尽管 Python 语言与 Java 语言一样,是一种面向对象语言,但 Python 语言相对 Java 语言来说,代码编写比较自由。Python 语言并不像 Java 语言那样需要定义一个 main 方法作为入口点。Python 程序的代码可以像批处理文件一样从上到下按顺序编写,这也是为什么 Python 语言适合运维的原因,因为在运维中,就直接把 Python 语言当成一种批处理语言了。尽管 Python 语言的代码自由度更大,但这并不等于 Python 语言的代码可以随便编写,Python 语言的代码仍然需要一定的结构,例如,对于有一定复杂度的 Python 程序,不可能只使用 Python 语言中内置的功能,还需要引用很多外部的 API,这些 API 在 Python 语言中称为模块,因此,Python 语言中必不可少的部分就是引用模块。除此之外,在 Python 代码中会包含大量声明变量的代码。所以引用模块和声明变量,几乎每一个 Python 程序都要用到。在本节深入讲解 Python 语言基础知识之前,会首先介绍一下如何在 Python 语言中导入模块和声明变量。

### 2.1.1 导入 Python 模块

在 Python 代码中导入模块需要使用 import 语句,语法结构如下:

```
import module_name
```

引用模块中函数的语法如下：

```
module_name.function_name
```

如果在 Python 程序中大量使用模块中的某些函数，那么每次在调用函数时都要加上"模块名"显得有些麻烦，所以在这种情况下，可以使用 from...import...语句将模块中的函数直接暴露出来。该语句的语法结构如下：

```
from module_name import function_name
```

如果要想导入模块中的所有函数，可以将 function_name 替换成星号（*），这样就可以直接使用该模块中的所有函数。

```
from module_name import *
```

另外，import 和 from...import...语句可以写在 Python 代码中的任何位置，但一定要在引用相应模块函数之前执行 import 或 from...import...语句，否则调用函数时会抛出异常。

【例 2.1】　下面的代码使用 import 和 from...import...语句分别引用了 math 模块和 math 模块中的 sqrt 函数。如果要调用 math 模块中的其他函数，必须在函数名前加上 math.前缀，但可以直接调用 sqrt 函数计算数值的平方根。

**实例位置：PythonSamples\src\chapter2\demo2.01.py**

```python
print("import 和 from...import...演示")

# 导入 math 模块
import math
print(math.floor(20.6))

# 导入 math 模块中的 sqrt 函数
from math import sqrt
print(sqrt(12))

# 导入 math 模块中的所有函数
from math import *
print(sin(3.14/2))
```

程序运行结果如图 2-1 所示。

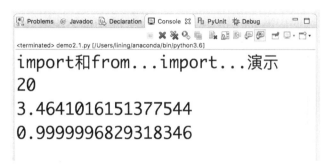

图 2-1　导入 math 模块并调用 math 模块中的函数

## 2.1.2 声明变量

变量（variable）是 Python 语言中一个非常重要的概念。变量的主要作用就是为 Python 程序中的某个值起一个名字。类似于"张三""李四""王二麻子"一样的人名，便于记忆。

在 Python 语言中，声明变量的同时需要为其赋值，毕竟不代表任何值的变量毫无意义，Python 语言中也不允许有这样的变量。

声明一个变量也非常简单，语法结构如下：

```
variable_name = variable_value
```

等号（=）左侧是变量名，右侧是变量值，赋完值后，Python 编译器会自动识别变量的类型。

**注意**：变量不能随便起名，必须符合一定的规则。变量名通常包含字母、数字和下画线（_），变量名不能以数字开头。例如，value315 是一个合法的变量名，而 315value 是错误的变量名。

**【例 2.2】** 下面的代码声明了多个变量，这些变量的数据类型包括整数、字符串、布尔和浮点数。最后输出这些变量的值。

**实例位置：PythonSamples\src\chapter2\demo2.02.py**

```
x = 20                    # 声明整数类型变量
y = 40                    # 声明整数类型变量
s = "I love python"       # 声明字符串类型变量
flag = True               # 声明布尔类型变量
u = 30.4                  # 声明浮点类型变量
print(flag)               # 输出 flag 变量的值
print(x + y)              # 输出 x 和 y 的和
print(s)                  # 输出 s 变量的值
print(u)                  # 输出 u 变量的值
```

程序运行结果如图 2-2 所示。

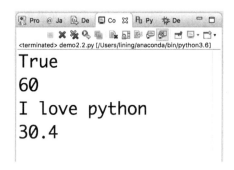

图 2-2 声明变量和输出变量的值

## 2.1.3 清空 Python 控制台

执行 Python 命令会进入 Python 控制台。在 Python 控制台中可以用交互的方式执行 Python 语句。也就是执行一行 Python 语句，会立刻返回执行结果。

当 Python 控制台输入过多的 Python 语句时，有时需要将这些已经输入的语句和执行结果清空，并重新开始输入 Python 语句。例如，图 2-3 就是一个输入了多条 Python 语句，并输出相应结果的 Python 控制台。

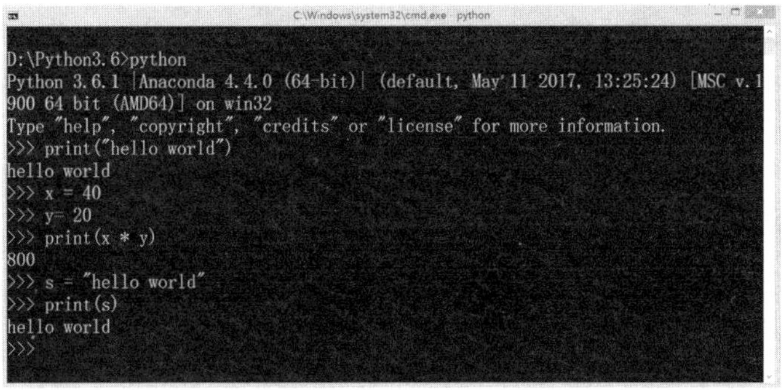

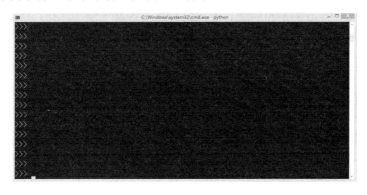

图 2-3　输入多条 Python 语句的 Python 控制台

当然，如果不想看到这些 Python 语句和输出结果，可以一直按 Enter 键，直到 Python 控制台中所有的内容都移到窗口上面为止。不过这样一来，光标还是在 Python 控制台的最下面，而且上面都是 Python 控制台的命令提示符，非常难看，如图 2-4 所示。

图 2-4　连续按 Enter 键后的 Python 控制台

如果用的是 Mac OS X 系统，在 Python 控制台中按 Ctrl+L 键就可以直接清空 Python 控制台。而在 Windows 中，是没有快捷键用来清空 Python 控制台的，所以需要编写 Python 代码来实现清空 Python 控制台的功能。因此，本节的目的到现在已经很清楚了，本节主要并不是教大家如何清空 Python 控制台，而是借用清空 Python 控制台这一操作，利用前面两节介绍的导入模块和声明变量的知识，编写一段 Python 程序，用来清空 Python for Windows 控制台。

在 Windows 下，如果要清空 Windows 控制台，执行 cls 命令即可。由于 Python 控制台是利用 Windows 控制台实现的，所以 cls 命令也同样可以清空 Python 控制台。不过在 Python 控制台不能直接执行 cls 命令。在 Python 控制台要想执行外部命令，需要调用 os 模块中的 system 函数。读者可以一行一行在 Python 控制台输入下面的代码。

```
import os                   # 导入 os 模块
os.system('cls')           # 执行 cls 命令清空 Python 控制台
```

执行这两行代码，是把以前在 Python 控制台中输入的内容都清空了，但在 Python 控制台的第 1 行会输出一个 0，如图 2-5 所示。

其实这个 0 是 os.system 函数的返回值。Python 控制台会输出每一条执行语句的返回值。os.system 函数如果成功执行命令，返回 0，如果执行命令失败，返回 1。不过为了追求完美，现在就把这个 0 去掉。

图 2-5　清空 Python 控制台

之所以会输出这个 0，是因为 Python 语言的标准输出默认指向的是 Python 控制台，所以所有的 Python 语句执行的结果都输出到了 Python 控制台。现在只要改变 Python 语言的标准输出，让其指向一个文件，那么 os.system 函数的执行结果就会直接写到这个文件中，而不是 Python 控制台。

【例 2.3】 本例会编写一个 Python 程序，用于清空 Python 控制台。

清空 Python 控制台不输出 0 的步骤如下：

（1）导入 os 模块和 sys 模块。

（2）使用 open 函数以可写的方式打开一个文件，本例是 out.log。

（3）为了不影响在 Python 控制台输出其他语句的执行结果，应先将 Python 默认的标准输出保存到一个变量中，以便以后恢复默认的 Python 标准输出。使用 sys.stdout 可以获取 Python 标准输出的句柄（Handler）。

（4）将 Python 标准输出指向第 2 步打开的文件。

（5）使用 os.system 函数执行 cls 命令。

（6）恢复 Python 默认的标准输出。

完整的实现代码如下。读者可以在 Python 控制台一行行输入这些代码，当执行到 os.system('cls') 语句时，Python 控制台被清空，不会再显示 0。

**实例位置：PythonSamples\src\chapter2\demo2.03.py**

```
import os                            # 导入 os 模块
import sys                           # 导入 sys 模块
f_handler=open('out.log', 'w')       # 打开 out.log 文件
oldstdout = sys.stdout               # 保存默认的 Python 标准输出
sys.stdout=f_handler                 # 将 Python 标准输出指向 out.log
os.system('cls')                     # 清空 Python 控制台
sys.stdout = oldstdout               # 恢复 Python 默认的标准输出
```

## 2.2　数字

数字是 Python 程序中最常见的元素。在 Python 控制台中可以直接输入用于计算的表达式（如 1+ 2 * 3），按 Enter 键就会输出表达式的计算结果，因此，Python 控制台可以作为一个能计算表达式的计算器使用。

在 Python 语言中，数字分为整数和浮点数。支持基本的四则运算和一些其他的运算操作，并且可以利用一些函数在不同的进制之间进行转换，以及按一定的格式输出数字。本节会就这些知识点一一展开，来深入讲解在 Python 语言中如何操作数字。

### 2.2.1　基础知识

Python 语言与其他编程语言一样，也支持四则运算（加、减、乘、除），以及圆括号运算符。在

Python 语言中，数字分为整数和浮点数。整数就是无小数部分的数，浮点数就是有小数部分的数。例如，下面的代码是标准的四则运算表达式。

```
2 + 4
4 * 5 + 20
5.3 / 7
(30 + 2) * 12
```

如果要计算两个数的除法，不管分子和分母是整数还是浮点数，使用除法运算符（/）的计算结果都是浮点数。例如，1/2 的计算结果是 0.5，2/2 的计算结果是 1.0。要想让 Python 解释器执行整除操作，可以使用整除运算符，也就是两个斜杠（//）。使用整除运算符后，1 // 2 的计算结果是 0，2 // 2 的计算结果是 1。

整除运算符不仅能对整数执行整除操作，也能对浮点数执行整除操作，在执行整除操作时，分子分母只要有一个是浮点数，那么计算结果就是浮点数。例如，1.0 // 2 的计算结果是 0.0，2.0 // 2 的计算结果是 1.0。

除了四则运算符外，Python 还提供了两个特殊的运算符：%（取余运算符）和**（幂运算符）。取余运算符用于对整数和浮点数执行取余操作。例如，5 % 2 的计算结果是 1，而 5.0 % 2 的计算结果是 1.0。从这一点可以看出，%和//类似，只要分子分母有一个是浮点数，计算结果就是浮点数。幂运算符用于计算一个数值的幂次方。例如，2 ** 3 的计算结果是 8，3.2 ** 2 的计算结果是 10.24。

到现在为止，一共介绍了 8 个运算符，它们是圆括号（(...)）、加（+）、减（−）、乘（*）、除（/）、整除（//）、取余（%）和幂运算符（**）。其中，减号（−）也可以用于负号（一元运算符），所以现在涉及 9 个运算符。既然涉及这么多运算符，那么就有一个优先级的问题，也就是说，同一个表达式中包含有多个不同的运算符，需要先计算优先级高的运算符，如果优先级相同，那么就按从左向右的顺序执行。

这 9 个运算符的优先级顺序如表 2-1 所示。越靠前优先级越高，同一行的运算符的优先级相同。

表 2-1　运算符优先级

| 序　　号 | 运　算　符 |
|---|---|
| 1 | 圆括号（(...)） |
| 2 | 幂运算符（**） |
| 3 | 负号（−） |
| 4 | 乘（*）、除（/）、整除（//）、取余（%） |
| 5 | 加（+）、减（−） |

【例 2.4】　下面的代码演示了 Python 语言中运算符的使用方法，在编写 Python 代码时，应该注意运算符的优先级问题。

实例位置：**PythonSamples\src\chapter2\demo2.04.py**

```
print(2 + 4)            # 运算结果: 6
print(126 - 654)        # 运算结果: -528
print(6 + 20 * 4)       # 运算结果: 86
print((20 + 54) * 30)   # 运算结果: 2220
print(1/2)              # 运算结果: 0.5
print(1//2)             # 运算结果: 0
print(3/2)              # 运算结果: 1.5
print(3//2)             # 运算结果: 1
```

```
print(4**3)                          # 运算结果：64
print(3 + 5 * -3 ** 4 - (-5)**2)     # 运算结果：-427
                                     # 用变量操作数值
x = 30
y = 50
k = 10.2
print(x + y * k)                     # 运算结果：540.0
```

程序运行结果如图 2-6 所示。

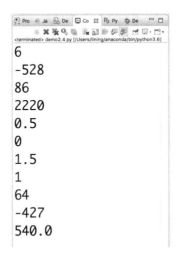

图 2-6　Python 运算符演示结果

### 2.2.2　大整数

对于有符号 32 位整数来说，可表示的最大值是 2 147 483 647（2^31 −1），可表示的最小值是 −2 147 483 648（−2^31），如果超过这个范围，有符号 32 位整数就会溢出。不过在 Python 语言中，可以处理非常大的整数，并不受位数限制。例如，下面表达式的输出结果就超出了 32 位整数的范围。

```
print(2 ** 35)                       # 输出 2 的 35 次幂，输出结果是 34359738368
```

再换个更大的数，看看会不会溢出。

```
print(2**630  * 100000)     # 2 的 630 次幂再乘 10 万
```

上面这行代码的输出结果如下：

```
44555084156466750182042691461916907469660434641099218072062426932610109054772240102596804798021205075963303804429632883893444382044682011701686145700412247932148385491799462403153068283658240000
```

很显然，Python 语言仍然可以正确处理 2**630  * 100 000 的计算结果。因此，在 Python 语言中使用数字不需要担心溢出，因为 Python 语言可以处理非常大的数字，这也是为什么很多人使用 Python 语言进行科学计算和数据分析的主要原因之一。

### 2.2.3　二进制、八进制和十六进制

Python 语言可以表示二进制、八进制和十六进制数。表示这三个进制的数，必须以 0 开头，然后

分别跟着表示不同进制的字母。表示二进制的字母是 b，表示八进制的字母是 o（这是英文字母中小写的 o，不要和数字 0 搞混了），表示十六进制的字母是 x。因此，二进制数的正确写法是 0b110011，八进制数的正确写法是 0o56432，十六进制数的正确写法是 0xF765A。

除了这三种进制外，前面章节一直使用的是十进制。因此，Python 语言一共可以表示 4 种进制：二进制、八进制、十进制和十六进制。Python 语言提供了一些函数用于在这 4 种进制数之间进行转换。

如果是从其他进制转换到十进制，需要使用 int 函数。该函数有两个参数，含义如下：

❏ 第 1 个参数为字符串类型，表示待转换的二进制、八进制或十六进制数。参数值只需要指定带转换的数即可，不需要使用前缀，如二进制直接指定 11011，不需要指定 0b11011。

❏ 第 2 个参数为数值类型，表示第 1 个参数值的进制。例如，如果要将二进制转换为十进制，第 2 个参数值就是 2。

int 函数返回一个数值类型，表示转换后的十进制数。

下面的代码将二进制数 110011 转换为十进制数，并输出返回结果。

```
print(int("110011",2))     // 输出结果：51
```

如果要从十进制转换到其他进制，需要分别使用 bin、oct 和 hex 函数。bin 函数用于将十进制数转换为二进制数，oct 函数用于将十进制数转换为八进制数，hex 函数用于将十进制数转换为十六进制数。这三个函数都接收一个参数，就是待转换的十进制数。不过要注意，这三个函数的参数值也可以是二进制数、八进制数和十六进制数，也就是说，这三个函数可以在二进制、八进制、十进制和十六进制之间互转。

下面的代码将十进制数 54321 转换为十六进制数，并输出转换结果。

```
print(hex(54321))                # 输出结果：0xd431
```

【例 2.5】 下面的代码演示了 Python 语言中二进制、八进制、十进制和十六进制数之间的转换。
**实例位置：PythonSamples\src\chapter2\demo2.05.py**

```
print(0b110011)                  # 输出二进制数
print(0o123)                     # 输出八进制数
print(0xF15)                     # 输出十六进制数
print(bin(12))                   # 十进制转二进制，输出结果：0b1100
print(int("10110",2))            # 二进制转十进制，输出结果：22
print(int("0xF35AE",16))         # 十六进制转十进制，输出结果：996782
print(hex(54321))                # 十进制转十六进制，输出结果：0xd5431
print(bin(0xF012E))              # 十六进制转二进制，输出结果：0b11110000000100101110
print(hex(0b1101101))            # 二进制转十六进制，输出结果：0x6d
print(oct(1234))                 # 十进制转八进制，输出结果：0o2322
print(int("76532", 8))           # 八进制转十进制，输出结果：32090
```

程序运行结果如图 2-7 所示。

## 2.2.4　数字的格式化输出

在输出数字时，有时需要对其进行格式化。例如，在输出 12.34 时，只希望保留小数点后 1 位数字，也就是 12.3，或整数位按 6 位输出，不足前面补 0，也就是 000012.34。Python 语言中提供了 format 函数用于对数字进行格式化。format 函数有两个参数，含义如下：

❑ 第 1 个参数为要格式化的数字。

❑ 第 2 个参数为格式字符串。

format 函数的返回值就是数字格式化后的字符串。

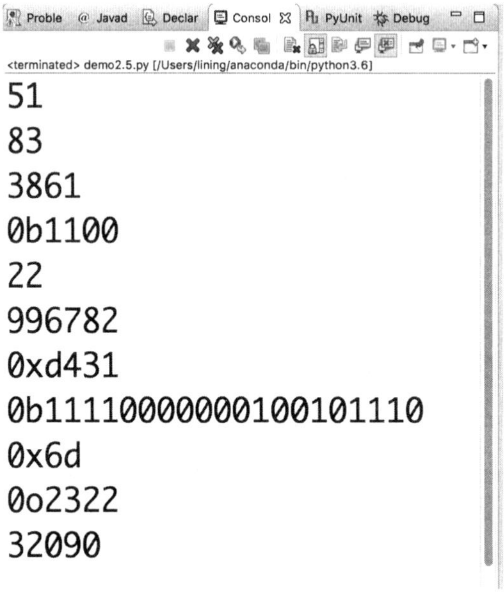

图 2-7　进制转换的输出结果

【例 2.6】　下面的代码演示了 format 函数在格式化数字方面的应用。

实例位置：**PythonSamples\src\chapter2\demo2.06.py**

```python
x = 1234.56789
# 小数点后保留两位数，输出结果：'1234.57'
print(format(x, '0.2f'))
# 数字在 12 个字符长度的区域内右对齐，并保留小数点后 1 位数字，
# 输出结果：'      1234.6'
print(format(x, '>12.1f'))
# 数字在 12 个字符长度的区域内左对齐，并保留小数点后 3 位数字，紧接着输出 20，
# 输出结果：'1234.568    20'
print(format(x, '<12.3f'), 20)
# 数字在 12 个字符长度的区域内右对齐，并保留小数点后 1 位数字，数字前面补 0，
# 输出结果：'0000001234.6'
print(format(x, '0>12.1f'))
# 数字在 12 个字符长度的区域内左对齐，并保留小数点后 1 位数字，数字后面补 0，
# 输出结果：'1234.6000000'
print(format(x, '0<12.1f'))
# 数字在 12 个字符长度的区域内中心对齐，并保留小数点后 2 位数字，紧接着输出 3，
# 输出结果：'  1234.57   3'
print(format(x, '^12.2f'),3)
# 每千位用逗号（,）分隔，输出结果：1,234.56789
print(format(x, ','))
# 每千位用逗号（,）分隔，并保留小数点后 2 位数字，输出结果：1,234.57
print(format(x, ',.2f'))
# 用科学计数法形式输出数字，输出结果：1.234568e+03
print(format(x, 'e'))
```

```
# 用科学计数法形式输出数字，尾数保留小数点后 2 位数字，输出结果：1.23E+03
print(format(x, '0.2E'))
```

程序运行结果如图 2-8 所示。

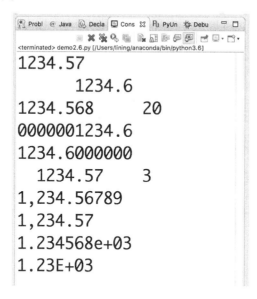

图 2-8　format 函数格式化数字后的输出结果

## 2.3　获取用户输入

要编写一个有实际价值的程序，就需要与用户交互。当然，与用户交互有很多方法。例如，GUI（图形用户接口）就是一种非常好的与用户交互的方式，不过先不讨论 GUI 的交互方式，本节会采用一种原始，但很有效的方式与用户交互，这就是命令行交互方式。也就是说，用户通过命令行方式输入数据，程序会读取这些数据，并做进一步的处理。

从命令行接收用户的输入数据，需要使用 input 函数。input 函数接收一个字符串类型的参数，作为输入的提示。input 函数的返回值就是用户在命令行中录入的值。不管用户录入什么数据，input 函数都会以字符串形式返回。如果要获取其他类型的值，如整数、浮点数，需要用相应的函数转换。例如，字符串转换为整数的函数是 int，字符串转换为浮点数的函数是 float。

【例2.7】　本例要求用户在命令行中输入姓名、年龄和收入。其中年龄是整数，收入是浮点数。输入完这三个值后，会依次在控制台输出这三个值。由于年龄和收入都是数值，所以在获取用户输入值后，需要分别使用 int 和 float 函数将 input 函数的返回值转换为整数和浮点数。如果年龄和收入输入的是非数值，会抛出异常。

**实例位置：PythonSamples\src\chapter2\demo2.07.py**

```
name = input("请输入你的名字：")              # 输入姓名，并把输入的结果赋给 name 变量
age = int(input("请输入你的年龄："))           # 输入年龄，并把输入的结果赋给 age 变量
salary = float(input("请输入你的收入："))       # 输入收入，并把输入的结果赋给 salary 变量

print("姓名：", name)                        # 输出姓名
print("年龄：", age)                         # 输出年龄
```

```
print("收入: ", format(salary, "0.1f"))        # 输出收入
```

运行程序，分别输入姓名、年龄和收入，按 Enter 键后，会输出如图 2-9 所示的内容。

图 2-9　使用 input 函数从命令行输入数据

## 2.4　函数

在 2.2.1 节中曾经介绍过使用幂运算符（**）来计算一个数的 n 次方。事实上，可以用一个函数来代替这个运算符，这个函数就是 pow，该函数可以传入两个参数，如果要计算 x 的 y 次方，那么 pow 函数的第 1 个参数应该是 x，第 2 个参数应该是 y。pow 函数返回计算结果。例如，下面的代码计算 2 的 6 次方。

```
result = pow(2,6)               # 计算结果: 64
```

像上面这行代码使用函数的方式叫作函数调用。函数相当于可以重用的代码段，如果在程序中有多处使用这段代码，就应该将这段代码放到函数中，这样既可以实现代码重用，还会避免代码冗余。可以想象，如果不使用函数，同样的代码出现在程序中的多个地方，一旦要修改这些代码，那简直就是噩梦，需要改很多个地方。

Python 语言提供了很多内建的函数以及通过模块提供的更多的函数，这些函数可以很大程度上实现代码复用，例如，abs 函数用于获取数值的绝对值，round 函数用于浮点数取整（四舍五入），cmath 模块的 sin 函数用于计算弧度的正弦。

【例 2.8】　本例演示了如何使用 Python 语言内建的函数以及模块提供的函数实现代码复用。

实例位置：**PythonSamples\src\chapter2\demo2.08.py**

```
from cmath import sin             # 导入 cmath 模块中的 sin 函数
print(pow(2,5))                   # 运行结果: 32
print(abs(-12))                   # 运行结果: 12
print(sin(3.14 / 2))              # 运行结果: (0.9999996829318346+0j)
print(round(3.6))                 # 运行结果: 4
print(round(3.4))                 # 运行结果: 3
```

程序运行结果如图 2-10 所示。

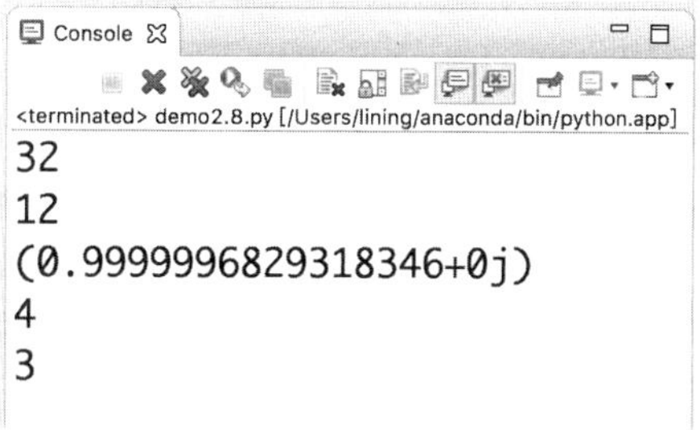

图 2-10　调用 Python 语言中的函数

## 2.5　注释

任何编程语言都有注释的功能。所谓注释，就是用一段文本描述代码的作用、代码的作者或是其他需要描述的东西。注释在程序编译时被忽略，也就是说，注释只在源代码中体现，编译生成的二进制文件中是没有注释的。

在 Python 语言中，注释分为单行注释和多行注释。单行注释用井号（#）开头，多行注释用三个引号（单引号或双引号）括起来。如果使用单行注释，井号后面的所有内容在编译程序时都会被忽略，如果使用多行注释，被引号括起来的内容在编译程序时都会被忽略。

在使用某些 Python IDE 时，默认会用 ASCII 编码格式保存源代码文件，这时如果源代码文件中含有中文，在运行 Python 程序时就会出错，这时需要使用注释标注当前源代码文件保存的编码格式。

用 utf-8 编码格式保存源代码文件：

```
# coding=utf-8
```

用 gbk 编码格式保存源代码文件：

```
# coding=gbk
```

建议使用 utf-8 编码格式保存源代码文件，因为 utf-8 不仅仅能保存中文，还可以保存其他国家的文字，如韩文、日文。所以 utf-8 编码格式使用更普遍。

**【例 2.9】**　本例演示了 Python 语言中单行注释和多行注释的用法。

**实例位置：PythonSamples\src\chapter2\demo2.09.py**

```
# coding=utf-8                        当前 Python 源代码文件以 utf-8 编码格式保存

"""                                   多行注释（用双引号括起来）
作者：李宁
地点：earth

"""

# 用于计算 2 的 4 次幂                  单行注释
print(2 ** 4)

'''                                   多行注释（用单引号括起来）
这段代码用于计算一个表达式的值
(1 + 2) * 20
```

```
'''
print((1 + 2) * 20)
```

## 2.6 字符串基础

字符串是 Python 语言中另外一个重要数据类型，在 Python 语言中，字符串可以使用双引号（"）或单引号（'）将值括起来。例如，下面都是合法的字符串值。

```
s1 = "hello world"
s2 = 'I love you.'
```

字符串也同样可以被 print 函数输出到控制台，这种用法在前面已经多次使用过了。

```
print("hello world")
```

在前面的章节尽管已经多次使用了字符串，但只涉及字符串的一些简单用法，如定义字符串变量、输出字符串等。本节将介绍字符串的更多用法。

### 2.6.1 单引号字符串和转义符

字符串与数字一样，都是值，可以直接使用，在 Python 控制台中直接输入字符串，如"Hello World"，会按原样输出该字符串，只不过用单引号括了起来。

```
>>> "Hello World"
'Hello World'
```

那么用双引号和单引号括起来的字符串有什么区别呢？其实没有任何区别。只不过在输出单引号或双引号时方便而已。例如，在 Python 控制台输入'Let's go!'，会抛出如下的错误。

```
>>> 'Let's go!'
  File "<stdin>", line 1
    'Let's go!'
         ^
SyntaxError: invalid syntax
```

这是因为 Python 解释器无法判断字符串中间的单引号是正常的字符，还是多余的单引号，所以会抛出语法错误异常。要输出单引号的方法很多，其中之一就是使用双引号将字符串括起来。

```
>>> "Let's go!"
"Let's go!"
```

现在输出单引号是解决了，但如何输出双引号呢？其实很简单，只需要用单引号将字符串括起来即可。

```
>>> '我们应该在文本框中输入"Python"'
'我们应该在文本框中输入"Python"'
```

现在输出单引号和输出双引号都解决了，那么如何同时输出单引号和双引号呢？对于这种需求，就要使用本节要介绍的另外一个知识点：转义符。Python 语言中的转义符是反斜杠（\）。转义符的功能是告诉 Python 解释器反斜杠后面的是字符串中的一部分，而不是用于将字符串括起来的单引号或双引号。所以如果字符串中同时包含单引号和双引号，那么转义符是必需的。

```
print('Let\'s go!. \"一起走天涯\"')          # Let's go!. "一起走天涯"
```

在上面这行代码中，单引号和双引号都是用的转义符，其实在这个例子中，由于字符串是由单引号括起来的，所以如果里面包含双引号，是不需要对双引号使用转义符的。

【例 2.10】　本例演示了 Python 语言中单引号和双引号的用法，以及转义符在字符串中的应用。

实例位置：**PythonSamples\src\chapter2\demo2.10.py**

```python
# 使用单引号的字符串，输出结果：Hello World
print('Hello World')
# 使用双引号的字符串，输出结果：Hello World
print("Hello World")
# 字符串中包含单引号，输出结果：Let's go!
print("Let's go!")
# 字符串中包含双引号，输出结果："一起走天涯"
print('"一起走天涯"')
# 字符串中同时包含单引号和双引号，其中单引号使用了转义符，输出结果：Let's go! "一人我饮酒醉"
print('Let\'s go! "一人我饮酒醉" ')
```

程序运行结果如图 2-11 所示。

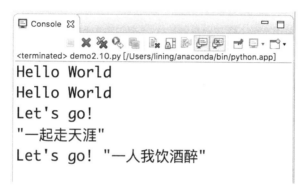

图 2-11　输出单引号和双引号字符串

## 2.6.2　拼接字符串

在输出字符串时，有时字符串会很长，在这种情况下，可以将字符串写成多个部分，然后拼接到一起。可以尝试下面的一种写法。

```
>>> 'Hello' 'world'
'Helloworld'
```

这种写法是将两个字符串挨着写到一起，字符串中间可以有 0 到 n 个空格。现在看看这种方式能否将两个字符串变量的值组合到一起。

```
>>> x = 'hello'
>>> y = 'world'
>>> x y
  File "<stdin>", line 1
    x y
      ^
SyntaxError: invalid syntax
```

可以看到，如果是两个字符串类型的变量紧挨着写在一起，Python 解释器就会认为是语法错误，所以这种方式实际上并不是字符串的拼接，只是一种写法而已，而且这种写法必须是两个或多个字符串值写在一起，而且不能出现变量，否则 Python 解释器就会认为是语法错误。

如果要连接字符串，要用加号（+），也就是字符串的加法运算。

```
>>> x = 'Hello '
>>> x + 'World'
'Hello World'
```

【例 2.11】　本例演示了字符串拼接的方法。

**实例位置：PythonSamples\src\chapter2\demo2.11.py**

```
# 将字符串写到一起输出，运行结果：helloworld 世界你好
print("hello"  "world"  "世界你好")

x = "hello"              # 声明字符串变量 x
y = "world"              # 声明字符串变量 y

#print(x y)              # 抛出异常，变量不能直接写到一起

print(x + y)             # 字符串拼接，要使用加号（+），运行结果：helloworld
```

程序运行结果如图 2-12 所示。

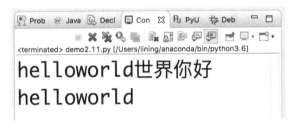

图 2-12　字符串拼接

### 2.6.3　保持字符串的原汁原味

在 2.6.1 节讲过转义符（\）的应用，其实转义符不光能输出单引号和双引号，还能控制字符串的格式。例如，使用 "\n" 表示换行，如果在字符串中含有 "\n"，那么 "\n" 后的所有字符都会被移到下一行。

```
>>> print('Hello\nWorld')
Hello
World
```

如果要混合输出数字和字符串，并且换行，可以先用 str 函数将数字转换为字符串，然后在需要换行的地方加上 "\n"。

```
>>> print(str(1234) + "\n" + str(4321))
1234
4321
```

不过有的时候，不希望 Python 解析器转义特殊字符，希望按原始字符串输出，这时需要使用 repr 函数。

```
>>> print(repr("Hello\nWorld"))
'Hello\nWorld'
```

使用 repr 函数输出的字符串，会使用一对单引号括起来。

其实如果只想输出 "\n" 或其他类似的转义符，也可以使用两个反斜杠输出 "\"，这样 "\" 后面的 n 就会被认为是普通的字符。

```
>>> print("Hello\\nWorld")
Hello\nWorld
```

除了前面介绍的 repr 和转义符外，在字符串前面加 r 也可以原样输出字符串。

```
>>> print(r"Hello\nWorld")
Hello\nWorld
```

现在总结一下，如果让一个字符串按原始内容输出（不进行转义），有如下三种方法：

❏ repr 函数
❏ 转义符（\）
❏ 在字符串前面加 r

【例 2.12】　本例演示了 str 函数和 repr 函数的用法。

实例位置：**PythonSamples\src\chapter2\demo2.12.py**

```python
# 输出带 "\n" 的字符串，运行结果：<hello
#                                world>
print("<hello\nworld>")
# 用 str 函数将 1234 转换为数字，运行结果：1234
print(str(1234))
# 抛出异常，len 函数不能直接获取数字的长度
#print(len(1234))
# 将 1234 转换为字符串后，获取字符串长度，运行结果：4
print(len(str(1234)))
# 运行结果：<hello
#              world>
print(str("<hello\nworld>"))
# 运行结果：13
print(len(str("<hello\nworld>")))
# 运行结果：'<hello\nworld>'
print(repr("<hello\nworld>"))
# 运行结果：16
print(len(repr("<hello\nworld>")))
# 使用转义符输出 "\"，输出的字符串不会用单引号括起来，运行结果:<hello\nworld>
print("<hello\\nworld>")
# 运行结果：14
print(len("<hello\\nworld>"))
# 在字符串前面加 "r"，保持字符串原始格式输出，运行结果:<hello\nworld>
print(r"<hello\nworld>")
# 运行结果：14
print(len(r"<hello\nworld>"))
```

程序运行结果如图 2-13 所示。

图 2-13　输出原始字符串

可以看到，使用 repr 函数输出的 "<hello\nworld>" 字符串被一对单引号括了起来，而且字符串长度是 16。而使用 str 函数输出同样的字符串，长度是 13。在 str 函数输出的字符串中，"\n" 算一个字符，长度为 1，而用 repr 函数输出的字符串中，"\n" 是两个字符，长度为 2。再加上一对单引号，所以长度是 16。

## 2.6.4　长字符串

在 2.5 节讲了使用三个单引号或双引号括起来的文本会成为多行注释，其实如果将这样的字符串使用 print 函数输出，或赋给一个变量，就会成为一个长字符串。在长字符串中会保留原始的格式。

```python
print("""Hello                # 长字符串，会按原始格式输出
    World""");
```

如果使用长字符串表示一个字符串，中间可以混合使用双引号和单引号，而不需要加转义符。

```python
print("""Hell"o              # 长字符串，中间混合使用双引号和单引号
    W'o'rld""")
```

对于普通字符串来说，同样可以用多行来表示。只需要在每一行后面加转义符（\），这样一来，换行符本身就"转义"了，会被自动忽略，所以最后都会变成一行字符串。

```python
print("Hello\n               # 输出一行字符串
    World")
```

【例 2.13】　本例演示了长字符串的用法。

**实例位置：PythonSamples\src\chapter2\demo2.13.py**

```python
print('''I                   # 使用 3 个单引号定义长字符串
    'love'
        "Python"
        '''
    )

s = """Hello                 # 使用双引号定义长字符串
    World
        世界
```

```
    你好
"""

print(s)                          # 输出长字符串

print("Hello\                     # 每行字符串在回车符之前用转义符，就可以将字符串写成多行
    World")
```

程序运行结果如图 2-14 所示。

图 2-14　输出长字符串

## 2.7　小结

本章介绍了一些 Python 语言的基础知识。其实核心知识点只有两个：数字和字符串。数字主要涉及一些进制之间的转换以及格式化输出数字。这些都是数字的基本操作。本章介绍的字符串操作非常基础，但很重要。尤其是转义符的应用，读者要认真阅读本章的内容。实际上，Python 语言中的字符串操作非常复杂，功能也十分强大，所涉及的内容远不止本章介绍的这些知识点。在后面会用专门的一章详细介绍字符串的操作。

## 2.8　实战与练习

本章练习题，除了配有答案（源代码）外，还会在赠送的视频课程中讲解。

1. 请将下面的数值转成另外三种进制，并使用 print 函数输出转换结果。例如，如果数值是十进制，需要转换成二、八、十六进制；如果是十六进制，需要转换为二、八、十进制。

（1）12345

（2）0xF98A

（3）0b1100010110

答案位置：PythonSamples\src\chapter2\practice\solution2.1.py

2. 现在有一个变量 x，值为 5423.5346，使用 format 函数对该变量进行格式化，并使用 print 函数

输出如下的 5 个格式化后的值。

（1）保留小数点后 3 位数字，格式化后的结果：5423.535。

（2）保留小数点后 2 位数字，让整数和小数部分，以及小数点一共占 10 位，左侧位数不够补 0。格式化后的结果：0005423.53。

（3）保留小数点后 2 位数字，让整数和小数部分，以及小数点一共占 10 位，右侧位数不够补 0。格式化后的结果：5423.53000。

（4）在第 2 个格式化结果的基础上，在千分位用逗号（,）分隔，格式化后的结果：005,423.53。

（5）保留小数点后 2 位数字，让整数和小数部分，以及小数点一共占 10 位，位数不够前后补 0，格式化后的结果：05,423.530。

答案位置：PythonSamples\src\chapter2\practice\solution2.2.py

# 第3章

# 条件、循环和其他语句

在前面的章节学习了一些 Python 语言的基础知识，不过到目前为止，这些 Python 代码都只是从上到下顺序执行的，很像批处理，从第一条语句一直执行到最后一条语句，然后程序退出。但在实际应用中，这样的程序几乎没什么实际的用处。因为有实用价值的程序需要有两个功能：选择和重复执行。其中，"选择"就是根据不同的条件，执行不同的程序分支，这样程序才会有所谓的"智能"，另外，"重复执行"也是程序的一个重要功能，计算机系统之所以完成机械的工作的效率远比人类高，就是因为依靠强大的 CPU 和 GPU 不断重复执行程序。

"选择"和"重复执行"在编程语言中称为条件和循环。在 Python 语言中，条件使用 if 语句实现，而循环需要使用 while 和 for 语句，也就是说，Python 语言中有两种循环语句。其实，包括前面讲的顺序结构，以及本章将要介绍的条件和循环，有一个统一的名称，叫作"控制流程"。本章除了要介绍条件和循环语句外，还会讲一些 Python 语言中有趣的功能，例如，动态执行 Python 代码。

通过阅读本章，您可以：

❏ 了解 print 函数更高级的用法
❏ 了解序列解包、链式和增量赋值方法
❏ 了解 Python 语言中的代码块
❏ 掌握 if 条件语句的用法
❏ 掌握嵌套代码块的用法
❏ 了解 Python 语言中常用的运算符
❏ 掌握断言的使用方法
❏ 掌握 while 循环的使用方法
❏ 掌握 for 循环的使用方法
❏ 了解如何使用嵌套循环
❏ 掌握循环中的 else 子句的用法
❏ 掌握动态执行 Python 代码和 Python 表达式的方法

## 3.1　神奇的 print 函数

相信读者一定对 print 函数不陌生，因为在前面的章节，几乎每个例子都使用了 print 函数，这个函数的功能就是在控制台输出文本。不过 print 在输出文本时还可以进行一些设置，以及输出多参数字符串。

如果为 print 函数传入多个参数值，那么 print 函数会将所有的参数值首尾相接输出。

```
# 输出结果：a b c d e
print("a","b","c","d","e");
```

可以看到，上面的这行代码输出了 a 到 e，共 5 个字母。在 Python 控制台中输出了"a b c d e"。很明显是将这 5 个字符首尾相接输出了。不过这些字母之间用空格分隔，这是 print 函数默认的分隔符，用于分隔输出的多个参数值，这个默认设置是非常有用的。例如，执行下面的代码，会在等号（=）后面加一个空格。

```
print("name =", "Bill")
print("age =", 30)
```

输出结果如下：

```
name = Bill
age = 30
```

其中等号（=）前面的空格是第 1 个参数值包含的。

print 函数会为除了第 1 个参数值以外的其他参数值前面添加一个空格，这样做，在需要用空格分隔的场景下，就不需要在每一个参数值前面添加空格了。

不过这种默认设置有利有弊，在不需要用空格分隔时，print 函数仍然会添加空格。例如，要输出字符串"Apple,Orange,Banana"。其中 Apple、Orange 和 Banana 之间用逗号（,）分隔，逗号（,）与英文单词之间没有空格。如果按前面的做法，会有如下的代码输出这行字符串。

```
print("Apple",",", "Orange",",","Banana")
```

输出的结果如下：

```
Apple , Orange , Banana
```

很明显，逗号（,）前后都有空格。当然，可以将逗号（,）与前面的英文单词合并，但逗号（,）与后面的英文单词之间仍然会有空格。

解决这个问题的方法很多，例如，可以用传统的字符串相加的方式输出字符串"Apple,Orange,Banana"。

```
print("Apple" + "," + "Orange" + "," + "Banana")
```

现在要用 print 函数特有的方法解决这个问题，就是修改默认的多参数值分隔符。在 print 函数最后添加"sep=","，就可以将分隔符从空格改成逗号（,）。现在可以直接使用下面的代码输出字符串"Apple,Orange,Banana"。

```
print("Apple", "Orange","Banana", sep=",")
```

输出结果：

```
Apple,Orange,Banana
```

print 函数输出字符串时，默认会在字符串结尾添加换行符（\n），这样每次调用 print 函数输出字符串，都会另起一行。不过有时希望调用多次 print 函数都在同一行输出，这时可以在 print 函数最后加上"end=" ""，让最后一个输出字符串结尾符变成空格，而不是原来的"\n"，当然，也可以将结尾符设成长度为 0 的字符串，这样多次使用 print 函数输出的结果就会首尾相接，中间没有任何分隔符。

```
print("a",end="");
print("b",end="");
```

```
print("c");
```

输出结果：

```
abc
```

【例 3.1】　本例演示了 print 函数输出多参数值，修改默认多参数值分隔符，以及修改输出字符串结尾字符的方法。

　　　**实例位置：PythonSamples\src\chapter3\demo3.01.py**

```
# 输出用空格分隔的多参数值
print("name =", "Bill")
# 输出用空格分隔的多参数值
print("age =", 30)
# 使用加号（+）连接字符串
print("Apple" + "," + "Orange" + "," + "Banana")
# 修改多参数值分隔符为逗号（,），然后输出多参数值
print("Apple", "Orange","Banana", sep=",")
# 修改多参数值分隔符为 "&"，然后输出多参数值
print("Can","you","tell","me", "how", "to", "get", "to","the","nearest", "tube",
"station", sep="&")
# 修改输出字符串结尾符为空格，这样下一次调用 print 函数，就会从同一行输出内容了
# 运行结果：Hello world
print("Hello", end=" ")
print("world")
# 修改输出字符串结尾符为长度为 0 的字符串，这样下一次调用 print 函数，输出的内容不仅会在同一行，
# 而且会首尾相接，运行结果：abc
print("a",end="");
print("b",end="");
print("c");
```

程序运行结果如图 3-1 所示。

图 3-1　print 函数的用法

## 3.2　有趣的赋值操作

　　在很多读者看来，赋值操作是再简单不过了，在前面的章节也多次使用了赋值操作。不过 Python 语言中的赋值操作要有趣得多。例如，可以同时将多个值赋给多个变量。

```
>>> x,y,z = 1,2,3
>>> print(x,y,z)
1 2 3
```

在上面的代码中，将 1、2、3 分别赋给了 x、y、z 三个变量，并输出这三个变量的值。使用 Python 语言中的这个特性可以很容易实现两个变量中值的交换。

```
>>> x,y = 20,30
>>> x,y = y,x
>>> print(x,y)
30 20


# x,y,z = 1,2    # 抛出异常
# x,y = 1,2,3    # 抛出异常
```

这种同时将多个值赋给多个变量的操作，等号（=）右侧的值与左侧的变量个数必须相等，否则会抛出异常。

```
>>> x,y,z = 1,2
Traceback (most recent call last):
  File "<stdin>", line 1, in <module>
ValueError: not enough values to unpack (expected 3, got 2)
>>> x,y = 1,2,3
Traceback (most recent call last):
  File "<stdin>", line 1, in <module>
ValueError: too many values to unpack (expected 2)
```

Python 语言的这种特性称为序列解包（sequence unpacking），其实任何一个可迭代（iterable）的对象都支持这一特性。关于迭代对象（列表、集合等）的详细信息会在后面的章节介绍。

Python 语言还支持链式赋值（chained assignments）和增量赋值（augmented assignments），链式赋值是指将同一个值连续赋给多个变量。

```
x = y = 20
```

增量赋值是指将变量自身增加或减小（负增量）指定值的表达式的简化形式。例如，x = x + 2，如果用增量赋值表达式，可以写成 x += 2，也就是将等号（=）右侧的 x 省略，并将加号（+）放到等号左侧。

其实前面介绍的二元运算符都支持增量赋值，例如，x = x * 20 可以写成 x *= 20，x = x % 3 可以写成 x %= 3。

【例 3.2】 本例演示了序列解包、链式赋值和增量赋值的使用方法。

**实例位置：PythonSamples\src\chapter3\demo3.02.py**

```
x,y,z = 1,2,3                    # 使用序列解包方式进行赋值
print(x,y,z)

x,y = y,x                        # 利用序列解包交换 x 和 y 的值
print(x,y)

# x,y,z = 1,2                    # 抛出异常
# x,y = 1,2,3                    # 抛出异常

x = y = 20                       # 使用链式赋值设置 x 和 y
```

```
print(x,y)

x *= 2                          # 增量赋值
x %= 3                          # 增量赋值
print(x)
```

程序运行结果如图 3-2 所示。

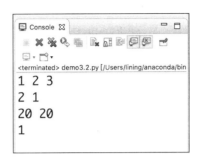

图 3-2　赋值操作的应用

## 3.3　用缩进创建代码块

代码块并非一种语句，而是在学习条件和循环语句之前必须要掌握的知识。

代码块是在条件为真（true）时执行的一组语句，在代码前放置空格来缩进语句即可创建代码块。

**注意：** 使用 tab 字符也可以缩进语句形成代码块。Python 将一个 tab 字符解释为到下一个 tab 字符位置的移动，而一个 tab 字符为 8 个空格，不过 Python 标准推荐使用空格缩进的方式创建代码块，建议使用 4 个空格缩进的方式创建代码块。

代码块的每行语句应该缩进同样的量。下面的伪代码（并非真正的 Python 代码）展示了如何用缩进的方式创建代码块。

```
This is a code line
This is another code line:
    This is a block
    continuing the same block
    the last line of this block
We escaped the inner block
```

很多编程语言使用特殊单词或字符来表示一个代码块的开始，用另外的单词或字符表示代码块的结束，例如，Pascal 语言使用 begin 表示代码块的开始，使用 end 表示代码块的结束，而 C 风格的编程语言（如 Java、C#、C++等）使用一对大括号表示代码块的开始和结束。Python 语言和这些语言都不一样，Python 语言使用冒号（:）表示代码块的开始，代码块中的每一条语句都是缩进的（缩进量相同）。当回退到与块的开始语句同样的缩进量时，就表示当前块已经结束。很多集成开发环境（IDE）会帮助用户轻松把握缩进，因此不必担心缩进量不对导致 Python 程序无法编译通过。

现在已经了解了如何使用 Python 语言中的缩进块，在下面几节将详细介绍各种缩进块的应用。

## 3.4　条件和条件语句

到目前为止，Python 语句都是一条一条顺序执行的，在这一节会介绍如何让程序选择是否执行代码块中的语句。

### 3.4.1　布尔值和布尔变量

在讲条件语句之前，首先应该了解一下布尔（boolean）类型。条件语句（if）需要为其指定布尔值或布尔类型的变量，才能根据条件判断是否要指定代码块中的语句。布尔值只有两个值：True 和 False，可以将这两个值翻译成"真"和"假"。

现在已经了解了布尔值是用来做什么的，但 Python 语言会将哪些值看作布尔值呢？其实在 Python 语言中，每一种类型的值都可以被解释成布尔类型的值。例如，下面的值都会被解释成布尔值中的 False。

```
None  0  ""  ()  []  {}
```

这些值所涉及的数据类型有一些到现在为止并没有讲过（例如，[]表示长度为 0 的列表），不过也不用担心，在后面的章节会详细讲解这些数据类型。

如果在条件语句中使用上面的这些值，那么条件语句中的条件都会被解释成 False，也就是说，条件代码块中的语句不会被执行。

在 Python 语言底层，会将布尔值 True 看作 1，将布尔值 False 看作 0，尽管从表面上看，True 和 1、False 和 0 是完全不同的两个值，但实际上，它们是相同的。可以在 Python 控制台验证这一点。

```
>>> True == 1
True
>>> False == 0
True
>>> True + False + 20
21
```

很明显，可以直接将 True 看成 1，将 False 看成 0，也可以直接将 True 和 False 当成 1 和 0 用，所以 True + False + 20 的计算结果是 21。

另外，可以用 bool 函数将其他类型的值转换为布尔类型的值。

```
>>> bool("")
False
>>> bool("Hello")
True
>>> bool([])
False
>>> bool([1,2,3])
True
>>> bool(20)
True
>>> bool('')
False
```

可以看到，在前面给出的几个会被系统认为是 False 的值，通过 bool 函数的转换，会变成真正的布尔值。不过这些值是不能直接和布尔值比较的，例如，不能直接使用"[] == false"，正确的做法是先用 bool 函数将其转换为布尔值，然后再比较：

```
bool([]) == false
```

在前面的代码中使用了 "==" 运算符, 这是逻辑运算符, 是二元运算符, 需要指定左右两个操作数用于判断两个值是否相等, 如果两个操作数相等, 运算结果为 True, 否则为 False。这个运算符在后面的章节中会经常用到, 当然, 还有很多类似的运算符, 在讲解条件语句时会一起介绍。

### 3.4.2 条件语句 ( if、else 和 elif )

对于计算机程序来说, 要学会的第一项技能就是 "转弯", 也就是根据不同的条件, 执行不同的程序分支, 这样的程序才有意义。

if 语句的作用就是为程序赋予这项 "转弯" 的技能。使用 if 语句就需要用到在 3.3 节介绍的代码块。Python 语言要求当 if 语句的条件满足时要执行的代码块必须缩进 ( 一般是缩进 4 个空格 )。if 语句的语法格式如下:

```
if logic expression:        # if 代码块开始
    statement1
    statement2
    …
    statementn
otherstatement              # if 代码块结束
```

其中, logic expression 表示逻辑表达式, 也就是返回布尔类型值 ( True 或 False ) 的表达式。由于 Python 语句的各种数据类型都可以用作布尔类型, 所以 logic expression 可以看作普通的表达式。根据代码块的规则, 每一个代码块的开始行的结尾要使用冒号 ( : ), 如果 if 代码块结束, 退到代码块开始行的缩进量即可。

下面是 if 语句的基本用法。

```
n = 3
if n == 3:
    print("n == 3")
print("if 代码块结束")
```

在上面这段代码中, "n == 3" 是逻辑表达式, 本例中的值为 True。而 "print("n == 3")" 是 if 代码块中的语句, 由于 "n == 3" 的值为 True, 所以 "print("n == 3")" 会被执行。最后一条语句不属于 if 代码块, 所以无论 if 语句的条件是否为 True, 这行代码都会被执行。

对于条件语句来说, 往往分支不止一个。例如, 上面的代码如果变量 n 的值是 4, 那么 if 语句的条件就为 False, 这时要执行条件为 False 的分支, 就可以使用 else 子句。

```
n = 4
if n == 3:
    print("n == 3")
else:
    print("n 等于其他值")
print("if 代码块结束")
```

在上面这段代码中, n 等于 4, 所以 if 语句的条件为 False, 因此 else 代码块中的语句会被执行。if 与 else 都是代码块, 所以 if 语句和 else 语句后面都要以冒号 ( : ) 结尾。

在多分支条件语句, 需要使用 elif 子句设置更多的条件。elif 后面跟逻辑表达式, elif 也是代码块, 所以后面要用冒号 ( : ) 结尾。另外, 在 if 语句中, if 和 else 部分只能有一个, 而 elif 部分可以有任意多个。

```
n = 4
if n == 3:
    print("n == 3")
elif n == 4:
    print("n == 4")
elif n == 5:
    print("n == 5")
else:
    print("n 等于其他值")
print("if 代码块结束")
```

【例 3.3】 本例通过 raw_input 函数从控制台输入一个名字，然后通过条件语句判断名字以什么字母开头。

实例位置：**PythonSamples\src\chapter3\demo3.03.py**

```
from click._compat import raw_input
name = raw_input("请输入您的名字：")        # 从控制台输入名字
if name.startswith("B"):                   # if 代码块
    print("名字以 B 开头")
elif name.startswith("F"):                 # elif 代码块
    print("名字以 F 开头")
elif name.startswith("T"):                 # elif 代码块
    print("名字以 T 开头")
else:                                      # else 代码块
    print("名字以其他字母开头")
```

程序运行结果如图 3-3 所示。

图 3-3　条件语句

### 3.4.3　嵌套代码块

条件语句可以进行嵌套，也就是说，在一个条件代码块中，可以有另外一个条件代码块。包含嵌套代码块 B 的代码块 A 可以称为 B 的父代码块。嵌套代码块仍然需要在父代码块的基础上增加缩进量来放置自己的代码块。下面的例子会演示如何使用嵌套代码块进行逻辑判断。

【例 3.4】 本例要求在 Python 控制台输入一个姓名，然后通过嵌套代码块判断输入的姓名，根据判断结果输出结果。

实例位置：**PythonSamples\src\chapter3\demo3.04.py**

```
name = input("你叫什么名字？")                # 从 Python 控制台输入一个字符串（姓名）
if  name.startswith("Bill"):                # 以 Bill 开头的姓名
    if name.endswith("Gates"):              # 以 Gates 结尾的姓名（嵌套代码块）
        print("欢迎 Bill Gates 先生")
```

```
    elif name.endswith("Clinton"):          # 以 Clinton 结尾的姓名
        print("欢迎克林顿先生")
    else:                                    # 其他姓名
        print("未知姓名")
elif name.startswith("李"):                  # 以 "李" 开头的姓名
    if name.endswith("宁"):                  # 以 "宁" 结尾的姓名
        print("欢迎李宁老师")
    else:                                    # 其他姓名
        print("未知姓名")
else:                                        # 其他姓名
    print("未知姓名")
```

程序运行结果如图 3-4 所示。

图 3-4　嵌套代码块的输出结果

### 3.4.4　比较运算符

尽管 if 语句本身的知识到现在为止已经全部讲完了,不过我们的学习远没有结束。前面给出的 if 语句的条件都非常简单,但在实际应用中,if 语句的条件可能非常复杂,这就需要使用到本节要介绍的比较运算符。

现在先来看一下表 3-1 列出的 Python 语言中的比较运算符。

表 3-1　Python 语言中的比较运算符

| 逻辑表达式 | 描　　述 |
| --- | --- |
| x == y | x 等于 y |
| x < y | x 小于 y |
| x > y | x 大于 y |
| x >= y | x 大于或等于 y |
| x <= y | x 小于或等于 y |
| x != y | x 不等于 y |
| x is y | x 和 y 是同一个对象 |
| x is not y | x 和 y 是不同的对象 |
| x in y | x 是 y 容器的成员,例如,y 是列表[1,2,3,4],那么 1 是 y 的成员,而 12 不是 y 的成员 |
| x not in y | x 不是 y 容器的成员 |

在表 3-1 描述的比较运算符中,涉及对象和容器的概念,目前还没讲这些技术,在本节只需了解 Python 语言可以通过比较运算符操作对象和容器即可,在后面介绍对象和容器的章节,会详细介绍如何利用相关比较运算符操作对象和容器。

在比较运算符中,最常用的就是判断两个值是否相等。例如,a 大于 b,a 等于 b。这些运算符包括 "==" "<" ">" ">=" "<=" 和 "!="。

如果比较两个值是否相等，需要使用"=="运算符，也就是两个等号。

```
>>> "hello" == "hello"
True
>>> "Hello" == "hello"
False
>>> 30 == 10
False
```

要注意，如果比较两个字符串是否相等，会比较两个字符串中对应的每一个字母，所以"Hello"和"hello"并不相等，也就是说比较运算符是对大小写敏感的。

在使用"=="运算符时一定要注意，不要写成一个等号（=），否则就成赋值运算符了。对于赋值运算符来说，等号（=）左侧必须是一个变量，否则会抛出异常。

```
>>> "hello" = "hello"            # 使用赋值运算符，会抛出异常
  File "<stdin>", line 1
SyntaxError: can't assign to literal
>>> s = "hello"
>>> s
'hello'
```

对于字符串、数值等类型的值，也可以使用大于（>）、小于（<）等运算符比较它们的大小。

```
>>> "hello" > "Hello"
True
>>> 20 > 30
False
>>> s = 40
>>> s <= 30
False
>>> "hello" != "Hello"
True
```

Python 语言在比较字符串时，会按字母 ASCII 顺序进行比较，例如，比较"hello"和"Hello"的大小。首先会比较'h'和'H'的大小，很明显'h'的 ASCII 大于'H'的 ASCII，所以后面的都不需要比较了，因此，"hello" > "Hello"的结果是 True。

如果一个字符串是另一个字符串的前缀，那么比较这两个字符串，Python 语言会认为长的字符串更大一些。

```
>>> "hello" < "hello world"
True
```

除了比较大小的几个运算符外，还有用来确定两个对象是否相等的运算符，以及判断某个值是否属于一个容器的运算符，尽管现在还没有讲到对象和容器，但这里不妨做一个实验，来看看这些运算符如何使用，以便以后学习对象和容器时，更容易掌握这些运算符。

用于判断两个对象是否相等的运算符是 is 和 is not，这两个运算符看起来和等于运算符（==）差不多，不过用起来却大有玄机。

```
>>> x = y = [1,2,3]
>>> z = [1,2,3]
>>> x == y
True
```

```
>>> x == z
True
>>> x is y
True
>>> x is z
False
>>> x is not z
True
```

在上面的代码中，使用"=="和 is 比较 x 和 y 时结果完全一样，不过在比较 x 和 z 时，就会体现出差异。x == z 的结果是 True，而 x is z 的结果却是 False。出现这样的结果，原因是"=="运算符比较的是对象的值，x 和 z 的值都是一个列表（也可以将列表看作一个对象），并且列表中的元素个数和值完全一样，所以 x == z 的结果是 True。但 is 运算符用于判断对象的同一性，也就是说，不仅对象的值要完全一样，而且对象本身还要是同一个对象，很明显，x 和 y 是同一个对象，因为在赋值时，先将一个列表赋给 y，然后再将 y 的值赋给 x，所以 x 和 y 指向了同一个对象，而 z 另外赋值了一个列表，所以 z 和 x、y 尽管值相同，但并不是指向的同一个对象，因此，x is z 的结果就是 False。

判断某个值是否属于一个容器，要使用 in 和 not in 运算符。下面的代码首先定义一个列表变量 x，然后判断变量 y 和一些值是否属于 x。

```
>>> x = [1,2,3,4,5]        # 定义一个列表变量
>>> y = 3
>>> 1 in x
True
>>> y in x
True
>>> 20 in x
False
>>> 20 not in x
True
```

in 和 not in 运算符也可以用于判断一个字符串是否包含另外一个字符串，也就是说，可以将字符串看作字符或子字符串的容器。

```
>>> s = "hello world"
>>> 'e' in s
True
>>> "e" in s
True
>>> "x" in s
False
>>> "x" not in s
True
>>> "world"  in s
True
```

如果遇到需要将多个逻辑表达式组合在一起的情况，需要用到逻辑与（and）、逻辑或（or）和逻辑非（not）。逻辑与的运算规则是只有 x and y 中的 x 和 y 都为 True 时，运算结果才是 True，否则为 False。逻辑或的运算规则是只有 x or y 中的 x 和 y 都为 False 时，运算结果才是 False，否则都为 True。逻辑非的运算规则是 not x 中，x 为 True，运算结果为 False；x 为 False，运算结果为 True。

```
>>> 20 < 30 and 40 < 50
True
>>> 20 > 40 or 20 < 10
False
>>> not 20 > 40
True
```

**【例 3.5】** 本例演示了比较运算符的基本用法。

**实例位置：PythonSamples\src\chapter3\demo3.05.py**

```
print(20 == 30)                # 判断 20 和 30 是否相等，运行结果：False
x = 20
y = 40
print(x < y)                   # 判断 x 是否小于 y，运行结果：True
if x > y:                      # 条件不满足
    print("x > y")
else:                          # 条件满足
    print("x <= y")
s1 = "hello"
s2 = "Hello"
if s1 >= s2 and x > y:         # 条件不满足
    print("满足条件")
elif not s1 < s2:              # 条件满足
    print("基本满足条件")
else:                          # 条件不满足
    print("不满足条件")
```

程序运行结果如图 3-5 所示。

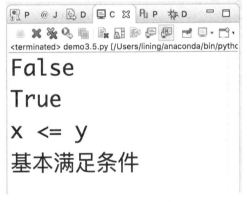

图 3-5　比较运算符演示

## 3.4.5　断言

断言（assertions）的使用方式类似于 if 语句，只是在不满足条件时，会直接抛出异常。类似于下面的 if 语句（伪代码）：

```
if not condition:              # 如果不满足条件，会直接抛出异常，程序会中断
    crash program
```

那么究竟为什么需要这样的代码呢？主要是因为需要监测程序在某个地方是否满足条件，如果不满足条件，应该及时通知开发人员，而不是将这些 bug 隐藏起来，直到关键的时刻再崩溃。

其实在 TDD（test-driven development，测试驱动开发[①]）中经常使用断言，TDD 会在程序发现异常时执行断言，并抛出异常。

在 Python 语言中，断言需要使用 assert 语句，在 assert 关键字的后面指定断言的条件表达式。如果条件表达式的值是 False，那么就会抛出异常。而且断言后面的语句都不会被执行，相当于程序的一个断点。

```
>>> value = 20
>>> assert value < 10 or value > 30        # 条件不满足，会抛出异常
Traceback (most recent call last):
  File "<stdin>", line 1, in <module>
AssertionError
>>> assert value < 30                       # 条件满足，会正常执行后面的语句
```

可以看到，value 变量的值是 20，而 assert 后面的条件是"value < 10 or value > 30"，很明显，条件不满足，所以在断言处会抛出异常。而后面的断言，条件是"value < 30"，这个条件是满足的，所以在断言后面的语句都会正常执行。

当断言条件不满足时抛出异常，在默认情况下，只显示了抛出异常的位置，并没有显示抛出异常的原因，所以为了异常信息更明确，可以为 assert 语句指定异常描述。

```
>>> value = 20
>>> assert value < 10 or value > 30, 'value 值必须在 10～20' # 为断言指定异常描述信息
Traceback (most recent call last):
  File "<stdin>", line 1, in <module>
AssertionError: value 值必须在 10～20             # 显示了异常描述信息
```

【例 3.6】　本例演示了断言的用法。

**实例位置：PythonSamples\src\chapter3\demo3.06.py**

```
name = "Bill"                          # 定义变量 name
assert name == "Bill"                  # 断言条件表达式的值是 True，继续执行下面的语句

age = 20                               # 定义变量 age
# 断言条件表达式的值是 False，抛出异常，后面的代码不会被执行
assert 0 < age < 10, "年龄必须小于 10 岁"

print("hello world")                   # 这行代码不会被执行
```

程序运行结果如图 3-6 所示。

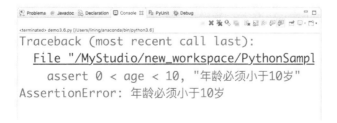

图 3-6　断言的测试结果

---

[①] TDD 是一种开发方式，简单地说，就是在正式开发之前，先确定关键点，并事先指定这些关键点什么样是正常的，什么样是异常的。例如，age 变量是一个关键点，该变量值必须满足 age >= 18 才是正常的。如果程序由于某些原因（可能是修改程序，修改数据库或其他原因），age 小于 18 了，这时 TDD 就会通知开发人员，age 变量有异常。因此，通过 TDD 可以及时发现程序中的 bug 或异常，以便及时处理。也就是在开发程序之前，为程序画了个安全区域，如果越过了安全区域，开发人员就会知晓。

## 3.5 循环

现在已经知道了如何使用 if 语句让程序沿着不同的路径执行，不过程序最大的用处就是利用 CPU 和 GPU 强大的执行能力不断重复执行某段代码，想想 Google 的 AlphaGo 与柯洁的那场人机大战，尽管表面上是人工智能的胜利，其实人工智能只是算法，人工智能算法之所以会快速完成海量的数据分享，循环在其中的作用功不可没。

对于初次接触程序设计的读者，可能还不太理解循环到底是什么东西。下面先看一下循环的伪代码。

```
1．查看银行卡余额
2．没有发工资，等待 1 分钟，继续执行 1
3．Oh，yeah，已经发工资了，继续执行 4
4．去消费
```

可以看到，这段伪代码重复展示了一个循环到底是怎样的。对于一个循环来说，首先要有一个循环条件。如果条件为 True，继续执行循环，如果条件为 False，则退出循环，继续执行循环后面的语句。对于这段伪代码来说，循环条件就是"是否已经将工资打到银行卡中"，如果银行卡中没有工资，那么循环条件为 True，继续执行第 1 步（继续查看银行卡余额），期间会要求等待 1 分钟，其实这个过程可以理解为循环要执行的时间。如果发现工资已经打到银行卡上了，那么循环条件就为 False，这时就退出循环，去消费。

在 Python 语言中，有两类语句可以实现这个循环操作，这就是 while 循环和 for 循环。本节将详细讲解这两类循环的使用方法。

### 3.5.1 while 循环

为了更方便理解 while 循环，下面先用"笨"方法实现在 Python 控制台输出 1～10 共 10 个数字。

```
print(1)
print(2)
print(3)
print(4)
print(5)
print(6)
print(7)
print(8)
print(9)
print(10)
```

可以看到，在上面这段代码中，调用了 10 次 print 函数输出了 1～10 共 10 个数字，不过这只是输出了 10 个数字，如果要输出 10 000 个或更多数字呢？显然用这种一行一行写代码的方式实现相当烦琐，下面就该主角 while 循环出场了。

现在就直接用 Python 代码解释一下 while 循环的用法。

```
x = 1
while x <= 10:
    print(x)
    x += 1
```

可以看到，while 关键字的后面是条件表达式，最后用冒号（:）结尾，这说明 while 循环也是一个代码块，因此，在 while 循环内部的语句需要用缩进的写法。

在上面的代码中，首先在 while 循环的前面定义一个 x 变量，初始值为 1。然后开始进入 while 循环。在第 1 次执行 while 循环中的语句时，会用 print 函数输出 x 变量的值，然后 x 变量的值加 1，最后 while 循环中的语句第 1 次执行完毕，然后会重新判断 while 后面的条件，这时 x 变量的值是 2，x <= 10 的条件仍然满足，所以 while 循环将继续执行（第 2 次执行），直到 while 循环执行了 10 次，这时 x 变量的值是 11，x <= 10 不再满足，所以 while 循环结束，继续执行 while 后面的语句。

while 循环是不是很简单呢？其实下一节要介绍的 for 循环也并不复杂，只是用法与 while 循环有一些差异。

## 3.5.2　for 循环

while 循环的功能非常强大，它可以完成任何形式的循环，从技术上说，有 while 循环就足够了，那么为什么还要加一个 for 循环呢？其实对于某些循环，while 仍然需要多写一些代码，为了更进一步简化循环的代码，Python 语言推出了 for 循环。

for 循环主要用于对一个集合进行循环（序列和其他可迭代的对象），每次循环，会从集合中取得一个元素，并执行一次代码块。直到集合中所有的元素都被枚举（获得集合中的每一个元素的过程称为枚举）了，for 循环才结束（退出循环）。

在使用 for 循环时需要使用到集合的概念，由于现在还没有讲到集合，所以本节会给出最简单的集合（列表）作为例子，在后面的章节中，会详细介绍集合与 for 循环的使用方法。

在使用 for 循环之前，先定义一个 keywords 列表，该列表的元素是字符串。然后使用 for 循环输出 keywords 列表中的所有元素值。

```
>>> keywords = ['this', 'is', 'while', 'for','if']    # 定义一个字符串列表
>>> for keyword in keywords:                          # 用 for 循环输出列表中的元素
...     print(keyword)
...
this
is
while
for
if
```

上面这段 for 循环的代码非常好理解，for 语句中将保存集合元素的变量和集合变量用 in 关键字分隔。在本例中，keywords 是集合，当 for 循环执行时，每执行一次循环，就会依次从 keywords 列表中获取一个元素值，直到迭代（循环的另一种说法）到列表中的最后一个元素 if 为止。

可能有的读者会发现，for 循环尽管迭代集合很方便，但可以实现 while 循环对一个变量进行循环吗？也就是说，变量在循环外部设置一个初始值，在循环内部，通过对变量的值不断改变来控制循环的执行。其实 for 循环可以用变通的方式来实现这个功能，可以想象，如果定义一个数值类型的列表，列表的元素值就是 1～10，那么不就相当于变量 x 从 1 变到 10 了吗！

```
>>> numbers = [1,2,3,4,5,6,7,8,9,10]
>>> for number in numbers:
...     print(number, end=" ")              # 输出 1～10 共 10 个数字
...
1 2 3 4 5 6 7 8 9 10 >>>
```

如果使用这种方式，从技术上说是可以实现这个功能的，不过需要手工填写所有的数字太麻烦了，因此，可以使用一个 range 函数来完成这个工作。range 函数有两个参数，分别是数值范围的最小值和最大值加 1。要注意，range 函数会返回一个半开半闭区间的列表，如果要生成 1～10 的列表，应该使用 range(1, 11)。

```
>>> for num in range(1,11): # 用 range 函数生成元素值为 1～10 的列表，并对这个列表进行迭代
...     print(num, end=" ")
...
1 2 3 4 5 6 7 8 9 10 >>>
```

【例 3.7】 本例演示了使用顺序结构、while 循环和 for 循环输出相邻数字的方法，其中 for 循环使用了 range 函数快速生成一个包含大量相邻数字的列表，并对这些列表进行迭代。

**实例位置：PythonSamples\src\chapter3\demo3.07.py**

```python
print(1,end=" ")
print(2,end=" ")
print(3,end=" ")
print(4,end=" ")
print(5,end=" ")
print(6,end=" ")
print(7,end=" ")
print(8,end=" ")
print(9,end=" ")
print(10)

# 用 while 循环输出 1～10
print("用 while 循环输出 1～10")
x = 1
while x <= 10:
    print(x,end=" ")
    x += 1

# 定义一个列表
numbers = [1,2,3,4,5,6,7,8,9,10]
print("\n 用 for 循环输出列表中的值（1～10）")
for num in numbers:
    print(num, end= " ")
# 用 range 函数生成一个元素值从 1～9999 的列表
numbers = range(1,10000)
print("\n 用 for 循环输出列表中的值（1～9999）")
for num in numbers:
    print(num, end= " ")
print("\n 用 for 循环输出列表中的值的乘积（1～99）")
# 用 range 函数生成一个元素值为 0～99 的列表，并对该列表进行迭代
for num in range(100):          # range 函数如果只指定一个参数，产生的列表元素值从 0 开始
    print(num * num, end= " ")
```

程序运行结果如图 3-7 所示。

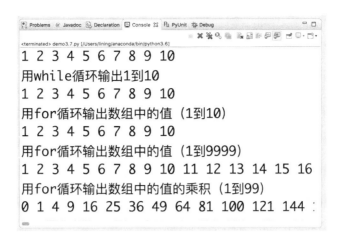

图 3-7　用 while 和 for 循环输出相邻数字

### 3.5.3　跳出循环

在前面介绍的 while 循环中，是通过 while 后面的条件表达式的值确定是否结束循环的，不过在很多时候，需要在循环体内部之间跳出循环，这就要使用到 break 语句。

```
>>> x = 0
>>> while x < 100:
...     if x == 5:
...         break;
...     print(x)
...     x += 1
...
0
1
2
3
4
```

在上面的代码中，while 循环的条件语句是 x < 100，而 x 变量的初始值是 0，因此，如果在 while 循环中，每次循环都对 x 变量值加 1，那么 while 循环会循环 100 次。不过在 while 循环中通过 if 语句进行了判断，当 x 的值是 5 时，执行 break 语句退出循环。所以这个 while 循环只会执行 6 次（x 从 0 到 5），当执行到最后一次时，执行了 break 语句退出 while 循环，而后面的语句都不会调用，所以这段程序只会输出 0 到 4 共 5 个数字。

与 break 语句对应的还有另外一个 continue 语句。与 break 语句不同的是，continue 语句用来终止本次循环，而 break 语句用来彻底退出循环。continue 语句终止本次循环后，会立刻开始执行下一次循环。

```
>>> x = 0
>>> while x < 3:
...     if x == 1:
...         continue;
...     print(x)
...     x += 1
```

```
...
0
```

在上面的代码中，当 x 等于 1 时执行了 continue 语句，因此，if 条件语句后面的所有语句都不会执行，while 循环会继续执行下一次循环。不过这里有个问题，当执行这段代码时，会发现进入死循环了。所谓死循环，是指 while 循环的条件表达式的值永远为 True，也就是循环永远不会结束。死循环是在使用循环时经常容易犯的一个错误。

现在来分析一下这段代码。如果要让 while 循环正常结束，x 必须大于或等于 3，但当 x 等于 1 时执行了 continue 语句，所以 if 语句后面的所有语句在本次循环中都不会被执行了，但 while 循环最后一条语句是 x += 1，这条语句用于在每次循环中将 x 变量的值加 1。但这次没有加 1，所以下一次循环，x 变量的值仍然是 1，也就是说，if 语句的条件永远满足，因此，continue 语句将永远执行下去，所以 x 变量的值永远不可能大于或等于 3 了。最终导致的后果是 while 循环中的语句会永远执行下去，也就是前面提到的死循环。

解决的方法也很简单，只要保证执行 continue 语句之前让变量 x 加 1 即可。或者将 x += 1 放到 if 语句的前面，或放到 if 语句中。

```
>>> x = 0
>>> while x < 3:
...     if x == 1:
...         x += 1                    # 需要在此处为 x 加 1，否则将进入死循环
...         continue
...     print(x)
...     x += 1
...
0
2
```

break 和 continue 语句同样支持 for 循环，而且支持嵌套循环。不过要注意，如果在嵌套循环中使用 break 语句，那么只能退出当前层的循环，不能退出最外层的循环。在实例 3.8 中会演示循环更复杂的使用方法。

**【例 3.8】** 本例除了演示 while 和 for 循环的基本用法以外，还在满足一定条件的前提下，通过 break 语句终止了整个 while 和 for 循环，以及使用 continue 语句终止了 while 和 for 语句的本次循环，最后在 while 循环中嵌套了一个 for 循环，从而形成一个嵌套循环，在这个嵌套循环中，输出了二维列表[①]中的所有元素值。在 Python 语句中，嵌套循环可以嵌套任意多层的循环。

**实例位置：PythonSamples\src\chapter3\demo3.08.py**

```
x = 0
while x < 100:                        # 开始 while 循环
    if x == 5:                        # 当 x == 5 时终止循环
        break;
    print(x, end=" ")
    x += 1
names = ["Bill", "Mike", "Mary"]      # 定义一个列表变量
print("\nbreak 语句在 for 循环中的应用")
```

---

① 二维列表相当于二维表，可以想象一下 Excel 中的表格。可以把二维列表中的每一个元素值都看成一个一维列表，也就是说，二维列表是一维列表的集合。关于二维列表的具体细节会在后面的章节详细讲解。

```
for name in names:                          # 对 names 列表进行迭代
    if not name.startswith("B"):            # 遇到列表元素值不是以 B 开头的，就终止 for 循环
        break;
    print(name)

print("break 语句在 for 循环中的应用")
for name in names:                          # 对 names 列表进行迭代
    # 遇到列表元素值以 B 开头的，会跳过本次循环，继续执行下一次循环
    if name.startswith("B"):
        continue;
    print(name, end=" ")

print("\n 嵌套循环")
arr1 = [1,2,3,4,5]
arr2 = ["Bill", "Mary", "John"]
arr = [arr1, arr2]                          # 定义一个二维列表变量
i = 0;
while i < len(arr):                         # 使用嵌套循环枚举二维列表中的每一个元素值
    for value in arr[i]:
        print(value, end = " ")            # 输出二维列表中的元素值
    i += 1
    print()
```

程序运行结果如图 3-8 所示。

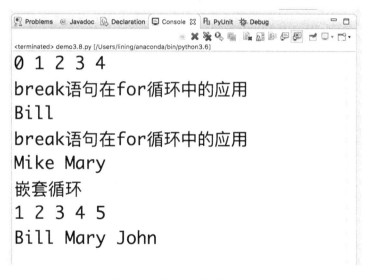

图 3-8　循环演示的输出结果

### 3.5.4　循环中的 else 语句

前面讲过，通过 break 语句可以直接退出当前的循环，但在某些情况下，想知道循环是正常结束的，还是通过 break 语句中断的，如果使用传统的方法，会有如下代码。

```
import random                              # 导入随机数模块
x = 0
break_flag = False                         # 设置是否使用 break 语句中断循环的标志变量
```

```
while x < 10:
    x += 1
    if x == random.randint(1,20):      # 产生一个 1 到 20 的随机整数
        break_flag = True              # 如果循环中断，将标志设为 True
        print(x)
        break;
    if not break_flag:                 # 如果标志为 False，表示循环是正常退出的
        print("没有中断 while 循环")
```

其实有更简单的写法，就是为 while 循环加一个 else 子句，else 子句的作用仅仅是 while 正常退出时执行（在循环中没有执行 break 语句）。else 子句可以用在 while 和 for 循环中。else 子句在循环中的用法请详见实例 3.9。

【例 3.9】 本例会在 while 和 for 语句中加上 else 子句，并通过一个随机整数决定是否执行 break 语句退出循环。如果程序是正常退出循环的（条件表达为 False 时退出循环），会执行 else 子句代码块。

**实例位置：PythonSamples\src\chapter3\demo3.09.py**

```
x = 0
while x < 10:
    x += 1
    if x == random.randint(1,20):
        print(x)
        break;
else:                                  # while 循环的 else 子句
    print("没有中断 while 循环")

numbers = [1,2,3,4,5,6]
for number in numbers:
    if number == random.randint(1,12):
        print(number)
        break;
else:                                  # for 循环的 else 子句
    print("正常退出循环")
```

要注意，由于这段代码使用了随机整数，所以每次执行的结果可能会不一样。例如，图 3-9 就是一种运行结果。

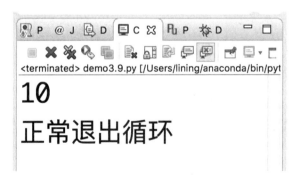

图 3-9　在循环中使用 else 子句

# 3.6　使用 exec 和 eval 执行求值字符串

使用过 JavaScript 语言的读者应该对其中的 eval 函数印象深刻。eval 函数可以将一个字符串当作 JavaScript 代码执行，也就是说，可以动态执行 JavaScript 代码。其实 Python 语言也有类似的功能，这就是 exec 函数。

```
>>> exec('i = 20')
>>> exec('print(i)')
20
>>> print(i * i)
400
```

可以看到上面的代码中，调用了两次 exec 函数，该函数的参数是字符串类型的值，在本例中是两句合法的 Python 语句。exec 函数成功地执行了这两条语句，并输出了最终的结果。从这一点可以看出，exec 函数不仅可以执行 Python 代码，还可以共享上下文，而且通过 exec 函数执行 Python 代码，与直接通过 Python 解释器执行是完全一样的。上下文都是共享的。所以最后用 print 函数输出 i * i 的结果是 400。

不过使用 exec 函数执行 Python 代码要注意，尽可能不要让用户可以在全局作用域下执行 Python 代码，否则可能会与命名空间冲突。

```
>>> from random import randint
>>> randint(1,20)
11
>>> exec('randint = 30')
>>> randint(1,20)
Traceback (most recent call last):
  File "<stdin>", line 1, in <module>
TypeError: 'int' object is not callable
```

在上面的代码中，导入了 random 模块中的 randint 函数，该函数用于返回一个随机整数。但在用 exec 函数执行的 Python 代码中，将 randint 函数作为一个变量赋值了，因此在后面的代码中就无法使用 randint 函数随机生成整数了。为了解决这个问题，可以为 exec 函数指定第 2 个参数值，用来表示放置 exec 函数执行的 Python 代码的作用域（一个字典）。

```
>>> from random import randint
>>> randint(1,20)
5
>>> scope={}
>>> exec('randint = 30',scope)
>>> randint(1,20)
1
>>> scope.keys()
dict_keys(['__builtins__', 'randint'])
```

可以看到，在上面的代码中，为 exec 函数指定了第 2 个参数（一个字典[①]类型的变量）。这时 randint

---

　　① 字典是集合的一种，通过关键字（key）查找值（value），在 Python 语言中用一对花括号（{}）定义字典变量，key 和 value 之间用冒号（:）分隔，多个 key-value 之间用逗号分隔。关于字典的详细信息会在后面的章节介绍。

= 30 设置的 randint 变量实际上属于 scope，而不是全局的，所以与 randint 函数并没有冲突。使用 scope.keys 函数查看 scope 中的 key，会看到 randint。

其实 exec 函数还有第 3 个参数，用于为 exec 函数要指定的 Python 代码传递参数值。

```
>>> a = 20
>>> args = {'a':20,'b':30}
>>> scope = {}
>>> exec('print(a + b)', scope, args)
50
```

在上面的代码中，exec 函数要执行的代码是 print(a + b)，这里的 a 和 b 是两个变量，不过这两个变量的定义代码并不是由 exec 函数执行的，而是在调用 exec 函数前通过 args 定义的，args 是一个字典，其中有两个 key：a 和 b，它们的值分别是 20 和 30。exec 会根据字典的 key 对应要执行代码中的同名变量，如果匹配，就会将字典中相应的值传入要执行的代码。

在 Python 语言中还有另外一个函数 eval。这个函数与 exec 函数类似，只是 eval 是用于执行表达式的，并返回结果值。而 exec 函数并不会返回任何值，该函数只是执行 Python 代码。可以利用 eval 函数的特性实现一个可以计算表达式的计算器。另外，eval 也可以像 exec 函数一样，指定 scope 和为要执行的代码传递参数值。

```
>>> eval('1 + 2 - 4')
-1
>>> eval('2 * (6 - 4)')
4
>>> scope={'x':20}
>>> args={'y':40}
>>> eval('x + y', scope, args)
60
```

【例 3.10】 本例将利用 exec 函数实现一个 Python 控制台。可以在控制台中输入任意多条 Python 语句，然后按 Enter 键执行前面输入的所有 Python 语句。

**实例位置：PythonSamples\src\chapter3\demo3.10.py**

```
scope = {}
codes = ""                    # 用于保存输入的所有代码
print(">>>",end="")           # 输出 Python 控制台提示符
while True:
    code= input("")           # 输入每一行代码
    if code == "":            # 如果输入的是空串，会执行以前输入的所有 Python 代码
        exec(codes, scope)    # 执行以前输入的所有 Python 代码
        codes = ""            # 重置 codes 变量，以便重新输入 Python 代码
        print(">>>",end="")   # 继续输出 Python 控制台提示符
        continue              # 忽略后面的代码
    codes += code + "\n"      # 将输入的每一行代码首尾连接，中间换行
```

这个 Python 控制台程序与执行 python 命令进入的控制台程序类似，只是并不像 python 命令进入的 Python 控制台一样输入一条语句就执行一条语句，而是输完一起执行。

程序运行结果如图 3-10 所示。

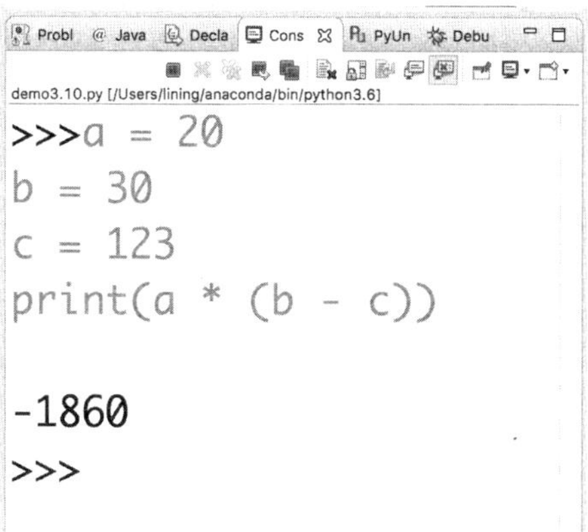

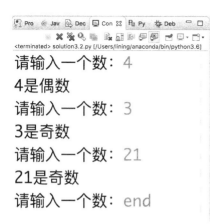

```
>>>a = 20
b = 30
c = 123
print(a * (b - c))

-1860
>>>
```

图 3-10　自制 Python 控制台

## 3.7　小结

本章主要介绍了流程控制语句（条件语句和循环语句），也可以将这种语句称为复合语句。通过设定条件，可以让程序沿着某个路径运行，并在一定条件下，不断重复执行某段程序，直到条件为 False 时退出循环。直到现在为止，Python 程序最基础的部分才算告一段落，有了流程控制语句，就可以通过更复杂的操作控制后面介绍的数据结构（列表、对象、集合等）。

## 3.8　实战与练习

本章练习题，除了配有答案（源代码）外，还会在赠送的视频课程中讲解。

1. 编写 Python 程序，实现判断变量 x 是奇数还是偶数的功能。

答案位置：PythonSolutions\src\chapter3\practice\solution3.1.py

2. 改写第 1 题，变量 x 需要从 Python 控制台输入，然后判断这个 x 是奇数还是偶数，并且需要将这一过程放到循环中，这样可以不断输入要判断的数值。直到输入 end 退出循环。输入过程如图 3-11 所示。

```
请输入一个数：4
4是偶数
请输入一个数：3
3是奇数
请输入一个数：21
21是奇数
请输入一个数：end
```

图 3-11　判断 x 是奇数还是偶数的输入过程

答案位置：PythonSolutions\src\chapter3\practice\solution3.2.py

3. 编写 Java 程序，使用 while 循环打印一个菱形。菱形要星号（∗）打印。菱形的行数需要从 Python 控制台输入。行数必须是奇数。

当输入 3 时，会打印出如图 3-12 所示的菱形；当输入 11 时，会打印出如图 3-13 所示的菱形。

图 3-12　打印 3 行菱形

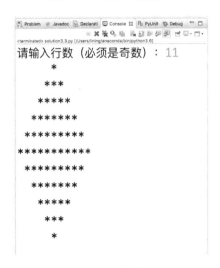

图 3-13　打印 11 行菱形

答案位置：PythonSolutions\src\chapter3\practice\solution3.3.py

4. 利用 Python 语言中的 eval 函数编写一个控制台版的计算器，可以计算 Python 表达式，并输出计算结果。需要通过循环控制计算器不断重复输入表达式，直到输入 end，退出计算器。输入过程如图 3-14 所示。

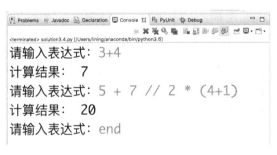

图 3-14　计算器输入过程演示

答案位置：PythonSolutions\src\chapter3\practice\solution3.4.py

# 第 4 章

# 列表和元组

本章将学习一个新的概念：数据结构。数据结构是通过某种方式组织在一起的数据元素的集合，这些数据元素可以是任何数据类型，如数值、字符串、字符、布尔类型等。在 Python 语言中，最基本的数据结构是序列（sequence）。序列的每一个元素都被分配一个编号，可以称这个编号为索引。序列的第 1 个元素的索引为 0，第 2 个元素的索引为 1，以此类推。Python 语言内建了一些序列，本章会介绍其中两种序列：列表和元组。

通过阅读本章，您可以：

- ❑ 了解 Python 语言中的序列
- ❑ 掌握序列的分片操作
- ❑ 掌握序列的加法操作
- ❑ 掌握与序列相关的函数
- ❑ 掌握列表的赋值、删除元素以及列表分片赋值
- ❑ 掌握列表中的方法
- ❑ 了解元组的概念以及与列表的区别
- ❑ 了解为什么 Python 语言要加入元组
- ❑ 掌握如何将列表转换为元组

## 4.1 定义序列

本节将介绍一下在 Python 语言中如何定义序列。定义序列的语法与 Java 中的数组类似，使用一对中括号将序列中的元素值括起来。

【例 4.1】 创建一个元素类型是字符串的序列，实现代码如下：

```
names = ["Bill", "Mary", "Jack"]
```

同一个序列，不仅可以包含相同类型的值，还可以包含不同类型的值。

【例 4.2】 在一个序列中放置不同类型的值，实现代码如下：

```
values = ["Bill", 30,12.5, True]
```

在上面的代码中，values 序列中包含了 4 个元素值，这 4 个元素值是不同的数据类型，分别是字符串（"Bill"）、整数（30）、浮点数（12.5）和布尔类型。

序列的每一个元素还可以是另外一个序列，其实这么定义就相当于一个二维或多维数组。

【例 4.3】 创建一个二维序列，每一个序列的元素值的类型是一个序列。

实例位置：**PythonSamples\src\chapter4\demo4.01.py**

```python
names = ["Bill", "Mike"]
numbers = [1,2,3,4,5,6]
salary=[3000.0,4000.0,5000.0]
flags = [True,False,True,True]
values = [names,numbers,salary,flags,['a','b']]      # 创建二维序列
for value in values:                                 # 输出二维序列
    print(value)
```

程序运行结果如图 4-1 所示。

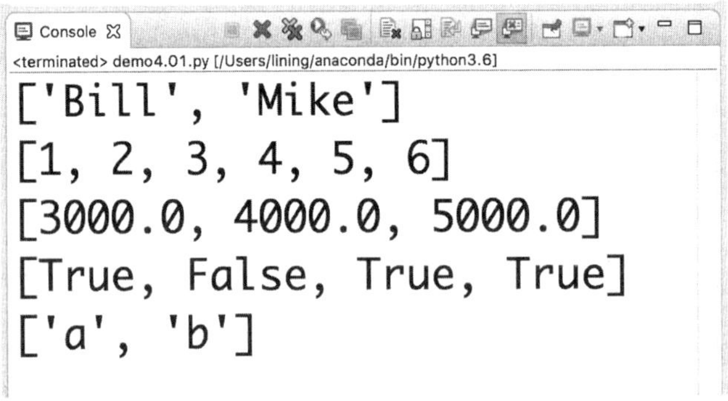

图 4-1   输出二维序列

在上面的代码中，定义了 4 个序列（names、numbers、salary 和 flags），然后把这 4 个序列作为 values 序列的元素值，而且 values 的最后一个元素是直接指定的字符类型的序列。所以 values 序列共有 5 个元素值，每一个元素值都是一个序列，而且这些序列的元素个数都不相同。这也就形成了一个锯齿形状的序列。

## 4.2   序列的基本操作

序列支持很多特定的操作，这些操作所有类型的序列都可以使用。如通过索引引用序列元素（indexing）、分片（slicing）、加（adding）、乘（multiplying）以及检查某个元素是否属于序列的成员，除此之外，Python 语言还可以计算序列的长度，找出最大元素和最小元素，以及对序列的迭代。

### 4.2.1   通过索引操作序列元素

序列中的所有元素都是有编号的，编号从 0 开始递增。序列中的所有元素都可以通过编号访问，这个编号被称为索引。

【例 4.4】 访问并输出序列 names 中的第 1 个和第 3 个元素。

实例位置：**PythonSamples\src\chapter4\demo4.02.py**

```python
names = ["Bill", "Mary", "Jack"]
print(names[0])                    # 运行结果：Bill
print(names[2])                    # 运行结果：Jack
```

程序运行结果如图 4-2 所示。

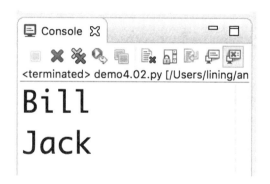

图 4-2  通过索引获取序列中的元素值

在上面的代码中,通过索引 0 和索引 2,分别获取了 names 序列中的第 1 个和第 3 个元素值。Python 语言中的字符串也可以通过索引获取特定的字符。

**【例 4.5】** 通过索引获取并输出字符串 s 中的第 1 个和第 4 个字符, 以及获取 Apple 的第 3 个字符。

**实例位置:PythonSamples\src\chapter4\demo4.03.py**

```python
s = "Hello World"
print(s[0])                    # 运行结果: H
print(s[3])                    # 运行结果: l
print("Apple"[2])              # 运行结果: p
```

程序运行结果如图 4-3 所示。

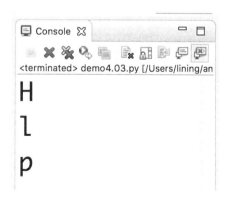

图 4-3  通过索引获取字符串中特定的字符

在上面的代码中, 通过索引 0 和索引 3, 分别获取了字符串 s 中的第 1 个和第 4 个字符。然后通过索引 2 获取了字符串 Apple 的第 3 个字符。

通过 input 输入的字符串也可以通过索引引用其中的某个字符。

**【例4.6】** 输入一个年份,如果只对年份的最后一个字符感兴趣,获取使用索引截取年份的最后一位数字。

**实例位置:PythonSamples\src\chapter4\demo4.04.py**

```python
fourth = input('请输入年份: ')[3]
print(fourth)
```

程序运行结果如图 4-4 所示。

Console
<terminated> demo4.04.py [/Users/lining/anaconda/bin/p
请输入年份：2021
1

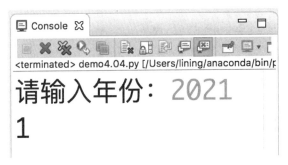

图 4-4 截取年份的最后一位数字

如果索引是 0 或正整数，那么 Python 语言会从序列左侧第 1 个元素开始取值；如果索引是负数，那么 Python 语言会从序列右侧第 1 个元素开始取值。序列最后一个元素的索引是−1，倒数第 2 个元素的索引是−2，以此类推。

**【例 4.7】** 通过索引获取 names 序列中的第 1 个元素值，以及通过负数索引获取 names 序列中倒数第 1 个和倒数第 2 个元素值。

**实例位置：PythonSamples\src\chapter4\demo4.05.py**

```
names = ["Bill", "Mary", "Jack"]
print(names[0])                  # 运行结果：Bill
print(names[-1])                 # 运行结果：Jack
print(names[-2])                 # 运行结果：Mary
```

程序运行结果如图 4-5 所示。

Console
<terminated> demo4.05.py [/Users/lining/anaconda/bin/p
Bill
Jack
Mary

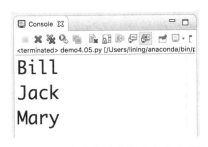

图 4-5 使用负数索引获取序列的元素值

当索引超过序列的索引范围时，会抛出异常。

**【例 4.8】** 使用索引 4 和−4 引用 names 序列中的元素值，这两个索引都超出了 names 序列的索引范围，所以会抛出异常。不过当第 1 个异常抛出时，后面的语句都不会执行了。

**实例位置：PythonSamples\src\chapter4\demo4.06.py**

```
names = ["Bill", "Mary", "Jack"]
print(names[4])                  # 索引超出 names 序列的范围，将导致抛出异常
print(names[-4])                 # 索引超出 names 序列的范围，将导致抛出异常
```

程序运行结果如图 4-6 所示。

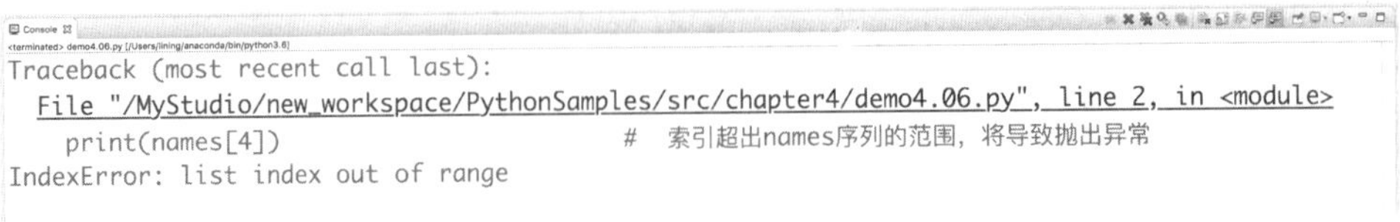
Traceback (most recent call last):
File "/MyStudio/new_workspace/PythonSamples/src/chapter4/demo4.06.py", line 2, in <module>
print(names[4]) # 索引超出names序列的范围，将导致抛出异常
IndexError: list index out of range

图 4-6 索引超出范围，抛出异常

在上面的代码中，无论是索引 4，还是索引-4，都超过了 names 序列索引的范围（-3 <= 索引范围 <= 2），所以会抛出异常。

【例 4.9】　本例要求输入年、月、日，并将月转换为中文输出，如输入的月份是 4，要求输出 "4 月"。

**实例位置：PythonSamples\src\chapter4\demo4.07.py**

```python
# 将中文月份放到序列中
months = [
    '一月',
    '二月',
    '三月',
    '四月',
    '五月',
    '六月',
    '七月',
    '八月',
    '九月',
    '十月',
    '十一月',
    '十二月'
    ]
year = input("年：")                          # 输入年
month = input('月（1-12）: ')                  # 输入月
day = input('日（1-31）: ')                    # 输入日

monthNumber = int(month)                     # 将字符串形式的月转换为数值形式的月

monthName = months[monthNumber - 1]          # 从序列中获取中文的月份
print(year + "年 " + monthName + " " + day + "日")  # 按指定格式输入年月日
```

程序运行结果如图 4-7 所示。

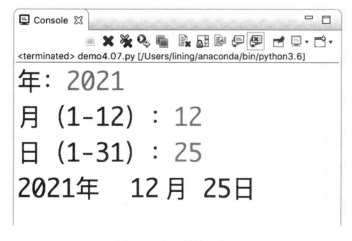

图 4-7　将月转换为中文

## 4.2.2　分片

分片（slicing）操作是从序列 A 中获取一个子序列 B。序列 A 可以称为父序列。从 A 中获取 B，需要指定 B 在 A 中的开始索引和结束索引，因此，分片操作需要指定两个索引。

由于字符串可以看作字符的序列，所以可以用序列的这个分片特性截取子字符串。

【例 4.10】 通过分片操作获取一个 Url 的一级域名和完整的域名。

实例位置：**PythonSamples\src\chapter4\demo4.08.py**

```
url = 'https://geekori.com'
print(url[8:15])                    # 运行结果：geekori
print(url[8:19])                    # 运行结果：geekori.com
```

程序运行结果如图 4-8 所示。

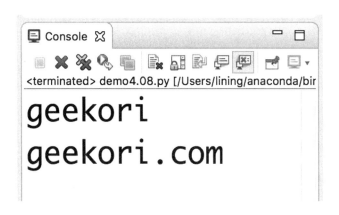

图 4-8　通过分片操作截取域名的一部分

在上面的代码中，使用 url[8:15]来截取 url 中的"geekori"，其中 8 和 15 是 url 中的两个索引。可以看到，两个索引之间要使用冒号（：）分隔。可能有的读者会发现，索引 15 并不是"i"的索引，而是"."的索引，没错，在指定子序列结束索引时，要指定子序列最后一个元素的下一个元素的索引，因此，应该指定"."的索引，而不是"i"的索引。

那么如果子序列的最后一个元素恰好是父序列的最后一个元素该怎么办呢？例如，url 中的最后一个元素是"m"，如果要截取"geekori.com"，子序列的结束索引应该如何指定呢？其实子序列的结束索引只要指定父序列最后一个元素的索引加 1 即可。由于父索引最后一个元素"m"的索引是 18，因此，要截取"geekori.com"，需要指定结束索引为 19，也就是 url[8:19]。

**1．省略子序列的索引**

首先看一个用分片截取数字序列的例子。

【例 4.11】 通过分片操作截取 numbers 序列中的某个子序列。

实例位置：**PythonSamples\src\chapter4\demo4.09.py**

```
numbers = [1,2,3,4,5,6,7,8]
print(numbers[3:5])                 # 运行结果：[4, 5]
print(numbers[0:1])                 # 运行结果：[1]
print(numbers[5:8])                 # 运行结果：[6, 7, 8]
print(numbers[-3:-1])               # 运行结果：[6,7]
```

程序运行结果如图 4-9 所示。

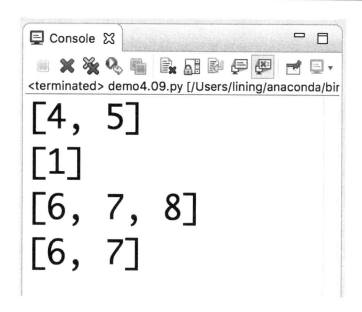

图 4-9　通过分片操作获取子序列

【例 4.12】　通过将结束索引设为 0，获取一个空序列。

**实例位置：PythonSamples\src\chapter4\demo4.10.py**

```
numbers = [1,2,3,4,5,6,7,8]
print(numbers[-3:0])                          # 运行结果：[]
```

程序运行结果如图 4-10 所示。

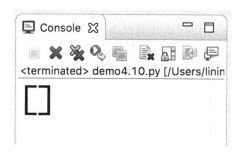

图 4-10　获取空的子序列

　　Python 语言规定，如果结束索引比开始索引晚出现，那么就会返回空序列，在这里索引 0 比索引 −3 晚出现。如果要使用负数作为索引，并且获取的子序列的最后一个元素与父序列的最后一个元素相同，那么可以省略结束索引，或结束索引用正整数。

【例 4.13】　使用负数作为开始索引，并省略结束索引。

**实例位置：PythonSamples\src\chapter4\demo4.11.py**

```
numbers = [1,2,3,4,5,6,7,8]
print(numbers[-3:])                # 省略了结束索引，运行结果：[6, 7, 8]
print(numbers[-3:8])              # 结束索引用了正整数作为索引，运行结果：[6, 7, 8]
```

程序运行结果如图 4-11 所示。

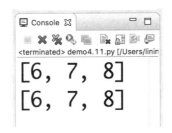

图 4-11　使用负数作为索引

这种省略索引的方式统一适用于开始索引。

【例 4.14】　省略了开始索引。

**实例位置：PythonSamples\src\chapter4\demo4.12.py**

```
numbers = [1,2,3,4,5,6,7,8]
print(numbers[:3])                  # 截取父序列中前 3 个元素作为子序列，运行结果：[1, 2, 3]
```

程序运行结果如图 4-12 所示。

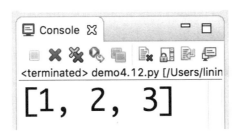

图 4-12　省略了开始索引

如果开始索引和结束索引都不指定，那么会复制整个子序列。

【例 4.15】　下面的代码通过省略开始索引和结束索引，复制了整个序列。

**实例位置：PythonSamples\src\chapter4\demo4.13.py**

```
numbers = [1,2,3,4,5,6,7,8]
print(numbers[:])                   # 复制整个序列，运行结果：[1, 2, 3, 4, 5, 6, 7, 8]
```

程序运行结果如图 4-13 所示。

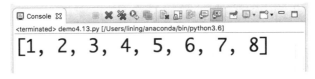

图 4-13　复制整个序列

### 2. 设置步长

在对序列分片时，默认的步长是 1，也就是说，获取的子序列的元素都是相邻的。如果要获取不相邻的元素，就需要指定步长。例如，要获取索引为 1、3、5 的元素作为子序列的元素，就需要将步长设为 2。

【例 4.16】　通过改变分片操作的步长，获取元素不相邻的子序列。

**实例位置：PythonSamples\src\chapter4\demo4.14.py**

```
numbers = [1,2,3,4,5,6,7,8,9]
print(numbers[1:6:2])        # 指定步长为2，运行结果：[2, 4, 6]
```

程序运行结果如图 4-14 所示。

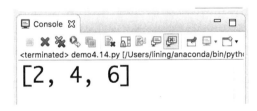

图 4-14　设置分片步长

在上面的代码中，使用 numbers[1:6:2]获取了索引为 1、3、5 的元素作为子序列的元素，其中 2 是步长，可以看到，开始索引、结束索引和步长之间都用冒号分隔（:）。

其实，开始索引、结束索引和步长都是可以省略的。

【例 4.17】　下面的代码在分片时指定步长，但省略了开始索引以及结束索引。

**实例位置：PythonSamples\src\chapter4\demo4.15.py**

```
numbers = [1,2,3,4,5,6,7,8,9]
print(numbers[:7:2])     # 省略了开始索引，运行结果：[1, 3, 5, 7]
print(numbers[::2])      # 省略了开始索引和结束索引，运行结果：[1, 3, 5, 7, 9]
print(numbers[3::2])     # 省略了结束索引，运行结果：[4, 6, 8]
```

程序运行结果如图 4-15 所示。

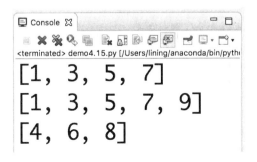

图 4-15　省略开始索引和结束索引

步长不能为 0，但可以是负数。如果步长为 0，则会抛出异常；如果步长是负数，分片会从序列的右侧开始，这时开始索引要大于结束索引。

【例 4.18】　在使用分片步长时，分别使用了负数和 0。

**实例位置：PythonSamples\src\chapter4\demo4.16.py**

```
numbers = [1,2,3,4,5,6,7,8,9]
# 步长为-2，从索引为8的元素开始，一直到索引为3的元素，运行结果：[9, 7, 5]
print(numbers[8:2:-2])
print(numbers[8:2:-1])      # 步长为-1，运行结果：[9, 8, 7, 6, 5, 4]
print(numbers[1:6:0])       # 步长为0，会抛出异常
```

程序运行结果如图 4-16 所示。

```
[9, 7, 5]
[9, 8, 7, 6, 5, 4]
Traceback (most recent call last):
  File "/MyStudio/new_workspace/PythonSamples/src/chapter4/demo4.16.py", line 5, in <module>
    print(numbers[1:6:0])      # 步长为0，会抛出异常
ValueError: slice step cannot be zero
```

图 4-16　步长为 0，抛出异常

在上面的代码中，如果步长为负数，那么分片的开始索引需要大于结束索引。例如，numbers[8:2:–2] 表示从索引为 8 的元素开始，往前扫描，直到索引为 2 的元素的上一个元素，也就是索引为 3 的元素为止。

当然，如果使用负数作为步长，还有一些比较复杂的用法，得出这些用法的分片结果，需要动一下脑筋。

**【例 4.19】** 用负数作为分片步长。

**实例位置：PythonSamples\src\chapter4\demo4.17.py**

```
numbers = [1,2,3,4,5,6,7,8,9]
# 步长为-3，从序列最后一个元素开始，一直到序列第一个元素结束，运行结果：[9, 6, 3]
print(numbers[::-3])
# 步长为-2，从序列的最后一个元素开始，一直到索引为 4 的元素结束，运行结果：[9, 7, 5]
print(numbers[:3:-2])
```

程序执行结果如图 4-17 所示。

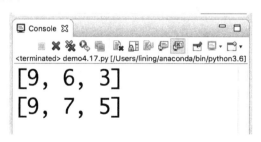

图 4-17　使用负数作为分片步长

**【例 4.20】** 本例要求从 Python 控制台输入一个 Url 和一个数字 n。然后对 Url 分片，获取 Url 的 Scheme 和 Host，最后根据这个数字生成一个包含 1 到 n 的序列，然后对该序列进行两次分片，一次获取序列中的所有奇数，一次获取序列中的所有偶数，并分两行错位显示。

**实例位置：PythonSamples\src\chapter4\demo4.18.py**

```
url = input("请输入一个 Https 网址：")
scheme = url[0:5]                      # 分片获取 Url 中的 Scheme
host = url[8:]                         # 分片获取 Url 中的 Host

print("scheme:", scheme)
print("host:",host)

str = input("请输入一个整数:")
n = int(str);

numbers = range(1,n)                   # 产生包含 1 到 n 的数值类型的序列
```

```
numbers1 = numbers[0::2]              # 分片获取序列中的奇数
numbers2 = numbers[1::2]              # 分片获取序列中的偶数
for number in numbers1:               # 在第 1 行输出所有的奇数
    print(number, end= " ")
print("")
print(" ",end="")
for number in numbers2:               # 在第 2 行错位输出所有的偶数
    print(number, end= " ")
```

程序运行结果如图 4-18 所示。

图 4-18　对字符串和数值序列分片的演示结果

## 4.2.3　序列相加

序列也可以相加，但要注意，这里的相加，并不是相对应的序列元素值相加，而是序列首尾相接。由于字符串属于字符序列，所以字符串相加也可以看作序列相加。但一个字符串不能和一个序列相加，否则会抛出异常。

【例 4.21】　本例演示了两个序列之间的加法，以及序列和字符串之间相加后会抛出异常。

**实例位置：PythonSamples\src\chapter4\demo4.19.py**

```
print([1,2,3] + [6,7,8])     # 运行结果：[1,2,3,6,7,8]
print("Hello" + " world")    # 运行结果：Hello world
print([1,2,3] + ["hello"])   # 把字符串作为序列的一个元素，运行结果：[1,2,3,"hello"]
# 运行结果：[1,2,3, 'h', 'e', 'l', 'l', 'o']
print([1,2,3] + ['h', 'e', 'l', 'l', 'o'])
print([1,2,3] + "hello")     # 抛出异常，序列不能和字符串直接相加
```

程序运行结果如图 4-19 所示。

```
[1, 2, 3, 6, 7, 8]
Hello world
[1, 2, 3, 'hello']
[1, 2, 3, 'h', 'e', 'l', 'l', 'o']
Traceback (most recent call last):
  File "/MyStudio/new_workspace/PythonSamples/src/chapter4/demo4.19.py", line 6, in <module>
    print([1,2,3] + "hello")     # 抛出异常，序列不能和字符串直接相加
TypeError: can only concatenate list (not "str") to list
```

图 4-19　序列加法

可以看到，上面代码中运行最后一条语句会抛出异常，原因是序列和字符串相加。而要想让"hello"和序列相加，需要将"hello"作为序列的一个元素，如["hello"]，然后再和序列相加。两个相加的序列元素的数据类型可以是不一样的，例如，上面代码中第 3 行将一个整数类型的序列和一个字符串类型的序列相加，这两个序列会首尾相接连接在一起。

### 4.2.4　序列的乘法

如果用数字 n 乘以一个序列会生成新的序列，而在新的序列中，原来的序列将被重复 n 次。如果序列的值是 None（Python 语言内建的一个值，表示"什么都没有"），那么将这个序列与数字 n 相乘，假设这个包含 None 值的序列长度是 1，那么就会产生占用 n 个元素空间的序列。

【例 4.22】　本例通过字符串与数字相乘，复制字符串；通过将序列与数字相乘，复制序列。

**实例位置：PythonSamples\src\chapter4\demo4.20.py**

```
# 字符串与数字相乘,运行结果: hellohellohellohellohello
print('hello' * 5)
# 序列与数字相乘,运行结果: [20, 20, 20, 20, 20, 20, 20, 20, 20, 20]
print([20] * 10)
# 将值为 None 的序列和数字相乘, 运行结果: [None, None, None, None, None, None]
print([None] * 6)
```

程序运行结果如图 4-20 所示。

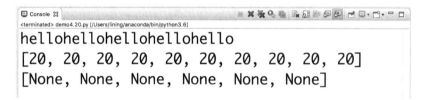

图 4-20　复制字符串和序列

【例 4.23】　本例会利用序列的乘法生成一个 6*11 二维的序列，序列的每一个元素是一个一维的序列，序列中的每一个元素是空格或星号（*），二维序列中的元素会形成一个由星号（*）组成的正三角形。

**实例位置：PythonSamples\src\chapter4\demo4.21.py**

```
spaceNum = 5                    # 表示每一行星号一侧最多的空格数,本例是 5
i = 1
lineSpaceNum =spaceNum          # 表示当前行的前后空格数
triangle = []                   # 二维列表
# 开始生成三角形
while lineSpaceNum >= 0:
    # 生成星号左侧空格序列
    leftSpaceList = [' '] * lineSpaceNum
    # 生成星号列表
    starList = ['*'] * (2 * i - 1)
    # 生成星号右侧空格序列
    rightSpaceList = [' '] * lineSpaceNum
    # 生成每一行的序列
    lineList = leftSpaceList + starList + rightSpaceList
    triangle.append(lineList)
```

```
    lineSpaceNum -= 1
    i += 1
for line in triangle:
    print(line)
```

程序运行结果如图 4-21 所示。

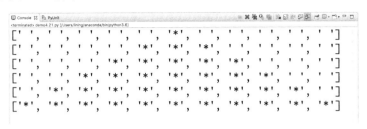

图 4-21 包含正三角形的二维序列

## 4.2.5 检查某个值是否属于一个序列

为了检查某个值是否属于一个序列，可以使用 in 运算符。这个运算符在第 3 章讲解条件语句时曾经提到过，但没有深入讲。因为那时还没有讲到序列和其他集合。

这个运算符是布尔运算符，也就是说，如果某个值属于一个序列，那么 in 运算符返回 True，否则返回 False。

【例 4.24】 在这个例子中利用 in 运算符判断一个字符串是否属于另一个字符串，以及一个值是否属于一个序列。

**实例位置：PythonSamples\src\chapter4\demo4.22.py**

```
str = "I love you"
print("you" in str)              # 运行结果：True
print("hello" in str)            # 运行结果：False
names = ["Bill","Mike","John"]
print("Mike" in names)           # 运行结果：True
print("Mary" in names)           # 运行结果：False
```

程序运行结果如图 4-22 所示。

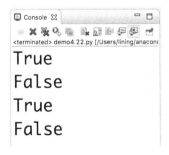

图 4-22 in 运算符

在上面的代码中，通过 in 运算符，检查了"you"和"hello"是否在 str 中，很显然，str 包含"you"，而"hello"并不属于 str，所以前者返回 True，后者返回 False。接下来检查"Mike"和"Mary"是否属于 names 序列，很明显，"Mike"是序列 names 的第 2 个元素，而"Mary"并不是序列 names 的元素，所以前者返回 True，后者返回 False。

【例 4.25】　本例要求从控制台输入用户名和密码，并通过 in 运算符在 account 序列中查找是否存在输入的用户名和密码，如果存在，输出"登录成功"；如果不存在，输出"登录失败"。其实 account 就相当于一个表，里面保存了多条用户记录。

**实例位置：PythonSamples\src\chapter4\demo4.23.py**

```python
account = [                          # 保存了多条用户记录的序列
    ["geekori", "123456"],
    ["bill", "54321"],
    ["superman", "65432"],
    ["androidguy","6543"],
    ["mike435", "65abcd"]
]

username = input("用户名: ")          # 要求输入用户名
password = input("密码: ")            # 要求输入密码
# 用 in 运算符判断一个序列是否属于 account
if [username, password] in account:
    print("登录成功")
else:
    print("登录失败")
```

程序运行结果如图 4-23 所示。

图 4-23　检查输入的用户名和密码是否正确

可以看到，上面的代码中，account 序列的每一个元素也是一个序列（一个二维序列），通过 in 运算符判断某个序列（[username,password]）是否属于 account，如果属于，则返回 True，否则返回 False。

### 4.2.6　序列的长度、最大值和最小值

本节会介绍三个内建函数：len、max 和 min。这三个函数用于返回序列中元素的数量、序列中值最大的元素和值最小的元素。使用 max 和 min 函数要注意一点，就是序列中的每个元素值必须是可比较的，否则会抛出异常。例如，如果序列中同时包含整数和字符串类型的元素值，那么使用 max 和 min 函数将抛出异常。

【例 4.26】　本例测试了 len、max 和 min 函数的用法，在使用 max 和 min 函数时，如果函数参数指定了不同类型的序列或值，并且这些值无法比较，将抛出异常。

**实例位置：PythonSamples\src\chapter4\demo4.24.py**

```
values = [10,40,5,76,33,2,-12]
print(len(values))                      # 运行结果：7
print(max(values))                      # 运行结果：76
print(min(values))                      # 运行结果：-12
print(max(4,3,2,5))                     # 运行结果：5
print(min(6,5,4))                       # 运行结果：4
print(max("abc",5,4))                   # 字符串和数字不能比较，将抛出异常
list = ["x",5,4]
print(min(list))                        # 字符串和数字不能比较，将抛出异常
```

程序的运行结果如图 4-24 所示。

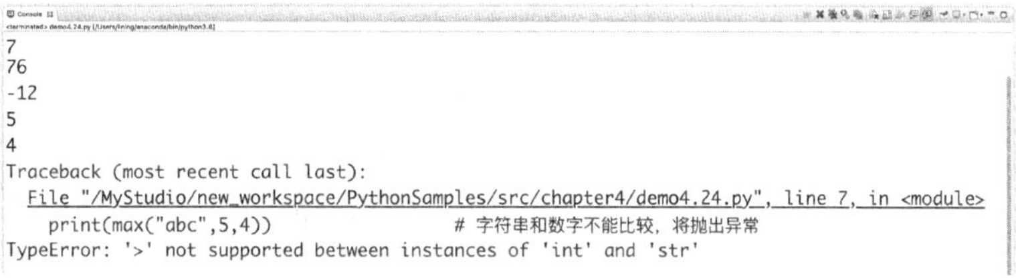

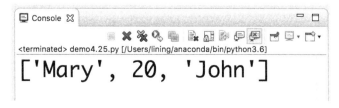

图 4-24  测试 len、max 和 min 函数

从上面的代码中可以看到，max 函数和 min 函数的参数不仅可以是一个序列，还可以是可变参数，这两个函数会返回这些参数中的最大值和最小值。不管 max 和 min 函数的参数是一个序列，还是可变参数，每一个值都必须是可比较的，否则会抛出异常。

## 4.3  列表的基本操作

列表可以使用所有适用于序列的标准操作，例如索引、分片、连接和乘法。但列表还有一些属于自己的操作，如修改列表本身的操作，这些操作包括元素赋值、元素删除、分片赋值以及下一节要讲的列表方法。

### 1. 列表元素赋值

如果要修改列表中的某一个元素，可以像使用数组一样对列表中的特定元素赋值，也就是使用一对中括号指定元素在列表中的索引，然后使用赋值运算符（=）进行赋值。

【例 4.27】 本例修改了列表 s 中的前两个元素值。

实例位置：**PythonSamples\src\chapter4\demo4.25.py**

```
s = ["Bill", "Mike", "John"]
s[0] = "Mary"
s[1] = 20
print(s)                # 运行结果：['Mary', 20, 'John']
```

程序运行结果如图 4-25 所示。

图 4-25  修改列表中特定的元素值

在上面的代码中，通过列表的元素赋值操作，修改了列表 s 中的前两个元素，第 1 个元素修改成了“Mary”，第 2 个元素修改成了 20。

在列表元素赋值的操作中，列表索引可以是负数，在这种情况下，会从列表最后一个元素开始算起。例如，s[−1]表示倒数第 1 个列表元素，s[−2]表示倒数第 2 个列表元素。不过不管列表索引使用正数还是负数，都不能超过索引范围，否则会抛出异常。

**【例 4.28】** 使用超过列表索引范围的索引，会抛出异常。

**实例位置：PythonSamples\src\chapter4\demo4.26.py**

```
s = ["Bill", "Mike", "John"]
s[-1] = "Mary"                          # 修改列表最后一个元素值
print(s)                                # 运行结果：['Bill', 'Mike', 'Mary']
s[3] = "Peter"                          # 索引 3 超出了列表 s 的索引范围（-3 到 2），会抛出异常
s[-3] = "蜘蛛侠"                         # 索引-3 是列表 s 的第 1 个元素，相当于 s[0]
print(s)                                # 运行结果：['蜘蛛侠', 'Mike', 'Mary']
s[-4] = "钢铁侠"                         # 索引-4 超出了列表 s 的索引范围（-3 到 2），会抛出异常
```

程序运行结果如图 4-26 所示。

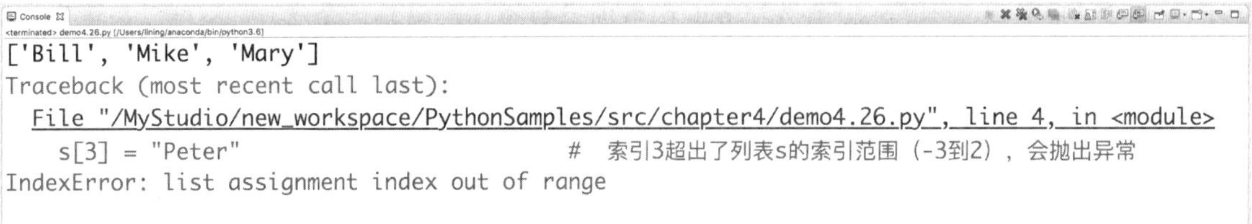

```
Console
<terminated> demo4.26.py [/Users/lining/anaconda/bin/python3.6]
['Bill', 'Mike', 'Mary']
Traceback (most recent call last):
  File "/MyStudio/new_workspace/PythonSamples/src/chapter4/demo4.26.py", line 4, in <module>
    s[3] = "Peter"                  #  索引3超出了列表s的索引范围（-3到2），会抛出异常
IndexError: list assignment index out of range
```

图 4-26 列表赋值操作索引超出范围，抛出异常

### 2. 删除列表元素

从列表中删除元素也很容易，使用 del 语句就可以做到。

```
numbers = [1,2,3,4,5,6,7,8]
del numbers[2]                      # 删除列表 numbers 中的第 3 个元素
```

### 3. 分片赋值

分片赋值和分片获取子列表一样，也需要使用分片操作，也就是需要指定要操作的列表的范围。

**【例 4.29】** 本例将利用分片赋值将列表中的子列表替换成其他列表，并使用 list 函数将字符串分解成由字符组成的列表，并替换字符串中的某一部分。

**实例位置：PythonSamples\src\chapter4\demo4.27.py**

```
s = ["hello", "world","yeah"]
s[1:] = ["a","b","c"]               # 将列表 s 从第 2 个元素开始替换成一个新的列表
print(s)                            # 运行结果：['hello', 'a', 'b', 'c']
name = list("Mike")                 # 使用 list 函数将“Mike”转换成由字符组成的列表
print(name)                         # 运行结果：['M', 'i', 'k', 'e']
name[1:] = list("ary")              # 利用分片赋值操作将“Mike”替换成了“Mary”
print(name)                         # 运行结果：['M', 'a', 'r', 'y']
```

程序运行结果如图 4-27 所示。

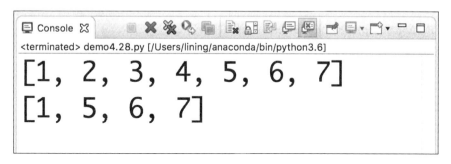

图 4-27 分片赋值替换子列表

上面的代码使用了分片赋值对原列表进行了赋值操作，可以看到，分片赋值是用另一个列表来修改原列表中的子列表。也就是将原列表中的子列表替换成另外一个子列表。而且在赋值时，被替换的子列表和新的子列表可以不等长。例如，["world","yeah"]可以被替换为['a', 'b', 'c']。

可能有很多读者会想到，可以利用这个特性在列表中插入一个列表或删除一些列表元素。

【例 4.30】 本例将利用分片赋值在列表 numbers 中插入一个列表，并删除一些列表元素。

**实例位置：PythonSamples\src\chapter4\demo4.28.py**

```
numbers = [1,6,7]
# 在列表 numbers 中插入一个列表，运行
numbers[1:1] = [2,3,4,5]
print(numbers)
numbers[1:4] = []
print(numbers)
```

程序运行结果如图 4-28 所示。

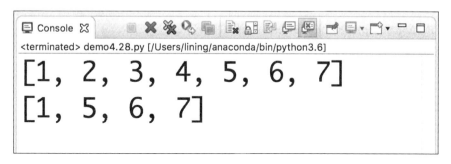

图 4-28 利用分片赋值在列表中插入和删除子列表

在上面的代码中，使用分片赋值操作在列表 numbers 中的 1 和 6 之间插入了列表[2,3,4,5]。numbers[1:1]中冒号（:）前面的数字表示要替换的子列表的第 1 个元素在父列表中的索引，而冒号后面的数字表示子列表下一个元素在父列表中的索引，所以冒号前后两个数字相等，表示不替换列表中的任何元素，直接在冒号前面的数字表示的索引的位置插入一个新的列表。最后使用分片赋值将第 2、3、4 个元素值替换成了空列表，所以最后 numbers 列表的值是[1,5,6,7]。

## 4.4 列表方法

在前面的章节已经接触过了什么是函数，在这里再接触一个概念：方法。其实方法和函数非常类似，只是函数是全局的，而方法需要定义在类中，需要通过对象引用。刚刚说了，只接触一个概念，

这回又蹦出来了类和对象的概念。其实这些概念都是面向对象的核心，尽管现在还没有讲到面向对象的知识，但由于讲解列表必须要涉及这些概念，所以本节才提前抛出了这些概念，不过学习本节的知识，并不需要对这些概念和相关知识有太深入的了解，在后面的章节会详细介绍它们。

本节只要知道，引用一个方法需要使用下面的格式。

对象.方法(参数)

在调用方法时，除了对象要放到方法前面，方法调用与函数调用类似。列表提供了一些方法，用于检查和修改列表中的内容。这些方法及其描述如下：

❑ append：在列表最后插入新的值。

❑ clear：用于清除列表的内容。

❑ copy：用于复制一个列表。

❑ count：用于统计某个元素在列表中出现的次数。

❑ extend：用于在列表结尾插入另一个列表，也就是用新列表扩展原有的列表。有点类似列表相加，不过 extend 方法改变的是被扩展的列表，而列表相加产生了一个新列表。

❑ index：用于从列表中找出某个值第一次出现的索引位置。

❑ insert：用于将值插入到列表的指定位置。

❑ pop：用于移除列表中的元素（默认是最后一个元素），并返回该元素的值。

❑ remove：用于移除列表中某个值的第一次匹配项。

❑ reverse：用于将列表中的元素反向存放。

❑ sort：用于对列表进行排序，调用该方法会改变原来的列表。

【例 4.31】 本例演示了如何使用上面介绍的方法操作列表。

实例位置：**PythonSamples\src\chapter4\demo4.29.py**

```
print("----测试 append 方法-----")
numbers = [1,2,3,4]
numbers.append(5)                    # 将 5 添加到 numbers 列表的最后
print(numbers)                       # 运行结果：[1, 2, 3, 4, 5]
numbers.append([6,7])                # 将列表[6,7]作为一个值添加到 numbers 列表后面
print(numbers)                       # 运行结果：[1, 2, 3, 4, 5, [6, 7]]

print("----测试 clear 方法-----")
names = ["Bill","Mary", "Jack"]
print(names)
names.clear();                       # 清空 names 列表
print(names)                         # 运行结果：[]

print("----测试 copy 方法-----")
a = [1,2,3]
b = a                                # a 和 b 指向了同一个列表
b[1] = 30                            # 修改列表 b 的元素值，a 列表中对应的元素值也会改变
print(a)                             # 运行结果：[1, 30, 3]

aa = [1,2,3]
```

```
bb = aa.copy()                    # bb 是 aa 的副本
bb[1] = 30                        # 修改 bb 中的元素值，aa 中的元素值不会有任何变化
print(aa)                         # 运行结果：[1, 2, 3]

print("----测试 count 方法-----")
search = ["he", "new", "he", "he", "world", "peter",[1,2,3],"ok",[1,2,3]]
# 搜索"he"在 search 出现的次数，运行结果：3
print(search.count("he"))
# 搜索[1,2,3]在 search 出现的次数，运行结果：2
print(search.count([1,2,3]))

print("----测试 extend 方法-----")
a = [1,2,3]
b = [4,5,6]
a.extend(b)                       # 将 b 列表接在 a 列表的后面，extend 方法并不返回值
print(a)                          # 运行结果：[1, 2, 3, 4, 5, 6]

# 如果使用列表连接操作，效率会更低，并不建议使用
a = [1,2,3]
b = [4,5,6]
print(a + b)                      # 运行结果：[1, 2, 3, 4, 5, 6]

# 可以使用分片赋值的方法实现同样的效果
a = [1,2,3]
b = [4,5,6]
a[len(a):] = b
print(a)                          # 运行结果：[1, 2, 3, 4, 5, 6]

print("----测试 index 方法-----")
s = ["I", "love", "python"];
print(s.index("python"))          # 查询"python"的索引位置，运行结果：2
print("xyz 在列表中不存在，所以搜索时会抛出异常.")
#str.index("xyz")                 # 会抛出异常，因为"xyz"在 s 列表中不存在

print("----测试 insert 方法-----")
numbers = [1,2,3,4,5]
numbers.insert(3,"four")          # 在 numbers 列表的第 4 个元素的位置插入一个"four"
print(numbers)                    # 运行结果：[1, 2, 3, 'four', 4, 5]
# 可以使用分片赋值实现同样的效果
numbers = [1,2,3,4,5]
numbers[3:3] = ['four']           # 使用分片赋值在列表中插入另一个列表
print(numbers)                    # 运行结果：[1, 2, 3, 'four', 4, 5]

print("----测试 pop 方法-----")
numbers = [1,2,3]
```

```python
# pop 方法返回删除的元素值
print(numbers.pop())              # 删除 numbers 列表中的最后一个元素值，运行结果：3
print(numbers.pop(0))             # 删除 numbers 列表中的第 1 个元素值，运行结果：1
print(numbers)                    # 运行结果：[2]

print("----测试 remove 方法-----")
words = ["he", "new", "he", "yes", "bike"]
words.remove("he")                # 删除 words 列表中的第 1 个"he"
print(words)                      # 运行结果：['new', 'he', 'yes', 'bike']
# words.remove("ok")              # 删除不存在的列表元素，会抛出异常

print("----测试 reverse 方法-----")
numbers = [1,2,3,4,5,6]
numbers.reverse()                 # 将 numbers 列表中的元素值倒序摆放
print(numbers)                    # 运行结果：[6, 5, 4, 3, 2, 1]

print("----测试 sort 方法-----")
numbers = [5,4,1,7,4,2]
numbers.sort()                    # 对 numbers 列表中的元素值按升序排序（默认）
print(numbers)                    # 运行结果：[1, 2, 4, 4, 5, 7]

values = [6,5,2,7,"aa","bb","cc"]
# 待排序列表的元素类型必须是可比较的，字符串和数值类型不能直接比较，否则会抛出异常
# values.sort()                   # 抛出异常

# 使用 sort 方法排序，会直接修改原列表，如果要想对列表的副本进行排序，可以使用下面的代码
# 方法 1：使用分片操作
x = [5,4,1,8,6]
y = x[:]
y.sort();                         # 对列表的副本进行排序
print(x)                          # 运行结果：[5, 4, 1, 8, 6]
print(y)                          # 运行结果：[1, 4, 5, 6, 8]

# 方法 2：使用 sorted 函数
x = [7,6,4,8,5]
y = sorted(x)                     # 对 x 的副本进行排序
print(x)                          # 运行结果：[7, 6, 4, 8, 5]
print(y)                          # 运行结果：[4, 5, 6, 7, 8]

# sorted 函数可以对任何序列进行排序，例如对字符串进行排序
print(sorted("geekori"))          # 运行结果：['e', 'e', 'g', 'i', 'k', 'o', 'r']

x = [5,4,1,7,5]
x.sort(reverse=True)              # 对列表 x 中的元素值降序排列
print(x)                          # 运行结果：[7, 5, 5, 4, 1]
```

程序运行结果如图 4-29 和图 4-30 所示。

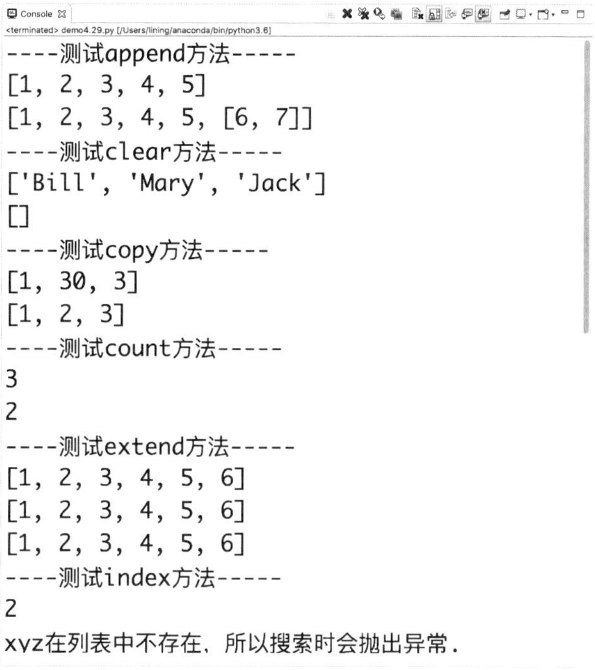

图 4-29　列表方法测试结果 1

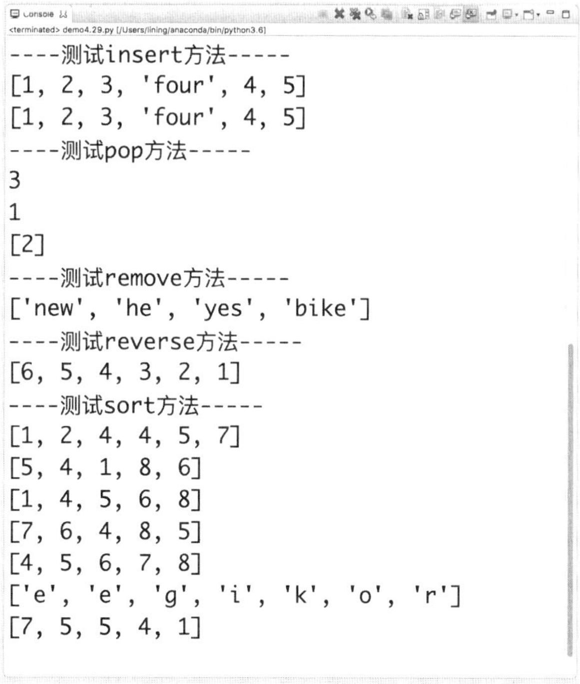

图 4-30　列表方法测试结果 2

## 4.5　元组

　　元组与列表一样，也是一种序列。唯一的不同是元组不能修改，也就是说，元组是只读的。定义元组非常简单，只需要用逗号（,）分隔一些值即可。

```
1,2,3,4,5                        # 创建一个元组
```

当然，也可以将元组用一对圆括号括起来。

```
(1,2,3,4,5)                      # 创建一个元组
```

既然元组中的元素值是用逗号分隔的，那么如何定义只有一个元素的元组呢？当然也是在一个值后面加逗号了（看着很另类）。

```
30,                             # 创建一个只有一个元素值的元组
(12,)                           # 创建一个只有一个元素值的元组
40                              # 只是一个普通的值，并不是元组
```

如果要创建一个空元组（没有任何元素的元组），可以直接用一对圆括号。

```
()                              # 创建一个空的元组
```

如果想将序列转换为元组，可以使用 tuple 函数。

```
value = tuple([1,2,3])          # 将列表[1,2,3]转换为元组（value 变量是元组类型）
```

【例 4.32】 本例演示了如何创建元组，以及如何生成 5 个同样值的元组，最后使用 tuple 函数将列表和字符串转换为元组。

实例位置：**PythonSamples\src\chapter4\demo4.30.py**

```
numbers = 1,2,3                 # 创建元组
print(numbers)                  # 运行结果: (1, 2, 3)

names = ("Bill", "Mike", "Jack")
print(names)                    # 运行结果: ('Bill', 'Mike', 'Jack')


values = 40,                    # 创建一个值的元组
print(values)                   # 运行结果: (40,)

# 生成 5 个同样值的元组
print(5 * (12 + 4,))            # 运行结果: (16, 16, 16, 16, 16)
# 不是元组，就是一个数
print(5 * (12 + 4))             # 运行结果: 80

# 将一个序列转换为元组（tuple 函数）
print(tuple([1,2,3]))           # 运行结果: (1, 2, 3)
print(tuple("geekori"))         # 运行结果: ('g', 'e', 'e', 'k', 'o', 'r', 'i')
```

程序运行结果如图 4-31 所示。

可能有很多读者感到奇怪，Python 语言为什么要加入元组呢？如果要只读的序列，直接用列表不就得了，不修改列表不就是只读的了。如果从技术上来说，这么做是可行的。但有如下两个重要原因，让我们必须使用元组。

（1）元组可以在映射中作为键值使用，而列表不能这么用。关于映射的内容会在后面的章节详细介绍。

（2）很多内建函数和方法的返回值就是元组，也就是说，如果要使用这些内建的函数和方法的返

回值，就必须使用元组。

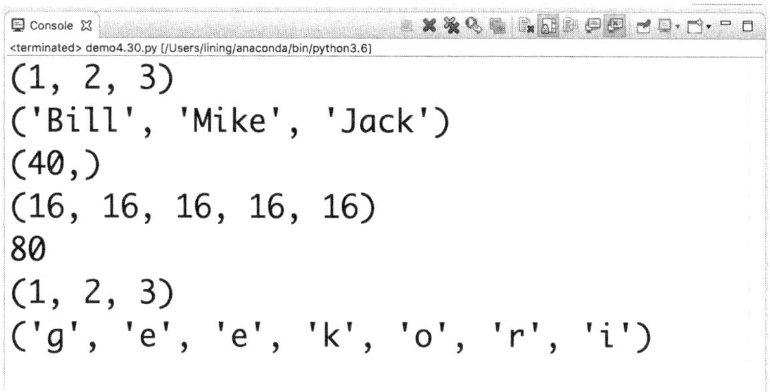

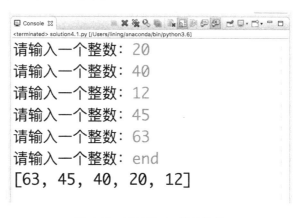

```
(1, 2, 3)
('Bill', 'Mike', 'Jack')
(40,)
(16, 16, 16, 16, 16)
80
(1, 2, 3)
('g', 'e', 'e', 'k', 'o', 'r', 'i')
```

图 4-31　元组操作演示

## 4.6　小结

本章主要介绍了 Python 序列中的列表和元组。这两种数据结构的操作方法类似，只是列表是可读写的，而元组是只读的，还有就是列表和元组的创建方式不同。定义列表，以及引用列表中的元素值等操作和其他编程语言（如 Java、C#）中的数组非常相似，只是 Python 语言中的列表更强大，例如，通过分片操作可以随心所欲地对列表中的元素进行增删改操作。Python 语言之所以加入元组的概念，是因为 Python 语言中很多内建的函数和方法使用了元组，所以不得不使用这个只读的列表（元组）。

## 4.7　实战与练习

本章练习题，除了配有答案（源代码）外，还会在赠送的视频课程中讲解。

1. 编写 Python 程序，通过 Python 控制台输入若干的整数，直到输入 end 结束输入（可以使用 while 或 for 循环），在输入的过程中，将输入的每一个整数追加到 numbers 列表中，然后对 numbers 列表进行降序排列，最后输出 numbers 列表的元素值。

运行程序后，输出结果如图 4-32 所示。

```
请输入一个整数：20
请输入一个整数：40
请输入一个整数：12
请输入一个整数：45
请输入一个整数：63
请输入一个整数：end
[63, 45, 40, 20, 12]
```

图 4-32　练习题 4.1 演示效果

答案位置：PythonSamples\src\chapter4\practice\solution4.1.py

2. 编写 Python 程序，创建两个列表：numbers1 和 numbers2，将 numbers1 中索引从 1 到 3 的元素值追加到 numbers2 列表的结尾，然后对 numbers2 中的元素值进行升序排列，最后输出 numbers 中的所有元素值。

答案位置：PythonSamples\src\chapter4\practice\solution4.2.py

3. 编写 Python 程序，获取列表中的最大值（不要进行排序）。

答案位置：PythonSamples\src\chapter4\practice\solution4.3.py

4. 编写 Python 程序，通过 Python 控制台输入一个大于 1 的整数 n，然后产生一个二维列表。二维列表的尺寸是 n * n。每一个列表元素的值从 1 到 n * n，依次排列。例如，输入的整数是 3，会产生如下的二维列表。

[1,2,3]

[4,5,6]

[7,8,9]

产生完列表后，会互换二维列表中的行列元素值。如将上面的二维列表互换行列值的结果如下：

[1,4,7]

[2,5,8]

[3,6,9]

答案位置：PythonSamples\src\chapter4\practice\solution4.4.py

第 5 章

# 字　符　串

字符串在前面的章节已经多次使用到了，而且我们对字符串的部分操作已经非常熟悉了，例如，字符串连接（相加）、字符串的分片操作等。不过 Python 语言中的字符串远远不止这些功能。例如，可以利用字符串格式化其他的值（如打印特殊格式化的字符串），以及如何通过字符串方法进行查找、分割、搜索等操作。

通过阅读本章，您可以：

❑ 了解字符串的基本操作
❑ 掌握字符串格式化的基本方法
❑ 掌握模板字符串
❑ 掌握更高级的字符串格式化方法
❑ 掌握字符串的常用方法（如 center、find、join 等）

## 5.1　字符串的基本操作

所有标准的序列操作（索引、分片、乘法、判断是否包含值、长度、最大值和最小值）对字符串同样适用，在上一章已经介绍过这些操作了。不过都是分散介绍的，在本节将巩固一下这方面的知识。在使用字符串时要注意，尽管序列的标准操作同样适合于字符串，但字符串却是只读的，这一点和元组相同。

【例 5.1】　本例会对字符串应用序列的标准操作。

实例位置：**PythonSamples\src\chapter5\demo5.01.py**

```python
s1 = "hello world"
# 在字符串中使用索引
print(s1[0])                    # 获取 s1 的第 1 个字符，运行结果：h
print(s1[2])                    # 获取 s1 的第 3 个字符，运行结果：l
# 在字符串中使用分片
print(s1[6:9])                  # 获取 s1 从第 7 个字符往后的 3 个字符，运行结果：wor
print(s1[6:])                   # 获取 s1 从第 7 个字符后的所有字符，运行结果：world
print(s1[::2])                  # 在 s1 中每隔一个取一个字符，运行结果：hlowrd

s2  = "abc"
# 在字符串中使用乘法
print(10 * s2)                  # 运行结果：abcabcabcabcabcabcabcabcabcabc
print(s2 * 5)                   # 运行结果：abcabcabcabcabc
# 在字符串中使用 in 运算符
```

```
print('b' in s2)                    # 运行结果：True
print('x' not in s2)                # 运行结果：True

print(len(s1))                      # 获取 s1 的长度，运行结果：11
print(min(s2))                      # 获取 s2 中按 ASCII 值计算最小的字符，运行结果：a
print(max(s2))                      # 获取 s2 中按 ASCII 值计算最大的字符，运行结果：c
```

程序运行结果如图 5-1 所示。

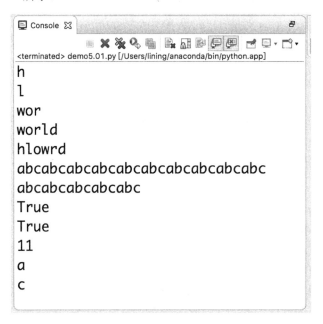

图 5-1　将序列的标准操作应用于字符串

## 5.2　格式化字符串

尽管在前面的章节已经多次使用过字符串了，但只是用到了字符串中的一点皮毛，而字符串中最核心的功能就是字符串格式化。Python 语言提供了对字符串格式化强大的支持，完全可以用四个字来形容 Python 语言中的字符串格式化：随心所欲。下面就看看 Python 语言到底对字符串格式化提供了哪些支持吧。

### 5.2.1　字符串格式化基础

字符串格式化相当于字符串模板。也就是说，如果一个字符串有一部分是固定的，而另一部分是动态变化的，那么就可以将固定的部分做成模板，然后那些动态变化的部分使用字符串格式化操作符（％）①替换。如一句问候语："Hello 李宁"，其中"Hello"是固定的，但"李宁"可能变成任何一个人的名字，如"乔布斯"，所以在这个字符串中，"Hello"是固定的部分，而"李宁"是动态变化的部分，因此，需要用"％"操作符替换"李宁"，这样就形成了一个模板。

```
Hello %s
```

---

① ％运算符也可以作为取模运算符使用，不过在这里是要替换字符串中的一部分。

上面的代码中，"%"后面的 s 是什么呢？其实字符串格式化操作符后面需要跟着动态值的数据类型，以及更细节的格式（如对于浮点数来说，小数点后要保留几位），这里的"%s"表示动态部分要被替换成字符串类型的值。如果在字符串模板中有多个要被替换的部分，需要按顺序用"%"表示，然后在格式化字符串时，传入的值也要符合这个顺序。例 5.2 演示了格式化字符串的基本用法。

【例 5.2】　本例首先定义了一个字符串模板，然后传入了两个字符串类型的值来格式化字符串，最后将格式化后的字符串输出。

**实例位置：PythonSamples\src\chapter5\demo5.02.py**

```
# 定义字符串模板
formatStr = "Hello %s. Today is %s, Are there any activities today?"
# 初始化字符串格式化参数值，此处必须使用元组，不能使用列表
values = ('Mike', 'Wednesday')
# 格式化字符串
print(formatStr % values)
```

程序运行结果如图 5-2 所示。

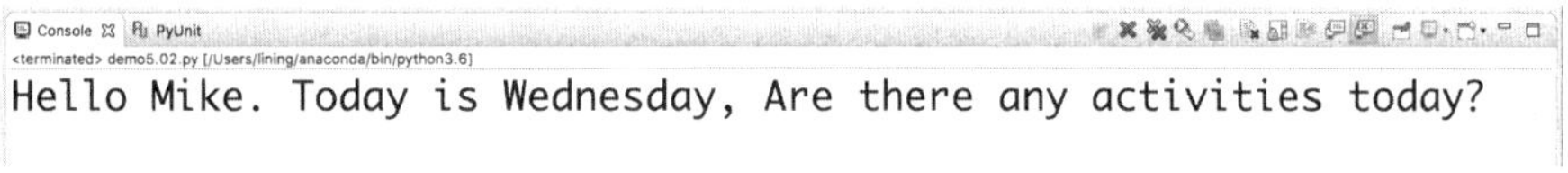

图 5-2　格式化字符串

从上面的代码可以看出，不仅在为字符串模板指定格式化参数时要使用百分号（%），在格式化字符串时，也要像取模一样使用"%"操作符。还有就是指定字符串格式化参数值要使用元组，在这里不能使用列表。

在例 5.2 中，只是使用了字符串作为格式化参数，但在实际的应用中，可能会有其他类型的字符串格式化参数。如果遇到这种情况，可以使用 str 函数将这些数据类型的值转换为字符串类型的值，然后再传入字符串模板，这么做在大多数情况下是可行的，但如果要对格式化参数值有更进一步的要求，仅使用 str 函数就做不到了，这就要使用能表示这些数据类型的格式化参数，如"%f"表示浮点类型的格式化参数。

【例 5.3】　在下面代码的字符串模板中包含了字符串、整数和浮点数类型的模板。

**实例位置：PythonSamples\src\chapter5\demo5.03.py**

```
# 在这个字符串模板中，包含了浮点数和整数类型的格式化参数
formatStr1 = "PI 是圆周率,它的值是%.4f（保留小数点后%d 位）"
# 导入 math 模块中的 pi 变量
from math import pi
# 定义与 formatStr1 对应的格式化参数值
values1 = (pi, 4)
# 格式化字符串，运行结果：PI 是圆周率,它的值是 3.1416（保留小数点后 4 位）
print(formatStr1 % values1)
# 在这个字符串模板中，包含了整数和字符串类型的格式化参数
formatStr2 = "这件事的成功率是%d%%，如果有%s 参与的话，成功率会提升至%d%%"
values2 = (56, "John",70)
# 运行结果：这件事的成功率是 56%，如果有 John 参与的话，成功率会提升至 70%
print(formatStr2 % values2)
values3 = (66,"Mike")
# 由于指定的参数值的数量和格式化参数的数量不匹配，所以会抛出异常
```

```
print(formatStr2 % values3)
```

程序运行结果如图 5-3 所示。

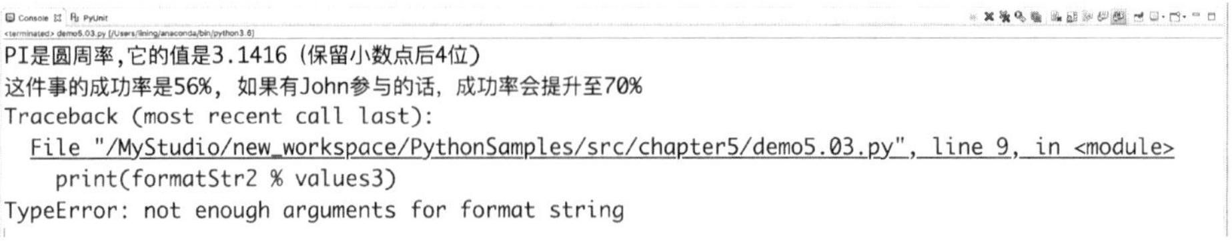

图 5-3　不同数据类型的格式化参数

在上面的代码中，为格式化字符串指定了不同数据类型的格式化参数。如果要在格式化字符串中显示百分号（%），就要使用两个百分号（%%）表示。当传入的参数值的数量与格式化参数的数量不匹配时，就会抛出异常。

## 5.2.2　模板字符串

在 string 模块中提供了一个用于格式化字符串的 Template 类，该类的功能是用同一个值替换所有相同的格式化参数。Template 类的格式化参数用美元符号（$）开头，后面跟着格式化参数名称，相当于变量名。在格式化时，需要使用 Template 类的 substitute 方法，该方法用于指定格式化参数对应的值。

```
from string import Template
template = Template("$s  $s  $s ")
template.substitute(s = "Hello")          # 这种参数被称为关键字参数，会在后面的章节详细介绍
```

在上面的代码中，通过 Template 类的构造方法传入了一个格式化字符串，在这个格式化字符串中包含了三个"$s"，然后调用了 substitute 方法格式化这个字符串，该方法指定了 s 参数值为"Hello"，最后的替换结果是"Hello Hello Hello"，也就是说，在格式化字符串中，有多少个"$s"，就替换多少个"$s"。substitute 方法还可以通过字典（见下一章）设置格式化参数的值。例 5.4 完整地演示了如何使用 Template 类格式化字符串。

【例 5.4】　使用 Template 格式化字符串，当格式化参数是一个字符串的一部分时，需要用一对大括号（{}）将格式化参数变量括起来。

实例位置：**PythonSamples\src\chapter5\demo5.04.py**

```
# 引用 string 模块中的 Template 类
from string import Template
template1 = Template("$s 是我最喜欢的编程语言，$s 非常容易学习，而且功能强大")
# 指定格式化参数 s 的值是 Python
print(template1.substitute(s='Python'))
# 当格式化参数是一个字符串的一部分时，为了和字符串的其他部分区分开，
# 需要用一对大括号将格式化参数变量括起来
template2 = Template("${s}stitute")
print(template2.substitute(s='sub'))

template3 = Template("$dollar$$相当于多少$pounds")
# 替换两个格式化参数变量
print(template3.substitute(dollar=20,pounds='英镑'))
```

```
template4 = Template("$dollar$$相当于多少$pounds")
data = {}
data['dollar'] = 100
data['pounds'] = '英镑'
# 使用字典指定格式化参数值
print(template4.substitute(data))
```

程序运行结果如图 5-4 所示。

图 5-4　使用 Template 类格式化字符串

### 5.2.3　字符串的 format 方法

字符串本身也有一个 format 方法用于格式化当前的字符串。这个 format 方法和前面讲的格式化操作符（%）不太一样。字符串格式化参数并不是用百分号（%）表示，而是用一对大括号（{}），而且支持按顺序指定格式化参数值和关键字格式化参数。例如，下面的代码通过 format 方法按顺序为格式化字符串指定了参数值。

```
print("{} {} {}".format(1,2,3))    # 运行结果：1  2  3
```

可以看到，上面的代码在字符串中指定了三对空的大括号，这代表三个格式化参数，不需要指定数据类型，可以向其传递 Python 语言支持的任何值。通过 format 方法传入三个值（1，2，3），这三个值会按顺序替换格式化字符串中的三对空的大括号。

命名格式化参数是指在一对大括号中指定一个名称，然后调用 format 方法时也要指定这个名称。

```
print("{a} {b} {c}".format(a = 1,c = 2,b = 3))    # 运行结果：1  3  2
```

上面的代码在三对大括号中分别添加了 "a" "b" "c"。通过 format 方法指定了这三个关键字参数的值。可以看到，并没有按顺序指定关键字参数的值。这也是使用关键字参数的好处，只要名字正确，format 参数的顺序可以任意指定。当然，顺序方式和关键字参数方式可以混合使用，而且还可以指定顺序方式中格式化参数从 format 方法提取参数值的顺序，甚至可以取 format 方法参数值的一部分。接连抛出了这么多功能，可能很多读者有点应接不暇了，别着急，例 5.5 演示了 format 方法的一些常用使用方式。

【例 5.5】　本例分别使用一对大括号 "{}"、命名格式化参数和顺序格式化参数 3 种方式格式化字符串。

**实例位置：PythonSamples\src\chapter5\demo5.05.py**

```
# 包含了 2 个空的大括号，format 方法需要按顺序指定格式化参数值
s1 = "Today is {}, the temperature is {} degrees."
# format 方法的第 1 个参数值对应 s1 的第 1 对大括号，第 2 个参数值对应 s1 的第 2 对大括号
# 运行结果：Today is Saturday, the temperature is 24 degrees.
print(s1.format("Saturday", 24))
```

```
# 包含了 2 个命名格式化参数，一个是{week}，另一个是{degree}
s2 = "Today is {week}, the temperature is {degree} degrees."
# format 方法的第 1 个参数指定了{degree}的值，第 2 个参数指定了{week}的值，
# 可以将 degree 和 week 调换，s2.format(week ="Sunday", degree = 22)
# 运行结果：Today is Sunday, the temperature is 22 degrees.
print(s2.format(degree = 22, week ="Sunday"))

# 混合了顺序格式化参数和关键字格式化参数两种方式
s3 = "Today is {week}, {}, the {} temperature is {degree} degrees."
# format 方法的参数，前面应该是按顺序传递的格式化参数值，后面是关键字格式化参数值，顺序不能调换
# 这样做是错误的：s3.format(degree = 22, "aaaaa", 12345, week ="Sunday")
# 运行结果：Today is Sunday, aaaaa, the 12345 temperature is 22 degrees.
print(s3.format("aaaaa", 12345, degree = 22, week ="Sunday"))

# 为顺序格式化参数指定了从 format 方法获取参数值的顺序，{1}表示从 format 方法的第 2 个参数取值
# {0}表示从 format 方法的第 1 个参数取值
s4 = "Today is {week}, {1}, the {0} temperature is {degree} degrees."
# 运行结果：Today is Sunday, 12345, the aaaaa temperature is 22 degrees.
print(s4.format("aaaaa", 12345, degree = 22, week ="Sunday"))

# 定义了一个列表
fullname = ["Bill", "Gates"]
# {name[1]}取 fullname 列表中的第 2 个值（Gates）
# format 方法通过关键字参数，为 name 名字指定了 fullname 列表。运行结果：Mr Gates
print("Mr {name[1]}".format(name = fullname))
# 导入 math 模块
import math
# 访问 math 模块中的“__name__”变量来获取模块的名字，访问 math 模块中的 pi 变量获取 PI 的值
s5 = "The {mod.__name__} module defines the value {mod.pi} for PI"
# format 方法为 mod 关键字参数指定了 math 模块
# 运行结果：The math module defines the value 3.141592653589793 for PI
print(s5.format(mod = math))
```

程序运行结果如图 5-5 所示。

```
Console  PyUnit
<terminated> demo5.05.py [/Users/lining/anaconda/bin/python3.6]
Today is Saturday, the temperature is 24 degrees.
Today is Sunday, the temperature is 22 degrees.
Today is Sunday, aaaaa, the 12345 temperature is 22 degrees.
Today is Sunday, 12345, the aaaaa temperature is 22 degrees.
Mr Gates
The math module defines the value 3.141592653589793 for PI
```

图 5-5　用 format 方法格式化字符串

## 5.2.4　更进一步控制字符串格式化参数

format 方法的功能远不止这些，在一对大括号中添加一些字符串格式化类型符，可以对格式化字符串进行更多的控制。例如，下面的代码会将一个字符串类型的格式化参数值按原样输出、通过 repr

函数输出，以及输出其 Unicode 编码。

```
print("{first!s} {first!r} {first!a}".format(first = "中"))
```

执行这行代码，会输出如下的结果。

```
中 '中' '\u4e2d'
```

除此之外，format 方法还支持很多其他的控制符，例如，可以将整数按浮点数输出，也可以将十进制数按二进制、八进制、十六进制格式输出。例 5.6 演示了如何使用这些控制符格式化字符串。

**【例 5.6】** 下面的代码使用了 s、r、a、f、b、o、x 和%字符串格式化类型符对字符串进行格式化。

**实例位置：PythonSamples\src\chapter5\demo5.06.py**

```
# 运行结果：原样输出：中　调用 repr 函数：'中'　输出 Unicode 编码：'\u4e2d'
print(" 原 样 输 出 : {first!s}　 调 用 repr 函 数 : {first!r}　 输 出 Unicode 编 码 :
{first!a}".format(first = "中"))
# 将 21 按浮点数输出，运行结果：整数：21　浮点数：21.000000
print("整数：{num}　浮点数：{num:f}".format(num = 21))
# 将 56 按十进制、二进制、八进制和十六进制格式输出
# 运行结果：十进制：56　二进制：111000　八进制：70　十六进制：38
print("十进制：{num}　二进制：{num:b}　八进制：{num:o}　十六进制：{num:x}".format(num = 56))
# 将 533 按科学计数法格式输出，运行结果：科学计数法：5.330000e+02
print("科学计数法：{num:e}".format(num = 533))
# 将 0.56 按百分比格式输出，运行结果：百分比：56.000000%
print("百分比：{num:%}".format(num - 0.56))
```

程序运行结果如图 5-6 所示。

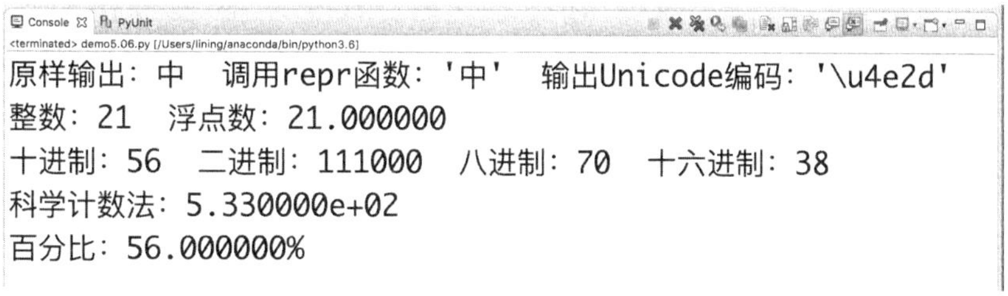

图 5-6　使用控制符对字符串进行格式化

表 5-1 所示是 format 支持的一些常用的字符串格式化类型符。

表 5-1　字符串格式化类型符

| 类型符 | 描　　述 |
| --- | --- |
| a | 将字符串按 Unicode 编码输出 |
| b | 将一个整数格式化为一个二进制数 |
| c | 将一个整数解释成 ASCII |
| d | 将整数格式化为十进制的整数 |
| e | 将十进制数格式化为科学计数法形式，用小写的 e 表示 |
| E | 将十进制数格式化为科学计数法形式，用大写的 E 表示 |
| f | 将十进制整数格式化为浮点数。会将特殊值（nan 和 inf）转换为小写 |
| F | 与 f 的功能相同，只是将特殊值（nan 和 inf）转换为大写 |
| g | 会根据整数值的位数，在浮点数和科学计数法之间，在整数位超过 6 位时，与 e 相同，否则与 f 相同 |

续表

| 类型符 | 描　　述 |
| --- | --- |
| G | 与 g 的功能相同，只是科学计数法中的 E 以及特殊值会大写 |
| o | 将一个整数格式化为八进制数 |
| s | 按原样格式化字符串 |
| x | 将一个整数格式化为十六进制数，字母部分用小写 |
| X | 与 x 的功能相同，只是字母部分用大写 |
| % | 将数值格式化为百分比形式 |

在表 5-1 中提到的 inf 和 nan 是 Python 语言中的特殊值。inf 表示无穷大。float("inf") 表示正无穷，float("-inf")表示负无穷（无穷小）。NaN 可解释为非数字，NaN 既不是无穷大，也不是无穷小，而是无法计算时返回的一个符号，例如，执行下面的代码会格式化 inf 和 NaN。

```
# 运行结果：NAN  inf
print("{:F}  {:f}".format(float("nan"),float("inf")))
```

注意，在使用表 5-1 所示的字符串格式化类型符时需要在前面加上冒号（:）或感叹号（!），大多数类型符加冒号，有一部分（如 a、r）要加感叹号。如{!r}、{!a}，如果写成{r}、{a}会抛出异常。

## 5.2.5　字段宽度、精度和千位分隔符

使用类型符 f 格式化浮点数时，默认在小数点后会保留 6 位数。其实，使用 format 方法也可以让该格式化数值的整数部分占用一个固定的位数，也可以看作控制字段的宽度。例如，使用{num:10}格式化一个数值，可以让该数值靠右对齐，如果数值的长度（整数部分+小数点+小数部分的长度）不足 10 位，那么左边会保留空格。当然，如果数值的长度超过了 10 位，就会按原样显示。

format 方法同样也可以控制一个浮点数显示的小数位数，也就是数值的精度。例如，使用{pi:.2f}可以让 pi 指定的浮点数保留 2 位小数，这种格式与格式化运算符（%）类似。

还可以使用{num:10.2f}让 num 指定的数值既保留 2 位小数，又可以左对齐，不足 10 位左侧补空格。

本节涉及最后一个问题就是千分位分隔符(,)，对于一个特别长的数值，如果不使用千分位分隔符对数值进行分隔，那么就需要一位一位地数了。如果使用{:,}格式化一个数值，那么 format 方法就会为该数值的整数部分加上千分位分隔符。

现在已经了解了如何控制字段的宽度、精度和千分位分隔符，下面通过例 5.7 来实践一下，看看这个格式化方法具体如何应用。

【例 5.7】　在这个例子中通过 format 方法将数值的宽度设为 12，将字符串的宽度设为 10，这样数值和字符串前面都会补空格了（如果长度不足的话）。然后让圆周率 PI 保留小数点后 2 位，并且设置 PI 显示的宽度为 10。再将精度设置应用于字符串中，相当于截取字符串前面 n 个字符。最后，用千分位分隔符显示一个非常大的整数 googol。这是 Google 的由来，表示 10 的 100 次幂。

**实例位置：PythonSamples\src\chapter5\demo5.07.py**

```
# 设置 52 的显示宽度为 12，也就是说，52 的左侧会有 10 个空格
print("{num:12}".format(num = 52))
# 将 "Bill" 的显示宽度设为 10，对于字符串来说，是右补空格，也就是说，"Bill" 右侧会显示 6 个字符
print("{name:10}Gates".format(name="Bill"))
# 从 math 模块导入了 pi
from math import pi
```

```
# 让圆周率 PI 保留 2 位小数
print("float number:{pi:.2f}".format(pi= pi))
# 让圆周率 PI 保留 2 位小数的同时，整个宽度设为 10，如果不足 10 位，会左补空格
print("float number:{pi:10.2f}".format(pi= pi))
# 将精度应用于字符串，{:.5}表示截取 "Hello World" 的前 5 个字符，运行结果：Hello
print("{:.5}".format("Hello World"))
# 用千分位分隔符输出 googol
print("One googol is {:,}".format(10 ** 100))
```

程序运行结果如图 5-7 所示。

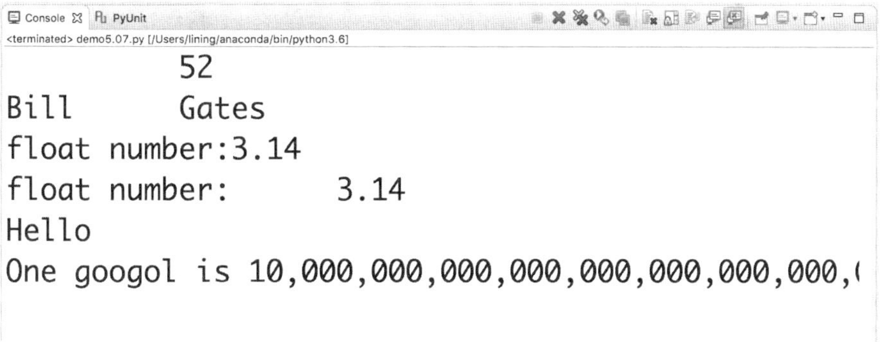

```
Console  PyUnit
<terminated> demo5.07.py [/Users/lining/anaconda/bin/python3.6]
          52
Bill      Gates
float number:3.14
float number:      3.14
Hello
One googol is 10,000,000,000,000,000,000,000,000,0
```

图 5-7　字段宽度、精度和千分位分隔符

## 5.2.6　符号、对齐、用 0 填充和进制转换

在上一节讲到使用 format 方法可以让待格式化的值左侧或右侧补空格，不过这种填空格的效果看上去并不美观，而且一般的用户也分不清前面或后面到底有多少个空格。所以最合适的方式就是在值的前面或后面补 0。例如，如果写一本书，章节超过了 10 章，为了让每一章的序号长度都一样，可以使用 01、02、03、…、11、12 这样的格式。对于 10 以后的章节，按原样输出即可。不过对于 10 以下的章节，就需要在数字前面补一个 0 了。要实现这个功能，就需要使用 {chapter:02.0f}来格式化章节序号。其中，chapter 是格式化参数，第一个 0 表示位数不足时前面要补 0；2 表示整数部分是 2 位数字；第 2 个 0 表示小数部分被忽略；f 表示以浮点数形式格式化 chapter 指定的值。

```
# 运行结果：第 04 章
print("第{chapter:02.0f}章".format(chapter = 4));
```

如果想用 format 方法控制值的左、中、右对齐，则可以分别使用 "<" "^" 和 ">"。

```
# 让 1、2、3 分别以左对齐、中对齐和右对齐方式显示
print('{:<10.2f}\n{:^10.2f}\n{:>10.2f}'.format(1,2,3))
```

不管是哪种方式对齐（左、中、右），在很多情况下，值的总长度要比指定宽度小，在默认情况下，不足的位要补空格，但也可以通过在 "<" "^" 和 ">" 前面加符号，让这些不足的位用这些符号替代空格补齐。

```
# "井号" 在宽度为 20 的区域内中心对齐，并左右两侧添加若干个井号（#），两侧各添加 8 个井号
# 运行结果：######## 井号 ########
print("{:#^20}".format(" 井号 "))
```

对于需要在前面显示负号的数值，如-3、-5。可以通过在等号（=）前面加上字符，以便在负号

和数值之间加上特殊符号。

```
# 在 5.43 和负号（-）之间显示 "^"，运行结果：-^^^^^5.43
print("{0:^=10.2f}".format(-5.43))
```

最后讨论一下数制转换。如果将十进制分别转换为二进制、八进制和十六进制的数，需要分别使用 "b"、"o" 和 "x" 类型符。如下面的代码将 43 转换为二进制的数。

```
# 运行结果：101011
print("{:b}".format(43))
```

【例 5.8】 本例通过控制台输入了位数等数值，通过 format 方法完成补零、对齐、填充字符、进制转换等操作。

**实例位置：PythonSamples\src\chapter5\demo5.08.py**

```
# 从 matho 模块导入 pi
from math import pi
# 让圆周率 PI 保留小数点后 3 位数，并在长度为 12 的区域输出，前面补零
# 运行结果：00000003.142
print("{pi:012.3f}".format(pi = pi))
# 从控制台输入一个数值，表示章节的位数，假设本例输入的是 4
numStr = input("请输入章节序号的位数：")
# 将输入的字符串转换为整数
num = int(numStr)
# 格式化输出章节序号，其中章的序号宽度使用了从控制台输入的值，节的序号宽度使用了 3
# 运行结果：第 0001 章，第 002 节
print("第{:0{num}.0f}章，第{:03.0f}节".format(1,2,num = num))
# 以左对齐、中对齐和右对齐方式在宽度为 10 的区域显示圆周率 PI，不足位补空格
print('{0:<10.2f}\n{0:^10.2f}\n{0:>10.2f}'.format(pi))
# 在宽度为 20 的区域居中显示 "美元"，并在 "美元" 两侧显示 "$"
# 运行结果：人民币 ￥￥￥￥￥￥￥￥￥￥￥￥
print("{:$^20}".format(" 美元 "))
# 在宽度为 20 的区域左侧显示 "人民币"，并在 "人民币" 右侧显示 "￥"
# 运行结果：人民币 ￥￥￥￥￥￥￥￥￥￥￥￥￥
print("{:￥<20}".format(" 人民币 "))
# 在宽度为 10 的区域显示圆周率 PI 的负数形式，并保留小数点后 2 位，
# 通过等号（=）设置了负号（-）和 PI 直接显示的字符，默认是空格
# 运行结果：-     3.14
print("{0:=10.2f}".format(-pi))
# 从控制台输入一个符号，该符号会填充负号（-）和 PI 之间的区域，假设本例输入的是 "%"
sign = input("请输入在数值前面输出的符号：")
# 通过等号（=）设置在负号和 PI 之间填充的符号
# 运行结果：-%%%%3.14
print("{0:{sign}=10.2f}".format(-pi,sign = sign))
# 从控制台输入一个十进制整数，假设本例输入的是 17
numStr = input("请输入要转换为二进制和十六进制的数：")
num = int(numStr)
# 将十进制整数转换为二进制数，运行结果：10001
print("{:b}".format(num))
# 将十进制整数转换为二进制数，前面加 "0b"，运行结果：0b10001
print("{:#b}".format(num))
# 将十进制整数转换为十六进制数，运行结果：11
print("{:x}".format(num))
```

```
# 将十进制整数转换为十六进制数，前面加 "0x"，运行结果：0x11
print("{:#x}".format(num))
```

程序运行结果如图 5-8 所示。

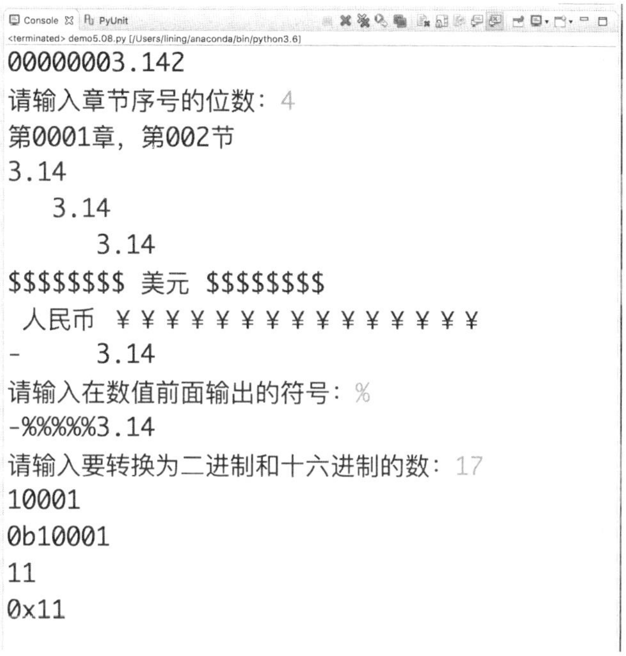

图 5-8　符号、对齐、用 0 填充和数制转换

使用等号（=）在负号和数值之间填充字符时要注意，要填充的字符一定要在等号前面，不能放到等号后面，否则可能会抛出异常，会变成别的含义。

```
# 在 "-" 和 4.56 之间填充 "^"，运行结果：-^^^^^4.56
print("{0:^=10.2f}".format(-4.56))
# 让 -4.56 在宽度为 10 的区域居中显示，左右填充 "="，运行结果：==-4.56===
print("{0:=^10.2f}".format(-4.56))
```

如果在指定字符串格式化类型符时的某些值本身是变量，例如，{0:=^10.2f}中的 10 是变量，需要取 width 变量的值。那么可以使用嵌套的写法：{0:=^{width}.2f}。

## 5.3　字符串方法

在上一节介绍了字符串的核心功能：格式化，其实在字符串中还有另外一类重要的功能，这就是字符串方法。通过一系列方法，可以让 Python 语言在操作字符串上更加灵活。本节将学习 Python 字符串中提供的一些重要的方法。

### 5.3.1　center 方法

center 方法用于将一个字符串在一定宽度的区域居中显示，并在字符串的两侧填充指定的字符（只能是长度为 1 的字符串），默认填充空格。

可能很多读者看到对 center 方法的描述，一下子就想起来前面讲的 format 方法和居中符号（^），其实完全可以用 format 方法代替 center 方法实现同样的效果，只是使用 center 方法更简单，更直接一些。

  center 方法有两个参数，第 1 个参数是一个数值类型，指定字符串要显示的宽度，第 2 个参数是可选的，需要指定一个长度为 1 的字符串，如果指定了第 2 个参数，那么 center 方法会根据第 1 个参数指定的宽度让字符串居中显示，字符串的两侧填充第 2 个参数指定的字符，如果不指定第 2 个参数，那么就用空格填充字符串的两侧区域。

【例 5.9】 本例同时使用 center 方法和 format 方法让一个字符串在一定宽度的区域居中显示，并且在字符串两侧的区域填充指定的字符。

  **实例位置：PythonSamples\src\chapter5\demo5.09.py**

```
# 使用 center 方法让"hello"在宽度为 30 的区域居中显示，两侧区域填充空格
print("<" + "hello".center(30) + ">")
# 使用 format 方法让"hello"在宽度为 30 的区域居中显示，两侧区域填充空格
print("<{:^30}>".format("hello"))

# 使用 center 方法让"hello"在宽度为 30 的区域居中显示，两侧区域填充星号（*）
print("<" + "hello".center(30,"*") + ">")
# 使用 format 方法让"hello"在宽度为 30 的区域居中显示，两侧区域填充星号（*）
print("<{:*^30}>".format("hello"))
```

程序运行结果如图 5-9 所示。

图 5-9　用 center 方法和 format 方法让字符串居中显示

## 5.3.2　find 方法

  find 方法用于在一个大字符串中查找子字符串，如果找到，find 方法返回子字符串的第 1 个字符在大字符串中出现的位置，如果未找到，find 方法返回-1。

```
s = "hello world"
# 在 s 中查找"world"，运行结果：6
print(s.find("world"))
# 在 s 中查找"ok"，未找到，运行结果：-1
print(s.find("ok"))
```

  find 方法还可以通过第 2 个参数指定开始查找的位置。

```
s = "hello world"
# 从开始的位置查找"o"，运行结果：4
print(s.find("o"))
# 从位置 5 开始查找"o"，运行结果：7
print(s.find("o",5))
```

find 方法不仅可以通过第 2 个参数指定开始查找的位置，还可以通过第 3 个参数指定结束查找的位置。

```
s = "hello world"
# 从第 5 个位置开始查找，到第 8 个位置查找结束，运行结果：-1
print(s.find("l",5,9))
# 从第 5 个位置开始查找，到第 9 个位置查找结束，运行结果：9
print(s.find("l",5,10))
```

要注意的是，find 方法的第 3 个参数指定的位置是查找结束位置的下一个字符的索引。所以 s.find("l",5,9)会搜索到 s 中索引为 8 的字符为止。

【例 5.10】 本例通过控制台输入一个大字符串，然后在 while 循环中不断输入一个子字符串、开始索引和结束索引，并根据输入的值在大字符串中查找子字符串，最后输出查找结果。如果输入的子字符串是"end"，则退出循环。

实例位置：**PythonSamples\src\chapter5\demo5.10.py**

```
s = input("请输入一个大字符串：")

while True:
    subString = input("请输入一个子字符串：")
    if subString == "end":
        break
    startStr = input("请输入开始索引：")
    endStr = input("请输入结束索引：")
    start = 0              # 开始索引默认是 0
    end = len(s)           # 结束索引默认是大字符串的长度

    if startStr != "":
        start = int(startStr)
    if endStr != "":
        end = int(endStr)
    # 利用 format 方法格式化输出结果
    print("'{}'在'{}'的出现的位置是{}：".format(subString, s,s.find(subString,start,end)))
```

程序运行结果如图 5-10 所示。

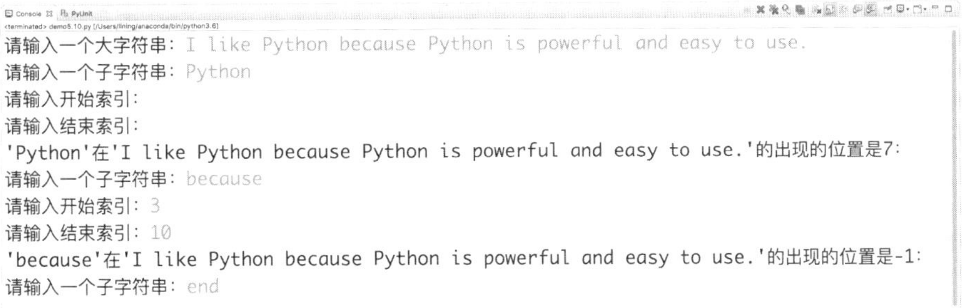

图 5-10　通过 find 方法在大字符串中查找子字符串

## 5.3.3　join 方法

join 方法用于连接序列中的元素，是 split 方法（在后面介绍）的逆方法。

```
list = ['1','2','3','4','5']
s = "*"
# 将字符串 s 与 list 中的每个元素值分别进行连接，然后再把连接的结果进行合并
# 运行结果：1*2*3*4*5
print(s.join(list))
```

可以看到，join 方法会将 s 放到 list 列表元素的后面，从而得到了 "1*2*3*4*5"。那么可能有的读者会问，这个 join 方法有什么用呢？其实 join 方法的一个典型的应用就是组合出不同平台的路径。例如，Linux/UNIX 平台的路径分隔符是斜杠（/），而 Windows 的路径分隔符是反斜杠（\），而且前面还有盘符。使用 join 方法可以很轻松地生成不同平台的路径。

【例 5.11】 本例演示了如何用 join 方法连接字符串和序列元素，并通过 join 方法生成 Linux 和 Windows 平台的路径。

**实例位置：PythonSamples\src\chapter5\demo5.11.py**

```
list = ['a','b','c','d','e']
s = "+"
# 连接 s 和 list，运行结果：a+b+c+d+e
print(s.join(list))
# 用逗号（,）运算符指定路径的每一部分
dirs = '','usr','local','nginx',''
# 使用 join 方法生成 Linux 格式的路径
linuxPath = '/'.join(dirs)
# 运行结果：/usr/local/nginx/
print(linuxPath)
# 使用 join 方法生成 Windows 格式的路径
windowPath = 'C:' + '\\'.join(dirs)
# 运行结果：C:\usr\local\nginx\
print(windowPath)

numList = [1,2,3,4,5]
# 抛出异常
print(s.join(numList))
```

程序运行结果如图 5-11 所示。

```
Console ☒  Ju PyUnit
<terminated> demo5.11.py [/Users/lining/anaconda/bin/python3.6]
a+b+c+d+e
/usr/local/nginx/
C:\usr\local\nginx\
Traceback (most recent call last):
  File "/MyStudio/new_workspace/PythonSamples/src/chapter5/demo5.11.py", line 13, in <module>
    print(s.join(numList))
TypeError: sequence item 0: expected str instance, int found
```

图 5-11　使用 join 方法连接字符串和序列元素

从上面的代码可以看到，与字符串连接的序列元素必须是字符串类型，如果是其他数据类型，如数值，在调用 join 方法时会抛出异常。

### 5.3.4　split 方法

split 和 join 方法互为逆方法。split 方法通过分隔符将一个字符串拆成一个序列。如果 split 方法不指定任何参数，那么 split 方法会把所有空格（空格符、制表符、换行符等）作为分隔符。

【例 5.12】　本例使用 split 方法将一个加法表达式的操作数放到了一个序列中，并输出该序列。并且将一个 Linux 格式的路径中的每一组成部分放到了一个序列中，并利用这个列表和 join 方法将路径转换为 Windows 的格式。最后利用空格分隔符将一条英文句子中的每一个单词放到了一个序列中，并输出该序列。

**实例位置：PythonSamples\src\chapter5\demo5.12.py**

```
# 将表达式的操作数放到了序列中，并输出该序列
# 运行结果: ['1', '2', '3', '4', '5']
print("1+2+3+4+5".split("+"))
# 将 Linux 格式的路径的每一个组成部分放到一个序列中
list = '/usr/local/nginx'.split('/')
# 运行结果: ['', 'usr', 'local', 'nginx']
print(list)
# 利用 join 方法重新生成了 Windows 格式的路径
# 运行结果: C:\usr\local\nginx
print("C:" + "\\".join(list))
# 将英文句子中的单词放到序列中，然后输出
# 运行结果: ['I', 'like', 'python']
print("I like python".split())
```

程序运行结果如图 5-12 所示。

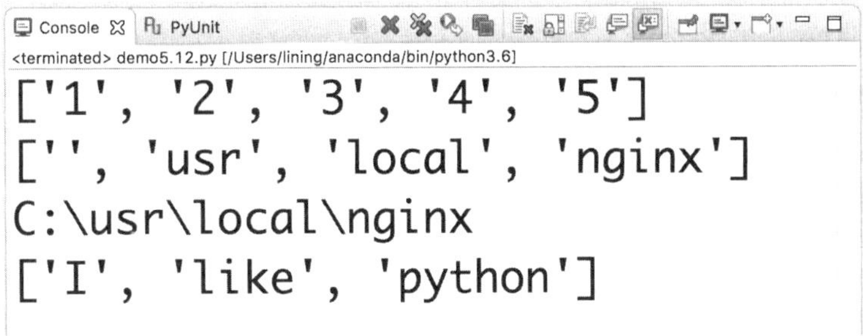

图 5-12　用 split 方法将字符串拆分成序列

### 5.3.5　lower 方法、upper 方法和 capwords 函数

lower 方法和 upper 方法分别用于将字符串中的所有字母字符转换为小写和大写。而 capwords 并不是字符串本身的方法，而是 string 模块中的函数，之所以在这里介绍，是因为该函数与 lower 方法和 upper 方法有一点点关系，就是 capwords 函数会将一个字符串中独立的单词的首字母都转换为大写，例如，"that's all"如果用 capwords 函数转换，就会变成"That's All"。

【例 5.13】　本例使用 lower 和 upper 方法将字符串中的字母字符大小写互转，并在序列中查找指定字符串时，首先将序列中的元素都转换为小写，然后进行比较。最后使用 capwords 函数将一个字符串中的所有独立的英文单词的首字母都转换为大写。

**实例位置：PythonSamples\src\chapter5\demo5.13.py**

```
# 将"HEllo"转换为小写, 运行结果: hello
print("HEllo".lower())
# 将"hello"转换为大写, 运行结果: HELLO
print("hello".upper())
list = ["Python", "Ruby", "Java", "KOTLIN"]
```

```
# 在 list 中查找"Kotlin"，由于大小写的关系，没有找到 Kotlin
if "Kotlin" in list:
    print("找到 Kotlin 了")
else:
    print("未找到 Kotlin")
# 迭代 list 中的每一个元素，首先将元素值转换为小写，然后再比较
for lang in list:
    if "kotlin" == lang.lower():
        print("找到 Kotlin 了")
        break;
s = "i not only like Python, but also like Kotlin."
import string
# 将 s 中的英文单词首字母都转换为大写
# 运行结果: I Not Only Like Python, But Also Like Kotlin.
print(string.capwords(s))
```

程序运行结果如图 5-13 所示。

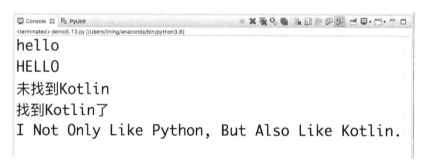

图 5-13　字母的大小写转换

如果无法保证字符串在序列、数据库中保存的是大写还是小写形式，那么在查找字符串时，应该先将数据源中的字符串转换为小写或大写形式，然后再进行比较。

## 5.3.6　replace 方法

replace 方法用于将一个字符串中的子字符串替换成另外一个字符串。该方法返回被替换后的字符串，如果在原字符串中未找到要替换的子字符串，那么 replace 方法就返回原字符串。其实 replace 方法就是一个查找替换的过程。

```
# 运行结果: This is a bike
print("This is a car".replace("car", "bike"))
# 运行结果: This is a car
print("This is a car".replace("place", "bike"))
```

## 5.3.7　strip 方法

strip 方法用于截取字符串的前后空格，以及截取字符串前后指定的字符。

【例 5.14】　本例演示了如何使用 strip 方法截取字符串前后空格，以及如何截取字符串前后指定的字符。

实例位置：**PythonSamples\src\chapter5\demo5.14.py**

```
# 截取字符串前后空格，运行结果: geekori.com
```

```
print("  geekori.com  ".strip())
# 截取字符串前后空格，运行结果：<    geekori.com    >
print(" <    geekori.com    > ".strip())

langList = ["python", "java", "ruby", "scala", "perl"]
lang = "  python  "
# lang 前后带有空格，因此无法在 langList 中找到相应的元素
if lang in langList:
    print("<找到了 python>")
else:
    print("<未找到 python>")
# 将 lang 前后空格去掉，可以在 langList 中找到相应的元素
if lang.strip() in langList:
    print("{找到了 python}")
else:
    print("{未找到 python}")
# 指定要截取字符串前后的字符是空格、*和&，运行结果：Hello& *World
print("***  &* Hello& *World**&&&".strip(" *&"))
```

程序运行结果如图 5-14 所示。

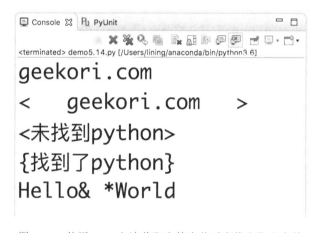

图 5-14　使用 strip 方法截取字符串前后空格和指定字符

使用 strip 方法应了解如下几点：

（1）strip 方法与 lower 方法一样，在比较字符串时，最好利用 lower 方法将两个要比较的字符串都变成小写，以及都截取前后的空格。因为无法保证数据源是否满足要求，所以要尽可能通过代码来保证规范一致。

（2）strip 方法只会截取字符串前后的空格，不会截取字符串中间的空格。

（3）如果指定 strip 方法的参数（一个字符串类型的值），strip 方法会将字符串参数值中的每一个字符当作要截取的目标。只要在字符串前后出现了其中一个字符，将会被截取。在本例中指定的参数值是 "  &"，因此，只要在字符串前后有空格、'*'和'&'，就会被截取。但字符串中间的这些字符不会被截取。

## 5.3.8　translate 方法与 maketrans 方法

translate 方法与 replace 方法类似，都用来替换字符串中的某一部分，只是 translate 方法只用来替

换单个字符，而 replace 方法可以用来替换一个子字符串。不过从效率上来说，translate 方法要更快一些。

在使用 translate 方法之前，需要先使用 maketrans 方法创建一个替换表，该方法属于字符串本身。

```python
# 创建一个替换表，表示要将'a'和'k'分别替换成'*'和'$'
table = s.maketrans("ak", "*$")
```

然后调用字符串的 translate 方法根据 table 替换相应的字符。

【例 5.15】 本例首先使用 maketrans 方法创建一张替换表，然后使用 translate 替换字符串中相应的字符，并且删除相应的字符。

**实例位置：PythonSamples\src\chapter5\demo5.15.py**

```python
s = "I not only like python, but also like kotlin."
# 创建一张替换表
table = s.maketrans("ak", "*$")
# 在控制台输出替换表，运行结果：{97: 42, 107: 36}
print(table)
# 在控制台输出替换表的长度，运行结果：2
print(len(table))
# 根据替换表替换 s 中相应的字符，运行结果：I not only li$e python, but *lso li$e $otlin.
print(s.translate(table))
# 创建另外一张替换表，在这里指定了 maketrans 方法的第 3 个参数，该参数用于指定要删除的字符
table1 = s.maketrans("ak", "$%", " ")
# 根据替换表替换 s 中相应的字符，并删除所有的空格
# 运行结果：Inotonlyli%epython,but$lsoli%e%otlin.
print(s.translate(table1))
```

程序运行结果如图 5-15 所示。

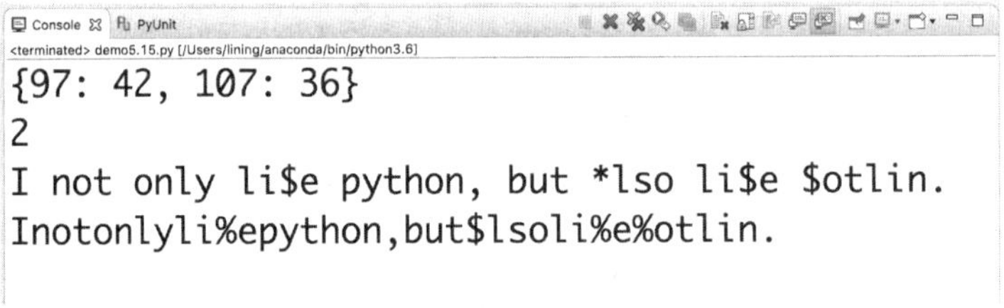

图 5-15　用 translate 方法替换指定的字符

在使用 translate 方法和 maketrans 方法时要了解如下几点：

（1）translate 方法替换的不止一个字符，如果在原字符串中有多个字符满足条件，那么就替换所有满足条件的字符。

（2）maketrans 方法的第 3 个参数指定了要从原字符串中删除的字符，不是字符串。如果第 3 个参数指定的字符串长度大于 1，那么在删除字符时只会考虑其中的每一个字符。例如，参数值为"ab"，那么只会删除原字符串中的"a"或"b"，包括在字符串中间出现的这些字符。

## 5.4　小结

本章深入讲解了 Python 语言中字符串的核心操作。主要包括字符串格式化和字符串方法。其中字符串格式化是本章的重点。在 Python 语言中，可以通过字符串格式化操作符（%）、字符串模板以及

format 方法对字符串进行格式化，其中 format 方法的功能最强大。Python 语言之所以在深度学习、网络爬虫等领域非常受欢迎，主要就是因为 Python 语言在文本处理方面功能强大，而字符串格式化就是文本处理的核心操作之一。当然，Python 在其他方面也有非常强大的功能，如网络，这一点在后面的章节就会体会到。

## 5.5　实战与练习

本章练习题，除了配有答案（源代码）外，还会在赠送的视频课程中讲解。

1. 编写一个 Python 程序，从控制台输入一个字符串（保存到变量 s 中），然后通过 while 循环不断输入字符串（保存到变量 subStr 中），并统计 subStr 在 s 中出现的次数，最后利用 format 方法格式化统计结果。程序运行结果如图 5-16 所示。

图 5-16　统计子字符串在原字符串中出现的次数

答案位置：PythonSamples\src\chapter5\practice\solution5.1.py

2. 编写一个 Python 程序，从控制台输入一个整数（大于 0），然后利用 format 方法生成一个星号塔，如图 5-17 所示。

图 5-17　8 层星号塔

答案位置：PythonSamples\src\chapter5\practice\solution5.2.py

# 第6章

# 字　典

到现在为止，我们已经学习了列表和元组，这两种数据结构虽然一个是可读写的，一个是只读的，但它们有一个共同的特点，就是将单个的值存储在一个结构中，然后通过编号（索引）对其进行引用。在本章会学习另外一种数据结构，这种数据结构称为映射（mapping）。字典是 Python 语言中唯一内建的映射类型。字典中的值并没有特殊的顺序，但都存储在一个特定的键（Key）下，可以通过这个键找到与其对应的值。键可以是数字、字符串或者元组。

通过阅读本章，您可以：

❑ 了解字典的概念
❑ 掌握如何用 dict 函数将序列转换为字典
❑ 掌握字典的基本操作
❑ 掌握如何用字典中的元素格式化字符串
❑ 掌握如何迭代字典和其他序列
❑ 掌握字典中常用的方法

## 6.1　为什么要引入字典

字典这个名称已经可以解释其部分功能了。与经常查阅的英文字典、汉语字典一样，通过一个关键字，快速查询更多的内容。而且查询速度与字典的厚度无关。Python 语言中的字典也完全符合这一特性。根据创建字典时指定的关键字查询值，而且查询的速度与字典中的数据量无关。因此，字典非常适合根据特定的词语（键），查找与其对应的海量信息的应用。例如，电话簿就是一个非常典型的字典应用，对于一个电话簿来说，一般是用电话号码作为字典的键值，然后根据电话号码，可以在字典中快速定位与该电话号码相关联的其他信息，如联系人姓名、通信地址、QQ 号、微信等。

现在先来看一下不使用字典应该如何进行快速定位某一个值。

假设有一个人名列表如下：

```
names = ["Bill", "Mike", "John", "Mary"]
```

现在要创建一个可以存储这些人的电话号码的小型数据库，应该怎么做？最直接的方法就是创建一个新的列表，按 names 列表中的人名顺序依次保存电话号码。也就是说，Bill 的电话号码要保存在新列表的第 1 个位置，Mike 的电话号码要保存在新列表的第 2 个位置，以此类推。

```
numbers = ["1234", "4321", "6645", "7753"]
```

如果要找到某个姓名对应的电话号码，或找到某个电话号码对应的姓名，应该如何做呢？对于列表来说，定位某个元素的唯一方法是通过索引，因此，不管是查询姓名，还是电话号码，都需要先获取相应的索引。例如，要获取 Mike 在 names 列表中的索引，应该使用 names.index("Mike")。因此，实现姓名和电话号码直接的互查，要使用下面的代码。

```
# 查询 Mike 对应的电话号码
print(numbers[names.index("Mike")])
# 查询 6645 对应的姓名
print(names[numbers.index("6645")])
```

尽管用上面的代码可以实现我们要的功能，但这太麻烦了，那么为什么不简化一些呢？如使用下面的代码直接获取 Mike 对应的电话号码。

```
print(numbers["Mike"])
```

其实上面的代码使用的格式就是一个典型的字典的用法。那么字典到底如何创建？如何使用呢？别急，在下一节将会揭晓答案。

## 6.2　创建和使用字典

字典可以用下面的方式创建。

```
phoneBook = {"Bill":"1234", "Mike":"4321", "John":"6645","Mary":"7753"}
```

可以看到，一个字典是用一对大括号来创建的，键与值之间用冒号（:）分隔，每一对键值之间用逗号（,）分隔。如果大括号中没有任何的值，就是一个空的字典。

在字典中，键是唯一的，这样才能通过键唯一定位某一个值。当然，如果键不唯一，那么程序也不会抛出异常，只是相同的键值会被覆盖。

```
phoneBook = {"Bill":"1234", "Bill":"4321", "John":"6645","Mary":"7753"}
```

可以看到上面的这行代码定义的字典中，前两对键值中的键是相同的，如果通过 Bill 定位，那么查到的值是"4321"，而不是"1234"。

### 6.2.1　dict 函数

可以用 dict 函数，通过其他映射（如其他的字典）或键值对的序列建立字典。

```
items = [["Bill","1234"], ("Mike","4321"),["Mary", "7753"]]
d = dict(items)
# 运行结果: {'Bill': '1234', 'Mike': '4321', 'Mary': '7753'}
print(d)
```

从上面的代码可以看出，为 dict 函数传入了一个列表类型参数值，列表的每一个元素或者是一个列表，或者是一个元组。每一个元素值包含两个值。第 1 个值表示键，第 2 个值表示值。这样 dict 函数就会将每一个 items 列表元素转换为字典中对应的一个键值。

dict 函数还可以通过关键字参数来创建字典。

```
items = dict(name = "Bill", number = "5678", age = 45)
# 运行结果: {'name': 'Bill', 'number': '5678', 'age': 45}
print(items)
```

dict 函数如果不指定任何参数，那么该函数会返回一个空的字典。

【例 6.1】 本例通过控制台输入一组 key 和 value，首先通过每一对 key-value 创建一个列表，并将这个列表放到一个大的列表（items）中。最后使用 dict 函数将 items 转换为字典，并在控制台输出这个字典。

**实例位置：PythonSamples\src\chapter6\demo6.01.py**

```python
items = []                              # 定义一个空的列表
while True:
    key = input("请输入 Key: ")          # 从控制台输入一个 key
    if key == "end":                    # 当 key 值为"end"时退出循环
        break;
    value = input("请输入 value: ")      # 从控制台输入一个 value
    keyValue = [key, value]             # 用 key 和 value 创建一个列表
    items.append(keyValue)              # 将 key-value 组成的列表添加到 items 中

d = dict(items)                         # 使用 dict 函数将 items 转换为字典
print(d)                                # 在控制台输出字典
```

程序运行结果如图 6-1 所示。

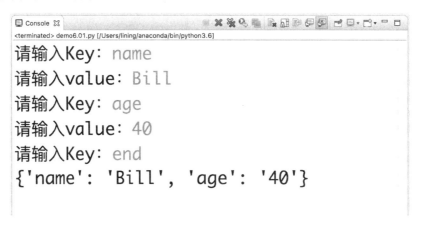

图 6-1　用 dict 函数将列表转换为字典并输出

## 6.2.2　字典的基本操作

字典的很多操作与列表类似，如下面的一些操作仍然适合于字典。

❑ len(dict)：返回字典 dict 中元素（键值对）的数量。

❑ dict[key]：返回关联到键 key 上的值，对于列表，key 就是索引。

❑ dict[key] = value：将值 value 关联到键 key 上。

❑ del dict[key]：删除键为 key 的项。

❑ key in dict：检查 dict 中是否包含有键为 key 的项。

尽管字典和列表有很多特性相同，但也有下面的一些重要区别。

❑ 键类型：字典的键可以是任意不可变类型，如浮点数、元组、字符串等，而列表的 key 只能是整数类型。

❑ 自动添加：字典可以通过键值自动添加新的项，也就是说，进行 dict[key] = value 操作时，如果 key 在字典 dict 中不存在，那么就会在 dict 中添加一个新的元素（键-值对）。而在列表中，

必须要使用 append 方法或 insert 方法才能添加新的元素。

❑ 查找成员：在字典中使用 key in dict 操作，查找的是 key，而不是 value。在列表中使用 key in dict 操作，查找的是值，而不是索引。对于列表来说，key 就代表值。尽管字典和列表在引用其中的值时都是用 dict[key]，但 key in dict 操作的含义是不同的。

**注意：** 由于字典中的元素是通过一定的数据结构（排序树或其他数据结构）存储的，所以在字典中查找 key 要比在字典中查找值更高效，数据量越大，这种效果越明显。

**【例 6.2】** 本例演示了字典的键类型，为字典添加新的元素（键值对），以及如何使用 in 操作符在字典中查找指定的 key。在演示 in 操作符时，在名为 IDEs 的字典中添加各种 IDE 支持的编程语言以及所属机构，然后通过控制台输入要查找的 IDE 名称，并指定要查找 IDE 支持的编程语言或所属机构，最后在控制台输出结果。

**实例位置：PythonSamples\src\chapter6\demo6.02.py**

```python
dict = {}                                    # 定义一个字典
dict[20] = "Bill"                            # 向字典 dict 中添加整数类型的 key
dict["Mike"] = {'age':30,'salary':3000}      # 向字典 dict 中添加字符串类型的 key
dict[(12, "Mike", True)] = "hello"           # 向字典 dict 中添加元组类型的 key
print(dict)                                  # 输出字典 dict 中的所有元素

#list = []                                    # 定义一个列表
#list[30] = "hello"                           # 索引为 30 的元素并不存在，所以会抛出异常


IDEs = {                                     # 定义一个字典
    'eclipse':
        {
        'languages':['Java', 'Python', 'JavaScript','PHP'],
        'organization':'Eclipse 基金会'
        },
    'visualstudio':
        {
        'languages':['C#','C++', 'VB.NET'],
        'organization':'微软'
        },
    'webstorm':
        {
        'languages':['JavaScript'],
        'organization':'JetBrains'
        }

    }

labels = {                                   # 定义一个字典，用于存储显示的标签
    'languages':'支持的编程语言',
    'organization':'所属机构'
    }
IDE = input('请输入 IDE 的名字：')             # 从控制台输入一个 IDE 的名字
findIDE = IDE.replace(" ", "").lower()        # 去除 IDE 名字中的所有空格，并将其转换为小写
# 从控制台输入 lang 或 org，表示要查询 IDE 支持的编程语言或所属机构
choice = input('要查询 IDE 支持的编程语言(lang)还是所属组织机构(org)？ ')
```

```
if choice == "lang": key = 'languages'
if choice == "org": key = 'organization'

# 在 IDEs 字典中查找指定的 IDE，如果找到，就输出查询结果
if findIDE in IDEs:
    print("{}{}是{}.".format(IDE, labels[key], IDEs[findIDE][key]))
```

程序运行结果如图 6-2 所示。

```
{20: 'Bill', 'Mike': {'age': 30, 'salary': 3000}, (12, 'Mike', True): 'hello'}
请输入IDE的名字: Visual Studio
要查询IDE支持的编程语言(lang)还是所属组织机构(org)? lang
Visual Studio支持的编程语言是['C#', 'C++', 'VB.NET'].
```

图 6-2  字典的基本操作

在上面的代码中，从字典 IDEs 中查找指定 IDE 时，首先将输入的 IDE 名字中所有的空格去掉，然后又将其中所有的字母都转换为小写。而 IDEs 中保存的 key 也符合这个规则，也就是 IDE 名字全部用小写，而且中间没有空格。由于在输入 IDE 名字时，可能会输入多个空格，名字也可能带有大小写字母，所以将输入的 IDE 名字转换为 IDEs 中 key 的命名规则，以保证输入不同格式的 IDE 名字都可以查到相应的 IDE。例如，输入"Visual Studio""visual studio""VisualStudio"都可以查询到 Visual Studio 的相应信息。

## 6.2.3  字典的格式化字符串

在 5.2.1 节讲过使用百分号（%）配合元组对字符串进行格式化的方式。在字符串中使用%s、%d 等格式表示要替换的值，这个字符串可以称为模板，然后用字符串模板与元组通过%进行格式化。

```
'xyz %d  abc %s' % (20,'ok')
```

如果使用字典对字符串进行格式化，要比使用元组更酷。因为在字符串模板中可以用命名的方式指定格式化参数。在 Python2.x 中，仍然可以使用%运算符和字典对字符串进行格式化，不过在 Python3.x 中，改用了字符串的 format_map 方法，而且格式化参数需要用一对花括号（{}）括起来，格式化字符串的具体使用方式见例 6.3。

【例 6.3】 本例演示了如何使用字符串的 format_map 方法和字典对字符串进行格式化，并与使用元组和%对字符串进行格式化的方式进行对比。

实例位置：**PythonSamples\src\chapter6\demo6.03.py**

```
values1 = (1,3,"hello")                  # 定义一个格式化参数元组
str1 = "abc %d,  xyz %d,  %s world"      # 定义一个字符串模板
print(str1 % values1)                    # 使用%和元组格式化字符串

# 定义一个格式化参数字典
values2 = {'title':'极客起源', 'url':'https://geekori.com', 'company':'欧瑞科技'}

# 定义一个字符串模板
str2 = """
<html>
    <head>
```

```
        <title>{title}</title>
        <meta charset="utf-8" />
    <head>
    <body>
        <h1>{title}</h1>
        <a href="{url}">{company}</a>
    </body>
</html>
"""
print(str2.format_map(values2))              # 使用 format_map 方法格式化字符串
```

程序运行结果如图 6-3 所示。

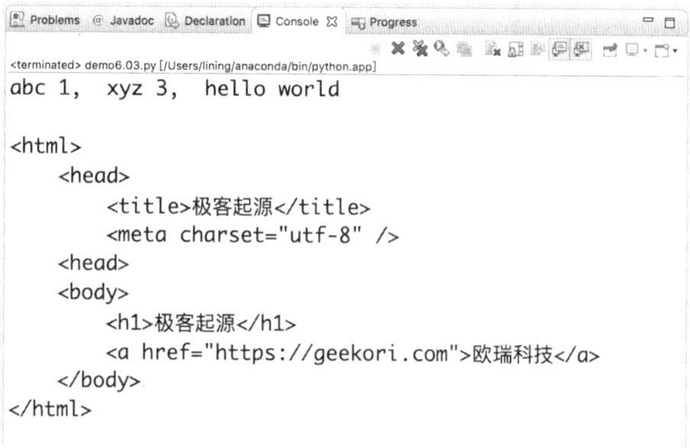

图 6-3　使用 format_map 方法格式化字符串

可以看到，format_map 方法使用的字符串模板中，格式化参数使用一对花括号（{}）表示，花括号里面就是格式化参数的名字，如 "{title}"，这个格式化参数名也是字典中的 key。使用字典提供格式化参数值的好处是不需要按字符串模板中的顺序指定格式化参数值，而且同一个格式化参数可以放在多个位置，在格式化时会替换所有同名的格式化参数。如本例中的{title}放在了两个位置。如果格式化模板中的格式化参数名在字典中未找到，系统会抛出异常。

## 6.2.4　序列与迭代

之所以在这里讲序列如何在迭代中使用，是因为到现在为止，已经讲了三种序列：列表、元组和字典。通过不同的迭代方式，可以非常方便地对序列进行迭代。本节会详细介绍 Python 语言中提供的各种序列迭代方式。

### 1. 获取字典中 key 的列表

在使用字典时，如果要想知道字典里有哪些 key，可以直接使用 for 语句对字典进行遍历。

```
dict = {'x':1, 'y':2,'z':3}
# 输出 x y z
for key in dict:
    print(key, end=' ')
```

上面的代码中，key 的值分别为 x、y、z，因此，会输出 "x y z"。

### 2. 同时获取字典中的 key 和 value 列表

如果要同时获取字典中的 key 和 value，除了在上面的代码中使用 dict[key]获取值外，还可以使用字典中的 items 方法同时获取 key 和 value。

```
dict = {'x':1, 'y':2,'z':3}
# 同时获取字典中的 key 和 value
# 运行结果: x 1 y 2 z 3
for key,value in dict.items():
    print(key, value, end=' ')
```

### 3. 并行迭代

如果想同时迭代两个或多个序列，那么可以使用 range 函数获取序列索引的范围，然后使用 for 语句进行迭代。对多个序列进行迭代，一般要求序列中元素个数相同。

```
names = ["Bill", "Mary", "John"]
ages = [30,40,20]
# 运行结果: Bill 30 Mary 40 John 20
for i in range(len(names)):
    print(names[i],ages[i], end=" ")
```

### 4. 压缩序列

这里的压缩序列是指使用 zip 函数将两个或多个序列的对应元素作为一个元组放到一起，进行压缩的两个或多个序列的元素个数如果不相同，以元素个数最少的为准。例如，下面的两个序列如果用 zip 函数进行压缩，会得到一个长度为 2 的新序列，每一个序列元素是一个元组。

```
companies = ["欧瑞科技", "Google", "Facebook"]
websites = ["https://geekori.com", "https://www.google.com"]
# 运行结果: ('欧瑞科技', 'https://geekori.com') ('Google', 'https://www.google.com')
for value in zip(companies, websites):
    print(value, end =" ")
```

在上面的代码中，companies 列表中有三个元素，而 websites 列表中只有两个元素，所以 zip 函数依少数选取，因此最后的结果是以 websites 列表为准，得到的压缩后的列表元素只有两个元素。由于 zip 函数返回的序列形式比较复杂，所以不能直接使用 print 函数输出。

### 5. 反转序列迭代

通过 reversed 函数可以将一个序列反转，代码如下：

```
companies = reversed(["欧瑞科技", "Google", "Facebook"])
# 运行结果: Facebook Google 欧瑞科技
for value in companies:
    print(value, end =" ")
```

【例 6.4】　本例给出了迭代序列的完整代码，在这个例子中演示了如何利用 for 语句和相关函数迭代字典的 key，迭代字典的 key-value 对、并行迭代、压缩迭代、反转迭代等。

**实例位置：PythonSamples\src\chapter6\demo6.04.py**

```
# 定义一个字典
dict = {"name":"Bill", "age":34, "sex":"男", "salary":"3456"}

# 迭代字典的 key，运行结果: name = Bill age = 34 sex = 男 salary = 3456
for key in dict:
    print(key, "=", dict[key], end = " ")

print()
```

```python
# 迭代字典的 key 和 value
# 运行结果: name = Bill age = 34 sex = 男 salary = 3456
for key,value in dict.items():
    print(key, "=", value, end = " ")
print();
# 并行迭代
list1 = [1,2,3,4,5]
list2 = ["a", "b", "c", "d", "e"]
# 同时迭代 list1 和 list2
for i  in range(len(list1)):
    print("list1[" + str(i) + "]", "=", list1[i], "list2[" +str(i) + "]" ,"=",
list2[i],end=" ")

print();
# 压缩迭代
# 运行结果: (1, 'a') (2, 'b') (3, 'c') (4, 'd') (5, 'e')
for value in zip(list1, list2):
    print(value, end = " ")
print()
list3 = ['x', 'y']
# 压缩迭代，两个参与压缩的列表中元素个数不同，以元素个数少的为准
# 运行结果: ('a', 'x') ('b', 'y')
for value in zip(list2, list3):
    print(value, end = " ")

# 反转排序迭代
print()
values1 = [4,1,3,6,5,2,8]
# 对 values1 进行排序，运行结果: [1, 2, 3, 4, 5, 6, 8]
print(sorted(values1))
# 对列表 values1 进行反转，运行结果: 8 2 5 6 3 1 4
values2 = reversed(values1)
for v in values2:
    print(v, end=" ")
print()
# 反转"hello world"，运行结果: dlrow olleh
print(''.join(list(reversed("hello world"))))
```

程序运行结果如图 6-4 所示。

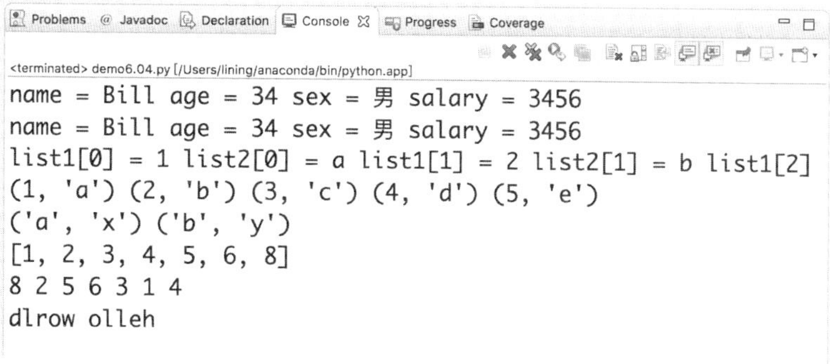

图 6-4 序列与迭代

# 6.3 字典方法

与其他内建类型一样，字典也有方法。这些方法非常有用，不过字典中的这些方法可能并不会像列表、字符串中的方法那样频繁使用。本节介绍的方法也不需要全部记住，只需要浏览一下，看看字典中有哪些方法，并了解一下这些方法的作用与使用方法，等以后需要用时再查一下即可。

## 6.3.1 clear 方法

clear 方法用于清空字典中的所有元素。

```
dict = {'a':1, 'b':2}
dict.clear();
# 清空字典中的元素：运行结果：{}
print(dict)
```

那么字典为什么要提供 clear 方法呢？其实主要是为了彻底清空字典中的元素。下面看例 6.5 演示的场景。

【例 6.5】 本例演示了两个场景，一个场景是有两个指向同一个字典的变量，将其中一个变量重新设为空字典（{}），这样并不会清空另一个变量指向字典的元素值。而另一个场景是对一个变量使用 clear 方法，同时另一个变量指向的字典中的元素也被清空了。

**实例位置：PythonSamples\src\chapter6\demo6.05.py**

```
# 定义一个字典
names1 = {"Bill":20, "Mike":30, "John":40}
# 让 names1 和 names2 指向同一个字典
names2 = names1
# 运行结果：{'Bill': 20, 'Mike': 30, 'John': 40}
print(names2)
# 将 names1 指向一个空的字典
names1 = {}
# 并不会清空 names2，运行结果：{'Bill': 20, 'Mike': 30, 'John': 40}
print(names2)

names1 = {"Bill":20, "Mike":30, "John":40}
names2 = names1
# 清空 names1，同时也清空了 names2，运行结果：{}
names1.clear()
print(names2)
```

程序运行结果如图 6-5 所示。

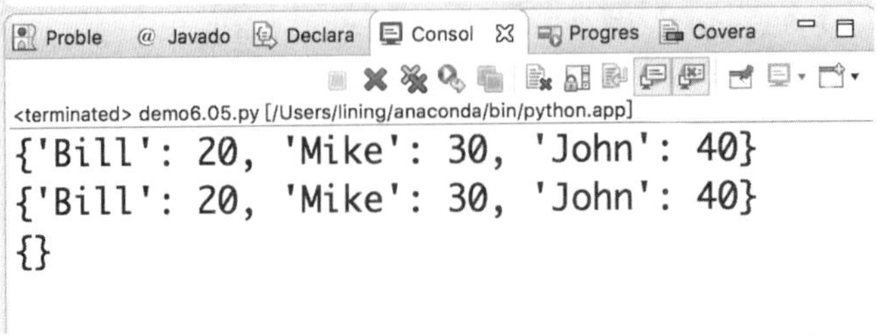

图 6-5 clear 方法

## 6.3.2 copy 方法与 deepcopy 函数

copy 方法用于复制一个字典，该方法返回复制后的新字典。

```
dict = {"a":30, "b":"hello","c":[1,2,3,4]}
# 复制一个新的字典
newDict = dict.copy()
```

copy 方法复制的字典只是浅复制，也就是说只复制第 1 层的字典数据。至于第 2 层及以下的所有层，原字典和新字典都指向同一个值，也就是说，不管是修改原字典中的这些元素，还是新字典中的这些元素，原字典和新字典中对应的元素都会同时改变。对于上面的代码，如果修改字典 dict 中 key 等于 "a" 或 "b" 的值，字典 newDict 中对应的值并不会发生改变，因为 "a" 和 "b" 的值都属于第 1 层（只是一个简单的数值或字符串），而不管修改哪一个字典中 key 为 "c" 的值，另外一个字典对应的值都会改变。这里修改 key 为 "c" 的值并不是指替换整个列表（[1,2,3,4]），而是修改该列表中的某个值，如将 "4" 修改成 "20"。

如果要想改变这种情况，就需要使用 copy 模块中的 deepcopy 函数，该函数可以对序列进行深层复制。

```
# 导入 copy 模块中的 deepcopy 函数
from copy import deepcopy
dict = {"a":30, "b":"hello","c":[1,2,3,4]}
# newDict 是经过深层复制的字典，与 dict 中的元素完全脱离
newDict = deepcopy(dict)
```

【例 6.6】 本例演示了如何使用 copy 方法与 deepcopy 函数对字典进行浅层复制和深层复制，并将字典元素修改前后的结果输出到控制台，以便进行对比。

实例位置：**PythonSamples\src\chapter6\demo6.06.py**

```
# 定义一个字典
persons1= {"Name":"Bill", "age":30, "fullName":["Bill", "Gates"]}
# 对 persons1 进行浅层复制
persons2 = persons1.copy()
# 输出 persons1
print("persons1",persons1)
# 输出 persons2
print("persons2",persons2)
print("-------浅层复制---------")
print("-------修改第 1 层元素---------")
# 修改 persons2 中 key 为 "age" 的值
persons2['age'] = 54
# 运行结果: persons1 {'Name': 'Bill', 'age': 30, 'fullName': ['Bill', 'Gates']}
print("persons1",persons1)
# 运行结果: persons2 {'Name': 'Bill', 'age': 54, 'fullName': ['Bill', 'Gates']}
print("persons2",persons2)
print("-------修改第 2 层元素---------")
# 修改 persons2 的第 2 层数据（字符串列表中第 2 个元素）
persons2["fullName"][1] = "Clinton"
# 运行结果: persons1 {'Name': 'Bill', 'age': 30, 'fullName': ['Bill', 'Clinton']}
print("persons1",persons1)
# 运行结果: persons2 {'Name': 'Bill', 'age': 54, 'fullName': ['Bill', 'Clinton']}
```

```
print("persons2",persons2)
print("-------深层复制---------")
from copy import deepcopy
persons1= {"Name":"Bill", "age":30, "fullName":["Bill", "Gates"]}
# persons2 为浅层复制的字典
persons2 = persons1.copy()
# persons3 为深层复制的字典
persons3 = deepcopy(persons1)
# 修改原字典的第 2 层元素
persons1["fullName"][1] = "Clinton"
# 运行结果：persons1 {'Name': 'Bill', 'age': 30, 'fullName': ['Bill', 'Clinton']}
print("persons1", persons1)
# 运行结果：persons2 {'Name': 'Bill', 'age': 30, 'fullName': ['Bill', 'Clinton']}
print("persons2", persons2)
# 运行结果：persons3 {'Name': 'Bill', 'age': 30, 'fullName': ['Bill', 'Gates']}
print("persons3", persons3)
```

程序运行结果如图 6-6 所示。

```
persons1 {'Name': 'Bill', 'age': 30, 'fullName': ['Bill', 'Gates']}
persons2 {'Name': 'Bill', 'age': 30, 'fullName': ['Bill', 'Gates']}
-------浅层复制---------
-------修改第 1 层元素---------
persons1 {'Name': 'Bill', 'age': 30, 'fullName': ['Bill', 'Gates']}
persons2 {'Name': 'Bill', 'age': 54, 'fullName': ['Bill', 'Gates']}
-------修改第 2 层元素---------
persons1 {'Name': 'Bill', 'age': 30, 'fullName': ['Bill', 'Clinton']}
persons2 {'Name': 'Bill', 'age': 54, 'fullName': ['Bill', 'Clinton']}
-------深层复制---------
persons1 {'Name': 'Bill', 'age': 30, 'fullName': ['Bill', 'Clinton']}
persons2 {'Name': 'Bill', 'age': 30, 'fullName': ['Bill', 'Clinton']}
persons3 {'Name': 'Bill', 'age': 30, 'fullName': ['Bill', 'Gates']}
```

图 6-6 copy 方法和 deepcopy 函数

从上面的代码可以看出，最后分别使用 copy 方法和 deepcopy 函数将 persons1 浅层复制和深层复制一个字典：persons2 和 persons3。如果修改 persons1 的第 2 层元素，那么 persons2 中对应的元素也会随着改变，但 persons3 中对应的元素并未发生改变。这是因为 persons2 中 key 为“fullName”的元素值其实与 persons1 中 key 为“fullName”的元素值是同一个值（['Bill', 'Clinton']），而 persons3 中 key 为“fullName”的元素值是与 persons1 中同样的值完全脱离的，所以 persons3 中的该元素值并未发生改变。

### 6.3.3 fromkeys 方法

fromkeys 方法用于根据 key 建立新的字典（该方法的返回值就是新的字典）。在新的字典中，所有的 key 都有相同的默认值。在默认情况下，fromkeys 方法会为每一个 key 指定 None 为其默认值。不过可以使用 fromkeys 方法的第 2 个参数设置新的默认值。

**【例 6.7】** 本例演示了如何调用字典的 fromkeys 方法创建一个默认值为 None 的字典，以及默认值为“没有值”的字典。

**实例位置：PythonSamples\src\chapter6\demo6.07.py**

```
# 在一个空字典上调用 fromkeys 方法创建一个新的字典（newDict1），通过列表指定 key
```

```
newDict1 = {}.fromkeys(['name', 'company','salary'])
# 运行结果: {'name': None, 'company': None, 'salary': None}
print(newDict1)
# 在 newDict1 上调用 fromkeys 方法创建一个新的字典（newDict2），通过元组指定 key
newDict2 = newDict1.fromkeys(('name', 'company','salary'))
# 运行结果: {'name': None, 'company': None, 'salary': None}
print(newDict2)
# 通过 fromkeys 方法的第 2 个参数指定 key 的默认值，通过列表指定 key
newDict3 = newDict1.fromkeys(['name', 'company','salary'],'没有值')
# 运行结果: {'name': '没有值', 'company': '没有值', 'salary': '没有值'}
print(newDict3)
```

运行程序结果如图 6-7 所示。

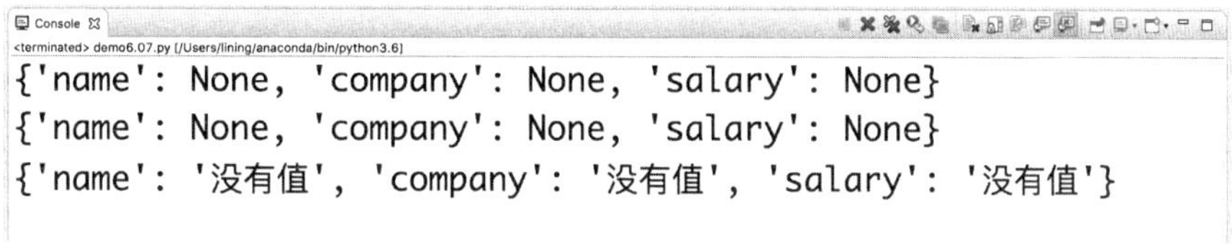

图 6-7　用 fromkeys 方法创建新的字典

从上面的代码可以看出，fromkeys 方法第 1 个参数用于指定新字典的 key 集合，可以使用列表或元组指定这些 key。第 2 个参数指定新字典中 key 对应的默认值，本例使用了字符串类型的值，该值可以是任何数据类型，例如，数值类型、布尔类型等。

### 6.3.4　get 方法

get 方法用于更宽松的方式从字典中获取 key 对应的 value。当使用 dict[key] 形式从字典中获取 value 时，如果 key 在 dict 中不存在，那么程序会抛出异常。

```
dict = {"name":"Bill", "age":30}
value = dict["salary"]
```

执行上面的代码，会抛出如图 6-8 所示的异常。

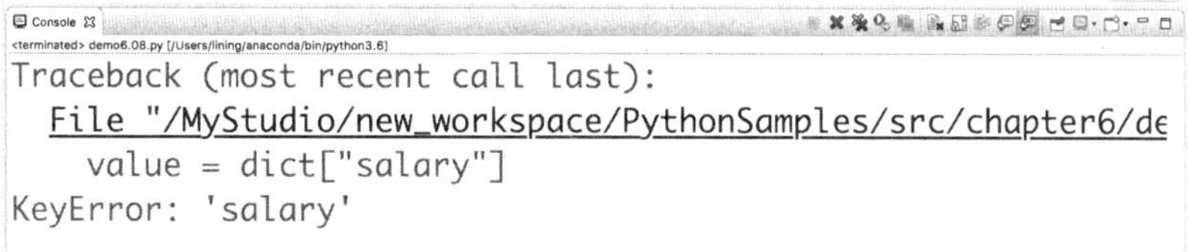

图 6-8　访问字典中不存在的 key 抛出的异常

如果要阻止在 key 不存在的情况下抛出异常，那么就需要使用本节介绍的 get 方法。该方法在 key 不存在时，会返回 None 值。也可以通过 get 方法的第 2 个参数指定当 key 不存在时返回的值。

```
dict = {'a':20,'b':30, 'c':40}
# 运行结果: 0
print(dict.get('x', 0))
```

【例 6.8】　本例定义了一个英文和中文含义对应的字典，并通过 while 循环不断输入英文单词，在该字典中查询，如果英文单词在字典中存在，那么输出该英文单词的中文含义，否则输出该英文单词在字典中不存在的信息。

**实例位置：PythonSamples\src\chapter6\demo6.08.py**

```python
# 定义一个英文字典
dict = {"help":"帮助", "bike":"自行车", "geek":"极客","China":"中国"}
while True:
    # 输入一个英文单词
    word = input("请输入英文单词: ")
    # 如果输入的是":exit"，则退出循环
    if word == ":exit":
        break;
    # 从字典中查询英文单词
    value = dict.get(word)
    if value == None:
        print("{}在字典中不存在.".format(word))
    else:
        print(""{}"的含义是"{}"".format(word, value))    # 输出该英文单词对应的中文含义
```

程序运行结果如图 6-9 所示。

图 6-9　用 get 方法获取 key 对应的值

### 6.3.5　items 方法和 keys 方法

items 方法用于返回字典中所有的 key-value 对。获得的每一个 key-value 对用一个元组表示。items 方法返回的值是一个被称为字典视图的特殊类型，可以被用于迭代（如使用在 for 循环中）。items 方法的返回值与字典使用了同样的值，也就是说，修改了字典或 items 方法的返回值，修改的结果就会反映在另一方法上。keys 方法用于返回字典中所有的 key，返回值类型与 items 方法类似，可以用于迭代。

【例 6.9】　本例演示了如何使用 items 方法获取字典中的 key-value 对，以及使用 keys 方法获取字

典中所有的 Key，并通过 for 循环迭代 items 方法和 keys 方法的返回值。

　　**实例位置：PythonSamples\src\chapter6\demo6.09.py**

```
# 定义一个字典
dict = {"help":"帮助", "bike":"自行车", "geek":"极客","China":"中国"}
# 在控制台输出字典中所有的 key-value 对
print(dict.items())
# 通过 for 循环对 dict 中所有的值对进行迭代
for key_value in dict.items():
    print("key","=",key_value[0],"value","=",key_value[1])
# 判断("bike","自行车") 是否在 items 方法的返回值中
print(("bike","自行车") in dict.items())
# 获取 key-value 对
dict_items = dict.items()
# 修改字典中的值
dict["bike"] = "自行车；摩托车；电动自行车；"
# 修改字典中的值后，dict_items 中的值也会随着变化
print(dict_items)
# 输出字典中所有的 key
print(dict.keys())
# 对字典中所有的 key 进行迭代
for key in dict.keys():
    print(key)
```

程序运行结果如图 6-10 所示。

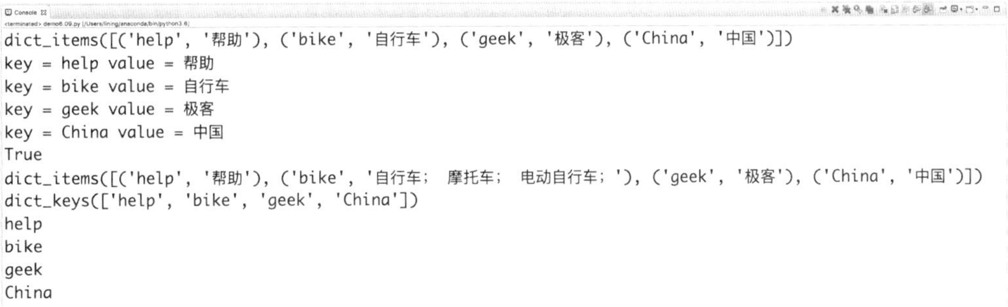

图 6-10　items 方法和 keys 方法

## 6.3.6　pop 方法和 popitem 方法

　　pop 方法与 popitem 方法都用于弹出字典中的元素。pop 方法用于获取指定 key 的值，并从字典中弹出这个 key-value 对。popitem 方法用于返回字典中最后一个 key-value 对，并弹出这个 key-value 对。对于字典来说，里面的元素并没有顺序的概念，也没有 append 或类似的方法，所以这里所说的最后一个 key-value 对，也就是为字典添加 key-value 对时的顺序，最后一个添加的 key-value 对就是最后一个元素。

　　**【例 6.10】**　本例演示了 pop 方法和 popitem 方法的用法。

　　**实例位置：PythonSamples\src\chapter6\demo6.10.py**

```
dict = {'c':10,'a':40,'b':12,'x':44}
dict['1'] = 3
```

```
dict['5'] = 3
# 获取 key 为'b'的值
print(dict.pop('b'))
# 弹出字典中所有的元素
for i in range(len(dict)):
    print(dict.popitem())
```

程序运行结果如图 6-11 所示。

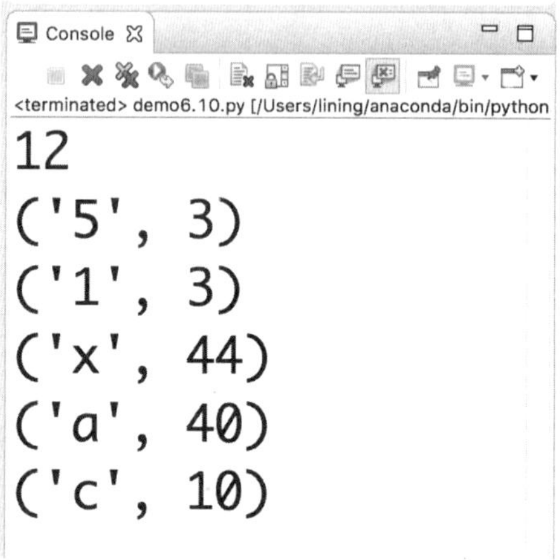

图 6-11　pop 方法与 popitem 方法

从上面的代码可以看出，如果想一个一个地将字典中的元素弹出，使用 popitem 方法是非常方便的，这样就不需要指定 key 了。

### 6.3.7　setdefault 方法

setdefault 方法用于设置 key 的默认值。该方法接收两个参数，第 1 个参数表示 key，第 2 个参数表示默认值。如果 key 在字典中不存在，那么 setdefault 方法会向字典中添加这个 key，并用第 2 个参数值作为 key 的值。该方法会返回这个默认值。如果未指定第 2 个参数，那么 key 的默认值是 None。如果字典中已经存在这个 key，setdefault 不会修改 key 原来的值，而且该方法会返回 key 原来的值。

【例 6.11】 本例演示了如何使用 setdefault 方法向字典中添加新的 key-value 对，以及获取原有 key 的值。

**实例位置：PythonSamples\src\chapter6\demo6.11.py**

```
# 定义一个空字典
dict = {}
# 向字典中添加一个名为 name 的 key，默认值是 Bill。运行结果：Bill
print(dict.setdefault("name", 'Bill'))
# 运行结果：{'name': 'Bill'}
print(dict)
# 并没有改变 name 的值。运行结果：Bill
print(dict.setdefault("name", "Mike"))
# 运行结果：{'name': 'Bill'}
print(dict)
# 向字典中添加一个名为 age 的 key，默认值是 None。运行结果：None
print(dict.setdefault("age"))
```

```
# 运行结果：{'name': 'Bill', 'age': None}
print(dict)
```

程序运行结果如图 6-12 所示。

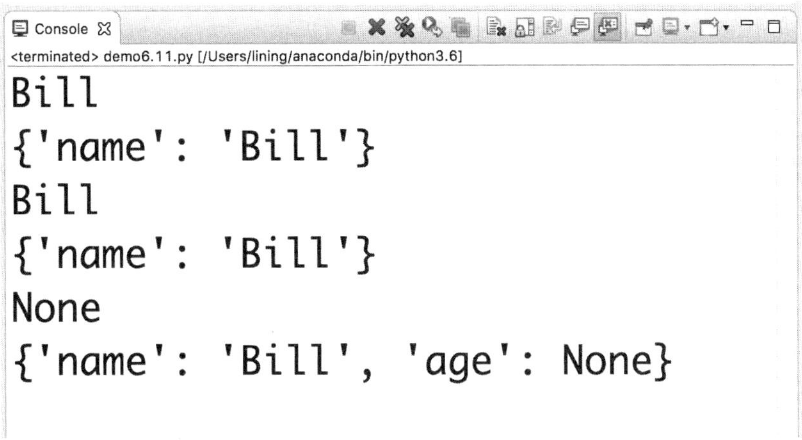

```
Console 
<terminated> demo6.11.py [/Users/lining/anaconda/bin/python3.6]
Bill
{'name': 'Bill'}
Bill
{'name': 'Bill'}
None
{'name': 'Bill', 'age': None}
```

图 6-12　用 setdefault 方法为 key 设置默认值

可以看到，在上面的代码中使用 setdefault 方法第 1 次设置 name 时向字典中添加了一个新的 key-value 对，而第 2 次设置 name 时，字典元素并没有任何变化。而 setdefault 方法返回了第 1 次设置 name 的值（Bill），也就是 name 原来的值。

可能有的同学会有这样的疑问：这个 setdefault 方法不就是向字典中添加一个 key-value 对吗？这里所谓的默认值（setdefault 方法第 2 个参数）其实就是 key 的值。与 dict[key] = value 有什么区别呢？

其实如果 key 在字典中不存在，setdefault(key,value)方法与 dict[key] = value 形式是完全一样的，区别就是当 key 在字典中存在的情况下。setdefault(key, value)并不会改变原值，而 dict[key] = value 是会改变原值的。所以 setdefault 方法主要用于向字典中添加一个 key-value 对，而不是修改 key 对应的值。

### 6.3.8　update 方法

update 方法可以用一个字典中的元素更新另外一个字典。该方法接收一个参数，该参数表示用作更新数据的字典数据源。如 dict1.update(dict2)可以用 dict2 中的元素更新 dict1。如果 dict2 中的 key-value 对在 dict1 中不存在，那么会在 dict1 中添加一个新的 key-value 对。如果 dict1 中已经存在了这个 key，那么会用 dict2 中 key 对应的值更新 dict1 中 key 的值。

【例 6.12】　本例演示了如何使用 update 方法用字典 dict2 中的元素更新字典 dict1。

**实例位置：PythonSamples\src\chapter6\demo6.12.py**

```
dict1 = {
    'title':'欧瑞学院',
    'website':'https://geekori.com',
    'description':'从事在线 IT 课程研发和销售'
    }
dict2 = {
    'title':'欧瑞科技',
    'products':['欧瑞学院','博客','读书频道','极客题库','OriUnity'],
    'description':'从事在线 IT 课程研发和销售,工具软件研发'
```

```
    }
# 用 dict2 中的元素更新 dict1
dict1.update(dict2)
# 输出字典 dict1 中所有的 key-value 对
for item in dict1.items():
    print("key = {key}  value = {value}".format(key = item[0],value = item[1]))
```

程序运行结果如图 6-13 所示。

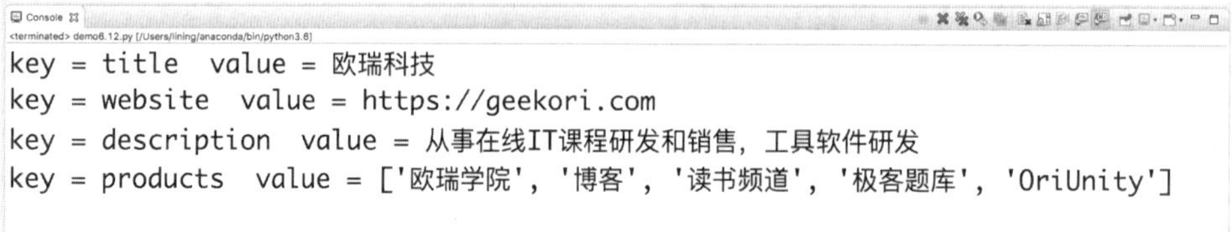

图 6-13　通过 update 方法将一个字典中的元素更新到另一个字典

从上面的代码可以看出，dict2 中的 products 在 dict1 中并不存在，所以向 dict1 中添加了 products。而 title 和 description 在 dict1 和 dict2 中都存在，只是在这两个字典中值不同，所以调用 update 方法后，用 dict2 中相应 key 的值更新了 dict1 中同名 key 的值。

### 6.3.9　values 方法

values 方法用于以迭代器形式返回字典中值的列表。与 keys 方法不同的是，values 方法返回的值列表可以有重复的，而 keys 方法返回的键值列表不会有重复的 key。

【例 6.13】　本例演示了如何使用 values 方法获取字典中值的列表，并对这个列表进行迭代。

**实例位置：PythonSamples\src\chapter6\demo6.13.py**

```
dict = {
    "a":1,
    "b":2,
    "c":2,
    "d":4,
    "e":1
    }
# 输出值的列表
print(dict.values())
# 对值列表进行迭代
for value in dict.values():
    print(value)
```

程序运行结果如图 6-14 所示。

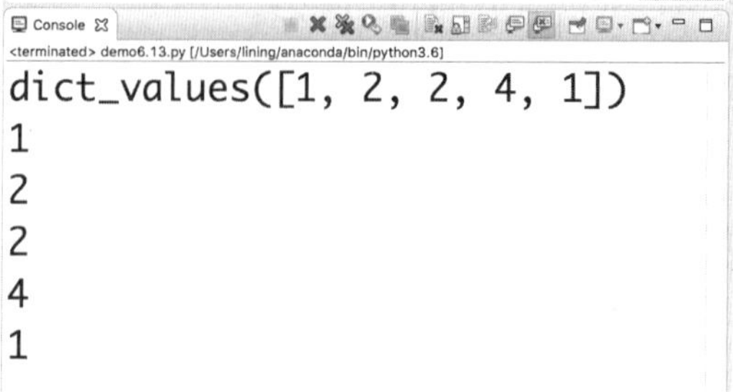

图 6-14　使用 values 方法获取字典中值的列表

## 6.4　小结

字典是一个非常重要的序列，主要用来根据 key 查询 value。经常被用到需要快速查找定位，但数据量不是很大的场景中（如果数据量大就需要用数据库或分布式系统）。例如，可以将从数据表中查询出来的结果以某个字段值作为 key 添加到字典中，这样定位某一条记录相当迅速。当然，字典还有很多妙用，在以后的章节会经常使用字典来编写程序。另外，本章介绍了很多字典中特有的方法，这些方法并不需要都记住，只要知道通过这些方法能完成什么任务即可，到用时再查一下具体用法即可。

## 6.5　实战与练习

本章练习题，除了配有答案（源代码）外，还会在赠送的视频课程中讲解。

1. 编写一个 Python 程序，在字典中添加 1000 个 key-value 对，其中 key 是随机产生的，随机范围是 0～99。value 任意指定。要求当 key 在字典中如果已经存在，仍然保留原来的 key-value 对。最后输出字典中所有的 key-value 对。

答案位置：PythonSamples\src\chapter6\practice\solution6.1.py

2. 编写一个 Python 程序，从控制台输入一个包含整数的字符串，将字符串中的整数格式化为长度为 10 的格式，位数不足前面补 0。例如，456 格式化成 0000000456。具体要求如下：

（1）不使用正则表达式。

（2）使用字典格式化字符串。

（3）将从控制台输入的字符串转换为字符串模板再进行格式化。

（4）最后在控制台输出字符串模板和格式化结果。

程序运行结果如图 6-15 所示。

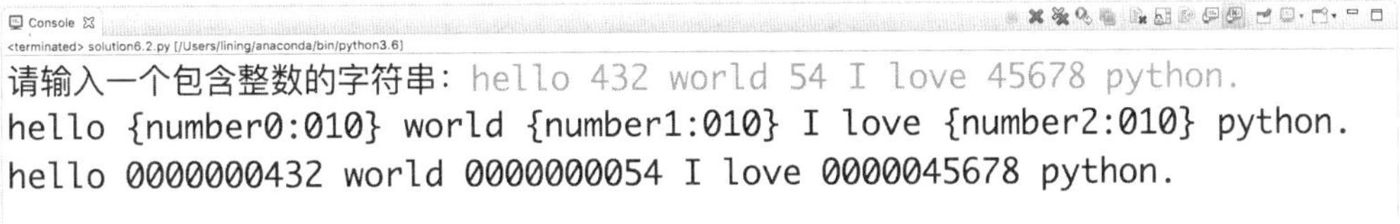

图 6-15　用字典格式化字符串效果演示

答案位置：PythonSamples\src\chapter6\practice\solution6.2.py

# 第 7 章

# 函　　数

在前面的章节已经编写过很多 Python 代码，这些 Python 代码有一个共同的特点，就是只要通过 Python 命令执行这些代码，就会立刻执行。不过对于有实际价值的 Python 应用来说，拥有的代码量远远要比这些 Python 代码片段大得多，将这么多代码都放到一个 Python 文件中显然不合适，当然，可以将这些代码根据功能放在不同的 Python 文件中，然后通过导入模块的方式进行重用。不过这又会带来另外一个问题，由于导入模块时，Python 解析器会首先执行被引用模块中所有的代码，但在很多 Python 文件中，并不是所有的代码都需要执行，可能在特定的情况下，只需要执行某段代码，而且如果要想重复执行某段代码或重用某段代码，就目前学到的 Python 知识很难实现，因此，Python 语言引入了一项非常重要的技术，这就是本章要讲的函数。

从本质上说，函数就是将一段代码封装起来，然后可以被其他 Python 程序重用。这段被函数封装的代码，如果不主动调用函数，代码是不会执行的。既然其他程序要与被函数封装起来的代码进行交互，那么就会涉及数据交换（因为交互过程中主要就是数据的交换），数据交换就是数据的输入/输出。也就是外部代码需要将数据传给函数，而函数又要将内部的数据传给外部的代码。为了完成这项工作，函数需要具有两个技能：参数和返回值。而且如果外部代码要调用函数，就和访问变量一样，需要有个名字。所以还要为函数起个名字，称为函数名。如果为 Python 函数下个一句话定义，那么这句话应该是：一个拥有名称、参数和返回值的代码块。

通过阅读本章，您可以：

- ❑ 了解函数的概念
- ❑ 掌握如何创建一个函数
- ❑ 掌握如何为函数添加文档注释，以及如何获取函数的文档注释
- ❑ 掌握函数如何返回一个值
- ❑ 掌握如何改变函数的参数值
- ❑ 掌握关键字参数与参数默认值的应用
- ❑ 掌握可变参数的应用
- ❑ 了解如何将序列中的元素单独作为参数值传递给函数
- ❑ 了解函数中的作用域
- ❑ 了解递归函数

## 7.1　懒惰是重用的基石

**实例位置：PythonSamples\src\chapter7\demo7.01.py**

到目前为止，写的程序都很小，通常都在 100 行之内。如果要想编写大型程序，很快就会遇到麻烦。现在考虑一种情况，如果在一个地方编写一段代码，但在另外一个地方也要用到这段代码，那么会发生什么呢？例如，现在要编写一个计算斐波那契数列（任意一个数都是前两个数之和的数字序列）的程序。

```
fibs = [0,1]
for i in range(10):
    fibs.append(fibs[-2] + fibs[-1])
print(fibs)
```

运行程序，会输出如下的数字序列：

```
[0, 1, 1, 2, 3, 5, 8, 13, 21, 34, 55, 89]
```

不过更进一步的要求是程序需要是动态的，也就是说，上面的代码只是计算出了拥有 12 个数字的斐波那契数列，如果要计算包含 20 个或 25 个数字的斐波那契数列该怎么办呢？当然，可以通过修改 range 函数的参数值达到目的，但程序需要与用户进行交互，而且不能要求用户去修改 Python 源代码。所以最直接的方式是允许用户从控制台输入斐波那契数列长度，然后再将这个长度传入 range 函数的参数。

```
n = int(input("请输入一个整数："))
for i in range(n - 2):
    fibs.append(fibs[-2] + fibs[-1])
print(fibs)
```

程序运行结果如图 7-1 所示。

图 7-1 计算 12 的斐波那契数列

通过运行上面的代码，可以计算任何长度的斐波那契数列。不过这里还有一个问题，如果在程序中（而且是不同模块的程序）要不断多次计算不同长度的斐波那契数列该怎么办呢？也就是说要多次重用这段代码。当然，可以直接利用 copy & paste，多次复制这段代码。但这样做不但让代码的冗余度①增加，使程序极难维护。如果这段代码不是用于计算斐波那契数列，而是一段更复杂，拥有数百行甚至数千行代码的程序，那么将其复制多份，还会造成代码总体积过于庞大，编译出来的二进制文件也更大。

对于真正的程序员来说，是不会考虑 copy & paste 这种愚蠢的方式的，因为程序员不想多费事，他们希望使用如下两行代码就可以解决问题。

```
n = int(input("请输入一个整数："))
print(fibs(n))
```

那么 fibs(n)是什么呢？这个以前从来没见过，其实这就是本章的主角：函数。不过这只是调用了

---

① 代码的冗余度是指在程序中包含了大量完全相同或相近的代码，一旦这些代码要修改，就需要同时修改程序的多个地方，一不小心就会出现 bug，而且费时费力。在程序中这种情况越多，就说明代码冗余度越大。当然，程序的冗余度越小越好。

函数，而且是自定义的函数。这样通过自定义函数的方式不仅可以让同样的代码在程序中只存在一份，而且还可以让代码复用（重复使用）。那么如何定义自己的函数呢？以及函数的参数和返回值应该如何处理呢？函数中的变量和外部变量有什么关系呢？这一连串的疑问都会从下一节开始逐渐给出答案。

## 7.2 函数基础

本节将介绍如何创建函数、如何为函数添加文档注释，以及定义和调用没有返回值的函数。

### 7.2.1 创建函数

在前面提到，函数是可以调用的，而且是可以交互的，既然可以调用和交互，那么就需要有一个函数名，以及函数参数和返回值。这是函数的三个重要元素，其中函数名是必需的，函数参数和返回值是可选的。如果函数只是简单地执行某段代码，并不需要与外部进行交互，那么函数参数与返回值可以省略。

定义函数要使用 def 语句。

```
def greet(name):
    return 'Hello {}'.format(name)
```

从上面的代码可以看出，函数名是 greet。后面是一对圆括号，函数的参数就放在这里。圆括号中有一个 name 参数。最后用一个冒号（:）结尾。这表示函数与 if、while、for 语句一样，也是一个代码块，这就意味着函数内部的代码需要用缩进量来与外部代码分开。

由于 Python 是动态语言，所以函数参数与返回值都不需要事先指定数据类型，函数参数就直接写参数名即可，如果函数有多个参数，中间用逗号（,）分隔。如果函数有返回值，直接使用 return 语句返回即可。return 语句可以返回任何东西，一个值，一个变量，或是另一个函数的返回值，如果函数没有返回值，可以省略 return 语句。

将代码封装在函数中后，就可以调用函数了。

```
print(greet("李宁"))
print(greet("马云"))
```

上面的代码调用了两次 greet 函数，并传入了两个完全不同的参数值。程序运行结果如图 7-2 所示。

图 7-2  调用 greet 函数

【例 7.1】  本例通过函数对计算斐波那契数列的代码进行改进，将这段代码封装在一个函数中，通过函数参数传入斐波那契数列长度，然后通过 return 语句返回计算结果。

实例位置：**PythonSamples\src\chapter7\demo7.02.py**

# 定义用于计算斐波那契数列的函数

```
def fibs(n):
    # 定义保存斐波那契数列的初始列表
    result = [0,1]
    # 通过循环来计算斐波那契数列，并将计算结果保存到 result 列表中
    for i in range(n - 2):
        result.append(result[-2] + result[-1])
    # 返回计算结果
    return result
# 通过 while 循环从控制台不断输入斐波那契数列长度，并根据长度计算斐波那契数列的值
while True:
    value = input("请输入一个整数：")
    # 如果输入 ":exit "，退出循环
    if value == ":exit":
        break;
    # 将输入的字符串转换为整数
    n = int(value)
    # 调用 fibs 函数计算斐波那契数列
    print(fibs(n))
```

程序运行结果如图 7-3 所示。

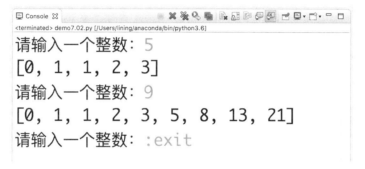

图 7-3　调用 fibs 函数计算斐波那契数列

## 7.2.2　为函数添加文档注释

实例位置：**PythonSamples\src\chapter7\demo7.03.py**

注释尽管在程序中不是必需的，但却是必要的。如果没有注释，那么程序就很难被别人读懂，甚至过段时间，自己都看不明白自己编写的程序。Python 语言支持单行注释和多行注释，前者使用井号（#）表示，后者使用三个单引号或双引号将多行注释内容括起来。对于函数来说，还可以使用另外一种注释：文档注释。

不管单行注释还是多行注释，在程序编译后，这些注释都会被编译器去掉，也就是说，无法在程序中通过代码来动态获取单行注释和多行注释的内容。而文档注释作为程序的一部分一起存储，通过代码可以动态获取这些注释。文档注释有一个重要的作用，就是让函数、类（下一章介绍）等 Python 元素具有自描述功能，通过一些工具，可以为所有添加了文档注释的函数和类生成文档。很多编程语言的 API 帮助信息就是这么做的。

为函数添加文档注释，需要在函数头（包含 def 关键字的那一行）的下一行用一对单引号或双引号将注释括起来。

```
def add(x,y):
    "计算两个数的和"
    return x + y
```

在上面的代码中，"计算两个数的和"就是 add 函数的文档注释。可以使用"__doc__"函数属性获取 add 函数的文档注释。要注意，"__doc__"中"doc"的两侧分别是两个下画线（_）。

```
# 运行结果："计算两个数的和"
print(add.__doc__)
```

还可以直接使用 help 函数获取函数的文档注释。

```
help(add)
```

执行这行代码，会输出如图 7-4 所示的内容。

图 7-4  使用 help 函数输出函数的文档注释

关于"__doc__"属性和 help 函数的更多用法，会在后面的章节详细介绍。

### 7.2.3  没有返回值的函数

并不是所有的函数都需要返回值，有一些函数只需要在内部处理些东西，如果要输出，可以直接通过 print 函数输出信息，那么在这种情况下，就没有必要返回值。

在几乎所有的编程语言中，都会有这种没有返回值的函数。在有些编程语言（如 Pascal）中，将这些没有返回值的函数称为过程，还有一些编程语言（主要指 C 风格的编程语言）用 void 或类似的关键字声明无返回值函数的返回值类型（表示该函数没有返回值）。不过 Python 没有这么多称呼，也没有这么多说道。如果 Python 函数没有返回值，不使用 return 语句就可以了，或使用 return 语句，但 return 后面什么也不跟。后一种情况主要是用于从函数的任意深度的代码直接跳出函数。

如果 Python 函数没有返回值，那么使用 print 函数输出这样的函数，会输出 None。这个值表示没有值。

【例 7.2】  本例定义了一个 test 函数，并要求传入一个 flag 参数，该参数是布尔类型。如果 flag 为 True，执行 return 语句跳出函数。

**实例位置：PythonSamples\src\chapter7\demo7.04.py**

```
# 定义一个 test 函数
def test(flag):
    print("这是在函数中打印的信息")
    if flag:
        return
```

```
    print("这行信息只有在 flag 为 False 时才会输出")
# flag 参数值为 False，会输出最后一行信息
test(False)
print("----------")
# 调用 test 函数，flag 参数值为 True，最后一行信息不会输出
returnValue = test(True)
# 输出最后一行信息
print(returnValue)
```

程序运行结果如图 7-5 所示。

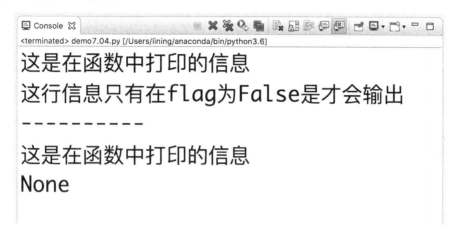

图 7-5　没有返回值的函数

## 7.3　函数参数

函数使用起来很简单，创建起来也不复杂，但函数参数的用法却需要详细讨论一下，因为函数参数用起来非常灵活。

写在 def 语句中函数名后面圆括号中的参数称为形参，而调用函数时指定的参数称为实参。形参对于函数调用者来说是透明的。也就是说形参叫什么，与调用者无关。这个形参是在函数内部使用的，函数外部并不可见。

### 7.3.1　改变参数的值

如果将一个变量作为参数传入函数，并且在函数内部改变这个变量的值，那么结果会怎么样呢？不妨做一个实验。

```
x = 20
s = "世界您好"
def test(x,s):
    x = 40
    s = "hello world"
test(x,s)
print(x,s)
```

执行这段代码，会输出如图 7-6 所示的内容。

图 7-6　在函数内部修改参数的值

在上面的代码中，首先定义了两个变量：x 和 s，然后将其传入 test 函数，并在该函数中修改这两个变量的值。最后在函数外部输出这两个变量，得到的结果是它们的值并没有改变。所以说，对于数值类型、字符串类型等一些简单类型，在函数内部可以修改变量的值，但不会影响到原始变量的值。也就是说，函数内部操作的参数变量实际上是 x 和 s 的一个副本。将变量传入函数，并修改变量值的过程与下面的代码类似。

```
x = 20
s = "世界您好"
# 下面的代码相当于函数内部的操作
x1 = x                          # x1 是 x 的副本，相当于将 x 传入函数
s1 = s                          # s1 是 s 的副本，相当于将 s 传入函数
x1 = 40
s1 = "hello world"
# 这里相当于退出函数，在函数外部输出 x 变量和 s 变量
print(x,s)
```

执行这段代码的输出结果与图 7-6 完全一致。

现在再来看看下面的代码。在这段代码中，变量 x 和变量 y 的数据类型分别是字典和列表。

```
x = {"a":30, "b":20}
y = ["a","b","c"]

def test(x,y):
    x["a"] = 100
    y[1] = "abcd"
test(x,y)
print(x,y)
```

程序运行结果如图 7-7 所示。

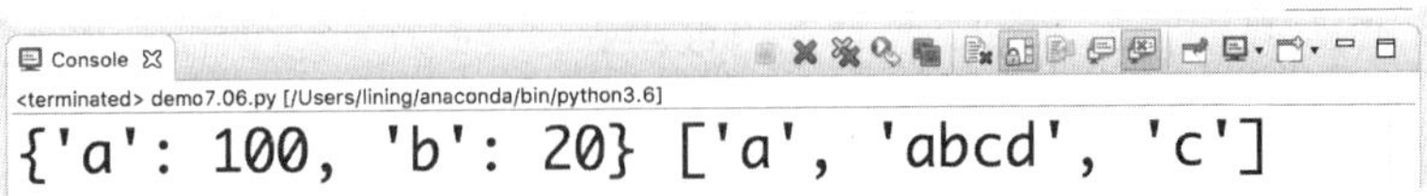

```
{'a': 100, 'b': 20} ['a', 'abcd', 'c']
```

图 7-7　在函数内部修改字典和列表变量的值

可以看到，如果将字典和列表变量传入函数，在函数内部修改字典和列表变量的值，是可以影响 x 变量和 y 变量的。这就涉及一个值传递和引用传递的问题。如果传递的变量类型是数值、字符串、布尔等类型，那么就是值传递；如果传递的变量类型是序列、对象（后面的章节介绍）等复合类型，就是引用传递。

值传递就是在传递时将自身复制一份，而在函数内部接触到的参数实际上是传递给函数的变量的

副本，修改副本的值自然不会影响到原始变量。而像序列、对象这样的复合类型的变量，在传入函数时，实际上也将其复制了一份，但复制的不是变量中的数据，而是变量的引用。因为这些复合类型在内存是用一块连续或不连续的内存空间保存，要想找到这些复合类型的数据，必须得到这些内存空间的首地址，而这个首地址就是复合类型数据的引用。因此，如果将复合类型的变量传入函数，复制的是内存空间的首地址，而不是首地址指向的内存空间本身。对于本例来说，在函数内部访问的 x 和 y 与在函数外部定义的 x 和 y 指向同一个内存空间，所以修改内存空间中的数据，自然会影响到函数外部的 x 变量和 y 变量中的值。

现在已经知道了，如果要想在函数内部修改参数变量的值，从而在函数退出时，仍然保留修改痕迹，那么就要向函数传入复合类型的变量。这一点非常有用，利用函数的这个特性对某些经常使用的代码进行抽象，这样会使代码更简洁，也更容易维护。例 7.3 将代码抽象演绎到了极致。

【例 7.3】本例定义了一个名为 data 的字典类型变量，字典 data 有三个 key：d、names 和 products。其中 d 对应的值类型是一个字典，names 和 products 对应的值类型都是列表。要求从控制台输入这三个 key 对应的值。多个值之间用逗号分隔，如 "Bill,Mike,John"，在输入完数据后，通过程序将由逗号分隔的字符串转换成字典或列表。如果要转换为字典，列表偶数位置的元素为 key，奇数位置的元素为 value。如 "a,10,b,20" 转换为字典后的结果是 "{a:10,b:20}"。最后输出字典 data，要将每一个 key 和对应的值在同一行输出，不同的 key 和对应的值在不同行输出。可能这个描述看看有点复杂，不过不要紧，还是先看代码吧！

**实例位置：PythonSamples\src\chapter7\demo7.05.py**

```python
# 未使用函数抽象的代码实现
data = {}
# 下面的代码初始化字典 data 和 key 的值
data["d"] = {}
data["names"] = []
data["products"] = []
print("请输入字典数据，key 和 value 之间用逗号分隔")
# 从控制台输入 key 为 d 的值
dictStr = input(":")
# 将以逗号分隔的字符串转换为列表
list = dictStr.split(",")
keys = []
values = []
# 将列表拆分成 keys 和 values 的两个列表
for i in range(len(list)):
    # key
    if i % 2 == 0:
        keys.append(list[i])
    else:
        values.append(list[i])
# 利用 zip 和 dict 函数将 keys 和 values 两个列表合并成一个字典，
# 并利用 update 方法将该字典追加到 key 为 d 的值的后面
data["d"].update(dict(zip(keys,values)))

print("请输入姓名，多个姓名之间用逗号分隔")
# 从控制台输入 key 为 names 的值
nameStr = input(":")
# 将以逗号分隔的字符串转换为列表
```

```
names = nameStr.split(",")
# 将列表 names 追加到 key 为 names 的值的后面
data["names"].extend(names)

print("请输入产品，多个产品之间用逗号分隔")
# 从控制台输入 key 为 products 的值
productStr = input(":")
# 将以逗号分隔的字符串转换为列表
products = productStr.split(",")
# 将列表 products 追加到 key 为 products 的值的后面
data["products"].extend(products)
# 输出字典 data 中的数据，每一个 key 和对应的值是一行
for key in data.keys():
    print(key,":",data[key])
```

程序运行结果如图 7-8 所示。

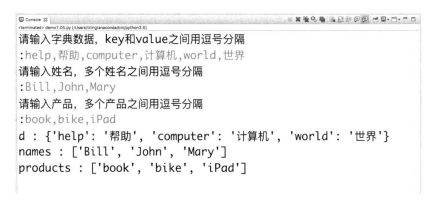

图 7-8　从控制台输入字典 data 中的数据

如果从功能上看，上面的代码实现得很完美。不过问题是，如何对多个字典进行同样操作呢？是不是要将这些代码复制多份？这太麻烦了，而且会造成代码极大的冗余。那么接下来，就用函数对这段代码进行抽象，将经常使用的代码段提炼处理封装在函数中。

在抽象代码之前，要先看看有哪些代码可以被抽象出来。本例可以抽象出来的代码有如下几种：

❑ 初始化字典 data。

❑ 从控制台输入以逗号分隔的字符串，并将其转换为列表或字典。

❑ 输出字典 data。

其中，初始化字典 data 和输出字典 data 这两段代码都很简单，也很容易抽象，而第 2 点需要费点脑子，由于字典 data 中有的 value 是字典类型，有的 value 是列表类型，所以就要求这个函数既可以将字符串转换为列表，又可以将字符串转换为字典。本例采用了一个 flag 参数进行控制，flag 是布尔类型，如果该变量的值为 True，表示将字符串转换为列表；如果为 False，表示将字符串转换为字典。

为了一步到位，干脆将这些抽象出来的函数放到一个单独的 Python 脚本文件中，然后通过 import 作为模块导入这些函数。下面先来实现这些函数。

**实例位置：PythonSamples\src\chapter7\dataman7.06.py**

```
# 初始化函数
def init(data):
    data["d"] = {}
```

```
    data["names"] = []
    data["products"] = []
# 从控制台采集数据，并转化为列表或字典的函数，flag 为 True 将字符串转换为列表；flag 为 False 将字
# 符串转换为字典
# msg 表示提示文本，为了方便，这里假设输入的数据以逗号分隔，也可以将分隔符通过函数参数传入
def inputListOrDict(flag,msg):
    print(msg)
    # 从控制台输入字符串
    inputStr = input(":")
    # 将字符串用逗号拆分成列表
    list = inputStr.split(",")
    # 返回列表
    if flag:
        return list
    # 下面的代码将 list 转换为字典，并返回这个字典
    keys = []
    values = []
    result = {}
    for i in range(len(list)):
        # key
        if i % 2 == 0:
            keys.append(list[i])
        else:
            values.append(list[i])
    # 返回字典
    return dict(zip(keys,values))


# 输出字典中的数据
def outDict(data):
    for key in data.keys():
        print(key,":",data[key])
```

在上面的代码中定义了三个函数：init、inputListOrDict 和 outDict，分别用来初始化字典、从控制台输入字符串，并将其转换为列表或字典，以及在控制台输出字典。下面利用这三个函数处理两个字典 data1 和 data2。

**实例位置：PythonSamples\src\chapter7\demo7.07.py**

```
# 导入 dataman.py 中的所有函数
from dataman import *
# 定义字典 data1
data1 = {}
# 定义字典 data2
data2 = {}
# 初始化 data1
init(data1)
# 初始化 data2
init(data2)
# 从控制台输入字符串，并将其转换为字典，最后追加到 key 为 d 的值的后面
data1["d"].update(inputListOrDict(False, "请输入字典数据，key 和 value 之间用逗号分隔"))
# 从控制台输入字符串，并将其转换为列表，最后追加到 key 为 names 的值的后面
data1["names"].extend(inputListOrDict(True, "请输入姓名，多个姓名之间用逗号分隔"))
# 从控制台输入字符串，并将其转换为列表，最后追加到 key 为 products 的值的后面
```

```
data1["products"].extend(inputListOrDict(True, "请输入产品，多个产品之间用逗号分隔"))

# 下面的代码与对 data1 的操作类似
data2["d"].update(inputListOrDict(False, "请输入字典数据，key 和 value 之间用逗号分隔"))
data2["names"].extend(inputListOrDict(True, "请输入姓名，多个姓名之间用逗号分隔"))
data2["products"].extend(inputListOrDict(True, "请输入产品，多个产品之间用逗号分隔"))
# 输出 data1
outDict(data1)
# 输出 data2
outDict(data2)
```

程序运行结果如图 7-9 所示。

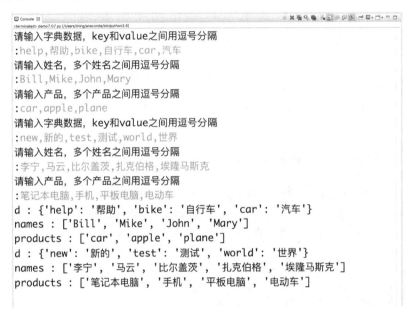

图 7-9　利用函数抽象代码

怎么样，利用函数将经常使用的代码抽象成了三个函数，是不是使用起来很方便呢？尤其在处理多个字典的情况下更是如此。

## 7.3.2　关键字参数与默认值

到目前为止，函数的参数位置很重要，因为在调用函数时，传递实参时都是按照形参的定义顺序传递的。先看下面的 greet 函数。

```
def greet(name, greeting):
    return "问候语：{} 姓名：{}".format(greeting,name)
```

在上面的代码中，greet 函数有两个参数：name 和 greeting。其中，name 表示要问候的人名，greeting 表示问候语。可以按下面的形式调用 greet 函数。

```
print(greet("李宁", "Hello"))
```

执行这行代码，会输出如下内容。

```
问候语：Hello 姓名：李宁
```

不过在调用 greeting 函数时，可能会记不清楚到底 name 是第 1 个参数，还是 greeting 是第 1 个参数，如果函数的参数更多，可能这种情况会经常发生。例如，greeting 函数的参数顺序弄反了，就会使用下面的代码调用 greeting 函数。

```
print(greet("Hello","李宁"))
```

当然这么调用并不会抛出异常，但会输出如下的内容，输出的内容并不符合要求。

```
问候语：李宁 姓名：Hello
```

从这一点可以看出，在调用 greet 函数时，实参的顺序与形参严重相关。为了抵消这种相关性，在调用 greet 函数时可以用关键字指定参数，这种参数被称为关键字参数。

那么函数参数的关键字是什么呢？其实就是函数形参的名字。对于 greet 函数来说，就是 name 和 greeting。所以可以用下面的代码调用 greet 函数。

```
print(greet(name = "李宁",greeting = "Hello"))
print(greet(greeting = "Hello", name = "李宁"))
```

执行这段代码，会输出如下的内容。

```
问候语：Hello 姓名：李宁
问候语：Hello 姓名：李宁
```

可以看出，上面的代码尽管指定的实参位置不同，但由于使用了关键字参数 name 和 greeting，因此，不管实参位置如何变换，name 的值都等于"李宁"，greeting 的值都等于"Hello"。

关键字参数也可以与位置参数混合使用。

```
print(greet("李宁",greeting = "Hello"))
```

在混合使用时，关键字参数必须放在位置参数后面，否则会抛出异常。

```
print(greet(name = "李宁","Hello"))
```

执行这行代码，会抛出如图 7-10 所示的异常。

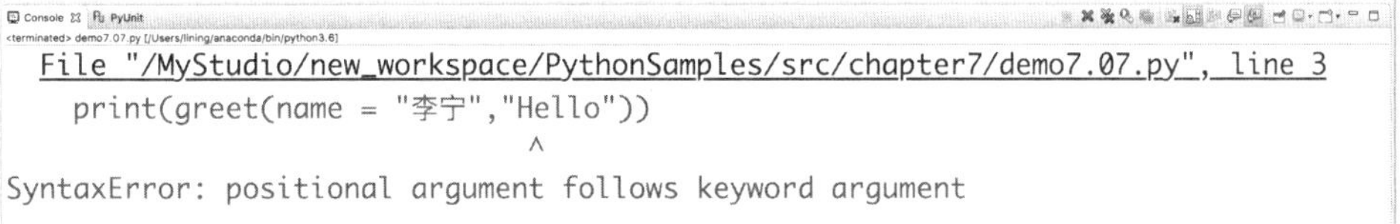

图 7-10　关键字参数放在位置参数前面抛出的异常

如果函数的参数过多，或者在特定的场景，大多数参数都使用某个固定的值即可，那么可以为函数的形参指定默认值，如果不指定形参的值，那么函数就会使用形参的默认值。

```
def greet(name = "Bill", greeting = "Hello"):
    return "问候语：{} 姓名：{}".format(greeting,name)
```

上面的代码中为 greet 函数的 name 参数和 greeting 参数指定了默认值。所以在调用 greet 函数时可以不指定实参。

```
greet()
```

调用 greet 函数时未指定任何参数值，所以 name 参数和 greeting 参数都会使用各自的默认值。当然，有参数默认值的函数还有很多其他的调用方式，这一点可以看一下例 7.4 中的代码。

【例 7.4】 本例编写了两个函数：sub1 和 sub2。这两个函数的功能相同，只是 sub1 未指定参数默认值，而 sub2 指定了参数默认值。我们会使用这两个函数展示关键字参数和参数默认值的各种用法。

实例位置：**PythonSamples\src\chapter7\demo7.08.py**

```python
def sub1(m, n):
    return m - n
# 使用位置参数传递参数值，运行结果：16
print(sub1(20,4))
# 使用位置参数传递参数值，运行结果：-16
print(sub1(4,20))

# 使用关键字参数传递参数值，运行结果：16
print(sub1(m = 20, n = 4))
# 使用关键字参数传递参数值，运行结果：16
print(sub1(n = 4, m = 20))

# 为 sub2 的两个参数指定默认值
def sub2(m = 100, n = 50):
    return m - n
# 调用 sub2 时未指定任何参数值，运行结果：50
print(sub2())
# 调用 sub2 时使用了位置参数，运行结果：24
print(sub2(45,21))
# 调用 sub2 时使用了混合参数模式，运行结果：41
print(sub2(53, n = 12))
# 调用 sub2 时使用了关键字参数，m 仍然使用默认值，运行结果：-23
print(sub2(n = 123))
# 调用 sub2 时使用了关键字参数，运行结果：399
print(sub2(m = 542,n = 143))
# 尽管关键字参数在位置参数后面使用，但产生了歧义，系统不知道 m 的值应该是 53，还是 12，所以会抛出异常
print(sub2(53, m = 12))
```

程序运行结果如图 7-11 所示。

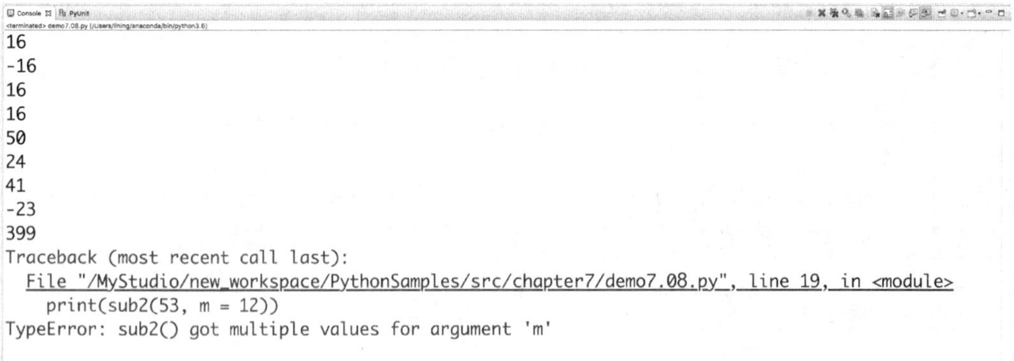

图 7-11　关键字参数与默认值

在调用函数时，如果使用关键字参数与位置参数混合的方式，要注意如下两点：

❑ 关键字参数必须写在位置参数的后面。

❑ 只能将位置参数还未设置的参数作为关键字参数指定。如在本例中，使用 sub2(53, m = 12)调
用 sub2 函数，由于 m 是形参中的第 1 个参数，而 53 是位置参数，所以自然而然会将 m 和 53
匹配。但后面又使用了关键字参数重新指定了 m 的值。这样 Python 解析器就不知道 m 的值到
底等于多少了，所以就会抛出异常。因此，只能将排在 m 以后的形参作为关键字参数使用，
所以只能将 n 作为关键字参数。

### 7.3.3　可变参数

在前面的章节已经多次使用过 print 函数，这个函数可以接收任意多个参数，在输出到控制台时，
会将输出的参数值之间加上空格。像 print 函数这样可以传递任意多个参数的形式称为可变参数。定义
函数的可变参数需要在形参前面加一个星号（*）。

```
# 定义一个带有可变参数的函数
def printParams(*params):
    print(params)
```

可使用下面的代码调用 printParams 函数。

```
printParams("hello", 1,2,3,True,30.4)
```

程序运行结果如图 7-12 所示。

图 7-12　输出可变参数中每一个参数值

可以看到，params 参数前面有一个星号（*），表明该参数是一个可变参数，在调用 printParams
函数时可以指定任意多个参数，而且参数类型也可以是任意的。从输出结果可以看出，可变参数在函
数内部是以元组的形式体现的，所以在函数内部可以像元组一样使用可变参数中的具体参数值。

```
def printParams(*params):
    for param in params:
        print("<" + str(param) + ">", end = " ")
# 调用 printParams 函数
printParams("hello", 1,2,3,True,30.4)
```

程序运行结果如图 7-13 所示。

<hello> <1> <2> <3> <True> <30.4>

图 7-13　枚举可变参数中的每一个参数值

在上面的代码中，通过 for 语句枚举了可变参数中所有的参数值，并为每一个参数值两侧加上了
一对尖括号（<...>）。

使用可变参数需要考虑形参位置的问题。如果在函数中，既有普通参数，也有可变参数，通常可

变参数会放在最后。

```python
def printParams(value,*params):
    print("[" + value + "]")
    for param in params:
        print("<" + str(param) + ">", end = " ")
# 调用 printParams 函数
printParams("hello", 1,2,3,True,30.4)
```

程序运行结果如图 7-14 所示。

图 7-14　同时为函数指定普通参数和可变参数

其实可变参数也可以放在函数参数的中间或最前面,只是在调用函数时,可变参数后面的普通参数要使用关键字参数形式传递参数值。

```python
def printParams(value1,*params, value2, value3):
    print("[" + value1 + "]")
    for param in params:
        print("<" + str(param) + ">", end = " ")
    print("{},{}".format(value2,value3))
# 调用 printParams 函数,value2 和 value3 必须使用关键字参数形式指定参数值
printParams("hello", 1,2,3,True,30.4,value2=100,value3=200)
```

程序运行结果如图 7-15 所示。

图 7-15　可变参数在函数参数的中间位置

如果可变参数在函数参数的中间位置,而且在为可变参数后面的普通参数传值时也不想使用关键字参数,那么就必须为这些普通参数指定默认值。

```python
# 为 value2 和 value3 指定了默认值
def printParams(value1,*params, value2 = 43, value3 = 123):
    print("[" + value1 + "]")
    for param in params:
        print("<" + str(param) + ">", end = " ")
    print("{},{}".format(value2,value3))
# 由于 value2 和 value3 有默认值,所以调用函数时不需要指定 value2 和 value3 的值
printParams("hello", 1,2,3,True,30.4)
```

程序运行结果如图 7-16 所示。

图 7-16　为可变参数后面的普通形参指定默认值

如果可变参数在函数参数的中间位置，并且没有为可变参数后面的普通形参指定默认值，在调用时也未使用关键字参数指定这些形参的值，那么调用函数时会抛出如图 7-17 所示的异常。

图 7-17　没有为可变参数后面的普通形参指定值，将抛出异常

【例 7.5】　本例编写了 4 个函数：addNumbers、calculator、calculator1 和 calculator2。其中 addNumbers 函数用于计算多个数值之和。该函数只有　个可变参数 numbers，要求传入 numbers 的参数值是数值类型。calculator、calculator1 和 calculator2 函数的功能类似，都用于计算传入可变参数值的加（Add）、减（Sub）、乘（Mul）和除（Div）。calculator 函数在可变参数前面加了一个普通的形参 type，用来指定执行的是哪种操作。calculator1 函数在可变参数后面指定了一个普通形参 ratio，calculator2 函数与 calculator1 函数的参数类似，只是为 ratio 参数指定了一个默认值。通过这 4 个函数的定义和调用方式，可以完全了解如何使用普通形参、可变参数、关键字参数和参数默认值来定义和调用函数。

实例位置：**PythonSamples\src\chapter7\demo7.08.py**

```python
# 定义 addNumbers 函数，该函数指定了一个可变参数 numbers
def addNumbers(*numbers):
    result = 0
    # 枚举 numbers 中的所有参数值，并将这些值累加，存储到 result 变量中
    for number in numbers:
        result += number
    # 返回累加和
    return result


# 调用 addNumbers 函数，运行结果：15
print(addNumbers(1,2,3,4,5))
print("--------------")
# 定义 calculator 函数，在可变参数 numbers 前面加了一个普通的形参 type
def calculator(type, *numbers):
    result = 0
    # type 参数的值可为 add、sub、mul 和 div，分别表示加、减、乘和除

    # 进行加法计算
```

```python
    if type == "add":
        for number in numbers:
            result += number
    # 进行减法计算
    elif type == "sub":
        result = numbers[0]
        for i in range(1, len(numbers)):
            result -= numbers[i]
    # 进行乘法计算
    elif type == "mul":
        result = 1
        for number in numbers:
            result *= number
    # 进行除法计算
    else:
        result = numbers[0]
        for i in range(1, len(numbers)):
            result /= numbers[i]
    # 返回计算结果
    return result


# 调用 calculator 函数，会将第 1 个实参作为 type 参数的值传给 calculator 函数
# 运行结果：21
print(calculator("add",1,2,3,4,5,6))
# 运行结果：1067
print(calculator("sub",1234,44,54,12,57))
# 运行结果：5040
print(calculator("mul",1,2,3,4,5,6,7))
# 运行结果：10.0
print(calculator("div",100,2,5))
print("-------------")


# 定义 calculator1 函数，在可变参数 numbers 后面指定了一个普通的形参 ratio
def calculator1(type, *numbers, ratio):
    # 在调用另一个函数时，如果为该函数的可变参数传入另一个可变参数值，也要在参数名前面加星号（*）
    return calculator(type, *numbers) * ratio
# 调用 calculator1 函数，使用关键字参数指定了 ratio 参数的值
# 运行结果：63
print(calculator1("add",1,2,3,4,5,6,ratio = 3))
# 运行结果：2134
print(calculator1("sub",1234,44,54,12,57,ratio = 2))
# 运行结果：20160
print(calculator1("mul",1,2,3,4,5,6,7,ratio = 4))
# 运行结果：40.0
print(calculator1("div",100,2,5,ratio = 4))
print("-------------")
# 定义 calculator2 函数，为 ratio 参数指定了一个默认值
def calculator2(type, *numbers, ratio = 4):
```

```
    return calculator(type, *numbers) * ratio
# 调用 calculator2 函数，没有为 ratio 参数指定新的值。运行结果：84
print(calculator2("add",1,2,3,4,5,6))
```

程序运行结果如图 7-18 所示。

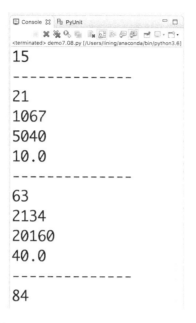

图 7-18　普通形参、可变参数、关键字参数和默认值演示

### 7.3.4　将序列作为函数的参数值

函数参数值可以是任何数据类型，自然也包括序列（元组、列表、字典等）。不过本节讲的并不是直接将序列作为单个的参数值传入函数，而是将序列中的每个元素单独作为函数的参数值，相当于把序列拆开进行传值。现在先看看下面的代码。

```
def printParams(s1, s2):
    print(s1, s2)

printParams("hello", "world")
list = ["hello", "world"]
# 将列表或元组中的元素作为单个参数值传递为 printParams 函数，需要在实参前面加星号（*）
printParams(*list)
```

程序运行结果如图 7-19 所示。

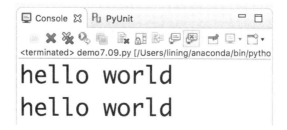

图 7-19　用列表中的元素给函数传递参数值

从上面的代码可以看出，如果要想将列表中的元素作为单个参数值传给函数，需要在列表前面加星号（*）。

在上面的代码中，printParams 函数并未使用可变参数，如果使用可变参数，也可以通过列表或元组参数传值。

```python
def printParams(*ss):
    for s in ss:
        print("<{}>".format(s), end =' ')


list = ["hello", "world"]
printParams(*list)
print()
# 将字符串作为一个序列传入 printParams 函数
printParams(*"abcdefg")
print()
printParams(*[1,2,3,4])
print()
```

程序运行结果如图 7-20 所示。

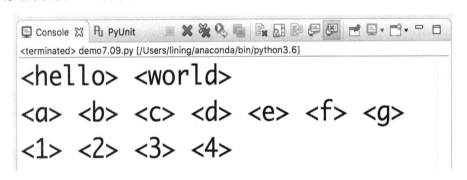

图 7-20　通过列表为可变参数传值

从上面的代码可以看出，不仅可以将列表变量前面加星号后传入 printParams 函数，而且也可以将列表值前面加星号传入 printParams 函数。如果要传递前面加星号的字符串，那么也会将字符串看作字符的序列进行拆分。

不仅元组和列表可以被拆分后传入函数，字典也可以这么做。

```python
def printParams(**ss):
    for item in ss.items():
        print("{} = {}".format(item[0], item[1]))


dict = {'a':40,'b':50,'c':12}
# 将字典中的元素作为单个参数传入函数时，要使用两个星号（**）
printParams(**dict)
printParams(**{"name":"Bill","age":23})
```

程序运行结果如图 7-21 所示。

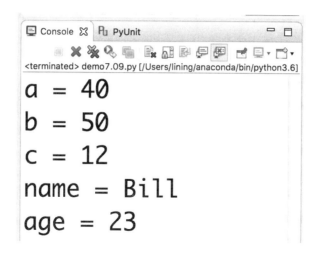

图 7-21 将字典中的元素作为单个参数传入函数

在传递参数时，字典和列表（元组）的区别是字典前面需要加两个星号（定义函数与调用函数都需要加两个星号），而列表（元组）前面只需要加一个星号。可能很多读者注意到了，在 printParams函数中使用字典的方式与不加两个星号的方式完全相同，所以 printParams 函数可以写成下面的形式。

```
def printParams(ss):
    for item in ss.items():
        print("{} = {}".format(item[0], item[1]))
```

如果在定义函数时，参数未加两个星号，那么在调用该函数时，也不能加两个星号。

```
dict = {'a':40,'b':50,'c':12}
printParams(dict)
printParams({"name":"Bill","age":23})
```

执行上面的代码，会输出与图 7-21 完全相同的内容。

【例 7.6】 本例通过 add1、add2、add3 和 add4 四个函数对如何使用列表和字典中单个元素作为函数参数传递进行了完整的演示。

实例位置：**PythonSamples\src\chapter7\demo7.09.py**

```
def add1(x,y,z):
    return x + y + z
# 运行结果：6
print(add1(1,2,3))

list = [2,3,4]    # 定义一个列表，也可以使用元组
# 将 list 中的 2，3，4 拆分，作为单独的参数值传入 add1 函数，运行结果：9
print(add1(*list))

dict = {'x':100, 'y':200, 'z':12}
# 将字典中的 x、y 和 z 拆分成名为 x、y、z 的 3 个形参值，然后传入函数，运行结果：312
print(add1(**dict))
# 用可变参数定义函数
def add2(*numbers):
    result = 0
    for number in numbers:
```

```
        result += number
    return result
print(add2(1,2,3,4,5))
# 使用星号同样可以拆分列表，并将单个元素作为参数传入 add2 的可变参数中
print(add2(*list))
# 定义 add3 函数时，numbers 参数前使用两个星号，表示这个参数值接收字典类型数据
def add3(**numbers):
    result = 0
    for item in numbers.items():
        # 将 numbers 字典中的所有 value 相加
        result += item[1]
    return result
# 将字典 dict 中的元素作为单独的参数传入了 add3 函数
print(add3(**dict))
# 定义一个只拥有普通形参的 add4 函数
def add4(numbers):
    result = 0
    for item in numbers.items():
        result += item[1]
    return result
# 如果在定义函数时不加双星，那么在调用时也不需要加
print(add4(dict))
```

程序运行结果如图 7-22 所示。

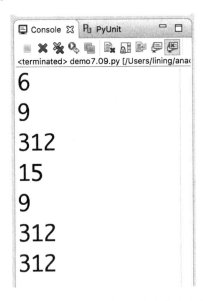

图 7-22　将列表和字典中元素拆分后作为独立参数传入函数

# 7.4　作用域

**代码位置：PythonSamples\src\chapter7\demo7.10.py**
作用域就是变量、函数、类等 Python 语言元素是否可见的范围。直接在 Python 文件的顶层定义的变量、函数都属于全局作用域，而在函数中定义的变量属于函数本身的局部作用域。在局部作用域

中定义的变量，在上一层作用域是不可见的。

```
x = 1                # 全局变量
def fun1():
    x = 30           # 局部变量
fun1()
# 运行结果：1
print(x)
```

上面的代码中，在全局作用域中定义了一个变量 x，该变量的值是 1，在 fun1 函数中也定义了一个变量 x，该变量的值为 30。其实这两个变量 x 是完全不同的。在 fun1 函数中只能看见 x 等于 30 的局部变量，而在全局作用域中，也只能看到 x 等于 1 的全局变量。

当然，在局部作用域中也可以访问上一层作用域中的变量（这里是全局作用域），但不能在局部作用域中定义同名的变量。

```
x = 123              # 全局变量
def fun2():
    print(x)         # 运行结果：123
fun2()
```

在上面的代码中，之所以在 fun2 函数中可以访问全局变量 x，是因为在 fun2 函数中并没有定义局部变量 x。一旦定义了局部变量 x，那么全局变量 x 对于 fun2 函数是隐藏的。

```
x = 123
def fun3():
    x = 30
    print(x)         # 运行结果：30
fun3()
```

在上面代码的 fun3 函数中定义了一个局部变量 x，所以将全局变量隐藏了，在 fun3 函数中将无法访问全局变量 x，只能访问局部变量 x。

可能有的读者会想到，先访问全局变量 x，然后再定义局部变量 x 行吗？其实也是不行的，这样做会抛出异常。

```
x = 123
def fun4():
    print(x)         # 执行这行代码会抛出异常
    x = 30
fun4()
```

执行这段代码，会抛出如图 7-23 所示的异常。

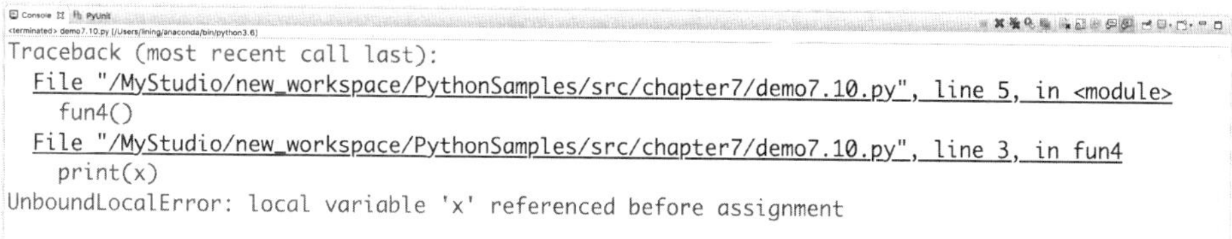

```
Traceback (most recent call last):
  File "/MyStudio/new_workspace/PythonSamples/src/chapter7/demo7.10.py", line 5, in <module>
    fun4()
  File "/MyStudio/new_workspace/PythonSamples/src/chapter7/demo7.10.py", line 3, in fun4
    print(x)
UnboundLocalError: local variable 'x' referenced before assignment
```

图 7-23　本地变量在使用之前必须先赋值

这个异常的含义是说 fun4 函数中在为 x 赋值之前就使用了 x。在 Python 语言中，不管在作用域的哪个位置为变量赋值，都会认为这个变量属于当前作用域，而且会隐藏上层作用域同名的变量。所以在本例中，print(x)并不会使用全局变量 x，而仍然会使用局部变量 x。但 x 是在 print(x)后面赋值的，所以会抛出异常。将 x = 30 和 print(x)调换个位置就会正常输出局部变量 x。

在 Python 语言中，函数支持嵌套，也就是说，可以在一个函数中定义另一个函数，并且可以直接返回函数本身（相当于 C 语言中返回函数的指针）。

```
x = 30
def fun5():
    x = 40
    # 嵌套函数
    def fun6():
        # 这里的变量 x 是在函数 fun5 中定义的局部变量
        print(x)
        print("fun6")
    # 返回 fun6 函数本身
    return fun6

fun5()()          # 调用了 fun5 函数的嵌套函数 fun6
```

程序运行结果如图 7-24 所示。

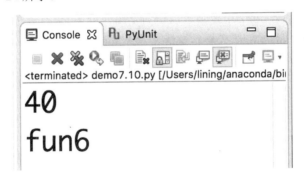

图 7-24　调用函数的嵌套函数

在上面的代码中，定义了一个全局变量 x，在函数 fun5 中定义了一个局部变量 x，在嵌套函数 fun6 中访问的是在 fun5 中定义的局部变量 x。也就是说，如果在当前函数中没有定义局部变量 x，那么当前函数会从上一个作用域开始查找，直到找到变量 x 或到了全局作用域为止。

## 7.5　递归

递归对于初学者来说是一个难点，其实单从编写递归的方式上来看并不难理解。所谓递归，就是在函数内部调用自身。在执行过程中，Python 解析器会利用栈（stack）处理递归函数返回的数据。所以递归函数的一个必要条件是要有终止条件，否则栈就会溢出。在这里并不讨论递归的底层原理，只讨论如何编写递归函数。

通过递归可以实现很多经典的算法，如阶乘、斐波那契数列等。例 7.7 详细描述了如何使用递归函数实现阶乘和斐波那契数列。

【例 7.7】　本例将通过递归实现阶乘和斐波那契数列。

假设计算阶乘的函数是 jc(n)，其中 n 是整数型参数，该函数表示计算 n 的阶乘。如果要计算 n 的阶乘，从数学上描述有如下的公式。

$$n! = 1 \times 2 \times 3 \times \cdots \times n$$

上面的公式也可以按如下形式描述。

$$n! = n \times (n-1)!$$

如果用 jc 函数描述，会有如下的表达式。

$$jc(n) = n * jc(n-1)$$

其实这就是一个典型的递归表达式。n!等于(n−1)!与 n 的乘积。而要计算(n−1)!，就需要计算(n−1)×(n−2)!。依次类推，计算 1!，会有 1! = 1 * (1 − 1)! = 1 * 0! = 1。由于 0!等于 1，所以 0 就是阶乘的终止条件，当然，有时也可以将 0 和 1 都作为阶乘的终止条件。也就是说，在递归函数中，先要考虑终止条件，然后再进行递归调用。斐波那契数列与阶乘的思路类似，也需要考虑终止条件。而斐波那契数列的终止条件是 n 等于 1 或 2 时，因为，斐波那契数列需要从第 3 个值开始，才可以用前两个值的和作为当前值。而 n 等于 1 时数列值是 0，n 等于 2 时数列值是 1。

**实例位置：PythonSamples\src\chapter7\demo7.11.py**

```python
# 计算阶乘的递归函数
def jc(n):
    # 终止添加
    if n == 0 or n == 1:
        return 1
    else:
        # 进行递归调用
        return n * jc(n - 1)
# 计算 10 的阶乘，运行结果：3628800
print(jc(10))


# 计算斐波那契数列的递归函数
def fibonacci(n):
    # 终止条件
    if n == 1:
        return 0
    # 终止条件
    elif n == 2:
        return 1
    else:
        # 进行递归调用
        return fibonacci(n - 1) + fibonacci(n - 2)
# 斐波那契数列的第 10 个值，运行结果：34
print(fibonacci(10))
```

程序运行结果如图 7-25 所示。

图 7-25　用递归函数计算阶乘和斐波那契数列

## 7.6　小结

本章深入介绍了 Python 语言中的函数的创建和使用方法。函数是抽象代码的重要技术之一。在大型的项目中，会有相当多的代码段需要重复使用，将这些代码段抽象成函数是一个好主意，这样可以避免代码冗余，并且可以让代码更整洁，并且还易于维护。不过函数只能抽象代码段，并不能对现实事物更进一步地抽象。例如，对于交通工具和汽车、飞机的抽象。汽车和飞机都属于交通工具，它们有很多共性，例如，都可以移动。所以汽车和飞机应该继承交通工具的所有特性。这是对现实事物的抽象，通过这种抽象，可以让复杂的代码更容易理解。在下一章将会介绍进行这种抽象的工具：类。

## 7.7　实战与练习

本章练习题，除了配有答案（源代码）外，还会在赠送的视频课程中讲解。

1. 编写一个名为 sortNumbers 的 Python 函数，该函数有两个参数，其中一个是可变参数 numbers，另一个是普通的形参 type。该形参的默认值是 asc。函数的功能是按升序或降序排列可变参数 numbers 中的参数值，并以列表形式返回排序结果。type 参数指定该函数是按升序还是按降序排列，type 参数值为 asc 表示按升序排序，其他的值为降序排列。

答案位置：PythonSamples\src\chapter7\practice\solution7.1.py

2. 编写一个递归的 Python 函数来实现二分查找。如果在有序列表中查到了指定值，返回该值在列表中的索引，否则返回−1。

答案位置：PythonSamples\src\chapter7\practice\solution7.2.py

# 第 8 章

# 类 和 对 象

前几章讲了关于 Python 语言的很多东西，如数值、字符串、列表、元组、字典、函数，以及如何使用 Python 标准库等。通过这些技术，已经可以编写非常复杂的程序了，那么到此为止了吗？当然不，从本章开始，将进入 Python 语言的深水区，来讲一讲 Python 语言中面向对象的技术。因为 Python 被称为面向对象语言（与 Java、C#、C++以及其他语言一样），所以面向对象技术支持非常完整，例如，类、接口、继承、封装、多态等。

通过阅读本章，您可以：

❏ 了解什么是对象和类
❏ 了解类的三个主要特征：继承、封装和多态
❏ 掌握创建类的方法
❏ 掌握如何为类添加私有方法
❏ 掌握如何继承一个或多个类（多继承）
❏ 掌握如何检测类之间的继承关系

## 8.1　对象的魔法

在面向对象程序设计中，对象（object）可以看作数据以及可以操作这些数据的一系列方法的集合。这里所说的方法其实就是上一章介绍的函数，只是这些函数都写在了类中，为了区分全局函数，将这些写在类中的函数称为方法。要想访问这些类中的函数，必须要对类实例化，实例化后的产物被称为对象。实例化后，调用方法时需要先指定对象名称，然后才可以调用这些方法。

前面的描述已经基本阐述了使用面向对象技术的基本过程，那么面向对象技术到底有什么好处呢？难道使用全局变量和函数还不够吗？实际上，面向对象至少有如下三点优势，也可以称为面向对象的三大特征。

❏ 继承（inheritance）：当前类从其他类获得资源（数据和方法），以便更好地代码重用，并且可以描述类与类之间的关系。
❏ 封装（encapsulation）：对外部世界隐藏对象的工作细节。
❏ 多态（polymorphism）：多态是面向对象中最有意思的部分，多态意味着同一个对象的同样的操作（方法）在不同的场景会有不同的行为，好像施了魔法一样，非常神奇。

本节突然抛出了这么多概念，可能很多读者看到这一节的内容会有点手足无措，尤其是第一次接触面向对象概念的读者。其实本章只是对面向对象技术做一个简要的介绍。从下一章开始，将会通过 Python 代码来展示类、对象这些东西是怎么被创造出来的，以及它们之间到底有什么关系。

## 8.2 类

本节主要介绍如何创建 Python 类，以及如何利用 Python 类创建对象。其中涉及类中的方法、命名空间、超类等知识。

### 8.2.1 创建自己的类

学习面向对象的第一步，就是创建一个类。因为类是面向对象的基石。Python 类和其他编程语言（Java、C#等）的类差不多，也需要使用 class 关键字。下面通过一个实际的例子来看一下 Python 类是如何创建的。

【例 8.1】 本例会创建一个类，以及利用这个类创建两个对象，并调用其中的方法。

实例位置：**PythonSamples\src\chapter8\demo8.01.py**

```python
# 创建一个 Person 类
class Person:
    # 定义 setName 方法
    def setName(self, name):
        self.name = name
    # 定义 getName 方法
    def getName(self):
        return self.name
    # 定义 greet 方法
    def greet(self):
        print("Hello, I'm {name}.".format(name = self.name))


# 创建 person1 对象
person1 = Person()
# 创建 person2 对象
person2 = Person()
# 调用 person1 对象的 setName 方法
person1.setName("Bill Gates")
# 调用 person2 对象的 name 属性
person2.name = "Bill Clinton"
# 调用 person1 对象的 getName 方法
print(person1.getName())
# 调用 person1 对象的 greet 方法
person1.greet()
# 调用 person2 对象的属性
print(person2.name)
# 调用 person2 对象的 greet 方法（另外一种调用方法的方式）
Person.greet(person2)
```

程序运行结果如图 8-1 所示。

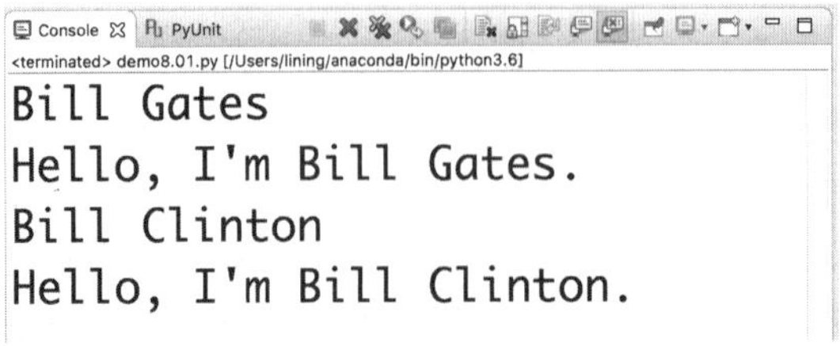

图 8-1　创建类

从上面的代码可以了解到 Python 类的如下知识点：

❑ Python 类使用 class 关键字定义，类名直接跟在 class 关键字的后面。

❑ 类也是一个代码块，所以类名后面要跟着一个冒号（:）。

❑ 类中的方法其实就是函数，定义的方法也完全一样，只是由于函数定义在类的内部，所以为了区分，将定义在类内部的函数称为方法。

❑ 每一个方法的第 1 个参数都是 self，其实这是必需的。这个参数名不一定叫 self（可以叫 abc 或任何其他名字），但任意一个方法必须至少指定一个 self 参数，如果方法中包含多个参数，第 1 个参数将作为 self 参数使用。在调用方法时，这个参数的值不需要自己传递，系统会将方法所属的对象传入这个参数。在方法内部可以利用这个参数调用对象本身的资源，如属性、方法等。

❑ 通过 self 参数添加的 name 变量是 Person 类的属性，可以在外部访问。本例设置了 person2 对象的 name 属性的值，与调用 person2.setName 方法的效果完全相同。

❑ 使用类创建对象的方式与调用函数的方式相同。在 Python 语言中，不需要像 Java 一样使用 new 关键字创建对象，只需要用类名加上构造方法（在后面的章节会详细介绍）参数值即可。

❑ 调用对象的方法有两种方式，一种是直接通过对象变量调用方法，另一种是通过类调用方法，并且将相应的对象传入方法的第 1 个参数。在本例中使用了 Person.greet(person2) 的方式调用了 person2 对象中的 greet 方法。

如果使用集成开发环境，如 PyDev、PyCharm，那么代码编辑器也会对面向对象有很好的支持，例如，当在对象变量后输入一个点（.）后，IDE 会列出该对象中所有可以调用的资源，包括方法和属性，如图 8-2 所示。

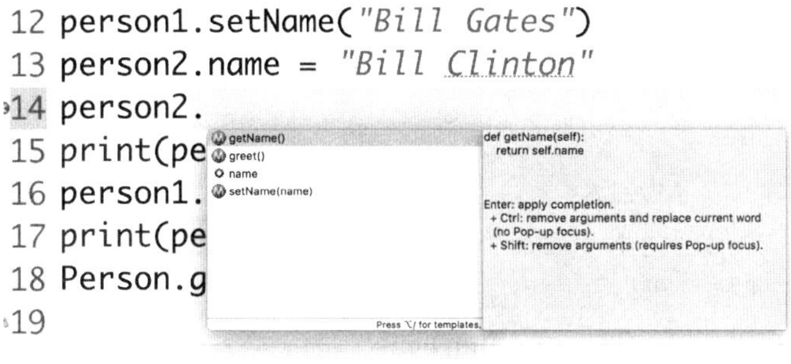

```
12 person1.setName("Bill Gates")
13 person2.name = "Bill Clinton"
14 person2.
15 print(pe
16 person1.
17 print(pe
18 Person.g
19
```

图 8-2 显示对象中属性和方法列表

## 8.2.2 方法和私有化

Python 类默认情况下，所有的方法都可以被外部访问。不过像很多其他编程语言，如 Java、C# 等，都提供了 private 关键字将方法私有化，也就是说只有类的内部方法才能访问私有化的方法，通过正常的方式是无法访问对象的私有化方法的（除非使用反射技术，这就另当别论了）。不过在 Python 类中并没有提供 private 或类似的关键字将方法私有化，但可以迂回解决。

在 Python 类的方法名前面加双下画线（__）可以让该方法在外部不可访问。

```
class Person:
    # method1 方法在类的外部可以访问
    def method1(self):
        print("method1")
```

```
    # __method2 方法在类的外部不可访问
    def __method2(self):
        print("method2")

p = Person()
p.method1()
p.__method2()          # 抛出异常
```

如果执行上面的代码，会抛出如图 8-3 所示的异常信息，原因是调用了私有化方法 method2。

图 8-3　访问私有化方法抛出异常

其实"__method2"方法也不是绝对不可访问。Python 编译器在编译 Python 源代码时并没有将
"__method2"方法真正私有化，而是一旦遇到方法名以双下画线（__）开头的方法，就会将方法名改
成"_ClassName__methodName"的形式。其中，ClassName 表示该方法所在的类名，"__methodName"
表示方法名。ClassName 前面要加上单下画线（_）前缀。

对于上面的代码，Python 编译器会将"__method2"方法更名为"_Person__method2"，所以在类
的外部调用"__method2"方法会抛出异常。抛出异常的原因并不是"__method2"方法被私有化，而
是 Python 编译器把"__method2"的名称改为"_Person__method2"了。当了解了这些背后的原理，
就可以通过调用"_Person__method2"方法来执行"__method2"方法。

```
p = Person()
p._Person__method2()          # 正常调用"__method2"方法
```

【例 8.2】　本例会创建一个 MyClass 类，并定义两个公共的方法（getName 和 setName）和一个私
有的方法（__outName）。然后创建 MyClass 类的实例，并调用了这些方法。为了证明 Python 编译器
在编译 MyClass 类时做了手脚，本例还使用了 inspect 模块中的 getmembers 函数获取 MyClass 类中所
有的成员方法，并输出方法名。很显然，"__outName"被改成了"_MyClass__outName"。

实例位置：**PythonSamples\src\chapter8\demo8.02.py**

```
class MyClass:
    # 公共方法
    def getName(self):
        return self.name
    # 公共方法
    def setName(self, name):
        self.name = name
        # 在类的内部可以直接调用私有方法
        self.__outName()
    # 私有方法
    def __outName(self):
        print("Name = {}".format(self.name))
```

```
myClass = MyClass()
# 导入 inspect 模块
import inspect
# 获取 MyClass 类中所有的方法
methods = inspect.getmembers(myClass, predicate=inspect.ismethod)
print(methods)
# 输出类方法的名称
for method in methods:
    print(method[0])
print("------------")
# 调用 setName 方法
myClass.setName("Bill")
# 调用 getName 方法
print(myClass.getName())
# 调用"__outName"方法，这里调用了改完名后的方法，所以可以正常执行
myClass._MyClass__outName()
# 抛出异常，因为"__outName"方法在 MyClass 类中并不存在
print(myClass.__outName())
```

程序运行结果如图 8-4 所示。

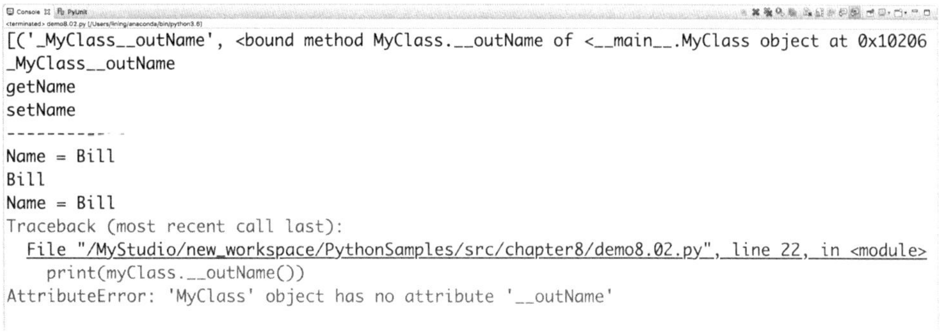

```
[('_MyClass__outName', <bound method MyClass.__outName of <__main__.MyClass object at 0x10206
_MyClass__outName
getName
setName
------------
Name = Bill
Bill
Name = Bill
Traceback (most recent call last):
  File "/MyStudio/new_workspace/PythonSamples/src/chapter8/demo8.02.py", line 22, in <module>
    print(myClass.__outName())
AttributeError: 'MyClass' object has no attribute '__outName'
```

图 8-4 方法的私有化

从 getmembers 函数列出的 MyClass 类方法的名字可以看出，"_MyClass__outName"被绑定到了"__outName"方法上，可以将"_MyClass__outName"看作"__outName"的一个别名，一旦为某个方法起了别名，那么原来的名字在类外部就不可用了。MyClass 类中的 getName 方法和 setName 方法的别名和原始方法名相同，所以在外部可以直接调用 getName 和 setName 方法。

## 8.2.3 类代码块

class 语句与 for、while 语句一样，都是代码块，这就意味着，定义类其实就是执行代码块。

```
class MyClass:
    print("MyClass")
```

执行上面的代码后，会输出"MyClass"。在 class 代码块中可以包含任何语句。如果这些语句是立即可以执行的（如 print 函数），那么会立即执行它们。除此之外，还可以动态向 class 代码块中添加新的成员。

**【例 8.3】** 本例创建了一个 MyClass 类，并在这个类代码块中添加了一些语句。MyClass 类中有一个 count 变量，通过 counter 方法可以让该变量值加 1。在创建 MyClass 类的实例后，可以动态向 MyClass

对象添加新的变量。

**实例位置：PythonSamples\src\chapter8\demo8.03.py**

```python
# 创建 MyClass 类
class MyClass:
    # class 块中的语句，会立刻执行
    print("MyClass")
    count = 0
    def counter(self):
        self.count += 1
my = MyClass()
my.counter()                        # 调用 counter 方法
print(my.count)                     # 运行结果：1
my.counter()                        # 调用 counter 方法
print(my.count)                     # 运行结果：2
my.count = "abc"                    # 将 count 变量改成字符串类型
print(my.count)                     # 运行结果：abc
my.name = "Hello"                   # 向 my 对象动态添加 name 变量
print(my.name)                      # 运行结果：Hello
```

程序运行结果如图 8-5 所示。

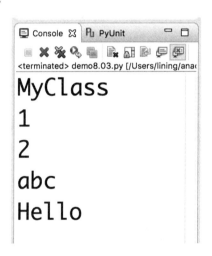

图 8-5　类代码块

### 8.2.4　类的继承

与其他面向对象编程语言（Java、C#等）一样，Python 也支持类的继承。所谓类的继承，就是指一个类（子类）从另外一个类（父类）中获得了所有的成员。父类的成员可以在子类中使用，就像子类本身的成员一样。

Python 类的父类需要放在类名后的圆括号中。

```python
# 父类
class Filter:
    def filter1(self):
        return 20
# 子类
```

```
class MyFilter(Filter):
    def filter2(self):
        return 30
```

在上面的代码中，MyFilter 是 Filter 的子类，拥有 Filter 类的所有成员，包括 filter1 方法。所以在创建 MyFilter 类的实例后，可以直接调用 filter1 方法。

```
filter = MyFilter()
filter.filter1()
```

【例 8.4】 本例创建了一个父类（ParentClass）和一个子类（ChildClass），并通过创建子类的实例调用父类的 method1 方法。

实例位置：**PythonSamples\src\chapter8\demo8.04.py**

```
# 父类
class ParentClass:
    def method1(self):
        print("method1")
# 子类
class ChildClass(ParentClass):
    def method2(self):
        print("method2")

child = ChildClass()
child.method1()                    # 调用父类的 method1 方法
child.method2()
```

程序运行结果如图 8-6 所示。

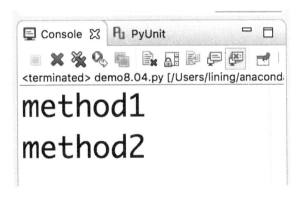

图 8-6　子类调用父类的方法

## 8.2.5　检测继承关系

在很多场景中，需要知道一个类 A 是否是从另外一个类 B 继承，这种校验主要是为了调用 B 类中的成员（方法和属性）。如果 B 是 A 的父类，那么创建 A 类的实例肯定会拥有 B 类所有的成员，关键是要判断 B 是否为 A 的父类。

判断类与类之间的关系可以使用 issubclass 函数，该函数接收两个参数，第 1 个参数是子类、第 2 个参数是父类。如果第 1 个参数指定的类与第 2 个参数指定的类确实是继承关系，那么该函数返回True，否则返回 False。

```
# MyClass2 是 MyClass1 的父类，返回 True，否则返回 False
issubclass(MyClass1, MyClass2)
```

如果要想获得已知类的父类（们）①，可以直接使用"\_\_bases\_\_"，这是类的一个特殊属性，bases 两侧是双下画线。

```
print(MyClass.__bases__)
```

执行这行代码，如果 MyClass 类的父类是 ParentClass，那么会输出如下内容。

```
(<class '__main__.MyParentClass'>,)
```

除了可以使用前面介绍的方法检测类本身的继承关系外，还可以使用 isinstance 函数检测一个对象是否是某一个类的实例。isinstance 函数有两个参数，第 1 个参数是要检测的对象，第 2 个参数是一个类。如果第 1 个参数指定的对象是第 2 个参数指定的类的实例，那么该函数返回 True，否则返回 False。

```
person = Person()
# 如果 person 是 Person 类的实例，返回 True，否则返回 False
print(isinstance(person, Person))
```

【例 8.5】 本例创建了 4 个类，其中 ChildClass、ParentClass 和 MyParentClass 三个类有继承关系，也就是说，后一个类是前一个类的父类。另外一个 MyClass 类是一个独立的类。接下来利用这 4 个类来演示 issubclass、\_\_bases\_\_和 isinstance 的用法。

实例位置：**PythonSamples\src\chapter8\demo8.05.py**

```
class MyParentClass:
    def method(self):
        return 50
class ParentClass(MyParentClass):
    def method1(self):
        print("method1")
class MyClass:
    def method(self):
        return 40
class ChildClass(ParentClass):
    def method2(self):
        print("method2")
# 运行结果: True
print(issubclass(ChildClass, ParentClass))
# 运行结果: False
print(issubclass(ChildClass, MyClass))
# 运行结果: True
print(issubclass(ChildClass, MyParentClass))
# 运行结果: (<class '__main__.ParentClass'>,)
print(ChildClass.__bases__)
# 运行结果: (<class '__main__.MyParentClass'>,)
print(ParentClass.__bases__)

child = ChildClass()
# 运行结果: True
print(isinstance(child, ChildClass))
```

---

① 这里面加了个"们"，就说明父类不只是一个，也就是说，Python 类支持多继承。

```
# 运行结果: True
print(isinstance(child, ParentClass))
# 运行结果: True
print(isinstance(child, MyParentClass))
# 运行结果: False
print(isinstance(child, MyClass))
```

程序运行结果如图 8-7 所示。

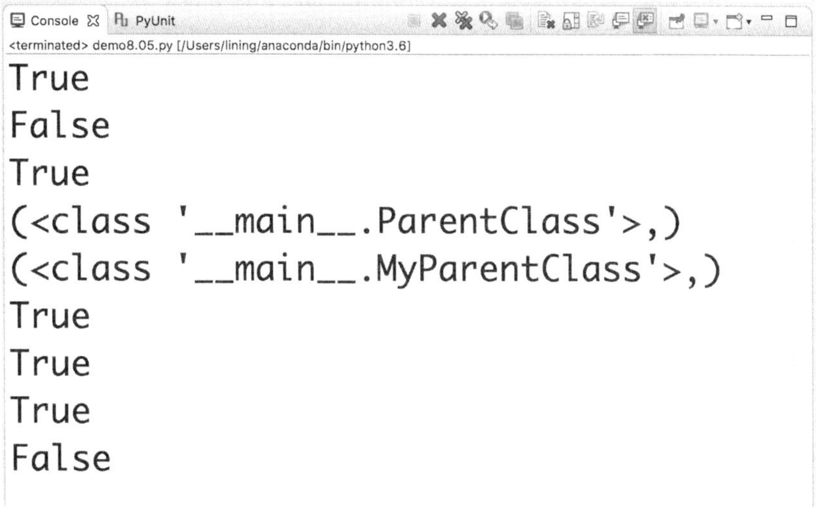

```
Console ☒  PyUnit
<terminated> demo8.05.py [/Users/lining/anaconda/bin/python3.6]
True
False
True
(<class '__main__.ParentClass'>,)
(<class '__main__.MyParentClass'>,)
True
True
True
False
```

图 8-7　检测继承关系

在上面的程序中，使用 issubclass 函数检测类的继承关系时，不只是直接的继承关系返回 True，间接的继承关系也会返回 True。例如，A 继承自 B，B 继承自 C。那么 issubclass(A,C)返回 True。使用 isinstance 函数也是一样，就拿 A、B、C 三个类举例。如果创建的是 A 类的实例，那么下面的代码都输出 True。

```
# 其中 a 是 A 类的实例
print(isinstance(a, A))
print(isinstance(a, B))
print(isinstance(a, C))
```

### 8.2.6　多继承

Python 类支持多继承，这一点与 C++相同。不过目前支持多继承的面向对象语言不多，但 Python 语言算是其中之一。

要想为某一个类指定多个父类，需要在类名后面的圆括号中设置。多个父类名之间用逗号（,）分隔。

```
class MyClass(MyParent1,MyParent2,MyParent3):
    pass     # 如果类中没有任何代码，必须加一条 pass，否则会编译出错
```

注意，MyClass 类有三个父类，所以 MyClass 会同时拥有这三个父类的所有成员。但如果多个父类中有相同的成员，例如，在两个或两个以上父类中有同名的方法，那么会按着父类书写的顺序继承。也就是说，写在前面的父类会覆盖写在后面的父类同名的方法。在 Python 类中，不会根据方法参数个

数和数据类型进行重载①。

【例8.6】 本例创建了 4 个类，其中 Calculator 类和 MyPrint 类是 NewCalculator 类和 NewCalculator1 类的父类，只是继承的顺序不同。如果将 Calculator 放到 MyPrint 前面，那么 Calculator 类中的 printResult 方法将覆盖 MyPrint 类中的 printResult 方法，如果把顺序调过来，那么方法覆盖的结果也会调过来。

**实例位置：PythonSamples\src\chapter8\demo8.06.py**

```python
class Calculator:
    def calculate(self,expression):
        self.value = eval(expression)
    def printResult(self):
        print("result:{}".format(self.value))
class MyPrint:
    def printResult(self):
        print("计算结果：{}".format(self.value))
# Calculator 在 MyPrint 的前面，所以 Calculator 类中的 printResult 方法会覆盖
# MyPrint 类中的同名方法
class NewCalculator(Calculator, MyPrint):
    pass # 如果类中没有代码，需要加 pass 语句
# MyPrint 在 Calculator 的前面，所以 MyPrint 类中的 printResult 方法会覆盖
# Calculator 类中的同名方法
class NewCalculator1(MyPrint,Calculator):
    pass # 如果类中没有代码，需要加 pass 语句
calc = NewCalculator()
calc.calculate("1 + 3 * 5")
# 运行结果：result:16
calc.printResult()
# 运行结果：(<class '__main__.Calculator'>, <class '__main__.MyPrint'>)
print(NewCalculator.__bases__)

calc1 = NewCalculator1()
# 运行结果：(<class '__main__.MyPrint'>, <class '__main__.Calculator'>)
print(NewCalculator1.__bases__)
calc1.calculate("1 + 3 * 5")
# 运行结果：计算结果：16
calc1.printResult()
```

程序运行结果如图 8-8 所示。

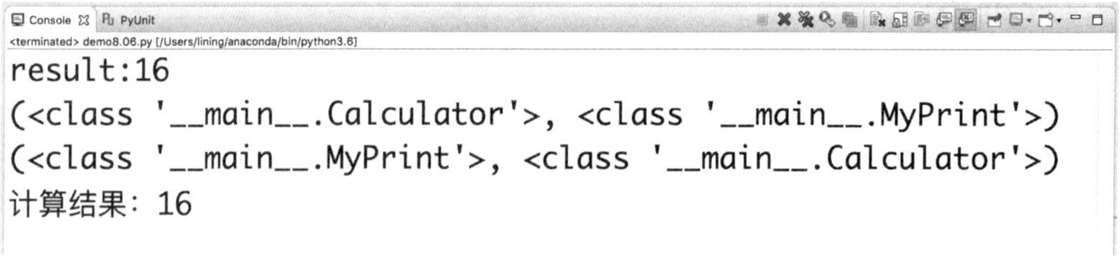

图 8-8　类的多继承

---

① 在 Java、C#等面向对象语言中，如果方法名相同，但参数个数和数据类型不同，也会认为是不同的方法，这叫作方法的重载，也就是拥有方法名相同，但参数不同的多个方法。不过由于 Python 是动态语言，无法像静态类型语言一样根据参数的不同实现重载，所以 Python 类只判断方法名是否相同，如果相同就认为是同一个方法。先继承的父类同名方法会覆盖后继承的父类同名方法。

注意：尽管多继承看着很好，但用起来可能会带来很多的问题（如让继承关系过于复杂），如果读者还没有完全理解多继承理论，建议尽可能少用多继承。

## 8.2.7　接口

在很多面向对象语言（如 Java、C#等）中都有接口的概念。接口其实就是一个规范，指定了一个类中都有哪些成员。接口也被经常用在多态中，一个类可以有多个接口，也就是有多个规范。不过 Python 语言中并没有这些东西，在调用一个对象的方法时，就假设这个方法在对象中存在吧。当然，更稳妥的方法就是在调用方法之前先使用 hasattr 函数检测一下，如果方法在对象中存在，该函数返回 True，否则，返回 False。

```
# c是一个对象，如果c中存在名为process的方法，hasattr函数返回True，否则返回False
print(hasattr(c, "process"))
```

除了可以使用 hasattr 函数判断对象中是否存在某个成员外，还可以使用 getattr 函数实现同样的功能。该函数有三个参数，其中前两个参数与 hasattr 函数完全一样，第 3 个参数用于设置默认值。当第 2 个参数指定的成员不存在时，getattr 函数会返回第 3 个参数指定的默认值。

与 getattr 函数对应的是 setattr 函数，该函数用于设置对象中成员的值。setattr 函数有三个参数，前两个参数与 getattr 函数完全相同，第 3 个参数用于指定对象成员的值。

```
# 如果c对象中有name属性，则更新该属性的值，如果没有name属性，会添加一个新的name属性
setattr(c, "name", "new value")
```

【例 8.7】　本例创建了一个 MyClass 类，该类中定义了两个方法：method1 和 default。在调用 MyClass 对象中的方法时，会首先判断调用的方法是否存在。使用 getattr 函数判断方法是否在对象中存在时，将 default 方法作为默认值返回。

实例位置：**PythonSamples\src\chapter8\demo8.07.py**

```
class MyClass:
    def method1(self):
        print("method1")
    def default(self):
        print("default")
my = MyClass()
# 判断method1是否在my中存在
if hasattr(my, 'method1'):
    my.method1()
else:
    print("method2方法不存在")
# 判断method2是否在my中存在
if hasattr(my,'method2'):
    my.method2()
else:
    print("method2方法不存在")
# 从my对象中获取method2方法，如果method2方法不存在，返回default方法作为默认值
method = getattr(my, 'method2',my.default)
# 如果method2方法不存在，那么method方法实际上就是my.default方法
```

```
method()

def method2():
    print("动态添加的 method2")
# 通过 setattr 函数将 method2 函数作为 method2 方法的值添加到 my 对象中
# 如果 method2 方法在 my 中不存在，那么会添加一个新的 method2 方法，相当于动态添加 method2 方法
setattr(my, 'method2', method2)
# 调用 my 对象中的 method2 方法
my.method2()
```

程序运行结果如图 8-9 所示。

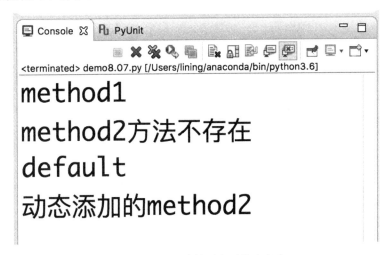

图 8-9　判断方法是否在对象中存在

## 8.3　小结

本章介绍了很多 Python 语言的新概念。下面总结一下。

❑ 对象：对象包括若干个属性和方法。属性其实就是变量，方法与全局函数类似。只是方法的第 1 个参数必须是对象本身。这个参数值是自动传入的，在调用方法时不需要指定这个参数值。

❑ 类：类是对象的抽象。类实例化后称为对象。每一个对象都有其对应的类。类的主要任务是定义对象中的属性和方法。

❑ 多态：多态是将不同类的对象用同一接口访问。不需要管接口后面对应的是哪个对象。

❑ 封装：对象可以将它们的内部状态隐藏（封装）起来，在一些面向对象语言（如 Java、C#等）中，存在一种私有成员，只允许对象内部访问这些成员。但在 Python 语言中，所有的对象成员都是公开的，不存在私有的成员。

❑ 继承：一个类可以是一个或多个类的子类。子类从父类中继承了所有的成员。不过 Python 语言中的多继承并不建议大家经常使用，因为会造成继承关系过于复杂。

❑ 接口：Python 语言中并没有像 Java、C#这些语言的接口的语法。在 Python 语言中如果要使用接口，就直接使用对象好了，而且可以事先假设要调用的对象成员都存在。为了保险起见，在调用对象成员之前，可以使用 hasattr 函数或 getattr 函数判断成员是否属于对象。

## 8.4　实战与练习

本章练习题，除了配有答案（源代码）外，还会在赠送的视频课程中讲解。

1. 编写一个 Python 程序，创建三个类：Person、Teacher 和 Student。这三个类中，Person 是 Teacher 和 Student 的父类。类中的方法可以自己任意指定。用这三个类演示 Python 类的继承关系。

答案位置：PythonSamples\src\chapter8\practice\solution8.1.py

2. 接上一题，在调用 Student 类中不存在的方法时，使用 setattr 函数添加一个新的方法，然后再调用 Student 类的这个方法。

答案位置：PythonSamples\src\chapter8\practice\solution8.2.py

# 第 9 章

# 异　常

在编写程序的过程中，程序员通常希望识别正常执行的代码和执行异常的代码。这种异常可能是程序的错误，也可以是不希望发生的事情。为了能够处理这些异常，可以在所有可能发生这种情况的地方使用条件语句进行判断。但这么做既效率低，也不灵活，而且还无法保证条件语句覆盖了所有可能的异常。为了更好地解决这个问题，Python 语言提供了非常强大的异常处理机制。通过这种异常处理机制，可以直接处理所有发生的异常，也可以选择忽略这些异常。

通过阅读本章，您可以：

- ❏ 了解异常的概念
- ❏ 掌握如何主动抛出异常（raise 语句的用法）
- ❏ 掌握自定义异常类
- ❏ 掌握如何使用 try…except 语句捕捉异常
- ❏ 掌握 try 语句的 else 子句的使用方法
- ❏ 掌握 try 语句的 finally 子句的使用方法以及注意事项
- ❏ 了解异常栈跟踪
- ❏ 了解如何更好地使用异常捕捉

## 9.1　什么是异常

Python 语言用异常对象（exception object）来表示异常情况。当遇到错误后，会引发异常。如果异常对象没有处理异常，或未捕获异常，程序就会终止执行，并向用户返回异常信息。通常异常信息会告知出现错误的代码行以及其他有助于定位错误的信息，以便程序员可以快速定位有错误的代码行。

让程序抛出异常的情况很多，但可以分为两大类：系统自己抛出的异常和主动抛出的异常。如果由于执行了某些代码（如分母为 0 的除法），系统会抛出异常，这种异常是系统自动抛出的（由 Python 解释器抛出）。还有一种异常，是由于执行 raise 语句抛出的异常，这种异常是属于主动抛出的异常。这样做的目的主要是系统多种异常都由统一的代码处理，所以将程序从当前的代码行直接跳到了异常处理的代码块。

```
x = 1/0      # 抛出异常
```

由于分母是 0，所以执行上面的代码，会在 Console 中输出如图 9-1 所示的异常信息。很明显，异常信息明确指出异常在 demo9.01.py 文件中的第 1 行，而且将抛出异常的代码显示在了异常信息中。

图 9-1 分母为 0 抛出异常

在捕获异常时，可以选择用同一个代码块处理所有的异常，也可以每一个异常由一个代码块处理。之所以可以单独对某个异常进行处理，是因为每一个异常就是一个类。抛出异常的过程也就是创建这些类的实例的过程。如果单独捕获某个异常类的实例，那么自然可以用某个代码块单独处理该异常。

## 9.2 主动抛出异常

异常可以是系统自动抛出的，也可以由程序员编写代码来主动抛出。本节会详细介绍如何通过 raise 语句自己来抛出异常，以及如何自定义异常类。

### 9.2.1 raise 语句

**实例位置：PythonSamples\src\chapter9\demo9.01.py**

使用 raise 语句可以直接抛出异常。raise 语句可以使用一个类（必须是 Exception 类或 Exception 类的子类）或异常对象抛出异常。如果使用类，系统会自动创建类的实例。下面的一些代码会使用内建的 Exception 异常类抛出异常。

```
raise Exception
```

上面的代码在 raise 语句后跟了一个 Exception 类，执行这行代码，会抛出如图 9-2 所示的异常信息。

图 9-2 Exception 对象异常信息

从图 9-2 所示的异常信息可以看出，除了抛出异常信息的代码文件和代码行外，没有其他有价值的信息。如果程序抛出的异常都是这些信息，那么就无从得知到底是什么原因引发的异常。因此，最简单的做法就是为异常信息加上一个描述。

```
raise Exception("这是自己主动抛出的一个异常")
```

上面的代码在 raise 语句中加了一个 Exception 对象，并通过类的构造方法传入了异常信息的描述。执行这行代码，会抛出如图 9-3 所示的异常信息。

图 9-3 为异常信息加一个描述

很明显，在图 9-3 所示的异常信息的最后显示了添加的异常信息描述，这样的异常更容易让人理解。

在 Python 语句中内置了很多异常类，用来描述特定类型的异常，如 ArithmeticError 表示与数值有关的异常。

```
raise ArithmeticError("这是一个和数值有关的异常")
```

执行这行代码，会抛出如图 9-4 所示的异常信息。

图 9-4 抛出与数值有关的异常

尽管 ArithmeticError 类没有强迫我们必须用它来表示与数值有关的异常，但使用有意义的异常类是一个好习惯。就像为变量命名一样，尽管可以命名为 a、b、c，但为每一个变量起一个有意义的名字会让程序的可读性大大加强。

使用内建的异常类是不需要导入任何模块的，不过要使用其他模块中的异常类，就需要导入相应的模块。下面的代码抛出了一个 InvalidRoleException 异常，该类通常表示与 Role 相关的异常（至于什么是 Role，先不用管它，这里只是演示一下如何抛出其他模块中的异常）。InvalidRoleException 类的构造方法有两个参数，第 1 个参数需要传入一个数值，表示状态；第 2 个参数需要传入一个字符串，表示抛出异常的原因。

```
from boto.codedeploy.exceptions import InvalidRoleException
raise InvalidRoleException(2,"这是一个和 Role 有关的异常")
```

程序运行结果如图 9-5 所示。

```
Console  PyUnit
<terminated> demo9.01.py [/Users/lining/anaconda/bin/python3.6]
Traceback (most recent call last):
  File "/MyStudio/new_workspace/PythonSamples/src/chapter9/demo9.01.py", line 6,
 in <module>
    raise InvalidRoleException(2,"这是一个和Role有关的异常")
boto.codedeploy.exceptions.InvalidRoleException: InvalidRoleException: 2 这是一个和Ro
le有关的异常
```

图 9-5 抛出模块中的异常

表 9-1 描述了一些最重要的内建异常类。

表 9-1 一些重要的内建异常类

| 异 常 类 名 | 描　　述 |
| --- | --- |
| Exception | 所有异常的基类 |
| AttributeError | 属性引用或赋值失败时抛出的异常 |
| OSError | 当操作系统无法执行任务时抛出的异常 |
| IndexError | 在使用序列中不存在的索引时抛出的异常 |

续表

| 异 常 类 名 | 描　述 |
| --- | --- |
| KeyError | 在使用映射中不存在的键值时抛出的异常 |
| NameError | 在找不到名字（变量）时抛出的异常 |
| SyntaxError | 在代码为错误形式时触发 |
| TypeError | 在内建操作或函数应用于错误类型的对象时抛出的异常 |
| ValueError | 在内建操作或者函数应用于正确类型的对象，但该对象使用了不合适的值时抛出的异常 |
| ZeroDivisionError | 在除法或者取模操作的第 2 个参数值为 0 时抛出的异常 |

## 9.2.2　自定义异常类

在很多时候需要自定义异常类。任何一个异常类必须是 Exception 的子类。最简单的自定义异常类就是一个空的 Exception 类的子类。

```
class MyException(Exception):
    pass
```

下面用一个科幻点的例子来演示如何自定义异常类，以及如何抛出自定义异常。

【例 9.1】　本例会定义一个曲速引擎（超光速引擎）过载的异常类，当曲速达到 10 或以上值时就认为是过载，这时会抛出异常。

**实例位置：PythonSamples\src\chapter9\demo9.02.py**

```
# 定义曲速引擎过载的异常类
class WarpdriveOverloadException(Exception):
    pass


# 当前的曲速值
warpSpeed = 12
# 当曲速为 10 或以上值时认为是曲速引擎过载，应该抛出异常
if warpSpeed >= 10:
    # 抛出自定义异常
    raise WarpdriveOverloadException("曲速引擎已经过载，请停止或弹出曲速核心，否则飞船将会爆炸")
```

程序运行结果如图 9-6 所示。

图 9-6　抛出自定义异常

其实在自定义异常类中可以做更多的工作，如为异常类的构造方法添加更多的参数，但到目前为止，关于 Python 类的更高级应用还没有讲，所以本例只是实现了一个最简单的自定义异常类。关于 Python 类更高级的内容会在下一章详细介绍。读者可以利用这些 Python 类的高级技术编写更复杂的异常类。

## 9.3 捕捉异常

如果异常未捕捉，系统就会一直将异常传递下去，直到程序由于异常而导致中断。为了尽可能避免出现这种程序异常中断的情况，需要对"危险"的代码段[①]进行异常捕捉。在 Python 语言中，使用 try…except 语句进行异常捕获。那么这个语句有哪些用法呢？要知详情，请继续阅读本节的内容。

### 9.3.1 try…except 语句的基本用法

try…except 语句用于捕捉代码块的异常。在使用 try…except 语句之前，先看一看不使用该语句的情况。

```python
x = int(input("请输入分子: "))
y = int(input("请输入分母: "))
print("x / y = {}".format(x / y))
```

执行上面的代码后，分子输入任意的数值，分母输入 0，会抛出如图 9-7 所示的异常，从而导致程序崩溃，也就是说，本来正常执行第 3 条语句（print 函数），但由于 x/y 中的 y 变量是 0，所以直接抛出了异常，因此，第 3 条语句后面的所有语句都不会被执行。

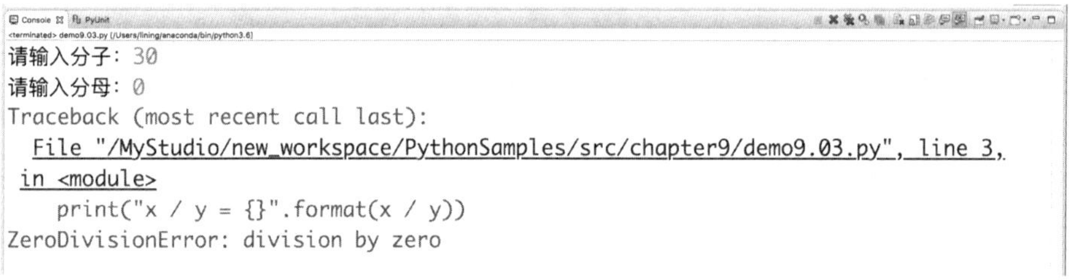

图 9-7　分母为 0 抛出的异常信息

由于用户的输入是不可控的，所以当采集用户输入的数据时，应该使用 try…except 语句对相关代码进行异常捕捉，尽管异常并不会每次都发生，但这么做可以有备无患。下面看一下例 9.2 中的代码如何使用 try…except 语句对异常进行捕捉。

【例 9.2】　本例通过 try…except 语句捕捉用户输入可能造成的异常，如果用户输入了异常数据，会提示用户，并要求重新输入数据。

实例位置：**PythonSamples\src\chapter9\demo9.03.py**

```python
# 先定义一个 x 变量，但 x 变量中没有值（为 None）
x = None
while True:
    try:
        # 如果 x 已经有了值，表示已经捕捉了异常，那么再次输入数据时，就不需要输入 x 的值了
        if x == None:
            x = int(input("请输入分子: "))          # 输入分子的值
        y = int(input("请输入分母: "))              # 输入分母的值
```

---

[①] 这里的"危险"代码段由程序员根据经验来判断，对可能会抛出异常的代码段，需要进行异常捕捉，例如，从一个文件读取数据，可能会遇到这个文件不存在的情况，那么就需要对这段代码进行异常捕捉，否则，当文件不存在或不可访问时可能会让程序崩溃。

```
        print("x / y = {}".format(x/y))              # 输出 x/y 的结果
        break;                                        # 如果分子和分母都正常，那么退出循环
    except:                    # 开始捕捉异常
        print("分母不能为 0，请重新输入分母！")      # 只有发生异常时，才会执行这行代码
```

执行上面的代码，分子输入 30，分母输入 0，按 Enter 键会输出异常提示信息，然后会要求再次输入分母，输入一个非零的数值，如 20，按 Enter 键后，会输出 x/y 的结果。程序执行效果如图 9-8 所示。

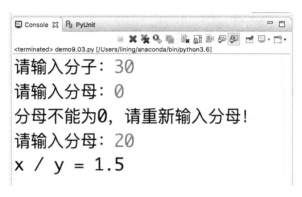

图 9-8　捕获分母为 0 的异常

从例 9.2 中可以了解关于 try...except 语句的如下几方面内容：

❑ try...except 语句是一个代码块，所以 try 和 except 后面都要加冒号（:）。

❑ try 和 except 之间是正常执行的语句，如果这些代码不发生错误，那么就会正常执行下去，这时 except 部分的代码是不会执行的。如果 try 和 except 之间的代码发生了错误，那么错误点后面的代码都不会被执行了，而会跳到 except 子句去执行 except 代码块中的代码。

❑ 如果 except 关键字后面没有指定任何异常类，那么 except 部分可以捕捉任何的异常，如果想捕捉具体的异常，请继续看本章后面的部分。

### 9.3.2　捕捉多个异常

我们并不能预估一个代码块到底会不会抛出异常，以及抛出多少种异常。所以需要使用 try...except 语句捕捉尽可能多的异常，因此，except 子句可以包含任意多个。不过程序员并不能准确估计一个代码块抛出的异常种类，所以使用具体异常类来捕捉异常，有可能会遗漏某个异常，在这种情况下，当抛出这个被遗漏的异常后，程序还是会崩溃，所以比较保险的做法是最后一个 except 子句不使用任何异常类，这样就会捕捉其他所有未指定的异常，从而让程序更加健壮。

```
try:
    …
except 异常类 1:
    …
except 异常类 2:
    …
    …
except 异常类 n:
    …
except:                # 捕捉其他未指定的异常
    …
```

【例 9.3】 本例通过 SpecialCalc 类的三个方法（add、sub 和 mul）和 raise 语句抛出了两个自定义的异常（NegativeException 和 ZeroException），div 方法可能会抛出内建的 ZeroDivisionError 异常。这三个异常分别通过三个 except 子句捕捉。最后使用 except 子句捕捉其他未指定的异常。本例的核心逻辑代码在 while 循环中，通过 Console 输入表达式（如 add(4,2)），动态调用 SpecialCalc 类的相应方法，不管是抛出异常，还是正常调用，都会重新要求输入新的表达式，直到输入“:exit”命令退出 while 循环。

**实例位置：PythonSamples\src\chapter9\demo9.04.py**

```python
# 自定义异常类，表示操作数或计算结果为负数时抛出的异常
class NegativeException(Exception):
    pass
# 自定义异常类，表示操作数为 0 时抛出的异常
class ZeroException(Exception):
    pass


class SpecialCalc:
    def add(self,x,y):
        # 当 x 和 y 至少有一个小于 0 时抛出 NegativeException 异常
        if x < 0 or y < 0:
            raise NegativeException
        return x + y
    def sub(self,x,y):
        # 当 x 和 y 的差值是负数时抛出 NegativeException 异常
        if x - y < 0:
            raise NegativeException
        return x - y
    def mul(self,x,y):
        # 当 x 和 y 至少有一个为 0 时抛出 ZeroException 异常
        if x == 0 or y == 0:
            raise ZeroException
        return x * y
    def div(self,x,y):
        return x / y


while True:
    try:
        # 创建 SpecialCalc 类的实例
        calc = SpecialCalc()
        # 从 Console 输入表达式
        expr = input("请输入要计算的表达式，例如，add(1,2): ")
        # 当输入 “:exit” 时退出 while 循环
        if expr == ":exit":
            break;
        # 使用 eval 函数动态执行输入的表达式，前面需要加上 “calc.” 前缀，
        # 因为这些方法都属于 SpecialCalc 类
        result = eval('calc.' + expr)
        # 在控制台输出计算结果，保留小数点后两位
        print("计算结果: {:.2f}".format(result))
```

```
    except NegativeException:                # 捕捉 NegativeException 异常
        print("******负数异常******")
    except ZeroException:                    # 捕捉 ZeroException 异常
        print("******操作数为 0 异常******")
    except ZeroDivisionError:                # 捕捉 ZeroDivisionError 异常
        print("******分母不能为 0******")
    except:                                  # 捕捉其他未指定的异常
        print("******其他异常******")
```

运行上面的程序，并输入不同的表达式来引发两个定制的异常和 ZeroDivisionError 异常，以及输入错误的表达式，以便引发其他异常。图 9-9 所示是本例的测试结果。

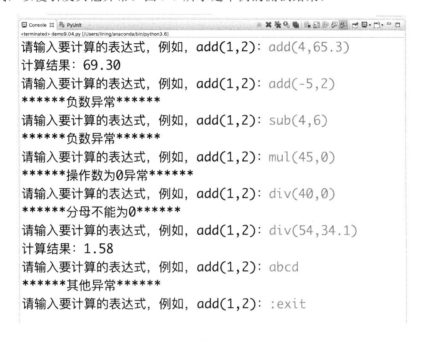

图 9-9  捕捉多个异常

在输入表达式的过程中，最后输入了一个 "abcd"，很明显，输入的内容并不是正确的表达式，而且抛出的异常并没有使用 except 子句明确指定，因此，最后的 except 子句会捕捉这个异常。

### 9.3.3  用同一个代码块处理多个异常

虽然代码块可能抛出多个异常，但有时多个异常的处理程序可以是一个，在这种情况下，如果用多个 except 子句捕捉这些异常，就需要在每一个 except 子句中使用同一段代码处理这些异常。为了解决这个问题，except 子句允许指定多个异常，这样指定后，同一个 except 子句就可以捕捉多个异常了。

```
try:
    …
except(异常类 1,异常类 2,异常类 3,…,异常类 n):
    …
```

【例 9.4】 本例定义了一个 raiseException 函数，用于随机抛出三个自定义异常，然后用同一个 except 子句捕捉这三个异常。

**实例位置：PythonSamples\src\chapter9\demo9.05.py**

```python
# 第 1 个自定义异常类
class CustomException1(Exception):
    pass
# 第 2 个自定义异常类
class CustomException2(Exception):
    pass
# 第 3 个自定义异常类
class CustomException3(Exception):
    pass
# 导入 random 模块
import random

# 随机抛出前面 3 个自定义异常
def raiseException():
    n = random.randint(1,3)                  # 随机参数 1 到 3 的随机整数
    print("抛出 CustomException{}异常".format(n))
    if n == 1:
        raise CustomException1                # 抛出 CustomException1
    elif n == 2:
        raise CustomException2                # 抛出 CustomException2
    else:
        raise CustomException3                # 抛出 CustomException3

try:
    raiseException()                          # 随机抛出 3 个异常
# 使用 except 子句同时捕捉这 3 个异常
except (CustomException1,CustomException2,CustomException3):
    print("******执行异常处理程序******")
```

程序运行结果如图 9-10 所示。多次运行程序，会输出不同的结果。

图 9-10　使用一个 except 子句捕捉多个异常

### 9.3.4　捕捉对象

在例 9.3 和例 9.4 中，使用 except 子句捕捉了多个异常，但都是根据异常类来输出异常信息的。例如，如果抛出的是 NegativeException 类，就会输出"负数异常"信息。不过这么做是有问题的，因为可能有多处代码都抛出了同一个 NegativeException 类，尽管异常类似，但会有细微的差别。在例 9.3 中，add 方法和 sub 方法都抛出了 NegativeException 类，但 add 方法是由于操作数为负数抛出该异常，而 sub 方法是因为操作数的差值抛出了该异常。为了更进一步体现异常的差异性，需要为异常类执行一个变量，也可以称为异常对象。其实 raise 语句抛出的异常类最终也是被创建了异常对象后才抛出的。

也就是说，except 子句捕捉到的都是异常对象，这里只是给这些异常对象一个名字而已。

　　为异常对象指定名字需要用 as 关键字。

```
try:
    …
except 异常类 as e:
    …
except (异常类 1,异常类 2,…,异常类 n) as e:
    …
```

如果使用 print 函数输出 e，会将通过构造方法参数传给异常对象的异常信息输出到 Console。

【例 9.5】　本例会改进例 9.3 的代码，用同一个 except 子句捕捉多个异常，并为这些异常指定一个异常对象变量，当输出异常对象时，就会输出相应的异常信息。

　　**实例位置：PythonSamples\src\chapter9\demo9.06.py**

```python
class NegativeException(Exception):
    pass
class ZeroException(Exception):
    pass

class SpecialCalc:
    def add(self,x,y):
        if x < 0 or y < 0:
            # 为异常指定异常信息
            raise NegativeException("x 和 y 都不能小于 0")
        return x + y
    def sub(self,x,y):
        if x - y < 0:
            # 为异常指定异常信息
            raise NegativeException("x 与 y 的差值不能小于 0")
        return x - y
    def mul(self,x,y):
        if x == 0 or y == 0:
            # 为异常指定异常信息
            raise ZeroException("x 和 y 都不能等于 0")
        return x * y
    def div(self,x,y):
        return x / y

while True:
    try:
        calc = SpecialCalc()
        expr = input("请输入要计算的表达式，例如，add(1,2): ")
        if expr == ":exit":
            break;
        result = eval('calc.' + expr)
        print("计算结果: {:.2f}".format(result))
    # 同时捕捉 NegativeException 和 ZeroException 异常，并为其指定一个异常对象变量 e
    except (NegativeException,ZeroException) as e:
        # 输出相应的异常信息
        print(e)
    # 捕捉 ZeroDivisionError 异常
```

```
except ZeroDivisionError as e:
    # 输出相应的异常信息
    print(e)
except:
    print("******其他异常******")
```

运行上面的代码，通过输入相应的操作数，会抛出 NegativeException、ZeroException 和 ZeroDivisionError 异常。输出的异常信息如图 9-11 所示。从输出的异常信息可以看出，e 就是这些输出的异常信息。当 add 方法和 sub 方法都抛出 NegativeException 异常时，根据异常信息就可以更清楚地了解到底是什么引发的 NegativeException 异常。

图 9-11　捕捉对象

### 9.3.5　异常捕捉中的 else 子句

与循环语句类似，try…except 语句也有 else 子句。与 except 子句正好相反，except 子句中的代码会在 try 和 except 之间的代码抛出异常时执行，而 else 子句会在 try 和 except 之间的代码正常执行后才执行。可以利用 else 子句的这个特性控制循环体的执行，如果没有任何异常抛出，那么循环体就结束，否则一直处于循环状态。

```
try:
    …
except:
    # 抛出异常时执行这段代码
    …
else:
    # 正常执行后执行这段代码
    …
```

【例 9.6】　本例通过 while 循环控制输入正确的数值（x 和 y），并计算 x/y 的值。如果输入错误的 x 和 y 的值，那么就会抛出异常，并输出相应的异常信息。如果输出正确，会执行 else 子句中的 break 语句退出循环。

**实例位置：PythonSamples\src\chapter9\demo9.07.py**

```
while True:
```

```
try:
    x = int(input('请输入分子：'))
    y = int(input('请输入分母：'))
    value = x / y
    print('x / y is', value)
except Exception as e:
    print('不正确的输入：',e)
    print('请重新输入')
else:
    break                   # 没有抛出任何异常，直接退出 while 循环
```

程序运行结果如图 9-12 所示。对于本例来说，将 break 语句放到 try 和 except 之间的代码块的最后也可以，只是为了将正确执行后要执行的代码分离出来，需要将这些代码放到 else 子句的代码块中。

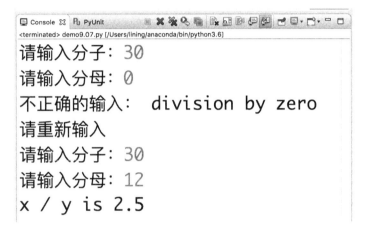

图 9-12　try 语句的 else 子句

### 9.3.6　异常捕捉中的 finally 子句

捕捉异常语句的最后一个子句是 finally。从这个子句的名字基本可以断定是做什么用的。所有需要最后收尾的代码都要放到 finally 子句中。不管是正常执行，还是抛出异常，最后都会执行 finally 子句中代码，所以应该在 finally 子句中放置关闭资源的代码，如关闭文件、关闭数据库等。

如果使用 return 语句退出函数，那么会首先执行 finally 子句中的代码，才会退出函数。因此并不用担心 finally 子句中的代码不会被执行，只要为 try 语句加上了 finally 子句，并且程序执行流程进入了 try 语句，finally 子句中的代码是一定会执行的。

```
try:
    …
except:
    …
finally:        # 无论是否抛出异常，都会执行 finally 子句中的代码
    …
```

【例 9.7】　本例演示了 finally 子句在各种场景下的执行情况。
实例位置：**PythonSamples\src\chapter9\demo9.08.py**

```
# 未抛出异常时执行 finally 子句中的代码
def fun1():
```

```
    try:
        print("fun1 正常执行")
    finally:
        print("fun1 finally")
# 抛出异常时执行 finally 子句中的代码
def fun2():
    try:
        raise Exception
    except:
        print("fun2 抛出异常")
    finally:
        print("fun2 finally")
# 用 return 语句退出函数之前执行 finally 子句中的代码
def fun3():
    try:
        return 20
    finally:
        print("fun3 finally")
# 抛出异常时执行 finally 子句中的代码，但在 finally 子句中执行 del x 操作，再一次抛出了异常
def fun4():
    try:
        x = 1/0
    except ZeroDivisionError as e:
        print(e)
    finally:
        print("fun4 finally")
        del x
fun1()
fun2()
print(fun3())
fun4()
```

程序运行结果如图 9-13 所示。

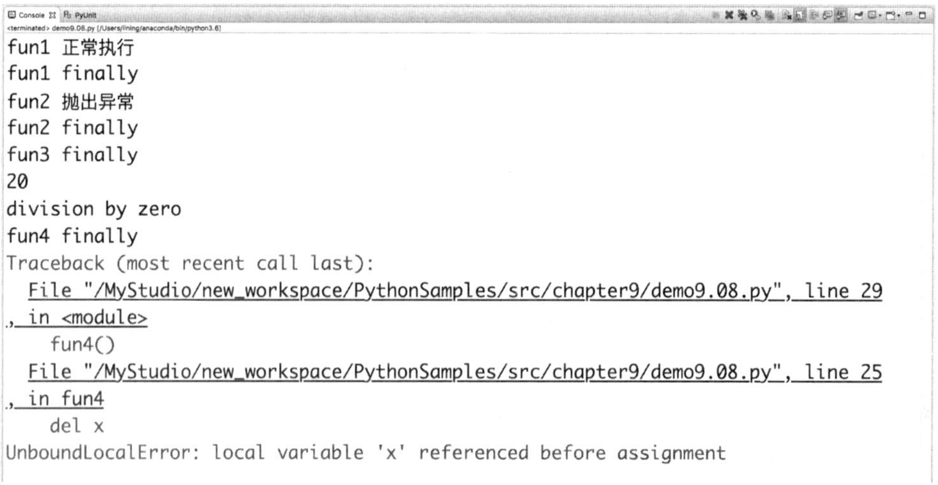

图 9-13　finally 子句

从上面的代码可以看到，当在 fun3 函数中通过 return 语句退出函数时，会首先执行 finally 子句中的代码，然后再退出函数。在 fun4 函数中，尽管 finally 子句中的代码正常执行了，但在 finally 子句中试图通过 del 语句删除 x 变量，但由于 x 变量在创建之初由于抛出异常（分母为 0），并未创建成功，所以 x 变量其实并不存在，因此，在使用 del 语句删除一个并不存在的变量时会抛出异常，而且这次是在 finally 子句中抛出异常，而且并没有其他 try 语句捕捉这个异常，所以这个异常将直接导致程序崩溃。因此，在 finally 子句中，应该尽可能避免执行容易抛出异常的语句，如果非要执行这类语句，建议再次加上 try 语句。

```
try:
    x = 1/0
except ZeroDivisionError as e:
    print(e)
finally:
    print("fun4 finally")
    try:                        # 由于 del 语句可能出错，所以使用 try 语句捕捉异常
        del x
    except Exception as e:
        print(e)
```

执行上面的代码，会输出如下的异常信息：

```
local variable 'x' referenced before assignment
```

## 9.4 异常、函数与栈跟踪

如果异常被隐藏的很深，而且又不被处理，这种异常是不太好捕捉的，幸亏 Python 解析器可以利用栈进行跟踪。例如，当多个函数进行调用时，如果最里层的函数抛出一个异常，而且没有得到处理，那么这个异常会一直进行传播，直到传播到顶层函数，并让程序异常中断。

【例 9.8】 本例定义了 5 个函数：fun1～fun5，后面的函数会调用前面的函数，如 fun2 会调用 fun1，fun3 会调用 fun2，以此类推。在 fun1 中抛出了一个异常，但并未处理，这个异常会一直传播到 fun5，最后会导致程序异常中断。在 Console 中会输出异常栈跟踪信息。

**实例位置：PythonSamples\src\chapter9\demo9.09.py**

```
def fun1():
    raise Exception("fun1 抛出的异常")
def fun2():
    fun1()
def fun3():
    fun2()
def fun4():
    fun3()
def fun5():
    fun4()
fun5()                      # 调用 fun5 函数会抛出异常
```

程序执行结果如图 9-14 所示。

从图 9-14 所示的异常信息可以看出，Python 解释器会将异常发生的源头以及其传播的路径都显示出来，这样就可以很容易地按图索骥，找到异常发生的根源。

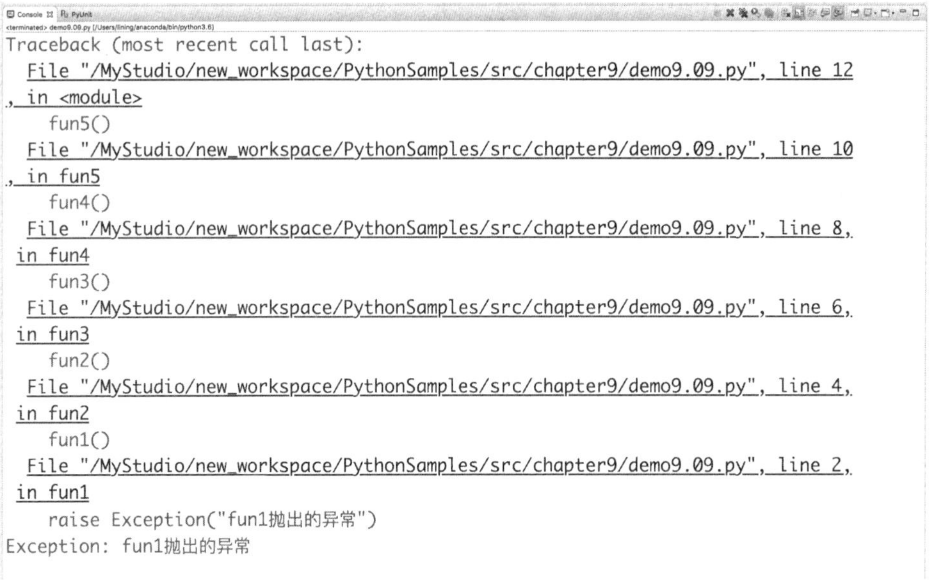

图 9-14　异常栈

## 9.5　异常的妙用

在合适的地方使用异常，会让程序更简单，更容易理解。例如，通过 key 从字典中获取 value 时，为了防止由于 key 不存在而导致的异常，可以利用条件语句进行判断。

下面的代码直接通过 key 从字典中获取 value。

```
dict = {'name':'Bill', 'age':40}
dict['Age']
```

很显然，上面的代码会抛出异常，因为字典中的 key 是大小写敏感的。Age 在 dict 中并不存在。执行代码后，抛出的异常信息如图 9-15 所示。

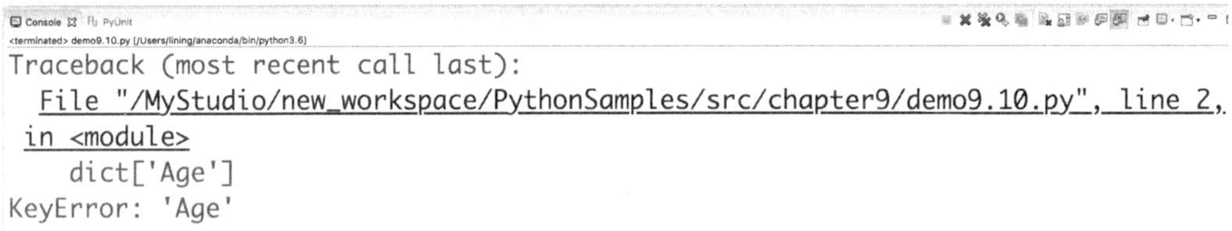

图 9-15　由于 key 不存在而抛出的异常

为了避免抛出这个异常，可以使用 if 语句和 in 操作符进行判断。代码如下：

```
dict = {'name':'Bill', 'age':40}
# 该条件为 False，所以条件语句内的代码不会执行，也就不会抛出异常了
if 'Age' in dict:
    print(dict['Age'])
```

访问对象中的属性和方法也存在这种情况，由于 Python 是动态语言，所以事先不会判断对象中是否存在某个属性或方法，只有在运行时才会由于属性或方法不存在而抛出异常。

```
class WifiManager:
    def testWifi(self):
        print("testWifi")
wifiManager = WifiManager()
wifiManager.testWiFi()
```

在上面的代码中，testWiFi 方法在 WifiManager 中并不存在（F 的大小写问题），所以调用 testWiFi 方法会抛出如图 9-16 所示的异常。

```
Traceback (most recent call last):
  File "/MyStudio/new_workspace/PythonSamples/src/chapter9/demo9.10.py", line 1,
  in <module>
    wifiManager = WifiManager()
NameError: name 'WifiManager' is not defined
```

图 9-16　由于对象方法不存在而抛出的异常

为了防止抛出类似的异常，需要在访问对象属性或方法之前，使用 if 语句进行判断。

```
class WifiManager:
    def testWifi(self):
        print("testWifi")
wifiManager = WifiManager()
# 使用 hasattr 函数判断 testWiFi 方法是否属性 wifiManager 对象
if hasattr(wifiManager, 'testWiFi'):
    wifiManager.testWiFi()
```

前面两个例子都使用了 if 语句判断 key 在字典中是否存在，以及方法是否在对象中存在来避免抛出异常，这样做从技术上看没有任何问题，不过在代码中充斥太多这样的 if 语句，会降低代码的可读性，因此可以用 try 语句来取代 if 语句，并让程序更加健壮。

【例 9.9】　本例会使用 try 语句来替换前面代码中的 if 语句，这样即使程序抛出异常，也不会产生异常中断的情况。

实例位置：**PythonSamples\src\chapter9\demo9.10.py**

```
dict = {'name':'Bill', 'age':40}
try:
    print(dict['Age'])
except KeyError as e:                    # 捕捉 key 不存在的异常
    print("异常信息：{}".format(e))
class WifiManager:
    def testWifi(self):
        print("testWifi")


wifiManager = WifiManager()
try:
    wifiManager.testWiFi()
except AttributeError as e:              # 捕捉对象属性（方法也可以看作对象的属性）不存在的异常
    print("异常信息：{}".format(e))
```

程序运行结果如图 9-17 所示。

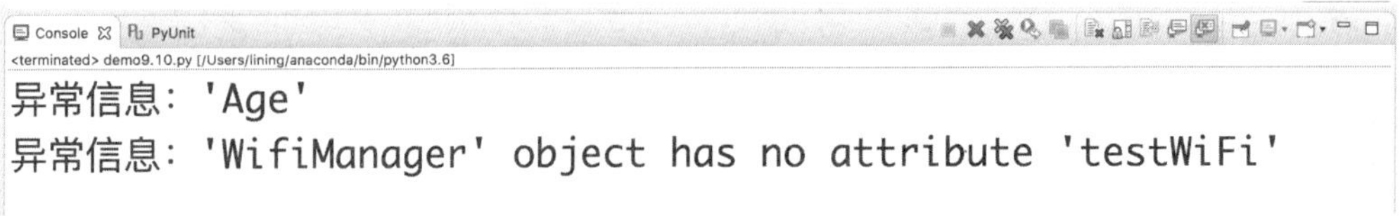

异常信息：'Age'
异常信息：'WifiManager' object has no attribute 'testWiFi'

图 9-17　使用 try 语句来捕捉异常

## 9.6　小结

本章深入讲解了 Python 语言中异常的概念以及如何异常捕捉。这里有一个概念需要澄清一下。就是不管是系统抛出的异常，还是自己使用 raise 语句抛出的异常，其实都是异常对象。如果在 raise 语句后面直接跟异常类，那么 raise 语句会自动利用该类创建一个异常对象，并抛出这个异常对象。所以平常说的抛出异常，其实就是抛出异常对象，而不是抛出异常类。另外，Python 语言中的 try 语句其实有 4 个关键字：try、except、else 和 finally。这里只有 try 是必需的，但 except 和 finally 必须至少要有一个，else 子句可有可无。

## 9.7　实战与练习

本章练习题，除了配有答案（源代码）外，还会在赠送的视频课程中讲解。

1. 编写一个异常类 StartMobileException，再编写一个 Mobile 类。该类有一个抛出异常的 start 方法。在 start 方法中随机产生 1～100 的随机数，当随机数小于 50 时抛出 StartMobileException 异常。最后调用 Mobile 类的 start 方法产生这个异常。

答案位置：PythonSamples\src\chapter9\practice\solution9.1.py

2. 编写用于计算阶乘的 JC 类，该类有一个 compute 方法，用于计算阶乘。然后编写一个异常类 JCException。当 compute 方法的参数 n 的值小于 0 时，抛出 JCException 异常，否则正常计算阶乘的值。在调用 compute 方法时使用 try...except 语句明确捕捉 JCException 异常，并输出异常信息。

答案位置：PythonSamples\src\chapter9\practice\solution9.2.py

# 第 10 章

# 方法、属性和迭代器

在 Python 语言中，存在一些特殊方法，这些方法往往在命名上与普通方法不同。例如，一些方法会在名字前后各加两个下画线（__method__），这种拼写方式有特殊含义，所以在命名普通方法时，千万不要用这种命名方式。如果类实现了这些方法中的某一个，那么这个方法会在特殊情况下被 Python 调用，一般并没有直接调用这些方法的必要。

本章会详细讨论这些特殊的方法（包括__init__方法和一些处理对象访问的方法，这些方法允许创建自己的序列或映射）。本章还会讨论另外两个主题：属性和迭代器，其中属性需要通过 property 函数处理，而迭代器要使用特殊方法__iter__来处理。这些内容都会在本章详细讲解。

通过阅读本章，您可以：

❑ 了解构造方法的基础知识
❑ 掌握如何重写构造方法和普通方法
❑ 掌握 super 函数的使用方法
❑ 掌握如何自定义序列
❑ 掌握监控属性的读写和删除操作的方法
❑ 了解静态方法和类方法的区别
❑ 掌握如何定义静态方法和类方法
❑ 掌握如何使用迭代器
❑ 了解什么是生成器
❑ 掌握使用普通生成器和递归生成器的方法

## 10.1 构造方法

本章之所以首先介绍构造方法，是因为构造方法非常重要，是创建对象的过程中被调用的第一个方法，通常用于初始化对象中需要的资源，如初始化一些变量。本节会详细介绍 Python 语言中构造方法的使用细节。

### 10.1.1 构造方法的基础知识

在类实例化时需要做一些初始化的工作，而构造方法就是完成这些工作的最佳选择。当类被实例化时，首先会调用构造方法。由于构造方法是特殊方法，所以在定义构造方法时，需要在方法名两侧各加两个下画线，构造方法的方法名是 init，所以完整的构造方法名应该是__init__。除了方法名比较特殊外，构造方法的其他方面与普通方法类似。

【例 10.1】 本例编写了一个 Person 类，并为该类定义了一个构造方法，在构造方法中初始化了成员变量 name，在创建 Person 对象后，调用 getName 方法，就立刻可以获取这个 name 变量值。

实例位置：**PythonSamples\src\chapter10\demo10.01.py**

```
class Person:
    # Person 类的构造方法
    def __init__(self,name = "Bill"):
        print("构造方法已经被调用")
        self.name = name
    def getName(self):
        return self.name
    def setName(self,name):
        self.name= name

person = Person()                    # 创建 Person 类的实例，在这里 Person 类的构造方法会调用
print(person.getName())
person1 = Person(name = "Mike") # 创建 Person 类的实例，并指定 name 参数值，构造方法会调用
print(person1.getName())
person1.setName(name = "John")
print(person1.getName())
```

程序运行结果如图 10-1 所示。

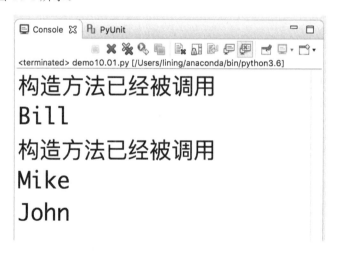

图 10-1　编写类的构造方法

## 10.1.2　重写普通方法和构造方法

在第 8 章学过类的继承，当 B 类继承 A 类时，B 类就会拥有 A 类的所有成员变量和方法。如果 B 类中的方法名与 A 类中方法名相同，那么 B 类中同名方法就会重写 A 类中同名方法。如果在 B 类中定义了构造方法，同样也会重写 A 类中的构造方法，也就是说，创建 B 对象，实际上是调用 B 类中的构造方法，而不是 A 类中的构造方法。

```
class A:
    def __init__(self):
        print("A 类的构造方法")
    def method(self):
```

```
        print("A 类的 method 方法")
class B(A):
    def __init__(self):
        print("B 类的构造方法")
    def method(self):
        print("B 类的 method 方法")

b = B()
b.method()
```

上面的代码中，B 是 A 的子类，而且在 B 类中定义了构造方法，以及与 A 类同名的 method 方法，所以创建 B 对象，以及调用 method 方法，都是调用 B 类本身的方法。程序运行结果如图 10-2 所示。

图 10-2　创建 B 对象

【例 10.2】　本例编写了一个 Bird 类和一个 SongBird 类。SongBird 是 Bird 的子类，由于 SongBird 类重写了 Bird 类的构造方法，所以在 Bird 类构造方法初始化的 hungry 变量，在 SongBird 类中是不存在的，调用该变量将会抛出异常。

**实例位置：PythonSamples\src\chapter10\demo10.02.py**

```
class Bird:
    def __init__(self):
        self.hungry= True
    def eat(self):
        if self.hungry:
            print("已经吃了虫子！")
            self.hungry = False
        else:
            print("已经吃过饭了，不饿了！")
b = Bird()
b.eat()
b.eat()

class SongBird(Bird):
    def __init__(self):
        self.sound = '向天再借五百年'
    def sing(self):
        print(self.sound)

sb = SongBird()
```

```
sb.sing()                 # 调用了 SongBird 类中的 sing 方法
sb.eat()                  # 调用了 Bird 类中的 eat 方法，由于没有 hungry 变量，会抛出异常
```

程序运行结果如图 10-3 所示。

```
Console ☒ PyUnit
<terminated> demo10.02.py [/Users/lining/anaconda/bin/python3.6]
已经吃了虫子!
已经吃过饭了，不饿了!
向天再借五百年
Traceback (most recent call last):
  File "/MyStudio/new_workspace/PythonSamples/src/chapter10/demo10.02.py", line 24, in <module>
    sb.eat()
  File "/MyStudio/new_workspace/PythonSamples/src/chapter10/demo10.02.py", line 6, in eat
    if self.hungry:
AttributeError: 'SongBird' object has no attribute 'hungry'
```

图 10-3　重写方法

可以看到，在调用 SongBird 类从 Bird 类继承过来的 eat 方法时，由于 SongBird 类重写了 Bird 类的构造方法，所以在 Bird 类的构造方法中初始化的 hungry 变量也不存在了，因此，调用 SongBird 类的 eat 方法会抛出异常。那么如果 SongBird 类仍然需要使用 hungry 变量，以及调用 Bird 类的构造方法，应该怎么办？在 10.1.3 节会介绍相关技术解决这个问题。

另外要注意的是，在 Python 语言中，重写方法只看方法名，并不看参数。只要方法名相同，就会覆盖父类的同名方法。例如，在 SongBird 类中添加一个 eat 方法，该方法多了一个 thing 参数，仍然会覆盖 Bird 类的 eat 方法。

```
class SongBird(Bird):
    def __init__(self):
        self.sound = '向天再借五百年'
    def sing(self):
        print(self.sound)
    def eat(self,thing):          # 该方法重写了 Bird 类中的 eat 方法
        print(thing)
sb = SongBird()
sb.sing()
sb.eat()          # eat 方法已经被 SongBird 类的 eat 方法覆盖，必须传入一个参数值，否则会抛出异常
```

程序运行结果如图 10-4 所示。很明显，抛出的异常与图 10-3 不同，这个异常是由于 eat 方法缺少参数造成的。

```
Console ☒ PyUnit
<terminated> demo10.02.py [/Users/lining/anaconda/bin/python3.6]
向天再借五百年
Traceback (most recent call last):
  File "/MyStudio/new_workspace/PythonSamples/src/chapter10/demo10.02.py", line 23, in <module>
    sb.eat()
TypeError: eat() missing 1 required positional argument: 'thing'
```

图 10-4　eat 方法缺少参数

## 10.1.3  使用 super 函数

在子类中如果重写了超类[①]的方法，通常需要在子类方法中调用超类的同名方法，也就是说，重写超类的方法，实际上应该是一种增量的重写方式，子类方法会在超类同名方法的基础上做一些其他的工作。

如果在子类中要访问超类中的方法，需要使用 super 函数。该函数返回的对象代表超类对象，所以访问 super 函数返回的对象中的资源都属于超类。super 函数可以不带任何参数，也可以带两个参数，第 1 个参数表示当前类的类型，第 2 个参数需要传入 self。

【例 10.3】 本例对 10.1.2 节的例子进行改进，再引入了一个 Animal 类，Bird 类是 Animal 类的子类。在 Bird 类的构造方法中通过 super 函数调用了 Animal 类的构造方法。在 SongBird 类的构造方法中通过 super 函数调用了 Bird 类的构造方法。

**实例位置：PythonSamples\src\chapter10\demo10.03.py**

```python
class Animal:
    def __init__(self):
        print("Animal init")
class Bird(Animal):
    # 为 Bird 类的构造方法增加一个参数（hungry）
    def __init__(self, hungry):
        # 调用 Animal 类的构造方法
        super().__init__()
        self.hungry= hungry
    def eat(self):
        if self.hungry:
            print("已经吃了虫子！")
            self.hungry = False
        else:
            print("已经吃过饭了，不饿了！")
b = Bird(False)
b.eat()
b.eat()


class SongBird(Bird):
    def __init__(self,hungry):
        # 调用 Bird 类的构造方法,如果为 super 函数指定参数,第 1 个参数需要是当前类的类型(SongBird)
        super(SongBird,self).__init__(hungry)
        self.sound = '向天再借五百年'

    def sing(self):
        print(self.sound)


sb = SongBird(True)
sb.sing()
sb.eat()
```

① 如果 C 是 B 的子类，那么 B 可以称为 C 的父类；如果 B 是 A 的子类，而 C 也从 A 继承，只是 A 不是 C 的直接父类，那么 A 可以称为 C 的超类。

程序运行结果如图 10-5 所示。

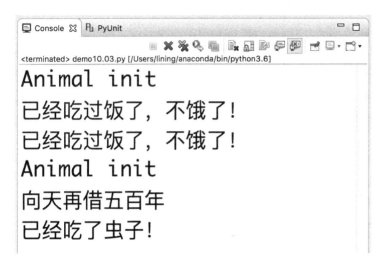

图 10-5　调用超类的构造方法

从输出结果可以看到，当 SongBird 类的构造方法通过 super 函数调用 Bird 类的构造方法时，Bird 类的构造方法同时也会调用 Animal 类的构造方法，是一个连锁调用。另外，super 函数可以放在构造方法的任何位置。例如，下面的代码中，super 函数在构造方法的最后调用。

```
class Bird(Animal):
    # 为 Bird 类的构造方法增加一个参数（hungry）
    def __init__(self, hungry):
        self.hungry= hungry
        # 调用 Animal 类的构造方法
        super().__init__()
```

## 10.2　特殊成员方法

尽管构造方法（__init__）对于一个类非常重要，但还有一些其他的特殊方法也同样重要，因此非常有必要介绍一下它们。通过这些特殊方法，可以建立自定义的序列，这是一件非常酷的事。

### 10.2.1　自定义序列

除了构造方法（__init__），还可以使用如下 4 个特殊方法定义自己的序列类，就像以前介绍的列表、字典等序列一样，只不过拥有自己特殊的行为。所有的特殊方法在名称前后都需要下画线（__）。

❑ __len__(self)：返回序列中元素的个数。使用 len 函数获取序列对象的长度时会调用该方法。

❑ __getitem__(self,key)：返回与所给键对应的值。__getitem__ 方法的第 2 个参数表示键（key）。在使用 sequence[key] 获取值时会调用该方法。

❑ __setitem__(self, key, value)：设置 key 对应的值。__setitem__ 方法的第 2 个参数表示键（key），第 3 个参数不表示值（value）。当使用 sequence[key] = value 设置序列中键对应的值时调用该方法。

❑ __delitem__(self, key)：从序列中删除键为 key 的 key-value 对。当使用 del 关键字删除序列中键为 key 的 key-value 对时调用该方法。

从这 4 个方法的描述来看，都是对序列的某些操作触发了这些特殊方法的调用。下面通过例 10.4 演示一下如何使用这 4 个方法定义自己的序列类。

【例 10.4】 本例定义了一个名为 FactorialDict 的序列类，该类的功能是计算 key 对应的 value 的阶乘，也就是说，在赋值时需要为某个 key 设置一个整数或可以转换为整数的值，但在使用该 key 获取对应的 value 时，返回的却是 value 的阶乘（是不是很神奇呢？）。

**实例位置：PythonSamples\src\chapter10\demo10.04.py**

```python
class FactorialDict:
    def __init__(self):
        # 创建字典对象
        self.numDict = {}
    # 用于计算阶乘的方法
    def factorial(self,n):
        if n == 0 or n == 1:
            return 1
        else:
            return n * self.factorial(n -1)
    # 从字典中获取 key 对应的 value 时调用该方法
    def __getitem__(self,key):
        print("__getitem__ 方法被调用,key={}".format(key))
        # 判断 key 是否在字典中存在，如果存在，返回 value 的阶乘，否则返回 0
        if key in self.numDict:
            return self.factorial(self.numDict[key])
        else:
            return 0
    # 设置 key 对应的 value 时调用该方法
    def __setitem__(self,key, value):
        print("__setitem__方法被调用,key={}".format(key))
        self.numDict[key] = int(value)
    # 使用 del 语句删除 key 对应的 key-value 对时调用
    def __delitem__(self,key):
        print("__delitem__方法被调用,key={}".format(key))
        del self.numDict[key]
    # 使用 len 函数获取字典中 key-value 对个数时调用
    def __len__(self):
        print("__len__方法被调用")
        return len(self.numDict)
# 创建 FactorialDict 对象
d = FactorialDict()
# 设置字典中的 key-value 值对
d['4!'] = 4
d['7!'] = 7
d['12!'] = '12'
# 获取 4 的阶乘
print('4!', '=', d['4!'])
# 获取 7 的阶乘
print('7!', '=',d['7!'])
# 获取 12 的阶乘
```

```
print('12!', '=',d['12!'])
# 获取字典的长度
print('len','=',len(d))
# 删除 key 为'7!'的 key-value 对
del d['7!']
# 获取 7 的阶乘
print('7!', '=',d['7!'])
# 获取字典的长度
print('len','=',len(d))
```

程序运行结果如图 10-6 所示。

图 10-6　自定义序列类

在定义序列类时要注意，如果未定义某个特殊方法，但却执行了对应的操作，就会抛出异常。例如，将本例中的__delitem__方法删除，再使用 del 语句字典元素时就会抛出如图 10-7 所示的异常。

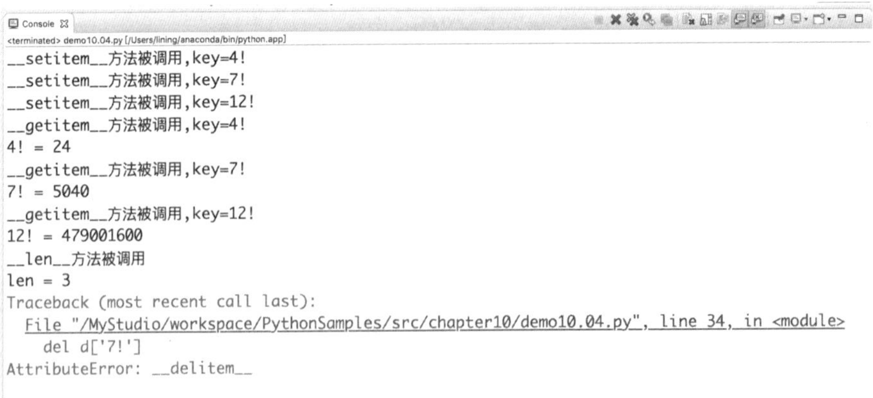

图 10-7　未定义特殊方法导致抛出异常

## 10.2.2　从内建列表、字符串和字典继承

到目前为止，已经介绍了与序列/映射相关的 4 个特殊方法，在实现自定义的序列/映射时，需要实现这 4 个方法，不过每次都要实现所有的 4 个方法太麻烦了，为此，Python 提供了几个内建类（list、dict 和 str），分别实现列表、字典和字符串的默认操作。要实现自己的列表、字典和字符串，大可不必从头实现这 4 个方法，只需要从这三个类继承，并实现必需的方法即可。

【例 10.5】 本例编写了三个类（CounterList、CounterDict 和 MultiString），分别从 list、dict 和 str 继承。其中 CounterList 和 CounterDict 只重写了 __init__ 方法和 __getitem__ 方法，分别用来初始化计数器（counter）和当获取值时计数器加 1。MultiString 类扩展了字符串，可以通过构造方法的可变参数指定任意多个字符串类型参数，并将这些参数值首尾相连形成一个新的字符串，MultiString 类还可以通过构造方法的最后一个参数（sep）设置多个字符串相连的分隔符，默认是一个空格（类似于 print 函数）。

**实例位置：PythonSamples\src\chapter10\demo10.05.py**

```python
# 定义一个从 list 继承的类
class CounterList(list):
    # list 的构造方法必须指定一个可变参数，用于初始化列表
    def __init__(self,*args):
        super().__init__(*args)
        # 初始化计数器
        self.counter = 0
    # 当从列表中获取值时，计数器加1
    def __getitem__(self,index):
        self.counter += 1
        # 调用超类的 __getitem__ 方法获取指定的值，当前方法只负责计数器加 1
        return super(CounterList, self).__getitem__(index)

# 创建一个 CounterList 对象，并初始化列表
c = CounterList(range(10))
# 运行结果：[0, 1, 2, 3, 4, 5, 6, 7, 8, 9]
print(c)
# 反转列表 c
c.reverse()
# 运行结果：[9, 8, 7, 6, 5, 4, 3, 2, 1, 0]
print(c)
# 删除 c 中的一组值
del c[2:7]
# 运行结果：[9, 8, 2, 1, 0]
print(c)
# 运行结果：0
print(c.counter)
# 将列表 c 中的两个值相加，这时计数器加 2，运行结果：10
print(c[1] + c[2])
# 运行结果：2
print(c.counter)

# 定义一个从 dict 继承的类
class CounterDict(dict):
    # dict 的构造方法必须指定一个可变参数，用于初始化字典
```

```python
    def __init__(self,*args):
        super().__init__(*args)
        # 初始化计数器
        self.counter = 0
    # 当从列表中获取值时，计数器加 1
    def __getitem__(self,key):
        self.counter += 1
        # 调用超类的__getitem__方法获取指定的值，当前方法只负责计数器加 1
        return super(CounterDict, self).__getitem__(key)
# 创建 CounterDict 对象，并初始化字典
d = CounterDict({'name':'Bill'})
# 运行结果：Bill
print(d['name'])
# get 方法并不会调用__getitem__方法，所以计数器并不会加 1，运行结果：None
print(d.get('age'))
# 为字典添加新的 key-value 对
d['age'] = 30
# 运行结果：30
print(d['age'])
# 运行结果：2
print(d.counter)


# 定义一个从 str 继承的类
class MultiString(str):
    # 该方法会在__init__方法之前调动，用于验证字符串构造方法的参数，
    # 该方法的参数要与__init__方法的参数保持一致
    def __new__(cls, *args, sep = ' '):
        s = ''
        # 将可变参数中所有的值连接成一个大字符串，中间用 end 指定的分隔符分隔
        for arg in args:
            s += arg + sep
        # 最后需要去掉字符串结尾的分隔符，所以先算出最后的分隔符的开始索引
        index = -len(sep)
        if index == 0:
            index = len(s)
        # 返回当前的 MultiString 对象
        return str.__new__(cls, s[:index])
    def __init__(self, *args, sep = ' '):
        pass
# 连接'a'、'b'、'c'三个字符串，中间用空格分隔
cs1 = MultiString('a', 'b', 'c')
# 连接'a'、'b'、'c'三个字符串，中间用逗号分隔
cs2 = MultiString('a', 'b', 'c', sep=',')
# 连接'a'、'b'、'c'三个字符串，中间没有分隔符
cs3 = MultiString('a', 'b', 'c', sep='')
# 运行结果：[a b c]
print('[' + cs1 + ']')
# 运行结果：[a,b,c]
print('[' + cs2 + ']')
# 运行结果：[abc]
print('[' + cs3 + ']')
```

程序运行结果如图 10-8 所示。

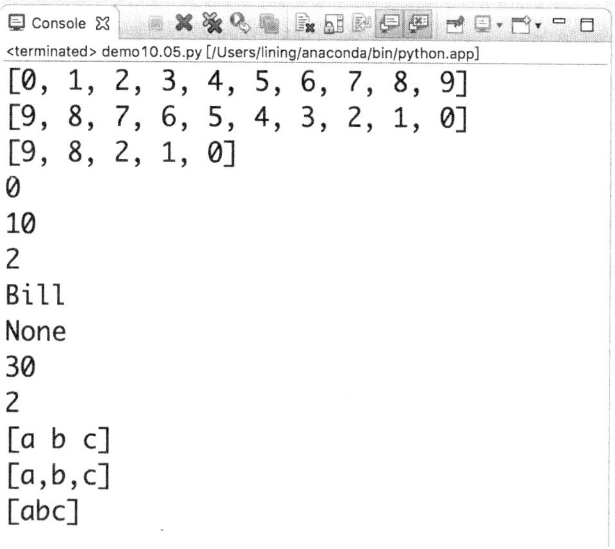

```
Console ⌗
<terminated> demo10.05.py [/Users/lining/anaconda/bin/python.app]
[0, 1, 2, 3, 4, 5, 6, 7, 8, 9]
[9, 8, 7, 6, 5, 4, 3, 2, 1, 0]
[9, 8, 2, 1, 0]
0
10
2
Bill
None
30
2
[a b c]
[a,b,c]
[abc]
```

图 10-8　自定义列表、字典和字符串

从上面的程序可以看出，CounterList 类和 CounterDict 类只实现了 __init__ 方法和 __getitem__ 方法，当使用 del 语句删除字典中的元素时，实际上调用的是 dict 类的 __delitem__ 方法。

在实现 MultiString 类时，为 __new__ 方法和 __init__ 方法添加了一个可变参数，是为了接收任意多个字符串，然后将这些字符串用分隔符（sep）连接起来。所以，MultiString 类的使用方法与 print 函数类似。

## 10.3　属性

通常会将类的成员变量称为属性[①]，在创建类实例后，可以通过类实例访问这些属性，也就是读写属性的值。不过直接在类中定义成员变量，尽管可以读写属性的值，但无法对读写的过程进行监视。例如，在读取属性值时无法对属性值进行二次加工，在写属性值时也无法校验属性值是否有效。在Python 语言中可以通过 property 函数解决这个问题，该函数可以将一对方法与一个属性绑定，当读写该属性值时，就会调用相应的方法进行处理。当然，还可以通过某种机制，监控类中所有的属性。

### 10.3.1　传统的属性

在 Python 语言中，如果要为类增加属性，需要在构造方法（__init__）中通过 self 添加，如果要读写属性的值，需要创建类的实例，然后通过类的实例读写属性的值。

```
class MyClass:
    def __init__(self):
        self.value = 0              # 为 MyClass 类添加一个 value 属性
```

---

① 不同编程语言，对类成员变量的称谓不同，例如，Java 语言中会将类成员变量称为字段（field）。

```
c = MyClass()                    # 创建 MyClass 类的实例
c.value = 20                     # 改变 value 的值
```

对于 value 属性来说，直接读写 value 的值是不能对读写的过程进行监控的，除非为 MyClass 类增加两个方法分别用于读写 value 属性值。

```
class MyClass:
    def __init__(self):
        self.value = 0           # 为 MyClass 类添加一个 value 属性
    # 用于获取 value 属性的值
    def getValue(self):
        print('value 属性的值已经被读取')
        return self.value
    # 用于读取 value 属性的值
    def setValue(self,value):
        print('value 属性的值已经被修改')
        self.value = value


c = MyClass()                    # 创建 MyClass 类的实例
c.value = 20                     # 改变 value 的值
c.setValue(100)                  # 通过 setValue 方法设置 value 属性的值
print('getValue:',c.getValue())  # 通过 getValue 方法获取 value 属性的值
print('value:',c.value)
```

程序运行结果如图 10-9 所示。

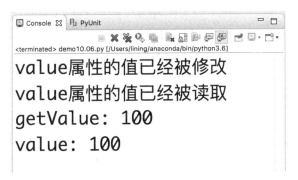

图 10-9　为 value 属性增加 getValue 和 setValue 方法

习惯上将与 getValue 和 setValue 类似的方法称为 getter 方法和 setter 方法。通过为属性添加 getter 方法和 setter 方法的方式，还可以同时设置多个属性。下面看一下例 10.6 的演示。

【例 10.6】　本例为 Rectangle 类添加了两个属性（left 和 top），并通过 setPosition 方法同时设置了 left 和 top 属性的值，通过 getPosition 方法同时返回了 left 和 top 属性的值。

实例位置：**PythonSamples\src\chapter10\demo10.06.py**

```
class Rectangle:
    def __init__(self):
        self.left = 0
        self.top = 0
    # 同时设置 left 属性和 top 属性的值，position 参数值应该是元组或列表类型
    def setPosition(self,position):
        self.left,self.top = position
```

```
    # 同时获取 left 属性和 top 属性的值，返回的值是元组类型
    def getPosition(self):
        return self.left,self.top

r = Rectangle()
r.left = 10
r.top = 20
print('left','=',r.left)
print('top','=',r.top)
# 通过 setPosition 方法设置 left 属性和 top 属性的值
r.setPosition((30,50))
# 通过 getPosition 方法返回 left 属性和 top 属性的值
print('position', '=', r.getPosition())
```

程序运行结果如图 10-10 所示。

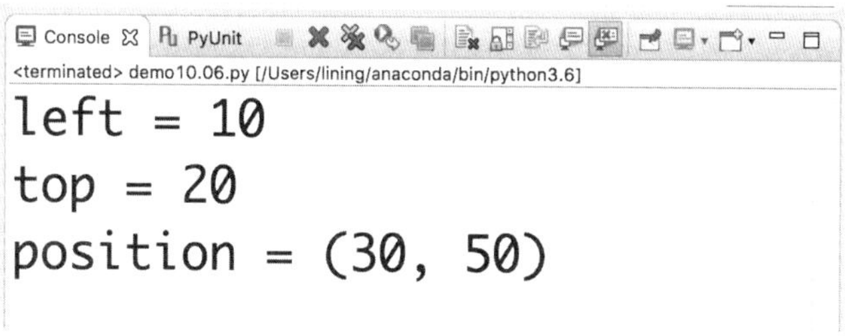

图 10-10　通过 getter 方法和 setter 方法同时读写多个属性的值

尽管通过 getter 方法和 setter 方法可以解决监控属性的问题，但在监控属性值的变化时，就暴露内部的实现机制有些不妥，而且如果属性访问者由于某些原因要直接使用属性，而不是调用 getter 方法和 setter 方法，那么所有使用 getter 方法和 setter 方法的代码都需要修改，这样做的工作量很大，而且容易出错。为了解决问题，可以使用 10.3.2 节介绍的 property 函数。

## 10.3.2　property 函数

在使用对象的属性时，按一般的理解直接使用 obj.propertyName 即可。同时希望可以监控对 propertyName 的读写操作。如果要鱼和熊掌兼得，那么就要使用本节介绍的 property 函数。

property 函数可以与三个方法绑定，该函数会创建一个属性，并通过返回值返回这个属性。property 函数的第 1 个参数需要指定用于监控读属性值的方法，第 2 个参数需要指定用于监控写属性值的方法，第 3 个参数需要指定删除该属性时调用的方法。

【例 10.7】本例重新改写了 10.3.1 节的 Rectangle 类，使用 property 函数将三个方法绑定到 position 属性上，这三个方法分别用于监控 position 属性的读操作、position 属性的写操作和 position 属性的删除操作。通过 position 属性可以同时读写 left 属性和 top 属性。

**实例位置：PythonSamples\src\chapter10\demo10.07.py**

```
class Rectangle:
    def __init__(self):
        self.left = 0
        self.top = 0
    # 用于监控 position 属性的写操作，可以同时设置 left 属性和 top 属性
    def setPosition(self,position):
```

```
        self.left,self.top = position
    # 用于监控 position 属性的读操作，可以同时获取 left 属性和 top 属性
    def getPosition(self):
        return self.left,self.top
    # 用于监控 position 属性的删除操作
    def deletePosition(self):
        print('position 属性已经被删除')
        # 重新初始化 left 和 top 属性
        self.left = 0
        self.top = 0
    # 通过 property 函数将上面 3 个方法与 position 属性绑定，对 position 属性进行相关操作时
    # 就会调用相应的方法
    position = property(getPosition, setPosition,deletePosition)

r = Rectangle()
r.left = 10
r.top = 20
print('left','=',r.left)
print('top','=',r.top)
# 通过 position 属性获取 left 属性和 top 属性的值，在获取属性值的过程中，getPosition 方法被调用
print('position', '=', r.position)
# 通过 position 属性设置 left 属性和 top 属性的值，在设置属性值的过程中，setPosition 方法被调用
r.position = 100,200
# 通过 position 属性获取 left 属性和 top 属性的值，在获取属性值的过程中，getPosition 方法被调用
print('position', '=', r.position)
# 删除 position 属性，deletePosition 方法被调用，left 属性和 top 属性被重新设置为 0
del r.position
print(r.position)
r.position = 30,40
print('r.position','=',r.position)
```

程序运行结果如图 10-11 所示。

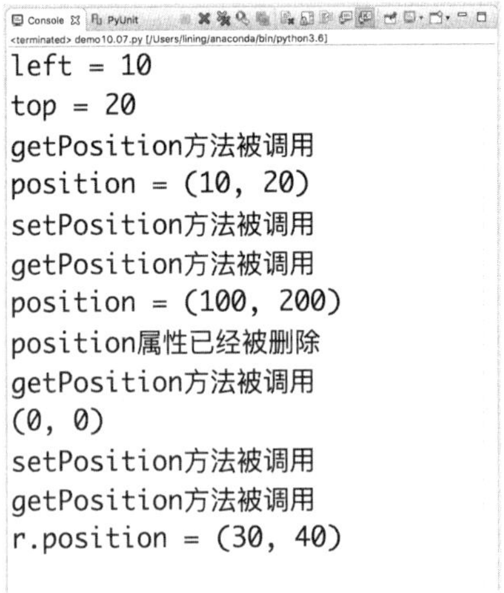

图 10-11　使用 property 函数

在使用 property 函数时应了解如下几点：

❑ 通过 property 函数设置的与属性绑定的方法的名称没有任何限制，例如，方法名为 abc、xyz

都可以。但是，方法的参数需要符合要求。也就是说，用于监控属性读和删除属性操作方法只能有一个 self 参数，用于监控属性写操作的方法除了 self，还需要有一个参数，用于接收设置属性的值。

❑ 删除对象的属性只是调用了通过 property 函数绑定的回调方法，并没有真正删除对象的属性。删除对象属性的实际意义，需要在该回调方法（本例是 deleteProperty）中定义。本例是在 deleteProperty 方法中重新初始化了 left 属性和 top 属性的值。

### 10.3.3　监控对象中所有的属性

尽管使用 property 函数可以将三个方法与一个属性绑定，在读写属性值和删除属性时会调用相应的方法进行处理，但是如果需要监控的属性很多，则这样做就意味着在类中需要定义大量的 getter 和 setter 方法。所以说，property 函数只是解决了外部调用这些属性的问题，并没有解决内部问题。本节介绍三个特殊成员方法（__getattr__、__setattr__和__delattr__），当任何一个属性进行读写和删除操作时，都会调用它们中的一个方法进行处理。

❑ __getattr__(self,name)：用于监控所有属性的读操作，其中 name 表示监控的属性名。

❑ __setattr__(self,name,value)：用于监控所有属性的写操作，其中 name 表示监控的属性名，value 表示设置的属性值。

❑ __delattr__(self,name)：用于监控所有属性的删除操作，其中 name 表示监控的属性名。

【例 10.8】　本例重新改写了 10.3.2 节的 Rectangle 类，在 Rectangle 类的构造方法中为 Rectangle 类添加了 4 个属性（width、height、left 和 top），并定义了__setattr__、__getattr__和__delattr__方法，分别用于监控这 4 个属性值的读写操作以及删除操作。在这三个特殊成员方法中访问了 size 和 position 属性。读写和删除 size 属性实际上操作的是 width 和 height 属性，读写和删除 position 属性实际上操作的是 left 和 top 属性。

实例位置：**PythonSamples\src\chapter10\demo10.08.py**

```
class Rectangle:
    def __init__(self):
        self.width = 0
        self.height = 0
        self.left = 0
        self.top = 0
    # 对属性执行写操作时调用该方法，当设置 size 属性和 position 属性时实际上
    # 设置了 width 属性、height 属性以及 left 属性和 top 属性的值
    def __setattr__(self,name,value):
        print("{}被设置，新值为{}".format(name,value))
        if name == 'size':
            self.width, self.height = value
        elif name == 'position':
            self.left, self.top = value
        else:
            # __dict__是内部维护的一个特殊成员变量，用于保存成员变量的值，所以这条语句必须加上
            self.__dict__[name] = value
    # 对属性执行读操作时调用该方法，当读取 size 属性和 position 属性值时实际上
    # 返回的是 width 属性、height 属性以及 left 属性和 top 属性的值
    def __getattr__(self,name):
        print("{}被获取".format(name))
```

```
        if name == 'size':
            return self.width,self.height
        elif name == 'position':
            return self.left, self.top
    # 当删除属性时调用该方法，当删除 size 属性和 position 属性时，实际上是
    # 重新将 width 属性、height 属性、left 属性和 top 属性设置为 0
    def __delattr__(self,name):
        if name == 'size':
            self.width,self.height = 0, 0
        elif name == 'position':
            self.left, self.top = 0,0

r = Rectangle()
# 设置 size 属性的值
r.size = 300,500
# 设置 position 属性的值
r.position = 100,400
# 获取 size 属性的值
print('size', '=', r.size)
# 获取 position 属性的值
print('position', '=', r.position)
# 删除 size 属性和 position 属性
del r.size,r.position
print(r.size)
print(r.position)
```

程序运行结果如图 10-12 所示。

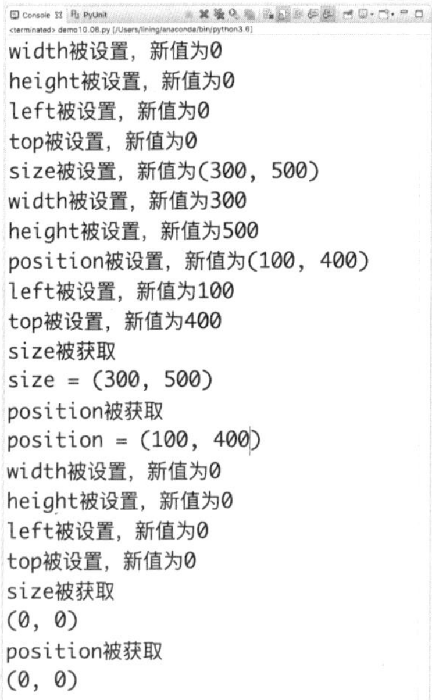

图 10-12　使用特殊成员方法监控所有属性的变化

可以看到，在上面的代码中，Rectangle 类的构造方法中只初始化了 4 个属性（width、height、left 和 top），而 size 属性和 position 属性相当于组合属性，在上述三个特殊成员方法中进行特殊操作。因

此，也可以使用本节介绍的三个特殊成员方法添加一些需要特殊处理的属性。

在 Rectangle 类的__setattr__方法中使用了一个__dict__成员变量，这是系统内置的成员变量，用于保存对象中所有属性的值。如果不在类中定义__setattr__方法，则系统默认在设置属性值时将这些值都保存在__dict__变量中，但是，如果定义了__setattr__方法，则要靠自己将这些属性的值保存到字典__dict__中。可以利用这个特性来控制某个属性可设置的值的范围。例如，在下面代码的 MyClass 类中有一个 value 属性，可以利用__setattr__方法让 value 属性的值只能是正数，如果是负数或 0，则不进行设置，value 属性还保留原来的值。

```python
class MyClass:
    def __setattr__(self,name,value):
        if name == 'value':
            # 只允许 value 的值大于 0，否则不设置 name 指定的属性值
            if value > 0:
                self.__dict__[name] = value
            else:
                print('{}属性的值必须大于 0'.format(name))
        else:
            self.__dict__[name] = value
c = MyClass()
c.value = 20
print('c.value','=',c.value)
# value 属性值无效，仍然保留 value 原来的值（20）
c.value = -43
print('c.value','=',c.value)
```

程序运行结果如图 10-13 所示。

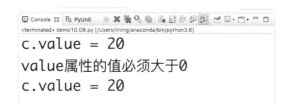

图 10-13　控制属性值

## 10.4　静态方法和类方法

Python 类包含三种方法：实例方法、静态方法和类方法。其中，实例方法在前面的章节已经多次使用了。要想调用实例方法，必须要实例化类，然后才可以调用。也就是说，调用实例化方法需要类的实例（对象）。而静态方法在调用时根本不需要类的实例（静态方法不需要 self 参数），这一点和其他编程语言（如 Java、C#等）完全一样。

类方法的调用方式与静态方法完全一样，所不同的是，类方法与实例方法的定义方式相同，都需要一个 self 参数，只不过这个 self 参数的含义不同。对于实例方法来说，这个 self 参数就代表当前类的实例，可以通过 self 访问对象中的方法和属性。而类方法的 self 参数表示类的元数据，也就是类本身，不能通过 self 参数访问对象中的方法和属性，只能通过这个 self 参数访问类的静态方法和静态属性。

定义静态方法需要使用@staticmethod 装饰器（decorator），定义类方法需要使用@classmethod 装饰器。

```
class MyClass:
    # 实例方法
    def instanceMethod(self):
        pass
    # 静态方法
    @staticmethod
    def staticMethod():
        pass
    # 类方法
    @classmethod
    def classMethod(self):
        pass
```

【例 10.9】 本例演示了如何定义实例方法、静态方法和类方法，并演示了如何调用这些方法。

**实例位置：PythonSamples\src\chapter10\demo10.09.py**

```
class MyClass:
    # 定义一个静态变量，可以被静态方法和类方法访问
    name = "Bill"
    def __init__(self):
        print("MyClass 的构造方法被调用")
        # 定义实例变量，静态方法和类方法不能访问该变量
        self.value = 20
    # 定义静态方法
    @staticmethod
    def run():
        # 访问 MyClass 类中的静态变量 name
        print('*', MyClass.name, '*')
        print("MyClass 的静态方法 run 被调用")
    # 定义类方法
    @classmethod
    # 这里 self 是类的元数据，不是类的实例
    def do(self):
        print(self)
        # 访问 MyClass 类中的静态变量 name
        print('[', self.name, ']')
        print('调用静态方法 run')
        self.run()
        # 在类方法中不能访问实例变量，否则会抛出异常（因为实例变量需要用类的实例访问）
        # print(self.value)
        print("成员方法 do 被调用")
    # 定义实例方法
    def do1(self):
        print(self.value)
        print('<',self.name, '>')
        print(self)
# 调用静态方法 run
MyClass.run()
# 创建 MyClass 类的实例
```

```
c = MyClass()
# 通过类的实例也可以调用类方法
c.do()
# 通过类访问类的静态变量
print('MyClass2.name','=',MyClass.name)
# 通过类调用类方法
MyClass.do()
# 通过类的实例访问实例方法
c.do1()
```

程序运行结果如图 10-14 所示。

图 10-14　实例方法、静态方法和类方法的使用

从实例方法、静态方法和类方法的调用规则可以得出如下结论：

通过实例定义的变量只能被实例方法访问，而直接在类中定义的静态变量（如本例的 name 变量）既可以被实例方法访问，也可以被静态方法和类方法访问。实例方法不能被静态方法和类方法访问，但静态方法和类方法可以被实例方法访问。

## 10.5　迭代器

在前面的章节中多次使用迭代器（iterator）。迭代就是循环的意思，也就是对一个集合中的元素进行循环，从而得到每一个元素。对于自定义的类，也可以让其支持迭代，这就是本节要介绍的特殊成员方法__iter__的作用。

### 10.5.1　自定义可迭代的类

可能有的读者会问，为什么不使用列表呢？列表可以获取列表的长度，然后使用变量 i 对列表索引进行循环，也可以获取集合的所有元素，且容易理解。没错，使用列表的代码是容易理解，也很好操作，但这是要付出代价的。列表之所以可以用索引来快速定位其中的任何一个元素，是因为列表是一下子将所有的数据都装载在内存中，而且是一块连续的内存空间。当数据量比较小时，实现较容易；

当数据量很大时，会非常消耗内存资源。而迭代就不同，迭代是读取多少元素，就将多少元素装载到内存中，不读取就不装载。这有点像处理 XML 的两种方式：DOM 和 SAX。DOM 是一下子将所有的 XML 数据都装载到内存中，所以可以快速定位任何一个元素，但代价是消耗内存；而 SAX 是顺序读取 XML 文档，没读到的 XML 文档内容是不会装载到内存中的，所以 SAX 比较节省内存，但只能从前向后顺序读取 XML 文档的内容。

如果在一个类中定义__iter__方法，那么这个类的实例就是一个迭代器。__iter__方法需要返回一个迭代器，所以就返回对象本身即可（也就是 self）。当对象每迭代一次时，就会调用迭代器中的另外一个特殊成员方法__next__。该方法需要返回当前迭代的结果。下面先看一个简单的例子，在这个例子中，通过自定义迭代器对由星号（*）组成的直角三角形的每一行进行迭代，然后通过 for 循环进行迭代，输出一定行数的直角三角形。

```python
# 可无限迭代直角三角形的行
class RightTriangle:
    def __init__(self):
        # 定义一个变量 n，表示当前的行数
        self.n = 1
    def __next__(self):
        # 通过字符串的乘法获取直角三角形每一行的字符串，每一行字符串的长度是 2 * n - 1
        result = '*' * (2 * self.n - 1)
        # 行数加 1
        self.n += 1
        return result
    # 该方法必须返回一个迭代器
    def __iter__(self):
        return self
rt = RightTriangle()
# 对迭代器进行迭代
for e in rt:
    # 限制输出行的长度不能大于 20，否则会无限输出行
    if len(e) > 20:
        break;
    print(e)
```

程序运行结果如图 10-15 所示。

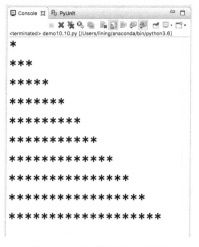

图 10-15　迭代直角三角形

【例 10.10】 现在来看一个更有意思的例子，在这个例子中定义了一个迭代器类（Fibonacci），用于无限制迭代斐波那契数列。

　　**实例位置：PythonSamples\src\chapter10\demo10.10.py**

```
# 可无限制迭代斐波那契数列
class Fibonacci:
    # 在构造方法中定义两个变量 a 和 b，用来表示斐波那契数列的最开始的两个值
    def __init__(self):
        self.a = 0
        self.b = 1
    def __next__(self):
        # self.a 就是当前要迭代的值
        result = self.a
        # 计算斐波那契数列的下一个值，并将 a 变成原来的 b，将 b 变成下一个值
        self.a, self.b = self.b, self.a + self.b
        # 返回当前迭代的值
        return result
    # 该方法必须返回一个迭代器
    def __iter__(self):
        return self


fibs = Fibonacci()
# 对斐波那契数列进行迭代
for fib in fibs:
    print(fib, end = " ")
    # 迭代的值不能超过 500
    if fib > 500:
        break;
```

程序运行结果如图 10-16 所示。

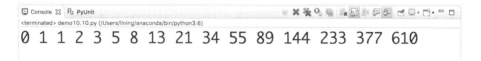

图 10-16　迭代斐波那契数列

## 10.5.2　将迭代器转换为列表

　　尽管迭代器很好用，但仍然不具备某些功能，例如，通过索引获取某个元素，进行分片操作。这些操作都是列表的专利，所以在很多时候，需要将迭代器转换为列表。但有很多迭代器都是无限迭代的，就像 10.5.1 节中的斐波那契数列的迭代。因此，在将迭代器转换为列表时，需要给迭代器能够迭代的元素限定一个范围，否则内存就会溢出。要想让迭代器停止迭代，只需要抛出 StopIteration 异常即可。通过 list 函数可以直接将迭代器转换为列表。

　　【例 10.11】 本例会将斐波那契数列迭代器通过 list 函数转换为列表。斐波那契数列迭代器限制了最大迭代值不能超过 500。

**实例位置：PythonSamples\src\chapter10\demo10.11.py**

```python
# 将迭代器转换为列表
class Fibonacci:
    def __init__(self):
        self.a = 0
        self.b = 1
    def __next__(self):
        result = self.a
        self.a, self.b = self.b, self.a + self.b
        # 要想让迭代停止，需要抛出 StopIteration 异常
        if result > 500: raise StopIteration
        return result
    def __iter__(self):
        return self


fibs1 = Fibonacci()
# 将迭代器转换为列表
print(list(fibs1))
fibs2 = Fibonacci()
# 使用 for 循环对迭代器进行迭代
for fib in fibs2:
    print(fib, end = ' ')
```

程序运行结果如图 10-17 所示。

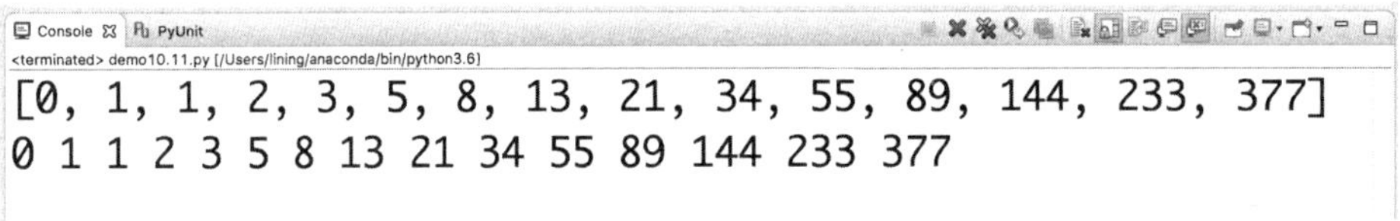

```
[0, 1, 1, 2, 3, 5, 8, 13, 21, 34, 55, 89, 144, 233, 377]
0 1 1 2 3 5 8 13 21 34 55 89 144 233 377
```

图 10-17　将迭代器转换为列表

从上面的代码可以看出，尽管在__next__方法中，当 result 大于 500 时抛出了 StopIteration 异常，但这个异常是在迭代的过程中由系统处理的，并不会在程序中抛出，所以要想将无限迭代改成有限迭代，可以在适当的时候抛出 StopIteration 异常。

## 10.6　生成器

如果说迭代器是以类为基础的单值产生器，那么生成器（generator）就是以函数为基础的单值产生器。也就是说，迭代器和生成器都只能一个值一个值地生产。每迭代一次，只能得到一个值。所不同的是，迭代器需要在类中定义__iter__和__next__方法，在使用时需要创建迭代器的实例。而生成器是通过一个函数展现的，可以直接调用，所以从某种意义上来说，生成器在使用上更简洁。

### 10.6.1　创建生成器

要定义一个生成器，首先需要定义一个函数，在该函数中对某个集合或迭代器进行迭代，然后使用 yield 语句产生当前要生成的值，这时函数会被冻结，直到调用生成器的代码继续迭代下一个值，

生成器才会继续执行。

```
# 定义一个生成器函数
def myGenerator():
    numList = [1,2,3,4,5,6,7,8]
    for num in numList:
        # yield 语句会冻结当前函数，并提交当前要生成的值（本例是 num）
        yield num
# 对生成器进行迭代
for num in myGenerator():
    print(num, end = ' ')
```

程序运行结果如图 10-18 所示。

图 10-18　迭代生成器

如果将 yield num 换成 print(num)就非常容易理解了，对 numList 列表进行迭代，并输出该列表中每一个元素值。不过这里使用了 yield 语句来提交当前生成的值，也就是 for 循环中 num 的值，然后 myGenerator 函数会被冻结（暂停不再往下执行了），直到 for 循环继续下一次循环，再次对 myGenerator 函数进行迭代，myGenerator 函数才会继续执行，继续使用 yield 语句提交下一个要生成的值，直到 numList 列表的最后一个元素为止。从这一点可以看出，生成器函数是惰性的，在迭代的过程中，每取一个值，生成器函数就往下执行一步。

【例 10.12】　本例会利用生成器将一个二维的列表转换为一维的列表。

**实例位置：PythonSamples\src\chapter10\demo10.12.py**

```
nestedList = [[1,2,3],[4,3,2],[1,2,4,5,7]]
# 生成器函数
def enumList(nestedList):
    # 对二维的列表进行迭代
    for subList in nestedList:
        # 二维列表中每一个元素是一个一维的列表， 所以需要对一维的列表进行迭代
        for element in subList:
            # 通过 yield 语句返回当前生成的值
            yield element
# 对生成器函数进行迭代
for num in enumList(nestedList):
    print(num, end=' ')
print()
# 将生成器函数转换为列表
numList = list(enumList(nestedList))
print(numList)
print(numList[1:4])
```

程序运行结果如图 10-19 所示。

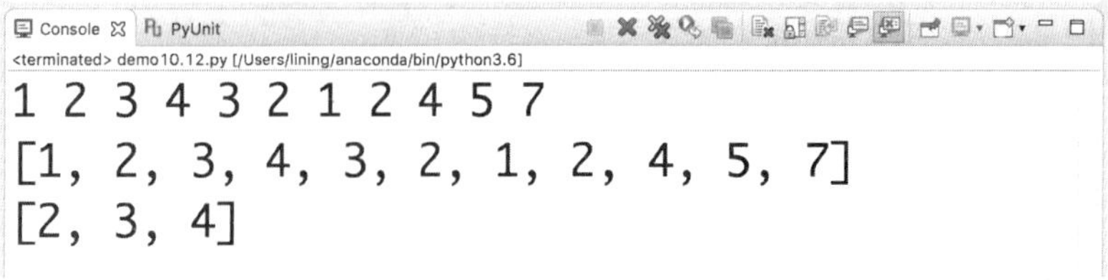

```
1 2 3 4 3 2 1 2 4 5 7
[1, 2, 3, 4, 3, 2, 1, 2, 4, 5, 7]
[2, 3, 4]
```

图 10-19 用生成器将二维列表转换为一维列表

## 10.6.2 递归生成器

在例 10.12 中，对一个二维列表进行了一维化处理。要想对三维、四维甚至更多维的列表进行一维化处理，可以采用递归的方式进行处理。处理的方式是先对多维列表进行迭代，然后判断每个列表元素是否还是列表：如果仍然是列表，则继续对这个列表进行迭代；如果只是一个普通的值，则使用 yield 语句返回生成的值。

【例 10.13】 本例会利用生成器函数将一个多维列表进行一维化处理。

实例位置：**PythonSamples\src\chapter10\demo10.13.py**

```python
# 将多维列表进行一维化处理
def enumList(nestedList):
    try:
        # 对多维列表进行迭代
        for subList in nestedList:
            # 将多维列表中的每一个元素传入 enumList 函数，如果该元素是一个列表，那么会继续迭代，
            # 否则会抛出 TypeError 异常，在异常处理代码中直接通过 yield 语句返回这个普通的元素值。
            # 这个异常也是递归的终止条件
            for element in enumList(subList):
                yield element
    except TypeError:
        # 将普通的列表值作为生成值返回
        yield nestedList


nestedList = [4,[1,2,[3,5,6]],[4,3,[1,2,[4,5]],2],[1,2,4,5,7]]
# 迭代生成器
for num in enumList(nestedList):
    print(num, end=' ')
```

程序运行结果如图 10-20 所示。

```
4 1 2 3 5 6 4 3 1 2 4 5 2 1 2 4 5 7
```

图 10-20 利用生成器将多维列表进行一维化处理

如果多维列表中的某个元素值是字符串类型，那么也会进行迭代，原因是字符串可以看作字符的列表。因为希望将字符串作为一个整体输出，所以在进行迭代之前，先要判断当前元素值是不是字符

串类型，如果是字符串类型，则直接通过 yield 语句返回即可。判断一个值是否是字符串的最简单方法就是使用 try 语句。因为只有字符串才能与另一个字符串进行连接（使用"+"运算符），所以一个非字符串类型的值与字符串相加一定会抛出异常，这样就很容易可以判断与一个字符串相加的另一个值是否为字符串类型。

**【例 10.14】** 本例会改进例 10.13 中的生成器函数，如果列表元素是字符串，会直接将字符串当作单个值返回。

**实例位置：PythonSamples\src\chapter10\demo10.14.py**

```python
# 将多维列表进行一维化处理，字符串整体返回
def enumList(nestedList):
    try:
        try: nestedList + ''      # 如果 nestedList 不是字符串类型的值，会抛出异常
        except TypeError:
            pass        # 如果 nestedList 不是字符串类型的值，会继续使用 for 语句对其进行迭代
        else:
            # 如果 nestedList 是字符串类型的值，直接抛出 TypeError 异常，在异常处理代码中
            # 会直接通过 yield 语句返回该值
            raise TypeError
        # 继续对 nestedList 进行迭代
        for subList in nestedList:
            for element in enumList(subList):
                yield element
    except TypeError:
        yield nestedList
nestedList = ['a',['b',['c'], 20,123, [['hello world']]]]
for num in enumList(nestedList):
    print(num, end=' ')
```

程序运行结果如图 10-21 所示。

图 10-21　在对多维列表进行一维化处理时将字符串按整体输出

## 10.7　小结

本章介绍的内容属于类的高级部分。这些技术涉及很多特殊成员方法，所有特殊成员方法的名称必须用两个下画线分别作为前缀和后缀，这也是为了尽可能不和普通的成员方法重名。本章介绍的特殊成员方法中，最有意思的就是\_\_iter\_\_，该方法允许自定义一个迭代器，为了节省内存资源，可以利用迭代器从数据源中一个一个地获取数据，与迭代器类似的是生成器，前者以类作为载体，后者以函数作为载体。到现在为止，关于 Python 语言本身的大多数知识已经介绍完了，在接下来的章节会学习关于 Python 语言的扩展部分，如正则表达式、网络、数据库、GUI 等。这些都依赖 Python 模块来实现。

## 10.8 实战与练习

本章练习题，除了配有答案（源代码）外，还会在赠送的视频课程中讲解。

1. 编写一个可以无限迭代阶乘的 Python 迭代器类，并通过 for 循环对这个迭代器进行迭代，迭代的最大值不能超过 10 000。

答案位置：PythonSamples\src\chapter10\practice\solution10.1.py

2. 在第 1 题的基础上，将这个迭代器转换为列表。列表元素的最大值不能超过 10 000。

答案位置：PythonSamples\src\chapter10\practice\solution10.2.py

3. 编写一个可以无限迭代斐波那契数列的 Python 迭代器类，并将其转换为生成器函数，然后通过 for 循环迭代这个生成器函数，并输出迭代及结果。迭代值不能超过 300。

答案位置：PythonSamples\src\chapter10\practice\solution10.3.py

# 第二篇　Python 高级编程

Python 高级编程篇（第 11 章～第 20 章），主要包括正则表达式、常用模块、文件和流、数据存储、TCP 和 UDP 编程、Urllib3、twisted、FTP、Email、多线程、tkinter、PyQt5 和测试。本篇各章标题如下：

# 第 11 章

# 正则表达式

文本处理被认为是编程中最常使用的功能之一，例如，从一大堆 HTML 代码中找到 href 属性值为某个 Url 的 a 标签就是网络爬虫经常要做的工作。当然，完成这项工作的方法很多，可以通过一个字符一个字符查找的方法进行搜索，也可以使用自动机的方式进行搜索，不过这些算法都比较烦琐，要想只用一行代码就搞定这个问题，最好的选择是使用正则表达式。

正则表达式就是通过一个文本模式来匹配一组符合条件的字符串。这个文本模式是由一些字符和特殊符号组成的字符串，它们描述了模式的重复或表述多个字符，所以正则表达式能按着某种模式匹配一系列有相似特征的字符串。

正则表达式通常被认为是编程语言的高级技术，给人的印象是很复杂，其实这个东西也没那么复杂。这就像大型计算机的操作系统，给人的印象是深不可测，这只是由于你接触的不多造成的假象而已。当正则表达式成为你日常工作的工具后，那么一切就会变得那么自然。而本章的目的就是让这种习以为常的感觉加速到来。

通过阅读本章，您可以：

❑ 了解什么是正则表达式
❑ 掌握用 match 方法匹配字符串
❑ 掌握用 search 方法搜索满足条件的字符串
❑ 掌握用 findall 方法和 finditer 方法查找字符串
❑ 掌握用 sub 方法和 subn 方法搜索和替换
❑ 掌握用 split 方法分隔字符串
❑ 掌握常用的正则表达式表示法

## 11.1 在 Python 语言中使用正则表达式

Python 语言通过标准库中的 re 模块支持正则表达式。本节介绍 re 模块支持的正则表达式的常用操作，通过对本节的学习，完全可以掌握正则表达式的正确使用方法。

### 11.1.1 使用 match 方法匹配字符串

匹配字符串是正则表达式中最常用的一类应用。也就是设定一个文本模式，然后判断另外一个字符串是否符合这个文本模式。本节会从最简单的文本模式开始。

如果文本模式只是一个普通的字符串，那么待匹配的字符串和文本模式字符串在完全相等的情况下，match 方法会认为匹配成功。

match 方法用于指定文本模式和待匹配的字符串。该方法的前两个参数必须指定，第 1 个参数表示文本模式，第 2 个参数表示待匹配的字符串。如果匹配成功，则 match 方法返回 SRE_Match 对象，然后可以调用该对象中的 group 方法获取匹配成功的字符串，如果文本模式就是一个普通的字符串，那么 group 方法返回的就是文本模式字符串本身。

```
m = re.match('bird', 'bird')    # 第 1 个 bird 是文本模式字符串，第 2 个 bird 是待匹配的字符串
print(m.group())                # 运行结果：bird
```

【例 11.1】 本例完整地演示了如何利用 match 方法和 group 方法完成字符串的模式匹配，并输出匹配结果的过程。

实例位置：**PythonSamples\src\chapter11\demo11.01.py**

```
import re                           # 导入 re 模块
m = re.match('hello', 'hello')      # 进行文本模式匹配，匹配成功
if m is not None:
    print(m.group())               # 运行结果：hello
print(m.__class__.__name__)        # 输出 m 的类名，运行结果：SRE_Match

m = re.match('hello', 'world')      # 进行文本模式匹配，匹配失败，m 为 None
if m is not None:
    print(m.group())
print(m)                            # 运行结果：None
m = re.match('hello', 'hello world')  # 只要模式从字符串起始位置开始，也可以匹配成功
if m is not None:
    print(m.group())               # 运行结果：hello
# 运行结果：<_sre.SRE_Match object; span=(0, 5), match='hello'>
print(m)
```

程序运行结果如图 11-1 所示。

图 11-1  文本模式匹配

从上面的代码可以看出，进行文本模式匹配时，只要待匹配的字符串开始部分可以匹配文本模式，就算匹配成功。对于本例来说，文本模式字符串是待匹配字符串的前缀（hello 是 hello world 的前缀），所以可以匹配成功。

## 11.1.2  使用 search 方法在一个字符串中查找模式

搜索是正则表达式的另一类常用的应用场景。也就是从一段文本中找到一个或多个与文本模式相匹配的字符串。本节先从搜索一个匹配字符串开始。

在一个字符串中搜索满足文本模式的字符串需要使用 search 方法，该方法的参数与 match 方法类似。

```
m = re.search('abc','xabcy')      # abc 是文本模式字符串、xabcy 是待搜索的字符串
print(m.group())                  # 搜索成功，运行结果：abc
```

【例 11.2】　本例通过使用 match 方法和 search 方法对文本模式进行匹配和搜索，并对这两个方法做一个对比。

　　实例位置：**PythonSamples\src\chapter11\demo11.02.py**

```
import re
# 进行文本模式匹配，匹配失败，match 方法返回 None
m = re.match('python','I love python.')
if m is not None:
    print(m.group())
# 运行结果：None
print(m)
# 进行文本模式搜索，搜索成功
m = re.search('python','I love python.')
if m is not None:
    # 运行结果：python
    print(m.group())
# 运行结果：<_sre.SRE_Match object; span=(7, 13), match='python'>
print(m)
```

程序运行结果如图 11-2 所示。

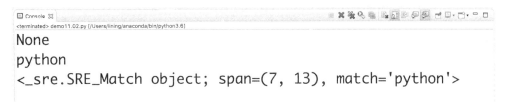

图 11-2　在字符串中搜索满足文本模式的字符串

　　从 SRE_Match 对象（m 变量）的输出信息可以看出，span 的值是（7,13），表明满足文本模式的字符串的起始位置索引是 7，结束位置的下一个字符的索引是 13。从这个值可以直接截取满足条件的字符串。

### 11.1.3　匹配多个字符串

　　在前面的例子中，只是通过 search 方法搜索一个字符串，要想搜索多个字符串，如搜索 bike、car 和 truck，最简单的方法是在文本模式字符串中使用择一匹配符号（|）。择一匹配符号和逻辑或类似，只要满足任何一个，就算匹配成功。

```
s = 'bike|car|truck'          # 定义使用择一匹配符号的文本模式字符串
m = re.match(s, 'bike')       # bike 满足要求，匹配成功
print(m.group())              # 运行结果：bike
m = re.match(s, 'truck')      # truck 满足要求，匹配成功
print(m.group())              # 运行结果：truck
```

　　从上面的代码可以看出，待匹配的字符串只要是 bike、car 或 truck 中的任何一个，就会匹配成功。

【例 11.3】　本例使用了带择一匹配符号的文本模式字符串，并通过 match 方法和 search 方法分别匹配和搜索指定的字符串。

**实例位置：PythonSamples\src\chapter11\demo11.03.py**

```
import re
s = 'Bill|Mike|John'                      # 指定使用择一匹配符号的文本模式字符串
m = re.match(s, 'Bill')                    # 匹配成功
if m is not None:
    print(m.group())                       # 运行结果：Bill
m = re.match(s, "Bill:my friend")         # 匹配成功
if m is not None:
    print(m.group())                       # 运行结果：Bill

m = re.search(s,'Where is Mike?')         # 搜索成功
if m is not None:
    print(m.group())                       # 运行结果：Mike
# 运行结果：<_sre.SRE_Match object; span=(9, 13), match='Mike'>
print(m)
```

程序运行结果如图 11-3 所示。

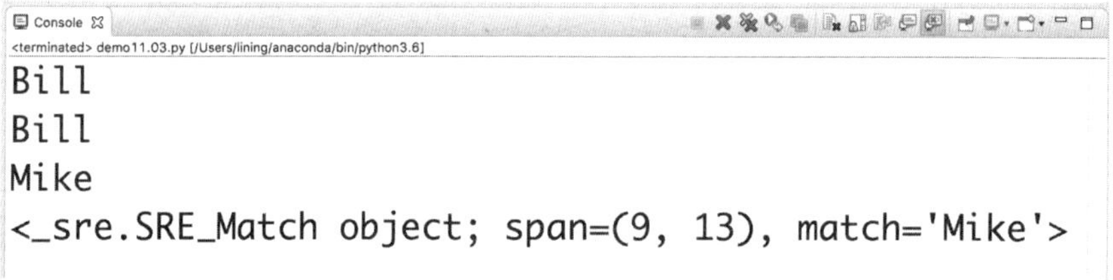

图 11-3　用择一匹配符号匹配和搜索字符串

## 11.1.4　匹配任何单个字符

在前面给出的文本模式字符串都是精确匹配，不过这种精确匹配的作用不大，在正则表达式中，最常用的是匹配一类字符串，而不是一个。所以就需要使用一些特殊符号表示一类字符串。本节将介绍第 1 个可以匹配一类字符串的特殊符号：点（.）。这个符号可以匹配任意一个单个字符。

```
m = re.match('.ind', 'bind') # 匹配成功
```

在上面的代码中，文本模式字符串是"`.ind`"，第 1 个字符是点（.），表示可以匹配任意一个字符串。也就是说，待匹配的字符串，只要以"`.ind`"开头，都会匹配成功，其中"`.`"可以表示任意一个字符，例如，"bind""xind""5ind"都可以和文本模式字符串"`.ind`" 成功匹配。

使用点（.）符号会带来一个问题，如果要匹配真正的点（.）字符，应该如何做呢？要解决这个问题，需要使用转义符（\）。

```
m = re.match('\.ind', 'bind') # 匹配失败
```

在上面的代码中，由于使用了转义符修饰点（.）符号，所以这个点就变成了真正的字符点（.），所以匹配"bind"很显然就失败了，应该匹配"`.ind`"才会成功。

**【例 11.4】** 本例使用了点（.）符号匹配任意一个字符，并使用转义符将点符号变成真正的点字符，通过这个例子可以更彻底地理解点符号的用法。

**实例位置：PythonSamples\src\chapter11\demo11.04.py**

```
import re

s = 'bin.'                      # 使用了点（.）符号的文本模式字符串
m = re.match(s, 'bind')         # 匹配成功
if m is not None:
    print(m.group())            # 运行结果：bind
m = re.match(s,'bin')           # 匹配失败
print(m)                        # 运行结果：None

m = re.search(s,'<bind>')       # 搜索成功
print(m.group())                # 运行结果：bind
# 运行结果：<_sre.SRE_Match object; span=(1, 5), match='bind'>
print(m)

s1 = '3.14'                     # 使用了点（.）符号的文本模式字符串
s2 = '3\.14'                    # 使用了转义符将点(.)变成真正的点字符
m = re.match(s1, '3.14')        # 匹配成功，因为点字符同样也是一个字符
# 运行结果：<_sre.SRE_Match object; span=(0, 4), match='3.14'>
print(m)
m = re.match(s1, '3314')        # 匹配成功，3 和 14 之间可以是任意字符
# 运行结果：<_sre.SRE_Match object; span=(0, 4), match='3314'>
print(m)

m = re.match(s2, '3.14')        # 匹配成功
# 运行结果：<_sre.SRE_Match object; span=(0, 4), match='3.14'>
print(m)
m = re.match(s2, '3314')        # 匹配失败，因为中间的 3 并不是点（.）字符
print(m)                        # 运行结果：None
```

程序运行结果如图 11-4 所示。

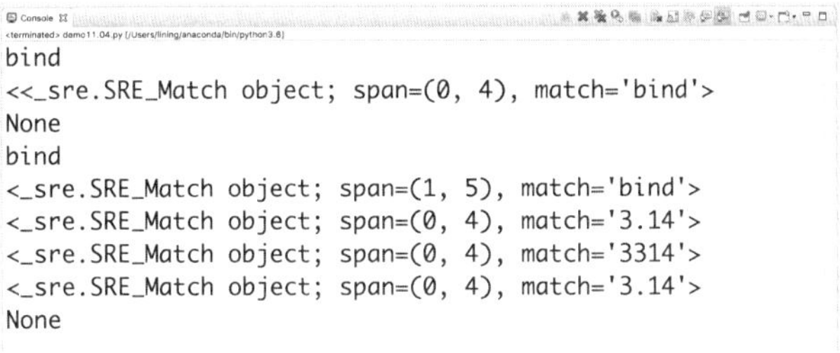

图 11-4　使用点（.）符号匹配任意字符

## 11.1.5　使用字符集

如果待匹配的字符串中，某些字符可以有多个选择，就需要使用字符集（[ ]），也就是一对中括号括起来的字符串。例如，[abc]表示 a、b、c 三个字符可以取其中任何一个，相当于"a|b|c"，所以对单个字符使用或关系时，字符集和择一匹配符的效果是一样的。

```
m = re.match('[abcd]', 'a')     # 使用字符集，匹配成功
print(m.group())                # 运行结果：a
m = re.match('a|b|c|d', 'a')    # 使用择一匹配符，匹配成功
print(m.group())                # 运行结果：a
```

当对长度大于 1 的字符串使用或关系时，字符集就无能为力了，这时只能使用择一匹配符。因为字符集会将中括号括起来的字符串拆成单个的字符，然后再使用"或"关系。

```
# 使用字符集，匹配成功
m = re.match('[abcd]', 'ab')
# 运行结果：<_sre.SRE_Match object; span=(0, 1), match='a'>
print(m)
# 使用择一匹配符，匹配成功
m = re.match('ab|cd', 'ab')
# 运行结果：<_sre.SRE_Match object; span=(0, 2), match='ab'>
print(m)
```

如果将多个字符集写在一起，相当于字符串的连接。

```
# 相当于匹配以第 1 个字母是 a 或 b，第 2 个字母是 c 或 d 开头的字符串，如 ac、acx 等
m = re.match('[ab][cd]', 'ac')
# 运行结果：<_sre.SRE_Match object; span=(0, 2), match='ac'>
print(m)
```

【例 11.5】 本例演示了字符集和择一匹配符的用法，以及它们的差别。

**实例位置：PythonSamples\src\chapter11\demo11.05.py**

```
import re
# 使用字符集，匹配成功
m = re.match('[ab][cd][ef][gh]', 'adfh')
# 运行结果：adfh
print(m.group())
# 使用字符集，匹配成功
m = re.match('[ab][cd][ef][gh]', 'bceg')
# 运行结果：bceg
print(m.group())
# 使用字符集，匹配不成功，因为 a 和 b 是或的关系
m = re.match('[ab][cd][ef][gh]', 'abceh')
# 运行结果：None
print(m)
# 字符集和普通文本模式字符串混合使用，匹配成功，ab 相当于前缀
m = re.match('ab[cd][ef][gh]', 'abceh')    # 匹配
# 运行结果：abceh
print(m.group())
# 运行结果：<_sre.SRE_Match object; span=(0, 5), match='abceh'>
print(m)
# 使用择一匹配符，匹配成功，abcd 和 efgh 是或的关系，只要满足一个即可
m = re.match('abcd|efgh', 'efgh')    # 匹配
# 运行结果：efgh
print(m.group())
# 运行结果：<_sre.SRE_Match object; span=(0, 4), match='efgh'>
print(m)
```

程序运行结果如图 11-5 所示。

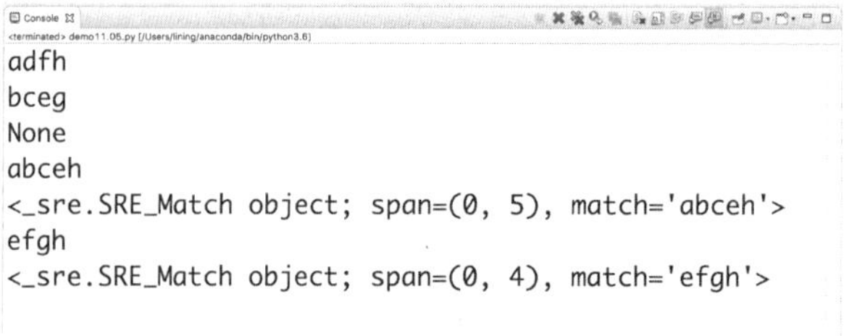

图 11-5　使用字符集

### 11.1.6　重复、可选和特殊字符

正则表达式中最常见的就是匹配一些重复的字符串,例如,匹配 3 个连续出现的 a(aaa 符合要求),或匹配至少出现一个 0 的字符串（0、00、000 都符合要求）。要对这种重复模式进行匹配,需要使用两个符号:"*"和"+"。其中,"*"表示字符串出现 0 到 n 次,"+"表示字符串出现 1 到 n 次。

```
s = 'a*'                # 使用"*"修饰 a
strList = ['','a','aa','baa']
for value in strList:
    m = re.match(s,value)
    print(m)
```

执行上面的代码,会输出如图 11-6 所示的结果。

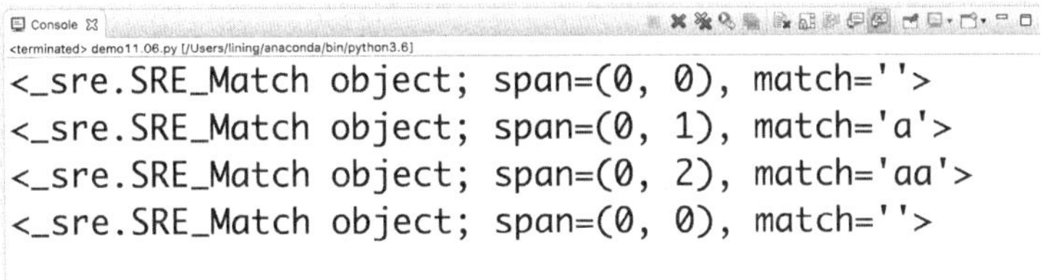

图 11-6　使用"*"符号

在上面的代码中,a 后面使用"*"进行修饰,这就意味着该模式会匹配 0 到 n 个 a,也就是说,''、'a'、'aa'、'aaa'都可以匹配成功。所以很容易理解为什么 strList 列表中前三个元素可以匹配成功。但是,为什么'baa'也可以匹配成功呢?这是因为"a*"可以匹配空串,而任何字符串都可以认为是以空串作为前缀的,所以'baa'只是空串的后缀,因此"a*"可以成功匹配'baa'。

```
s = 'a+'
strList = ['','a','aa','baa']
for value in strList:
    m = re.match(s,value)
    print(m)
```

执行上面的代码,会输出如图 11-7 所示的结果。

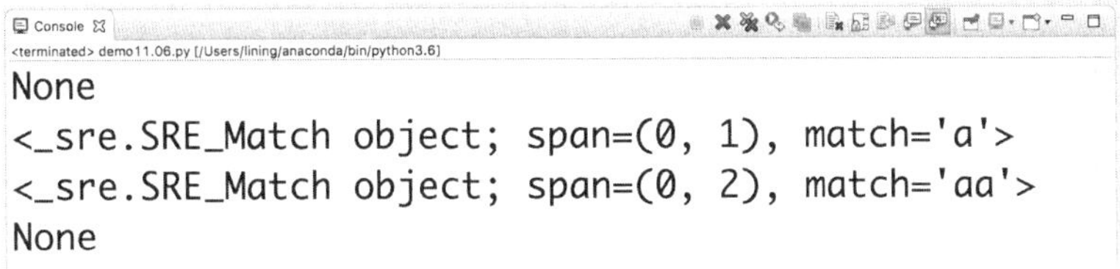

图 11-7　使用"+"符号

如果对"a"使用"+"符号,就意味着"a"至少要出现 1 次,所以空串自然就无法匹配成功,这就是''和'baa'都无法匹配成功的原因。

前面的例子都是重复一个字符,如果要想将多个字符作为一组重复,需要用一对圆括号将这个字符串括起来。

```
s = '(abc)+'                # 匹配 abc 至少出现 1 次的字符串
print(re.match(s,'abcabcabc'))    # 匹配成功
```

除了"*"和"+"外，还有另外一个常用的符号"?"，表示可选符号。例如，"a?"表示或者有 a 或没有 a，即 a 可有可无。下面的代码利用"?"符号指定了匹配字符串的前缀和后缀，前缀可以是一个任意的字母或数字，而后缀可以是至少一个数字，也可以不是数字，中间必须是"wow"。在这里要引入两个特殊符号："\w"和"\d"。其中"\w"表示任意一个字母或数字，"\d"表示任意一个数字。

```
s = '\w?wow(\d?)+'          # 使用了"?""+"和"\w""\d"的模式字符串
m = re.search(s, 'awow')    # 匹配成功
print(m)
m = re.search(s, 'awow12')  # 匹配成功
print(m)
m = re.search(s, 'wow12')   # 匹配成功
print(m)
m = re.search(s, 'ow12')    # 匹配失败，因为中间不是"wow"
print(m)
```

执行上面的代码，会输出如图 11-8 所示的内容。

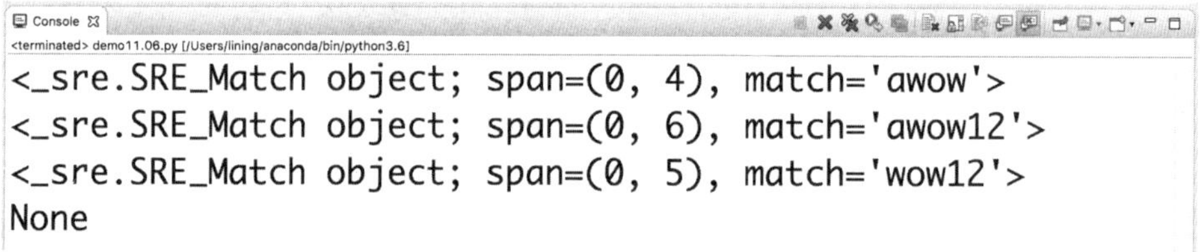

```
Console ⊠
<terminated> demo11.06.py [/Users/lining/anaconda/bin/python3.6]
<_sre.SRE_Match object; span=(0, 4), match='awow'>
<_sre.SRE_Match object; span=(0, 6), match='awow12'>
<_sre.SRE_Match object; span=(0, 5), match='wow12'>
None
```

图 11-8　使用"?"符号

【例 11.6】　本例通过在模式字符串中使用"+""*""?"符号以及特殊字符"\w"和"\d"，演示了它们的不同用法。

**实例位置：PythonSamples\src\chapter11\demo11.06.py**

```
import re
# 匹配'a'、'b'、'c'三个字母按顺序从左到右排列，而且这 3 个字母都必须至少有 1 个
# abc、aabc、abbbccc 都可以匹配成功
s = 'a+b+c+'
strList = ['abc','aabc','bbabc','aabbbcccxyz']
# 只有'bbabc'无法匹配成功，因为开头没有'a'
for value in strList:
    m = re.match(s, value)
    if m is not None:
        print(m.group())
    else:
        print('{}不匹配{}'.format(value,s))


print('--------------')


# 匹配任意 3 个数字-任意 3 个小写字母
# 123-abc、433-xyz 都可以成功
# 下面采用了两种设置模式字符串的方式
```

```
# [a-z]是设置字母之间或关系的简化形式，表示 a~z 的 26 个字母可以选择任意一个，相当于"a|b|c|…|z"
# s = '\d\d\d-[a-z][a-z][a-z]'
# {3}表示让前面修饰的特殊字符"\d"重复 3 次，相当于"\d\d\d"
s = '\d{3}-[a-z]{3}'
strList = ['123-abc','432-xyz','1234-xyz','1-xyzabc','543-xyz^%ab']
# '1234-xyz'和'1-xyzabc'匹配失败
for value in strList:
    m = re.match(s, value)
    if m is not None:
        print(m.group())
    else:
        print('{}不匹配{}'.format(value,s))
print('-------------')
# 匹配以 a~z 的 26 个字母中的任意一个作为前缀（也可以没有这个前缀），后面是至少 1 个数字
s = '[a-z]?\d+'
strList = ['1234','a123','ab432','b234abc']
# 'ab432'匹配失败，因为前缀是两个字母
for value in strList:
    m = re.match(s, value)
    if m is not None:
        print(m.group())
    else:
        print('{}不匹配{}'.format(value,s))


print('-------------')
# 匹配一个 email
email = '\w+@(\w+\.)*\w+\.com'
emailList =
['abc@126.com','test@mail.geekori.com','test-abc@geekori.com','abc@geekori.com.cn']
# 'test-abc@geekori.com'匹配失败，因为"test"和"abc"之间有连字符（-）
for value in emailList:
    m = re.match(email,value)
    if m is not None:
        print(m.group())
    else:
        print('{}不匹配{}'.format(value,email))
strValue = '我的 email 是 lining@geekori.com，请发邮件到这个邮箱'
# 搜索文本中的 email，由于"\w"对中文也匹配，所以下面对 email 模式字符串进行改进
m = re.search(email, strValue)
print(m)
# 规定"@"前面的部分必须是至少 1 个字母（大写或小写）和数字，不能是其他字符
email = '[a-zA-Z0-9]+@(\w+\.)*\w+\.com'
m = re.search(email, strValue)
print(m)
```

程序运行结果如图 11-9 所示。

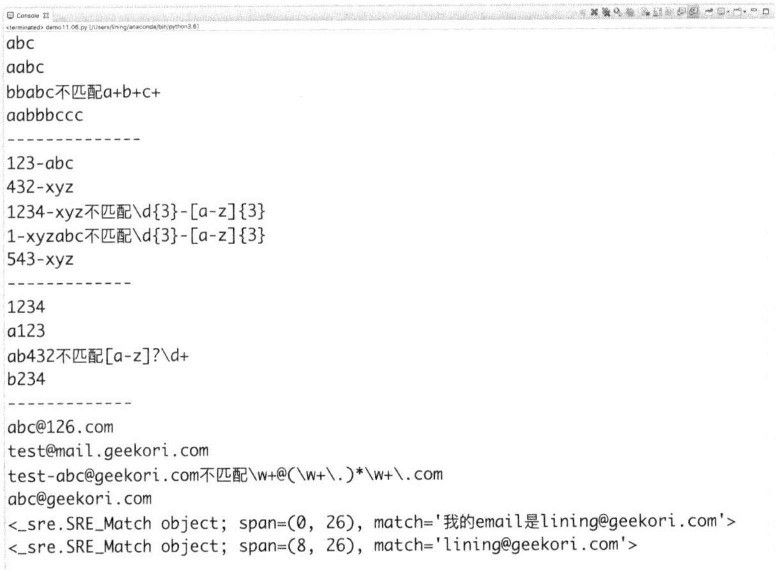

图 11-9　综合应用"*""+""?"和"\w""\d"

在本例中还用了一些特殊标识符，例如，[a-z]、[A-Z]、[0-9]是字母或关系的简写形式，分别表示 26 个小写字母（a～z）中的任何一个，26 个大写字母（A～Z）中的任何一个，10 个数字（0～9）中的任何一个。{N}形式表示前面修饰的部分重复 N 次，例如"(abc){3}"表示字符串"abc"重复 3 次，相当于"abcabcabc"。还有就是，如果要修饰多于一个字母的字符串，要用圆括号将字符串括起来，否则只会修饰前面的一个字符，例如，"abc{3}"表示字母"c"重复 3 次，而不是"abc"重复 3 次，相当于"abccc"。

## 11.1.7　分组

如果一个模式字符串中有用一对圆括号括起来的部分，那么这部分就会作为一组，可以通过 group 方法的参数获取指定的组匹配的字符串。当然，如果模式字符串中没有任何用圆括号括起来的部分，那么就不会对待匹配的字符串进行分组。

```
m = re.match('(\d\d\d)-(\d\d)', '123-45')
```

在上面的代码中，模式字符串可以匹配以三个数字开头，后面跟着一个连字符（-），最后跟着两个数字的字符串。由于"\d\d\d"和"\d\d"都在圆括号中，所以这个模式字符串会将匹配成功的字符串分成两组，第 1 组的值是"123"，第 2 组的值是"45"，m.group(1)会获取第 1 个分组值，m.group(2)会获取第 2 个分组值。如果模式字符串改成下面的形式，虽然可以匹配"123-45"，但"123-45"并没有被分组。

```
m = re.match('\d\d\d-\d\d', '123-45')
```

【例 11.7】　本例演示了正则表达式中分组的各种情况。

实例位置：**PythonSamples\src\chapter11\demo11.07.py**

```
import re
# 分成 3 组：(\d{3})、(\d{4})和([a-z]{2})
m = re.match('(\d{3})-(\d{4})-([a-z]{2})', '123-4567-xy')
```

```
if m is not None:
    print(m.group())            # 运行结果：123-4567-xy
    print(m.group(1))           # 获取第 1 组的值，运行结果：123
    print(m.group(2))           # 获取第 2 组的值，运行结果：4567
    print(m.group(3))           # 获取第 3 组的值，运行结果：xy
    print(m.groups())           # 获取每组的值组成的元组，运行结果：('123', '4567', 'xy')
print('------------------')
# 分成 2 组：(\d{3}-\d{4}) 和 ([a-z]{2})
m = re.match('(\d{3}-\d{4})-([a-z]{2})', '123-4567-xy')
if m is not None:
    print(m.group())            # 运行结果：123-4567-xy
    print(m.group(1))           # 获取第 1 组的值，运行结果：123-4567
    print(m.group(2))           # 获取第 2 组的值，运行结果：xy
    print(m.groups())           # 获取每组的值组成的元组，运行结果：('123-4567', 'xy')
print('------------------')
# 分成 1 组：([a-z]{2})
m = re.match('\d{3}-\d{4}-([a-z]{2})', '123-4567-xy')
if m is not None:
    print(m.group())            # 运行结果：123-4567-xy
    print(m.group(1))           # 获取第 1 组的值，运行结果：xy
    print(m.groups())           # 获取每组的值组成的元组，运行结果：('xy',)
print('------------------')
# 未分组，因为模式字符串中没有圆括号括起来的部分
m = re.match('\d{3}-\d{4}-[a-z]{2}', '123-4567-xy')
if m is not None:
    print(m.group())            # 运行结果：123-4567-xy
    print(m.groups())           # 获取每组的值组成的元组，运行结果：()
```

程序运行结果如图 11-10 所示。

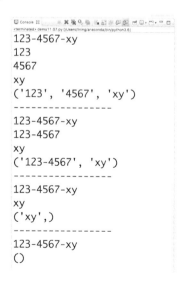

图 11-10 分组

使用分组要了解如下几点：

❑ 只有圆括号括起来的部分才算一组，如果模式字符串中既有圆括号括起来的部分，也有没有被
圆括号括起来的部分，如 "\d{3}-\d{4}-([a-z]{2})"，那么只会将被圆括号括起来的部分算作一

组，其他的部分忽略。

❑ 用 group 方法获取指定组的值时，组从 1 开始。也就是说，group(1)获取第 1 组的值，group(2)获取第 2 组的值，以此类推。

❑ groups 方法用于获取所有组的值，以元组形式返回。所以除了使用 group(1)获取第 1 组的值外，还可以使用 groups()[0]获取第 1 组的值。获取第 2 组以及其他组的值的方式类似。

## 11.1.8　匹配字符串的起始和结尾以及单词边界

"^"符号用于表示匹配字符串的开始，"$"符号用于表示匹配字符串的结束，"\b"符号用于表示单词的边界。这里的边界是指单词两侧是空格或标点符号。例如，"abc?"可以认为 abc 两侧都有边界，左侧是空格，右侧是问号（?），但 " abcx" 就不能认为 abc 右侧有边界，因为 "x" 和 "abc" 都可以认为是单词。

【例 11.8】　本例演示了正则表达式中分组的各种情况。

实例位置：**PythonSamples\src\chapter11\demo11.08.py**

```python
import re
# 匹配成功
m = re.search('^The', 'The end.')
print(m)
if m is not None:
    print(m.group())          # 运行结果: The
# The 在匹配字符串的最后，不匹配
m = re.search('^The', 'end. The')
print(m)
if m is not None:
    print(m.group())
# 匹配成功
m = re.search('The$', 'end. The')
print(m)
if m is not None:
    print(m.group())          # 运行结果: The
m = re.search('The$', 'The end.')
print(m)
if m is not None:
    print(m.group())
# this 的左侧必须有边界，成功匹配，this 左侧是空格
m = re.search(r'\bthis', "What's this?")
print(m)
if m is not None:
    print(m.group())          # 运行结果: this
# 不匹配，因为 this 左侧是 "s"，没有边界
# 字符串前面的 r 表示该字符串中的特殊字符（如 "\b"）不进行转义
m = re.search(r'\bthis', "What'sthis?")
print(m)
if m is not None:
    print(m.group())
# this 的左右两侧都有边界，成功匹配，因为 this 左侧是空格，右侧是问号（?）
m = re.search(r'\bthis\b', "What's this?")
print(m)
if m is not None:
```

```
    print(m.group())                    # 运行结果：this
# 不匹配，因为 this 右侧是 a，a 也是单词，不是边界
m = re.search(r'\bthis\b', "What's thisa")
print(m)
if m is not None:
    print(m.group())
```

程序运行结果如图 11-11 所示。

```
<terminated> demo11.08.py (/Users/lining/anaconda/bin/python3.6)
<_sre.SRE_Match object; span=(0, 3), match='The'>
The
None
<_sre.SRE_Match object; span=(5, 8), match='The'>
The
None
<_sre.SRE_Match object; span=(7, 11), match='this'>
this
None
<_sre.SRE_Match object; span=(7, 11), match='this'>
this
None
```

图 11-11　匹配字符串的起始、结尾以及单词边界

对于单词边界问题，要认清什么是边界。例如，"\bthis\b" 要求 this 两侧都有边界，如果匹配 "What's this?"，是可以匹配成功的，因为空格和 "?" 都可以认为是 this 的边界，这里可以将 "?" 换成其他字符，如 "*"。但不能换成数字，如 "What's thisa""What's this4" 都无法匹配成功。

## 11.1.9　使用 findall 和 finditer 查找每一次出现的位置

findall 函数用于查询字符串中某个正则表达式模式全部的非重复出现情况，这一点与 search 函数在执行字符串搜索时类似，但与 match 函数和 search 函数不同之处在于，findall 函数总是返回一个包含搜索结果的列表。如果 findall 函数没有找到匹配的部分，就会返回一个空列表，如果匹配成功，列表将包含所有成功的匹配部分（从左向右按匹配顺序排列）。

```
result = re.findall('bike', 'bike')
# 运行结果：['bike']
print(result)
result = re.findall('bike', 'My bike')
# 运行结果：['bike']
print(result)
# 运行结果：['bike', 'bike']
result = re.findall('bike', 'This is a bike. This is my bike.')
print(result)
```

finditer 函数在功能上与 findall 函数类似，只是更节省内存。这两个函数的区别是 findall 函数会将所有匹配的结果一起通过列表返回，而 finditer 函数会返回一个迭代器，只有对 finditer 函数返回结果进行迭代，才会对字符串中某个正则表达式模式进行匹配。findall 函数与 finditer 函数相当于读取 XML 文档的两种技术：DOM 和 SAX。前者更灵活，但也更耗内存资源；后者顺序读取 XML 文档的内容，不能随机读取 XML 文档中的内容，但更节省内存资源。

【例 11.9】　本例演示了 findall 函数和 finditer 函数的用法，读者可通过本例的代码对这两个函数进行对比。

**实例位置：PythonSamples\src\chapter11\demo11.09.py**

```python
import re
# 待匹配的字符串
s = '12-a-abc54-a-xyz---78-A-ytr'
# 匹配以 2 个数字开头，结尾是 3 个小写字母，中间用 "-a" 分隔的字符串，对大小写敏感
# 下面的代码都使用了同样的模式字符串
result = re.findall(r'\d\d-a-[a-z]{3}',s)
# 运行结果: ['12-a-abc', '54-a-xyz']
print(result)
# 将模式字符串加了两个分组（用圆括号括起来的部分），findall 方法也会以分组形式返回
result = re.findall(r'(\d\d)-a-([a-z]{3})',s)
# 运行结果: [('12', 'abc'), ('54', 'xyz')]
print(result)
# 忽略大小写（最后一个参数值：re.I）
result = re.findall(r'\d\d-a-[a-z]{3}',s,re.I)
# 运行结果: ['12-a-abc', '54-a-xyz', '78-A-ytr']
print(result)
# 忽略大小写，并且为模式字符串加了 2 个分组
result = re.findall(r'(\d\d)-a-([a-z]{3})',s,re.I)
# 运行结果: [('12', 'abc'), ('54', 'xyz'), ('78', 'ytr')]
print(result)
# 使用 finditer 函数匹配模式字符串，并返回匹配迭代器
it = re.finditer(r'(\d\d)-a-([a-z]{3})',s,re.I)
# 对迭代器进行迭代
for result in it:
    print(result.group(),end=' < ')
    # 获取每一个迭代结果中组的所有的值
    groups = result.groups()
    # 对分组进行迭代
    for i in groups:
        print(i,end = ' ')
    print('>')
```

程序运行结果如图 11-12 所示。

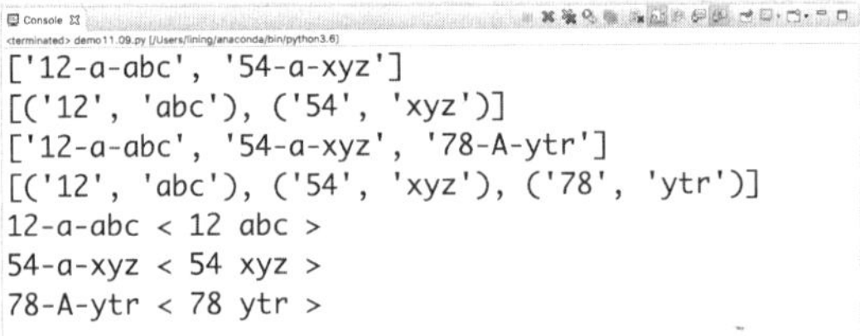

图 11-12　findall 函数和 finditer 函数

不管是 findall 函数，还是 finditer 函数，都可以通过第 3 个参数指定 re.I，将匹配方式设为大小写不敏感。如果为模式字符串加上分组，那么 findall 函数就会返回元组形式的结果（列表的每一个元素是一个分组）。

## 11.1.10　用 sub 和 subn 搜索与替换

sub 函数与 subn 函数用于实现搜索和替换功能。这两个函数的功能几乎完全相同，都是将某个字

符串中所有匹配正则表达式的部分替换成其他字符串。用来替换的部分可能是一个字符串，也可以是一个函数，该函数返回一个用来替换的字符串。sub 函数返回替换后的结果，subn 函数返回一个元组，元组的第 1 个元素是替换后的结果，第 2 个元素是替换的总数。

替换的字符串可以是普通的字符串，也可以通过"\N"形式取出替换字符串中的分组信息，其中 N 是分组编号，从 1 开始。sub 函数和 subn 函数的详细用法详见例 11.10 中的代码。

**【例 11.10】** 本例演示了 sub 函数和 subn 函数的用法，可通过本例的代码对这两个函数进行对比。

**实例位置：PythonSamples\src\chapter11\demo11.10.py**

```python
import re
# sub 函数第 1 个参数是模式字符串，第 2 个参数是要替换的字符串，第 3 个参数是被替换的字符串
# 匹配'Bill is my son'中的'Bill'，并用'Mike'替换'Bill'
result = re.sub('Bill', 'Mike', 'Bill is my son')
# 运行结果：Mike is my son
print(result)
# 返回替换结果和替换总数
result = re.subn('Bill', 'Mike', 'Bill is my son, I like Bill')
# 运行结果：('Mike is my son, I like Mike', 2)
print(result)
# 运行结果：Mike is my son, I like Mike
print(result[0])
# 运行结果：替换总数 = 2
print('替换总数','=',result[1])
# 使用"\N"形式引用匹配字符串中的分组
result = re.sub('([0-9])([a-z]+)', r'产品编码（\1-\2）','01-1abc,02-2xyz,03-9hgf')
# 运行结果：01-产品编码（1-abc),02-产品编码（2-xyz),03-产品编码（9-hgf)
print(result)
# 该函数返回要替换的字符串
def fun():
    return r'产品编码（\1-\2）'
result = re.subn('([0-9])([a-z]+)', fun(),'01-1abc,02-2xyz,03-9hgf')
# 运行结果：('01-产品编码（1-abc),02-产品编码（2-xyz),03-产品编码（9-hgf)', 3)
print(result)
# 运行结果：01-产品编码（1-abc),02-产品编码（2-xyz),03-产品编码（9-hgf)
print(result[0])
# 运行结果：替换总数 = 3
print('替换总数','=',result[1])
```

程序运行结果如图 11-13 所示。

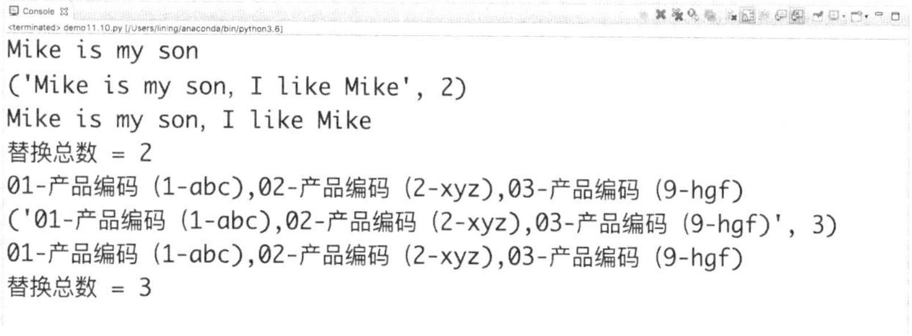

图 11-13　sub 函数和 subn 函数

### 11.1.11　使用 split 分隔字符串

split 函数用于根据正则表达式分隔字符串，也就是说，将字符串中与模式匹配的子字符串都作为分隔符来分隔这个字符串。split 函数返回一个列表形式的分隔结果，每一个列表元素都是分隔的子字符串。split 函数的第 1 个参数是模式字符串，第 2 个参数是待分隔的字符串，如果待分隔的字符串非常大，可能并不希望对这个字符串永远使用模式字符串分隔下去，那么可以使用 maxsplit 关键字参数指定最大分隔次数。如果将 split 想象成用菜刀来切香肠，那么 maxsplit 的值就是最多切几刀。

【例 11.11】　本例演示了 split 函数的使用方法，包括 maxsplit 参数的使用。

**实例位置：PythonSamples\src\chapter11\demo11.11.py**

```
import re
result = re.split(';','Bill;Mike;John')
# 运行结果：['Bill', 'Mike', 'John']
print(result)
# 用至少 1 个逗号（,），分号（;），点（.）和空白符（\s）分隔字符串
result = re.split('[,;.\s]+','a,b,,d,d;x   c;d. e')
# 运行结果：['a', 'b', 'd', 'd', 'x', 'c', 'd', 'e']
print(result)
# 用以 3 个小写字母开头，紧接着一个连字符（-），并以 2 个数字结尾的字符串作为分隔符对字符串进行分隔
result = re.split('[a-z]{3}-[0-9]{2}','testabc-4312productxyz-43abill')
# 运行结果：['test', '12product', 'abill']
print(result)
# 使用 maxsplit 参数限定分隔的次数，这里限定为 1，也就是只分隔一次
result = re.split('[a-z]{3}-[0-9]{2}','testabc-4312productxyz-43abill',maxsplit=1)
# 运行结果：['test', '12productxyz-43abill']
print(result)
```

程序运行结果如图 11-14 所示。

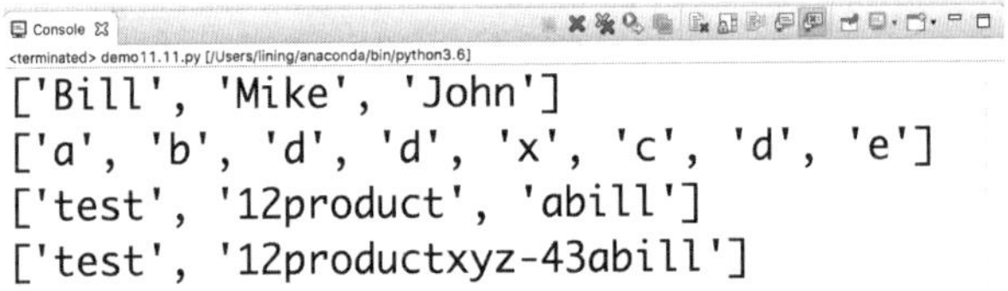

图 11-14　使用 split 函数分隔字符串

## 11.2　一些常用的正则表达式

本节给出了几个常用的正则表达式，这些正则表达式如下：

❑ Email：'[0-9a-zA-Z]+@[0-9a-zA-Z]+\.[a-zA-Z]{2,3}'

❑ IP 地址（IPv4）：'\d{1,3}\.\d{1,3}\.\d{1,3}\.\d{1,3}'

❑ Web 地址：'https?:/{2}\w.+'

需要说明的是，根据具体要求不同，相应的正则表达式也可能不同。例如，匹配 Email 的正则表达式就有很多种，这要看具体的要求是什么，例如，本节给出的匹配 Email 的正则表达式就相对简单，只要保证字符串含有"@"字符，并且"@"字符前面至少有一个数字或字母组成的字符串，以及"@"

后面是域名的形式即可（geekori.com、geekori.org 等）。

【例 11.12】 本例测试了 Email、IP 地址和 Web 地址三个正则表达式的匹配情况。

实例位置：**PythonSamples\src\chapter11\demo11.12.py**

```
import re
# 匹配 Email 的正则表达式
email = '[0-9a-zA-Z]+@[0-9a-zA-Z]+\.[a-zA-Z]{2,3}'
result = re.findall(email, 'lining@geekori.com')
# 运行结果: ['lining@geekori.com']
print(result)
result = re.findall(email, 'abcdefg@aa')
# "@" 后面不是域名形式，匹配失败。运行结果: []
print(result)
result = re.findall(email, '我的 email 是 lining@geekori.com，不是 bill@geekori.cn，请确
认输入的 Email 是否正确')
# 运行结果: ['lining@geekori.com', 'bill@geekori.cn']
print(result)


# 匹配 IPv4 的正则表达式
ipv4 = '\d{1,3}\.\d{1,3}\.\d{1,3}\.\d{1,3}'
result = re.findall(ipv4, '这是我的 IP 地址：33.12.54.34，你的 IP 地址是 100.32.53.13 吗')
# 运行结果: ['33.12.54.34', '100.32.53.13']
print(result)
# 匹配 Url 的正则表达式
url = 'https?:/{2}\w.+'
url1 = 'https://geekori.com'
url2 = 'ftp://geekori.com'
# 运行结果: <_sre.SRE_Match object; span=(0, 19), match='https://geekori.com'>
print(re.match(url,url1))
# 运行结果: None
print(re.match(url,url2))
```

程序运行结果如图 11-15 所示。

```
['lining@geekori.com']
[]
['lining@geekori.com', 'bill@geekori.cn']
['33.12.54.34', '100.32.53.13']
<_sre.SRE_Match object; span=(0, 19), match='https://geekori.com'>
None
```

图 11-15 常用的正则表达式

## 11.3 小结

本章花了很多篇幅介绍正则表达式的主要用法。当然，正则表达式的用法还远不止这些。其实正则表达式并不是解决搜索和匹配问题的唯一方式，有很多现成的库提供了大量的 API 可以对复杂数据进行搜索和定位。例如，Beautiful Soul 程序库经常被用于网络爬虫中处理海量的 HTML 代码，这些内

容会在后面的章节详细介绍。

## 11.4　实战与练习

本章练习题，除了配有答案（源代码）外，还会在赠送的视频课程中讲解。

1. 编写一个正则表达式，匹配单词 bat、Bit、But、hAt、hit、hut。

答案位置：PythonSamples\src\chapter11\practice\solution11.1.py

2. 编写一个正则表达式，匹配信用卡号。格式如下：

xxxx xxxx xxxx xxxx

其中 x 表示 0~9 的数字。每一组是 4 个数字，组与组之间需要有至少一个空格。

答案位置：PythonSamples\src\chapter11\practice\solution11.2.py

3. 编写一个匹配日期的正则表达式，日期格式如下：

YYYY-MM?-DD?

其中，YYYY 表示 4 位的年，MM?表示 1 位或 2 位的月，DD?表示 1 位或 2 位的日。而且 4 位的年必须在 2000 年以后，包括 2000 年。例如，2001-4-5、2004-05-1 都符合要求。

答案位置：PythonSamples\src\chapter11\practice\solution11.3.py

# 第 12 章

# 常 用 模 块

Python 语言中提供了非常多的模块，用于完成各种强大的功能，这也是 Python 语言受到热捧的原因。这些模块有 Python 开发环境内建的，也有很多第三方的模块。本章主要介绍 Python 开发环境内建的常用模块。

通过阅读本章，您可以：

❑ 掌握 sys 模块中常用函数的使用方法
❑ 掌握如何获取和改变工作目录
❑ 掌握文件、目录以及链接操作
❑ 掌握集合、堆和双端队列的使用方法
❑ 掌握如何操作时间、日期和日历
❑ 掌握产生各种类型的随机数的方法
❑ 掌握常用的数学函数的使用方法

## 12.1 sys 模块

在 sys 模块中定义了一些函数和变量，用来设置和获取系统的信息。表 12-1 描述了 sys 模块中重要的函数和变量的功能。

表 12-1    sys 模块中一些重要的函数和变量

| 函数/变量 | 函数返回数据类型/<br>变量数据类型 | 描　　述 |
|---|---|---|
| argv | 列表 | 命令行参数，argv[0]表示脚本名称，argv[1]表示第 1 个命令行参数，以此类推 |
| exit([arg]) | None | arg 表示调用当前脚本的返回值，取值范围：0～255（无符号字节） |
| modules | 字典 | 当前已经装载模块的列表 |
| path | 列表 | 获取或设置搜索模块的路径列表，如果 import 的模块不在 path 列表字典的路径，可以使用 path.append 方法添加模块所在的路径 |
| platform | 字符串 | 获取当前操作系统的平台标识符，如 Mac OS X 的值是 darwin，Windows 的值是 win32 |
| stdin | TextIOWrapper 类 | 标准输入流 |
| stdout | TextIOWrapper 类 | 标准输出流 |
| stderr | TextIOWrapper 类 | 标准错误流 |

【例 12.1】　本例演示了表 12-1 所示的几个函数和变量的用法。

实例位置：**PythonSamples\src\chapter12\demo12. 01.py**

```
import sys
# 向 sys.path 列表添加 my 模块所在的路径，my.py 的代码在后面
sys.path.append('./test')
# 导入 my 模块
import my
# 调用 my 模块中定义的 greet 函数
my.greet('Bill')
# 输出已经装载的 my 模块的信息（使用 modules 字典）
print(sys.modules['my'])
# 输出 modules 字典中存储 my 模块 value 的数据类型
print(type(sys.modules['my']))
# 输出当前的操作系统平台标识符
print(sys.platform)


# 输出当前脚本文件的文件名（包含完整的路径）
print(sys.argv[0])
# 如果有命令行参数,则输出第 1 个命令行参数的值，sys.argv 列表的长度至少为 1，因为第 1 个列表元素永远
# 是当前脚本文件的路径
if len(sys.argv) == 2:
    # 输出第 1 个命令行参数的值
    print(sys.argv[1])
    # 再次调用 my 模块中的 greet 函数，并传入该命令行参数的值
    my.greet(sys.argv[1])
# 从标准输入流中采集长度为 6 的字符串
s = sys.stdin.read(6)
print(s)
# 向标准输出流中写入一个字符串
sys.stdout.writelines('hello world')
print()
# 向标准错误流中写入一个字符串
sys.stderr.writelines('error')
# 设置执行当前脚本文件的返回值，后面会使用 invoke.py 调用当前脚本，以便获取这个返回值
sys.exit(123)
```

要想执行 demo12.01.py 脚本文件，需要在该脚本文件所在的目录建立一个 test 子目录，并在 test 子目录中建立一个名为 my.py 的文件，并输入如下的内容：

**实例位置：PythonSamples\src\chapter12\test\my.py**

```
def greet(name):
    print('Hello %s' % name)
```

要注意的是，由于 demo12.01.py 文件需要从标准输入流中采集长度为 6 的字符串，所以需要从控制台输入字符串，并按 Enter 键后，才会往下执行。

执行 demo12.01.py 脚本文件需要指定命令行参数，读者可以直接在终端执行下面的命令。

```
python demo12.01.py 李宁
```

或在 Eclipse 工程中选中 demo12.01.py 文件，在右击弹出的快捷菜单中选择 Run As→Run Configurations 菜单项打开 Run Configurations 对话框，在右侧选择 Arguments 选项卡，在 Program arguments 文本框中输入命令行参数值即可，如图 12-1 所示。

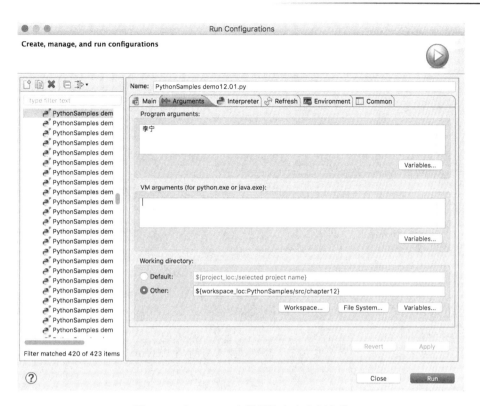

图 12-1 在 Eclipse 中设置脚本命令行参数

程序运行结果如图 12-2 所示。

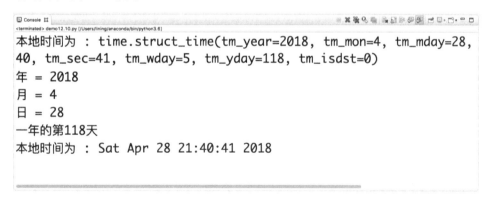

图 12-2 sys 模块

由于回车也算一个字符，所以输入了"Hello"，按 Enter 键，系统就会认为已经向 stdin 输入了 6 个字符。最后使用 sys.exit 函数退出当前脚本，并通过该函数指定了脚本的返回值。要注意的是，调用 sys.exit 函数会退出整个脚本，所以在 sys.exit 函数后面的代码都不会被执行，因此，sys.exit 函数通常会在脚本的最后或退出脚本时调用。标准输出流和标准错误流都属于输出流，都会在控制台上输出文本。只不过在很多 IDE 上，向标准错误流写入文本，会以红色字体显示。

为了调用 demo12.01.py 脚本文件，需要在该文件的路径下建立一个 invoke.py 文件，并输入如下的代码。

**实例位置：PythonSamples\src\chapter12\invoke.py**

```
import subprocess
# 执行 demo12.01.py 脚本文件，并得到该脚本的返回结果
output = subprocess.getstatusoutput('python demo12.01.py Mike')
print(output)
print(output[0])
```

在控制台执行 python invoke.py 命令，运行结果如图 12-3 所示。

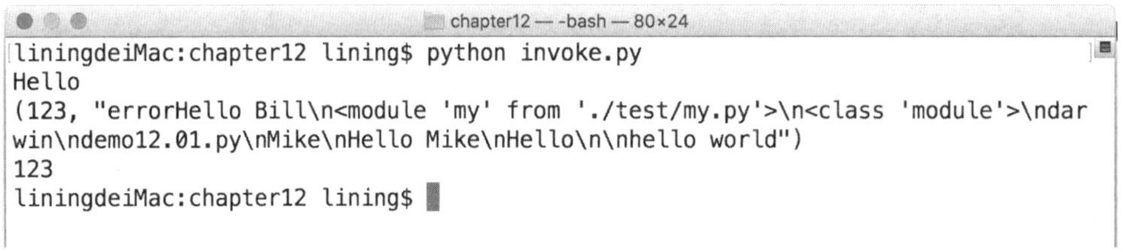

```
● ● ●                    📁 chapter12 — -bash — 80×24
liningdeiMac:chapter12 lining$ python invoke.py
Hello
(123, "errorHello Bill\n<module 'my' from './test/my.py'>\n<class 'module'>\ndar
win\ndemo12.01.py\nMike\nHello Mike\nHello\n\nhello world")
123
liningdeiMac:chapter12 lining$ ▊
```

图 12-3　调用 demo12.01.py 脚本文件并获得返回值

getstatusoutput 函数返回了一个元组，第 1 个元素值就是被调用脚本文件的返回值（本例是 123），第 2 个元素值是被调用脚本的输出结果。由于 demo12.01.py 中需要从标准输入流采集字符串，所以该脚本文件被调用时也需要输入一个长度为 6 的字符串（本例是 "Hello"），代码才会往下执行。

## 12.2　os 模块

os 模块以及子模块 path 中包含了大量获取各种系统信息，以及对系统进行设置的函数，本节讲解这两个模块中的一些常用函数的使用方法。

### 12.2.1　获取与改变工作目录

getcwd 函数用于获取当前的工作目录，如果指定文件或目录，则在不指定任何路径的情况下，系统会认为该文件或目录在当前的工作目录中。通过 chdir 函数可以改变当前的工作目录。

【例 12.2】　本例使用 getcwd 函数获取了当前的工作目录，并输出该目录，然后通过 chdir 函数将当前的工作目录设为上一级目录。

实例位置：**PythonSamples\src\chapter12\demo12. 02.py**

```
import os
# 获取当前的工作目录，并输出该目录
print('当前工作目录：',os.getcwd())
print('工作目录中包含的文件或文件夹名字的列表')
# 输出 path 指定的文件夹包含的文件或文件夹名字的列表
print(os.listdir(os.getcwd()))
# 改变当前工作目录
os.chdir('../')
print('改变后的工作目录',os.getcwd())
print('新的工作目录中包含的文件或文件夹名字的列表')
print(os.listdir(os.getcwd()))
```

程序运行结果如图 12-4 所示。

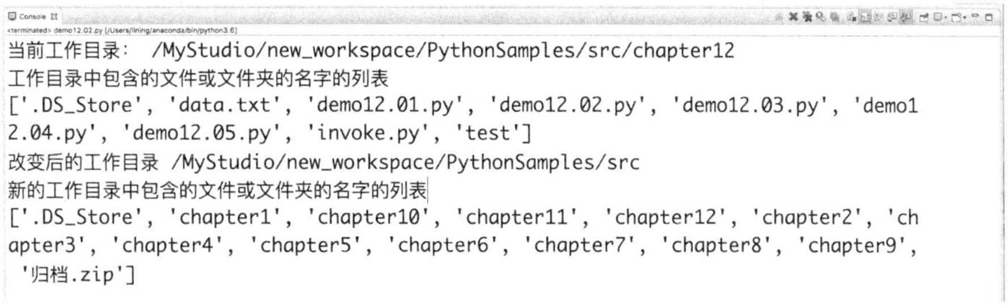

图 12-4　获取和设置工作目录

## 12.2.2　文件与目录操作

在 os 模块中提供了一些操作目录和文件的函数。这些函数的功能描述如下：

❑ mkdir(dirname, permissions)：创建目录，dirname 表示目录名，如果 dirname 指定的目录名存在，则抛出 OSError 异常。permissions 表示目录的权限。在 Linux 或 Mac OS X 上可以设置目录读（r）、写（w）和执行（x）权限。permissions 参数值一般是一个八进制的数值。如 0o777 表示最高的权限，7 表示同时具有 rwx 权限。关于 Linux/Mac OS X 权限的细节，请参阅相关的文档，这里不再详细讲解。

❑ makedirs(dirname, permissions,exist_ok)：与 mkdir 函数类似，用于建立目录，但 dirname 指定的目录可以是多级的，而且上一级不存在，也会建立上一级的目录。例如，dirname 参数的值是 x/y/z。也就是说，需要在当前目录建立三级目录。如果使用 mkdir 函数，并且 x 或 y 目录不存在，那么程序会直接抛出 OSError 错误，但使用 makedirs 函数建立目录，会连同 x 和 y 一起建立。makedirs 函数最后一个参数的值为 False，当目录存在时，会抛出 OSError 异常，否则即使目录存在，也不会抛出异常。

❑ rmdir(dirname)：删除 dirname 参数指定的目录，如果目录不为空，则抛出一个 OSError 异常。

❑ removedirs(dirname)：删除 dirname 参数指定的目录，dirname 参数可以指定多级目录。如 x/y/z，该函数会同时删除 x、y 和 z 目录。不过如果某一级目录不为空，那么该目录以及所有的父目录都不会被删除。例如，如果在 y 目录中除了有一个 z 子目录外，还有一个 test.txt 文件，那么在删除 x/y/z 目录时，只会删除 y 目录中的 z 子目录，x 和 y 目录都不会被删除。

❑ remove(filename)：删除 filename 参数指定的文件。

❑ rename(src,dst)：将 src 参数指定的文件（目录）名改成 dst 参数指定的文件名。

❑ renames(src,dst)：与 rename 函数的功能类似，只是 src 和 dst 可以是多级目录（最后一级可以是文件名）。该函数会将每一级的目录都改成对应的目录名，如可以将 x/y/z 改成 a/b/c。该函数会将 x 改成 a，y 改成 b，z 改成 c。

【例 12.3】　本例完整地演示了前面介绍的函数的详细用法。

实例位置：**PythonSamples\src\chapter12\demo12. 03.py**

```python
import os
# 判断当前目录下是否存在 newdir1 目录
if not os.path.exists('newdir1'):
    # 如果不存在该目录，则创建一个 newdir1 目录
    os.mkdir('newdir1')
if not os.path.exists('newdir2'):
    # 创建 newdir2 目录，并将该目录的权限设为 0o377（八进制），3 表示当前用户没有读权限
```

```
    # 如果要浏览该目录中的文件或子目录列表，需要使用 sudo 命令提升到 root 权限才可以
    os.mkdir('newdir2',0o377)

# mkdir 函数不能创建多级目录，所以会抛出异常
# os.mkdir('a/b/c/d')
# 创建一个多级目录，目录存在也不会抛出异常
os.makedirs('x/y/z',0o733,True)

try:
    # 删除 newdir1 目录，如果目录非空，则抛出一个 OSError 异常
    os.rmdir('newdir1')
except OSError as e:
    print(e)
# 删除多级目录
os.removedirs('x/y/z')

if not os.path.exists('mydir'):
    os.mkdir('mydir')
    # 将 mydir 目录重命名为 yourdir
    os.rename('mydir','yourdir')
if os.path.exists('test.txt'):
    # 将 test.txt 重命名为 data.txt
    os.rename('test.txt','data.txt')
if os.path.exists('bill/mike/john'):
    # 重命名多级目录 bill/mike/john 为 ok1/ok2/ok3
    os.renames('bill/mike/john', 'ok1/ok2/ok3')
    # 递归地对目录进行更名，也可以对文件进行更名
if os.path.exists('a/aa.txt'):
    os.renames('a/aa.txt','b/bb.txt')
    # 删除 b 目录下的 bb.txt 文件
    os.remove('b/bb.txt')
```

### 12.2.3  软链接与硬链接

软链接和硬链接是 Linux 和 Mac OS X 的概念。软链接就像 Windows 中的快捷方式，只是保存了源文件或目录的引用，而且只有固定尺寸。硬链接只能针对文件建立，这是因为硬链接是将整个文件复制一份，相当于一个副本，所以在建立硬链接时会进行限制。软链接和硬链接都是同步的。也就是说，只要修改软链接文件或硬链接文件，源文件的内容就会变，反之亦然。

不管是 Linux 还是 Mac OS X，建立软链接和硬链接的命令都是 ln，在建立软链接时，需要加"-s"命令行参数。假设有一个 test.txt 文件，现在要对该文件建立一个软链接文件 slink.txt 和一个硬链接文件 link.txt，则 test.txt 文件的内容如下：

```
Hello World
世界你好
```

建立软链接和硬链接的命令如下：

```
ln -s test.txt slink.txt
ln test.txt link.txt
```

使用 "ls -al" 命令查看文件详细信息，如图 12-5 所示。

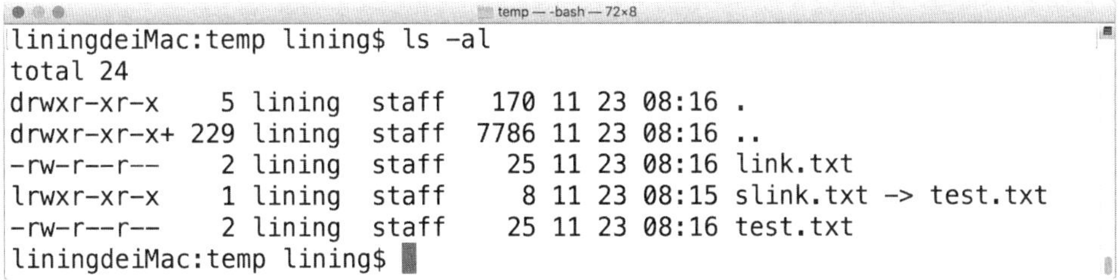

```
liningdeiMac:temp lining$ ls -al
total 24
drwxr-xr-x    5 lining  staff    170 11 23 08:16 .
drwxr-xr-x+ 229 lining  staff   7786 11 23 08:16 ..
-rw-r--r--    2 lining  staff     25 11 23 08:16 link.txt
lrwxr-xr-x    1 lining  staff      8 11 23 08:15 slink.txt -> test.txt
-rw-r--r--    2 lining  staff     25 11 23 08:16 test.txt
liningdeiMac:temp lining$
```

图 12-5　建立软链接和硬链接

从图 12-5 所示的文件详细信息可以看出，源文件 test.txt 占用的字节数是 25，硬链接文件 link.txt 同样占用了 25 字节，这也说明 link.txt 是 test.txt 文件的副本。而软链接文件 slink.txt 占用的字节数为 8，而且即使 test.txt 文件的尺寸变大，slink.txt 文件的尺寸仍然是 8 字节，这也说明了 slink.txt 文件仅仅保存了源文件 test.txt 的引用。当然，test.txt 文件和 slink.txt 文件是同步的。不过这里的同步指的是修改。删除源文件时，硬链接和软链接文件不会被删除。由于硬链接文件是源文件的一个副本，当删除源文件后，硬链接文件将变成一个独立的文件，而软链接文件仍然指向被删除的源文件，但由于源文件已经不存在，所以打开软链接文件后没有任何显示。

在 os 模块中提供了两个函数，分别用来建立软链接文件和硬链接文件。其中，symlink 函数用来建立软链接文件，link 函数用来建立硬链接文件。symlink 函数的前缀是 sym（symbol 的缩写），之所以用这个名字，是因为软链接也可以称为符号链接。这两个函数各自都有两个参数，第 1 个参数表示源文件，第 2 个参数表示链接文件名。

【例 12.4】 本例使用了 symlink 函数和 link 函数为当前目录下的 data.txt 文件建立一个软链接文件 slink.txt 和一个硬链接文件 link.txt。

实例位置：**PythonSamples\src\chapter12\demo12. 04.py**

```
import os
if os.path.exists('data.txt') and not os.path.exists('slink.txt'):
    # 建立软链接文件
    os.symlink('data.txt','slink.txt')
if os.path.exists('data.txt') and not os.path.exists('link.txt'):
    # 建立硬链接文件
    os.link('data.txt','link.txt')
```

如果链接文件存在，那么使用 symlink 函数和 link 函数建立软链接文件和硬链接文件时会抛出 FileExistsError 异常，所以要使用 path 子模块中的 exists 函数进行校验。

注意，symlink 函数在 Windows 中使用时要拥有管理员权限，或用管理员权限打开命令行工具，然后才可以在命令行工具中执行 symlink 函数，否则会抛出 "OSError: symbolic link privilege not held" 异常。

## 12.2.4　杂项

在 os 模块中还提供了很多用于获取和设置系统信息的函数和变量，本节会介绍一些常用的函数。这些函数以及功能描述如下：

❑ sep 变量：返回当前 OS 的路径分隔符，在 Windows 中是反斜杠（\），在 Linux 和 Mac OS X 中是斜杠（/）。

- ❑ pathsep 变量：返回环境变量中路径之间的分隔符，在 Windows 中是分号（;），在 Linux 和 Mac OS X 中是冒号（:）。
- ❑ name 变量：返回当前 OS 的名称。
- ❑ environ 变量：以字典形式返回系统中所有环境变量的值。
- ❑ getenv 函数：获取指定的环境变量的值，通过参数指定环境变量名。
- ❑ putenv 函数：设置指定环境变量的值，通过参数指定环境变量名和环境变量的值。
- ❑ system 函数：执行命令，通过参数指定要执行的命令。

【例 12.5】 本例测试了前面介绍的函数和变量。

为了测试修改环境变量功能，需要一个可执行文件，本例的名字是 exe，如果使用的是 Windows，则可以起名为 exe.exe，或其他的名字，如 test.exe。本例使用 C 语言编写了一个简单的可执行文件，读者也可以使用任何语言编写并生成可执行文件，或利用现成的可执行文件。

**代码位置：PythonSamples\src\chapter12\test.c**

```c
# include "stdio.h"
int main()
{
    printf("hello world");
    return 0;
}
```

使用 VC 或 gcc（gcc test.c -o exe）编译上面的程序即可，然后将 exe 文件放到任何一个目录中，但不要在 PATH 环境变量指定的目录中。

**实例位置：PythonSamples\src\chapter12\demo12.05.py**

```python
import os
import subprocess
# 输出路径分隔符
print(os.sep)
# 输出环境变量中路径之间的分隔符
print(os.pathsep)
# 输出当前 OS 的名称
print(os.name)
# 输出当前系统中所有环境变量的值
print(os.environ)
# 输出 PATH 环境变量的值
print(os.environ['PATH'])
# 使用 getenv 函数获取了 PATH 环境变量的值
print(os.getenv('PATH'))
# 执行 exe 文件
output = subprocess.getstatusoutput('exe')
# 输出执行结果，运行结果：(127, '/bin/sh: exe: command not found')
print(output)
# 将 exe 文件所在的目录（/temp）加到 PATH 环境变量中
print(os.putenv('PATH', os.getenv('PATH') + os.pathsep+ '/temp'))
# 执行 exe 文件
output = subprocess.getstatusoutput('exe')
# 输出执行结果，运行结果：(0, 'hello world')
print(output)
```

```
# 再次输出 PATH 环境变量的值
print(os.getenv('PATH'))
# 执行 "ls -al" 命令
os.system('ls -al')
```

程序运行结果如图 12-6 所示。

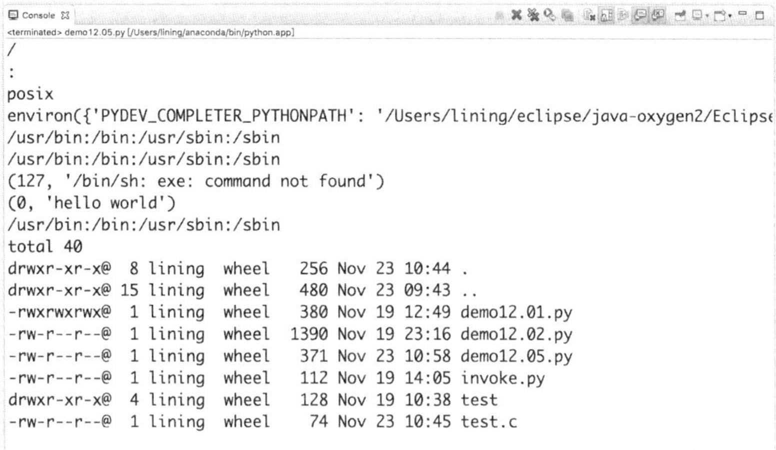

图 12-6　os 模块中的变量和函数

可能有的读者会感到奇怪，使用 environ 变量或 getenv 函数获取的 PATH 环境变量为什么和系统的环境变量不同呢？例如，在 Python 的交互环境中获取 PATH 环境变量的值如图 12-7 所示。

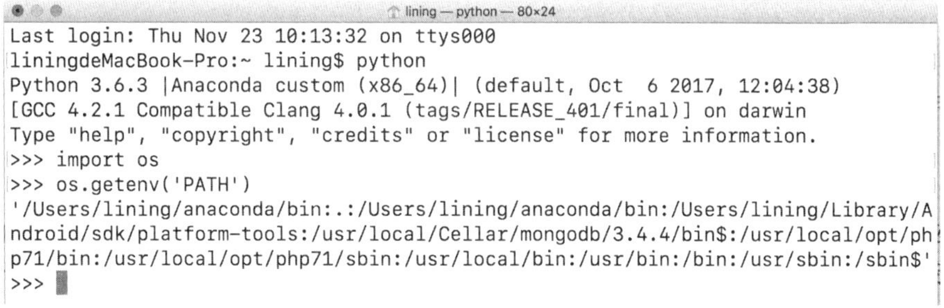

图 12-7　获取 PATH 环境变量的值

根据执行的环境不同，环境变量的值也有可能不同。由于本例是在 Eclipse 中执行的，所以 PATH 以及其他的环境变量使用的是 Eclipse 根据环境需要自己创建的同名环境变量，所以这些环境变量的值与系统的同名环境变量的值有所差异。

尽管使用 putenv 函数可以修改环境变量，但这种修改只是临时的，并不会影响系统的环境变量，只是在当前 Python 进程中会使用这些修改后的环境变量。使用 getenv 函数或 environ 变量重新获取这些环境变量时获取的仍然是未修改之前的值。

## 12.3　集合、堆和双端队列（heap 模块、deque 类）

本节深入讲解 Python3 中的集合（set）、堆（heap）和双端队列（deque）的用法。其中集合不需要导入任何模块，set 类型已经内建进 Python 语言。堆和双端队列分别要导入 heapq 模块和 collections

模块。

## 12.3.1　集合

从 Python2.3 开始，集合就通过 set 类型成为语言的一部分，因此，在 Python3 中可以直接使用集合类型（set），而不需要再引用 sets 模块（这个模块已经被去除了）。Python 语言中的集合和数学中集合的概念非常类似。在数学中集合有如下三个特性。

❏ 无序性：集合中每个元素的值都是平等的，元素之间是无序的。

❏ 互异性：集合中任意两个元素都是不同的，即每个元素只能出现一次。

❏ 确定性：集合中每个元素都是确定的，对于一个值来说，要么属于该集合，要么不属于该集合。所以集合、列表和字典都不能作为集合的元素值，因为它们都是可变的。

Python 语言中的集合也同样满足这三个特性，而且同样支持集合的标准操作，如创建集合、合并集合、集合相交、求集合的差等。在 Python 语言中有很多操作同时提供了运算符和方法，例如，集合的并操作，可以使用其中一个集合的 union 方法，也可以使用按位或运算符 "|"。

在创建集合类 set 的实例时，需要为 set 类的构造方法提供一个列表或元组类型的值，用于建立集合的数据源。也就是说，set 类可以将列表或元组转换为集合，在转换的过程中，会去除重复的值，并且列表或元组中元素的顺序可能被打乱，因为集合中的元素是无序的。

【例 12.6】　本例演示了 Python 语言中集合的基本操作。

**实例位置：PythonSamples\src\chapter12\demo12. 06.py**

```python
# 创建一个有 10 个元素值的集合
set1 = set(range(10))
# 输出 set1 的类型，运行结果：<class 'set'>
print(type(set1))
# 运行结果：{0, 1, 2, 3, 4, 5, 6, 7, 8, 9}
print(set1)
# 将字符串中的每一个字符作为元素添加进集合，因为字符串可看作字符的列表
# 会去除重复的字符，而且顺序会打乱
set2 = set('hello')
# 运算结果：{'h', 'o', 'l', 'e'}
print(set2)
# 利用字符串列表建立集合，会去除重复的字符串，字符串的顺序会打乱
set3 = set(['Bill','John','Mike','John'])
# 运行结果：{'John', 'Mike', 'Bill'}
print(set3)
# 利用元组建立一个集合
a = set((1,2,3))
# 利用列表建立一个集合
b = set([3,5,1,7])
# 使用 union 方法合并 a 集合和 b 集合，运行结果：{1, 2, 3, 5, 7}
print(a.union(b))
# 使用 "|" 运算符合并 a 集合和 b 集合，运行结果：{1, 2, 3, 5, 7}
print(a | b)
```

```
# 使用 intersection 方法求 a 集合和 b 集合的交集，运行结果：{1, 3}
print(a.intersection(b))
# 使用 "&" 运算符求 a 集合和 b 集合的交集，运行结果：{1, 3}
print(a & b)
# 使用列表创建一个集合
c = set([2,3])
# 判断 c 集合是否为 a 集合的子集，运行结果：True
print(c.issubset(a))
# 判断 a 集合是否为 c 集合的子集，运行结果：False
print(a.issubset(c))
# 判断 c 集合是否为 a 集合的超集，运行结果：False
print(c.issuperset(a))
# 判断 a 集合是否为 c 集合的超集，运行结果：True
print(a.issuperset(c))
# 使用列表创建一个集合
d = set([1,2,3])
# 判断 a 集合和 d 集合是否相等，运行结果：True
print(a == d)
# 使用 difference 方法计算 a 集合与 b 集合的差，a 和 b 的差值就是在 a 中删除在 b 中存在的元素
# 运行结果：{2}
print(a.difference(b))
# 使用 "-" 运算符计算 a 集合与 b 集合的差，运行结果：{2}
print(a - b)
# 使用 symmetric_difference 方法计算 a 集合与 b 集合的对称差，运行结果：{2, 5, 7}
print(a.symmetric_difference(b))
# 使用 "^" 运算符计算 a 集合与 b 集合的对称差，运行结果：{2, 5, 7}
print(a ^ b)
# 对称差相当于 a - b 与 b - a 的并集，运行结果：{2, 5, 7}
print((a - b) | (b - a))
# 使用 copy 方法将 a 复制一份，并将该副本赋给变量 x
x = a.copy()
# 判断 x 与 a 是否相同，运行结果：False
print(x is a)
# 向集合 x 中添加一个新的元素
x.add(30)
# 运行结果：{1, 2, 3, 30}
print(x)
# 运行结果：{1, 2, 3}
print(a)
# 运行结果：{1, 2, 3}
print(d):
# 判断 1 是否属于集合 d，运行结果：True
print(1 in d)
# 判断 10 是否属于集合 d，运行结果：False
print(10 in d)
```

程序运行结果如图 12-8 所示。

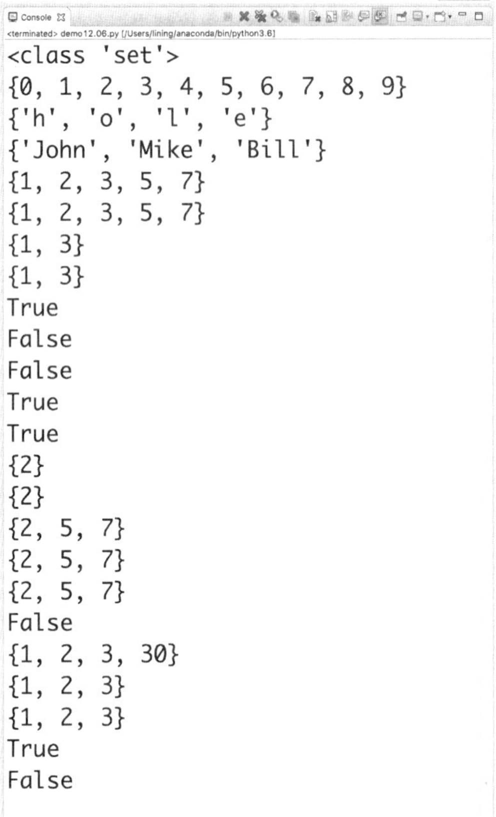

图 12-8　集合

　　由于集合是可变的，所以不能作为元素值添加到集合中，也不能作为字典的 key。不过可以利用 frozenset 类型将集合变成只读的，这样就可以作为集合元素和字典的 key。

　　【例 12.7】　本例演示了用普通的集合与 frozenset 类型的只读集合作为集合元素和字典 key 的各种情况。

　　实例位置：**PythonSamples\src\chapter12\demo12. 07.py**

```
a = set([1,2])
b = set([10,20])
# 向 a 集合中添加一个元素值
a.add(4)
# 运行结果: {1, 2, 4}
print(a)
# 下面的代码会抛出异常，集合 b 不能作为元素值添加进集合 a
# a.add(b)
# 使用 frozenset 函数将 b 集合变成只读的集合，成功将其添加到集合 a
a.add(frozenset(b))
# 运行结果: {frozenset({10, 20}), 1, 2, 4}
print(a)
# 定义一个字典
d = {'Bill':30,'Mike':40}
# 集合 a 同样不能作为字典的 key, 执行下面的代码会抛出异常
# d[a] = 60
# 使用 frozenset 类型将 a 集合转换为只读集合后，可以作为字典的 key
d[frozenset(a)] = 60
```

```
# 运行结果: {'Bill': 30, 'Mike': 40, frozenset({frozenset({10, 20}), 1, 2, 4}): 60}
print(d)
t = [1,2,3]
tt = (1,2,3)
# 列表不能作为字典的 key, 执行下面的代码会抛出异常
# d[t] = 111
# 列表不能作为集合的元素, 执行下面的代码会抛出异常
# a.add(t)
# 字典不能作为集合的元素, 执行下面的代码会抛出异常
# a.add(d)
# 元组可以作为集合的元素
a.add(tt)
# 运行结果: {1, 2, 4, frozenset({10, 20}), (1, 2, 3)}
print(a)
```

程序运行结果如图 12-9 所示。

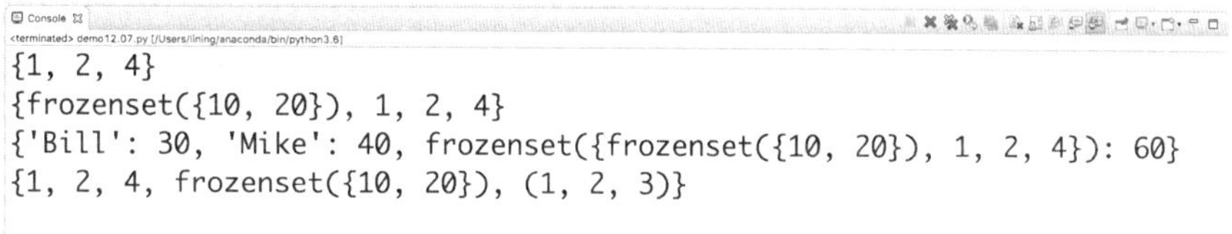

图 12-9　frozenset 类型

## 12.3.2　堆

堆也是一种众所周知的数据结构，它是优先队列中的一种。使用优先队列能以任意顺序增加元素值，并能快速找到最小（大）的元素值，或前 n 个最小或最大的元素值，这要比用于列表的 min 函数和 max 函数高效得多。

与集合不同，在 Python3 中并没有独立的堆类型，只有一个包含一些堆操作函数的模块，该模块名为 heapq（q 是 queue 的缩写，即队列）。heapq 模块中常用的函数如表 12-2 所示。

表 12-2　heapq 模块中的常用函数

| 函　　数 | 描　　述 |
| --- | --- |
| heappush(heap,value) | 将 value 加入堆 |
| heappop(heap) | 将堆中的最小值弹出，并返回该最小值 |
| heapify(heap) | 将列表转换为堆，也就是重新安排列表中元素的顺序 |
| heapreplace(heap,value) | 将堆中的最小值弹出，并同时将 value 入堆 |
| nlargest(n, iter) | 返回可迭代对象（如列表）中前 n 个最大值，以列表形式返回 |
| nsmallest(n,iter) | 返回可迭代对象（如列表）中前 n 个最小值，以列表形式返回 |
| merge(*iter, key) | 合并多个有序的迭代对象，如果指定 key，则对每个元素的排序规则会利用 key 指定的函数 |

【例 12.8】　本例演示了表 12-2 所示的 7 个函数的基本用法。

实例位置：**PythonSamples\src\chapter12\demo12.08.py**

```
from heapq import *
from random import *
data = [1, 2, 3, 4, 5, 6,7,8,9]
# 定义一个堆, 其实堆就是一个列表, 只是通过 heapq 模块中的函数利用堆算法来改变列表中的元素而已
heap = []
```

```
for n in data:
    # 利用 choice 函数从 data 列表中随机选择 9 个数（可能有重复的数）
    value = choice(data)
    # 使用 heappush 函数将 value 添加进堆
    heappush(heap,value)
# 运行结果：[1, 2, 3, 3, 9, 8, 8, 6, 4]
print(heap)
# 将 2.5 添加进堆
heappush(heap,2.5)
# 运行结果：[1, 2, 3, 3, 2.5, 8, 8, 6, 4, 9]
print(heap)
# 弹出 heap 中的最小值，并获取这个最小值，运行结果：1
print(heappop(heap))

data1 = [6,3,1,12,8]
# 将 data1 转换为堆（直接修改了 data1）
heapify(data1)
# 运行结果：[1, 3, 6, 12, 8]
print(data1)
# 弹出 data1 中的最小值，并将 100 添加进堆
heapreplace(data1, 100)
# 运行结果：[3, 8, 6, 12, 100]
print(data1)
# 得到 data1 中最大的值，运行结果：[100]
print(nlargest(1,data1))
# 得到 data1 中最大的前 2 个值，运行结果：[100,12]
print(nlargest(2,data1))
# 得到 data1 中最小的值，运行结果：[3]
print(nsmallest(1,data1))
# 得到 data1 中最小的前 3 个值，运行结果：[3,6,8]
print(nsmallest(3,data1))
# 合并多个有序的列表，并得到一个新的有序列表
# 运行结果：[0, 1, 2, 3, 4, 5, 5, 7, 8, 10, 15, 20, 25]
print(list(merge([1,3,1234,7], [0,2,4,8], [5,10,15,20], [], [25])))
# 合并多个有序列表，并通过 key 关键字参数指定一个函数 len，也就是说，会按列表元素值的长度进行排序
# 运行结果：['dog', 'cat', 'fish', 'horse', 'kangaroo']
print(list(merge(['dog', 'horse'], ['cat', 'fish', 'kangaroo'], key=len)))
```

程序运行结果如图 12-10 所示。

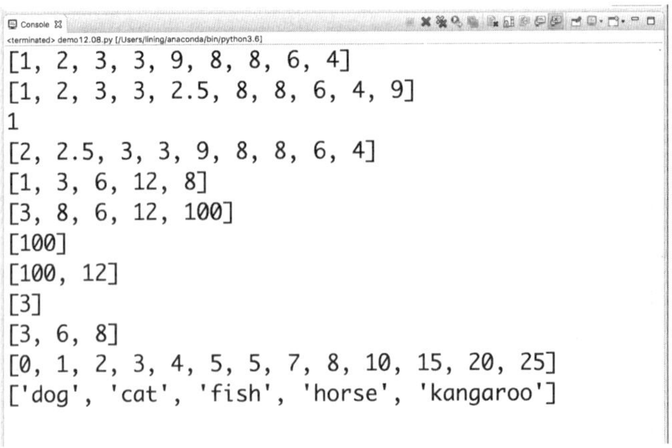

图 12-10　堆（heap）

### 12.3.3　双端队列

双端队列不同于普通的队列。对于普通的队列来说，只能操作队列的头，而不能操作队列的尾，也就是先进先出操作。双端队列是普通队列的扩展，在队列的头和尾都可以进行队列的操作，所以对一组值的两头进行操作，使用双端队列是非常方便的。

使用双端队列需要导入 collections 模块中的 deque 类。该类中提供了若干个方法用于操作双端队列，例如，append 方法可以将值添加到队列的尾部，而 appendleft 方法可以将值添加到队列的头部。pop 方法可以弹出队列尾部的最后一个值，并返回这个值。popleft 方法可以弹出队列头部的第 1 个值，并返回这个值。

【例 12.9】　本例创建了两个双端队列，并演示了双端队列的追加元素值、弹出元素值、移动元素值、合并等操作。

**实例位置：PythonSamples\src\chapter12\demo12. 09.py**

```
from collections import deque
# 创建一个包含 10 个数字的双端队列
q = deque(range(10))
# 运行结果: deque([0, 1, 2, 3, 4, 5, 6, 7, 8, 9])
print(q)
# 将 100 追加到双端队列 q 的队尾
q.append(100)
# 将-100 追加到双端队列 q 的队尾
q.append(-100)
# 运行结果: deque([0, 1, 2, 3, 4, 5, 6, 7, 8, 9, 100, -100])
print(q)
# 将 20 追加到双端队列 q 的队首
q.appendleft(20)
# 运行结果: deque([20, 0, 1, 2, 3, 4, 5, 6, 7, 8, 9, 100, -100])
print(q)
# 弹出队尾的值, 运行结果: -100
print(q.pop())
# 运行结果: deque([20, 0, 1, 2, 3, 4, 5, 6, 7, 8, 9, 100])
print(q)
# 弹出队首的值, 运行结果: 20
print(q.popleft())
# 运行结果: deque([0, 1, 2, 3, 4, 5, 6, 7, 8, 9, 100])
print(q)
# 将双端队列中的元素向左循环移动两个位置, 也就是队首的元素会移动到队尾
q.rotate(-2)
# 运行结果: deque([2, 3, 4, 5, 6, 7, 8, 9, 100, 0, 1])
print(q)
# 将双端队列中的元素向右循环移动两个位置, 也就是队尾的元素会移动到队首
q.rotate(4)
# 运行结果: deque([9, 100, 0, 1, 2, 3, 4, 5, 6, 7, 8])
print(q)
```

```
# 创建一个双端队列 q1
q1 = deque(['a','b'])
# 将 q1 追加到 q 的后面
q.extend(q1)
# 运行结果: deque([9, 100, 0, 1, 2, 3, 4, 5, 6, 7, 8, 'a', 'b'])
print(q)
# 将 q1 追加到 q 的前面，这时 q1 会倒序排列
q.extendleft(q1)
# 运行结果: deque(['b', 'a', 9, 100, 0, 1, 2, 3, 4, 5, 6, 7, 8, 'a', 'b'])
print(q)
```

程序运行结果如图 12-11 所示。

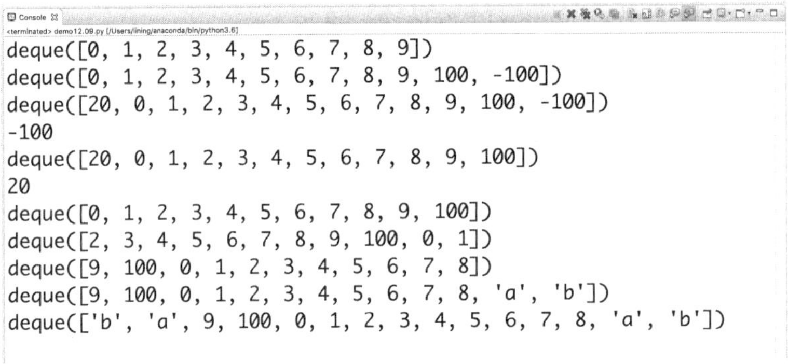

图 12-11　双端队列

## 12.4　时间、日期与日历（time 模块）

Python 程序能用很多方式处理日期和时间，转换日期格式是一个常见的功能。Python 提供的 time、datetime 和 calendar 模块可以用于格式化日期和时间。时间间隔是以秒为单位的浮点数。每个时间戳使用从 1970 年 1 月 1 日午夜（历元）到现在经过的时间来表示。

Python 语言的 time 模块下有很多函数可以转换常见日期格式。例如，函数 time 用于获取当前时间戳，代码如下：

```
import time
ticks = time.time()
# 运行结果：当前时间戳为：1511675087.7990139
print ("当前时间戳为:", ticks)
```

从前面代码的运行结果可以看出，ticks 变量的值是一个浮点数，这个浮点数就是从运行程序那一刻的时间点到 1970 年 1 月 1 日午夜之间的秒数。当然，Python 语言还可以使用更多的函数来操作时间和日期。本节深入介绍与时间、日期和日历相关函数的用法。

### 12.4.1　时间元组

在 Python 语言中，时间用一个元组表示。表示时间的元组有 9 个元素，这 9 个元素都有其对应的属性，所以时间元组中的每一个元素值既可以通过属性获得，也可以通过索引获得。时间元组中的元

素属性以及对应的描述如表 12-3 所示。

表 12-3 时间元组中的元素属性与描述

| 属　　性 | 描　　述 | 值 |
|---|---|---|
| tm_year | 4 位数字的年 | 2008、2016 等 |
| tm_mon | 月 | 1～12 |
| tm_mday | 日 | 1～31 |
| tm_hour | 小时 | 0～23 |
| tm_min | 分钟 | 0～59 |
| tm_sec | 秒 | 0～61（60 或 61 是闰秒） |
| tm_wday | 一周的第几日 | 0～6（0 是周一） |
| tm_yday | 一年的第几日 | 1～366（儒略历） |
| tm_isdst | 夏令时 | 1 表示夏令时，0 表示不是夏令时，-1 表示未知。默认值是-1 |

使用与时间相关的函数，需要导入 time 模块。

【例 12.10】 本例利用 time 函数获取了当前的时间戳，并利用时间元组的属性获取了对应的时间分量（年、月、日等），最后使用 asctime 函数获取了一个可读的时间。

实例位置：**PythonSamples\src\chapter12\demo12.10.py**

```
import time
# 获取当前时间
localtime = time.localtime(time.time())
print ("本地时间为 :", localtime)
# 运行结果：年 = 2017
print('年','=', localtime.tm_year)
# 运行结果：月 = 11
print('月','=', localtime.tm_mon)
# 运行结果：日 = 16
print('日','=', localtime.tm_mday)
# 运行结果：一周的第 330
print('一年的第%d 天' % localtime[7])
# 获取一个可读的时间
localtime = time.asctime( time.localtime(time.time()) )
# 运行结果：本地时间为 : Sun Nov 26 17:56:14 2017
print ("本地时间为 :", localtime)
```

程序运行结果如图 12-12 所示。

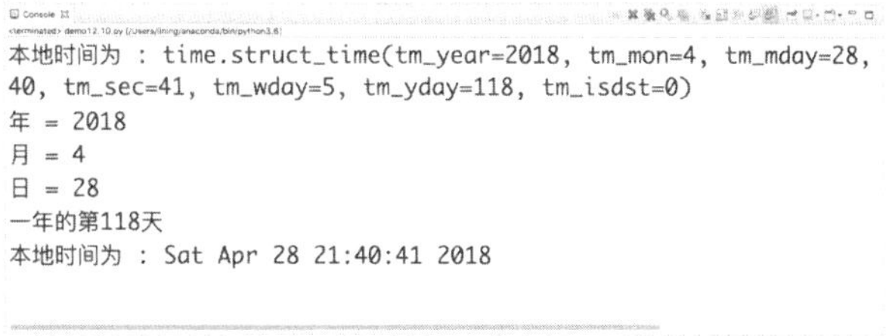

图 12-12 时间元组

## 12.4.2 格式化日期和时间

在不同的场景，需要显示不同格式的日期和时间，有的场景要求显示完整的日期和时间，有的场景仅仅要求显示 4 位的年。这就要求在输出日期和时间之前要先进行格式化。

格式化日期和时间需要使用 strftime 函数，该函数的第 1 个参数是格式化字符串，第 2 个参数是时间元组。Python 语言支持多个日期和时间格式化符号，这些符号如表 12-4 所示。

表 12-4 格式化日期和时间的符号

| 格式化符号 | 描　　述 |
| --- | --- |
| %y | 两位数的年份（00～99） |
| %Y | 四位数的年份（0000～9999） |
| %m | 两位数的月份（01～12） |
| %d | 月内的某一天（0～31） |
| %H | 24 小时制的小时数（0～23） |
| %l | 12 小时制的小时数（1～12） |
| %M | 分钟数（0～59） |
| %S | 秒（0～59） |
| %a | 本地简化星期名称 |
| %A | 本地完整星期名称 |
| %b | 本地简化月份名称 |
| %B | 本地完整月份名称 |
| %c | 本地日期和时间 |
| %j | 一年中的第几天（0～366） |
| %p | 本地 A.M.或 P.M.的等价符号，一般与 12 小时制的小时数一起使用 |
| %U | 一年中的星期数，星期日为一个星期的开始 |
| %w | 星期（0～6），星期日为一个星期的开始 |
| %W | 一年中的星期数，星期一为一个星期的开始 |
| %x | 本地日期 |
| %X | 本地时间 |
| %Z | 当前时区的名称 |
| %% | %号本身 |

Python 语言中所有用于格式化日期和时间的符号都以百分号（%）开头，如 "%Y-%m-%d" 会将日期格式化为如 "2017-11-12" 的形式。

【例 12.11】 本例利用 time 函数获取了当前的时间戳，并利用时间元组的属性获取了对应的时间分量（年、月、日等），最后使用 asctime 函数获取了一个可读的时间。

实例位置：**PythonSamples\src\chapter12\demo12. 11.py**

```
import time
import locale
# 设置日期和时间为中文 UTF-8 格式，格式化字符串中支持中文
locale.setlocale(locale.LC_ALL, 'zh_CN.UTF-8')
# 将日期和时间格式化成 2017-11-26 18:41:15 形式
print (time.strftime("%Y-%m-%d %H:%M:%S", time.localtime()))
# 将日期和时间格式化成 2017 年 11 月 26 日 18 时 41 分 15 秒形式
print (time.strftime("%Y 年%m 月%d 日 %H 时%M 分%S 秒", time.localtime()))
# 将日期和时间格式化成 2017 年 11 月 26 日 18 时 41 分 15 秒形式
print(time.strftime('%Y{y}%m{m}%d{d} %H{H}%M{M}%S{S}').format(y='年', m='月', d='日',H='时', M='分', S='秒'))
# 输出星期的完整名称
print(time.strftime('今天是%A',time.localtime()))
```

程序运行结果如图 12-13 所示。

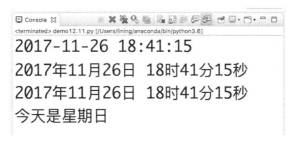

图 12-13　格式化日期和时间

要注意的是，如果格式化字符串中包含中文，必须用 locate 模块中的 setlocale 函数将日期和时间的格式设为中文的 UTF-8 格式，否则无法成功对日期和时间格式化。如果不知道当前系统有哪些 Locate，则可以使用 locate -a 命令查询，或使用 locate -a | grep UTF-8 只显示 UTF-8 的 Locate。这些命令仅仅针对 Linux 和 Mac OS X。

### 12.4.3　时间戳的增量

通过 time 模块的 time 函数可以获取当前时间的时间戳（浮点数格式），时间戳可以加上或减去一个整数（n），这就是时间戳的增量，单位是秒。也就是说，当前时间戳加 10 表示未来 10s，减 10 表示过去 10s。如果想得到未来 1h 的时间戳，需要将 time 函数的返回值加 3600。

【例 12.12】　本例利用 time 函数获取了当前的时间戳，并在该时间戳的基础上分别加 1min、1h 和减 1 天，然后将时间戳转换为时间元组，最后格式化时间元组并输出。

实例位置：**PythonSamples\src\chapter12\demo12.12.py**

```
import time
# 获取当前的时间戳
time1 = time.time()
# 当前时间戳往后移 1 分钟
time2 = time1 + 60
# 当前时间戳往后移 1 小时
time3 = time1 + 60 * 60
# 当前时间戳往前移 1 天
time4 = time1 - 60 * 60 * 24
# 下面 4 行代码将时间戳转换为时间元组
time1 = time.localtime(time1)
time2 = time.localtime(time2)
time3 = time.localtime(time3)
time4 = time.localtime(time4)
# 下面 4 行代码分别输出了前面 4 个时间元组格式化后的日期和时间
print (time.strftime("%Y-%m-%d %H:%M:%S", time1))
print (time.strftime("%Y-%m-%d %H:%M:%S", time2))
print (time.strftime("%Y-%m-%d %H:%M:%S", time3))
print (time.strftime("%Y-%m-%d %H:%M:%S", time4))
```

程序运行结果如图 12-14 所示。

```
2017-11-26 19:55:43
2017-11-26 19:56:43
2017-11-26 20:55:43
2017-11-25 19:55:43
```

图 12-14　时间戳的增量

### 12.4.4　计算日期和时间的差值

datetime 模块中的 datetime 类允许计算两个日期的差值，可以得到任意两个日期之间的天数以及剩余的秒数。通过 datetime 模块的 timedelta 函数还可以得到一个时间增量，如 timedetla(hours=2)可得到往后延两个小时的时间增量。

【例 12.13】　本例通过 datetime 类指定了两个日期，并计算这两个日期之间相差多少天；然后又指定了两个带时间的日期，并计算这两个日期之间相差剩余的秒数（刨除整数天）；最后通过 timedelta 函数将当前时间往后延了 2h，并格式化输出了这个延后的时间。

**实例位置：PythonSamples\src\chapter12\demo12. 13.py**

```python
# 导入 datetime 模块
import datetime
# 定义第 1 个日期
d1 = datetime.datetime(2017, 4, 12)
# 定义第 2 个日期
d2 = datetime.datetime(2018, 12, 25)
# 计算这两个日期之间的天数，运行结果：622
print((d2 - d1).days)
# 定义第 1 个带时间的日期
d1 = datetime.datetime(2017, 4, 12,10,10,10)
# 定义第 2 个带时间的日期
d2 = datetime.datetime(2018, 12, 25,10,10,40)
# 输出两个日期的差，运行结果：622 days, 0:00:30
print(d2 - d1)
# 计算两个日期相差的秒数（刨除整数天），运行结果：30
print((d2 - d1).seconds)
# 获取当期的时间（datetime 类型）
d1 = datetime.datetime.now()
# 将当前时间往后延 10 小时
d2 = d1 + datetime.timedelta(hours=10)
# 导入 time 模块
import time
# 将时间戳转换为时间元组
d2 = time.localtime(d2.timestamp())
# 格式化并输出时间元组，运行结果：2017-11-27 06:32:37
print (time.strftime("%Y-%m-%d %H:%M:%S", d2))
```

程序运行结果如图 12-15 所示。

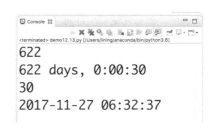

```
622
622 days, 0:00:30
30
2017-11-27 06:32:37
```

图 12-15　计算日期和时间的差值

要注意的是，在使用 seconds 属性获取两个日期相差的秒数时，需要刨除天数。例如，本例中 d2 和 d1 实际上相差了 622 天 30 秒。刨除 622 天后，seconds 属性的值是 30s。

## 12.4.5 获取某月和某年的日历

使用 calendar 模块中的 month 函数，可以得到某月的日历，以字符串形式返回。如果使用 calendar 函数，可以获取某一年 12 个月的日历，也是以字符串形式体现。

【例 12.14】 本例通过 month 函数获取了 2017 年 1 月的日历，然后通过 calendar 函数返回 2017 年一整年的日历。注意，返回的日历第 1 列是星期一。

**实例位置：PythonSamples\src\chapter12\demo12.14.py**

```python
import calendar
import locale
# 返回 2017 年 1 月的日历（日历是英文的）
cal = calendar.month(2017, 1)
print(cal);
# 设置本地日期格式为中文 UTF-8
locale.setlocale(locale.LC_ALL, 'zh_CN.UTF-8')
# 返回 2017 年 1 月的日历（日历是中文的）
cal = calendar.month(2017, 1)
print(cal);
# 恢复默认的日期格式（英文），否则显示 12 个月的日历，位置会窜
locale.setlocale(locale.LC_ALL, '')
# 输出 2017 年一整年的日历（共 12 个月）
print(calendar.calendar(2017))
```

程序运行结果如图 12-16 所示。

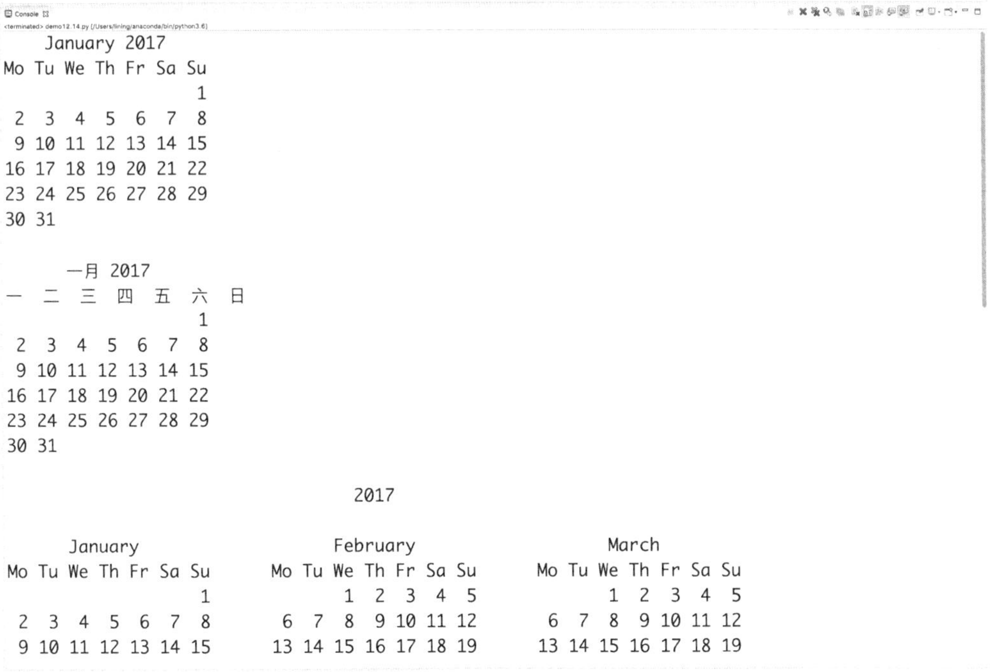

图 12-16 显示某月和某年的日历

## 12.5 随机数（random 模块）

在 random 模块中封装了多个函数用于产生各种类型的随机数，这些函数有的可以产生单值随机数，有的可以产生一组随机数，还有的可以打乱列表原来的顺序，类似于洗牌。random 模块中常用函数及描述如下：

- ❑ randint(m,n)：产生 m～n 的随机整数，包括 m 和 n。
- ❑ random()：产生 0～1 的随机浮点数，包括 0，但不包括 1。
- ❑ uniform(m,n)：产生 m～n 的随机浮点数，m 和 n 可以是浮点数，包括 m 和 n。
- ❑ randrange(m,n,step)：在一个递增的序列中随机选择一个整数。其中，step 是步长。如 randrange(1,6,2)，该函数就会在列表[1,3,5] 中随机选择一个整数。
- ❑ choice(seq)：从 seq 指定的序列中随机选择一个元素值。seq 指定的列表元素可以是任意类型的值。
- ❑ sample(seq,k)：从 seq 指定的序列中随机选取 k 个元素，然后生成一个新的序列。
- ❑ shuffle(seq)：把 seq 指定的序列中元素的顺序打乱，该函数直接修改原有的序列。

【例 12.15】 本例演示了前面介绍的 random 模块中常用随机函数的用法。

**实例位置：PythonSamples\src\chapter12\demo12.15.py**

```python
import random
# 产生 1～100 的随机整数
print(random.randint(1,100))
# 产生 0～1 的随机数
print(random.random())
# 从[1,4,7,10,13,16,19]随机选一个数
print(random.randrange(1, 20, 3))
# 产生一个从 1～100.5 的随机浮点数
print(random.uniform(1, 100.5))
intList = [1,2,3,4,5,6,7,8,9,'a','b','c','d']
# 从 intList 列表中随机选一个元素值
print(random.choice(intList))
# 从 intList 列表中随机选 3 个元素值，并生成一个新的序列
newList = random.sample(intList, 3)
print(newList)
# 随机排列 intList 中的元素值，该函数直接改变了 intList 列表
random.shuffle(intList)
print(intList)
```

程序运行结果如图 12-17 所示。

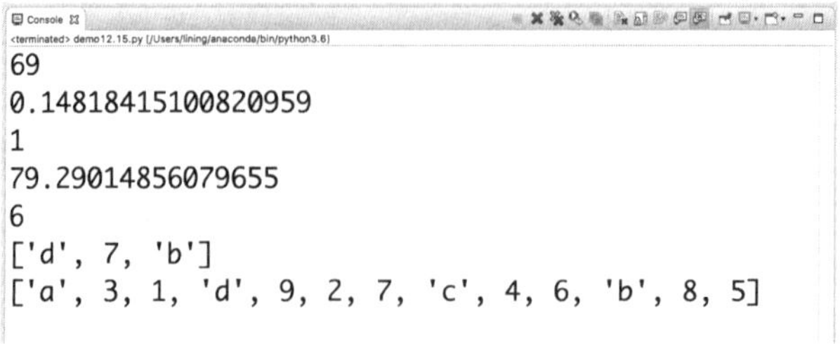

图 12-17 随机数

## 12.6　数学（math 模块）

在 math 模块中封装了很多与数学有关的函数和变量，如取整、计算幂值、平方根、三角函数等。本节介绍 math 模块中比较常用的数学函数。

【例 12.16】　本例演示 math 模块中一些常用的数学函数的使用方法。

**实例位置：PythonSamples\src\chapter12\demo12.16.py**

```python
import math
print('圆周率', '=', math.pi)
print('自然常数', '=', math.e)
# 取绝对值
print(math.fabs(-1.0))
# 向上取整，运行结果：2
print(math.ceil(1.3))
# 向下取整，运行结果：1
print(math.floor(1.7))
# 计算 2 的 10 次方，运行结果：1024.0
print(math.pow(2,10))
# 计算 8 的平方根，运行结果：2.8284271247461903
print(math.sqrt(8))
# 计算 π/2 的正弦，运行结果：1.0
print(math.sin(math.pi / 2))
# 计算 π 的余弦，运行结果：-1.0
print(math.cos(math.pi))
# 计算 π/4 的正切，运行结果：0.9999999999999999
print(math.tan(math.pi / 4))
```

程序运行结果如图 12-18 所示。

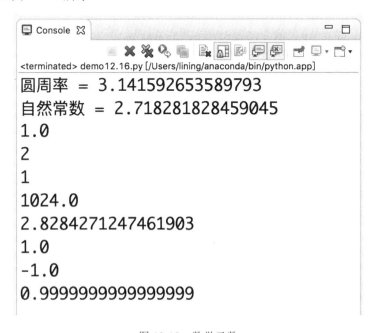

图 12-18　数学函数

## 12.7　小结

本章详细讲解了 Python 语言中的几个常用模块中的核心函数的使用方法，这些函数都是很常用的，有必要好好掌握它们。Python 语言之所以非常强大，主要原因之一就是有众多的第三方模块支撑，如深度学习经常使用的三大模块：NumPy、Matplotlib 和 Pandas。热门的第三方模块，在本书都会有介绍。

## 12.8　实战与练习

本章练习题，除了配有答案（源代码）外，还会在赠送的视频课程中讲解。

1. 编写一个 Python 程序，从一个列表中随机取三个元素值，并按取值顺序将元素值组成三级目录，然后创建这个三级目录。例如，有一个列表['a','b','c','d','e']，现在取的值依次是'a'、'd'、'c'，组成的三级目录是 "a/d/c"，然后使用相应的函数创建这个三级目录即可。

答案位置：PythonSamples\src\chapter12\practice\solution12.1.py

2. 编写一个 Python 程序，从控制台输入两个日期，格式为 2011-1-1，然后计算这两个日期之间相差多少天，并输出计算结果。如果输出的日期格式错误，则抛出异常，并输出这个异常。程序运行效果如图 12-19 所示。

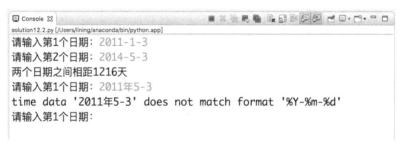

图 12-19　计算两个日期之间相差多少天

答案位置：PythonSamples\src\chapter12\practice\solution12.2.py

# 第 13 章

# 文 件 和 流

到目前为止，本书介绍过的内容都和 Python 语言自身带的数据结构有关，与用户交互的部分只是通过 input 和 print 函数在控制台输入/输出。但真正有价值的应用需要将程序的处理结果保存，还会读取外部数据作为数据源，这就涉及本章要介绍的与文件和流相关的函数和对象，通过这些函数和对象，可以让 Python 程序处理来自其他程序的数据，并存储和读取这些数据。

通过阅读本章，您可以：

❏ 了解打开文件的方法
❏ 掌握读写文件的方法
❏ 掌握从管道中读数据的方法
❏ 掌握通过 FileInput 读文件的方法

## 13.1 打开文件

open 函数用于打开文件，通过该函数的第 1 个参数指定要打开的文件名（可以是相对路径，也可以是绝对路径）。

```
f = open('test.txt')
f = open('./files/test.txt')
```

如果使用 open 函数成功打开文件，那么该函数会返回一个 TextIOWrapper 对象，该对象中的方法可用来操作这个被打开的文件。如果要打开的文件不存在，则抛出如图 13-1 所示的 FileNotFoundError 异常。

```
☐ Console ⊠                                                    ═ ✕ ✖ ◎ ▣ │ ▣ ☷ ☰ ▣ │ ☶ ▣ ▾ ▭ ▾ ⯈ ▭
<terminated> demo13.01.py [/Users/lining/anaconda/bin/python.app]
Traceback (most recent call last):
  File "/MyStudio/workspace/PythonSamples/src/chapter13/demo13.01.py", line 1, in <module>
    open('test.txt')
FileNotFoundError: [Errno 2] No such file or directory: 'test.txt'
```

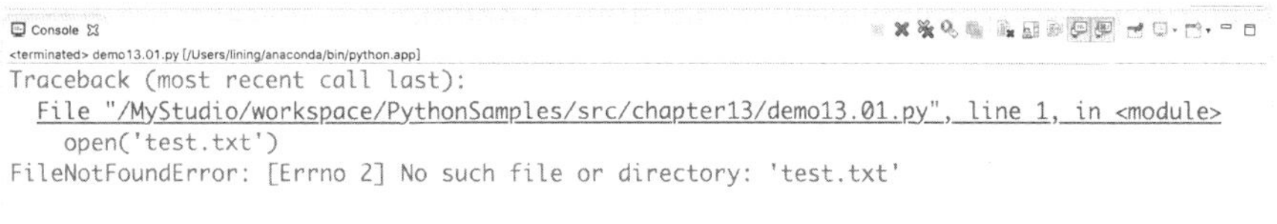

图 13-1　FileNotFoundError 异常

open 函数的第 2 个参数用于指定文件模式（用一个字符串表示）。这里的文件模式是指操作文件的方式，如只读、写入、追加等。表 13-1 描述了 Python3 支持的常用文件模式。

可以看到，在表 13-1 所示的文件模式中，主要涉及对文件的读写和文件格式（文本和二进制）的问题。使用 open 函数打开文件时默认是读模式，如果要想向文件中写数据，需要通过 open 函数的第 2 个参数指定文件模式。

```
f = open('./files/test.txt', 'w')          # 以写模式打开文件
f = open('./files/test.txt', 'a')          # 以追加模式打开文件
```

表 13-1　Python3 支持的常用文件模式

| 文 件 模 式 | 描　　　述 |
| --- | --- |
| 'r' | 读模式（默认值） |
| 'w' | 写模式 |
| 'x' | 排他的写模式（只能自己写） |
| 'a' | 追加模式 |
| 'b' | 二进制模式（可添加到其他模式中使用） |
| 't' | 文本模式（默认值，可添加到其他模式中使用） |
| '+' | 读写模式（必须与其他文件模式一起使用） |

写模式和追加模式的区别是如果文件存在，写模式会覆盖原来的文件，而追加模式会在原文件内容的基础上添加新的内容。

在文件模式中，有一些文件模式需要和其他文件模式放到一起使用，如 open 函数不指定第 2 个参数时默认以读模式打开文本文件，也就是'rt'模式。如果要以写模式打开文本文件，需要使用'wt'模式。对于文本文件来说，用文本模式（t）打开文件和用二进制模式（b）打开文件的区别不大，都是以字节为单位读写文件，只是在读写行结束符时有一定的区别。

如果使用文本模式打开纯文本文件，在读模式下，系统会将'\n'作为行结束符，对于 UNIX、Mac OS X 这样的系统来说，会将'\n'作为行结束符，而对于 Windows 来说，会将'\r\n'作为行结束符，还有的系统会将'\r'作为行结束符。对于'\r\n'和'\r'这样的行结束符，在文本读模式下，会自动转换为'\n'，而在二进制读模式下，会按原样读取，不会做任何转换。在文本写模式下，系统会将行结束符转换为 OS 对应的行结束符，如 Windows 平台会自动用'\r\n'作为行结束符。可以使用 os 模块中的 linesep 变量来获得当前 OS 对应的行结束符。

在表 13-1 最后一项是'+'文件模式，表示读写模式，必须与其他文件模式一起使用，如'r+'、'w+'、'a+'. 这三个组合文件模式都可以对文件进行读写操作，它们之间的区别如下。

❑ r+：文件可读写，如果文件不存在，会抛出异常；如果文件存在，会从当前位置开始写入新内容，通过 seek 函数可以改变当前的位置，也就是文件指针。

❑ w+：文件可读写，如果文件不存在，会创建一个新文件；如果文件存在，会清空整个文件，并写入新内容。

❑ a+：文件可读写，如果文件不存在，会创建一个新文件；如果文件存在，会将要写入的内容添加到原文件的最后，也就是说，使用'a+'模式打开文件，文件指针会直接跳到文件的尾部，如果要使用 read 方法读取文件内容，需要使用 seek 方法改变文件指针，如果调用 seek(0)会直接将文件指针移到文件开始的位置。

## 13.2　操作文件的基本方法

在前面的部分已经介绍了如何打开文件，以及常用的文件模式。那么下一步就是操作这些文件，通常的文件操作就是读文件和写文件，本节介绍 Python3 语言中基本的读写文件的方法。

## 13.2.1 读文件和写文件

使用 open 函数成功打开文件后，会返回一个 TextIOWrapper 对象，然后就可以调用该对象中的方法对文件进行操作。TextIOWrapper 对象有如下 4 个非常常用的方法。

❑ write(string)：向文件写入内容，该方法返回写入文件的字节数。

❑ read([n])：读取文件的内容，n 是一个整数，表示从文件指针指定的位置开始读取的 n 字节。如果不指定 n，该方法就会读取从当前位置往后的所有的字节。该方法返回读取的数据。

❑ seek(n)：重新设置文件指针，也就是改变文件的当前位置。使用 write 方法向文件写入内容后，需要调用 seek(0) 才能读取刚才写入的内容。

❑ close()：关闭文件，对文件进行读写操作后，关闭文件是一个好习惯。

【例 13.1】 本例分别使用'r'、'w'、'r+'、'w+'等文件模式打开文件，并读写文件的内容，可以从中学习到不同文件模式操作文件的差别。

实例位置：**PythonSamples\src\chapter13\demo13.01.py**

```python
# 以写模式打开 test1.txt 文件
f = open('./files/test1.txt','w')
# 向 test1.txt 文件写入 "I love "，运行结果：7
print(f.write('I love '))
# 向 test1.txt 文件写入 "python"，运行结果：6
print(f.write('python'))
# 关闭 test1.txt 文件
f.close()
# 以读模式打开 test1.txt 文件
f = open('./files/test1.txt', 'r')
# 从 test1.txt 文件中读取 7 字节的数据，运行结果：I love
print(f.read(7))
# 从 test1.txt 文件的当前位置开始读取 6 字节的数据，运行结果：python
print(f.read(6))
# 关闭 test1.txt 文件
f.close()
try:
    # 如果 test2.txt 文件不存在，会抛出异常
    f = open('./files/test2.txt','r+')
except Exception as e:
    print(e)
# 用追加可读写模式打开 test2.txt 文件
f = open('./files/test2.txt', 'a+')
# 向 test2.txt 文件写入 "hello"
print(f.write('hello'))
# 关闭 test2.txt 文件
f.close()
# 用追加可读写模式打开 test2.txt 文件

f = open('./files/test2.txt', 'a+')
# 读取 test2.txt 文件的内容，由于目前文件指针已经在文件的结尾，所以什么都不会读出来
print(f.read())
# 将文件指针设置到文件开始的位置
f.seek(0)
# 读取文件的全部内容，运行结果：hello
```

```
print(f.read())
# 关闭 test2.txt 文件
f.close()
try:
    # 用写入可读写的方式打开 test2.txt 文件，该文件的内容会清空
    f = open('./files/test2.txt', 'w+')
    # 读取文件的全部内容，什么都没读出来
    print(f.read())
    # 向文件写入"How are you?"
    f.write('How are you?')
    # 重置文件指针到文件的开始位置
    f.seek(0)
    # 读取文件的全部内容，运行结果：How are you?
    print(f.read())
finally:
    # 关闭 test2.txt 文件，建议在 finally 中关闭文件
    f.close()
```

在运行程序之前，先在当前目录建立一个 files 子目录，第一次运行程序的结果如图 13-2 所示。

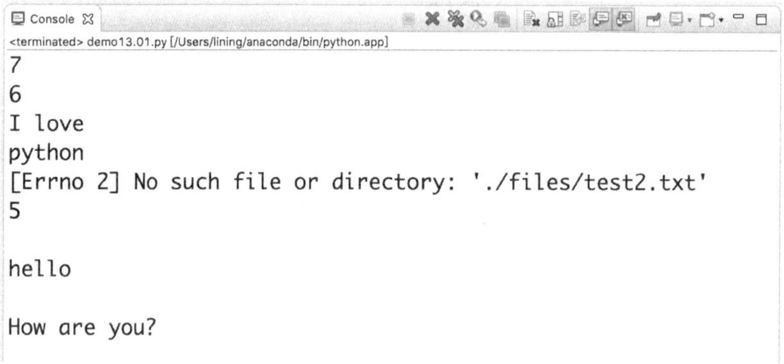

图 13-2　读文件和写文件

尽管一个文件对象在退出程序后（也可能在退出前）会自动关闭，尽管是否关闭不重要，但在对文件完成相关操作后关闭文件也没什么坏处，而且还可以避免浪费操作系统中打开文件的配额。因此建议在对文件进行读写操作后，使用 close 方法关闭文件，而且最好在 finally 子句中关闭文件，这样做可以保证文件一定会被关闭。

### 13.2.2　管道输出

在 Linux、UNIX、Mac OS X 等系统的 Shell 中，可以在一个命令后面写另外一个命令，前一个命令的执行结果将作为后一个命令的输入数据，这种命令书写方式被称为管道，多个命令之间要使用"|"符号分隔。下面是一个使用管道命令的例子。

```
ps aux | grep mysql
```

在上面的管道命令中先后执行了两个命令，首先执行 ps aux 命令查看当前系统的进程以及相关信息，然后将查询到的数据作为数据源提供给 grep 命令，grep mysql 命令表示查询进程信息中所有包含mysql 字样的进程。图 13-3 所示是一种可能的输出结果。

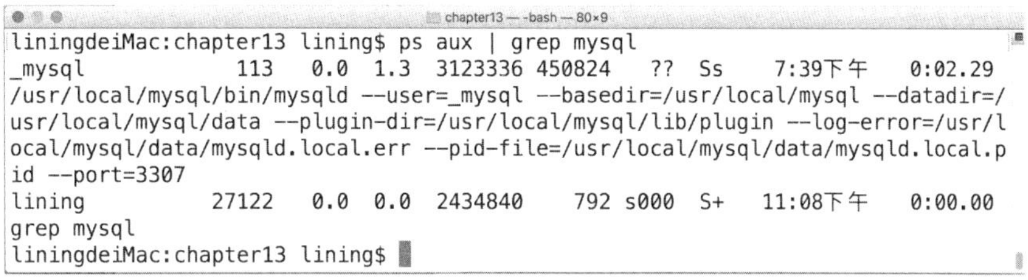
```
liningdeiMac:chapter13 lining$ ps aux | grep mysql
_mysql            113   0.0  1.3  3123336 450824   ??  Ss     7:39下午    0:02.29
/usr/local/mysql/bin/mysqld --user=_mysql --basedir=/usr/local/mysql --datadir=/
usr/local/mysql/data --plugin-dir=/usr/local/mysql/lib/plugin --log-error=/usr/l
ocal/mysql/data/mysqld.local.err --pid-file=/usr/local/mysql/data/mysqld.local.p
id --port=3307
lining          27122   0.0  0.0  2434840    792 s000  S+    11:08下午    0:00.00
grep mysql
liningdeiMac:chapter13 lining$
```

图 13-3　使用管道命令查询包含 mysql 字样的进程

在 Python 程序中，可以通过标准输入来读取从管道传进来的数据，所以 python 命令也可以使用在管道命令中。

**【例 13.2】** 本程序的功能是从标准输入读取所有的数据，并按行将数据保存在列表中，然后过滤出所有包含 readme 的行，并输出这些行。

这个例子只是一个普通的程序，不过却可以使用在管道命令中。本例要执行的管道命令有如下三个：

- ls -al ~：列出 home 目录中所有的文件和目录。
- python filter.py：从管道接收数据（文件和目录列表），并过滤出所有包含 readme 的文件和目录。filter.py 文件是本例要编写的程序。
- sort：对过滤结果进行排序。

**实例位置：PythonSamples\src\chapter13\filter.py**

```
import sys
import os
import re
# 从标准输入读取全部数据
text = sys.stdin.read()
# 将字符串形式的文件和目录列表按行拆分，然后保存到列表中
files = text.split(os.linesep)
for file in files:
     # 匹配每一个文件名和目录名，只要包含“readme”，就符合条件
    result = re.match('.*readme.*', file)
    if result != None:
        # 输出满足条件的文件名或目录名
        print(file)
```

现在切换到控制台，进入 filter.py 文件所在的目录，然后执行下面的命令。

```
ls -al ~ | python filter.py | sort
```

执行上面的命令后，根据 home 目录中的具体内容，会输出不同的结果。图 13-4 所示是一种可能的输出结果。

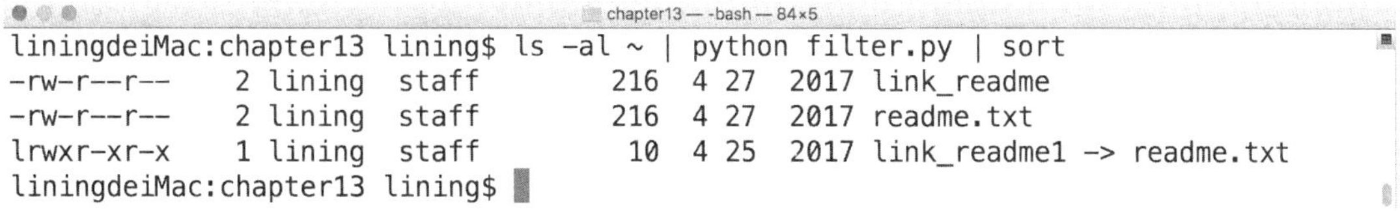
```
liningdeiMac:chapter13 lining$ ls -al ~ | python filter.py | sort
-rw-r--r--    2 lining  staff       216  4 27  2017 link_readme
-rw-r--r--    2 lining  staff       216  4 27  2017 readme.txt
lrwxr-xr-x    1 lining  staff        10  4 25  2017 link_readme1 -> readme.txt
liningdeiMac:chapter13 lining$
```

图 13-4　过滤包含 readme 的文件名和目录名

### 13.2.3　读行和写行

读写一整行是纯文本文件最常用的操作，尽管可以使用 read 和 write 方法加上行结束符来读写文件中的整行，但比较麻烦。因此，如果要读写一行或多行文本，建议使用 readline 方法、readlines 方法和 writelines 方法。注意，并没有 writeline 方法，写一行文本需要直接使用 write 方法。

readline 方法用于从文件指针当前位置读取一整行文本，也就是说，遇到行结束符停止读取文本，但读取的内容包括了行结束符。readlines 方法从文件指针当前的位置读取后面所有的数据，并将这些数据按行结束符分隔后，放到列表中返回。writelines 方法需要通过参数指定一个字符串类型的列表，该方法会将列表中的每一个元素值作为单独的一行写入文件。

【例 13.3】　本例通过 readline 方法、readlines 方法和 writelines 方法对 urls.txt 文件进行读写行操作，并将读文件后的结果输出到控制台。

实例位置：**PythonSamples\src\chapter13\demo13.02.py**

```python
import os
# 以读写模式打开 urls.txt 文件
f = open('./files/urls.txt','r+')
# 保存当前读上来的文本
url = ''
while True:
    # 从 urls.txt 文件读一行文本
    url = f.readline()
    # 将最后的行结束符去掉
    url = url.rstrip()
    # 当读上来的是空串，结束循环
    if url == '':
        break;
    else:
        # 输出读上来的行文本
        print(url)
print('-----------')
# 将文件指针重新设为 0
f.seek(0)
# 读 urls.txt 文件中的所有行
print(f.readlines())
# 向 urls.txt 文件中添加一个新行
f.write('https://jiketiku.com' + os.linesep)
# 关闭文件
f.close()
# 使用'a+'模式再次打开 urls.txt 文件
f = open('./files/urls.txt','a+')
# 定义一个要写入 urls.txt 文件的列表
urlList = ['https://geekori.com' + os.linesep, 'https://www.google.com' + os.linesep]
# 将 urlList 写入 urls.txt 文件
```

```
f.writelines(urlList)
# 关闭 urls.txt 文件
f.close()
```

在运行上面的程序之前，先要在当前目录中建立一个 files 子目录，并在该目录下建立一个 urls.txt
文件，并输入下面 3 行内容。

```
files/urls.txt
https://geekori.com
https://geekori.com/que.php
http://edu.geekori.com
```

程序运行结果如图 13-5 所示。

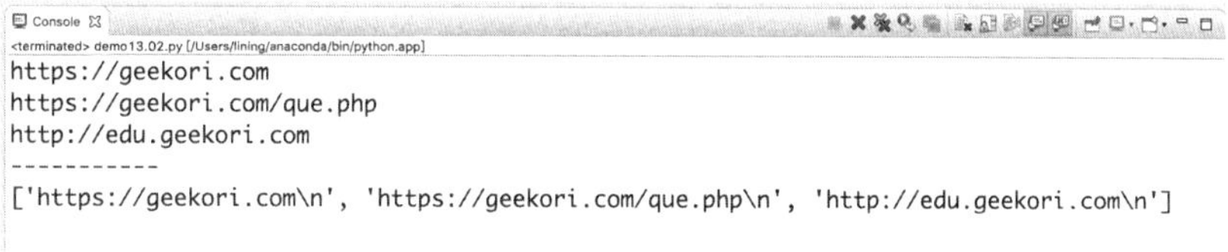

图 13-5 读行和写行

第一次运行程序后，urls.txt 文件中内容如下：

```
files/urls.txt
https://geekori.com
https://geekori.com/que.php
http://edu.geekori.com
https://jiketiku.com
https://geekori.com
https://www.google.com
```

## 13.3 使用 FileInput 对象读取文件

如果需要读取一个非常大的文件，使用 readlines 函数会占用太多内存，因为该函数会一次性将文
件所有的内容都读到列表中，列表中的数据都需要放到内存中，所以非常占内存。为了解决这个问题，
可以使用 for 循环和 readline 方法逐行读取，也可以使用 fileinput 模块中的 input 函数读取指定的文件。

input 方法返回一个 FileInput 对象，通过 FileInput 对象的相应方法可以对指定文件进行读取，FileInput
对象使用的缓存机制，并不会一次性读取文件的所有内容，所以比 readlines 函数更节省内存资源。

【例 13.4】 本例使用 fileinput.input 方法读取了 urls.txt 文件，并通过 for 循环获取了每一行值，同
时调用了 fileinput.filename 方法和 fileinput.lineno 方法分别获取了正在读取的文件名和当前的行号。

**实例位置：PythonSamples\src\chapter13\demo13.03.py**

```
import fileinput
# 使用 input 方法打开 urls.txt 文件
fileobj = fileinput.input('./files/urls.txt')
# 输出 fileobj 的类型
print(type(fileobj))
# 读取 urls.txt 文件第 1 行
```

```
print(fileobj.readline().rstrip())
# 通过 for 循环输出 urls.txt 文件的其他行
for line in fileobj:
    line = line.rstrip()
    # 如果 file 不等于空串，输出当前行号和内容
    if line != '':
        print(fileobj.lineno(),':',line)
    else:
        # 输出当前正在操作的文件名
        print(fileobj.filename())  # 必须在第 1 行读取后再调用，否则返回 None
```

程序运行结果如图 13-6 所示。

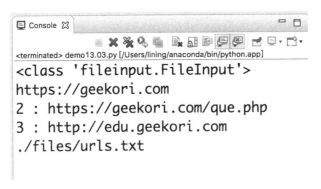

图 13-6 用 fileinput 读取文件

要注意的是，filename 方法必须在第 1 次读取文件内容后调用，否则返回 None。

## 13.4 小结

本章介绍的内容是 Python 语言中文件读写的基础，是从底层读写文件的方式。一般用于处理数据量不大，而且结构简单的数据。对于数据量非常大，而且结构复杂的数据，建议使用后面章节介绍的数据库方式存储，这样效率更高。

## 13.5 实战与练习

本章练习题，除了配有答案（源代码）外，还会在赠送的视频课程中讲解。

1. 编写一个 Python 程序，从控制台输入一个奇数，然后生成奇数行的星号（*）菱形，并将该菱形保存到当前目录下的 stars.txt 文件中。效果如图 13-7 所示。

答案位置：PythonSamples\src\chapter13\practice\solution13.1.py

2. 编写一个 Python 程序，从当前目录的文本文件 words.txt 中读取所有的内容（全都是英文单词），并统计其中每一个英文单词出现的次数。单词之间用逗号（,）、分号（;）或空格分隔，也可能是这三个分隔符一起分隔单词。将统计结果保存到字典中，并输出统计结果。

假设 words.txt 文件的内容如下：

test star test star star;bus   test bill ,   new yeah bill,book bike God start python what

统计后输出的结果如图 13-8 所示。

答案位置：PythonSamples\src\chapter13\practice\solution13.2.py

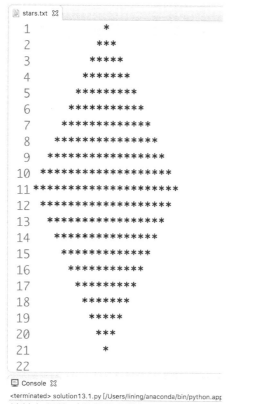

图 13-7　写到文件中的星号菱形

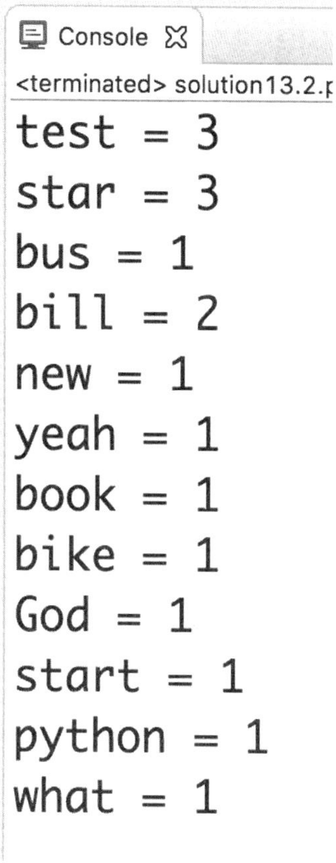

图 13-8　统计单词出现的次数

# 第 14 章

# 数 据 存 储

第 13 章介绍的使用 open 函数打开文件，然后以文本或二进制形式读写文件中的内容的方式，尽管可以将数据保存到文件中，以及从文件中读取数据，但使用这种方式读写的数据都是原始的格式，而且非常简单。如果要保存非常多的数据，而且要求快速被程序识别，甚至在海量数据中搜索到想要的数据，就要使用结构化的存储方式，而且要配有相应的处理引擎。Python 通过模块支持了大量的数据存储和查找解决方案，如基于纯文本的 JSON、XML，桌面数据库 SQLite，关系型数据库 MySQL，还有 NoSQL、Excel 等。本章将带领读者一起进入 Python 数据存储的世界，让读者深入了解如何使用这些存储技术对数据进行处理。

通过阅读本章，您可以：

❑ 掌握如何在 Python 语言中处理 XML 文档
❑ 掌握如何在 Python 语言中处理 JSON 文档
❑ 掌握如何将 JSON 字符串转换为 XML 字符串
❑ 掌握如何在 Python 语言中操作 SQLite 数据库
❑ 掌握如何在 Python 语言中操作 MySQL 数据库
❑ 了解什么是 ORM
❑ 掌握 SQLAlchemy 的基本使用方法
❑ 掌握 SQLObject 的基本使用方法
❑ 了解什么是非关系型数据库（NoSQL）
❑ 了解如何安装 MongoDB 数据库
❑ 掌握如何在 Python 语言中使用 MongoDB 数据库

## 14.1 处理 XML 格式的数据

在 Python 语言中操作 XML 文件有多种 API，本节将介绍对 XML 文件读写的基本方式，以及如何利用 XPath 来搜索 XML 文件中的子节点。

### 14.1.1 读取与搜索 XML 文件

XML 文件已经被广泛使用在各种应用中，无论是 Web 应用还是移动应用，或是桌面应用以及其他应用，几乎都会有 XML 文件的身影。尽管目前很多应用都不会将大量的数据保存在 XML 文件中，但至少会使用 XML 文件保存一些配置信息。

在 Python 语言中需要导入 XML 模块或其子模块，并利用其中提供的 API 来操作 XML 文件。例如，读取 XML 文件需要导入 xml.etree.ElementTree 模块，并通过该模块的 parse 函数读取 XML 文件。

**【例 14.1】**　本例读取了一个名为 products.xml 的文件，并输出了 XML 文件中相应节点和属性的值。

**实例位置：PythonSamples\src\chapter14\demo14.01.py**

```python
from xml.etree.ElementTree import parse
# 开始分析 products.xml 文件，files/products.xml 是要读取的 XML 文件的名字
doc = parse('files/products.xml')
# 通过 XPath 搜索子节点集合，然后对这个子节点集合进行迭代
for item in doc.iterfind('products/product'):
    # 读取 product 节点的 id 子节点的值
    id = item.findtext('id')
    # 读取 product 节点的 name 子节点的值
    name = item.findtext('name')
    # 读取 product 节点的 price 子节点的值
    price = item.findtext('price')
    # 读取 product 节点的 uuid 属性的值
    print('uuid','=',item.get('uuid'))
    print('id','=',id)
    print('name', '=',name)
    print('price','=',price)
    print('-------------')
```

在运行上面的代码之前，需要在当前目录下建立一个 files 目录，并在 files 目录下建立一个 products.xml 文件，然后输入如下的内容：

```xml
<!-- products.xml -->
<root>
    <products>
     <product uuid='1234'>
          <id>10000</id>
          <name>iPhone9</name>
          <price>9999</price>
      </product>
      <product uuid='4321'>
          <id>20000</id>
          <name>特斯拉</name>
          <price>800000</price>
      </product>
      <product uuid='5678'>
          <id>30000</id>
          <name>Mac Pro</name>
          <price>40000</price>
      </product>
    </products>
</root>
```

程序运行结果如图 14-1 所示。

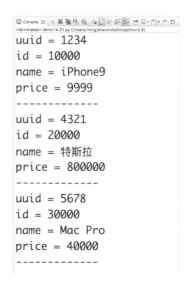

图 14-1　读取 XML 文件

从前面的代码可知，读取一个节点的子节点的值要使用 findnext 方法，读取节点属性的值，直接在当前节点下使用 get 方法即可。XML 文件要有一个根节点，本例是<root>，不能直接用<products>作为顶层节点，因为要对该节点进行迭代。要想迭代<products>节点中多个同名的子节点（如本例中的<product>），需要使用 "products/product" 格式。这是通过 XPath 查找 XML 文件中子节点的标准方式。

### 14.1.2　字典转换为 XML 字符串

14.1.1 节只讲了如何读取 XML 文件，这些 XML 文件可能是手工录入的，也可能是其他程序生成的，不过更有可能是当前的程序生成的。

生成 XML 文件的方式很多，可以按字符串方式生成 XML 文件，也可以按其他方式生成文件。本节将介绍一种将 Python 语言中的字典转换为 XML 文件的方式。通过这种方式，可以实现定义一个字典变量，并为该变量设置相应的值，然后再将该字典变量转换为 XML 文件。

将字典转换为 XML 文件需要使用 dicttoxml 模块中的 dicttoxml 函数，在导入 dicttoxml 模块之前需要先使用下面的命令安装 dicttoxml 模块。

```
pip install dicttoxml
```

要注意的是，如果本机安装了多个版本的 Python，一定要确认调用的 pip 命令是否为当前正在使用的 Python 版本中的 pip，如果调用错了，则会将 dicttoxml 模块安装到其他 Python 版本中，而当前正在使用的 Python 版本还是无法导入 dicttoxml 模块。

如果要想解析 XML 字符串，可以导入 xml.dom.minidom 模块，并使用该模块中的 parseString 函数。也就是说，如果要装载 XML 文件，需要使用 14.1.1 节介绍的 parse 函数；如果要解析 XML 字符串，需要使用 parseString 函数。

【例 14.2】　本例将一个字典类型变量转换为 XML 字符串，然后再使用 parseString 函数解析这个 XML 字符串，并用带缩进格式的形式将 XML 字符串写入 persons.xml 文件。

实例位置：**PythonSamples\src\chapter14\demo14.02.py**

```
import dicttoxml
```

```
from xml.dom.minidom import parseString
import os
# 定义一个字典
d = [20,'names',
    {'name':'Bill','age':30,'salary':2000},
    {'name':'王军','age':34,'salary':3000},
    {'name':'John','age':25,'salary':2500}]
# 将字典转换为 XML 格式（bytes 形式）
bxml = dicttoxml.dicttoxml(d, custom_root = 'persons')
# 将 bytes 形式的 XML 数据按 utf-8 编码格式解码成 XML 字符串
xml = bxml.decode('utf-8')
# 输出 XML 字符串
print(xml)
# 解析 XML 字符串
dom = parseString(xml)
# 生成带缩进格式的 XML 字符串
prettyxml = dom.toprettyxml(indent = '  ')
# 创建 files 目录
os.makedirs('files', exist_ok = True)
# 以只写和 utf-8 编码格式的方式打开 persons.xml 文件
f = open('files/persons.xml', 'w',encoding='utf-8')
# 将格式化的 XML 字符串写入 persons.xml 文件
f.write(prettyxml)
f.close()
```

程序运行结果如图 14-2 所示。

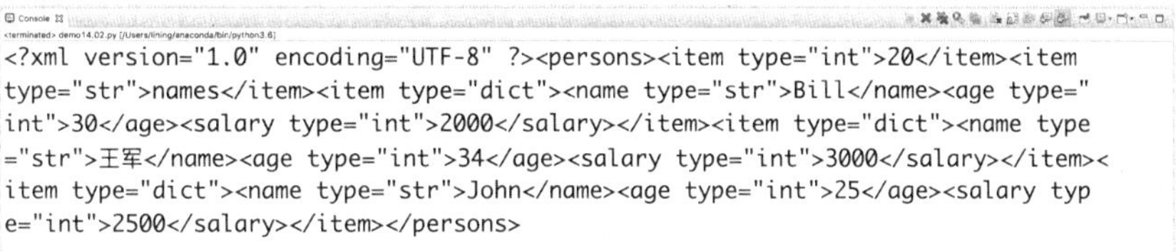

```
<?xml version="1.0" encoding="UTF-8" ?><persons><item type="int">20</item><item
type="str">names</item><item type="dict"><name type="str">Bill</name><age type="
int">30</age><salary type="int">2000</salary></item><item type="dict"><name type
="str">王军</name><age type="int">34</age><salary type="int">3000</salary></item><
item type="dict"><name type="str">John</name><age type="int">25</age><salary typ
e="int">2500</salary></item></persons>
```

图 14-2　将字典转换为 XML 字符串

运行本例后，就会看到 files 目录下的 persons.xml 文件的内容如下：

```
<?xml version="1.0" ?>
<persons>
  <item type="int">20</item>
  <item type="str">names</item>
  <item type="dict">
    <name type="str">Bill</name>
    <age type="int">30</age>
    <salary type="int">2000</salary>
  </item>
  <item type="dict">
```

```
      <name type="str">王军</name>
      <age type="int">34</age>
      <salary type="int">3000</salary>
    </item>
    <item type="dict">
      <name type="str">John</name>
      <age type="int">25</age>
      <salary type="int">2500</salary>
    </item>
</persons>
```

从控制台的输出内容和 persons.xml 文件的内容可以看出，将字典转换为 XML 字符串时在节点标签上加了一个 type 属性，表示该节点值的类型，如字典类型是 dict，字符串是 dict，整数类型是 int。

### 14.1.3 XML 字符串转换为字典

将 XML 字符串转换为字典是 14.1.2 节讲的将字典转换为字符串的逆过程，需要导入 xmltodict 模块。首先，需要使用下面的命令安装 xmltodict 模块，注意事项与按 dicttoxml 模块类似。

```
pip install xmltodict
```

**【例 14.3】** 本例从 products.xml 文件中读取一个 XML 字符串，并使用 xmltodict 模块的 parse 函数分析这个 XML 字符串，如果 XML 格式正确，parse 函数会返回与该 XML 字符串对应的字典对象。

**实例位置：PythonSamples\src\chapter14\demo14.03.py**

```
import xmltodict
# 打开 products.xml 文件
f = open('files/products.xml','rt',encoding="utf-8")
# 读取 products.xml 文件中的所有内容
xml = f.read()
# 分析 XML 字符串，并转化为字典
d = xmltodict.parse(xml)
# 输出字典内容
print(d)
f.close()
```

程序运行结果如图 14-3 所示。

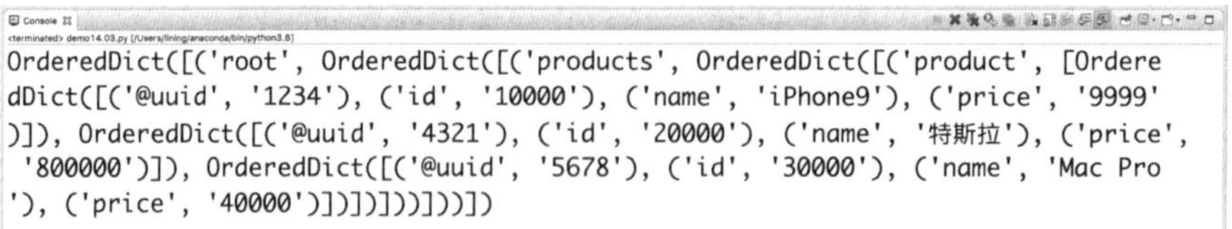
```
OrderedDict([('root', OrderedDict([('products', OrderedDict([('product', [OrderedDict([('@uuid', '1234'), ('id', '10000'), ('name', 'iPhone9'), ('price', '9999')]), OrderedDict([('@uuid', '4321'), ('id', '20000'), ('name', '特斯拉'), ('price', '800000')]), OrderedDict([('@uuid', '5678'), ('id', '30000'), ('name', 'Mac Pro'), ('price', '40000')])])]))]))])
```

图 14-3　XML 字符串转换为字典

图 14-3 所示的输出内容明显很乱，为了让字典的输出结果更容易阅读，可以使用 pprint 模块中的 PrettyPrinter.pprint 方法输出字典。

```
import pprint
print(d)    # d 为字典变量
pp = pprint.PrettyPrinter(indent=4)
```

```
pp.pprint(d)
```

程序运行结果如图 14-4 所示。

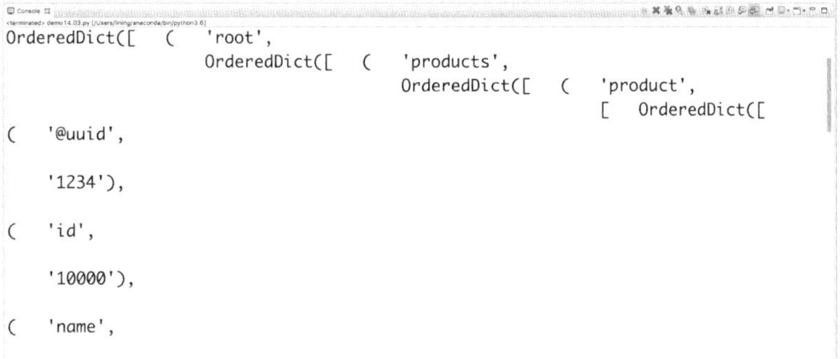

图 14-4　格式化字典的输出结果

## 14.2　处理 JSON 格式的数据

JSON 格式的数据同样被广泛使用在各种应用中，JSON 格式要比 XML 格式更轻量，所以现在很多数据都选择使用 JSON 格式保存，尤其是需要通过网络传输数据时，这对于移动应用更有优势，因为保存同样的数据，使用 JSON 格式要比使用 XML 格式的数据尺寸更小，所以传输速度更快，也更节省流量，因此，在移动 App 中通过网络传输的数据，几乎都采用了 JSON 格式。

JSON 格式的数据可以保存数组和对象，JSON 数组用一对中括号将数据括起来，JSON 对象用一对大括号将数据括起来。下面就是一个典型的 JSON 格式的字符串。在这个 JSON 格式字符串中定义了一个有两个元素的数组，每一个元素的类型都是一个对象。对象的 key 和 value 之间要用冒号（:）分隔，key-value 对之间用逗号（,）分隔。注意，key 和字符串类型的值要用双引号括起来，不能使用单引号。

```
[
    { "item1":"value1", "item2": 30, "item3":10},
    {"item1":"value2", "item2": 30, "item3":20}
]
```

### 14.2.1　JSON 字符串与字典互相转换

将字典转换为 JSON 字符串需要使用 json 模块的 dumps 函数，该函数需要将字典通过参数传入，然后返回与字典对应的 JSON 字符串。将 JSON 字符串转换为字典可以使用下面两种方法。

（1）使用 json 模块的 loads 函数，该函数通过参数传入 JSON 字符串，然后返回与该 JSON 字符串对应的字典。

（2）使用 eval 函数将 JSON 格式字符串当作普通的 Python 代码执行，eval 函数会直接返回与 JSON 格式字符串对应的字典。

【例 14.4】　本例将名为 data 的字典转换为 JSON 字符串，然后又将 JSON 字符串 s 通过 eval 函数转换为字典。最后从 products.json 文件中读取 JSON 字符串，并使用 loads 函数和 eval 函数两种方法将 JSON 字符串转换为字典。

实例位置：**PythonSamples\src\chapter14\demo14.04.py**

```python
import json
# 定义一个字典
data = {
    'name' : 'Bill',
    'company' : 'Microsoft',
    'age' : 34
}
# 将字典转换为 JSON 字符串
jsonStr = json.dumps(data)
# 输出 jsonStr 变量的类型
print(type(jsonStr))
# 输出 JSON 字符串
print(jsonStr)
# 将 JSON 字符串转换为字典
data = json.loads(jsonStr)
print(type(data))
# 输出字典
print(data)
# 定义一个 JSON 字符串
s = '''
{
    'name' : 'Bill',
    'company' : 'Microsoft',
    'age' : 34
}
'''
# 使用 eval 函数将 JSON 字符串转换为字典
data = eval(s)
print(type(data))
print(data)
# 输出字典中的 key 为 company 的值
print(data['company'])
# 打开 products.json 文件
f = open('files/products.json','r',encoding='utf-8')
# 读取 products.json 文件中的所有内容
jsonStr = f.read()
# 使用 eval 函数将 JSON 字符串转换为字典
json1 = eval(jsonStr)
# 使用 loads 函数将 JSON 字符串转换为字典
json2 = json.loads(jsonStr)
print(json1)
print(json2)
print(json2[0]['name'])
f.close()
```

在运行上面程序之前，需要在当前目录建立一个 files 子目录，并且在 files 子目录中建立一个 products.json 文件。内容如下：

```
<!-- products.json -->
[
    {
    "name":"iPhone9",
    "price":9999,
```

```
        "count":3000},

       {"name":"特斯拉",
        "price":800000,
        "count":122}
]
```

程序运行结果如图 14-5 所示。

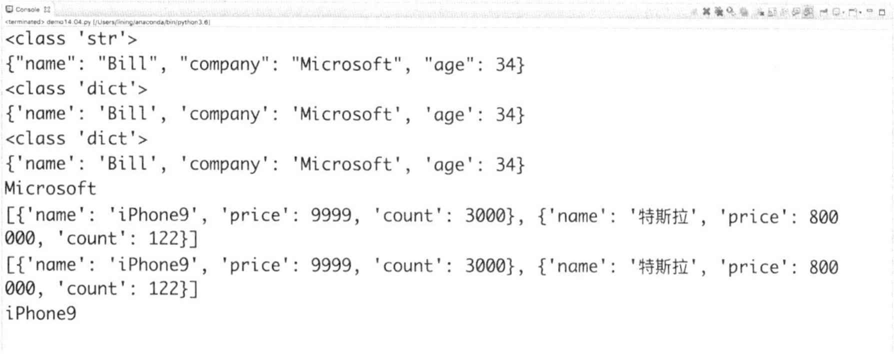

图 14-5　字典与 JSON 字符串直接的相互转换

　　尽管 eval 函数与 loads 函数都可以将 JSON 字符串转换为字典，但建议使用 loads 函数进行转换，因为 eval 函数可以执行任何 Python 代码，如果 JSON 字符串中包含了有害的 Python 代码，执行 JSON 字符串可能会带来风险。

## 14.2.2　将 JSON 字符串转换为类实例

　　loads 函数不仅可以将 JSON 字符串转换为字典，还可以将 JSON 字符串转换为类实例。转换原理是通过 loads 函数的 object_hook 关键字参数指定一个类或一个回调函数。具体处理方式如下：

❏ 指定类：loads 函数会自动创建指定类的实例，并将由 JSON 字符串转换成的字典通过类的构造方法传入类实例，也就是说，指定的类必须有一个可以接收字典的构造方法。

❏ 指定回调函数：loads 函数会调用回调函数返回类实例，并将由 JSON 字符串转换成的字典传入回调函数，也就是说，回调函数也必须有一个参数可以接收字典。

　　从前面的描述可以看出，不管指定的是类还是回调函数，都会由 loads 函数传入由 JSON 字符串转换成的字典，也就是说，loads 函数将 JSON 字符串转换为类实例的本质是先将 JSON 字符串转换为字典，然后再将字典转换为对象。区别是指定类时，创建类实例的任务由 loads 函数完成，而指定回调函数时，创建类实例的任务需要在回调函数中完成，前者更方便，后者更灵活。

　　【例 14.5】　本例会从 product.json 文件读取 JSON 字符串，然后分别通过指定类（Product）和指定回调函数（json2Product）的方式将 JSON 字符串转换为 Product 对象。

　　**实例位置：PythonSamples\src\chapter14\demo14.05.py**

```
import json
class Product:
    # d参数是要传入的字典
    def __init__(self, d):
        self.__dict__ = d
# 打开 product.json 文件
```

```
f = open('files/product.json','r')
# 从 product.json 文件中读取 JSON 字符串
jsonStr = f.read()
#  通过指定类的方式将 JSON 字符串转换为 Product 对象
my1 = json.loads(jsonStr, object_hook=Product)
# 下面 3 行代码输出 Product 对象中相应属性的值
print('name', '=', my1.name)
print('price', '=', my1.price)
print('count', '=', my1.count)
print('-----------')
# 定义用于将字典转换为 Product 对象的函数
def json2Product(d):
    return Product(d)
# 通过指定类回调函数的方式将 JSON 字符串转换为 Product 对象
my2 = json.loads(jsonStr, object_hook=json2Product)
# 下面 3 行代码输出 Product 对象中相应属性的值
print('name', '=', my2.name)
print('price', '=', my2.price)
print('count', '=', my2.count)
f.close()
```

在执行前面的代码之前，需要在当前目录建立一个 files 子目录，并在 files 子目录中建立一个 product.json 文件。内容如下：

```
<!-- product.json -->
{"name":"iPhone9",
"price":9999,
"count":3000}
```

程序运行结果如图 14-6 所示。

图 14-6　将 JSON 字符串转换为类实例

### 14.2.3　将类实例转换为 JSON 字符串

dumps 函数不仅可以将字典转换为 JSON 字符串，还可以将类实例转换为 JSON 字符串。dumps 函数需要通过 default 关键字参数指定一个回调函数，在转换的过程中，dumps 函数会向这个回调函数传入类实例（通过 dumps 函数第 1 个参数传入），而回调函数的任务是将传入的对象转换为字典，然后 dumps 函数再将由回调函数返回的字典转换为 JSON 字符串。也就是说，dumps 函数的本质还是将字典转换为 JSON 字符串，只是如果将类实例也转换为 JSON 字符串，需要先将类实例转换为字典，然后再将字典转换为 JSON 字符串，而将类实例转换为字典的任务就是通过 default 关键字参数指定的回调函数完成的。

【例 14.6】 本例会将 Product 类转换为 JSON 字符串，其中 product2Dict 函数的任务就是将 Product 类的实例转换为字典。

**实例位置：PythonSamples\src\chapter14\demo14.06.py**

```python
import json
class Product:
    # 通过类的构造方法初始化 3 个属性
    def __init__(self, name,price,count):
        self.name = name
        self.price = price
        self.count = count
# 用于将 Product 类的实例转换为字典的函数
def product2Dict(obj):
    return {
        'name': obj.name,
        'price': obj.price,
        'count': obj.count
    }
# 创建 Product 类的实例
product = Product('特斯拉',1000000,20)
# 将 Product 类的实例转换为 JSON 字符串，ensure_ascii 关键字参数的值设为 False，
# 可以让返回的 JSON 字符串正常显示中文
jsonStr = json.dumps(product, default=product2Dict,ensure_ascii=False)
print(jsonStr)
```

程序运行结果如图 14-7 所示。

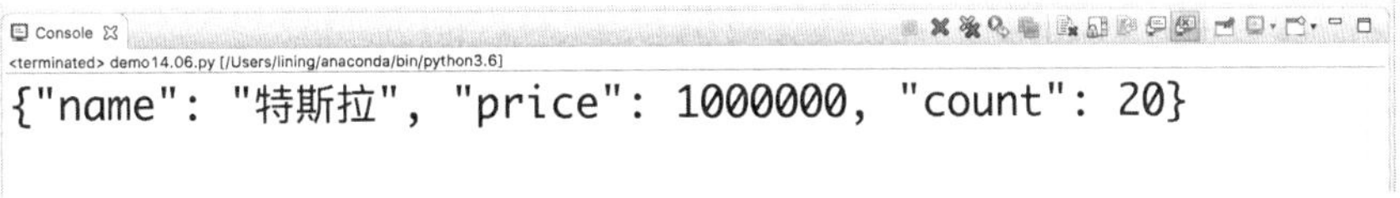

图 14-7　将类实例转换为 JSON 字符串

## 14.2.4　类实例列表与 JSON 字符串互相转换

前面讲的类实例和 JSON 字符串直接地互相转换，转换的只是单个对象，如果 JSON 字符串是一个类实例数组或一个类实例的列表，也可以互相转换。

【例 14.7】 本例会从 products.json 文件读取 JSON 字符串，并通过 loads 函数将其转换为 Product 对象列表，然后再通过 dumps 函数将 Product 对象列表转换为 JSON 字符串。

**实例位置：PythonSamples\src\chapter14\demo14.07.py**

```python
import json
class Product:
    def __init__(self, d):
        self.__dict__ = d

f = open('files/products.json','r', encoding='utf-8')
jsonStr = f.read()
# 将 JSON 字符串转换为 Product 对象列表
```

```
products = json.loads(jsonStr, object_hook=Product)
# 输出 Product 对象列表中所有 Product 对象的相关属性值
for product in products:
    print('name', '=', product.name)
    print('price', '=', product.price)
    print('count', '=', product.count)
f.close()
# 定义将 Product 对象转换为字典的函数
def product2Dict(product):
    return {
        'name': product.name,
        'price': product.price,
        'count': product.count
        }
# 将 Product 对象列表转换为 JSON 字符串
jsonStr = json.dumps(products, default=product2Dict,ensure_ascii=False)
print(jsonStr)
```

本例使用的 products.json 文件是在 14.2.1 节例 14.4 中创建的。

程序运行结果如图 14-8 所示。

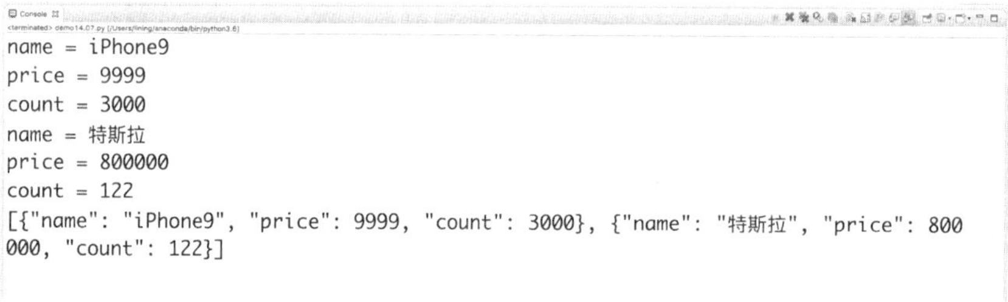

图 14-8　类实例列表与 JSON 字符串互相转换

# 14.3　将 JSON 字符串转换为 XML 字符串

　　将 JSON 字符串转换为 XML 字符串其实只需要做一下中转即可,也就是先将 JSON 字符串转换为字典,然后再使用 dicttoxml 模块中的 dicttoxml 函数将字典转换为 XML 字符串。

　　【例 14.8】 本例会从 products.json 文件读取 JSON 字符串,并利用 loads 函数和 dicttoxml 函数,将 JSON 字符串转换为 XML 字符串。

　　　实例位置:**PythonSamples\src\chapter14\demo14.08.py**

```
import json
import dicttoxml
f = open('files/products.json','r',encoding='utf-8')
jsonStr = f.read()
# 将 JSON 字符串转换为字典
d = json.loads(jsonStr)
print(d)
# 将字典转换为 XML 字符串
xmlStr = dicttoxml.dicttoxml(d).decode('utf-8')
print(xmlStr)
f.close()
```

程序运行结果如图 14-9 所示。

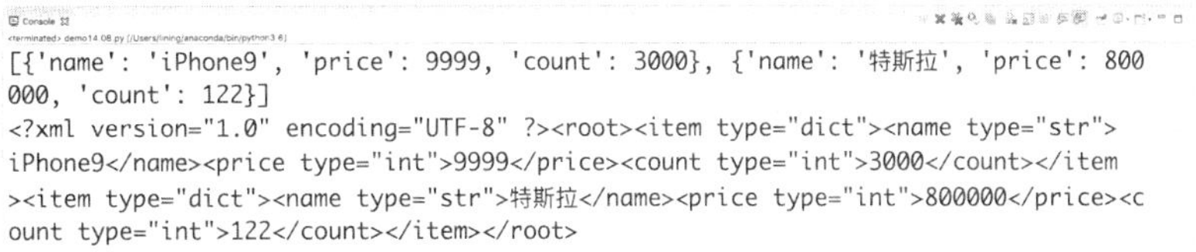

[{'name': 'iPhone9', 'price': 9999, 'count': 3000}, {'name': '特斯拉', 'price': 800
000, 'count': 122}]
<?xml version="1.0" encoding="UTF-8" ?><root><item type="dict"><name type="str">
iPhone9</name><price type="int">9999</price><count type="int">3000</count></item
><item type="dict"><name type="str">特斯拉</name><price type="int">800000</price><c
ount type="int">122</count></item></root>

图 14-9　将 JSON 字符串转换为 XML 字符串

## 14.4　SQLite 数据库

SQLite 是一个开源、小巧、零配置的关系型数据库，支持多种平台，这些平台包括 Windows、Mac OS X、Linux、Android、iOS 等，现在运行 Android、iOS 等系统的设备基本都使用 SQLite 数据库作为本地存储方案。尽管 Python 语言在很多场景用于开发服务端应用，使用的是网络关系型数据库或 NoSQL 数据库，但有一些数据需要保持到本地，虽然可以用 XML、JSON 等格式保存这些数据，但对数据检索很不方便，因此将数据保存到 SQLite 数据库中，将成为本地存储的最佳方案。例如，本书后面要介绍的网络爬虫，会将下载的数据经过整理后保存到 SQLite 数据库中，或干脆将原始数据保存到 SQLite 数据库中然后再做数据清洗。

可以通过下面的网址访问 SQLite 官网：

http://www.sqlite.org

### 14.4.1　管理 SQLite 数据库

SQLite 数据库的管理工具很多，SQLite 官方提供了一个命令行工具用于管理 SQLite 数据库，不过这个命令行工具需要输入大量的命令才能操作 SQLite 数据库，太麻烦，不建议使用。本节介绍一款跨平台的 SQLite 数据库管理工具 DB Browser for SQLite，这是一款免费开源的 SQLite 数据库管理工具。官网地址如下：

http://sqlitebrowser.org

进入 DB Browser for SQLite 官网后，在右侧选择对应的版本下载即可，如图 14-10 所示。

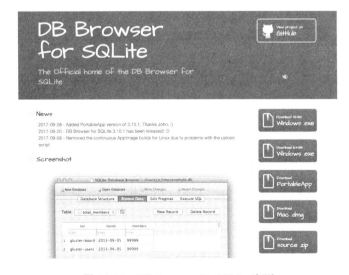

图 14-10　DB Browser for SQLite 官网

如果想要 DB Browser for SQLite 的源代码，可到 github 上下载。地址如下：
https://github.com/sqlitebrowser/sqlitebrowser
安装好 DB Browser for SQLite 后，直接启动即可看到如图 14-11 所示的主界面。

图 14-11　DB Browser for SQLite 主界面

单击左上角的"新建数据库"和"打开数据库"按钮，可以新建和打开 SQLite 数据库。图 14-12 所示是打开数据库后的效果，在主界面会列出数据库中的表、视图等内容。

图 14-12　打开 SQLite 数据库

如果想查看表或视图中的记录，可以切换到主界面上方的"浏览数据"选项卡，再从下方的列表中选择要查看的表或视图，如图 14-13 所示。

图 14-13　浏览表的记录

从前面的描述可以看出，DB Browser for SQLite 在操作上非常简便，读者只要稍加摸索就可以掌握任何其他的功能，因此，本节不再深入探讨 DB Browser for SQLite 的其他功能，后面的部分会将主要精力放到 Python 语言上。

## 14.4.2　用 Python 操作 SQLite 数据库

通过 sqlite3 模块[①]中提供的函数可以操作 SQLite 数据库，sqlite3 模块是 Python 语言内置的，不需要安装，直接导入即可。

sqlite3 模块中提供了丰富的函数可以对 SQLite 数据库进行各种操作，但是，在对数据进行增、删、改、查以及其他操作之前，要先使用 connect 函数打开 SQLite 数据库，通过该函数的参数指定 SQLite 数据库的文件名即可。打开数据库后，通过 cursor 方法获取 sqlite3.Cursor 对象，然后通过 sqlite3.Cursor 对象的 execute 方法执行各种 SQL 语句，如创建表、创建视图、删除记录、插入记录、查询记录等。如果执行的是查询 SQL 语句（SELECT 语句），那么 execute 方法会返回 sqlite3.Cursor 对象，需要对该对象进行迭代，才能获取查询结果的值。

【例 14.9】　本例使用 connect 函数在当前目录创建了一个名为 data.sqlite 的 SQLite 数据库，并在该数据库中建立了一个 persons 表，然后插入了若干条记录，最后查询 persons 表的所有记录，并将查询结果输出到控制台。

实例位置：**PythonSamples\src\chapter14\demo14.09.py**

```python
import sqlite3
import os

dbPath = 'data.sqlite'
# 只有 data.sqlite 文件不存在时才创建该文件
if not os.path.exists(dbPath):
    # 创建 SQLite 数据库
    conn = sqlite3.connect(dbPath)
    # 获取 sqlite3.Cursor 对象
```

---

① 其实底层 sqlite3 模块是通过 _sqlite3 模块中的函数完成相关操作的，_sqlite3 模块用的是 C 语言编写的专门操作 SQLite 数据库的函数库。

```python
    c = conn.cursor()
    # 创建 persons 表
    c.execute('''CREATE TABLE persons
        (id INT PRIMARY KEY     NOT NULL,
        name            TEXT    NOT NULL,
        age             INT     NOT NULL,
        address         CHAR(50),
        salary          REAL);''')

    # 修改数据库后必须调用 commit 方法提交才能生效
    conn.commit()
    # 关闭数据库连接
    conn.close()
    print('创建数据库成功')


conn = sqlite3.connect(dbPath)
c = conn.cursor()
# 删除 persons 表中的所有数据
c.execute('delete from persons')
# 下面的 4 条语句向 persons 表中插入 4 条记录
c.execute("INSERT INTO persons (id,name,age,address,salary) \
    VALUES (1, 'Paul', 32, 'California', 20000.00 )");
c.execute("INSERT INTO persons (id,name,age,address,salary) \
    VALUES (2, 'Allen', 25, 'Texas', 15000.00 )");

c.execute("INSERT INTO persons (id,name,age,address,salary) \
    VALUES (3, 'Teddy', 23, 'Norway', 20000.00 )");

c.execute("INSERT INTO persons (id,name,age,address,salary) \
    VALUES (4, 'Mark', 25, 'Rich-Mond ', 65000.00 )");
# 必须提交修改才能生效
conn.commit()

print('插入数据成功')
# 查询 persons 表中的所有记录，并按 age 升序排列
persons = c.execute("select name,age,address,salary from persons order by age")
print(type(persons))
result = []
# 将 sqlite3.Cursor 对象中的数据转换为列表形式
for person in persons:
    value = {}
    value['name'] = person[0]
    value['age'] = person[1]
    value['address'] = person[2]
    result.append(value)
conn.close()
print(type(result))
# 输出查询结果
print(result)

import json
# 将查询结果转换为字符串形式，如果要将数据通过网络传输，就需要首先转换为字符串形式才能传输
resultStr = json.dumps(result)
print(type(resultStr))
print(resultStr)
```

程序第 1 次运行的结果如图 14-14 所示。

```
创建数据库成功
插入数据成功
<class 'sqlite3.Cursor'>
<class 'list'>
[{'name': 'Teddy', 'age': 23, 'address': 'Norway'}, {'name': 'Allen', 'age': 25,
 'address': 'Texas'}, {'name': 'Mark', 'age': 25, 'address': 'Rich-Mond '}, {'na
me': 'Paul', 'age': 32, 'address': 'California'}]
<class 'str'>
[{"name": "Teddy", "age": 23, "address": "Norway"}, {"name": "Allen", "age": 25,
 "address": "Texas"}, {"name": "Mark", "age": 25, "address": "Rich-Mond "}, {"na
me": "Paul", "age": 32, "address": "California"}]
```

图 14-14　用 Python 操作 SQLite 数据库

用 DB Browser for SQLite 打开 data.sqlite 文件，会看到 persons 表的结构如图 14-15 所示，表中的数据如图 14-16 所示。

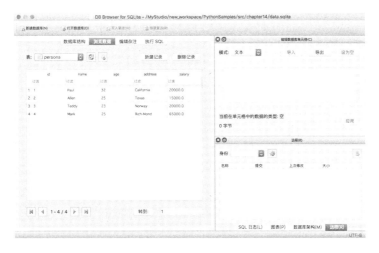

图 14-15　persons 表的结构

图 14-16　persons 表中的数据

## 14.5 MySQL 数据库

MySQL 是非常常用的关系型数据库，现在很多互联网应用都使用了 MySQL 数据库。在 Python 语言中需要使用 pymysql 模块来操作 MySQL 数据库。如果使用的是 Anaconda 的 Python 环境，则需要使用下面的命令安装 pymysql 模块：

```
conda install pymysql
```

如果使用的是标准的 Python 环境，需要使用 pip 命令安装 pymysql 模块：

```
pip install pymysql
```

pymysql 模块中提供的 API 与 sqlite3 模块中提供的 API 类似，因为它们都遵循 Python DB API 2.0 标准。下面的页面是该标准的完整描述：

https://www.python.org/dev/peps/pep-0249

其实也不必详细研究 Python DB API 规范，只需要记住几个函数和方法，绝大多数的数据库的操作就可以搞定。

❏ connect 函数：连接数据库，根据连接的数据库类型不同，该函数的参数也不同。connect 函数返回 Connection 对象。

❏ cursor 方法：获取操作数据库的 Cursor 对象。cursor 方法属于 Connection 对象。

❏ execute 方法：用于执行 SQL 语句，该方法属于 Cursor 对象。

❏ commit 方法：在修改数据库后，需要调用该方法提交对数据库的修改，commit 方法属于 Cursor 对象。

❏ rollback 方法：如果修改数据库失败，一般需要调用该方法进行数据库回滚，也就是将数据库恢复成修改之前的样子。

【例 14.10】 本例通过调用 pymysql 模块中的相应 API 对 MySQL 数据库进行增、删、改、查操作。

**实例位置：PythonSamples\src\chapter14\demo14.10.py**

```python
from pymysql import *
import json
# 打开 MySQL 数据库，其中 127.0.0.1 是 MySQL 服务器的 IP，root 是用户名，12345678 是密码
# test 是数据库名
def connectDB():
    db=connect("127.0.0.1","root","12345678","test",charset='utf8')
    return db
db = connectDB()
# 创建 persons 表
def createTable(db):
    # 获取 Cursor 对象
    cursor=db.cursor()
    sql='''CREATE TABLE persons
      (id INT PRIMARY KEY    NOT NULL,
      name          TEXT   NOT NULL,
      age           INT    NOT NULL,
      address       CHAR(50),
      salary        REAL);'''
    try:
        # 执行创建表的 SQL 语句
```

```
        cursor.execute(sql)
         # 提交到数据库执行
        db.commit()
        return True
    except:
        # 如果发生错误则回滚
        db.rollback()
    return False


# 向 persons 表插入 4 条记录
def insertRecords(db):
    cursor=db.cursor()
    try:
        # 首先将以前插入的记录全部删除
        cursor.execute('DELETE FROM persons')
        # 下面的几条语句向 persons 表中插入 4 条记录
        cursor.execute("INSERT INTO persons (id,name,age,address,salary) \
          VALUES (1, 'Paul', 32, 'California', 20000.00 )");
        cursor.execute("INSERT INTO persons (id,name,age,address,salary) \
          VALUES (2, 'Allen', 25, 'Texas', 15000.00 )");

        cursor.execute("INSERT INTO persons (id,name,age,address,salary) \
          VALUES (3, 'Teddy', 23, 'Norway', 20000.00 )");

        cursor.execute("INSERT INTO persons (id,name,age,address,salary) \
          VALUES (4, 'Mark', 25, 'Rich-Mond ', 65000.00 )");
        # 提交到数据库执行
        db.commit()
        return True
    except Exception as e:
        print(e)
        # 如果发生错误则回滚
        db.rollback()
    return False
# 查询 persons 表中全部的记录，并按 age 字段降序排列
def selectRecords(db):
    cursor=db.cursor()
    sql='SELECT name,age,salary FROM persons ORDER BY age DESC'
    cursor.execute(sql)
    # 调用 fetchall 方法获取全部的记录
    results=cursor.fetchall()
    # 输出查询结果
    print(results)
    # 下面的代码将查询结果重新组织成其他形式
    fields = ['name','age','salary']
    records=[]
    for row in results:
        records.append(dict(zip(fields,row)))
    return json.dumps(records)


if createTable(db):
```

```
        print('成功创建 persons 表')
    else:
        print('persons 表已经存在')

    if insertRecords(db):
        print('成功插入记录')
    else:
        print('插入记录失败')
    print(selectRecords(db))
    db.close()
```

前面的代码使用了名为 test 的数据库,所以在运行这段代码之前,要保证有一个名为 test 的 MySQL 数据库,并确保已经开启 MySQL 服务。

程序运行结果如图 14-17 所示。

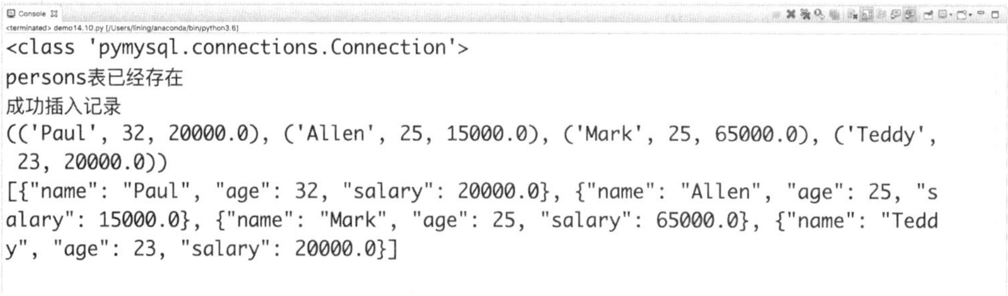

```
<class 'pymysql.connections.Connection'>
persons表已经存在
成功插入记录
(('Paul', 32, 20000.0), ('Allen', 25, 15000.0), ('Mark', 25, 65000.0), ('Teddy',
 23, 20000.0))
[{"name": "Paul", "age": 32, "salary": 20000.0}, {"name": "Allen", "age": 25, "s
alary": 15000.0}, {"name": "Mark", "age": 25, "salary": 65000.0}, {"name": "Tedd
y", "age": 23, "salary": 20000.0}]
```

图 14-17　操作 MySQL 数据库

从前面的代码和输出结果可以看出,操作 MySQL 和 SQLite 的 API 基本是一样的,只是有如下两点区别:

❑ 用 Cursor.execute 方法查询 SQLite 数据库时会直接返回查询结果,而使用该方法查询 MySQL 数据库时返回了 None,需要调用 Cursor.fetchall 方法才能返回查询结果。

❑ Cursor.execute 方法返回的查询结果和 Cursor.fetchall 方法返回的查询结果的样式是不同的,这一点从输出结果就可以看出来。如果想让 MySQL 的查询结果与 SQLite 的查询结果相同,需要使用 zip 函数和 dict 函数进行转换。关于这两个函数的用法,请参阅 6.2 节的内容。

## 14.6　ORM

在前面讲的用 Python 语言操作 SQLite 和 MySQL 的过程中,使用的都是 SQL 语句,尽管 SQL 语句比较方便,但缺点是必须要求程序员了解 SQL 语句,而且不同数据库在实现同样功能的 SQL 语句时可能有差异,因此,直接在程序中嵌入 SQL 语句,会增加程序对数据库的耦合度,如果要更换数据库,可能还需要修改程序中的 SQL 语句。为了解决这个问题,出现了 ORM(Object Relational Mapping,对象关系映射)技术,可以将纯 SQL 抽象化,或者说将 SQL 语句直接映射成 Python 对象,程序员只需要使用 Python 对象,就可以操作各种类型的数据库,ORM 系统会根据不同类型的数据库,以及相应的操作,自动生成 SQL 语句。因此,使用 ORM 编写的应用在更换数据库(如 MySQL 换成 SQL Server、Oracle)时,不需要修改程序源代码。

绝大多数编程语言都支持 ORM,有的是直接内置的,有的是通过第三方实现的。在 Python 语言中使用 ORM 有多种选择,都是通过模块支持的。比较著名的有 SQLAlchemy 和 SQLObject,本节将会介绍这两个 ORM 模块的基本使用方法。

### 14.6.1 SQLAlchemy

在 Python 环境有很多第三方的 ORM 模块可以使用，SQLAlchemy 就是著名的 ORM 模块之一，因为 SQLAlchemy 的接口比 SQLObject 的接口更接近于 SQL 语句，所以本节从 SQLAlchemy 开始讲起。SQLObject 更加简单，更加类似 Python，更快速；SQLAlchemy 中对象的抽象化非常完美，可以更灵活地提交原生的 SQL 语句。

如果使用的是 Anaconda Python 开发环境，那么 SQLAlchemy 已经集成到 Anaconda 中，无须进行安装。如果非要再安装一遍 SQLAlchemy，可以使用下面的命令：

```
conda install -c anaconda sqlalchemy
```

如果使用的是官方的 Python 开发环境，需要使用下面的命令安装 SQLAlchemy：

```
pip install SQLAlchemy
```

使用 SQLAlchemy 操作数据库需要首先导入 sqlalchemy 模块和 sqlalchemy.ext.declarative 模块。操作数据库的步骤与使用 SQL 语句操作数据的步骤类似。首先需要连接数据库，然后创建一个要操作的表，如果表存在，或者删除重新创建，或者忽略。接下来就是对数据表的增、删、改、查操作，最后需要关闭数据库。下面描述了 SQLAlchemy 操作数据库使用的具体 API 以及使用方法。

#### 1．连接数据库

sqlalchemy 模块中的 create_engine 函数负责指定连接数据库需要的信息，如果连接的是 MySQL 这样的网络关系型数据库，需要数据库所在的服务器 IP（或域名）、端口号、数据库名称、用户名、密码、编码等信息。create_engine 函数会返回一个 sqlalchemy.engine.base.Engine 对象，然后使用该对象的 connect 方法连接数据库。

```
from sqlalchemy import create_engine,MetaData,Table,Column,Integer,String,Float,
exc,orm
from sqlalchemy.ext.declarative import declarative_base
# 定义 MySQL 连接字符串
mysql = 'mysql+pymysql://root:12345678@localhost:3306/geekori?charset=utf8'
# 创建数据库引擎（sqlalchemy.engine.base.Engine 对象）
engine = create_engine(mysql,encoding='utf-8')
# 开始连接数据库
engine.connect()
```

#### 2．创建表

由于创建表需要指定表的元数据，也就是字段名、字段数据类型等信息，所以首先要创建 MetaData 对象，该对象通过构造方法的参数与 engine 关联，然后再创建一个 Table 对象用于指定表中字段的相关信息，Table 对象需要与 MetaData 对象关联，最后调用 MetaData 对象的 create_all 方法创建表。

```
from sqlalchemy import create_engine,MetaData,Table,Column,Integer,String,Float,
exc,orm
# 创建 MetaData 对象
metadata = MetaData(engine)
# 创建用于描述表中字段信息的 Table 对象
person = Table('users', metadata,
    Column('id', Integer, primary_key = True),
    Column('name', String(30)),
    Column('age', Integer))
```

```
# 创建表
metadata.create_all(engine)
```

### 3. 创建会话（Session）

对数据库的任何操作都需要先创建 Session 对象。

```
from sqlalchemy import create_engine,MetaData,Table,Column,Integer,String,Float,exc,orm
Session = orm.sessionmaker(bind=engine)
session = Session()
```

### 4. 定义与表对应的 Python 类

ORM 的重要特性就是用 Python 类与数据库中的表对应，所以对数据表的增、删、改、查操作，都离不开与表对应的 Python 类。因此，在对数据表进行增、删、改、查操作之前，要先建立一个 Python 类，而且这个 Python 类需要从 declarative_base 函数返回的 Base 类继承。

```
from  sqlalchemy  import  create_engine,MetaData,Table,Column,Integer,String,Float,
exc,orm
from sqlalchemy.ext.declarative import declarative_base
Base = declarative_base()
# 与 users 表对应的 User 类
class User(Base):
    __tablename__ = 'users'  # 指定表名
    id = Column(Integer,primary_key=True)
    name = Column(String(30))
    age = Column(Integer)
```

### 5. 插入记录

向表中添加记录就是创建 Python 类实例的过程，对于本例，需要创建 User 对象。然后通过 add 方法将 User 对象添加进 Session。注意，对数据库的任何修改操作，都需要调用会话的 commit 方法提交，否则修改不会生效。

```
user = User(id=1,name='John',age=50)
session.add(user)
# 必须调用 commit 方法，对数据库的修改才会生效
session.commit()
```

### 6. 删除记录

从表中删除记录需要调用 Session 对象的 delete 方法，该方法需要传入一个与表对应的 Python 类的实例。所以在删除记录之前，要么先从数据库中查询出要删除的对象，要么使用自己创建的对象，如本例中的 user。

```
user = User(id=1,name='John',age=50)
session.add(user)
# 必须调用 commit 方法，对数据库的修改才会生效
session.commit()
# 删除前面插入的记录
session.delete(user)
# 必须调用 commit 方法，对数据库的修改才能生效
session.commit()
```

### 7. 更新记录

与删除记录类似，更新记录也需要与记录对应的对象，直接修改对象中的属性，然后调用 commit 方法提交即可。

```
user = User(id=1,name='John',age=50)
session.add(user)
# 必须调用 commit 方法，对数据库的修改才会生效
session.commit()
# 将 name 字典值修改为 Mike
user.name = 'Mike'
# 必须调用 commit 方法，对数据库的修改才能生效
session.commit()
```

### 8. 查询记录

使用 Session 对象的 query 方法可以查询记录，还可以通过 filter 方法指定查询条件，query 方法或 filter 方法以 sqlalchemy.orm.query.Query 对象形式返回查询结果，这是一个可迭代的对象，所以需要对查询结果进行迭代，才能得到所有的查询结果。

```
query = session.query(Person).filter(User.name == 'John')
```

### 9. 关闭会话（Session）

操作数据库的最后一步是调用 Session 的 close 方法关闭会话。

【例 14.11】 本例通过调用 sqlalchemy 模块的 API 对数据表进行增、删、改、查操作，本例是对 sqlalchemy 模块使用方法的完整演示。

实例位置：**PythonSamples\src\chapter14\demo14.11.py**

```
from sqlalchemy import create_engine,MetaData,Table,Column,Integer,String,Float,exc,orm
from sqlalchemy.ext.declarative import declarative_base
# 定义用于连接 MySQL 数据库的字符串，通过 pymysql 指定 SQLAlchemy 底层使用 pymysql 模块
# 操作 MySQL。root 是用户名，12345678 是密码，geekori 是数据库名
mysql = 'mysql+pymysql://root:12345678@localhost:3306/geekori?charset=utf8'
# 定义要操作的表名
tableName = 'persons1'

engine = create_engine(mysql,encoding='utf-8')
# 连接 MySQL 数据库
engine.connect()
metadata = MetaData(engine)
# 创建用于定义表元数据的 Table 对象，该表一共 5 个字段，字段 id 是主键
person = Table(tableName, metadata,
    Column('id', Integer, primary_key = True),
    Column('name', String(30)),                    # 长度为 30 的字符串类型
    Column('age', Integer),
    Column('address', String(100)),                # 长度为 100 的字符串类型
    Column('salary', Float))
metadata.create_all(engine)

Base = declarative_base()
# 定义与 persons1 表对应的 Person 类
class Person(Base):
    # 指定表名
```

```
        __tablename__ = tableName
        id = Column(Integer,primary_key=True)
        name = Column(String(30))
        age = Column(Integer)
        address = Column(String(100))
        salary= Column(Float)



Session = orm.sessionmaker(bind=engine)
# 创建会员
session = Session()

# 先删除 persons1 表中所有的记录，以免在插入记录时造成主键冲突
session.query(Person).delete()
# 提交后对数据库的修改才生效
session.commit()
# 下面的代码创建 3 个 Person 对象
person1 = Person(id=10,name='Bill',age=30,address='地球',salary=1234)
person2 = Person(id=20,name='Mike',age=40,address='火星',salary=4321)
person3 = Person(id=30,name='John',age=50,address='氪星',salary=10000)
# 下面的代码向 persons1 表中插入了 3 条记录
session.add(person1)
session.add(person2)
session.add(person3)
# 提交后对数据库的修改才生效
session.commit()
print('成功插入记录')
# 先查询 name 等于 Mike 的记录，然后将所有记录的 address 字段值替换成 "千星之城"
session.query(Person).filter(Person.name == 'Mike').update({'address': '千星之城'})
# 查询所有 name 等于 John 的记录
query = session.query(Person).filter(Person.name == 'John')
# 输出了用于查询的 SQL 语句（由 SQLAlchemy 自动生成）
print(query)
# 将查询结果集转换为单一对象（Person 对象），使用 scalar 方法时必须要保证查询结果集只有一条记录
person = query.scalar()
# 下面的代码修改了 person 对象的属性值
person.age = 12
person.salary=5432
# 提交修改
session.commit()
print('成功更新了记录')
# 使用组合条件查询 persons1 表中的记录
persons = session.query(Person).filter((Person.age >= 10) & (Person.salary >= 2000))
# 通过对查询结果进行迭代，输出所有的查询结果
for person in persons:
    print('name','=',person.name,end=' ')
    print('age','=',person.age, end = ' ')
    print('salary','=',person.salary)
# 输出查询结果中第 1 条记录的 name 字段值
print(persons.first().name)
# 输出查询结果中第 2 条记录的 name 字段值
print(persons.offset(1).scalar().name)   # 剩下最后一行时
```

```
# 删除 person2 对应的记录
session.delete(person2)
session.commit()

# 关闭 session
session.close()
```

由于本例使用了名为 geekori 的数据库，所以在运行本例之前，请确保 geekori 数据库已经存在，并且 MySQL 服务已经开启。程序运行结果如图 14-18 所示。

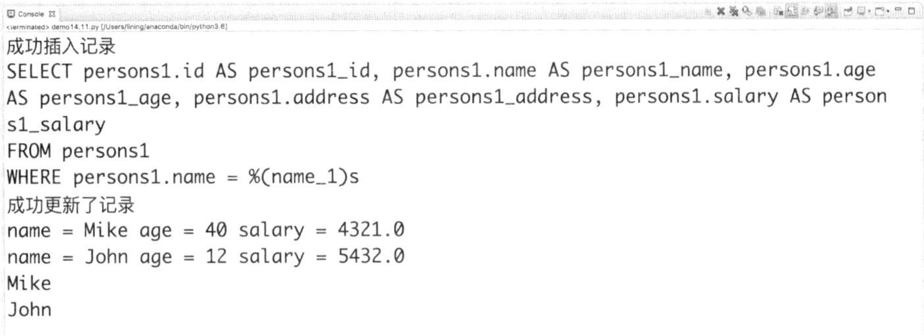

```
成功插入记录
SELECT persons1.id AS persons1_id, persons1.name AS persons1_name, persons1.age
AS persons1_age, persons1.address AS persons1_address, persons1.salary AS person
s1_salary
FROM persons1
WHERE persons1.name = %(name_1)s
成功更新了记录
name = Mike age = 40 salary = 4321.0
name = John age = 12 salary = 5432.0
Mike
John
```

图 14-18　使用 SQLAlchemy 操作 MySQL 数据库

执行完前面的程序，会看到 persons1 表中有如图 14-19 所示的两条记录。

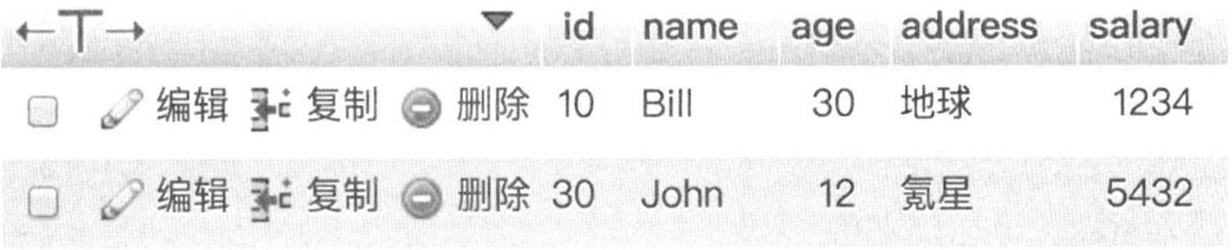

| | id | name | age | address | salary |
|---|---|---|---|---|---|
| 编辑 复制 删除 | 10 | Bill | 30 | 地球 | 1234 |
| 编辑 复制 删除 | 30 | John | 12 | 氪星 | 5432 |

图 14-19　persons1 中最终的记录

本例原本插入了三条记录，但在最后删除了第 2 条记录，所以最后就剩下两条记录。

### 14.6.2　SQLObject

从发布时间上看，SQLObject 要比 SQLAlchemy 发布的早，早在 2002 年 10 月，SQLObject 就发布了第一个 alpha 版本，而 SQLAlchemy 直到 2006 年 2 月才出现。在使用上，SQLObject 更加面向对象（会有更加 Python 化的感觉），并且在早期就已经实现了隐式的对象—数据库访问的 Active Record 模式[①]，不过为此付出的代价是 SQLObject 无法更自由地使用原生 SQL 语句进行更加定制化的查询。

使用 SQLObject 操作数据库首先要使用下面的命令安装 sqlobject 模块，如果在机器上安装了多个 Python 版本，请确认使用的 pip 命令是当前正在使用的 Python 版本中的 pip 命令。

```
pip install sqlobject
```

① Active Record 是一种软件设计模式，它会把对象的操作与数据库的动作对应起来。ORM 对象本质上表示的就是数据库中的一行记录，所以当创建一个对象时，自动在数据库中写入对应的记录，更新对象也一样，会更新对应的行。同理，移除一个对象时，也会在数据库中删除对应的行。

　　SQLObject 对数据库的操作要比 SQLAlchemy 简单得多。首先需要使用 connectionForURL 函数连接数据库，然后要定义一个 Python 类来描述数据库中的一个表，可以将这个 Python 类称为 ORM 类，由该类创建的对象称为 ORM 对象。ORM 类需要从 SQLObject 类继承，在该类中要定义属性（对应数据表中的字段）的类型和其他信息。

　　创建完 ORM 类，可以进行数据库的各种操作，如使用 dropTable 方法删除表、使用 createTable 方法创建表。创建一个 ORM 类的实例，会自动将相应的记录插入到表中，不需要像 SQLAlchemy 一样再调用 commit 方法提交。删除和修改记录也类似，对 ORM 对象的任何修改都会立刻体现在数据表中。查询数据要使用 selectBy 方法，该方法可以指定查询条件，通过返回 ORM 对象列表的方式返回查询结果集。

【例 14.12】 本例演示了 SQLObject 对数据表进行增、删、改、查的完整过程。

实例位置：**PythonSamples\src\chapter14\demo14.12.py**

```
from sqlobject import *
from sqlobject.mysql import builder
import json
# 定义用于连接 MySQL 数据库的字符串，root：用户名    12345678：密码
# geekori：数据库名
mysql = 'mysql://root:12345678@localhost:3306/geekori?charset=utf8'
# 连接 MySQL 数据库，并通过 driver 关键字参数指定 SQLObject 底层使用的操作数据库的模块是 pymysql
sqlhub.processConnection = connectionForURI(mysql,driver='pymysql')

# 定义 ORM 类，该类需要从 SQLObject 继承
class Person(SQLObject):
    class sqlmeta:
        # 指定表名，如果不指定表名，默认将类名的小写形式作为表名，也就是 person
        table='t_persons'
    name = StringCol(length=30)
    age = IntCol()
    address = StringCol(length=30)
    salary = FloatCol()
try:
    # 删除 t_persons 表
    Person.dropTable()
except:
    pass
# 创建 t_persons 表
Person.createTable()
print('成功创建了 Persons 表')
# 下面的代码向 t_persons 表中插入了 3 条记录
person1 = Person(name='Bill', age=55,address='地球',salary=1234)
person2 = Person(name='Mike', age=65,address='月球',salary=4321)
person3 = Person(name='John', age=15,address='火星',salary=4000)
print('成功插入了 3 条记录')

# 修改 t_persons 表的记录，每修改一个属性，修改的结果就会立刻体现在 t_persons 表中
person2.name = "李宁"
person2.address= "赛博坦"

# 查询 t_persons 中的数据，直接返回 Person 对象类型的列表
```

```
persons = Person.selectBy(name='Bill')
print(persons[0])
print(persons[0].id)
print(persons[0].name)
print(persons[0].address)

# 定义一个方法，将 Person 对象转换为字典形式
def person2Dict(obj):
    return {
        'id': obj.id,
        'name': obj.name,
        'age': obj.age,
        'address':obj.address,
        'salary':obj.salary
    }
# 将 Person 对象转换为 JSON 字符串
jsonStr = json.dumps(persons[0], default=person2Dict,ensure_ascii=False)
print(jsonStr)

# 删除 persons[0]在 t_persons 表中对应的记录
persons[0].destroySelf()
```

本例使用了名为 geekori 的数据库，在运行本例之前，请确保 geekori 数据库已经存在，并确保用户名和密码正确，以及已经开启了 MySQL 服务。

程序运行结果如图 14-20 所示。

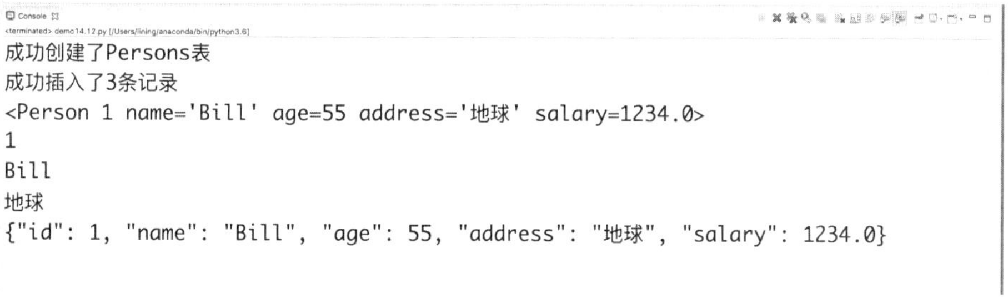


图 14-20　用 SQLObject 操作 MySQL 数据库

运行程序后，t_persons 表中最终的数据如图 14-21 所示。

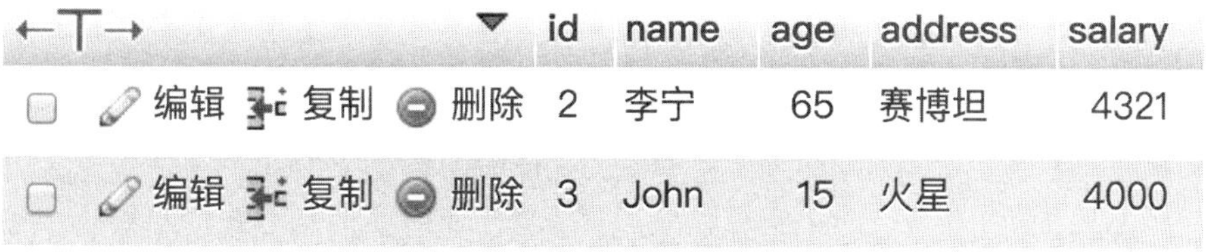

| ←T→ | id | name | age | address | salary |
|---|---|---|---|---|---|
| 编辑 复制 删除 | 2 | 李宁 | 65 | 赛博坦 | 4321 |
| 编辑 复制 删除 | 3 | John | 15 | 火星 | 4000 |

图 14-21　t_persons 表的最终数据

t_persons 表的结构如图 14-22 所示。

从 t_persons 表的结构可以看出，在不指定表的主键的情况下，SQLObject 会自动为 t_persons 表增加一个名为 id 的主键，而且是自增类型的字段。

| # | 名字 | 类型 | 排序规则 | 属性 | 空 | 默认 | 注释 | 额外 |
|---|---|---|---|---|---|---|---|---|
| 1 | id | int(11) | | | 否 | 无 | | AUTO_INCREMENT |
| 2 | name | varchar(30) | ucs2_general_ci | | 是 | NULL | | |
| 3 | age | int(11) | | | 是 | NULL | | |
| 4 | address | varchar(30) | ucs2_general_ci | | 是 | NULL | | |
| 5 | salary | double | | | 是 | NULL | | |

图 14-22 t_persons 表的结构

在使用 SQLAlchemy 和 SQLObject 操作 MySQL 数据库时应注意，这两个 ORM 模块并不直接与 MySQL 交互，而是通过其他的 Python 模块，如 pymysql，默认情况下使用了 mysqldb 模块。由于笔者的机器只安装了 pymysql 模块，如果不指定 SQLAlchemy 和 SQLObject 使用哪一个模块操作 MySQL 数据库，则会抛出如图 14-23 所示的异常。

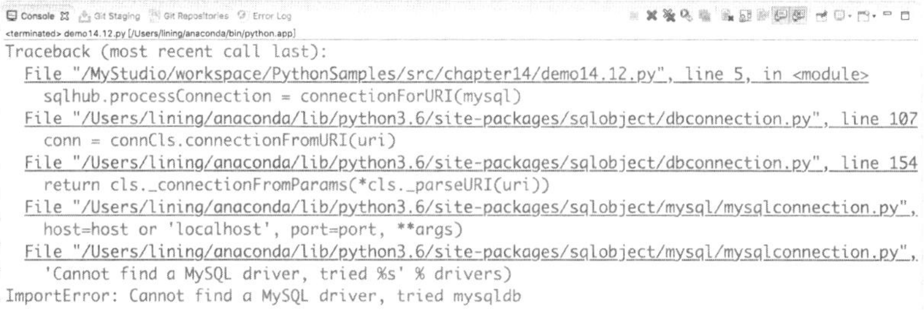

```
Console  Git Staging  Git Repositories  Error Log
<terminated> demo14.12.py [/Users/lining/anaconda/bin/python.app]
Traceback (most recent call last):
  File "/MyStudio/workspace/PythonSamples/src/chapter14/demo14.12.py", line 5, in <module>
    sqlhub.processConnection = connectionForURI(mysql)
  File "/Users/lining/anaconda/lib/python3.6/site-packages/sqlobject/dbconnection.py", line 107
    conn = connCls.connectionFromURI(uri)
  File "/Users/lining/anaconda/lib/python3.6/site-packages/sqlobject/dbconnection.py", line 154
    return cls._connectionFromParams(*cls._parseURI(uri))
  File "/Users/lining/anaconda/lib/python3.6/site-packages/sqlobject/mysql/mysqlconnection.py",
    host=host or 'localhost', port=port, **args)
  File "/Users/lining/anaconda/lib/python3.6/site-packages/sqlobject/mysql/mysqlconnection.py",
    'Cannot find a MySQL driver, tried %s' % drivers)
ImportError: Cannot find a MySQL driver, tried mysqldb
```

图 14-23 没有找到 MySQL 驱动而抛出的异常

由于 Anaconda 已经内置了 pymysql 模块，所以强烈建议使用这个模块。SQLAlchemy 通过连接字符串的 scheme 部分指定了 pymysql 模块（mysql+pymysql://），SQLObject 通过 connectionForURI 函数的 driver 关键字参数指定了 pymysql 模块。

## 14.7 非关系型数据库

前几节介绍了 XML、JSON 文本格式以及关系型数据库（SQLite 和 MySQL），然后通过大量的案例展示了如何读写这些数据文件，之后又介绍了 ORM，以及如何使用 ORM 让程序员用 Python 对象的方式操作数据库，不过从本质上来说，无论是 SQLAlchemy 还是 SQLObject，在底层都是通过生成 SQL 语句来实现的。本节仍然继续关注 Python 对象，只是这次使用的是非关系型数据库。

### 14.7.1 NoSQL 简介

随着互联网的飞速发展，电子商务、社交网络、各类 Web 应用会导致产生大量的数据，这些数据产生的速度可能比关系型数据库能够处理的速度更快，而且这些数据的结构非常复杂，使用关系型数据库描述这些数据，可能会让表和视图之间的关系错综复杂，非常不利于数据库的维护。基于这些原因，非关系型数据库（NoSQL）应运而生，并得到了迅速的发展。

现在有很多非关系型数据库可供选择，不过这些非关系型数据库的类型不完全相同，这些非关系型数据库主要包括对象数据库、键-值数据库、文档数据库、图形数据库、表格数据库等。本节主要介绍一种非常流行的文档数据库 MongoDB，关于其他非关系型数据库的细节可通过 Google 搜索，也可以查阅维基百科。

## 14.7.2　MongoDB 数据库

MongoDB 是非常著名的文档数据库，所有的数据以文档形式存储。例如，如果要保存博客和相关的评论，如果使用关系型数据库，就需要至少建立两个表：t_blogs 和 t_comments。前者用于保存博文，后者用于保存与博文相关的评论。然后通过键值将两个表关联，t_blogs 与 t_comments 通常是一对多的关系。这样做尽管从技术上可行，但如果关系更复杂，则需要关联更多的表，而如果使用MongoDB，就可以直接将博文以及该博文下的所有评论都放在一个文档中存储，也就是将相关的数据都放到一起，无须关联，查询的速度也更快。

MongoDB 数据库支持 Windows、Mac OS X 和 Linux，而且同时提供了社区版本和企业版本（这一点和 MySQL 类似），社区版本是免费的。访问下面的页面下载相应操作系统平台的二进制安装文件，直接安装即可：

https://www.mongodb.com/download-center#community

下载页面如图 14-24 所示。

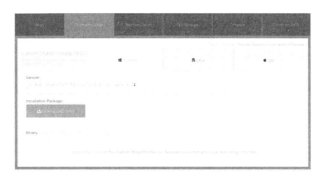

图 14-24　MongoDB 官网下载页面

安装完 MongoDB 后，直接在控制台（或命令行工具）中执行 mongod 命令即可启动 MongoDB 数据库。MongoDB 服务启动成功的效果如图 14-25 所示。

```
liningdeMacBook-Pro:bin lining$ mongod
2017-12-08T10:23:23.133+0800 I CONTROL  [initandlisten] MongoDB starting : pid=2
6028 port=27017 dbpath=/data/db 64-bit host=liningdeMacBook-Pro.local
2017-12-08T10:23:23.133+0800 I CONTROL  [initandlisten] db version v3.4.4
2017-12-08T10:23:23.133+0800 I CONTROL  [initandlisten] git version: 88839051587
4a9debd1b6c5d36559ca86b44babd
2017-12-08T10:23:23.133+0800 I CONTROL  [initandlisten] OpenSSL version: OpenSSL
 1.0.2k  26 Jan 2017
2017-12-08T10:23:23.133+0800 I CONTROL  [initandlisten] allocator: system
2017-12-08T10:23:23.133+0800 I CONTROL  [initandlisten] modules: none
2017-12-08T10:23:23.133+0800 I CONTROL  [initandlisten] build environment:
2017-12-08T10:23:23.133+0800 I CONTROL  [initandlisten]     distarch: x86_64
2017-12-08T10:23:23.133+0800 I CONTROL  [initandlisten]     target_arch: x86_64
2017-12-08T10:23:23.133+0800 I CONTROL  [initandlisten] options: {}
2017-12-08T10:23:23.134+0800 I -        [initandlisten] Detected data files in /
data/db created by the 'wiredTiger' storage engine, so setting the active storag
e engine to 'wiredTiger'.
2017-12-08T10:23:23.134+0800 I STORAGE  [initandlisten] wiredtiger_open config:
create,cache_size=7680M,session_max=20000,eviction=(threads_min=4,threads_max=4)
,config_base=false,statistics=(fast),log=(enabled=true,archive=true,path=journal
,compressor=snappy),file_manager=(close_idle_time=100000),checkpoint=(wait=60,lo
g_size=2GB),statistics_log=(wait=0),
2017-12-08T10:23:23.468+0800 I CONTROL  [initandlisten]
2017-12-08T10:23:23.468+0800 I CONTROL  [initandlisten] ** WARNING: Access contr
ol is not enabled for the database.
2017-12-08T10:23:23.468+0800 I CONTROL  [initandlisten] **          Read and wri
te access to data and configuration is unrestricted.
2017-12-08T10:23:23.468+0800 I CONTROL  [initandlisten]
2017-12-08T10:23:23.468+0800 I CONTROL  [initandlisten]
2017-12-08T10:23:23.468+0800 I CONTROL  [initandlisten] ** WARNING: soft rlimits
 too low. Number of files is 256, should be at least 1000
2017-12-08T10:23:23.472+0800 I FTDC     [initandlisten] Initializing full-time d
iagnostic data capture with directory '/data/db/diagnostic.data'
2017-12-08T10:23:23.473+0800 I NETWORK  [thread1] waiting for connections on por
t 27017
```

图 14-25　成功启动 MongoDB

### 14.7.3　pymongo 模块

在 Python 语言中使用 MongoDB 数据库需要先导入 pymongo 模块，如果使用了 Anaconda Python 开发环境，pymongo 模块已经被集成到 Anaconda；如果使用的是标准的 Python 开发环境，需要使用下面的命令安装 pymongo 模块：

```
pip install pymongo
```

操作 MongoDB 数据库与操作关系型数据库需要完成的工作类似，如连接数据库、创建表、查询数据等。只不过在 MongoDB 数据库中没有数据库和表的概念，一切都是文档。在 Python 语言中，文档主要是指列表和字典。也就是说，MongoDB 数据库中存储的都是列表和字典数据。

连接 MongoDB 数据库需要创建 MongoClient 类的实例，连接 MongoDB 数据库后，就可以按文档的方式操作数据库。

【例 14.13】　本例演示了如何使用 pymongo 模块中提供的 API 操作 MongoDB 数据库的过程。

实例位置：**PythonSamples\src\chapter14\demo14.13.py**

```python
from pymongo import *
# 连接 MongoDB 数据库
Client = MongoClient()
# 打开或创建名为 data 的 collection，collection 相当于关系型数据库中的数据库
# 在 MongoDB 中，collection 是文档的集合
db = Client.data
# 或者使用类似引用字典值的方式打开或创建 collection
#db = Client['data']

# 定义要插入的文档（字典）
person1 = {"name": "Bill", "age": 55, "address": "地球", "salary": 1234.0}
person2 = {"name": "Mike", "age": 12, "address": "火星", "salary": 434.0}
person3 = {"name": "John", "age": 43, "address": "月球", "salary": 6543.0}
# 创建或打开一个名为 persons 的文档，persons 相当于关系型数据库中的表
persons = db.persons
# 先删除 persons 文档中的所有数据，以免多次运行程序导致文档中有大量重复的数据
persons.delete_many({'age':{'$gt':0}})

# 使用 insert_one 方法插入文档
personId1 = persons.insert_one(person1).inserted_id
personId2 = persons.insert_one(person2).inserted_id
personId3 = persons.insert_one(person3).inserted_id
print(personId3)
'''
也可以使用 insert_many 方法一次插入多个文档
personList = [person1,person2,person3]
result = persons.insert_many(personList)
print(result.inserted_ids)
'''
# 搜索 persons 文档中的第一条子文档，相当于关系型数据库中的记录
print(persons.find_one())
print(persons.find_one()['name'])
# 搜索所有数据
for person in persons.find():
```

```python
    print(person)
print('--------------')
# 更新第 1 个满足条件的文档中的数据，使用 update_many 方法可以更新所有满足条件的文档
persons.update_one({'age':{'$lt':50}},{'$set':{'name':'超人'}})
# persons.delete_one({'age':{'$gt':0}})   # 只删除满足条件的第 1 个文档
# 搜索所有满足 age 小于 50 的文档
for person in persons.find({'age':{'$lt':50}}):
    print(person)


print('--------------')
# 搜索所有满足 age 大于 50 的文档
for person in persons.find({'age':{'$gt':50}}):
    print(person)
# 输出 persons 中的文档总数
print('总数', '=', persons.count())
```

程序运行结果如图 14-26 所示。

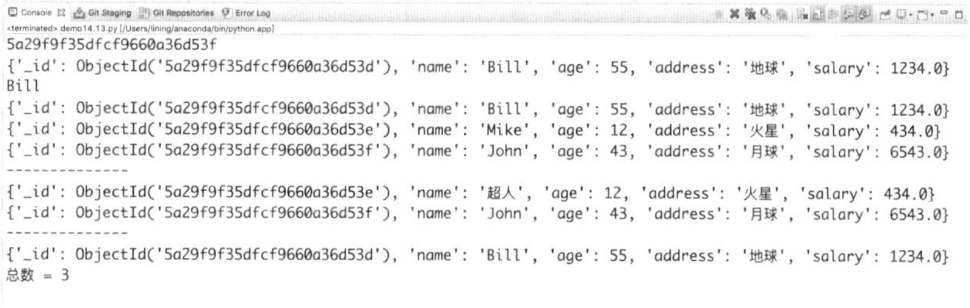

图 14-26　在 Python 中操作 MongoDB 数据库

## 14.8　小结

本章讲解了 Python 语言中大多数场景需要使用到的各种数据存储技术，主要包括文本格式文件（XML 和 JSON）、关系型数据库（SQLite 和 MySQL）和非关系型数据库（MongoDB），以及操作关系型数据库的两个 ORM 模块（SQLAlchemy 和 SQLObject）。可能很多读者会有这样的疑问，讲了这么多数据存储方案，那么在实际的应用中，应该使用哪种数据存储方案呢？其实在大多数应用中，存储方案都是多元化的，因为任何一种数据存储方案都不能适用于所有的场景。例如，存储配置信息一般会使用 XML 或 JSON，在网络上传输数据会使用 JSON，在本地存储较多的数据，而且希望可以快速检索，可以考虑使用 SQLite 数据库，对于互联网应用，可以考虑使用 MySQL 数据库，但对于数据关系比较复杂的情况，可以采用 MySQL 和 MongoDB 混合的方式。总之，适合的才是最好的。

## 14.9　实战与练习

本章练习题，除了配有答案（源代码）外，还会在赠送的视频课程中讲解。

1. 编写一个 Python 程序，将 products.xml 文件的内容保存到 MongoDB 中，并且可以查找每一个 product。

答案位置：PythonSamples\src\chapter14\practice\solution14.1.py

products.xml 文件的内容如下:

```
<!-- products.xml -->
<root>
    <products>
        <product uuid='1234'>
            <id>10000</id>
            <name>iPhone9</name>
            <price>9999</price>
        </product>
        <product uuid='4321'>
            <id>20000</id>
            <name>特斯拉</name>
            <price>800000</price>
        </product>
        <product uuid='5678'>
            <id>30000</id>
            <name>Mac Pro</name>
            <price>40000</price>
        </product>
    </products>
</root>
```

2. 编写一个 Python 程序，通过循环向 SQLite 数据库的 persons 表（支持自动建立数据库和表）中录入数据（字典可自己任意指定）。在任意字段输入 "exit:" 后退出循环，然后输出 persons 表中的所有数据。

答案位置：PythonSamples\src\chapter14\practice\solution14.2.py

# 第 15 章

# TCP 与 UDP 编程

网络是一个互联网应用的重要组成部分，在 Python 语言中提供了大量的内置模块和第三方模块用于支持各种网络访问，这些模块主要包括客户端套接字（socket）、服务端套接字(socketserver)、用于访问 HTTP/HTTPS 资源的 urllib3、异步网络框架 twisted、用于访问 ftp 的 ftplib，以及用于管理 Email 的 poplib、smtplib 和 imaplib 等。使用这些模块，可以非常方便地访问各种网络资源。本章会深入讲解这些模块的使用方法，并提供了大量的案例供读者进行练习。

通过阅读本章，您可以：

❏ 了解 TCP 和 UDP
❏ 掌握编写 TCP Socket 服务端应用
❏ 掌握编写 TCP Socket 客户端应用
❏ 掌握编写 UDP Socket 服务端应用
❏ 掌握编写 UDP Socket 客户端应用
❏ 掌握使用 socketserver 模块中的 API 编写 TCP 服务端应用

## 15.1 套接字

套接字（Socket）是用于网络通信的数据结构。在任何类型的通信开始之前，都必须创建 Socket，可以将它们比作电话插孔，没有它就无法进行通信。

Socket 主要分为面向连接的 Socket 和无连接 Socket。面向连接的 Socket 使用的主要协议是传输控制协议，也就是常说的 TCP，TCP 的 Socket 名称是 SOCK_STREAM。无连接 Socket 的主要协议是用户数据报协议，也就是常说的 UDP，UDP Socket 的名字是 SOCK_DGRAM。本节详细介绍如何使用 socket 模块进行面向连接的通信（TCP）以及无连接的通信（UDP）。

### 15.1.1 建立 TCP 服务端

Socket 分为客户端和服务端。客户端 Socket 用于建立与服务端 Socket 的连接，服务端 Socket 用于等待客户端 Socket 的连接。因此，在使用客户端 Socket 建立连接之前，必须建立服务端 Socket。

服务端 Socket 除了要指定网络类型（IPv4 和 IPv6）和通信协议（TCP 和 UDP）外，还必须要指定一个端口号。所有建立在 TCP/UDP 之上的通信协议都有默认的端口号。例如，HTTP 协议的默认端口号是 80，HTTPS 协议的默认端口号是 443，FTP 协议的默认端口号是 21。这些都是应用层协议，建立在 TCP 协议之上，这些内容会在本章稍后的部分讲解。

在 Python 语言中创建 Socket 服务端程序，需要使用 socket 模块中的 socket 类。创建 Socket 服务端程序的步骤如下：

（1）创建 Socket 对象。

（2）绑定端口号。

（3）监听端口号。

（4）等待客户端 Socket 的连接。

（5）读取从客户端发送过来的数据。

（6）向客户端发送数据。

（7）关闭客户端 Socket 连接。

（8）关闭服务端 Socket 连接。

上面的某些步骤可能会执行多次，例如，第 4 步等待客户端 Socket 连接，可以放在一个循环中，当处理完一个客户端请求后，再继续等待另外一个客户端的请求。这些步骤的伪代码描述如下：

```python
# 创建 Socket 对象
tcpServerSocket = socket(…)
# 绑定 Socket 服务端端口号
tcpServerSocket.bind(…)
# 监听端口号
tcpServerSocket.listen(…)
# 等待客户端的连接
tcpClientSocket = tcpServerSocket.accept()
# 读取服务端发送过来的数据
data = tcpClientSocket.recv(…)
# 向客户端发送数据
tcpClientSocket.send(…)
# 关闭客户端 Socket 连接
tcpClientSocket.close()
# 关闭服务端 Socket 连接
tcpServerSocket.close()
```

【例 15.1】 本例使用 socket 模块中的相关 API 建立一个 Socket 服务端，端口号是 9876，可以使用浏览器、telnet 等客户端软件测试这个 Socket 服务。

**实例位置：PythonSamples\src\chapter15\demo15. 01.py**

```python
# 导入 socket 模块中的所有 API
from socket import *
# 定义一个空的主机名，在建立服务端 Socket 时一般不需要使用 host
host = ''
# 用于接收客户端数据时的缓冲区尺寸，也就是每次接收的最大数据量（单位：字节）
bufferSize = 1024
# 服务端 Socket 的端口号
port = 9876
# 将 host 和 port 封装成一个元组
addr = (host,port)
# 创建 Socket 对象，AF_INET 表示 IPv4，AF_INET6 表示 IPv6，SOCK_STREAM 表示 TCP
tcpServerSocket = socket(AF_INET, SOCK_STREAM)
# 使用 bind 方法绑定端口号
tcpServerSocket.bind(addr)
# 监听端口号
tcpServerSocket.listen()
```

```
print('Server port:9876')
print('正在等待客户端连接')
# 等待客户端 Socket 的连接，这里程序会被阻塞，直到接收到客户端的连接请求，才会往下执行
# 接收到客户端请求后，同时返回了客户端 Socket 和客户端的端口号
tcpClientSocket,addr = tcpServerSocket.accept()
print('客户端已经连接','addr','=',addr)
# 开始读取客户端发送过来的数据，每次最多会接收不超过 bufferSize 字节的数据
# 如果客户端发送过来的数据量大于 bufferSize 所指定的字节数，那么 recv 方法只会返回 bufferSize 个
# 字节，剩下的数据会等待 recv 方法的下一次读取
data = tcpClientSocket.recv(bufferSize)
# recv 方法返回了字节形式的数据，如果要使用字符串，需要将其进行解码，本例使用 utf8 格式解码
print(data.decode('utf8'))
# 向客户端以 utf-8 格式发送数据
tcpClientSocket.send('你好，I love you.\n'.encode(encoding='utf_8'))
# 关闭客户端 Socket
tcpClientSocket.close()
# 关闭服务端 Socket
tcpServerSocket.close()
```

运行程序，Console 中输出如图 15-1 所示的信息。

图 15-1　运行服务端 Socket 程序

测试服务端 Socket 的方法很多，只需要找一个 Socket 客户端应用就可以测试这个服务端 Socket
程序。telnet 就是最简单的一个应用，一般 telnet 会集成在当前的操作系统中。

现在执行下面的命令通过 telnet 连接前面编写的服务端 Socket 程序：

```
telnet localhost 9876
```

如果成功连接到 Socket 服务端，就会在终端显示如图 15-2 所示的信息，要求输入字符串，这些
字符串会被发送给 Socket 服务端。

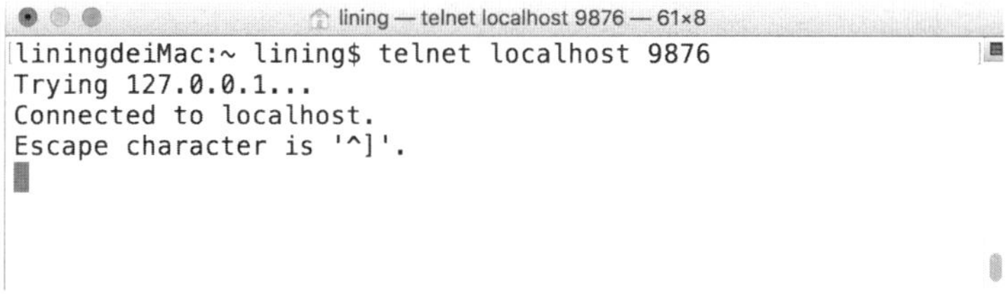

图 15-2　用 telnet 连接 Socket 服务端程序

接下来在 telnet 中输入 "hello world"，然后按 Enter 键，这时服务端会收到客户端的请求，并且
将 "你好，I love you." 发送给客户端。在 telnet 中会显示服务端发送过来的字符串，如图 15-3 所示。
由于服务端处理完客户端请求后就关闭了连接，所以 telnet 也会退出。

图 15-3　telnet 客户端与 Socket 服务端通信

Socket 服务端程序在收到客户端请求后，会读取从客户端发送过来的数据，并在 Console 上输出如图 15-4 所示的信息，然后关闭 Socket 服务端程序。

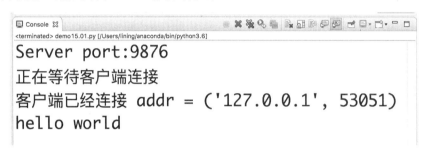

图 15-4　Socket 服务端程序在 Console 中输出客户端发送来的数据

尽管从表面上看，只有服务端 Socket 需要绑定端口号，其实客户端 Socket 在与服务端 Socket 连接时也需要一个端口号，这个客户端 Socket 的端口号一般是自动产生和绑定的，这个端口号由 Socket 对象的 accept 方法返回。图 15-4 中的 53051 就是客户端 Socket 的端口号，每一个客户端 Socket 的端口号一般都是不同的。

除了使用 telnet 测试 Socket 服务端程序外，也可以使用浏览器进行测试，本例选择了 Google 的 Chrome 浏览器。首先启动 Socket 服务端程序，然后在 Chrome 浏览器地址栏中输入如下的 Url：

http://localhost:9876/geekori

其中，"/geekori" 是 Url 的路径（Path），由于 Socket 服务端程序并不是 HTTP 服务器，所以这个路径可以任意指定，浏览器只会使用 localhost 和后面的端口号（9876）连接 Socket 服务端。

输入上面的 Url，并按 Enter 键后，在浏览器中会显示"该网页无法正常运作"或类似的信息，这个无关紧要，因为 Socket 服务端程序并没有返回 HTTP 响应头[①]和相关信息。出现这个信息也说明 Chrome 浏览器成功连接到了 Socket 服务端程序。

在服务端，会在 Console 中输出如图 15-5 所示的信息。

在 Console 中显示的都是 Chrome 浏览器发送给 Socket 服务端程序的 HTTP 请求头信息，如果服务端是 HTTP 服务器，那么应该给浏览器返回 HTTP 响应头信息，而目前服务端程序只给浏览器返回了"你好，I love python."，所以浏览器会认为返回的信息错误，即没有正常显示返回内容。

---

① HTTP 协议（超文本传输协议）是 Web 应用中最常用的一种协议，建立在 TCP 之上。HTTP 客户端向 HTTP 服务端发送请求时需要先发送一个 HTTP 请求头，用于描述与请求相关的信息，如 Url 路径、HTTP 版本号、cookie 等。HTTP 服务端响应 HTTP 客户端时也会向客户端发送 HTTP 响应头，格式与 HTTP 请求头相同，只是内容不同。只有检测到有 HTTP 请求头或 HTTP 响应头时，才会认为是 HTTP 协议，否则不会被 HTTP 客户端或 HTTP 服务端识别。

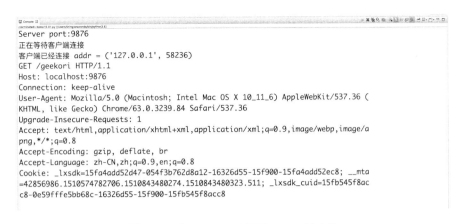

图 15-5　在 Console 中显示 HTTP 请求头

服务端的 Console 之所以能成功显示 Chrome 浏览器发送过来的所有 HTTP 请求头信息，是因为 bufferSize 设置得足够大（1024 字节），所以一次就可以获得浏览器发送给服务端的所有数据，如果 bufferSize 设置得比较小，那么就只会获得客户端发送过来的一部分数据。例如，如果将 bufferSize 设为 10，那么获取的 HTTP 请求头信息如图 15-6 所示。

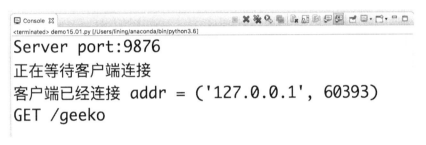

图 15-6　服务端只获取了一部分 HTTP 请求头信息

很明显，在 Console 中只输出了 HTTP 请求头的前 10 字节的内容（GET/geeko），要想获取所有客户端发送过来的数据，需要使用循环不断调用 recv 方法，最多每次获取 10 字节的数据，详细的实现过程见 15.1.2 节。

## 15.1.2　服务端接收数据的缓冲区

如果客户端传给服务端的数据过多，则需要分多次读取，每次最多读取缓冲区尺寸的数据，也就是 15.1.1 节例子中设置的 bufferSize 变量的值。如果要分多次读取，则根据当前读取的字节数是否小于缓冲区的尺寸来判断是否后面还有其他未读的数据，如果没有，则终止循环。

【例 15.2】　本例将 bufferSize 的值设为 2，也就是说，服务端 Socket 每次最多读取两字节的数据，并通过当前读取的字节数是否小于 bufferSize 变量的值来判断是否应该退出 while 循环。

实例位置：**PythonSamples\src\chapter15\demo15. 02.py**

```
from socket import *
host = ''
# 将缓冲区设为 2
bufferSize = 2
port = 9876
addr = (host,port)
```

```
tcpServerSocket = socket(AF_INET, SOCK_STREAM)
tcpServerSocket.bind(addr)
tcpServerSocket.listen()
print('Server port:9876')
print('正在等待客户端连接')
tcpClientSocket,addr = tcpServerSocket.accept()
print('客户端已经连接','addr','=',addr)
# 初始化一个 bytes 类型的变量，用于保存完整的客户端数据
fullDataBytes = b''
while True:
    # 每次最多读取 2 字节的数据
    data = tcpClientSocket.recv(bufferSize)
    # 将读取的字节数添加到 fullDataBytes 变量的后面
    fullDataBytes += data
    # 如果读取的字节数小于 bufferSize，则终止循环
    if len(data) < bufferSize:
        break;
# 按原始字节格式输出客户端发送过来的信息
print(fullDataBytes)
# 将完整的字节格式数据用 ISO-8859-1 格式解码，然后输出
print(fullDataBytes.decode('ISO-8859-1'))
tcpClientSocket.close()
tcpServerSocket.close()
```

现在运行程序，然后使用下面的命令启动 telnet：

```
telnet localhost 9876
```

这时在 telnet 中输入"hello world"，会发现服务端程序在 Console 中输出如图 15-7 所示的内容。

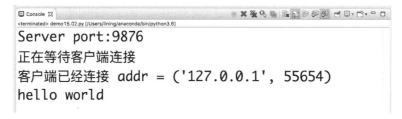

图 15-7　服务端通过循环读取的方式获取了客户端发送过来的所有数据

在 telnet 中输入"abcd"，然后按 Enter 键后，服务端的 Console 并没有任何反应，好像是进入了死循环。究其原因是输入的是偶数个字符，由于服务端每次读取 2 个字符，所以当读取"cd"时，读到的正好是 2 个，所以终止循环的 if 语句根本没有执行，而又开始了下一次循环，这时客户端的数据已经都读取完了，而且客户端并没有关闭。所以 recv 方法处于阻塞状态，等待客户端再次发送数据。除了强行中断客户端或服务端外，连接超时[①]后也会断开服务端与客户端的连接。

现在按 Ctrl+C 键强行中断 telnet，看到服务端的 Console 会输出如图 15-8 所示的信息，在"abcd"后还输出了一行奇怪的字符。

首先，强行中断 telnet，会造成 TCP 连接中断，这时 telnet 会在中断前向服务端发送最后的结果信息，也就是"\xff\xf4\xff\xfd\x06"，而这 5 字节的信息并不是 ASCII 字符，所以将其按 ISO-8859-1

---

[①] 在客户端和服务端都没有任何反应的情况下，等待一定时间（如 30s）后，客户端和服务端会自动断开连接，称为超时。

格式转码后显示时就是图 15-8 所示的样式。还有就是在进行总体解码时建议使用 ISO-8859-1 格式，因为这种格式是按字节的原始格式转换为字符串的，不会出错，如果使用了 GBK 或 UTF-8 格式进行解码，恰巧客户端发送的数据中包含这些编码无法处理的数据，那么服务端会抛出异常。

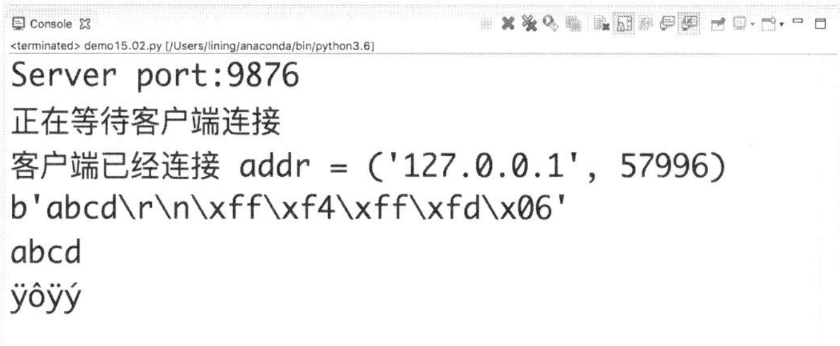

图 15-8　客户端强行中断导致 TCP 连接中断

### 15.1.3　服务端的请求队列

通常服务端程序不会只为一个客户端服务，当 accept 方法在接收到一个客户端请求后，除非再次调用 accept 方法，否则将不会再等待下一个客户端请求。当然，可以在 accept 方法接收到一个客户端请求后启动一个线程（见 15.1.4 节）来处理当前客户端的请求，从而让 accept 方法尽可能快地再次被调用（一般会将调用 accept 方法的代码放在一个循环中，见 15.1.4 节的例子），但就算 accept 方法很快被下一次调用，也是有时间间隔的（如两次调用 accept 方法的时间间隔是 100ms），如果在这期间又有客户端请求，该如何处理呢？

在服务端 Socket 中有一个请求队列。如果服务端暂时无法处理客户端请求，会先将客户端请求放到这个队列中，而每次调用 accept 方法，都会从这个队列中取一个客户端请求进行处理。不过这个请求队列也不能无限制地存储客户端请求，请求队列的存储上限与当前操作系统有关，例如，有的 Linux 系统的请求队列存储上限是 128 个。请求队列的存储上限也可以进行设置，只要通过 listen 方法监听端口号时指定请求队列上限即可（这个值也被称为 backlog），如果这个指定的上限超过了操作系统限制的最大值（如 128），那么会直接使用这个最大值。

【例 15.3】　本例将服务端 Socket 的请求队列的 backlog 值设为 2，这就意味着加上当前正常处理的客户端请求，服务端最多可以同时接受 3 个客户端请求。

实例位置：**PythonSamples\src\chapter15\demo15. 03.py**

```python
from socket import *
host = ''
bufferSize = 1024
port = 9876
addr = (host,port)
tcpServerSocket = socket(AF_INET, SOCK_STREAM)
tcpServerSocket.bind(addr)
# 设置服务端 Socket 请求队列的 backlog 值为 2
tcpServerSocket.listen(2)
print('Server port:9876')
print('正在等待客户端连接')
while True:
    tcpClientSocket,addr = tcpServerSocket.accept()
    print('客户端已经连接','addr','=',addr)
```

```
    data = tcpClientSocket.recv(bufferSize)
    print(data.decode('utf8'))
    tcpClientSocket.send('你好，I love you.\n'.encode(encoding='utf_8'))
    tcpClientSocket.close()
tcpServerSocket.close()
```

现在运行服务端程序，然后启动 4 个终端，先在其中 3 个终端中输入下面的命令连接服务端：

```
telnet localhost 9876
```

由于存在请求队列，因此这 3 个请求都会被服务端接收。telnet 的效果如图 15-9 所示。

如果在第 4 个终端仍然输入上面的命令连接服务端，那么会在终端输出如图 15-10 所示的信息。

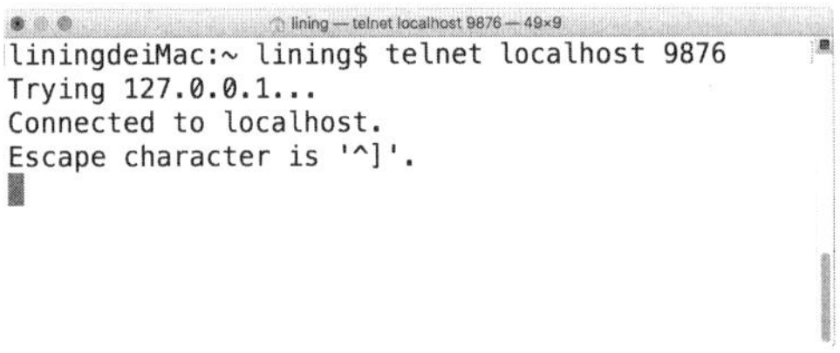

图 15-9　被服务端接收的 telnet 客户端请求 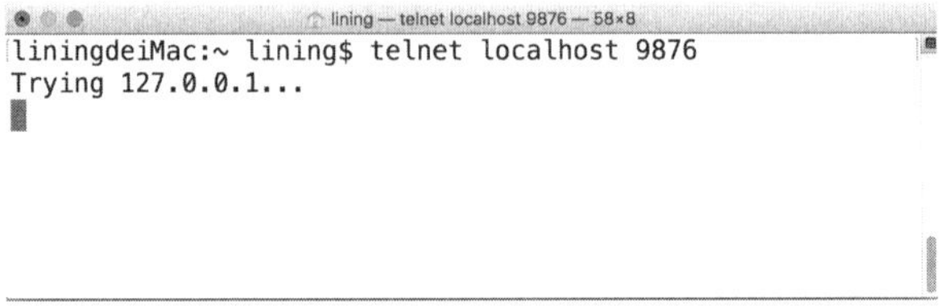　　　图 15-10　服务端无法接收 telnet 客户端的请求

由于服务端正常处理一个客户端请求，请求队列现在已经被另外两个客户端请求占满，所以无法处理第 4 个客户端请求，因此客户端一直会尝试连接，直到连接超时而终止连接。

图 15-11 所示是这 4 个终端的启动顺序和处理顺序（圆圈中的序号表示启动顺序），现在分别在第1、2、3 个终端中输入 hello1、hello2、hello3，然后必须在第 1 个启动的终端（也是第一个执行上面命令的终端）中按 Enter 键向服务端发送请求，接下来在第 2 个和第 3 个终端按 Enter 键发送请求，这时服务端按顺序处理了这三个终端发送的请求。而由于服务端的请求队列已经空了，而且现在 accept方法正在等待下一个客户端请求，所以如果这时第 4 个终端没有超时，则会立刻进入图 15-8 所示的连接状态，等待用户向服务端发送请求。

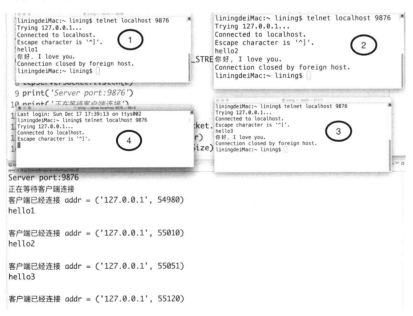

图 15-11　测试服务端的请求队列

### 15.1.4　TCP 时间戳服务端

本节会利用 Socket 实现一个可以将时间返回给客户端的时间戳服务端。当客户端向服务端发送数据后，服务端会将这些数据原样返回，并附带上服务端当前的时间。

【例 15.4】　本例会使用 Socket 实现一个服务端程序，主要功能是使用 time 模块中的 ctime 函数获取当前时间，并连同客户端发送过来的信息一同发回给服务端。

**实例位置：PythonSamples\src\chapter15\demo15.04.py**

```python
from socket import *
from time import ctime
host = ''
bufferSize = 1024
port = 9876
addr = (host,port)
tcpServerSocket = socket(AF_INET, SOCK_STREAM)
tcpServerSocket.bind(addr)
tcpServerSocket.listen(5)
while True:
    print('正在等待客户端连接')
    tcpClientSocket,addr = tcpServerSocket.accept()
    print('客户端已经连接','addr','=',addr)
    while True:
        # 接收客户端发送过来的数据
        data = tcpClientSocket.recv(bufferSize)
        if not data:
            break;
        # 使用 ctime 函数获取当前时间，并将客户端发送过来的数据追加到时间的结尾返回给客户端
        tcpClientSocket.send(ctime().encode(encoding='utf-8') + b' ' + data)
    tcpClientSocket.close()
tcpServerSocket.close();
```

现在运行程序，在终端执行下面的命令运行 telnet：

```
telnet localhost 9876
```

然后在 telnet 中输入一些字符串，按 Enter 键，就会看到从服务端返回的时间，以及返回同样的字符串，如图 15-12 所示。

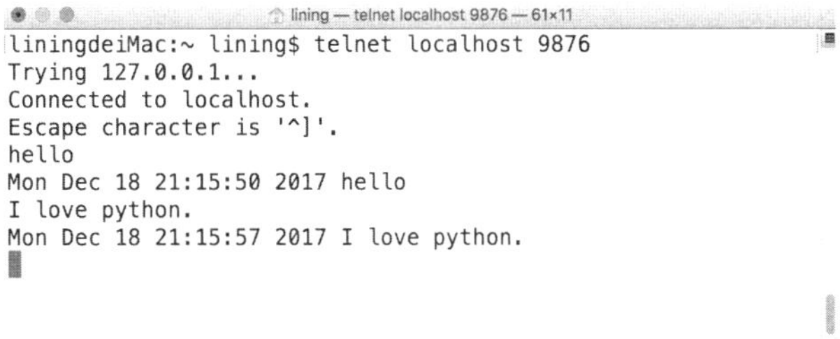

图 15-12　telnet 中接收到的服务端回应的信息

### 15.1.5　用 Socket 实现 HTTP 服务器

本节会使用 Socket 实现一个 HTTP 服务器。如果要实现 HTTP 服务器，服务端在接收数据，以及

向客户端发送数据时，必须遵循 HTTP 协议。也就是说，服务端在接收数据时，要解析 HTTP 请求头；向客户端发送数据时，要在发送的数据前面加上 HTTP 请求头。关于 HTTP 的详细信息请访问如下的 URL：

https://tools.ietf.org/html/rfc2616

其实读者也不需要深入了解 HTTP 协议，因为 HTTP 协议是 Web 中经常使用的协议，已经有很多实现了，通常并不需要自己去实现完整的 HTTP 协议。本节之所以要自己实现 HTTP 协议，只是为了演示 Socket 的功能，而且并没有实现完整的 HTTP 协议，只是通过 HTTP 协议实现了一个最基本的 HTTP 服务器。

下面解释一下 HTTP 服务器的实现原理。首先应该了解一下 HTTP 请求头的格式。HTTP 请求头是纯文本形式，除了第 1 行，其他行都是 key-value 形式。例如，下面是一个典型的 HTTP 请求头。

```
GET /main/index.html HTTP/1.1
Host: geekori.com
Accept:*/*
Pragma: no-cache
Cache-Control: no-cache
Referer: http://download.microtool.de/
User-Agent:Mozilla/4.04[en](Win95;I;Nav)
Range:bytes=554554-
```

大家不必理会上面的大多数内容，因为浏览器会自动发送这些内容，服务端也会自动处理。但必须了解第 1 行，因为在第 1 行中包含了请求路径。第 1 行分为如下三个部分，中间用空格分隔。

（1）方法（GET、POST 等）。

（2）请求路径，需要将其映射成服务端对应的本地文件路径。

（3）HTTP 版本，目前一般是 1.1。

由于本节要实现的是一个基本的 HTTP 服务器，所以只考虑第 1 行。

HTTP 响应头与 HTTP 请求头类似，下面是一个 HTTP 响应头的例子。

```
HTTP/1.1 200 OK
Date:Mon,31Dec2012 04:25:57GMT
Server:Apache/1.5(UNIX)
Content-type:text/html
Content-length:1234
```

HTTP 响应头只有两行是必须指定的，即第 1 行和 Content-length 字段。第 1 行描述了 HTTP 版本、返回状态码等信息，其中 200 和 OK 描述了访问成功。如果要描述页面没找到，可以返回 404。不过本节的例子不管是否找到服务端的页面，都返回了 200，只是在没找到页面时固定返回了 "File Not Found" 信息。读者可以自己修改这个例子，做更有趣的实验。

还有一点要注意，HTTP 响应头在返回时，一定与后面的要返回的内容之间有一个空行，浏览器会依赖这个空行区分 HTTP 响应头到哪里结束。

【例 15.5】 本例通过 Socket 技术实现了一个基本的 HTTP 服务器，当在浏览器中输入一个 URL 后，如果 URL 在服务端不存在，那么会在浏览器上显示 "File Not Found"，如果在服务端找到要访问的文件，那么服务端程序会返回文件的内容（会加上 HTTP 响应头）。服务端程序会在当前目录下的 static 子目录寻找要访问的文件，默认文件是 index.html。

**实例位置：PythonSamples\src\chapter15\demo15. 05.py**

```python
from socket import *
import os
# 用于从文件中读取要返回的 HTTP 响应头文本，并设置返回数据长度为 length
def responseHeaders(file,length):
    f = open(file,'r')

    headersText = f.read()
    headersText = headersText % length
    return headersText
# 根据 HTTP 请求头的路径得到服务端的本地路径
def filePath(get):
    if get == '/':
        # 如果访问的是根路径，那么默认访问的文件是 static/index.html
        return 'static' + os.sep + 'index.html'
    else:
        paths = get.split('/')
        s = 'static'
        # HTTP 请求头中的路径与服务端的本地路径是一致的，只是需要把路径分隔符替换成相应操作系统的
        # Windows 是反斜杠（\），Mac OS X 和 Linux 是斜杠（/）
        for path in paths:
            if path.strip() != '':
                s = s + os.sep + path
        return s
host = ''
bufferSize = 1024
port = 9876
addr = (host,port)
tcpServerSocket = socket(AF_INET, SOCK_STREAM)
tcpServerSocket.bind(addr)
tcpServerSocket.listen(5)
while True:
    print('正在等待客户端连接')
    tcpClientSocket,addr = tcpServerSocket.accept()
    print('客户端已经连接','addr','=','addr')
    data = tcpClientSocket.recv(bufferSize)
    data = data.decode('utf-8')
    try:
        # 获取 HTTP 请求头的第 1 行字符串，这一行包含了请求路径
        firstLine = data.split('\n')[0]
        # 获取请求路径
        path = firstLine.split(' ')[1]
        print(path)
        # 将 HTTP 请求路径转换为服务端的本地路径
        path = filePath(path)
        # 如果文件存在，读取文件的全部内容
        if os.path.exists(path):
            file = open(path,'rb')
            content = file.read()
            file.close()
        else:
```

```
        # 如果文件不存在，向客户端发送"File Not Found"字符串
        content = '<h1>File Not Found</h1>'.encode(encoding='utf-8')
    # 从文件读取生成 HTTP 响应头信息，并设置返回数据的长度（单位：字节）
    rh = responseHeaders('response_headers.txt',len(content)) + '\r\n'
    # 连同 HTTP 响应头与返回数据一同发送给客户端
    tcpClientSocket.send(rh.encode(encoding='utf-8') + content)

except Exception as e:
    print(e)
tcpClientSocket.close()
tcpServerSocket.close();
```

现在运行程序，然后在当前目录建立一个 static 子目录，并在该目录中建立两个文件：test.txt 和 index.html。分别输入如下的内容：

test.txt

```
hello world
```

index.html

```
<h1>Main Page</h1>
```

接下来在当前路径建立一个 response_headers.txt 文件，并输入如下内容。在该文件中使用了"%d"作为格式化符号，在读取该文件时需要将"%d"格式化为发送到客户端数据的长度，单位是字节。

```
HTTP/1.1 OK
Server:custom
Content-type:text/html
Content-length:%d
```

现在打开浏览器，在浏览器地址栏中输入如下的 URL：

http://localhost:9876

会在浏览器中显示如图 15-13 所示的内容。

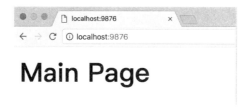

图 15-13　访问默认页面

如果在浏览器地址栏中输入 http://localhost:9876/test.txt，那么会输出如图 15-14 所示的内容。

图 15-14　访问服务端的 test.txt 文件

如果在浏览器地址栏中输入 http://localhost:9876/file.html 或任何其他在服务端不存在的文件，在浏览器中会显示如图 15-15 所示的内容。

图 15-15　访问服务端不存在的文件

### 15.1.6　客户端 Socket

在前面的部分一直使用 telnet 和浏览器作为客户端测试 Socket 服务端，其实 socket 类同样可以作为客户端连接服务器。socket 类连接服务端的方式与创建 Socket 服务端类似，只是这时 host（IP 或域名）就有用了，因为客户端 Socket 在连接服务端时，必须指定服务器的 IP 或命名。当然，端口号也是必需的。在浏览器中使用 http/https 访问 Web 页面时，之所以没有指定端口号，是因为使用了默认的端口号，http 的默认端口号是 80，https 默认的端口号是 443。

客户端 Socket 成功连接服务端后，可以使用 send 方法向服务端发送数据，也可以使用 recv 方法接收从服务端返回的数据，使用方法与服务端 Socket 相同。

【例 15.6】　本例实现了一个客户端 Socket 应用，该应用会通过控制台输入一个字符串，然后连接 15.1.4 节实现的时间戳服务端，并接收时间戳服务端返回的数据，最后将这些数据输出到终端上。

实例位置：**PythonSamples\src\chapter15\demo15.06.py**

```
from socket import *
# 服务器的名称（可以是 IP 或域名）
host = 'localhost'
# 服务器的端口号
port = 9876
# 客户端 Socket 接收数据的缓冲区
bufferSize = 1024
addr = (host,port)
tcpClientSocket = socket(AF_INET, SOCK_STREAM)
# 开始连接时间戳服务端
tcpClientSocket.connect(addr)
while True:
    # 从终端采集用户输入信息
    data = input('>')
    # 如果什么都未输入，退出循环
    if not data:
        break
    # 将用户输入的字符串按 utf-8 格式编码成字节序列
    data = data.encode('utf-8')
    # 向服务端发送字节形式的数据
    tcpClientSocket.send(data)
    # 从服务端接收数据
    data = tcpClientSocket.recv(bufferSize)
```

```
    # 输出从服务端接收到的数据
    print(data.decode('utf-8'))
# 关闭客户端 Socket
tcpClientSocket.close()
```

在运行程序之前，先要运行 15.1.4 节实现的时间戳服务端程序，然后在 Console 中输入一些字符串，并按 Enter 键，如果不输入任何内容按 Enter 键，则程序会退出。输出的内容类似图 15-16 所示。

图 15-16　客户端 Socket 访问时间戳服务端

## 15.1.7　UDP 时间戳服务端

UDP 与 TCP 的一个显著差异就是前者不是面向连接的，也就是说，UDP Socket 是无连接的，TCP Socket 是有连接的。那么什么是无连接？什么是有连接呢？有连接的网络传输协议（如 TCP）是指在网络数据传输的过程中客户端与服务端的网络连接会一直存在，而且面向连接的网络传输协议会通过某些机制保证数据传输的可达性，如果用比较科幻的说法就是通过面向连接的网络协议在客户端和服务端建立一个稳定的虫洞，可以放心大胆地在虫洞中传递数据。面向无连接的网络协议（如 UDP）相当于将一束光射向远方，对于发射光源的一方只负责开启光源，至于射出的这束光能不能到达目的地，那就不管了。当然，这束光有可能会到达目的地，也有可能发生意外，如碰到某个障碍物或被散射。因此，通过像 UDP 这类无连接的网络协议传输的数据不能保证 100%到达目的地，但操作更简单，没有像 TCP 这类有连接的网络协议需要那么多设置。

本节会利用 UDP 服务实现一个与 15.1.4 节实现的时间戳服务端功能完全相同的服务端程序。当然，一般都是在本地测试（使用 localhost 或 127.0.0.1），所以几乎不会出现传输的数据不会到达目的地的情况，但在复杂的网络中运行本节的例子，就有可能会出现数据无法传输到目的地的情况。

【例 15.7】　本例使用 UDP Socket 实现一个时间戳服务端，客户端连接时间戳服务端后，向服务端发送一个字符串，服务端会原样返回这个字符串，同时还会返回服务端的时间。

实例位置：**PythonSamples\src\chapter15\demo15.07.py**

```
from socket import *
from time import ctime
host = ''
port = 9876
bufferSize = 1024
addr = (host, port)
# SOCK_DGRAM 表示 UDP
udpServerSocket = socket(AF_INET, SOCK_DGRAM)
udpServerSocket.bind(addr)
while True:
```

```
    print('正在等待消息......')
    # 接收从客户端发过来的数据
    data, addr = udpServerSocket.recvfrom(bufferSize)
    # 向客户端发送服务端时间和客户端发送过来的字符串
    udpServerSocket.sendto(ctime().encode(encoding='utf-8') + b' ' + data,addr)
    print('客户端地址: ',addr)
udpServerSocket.close()
```

要注意的是，使用 UDP Socket 发送和接收数据的方法与 TCP Socket 不同。UDP Socket 接收数据的方法是 recvfrom，发送数据的方法是 sendto。

### 15.1.8　UDP 时间戳客户端

由于 telnet 不支持 UDP，所以只好自己编写程序来测试 15.1.7 节实现的 UDP 时间戳服务端。

【例 15.8】本例使用 UDP Socket 实现一个可以与 15.1.7 节实现的时间戳服务端交互的客户端，功能是向服务端发送字符串，然后服务端会返回时间戳与发送的字符串。

**实例位置：PythonSamples\src\chapter15\demo15. 08.py**

```
from socket import *
host = 'localhost'
port = 9876
bufferSize = 1024
addr = (host, port)
# SOCK_DGRAM 表示 UDP
udpClientSocket = socket(AF_INET, SOCK_DGRAM)
while True:
    # 从终端采集向服务端发送的数据
    data = input('>')
    if not data:
        break
    # 向服务端发送数据
    udpClientSocket.sendto(data.encode(encoding='utf-8'),addr)
    # 接收服务端返回的数据
    data,addr = udpClientSocket.recvfrom(bufferSize)
    if not data:
        break
    print(data.decode('utf-8'))
udpClientSocket.close()
```

首先运行 15.1.7 节实现的时间戳服务端程序，然后运行上面的程序，并输入一些字符串。服务端会将这些字符串按原样返回，如图 15-17 所示。

图 15-17　与时间戳服务端交互的时间戳客户端

同时，时间戳服务端也会不断输出客户端的 IP 和端口号，如图 15-18 所示。只要不中断时间戳服务端，服务端就会一直接收时间戳客户端发送过来的信息。

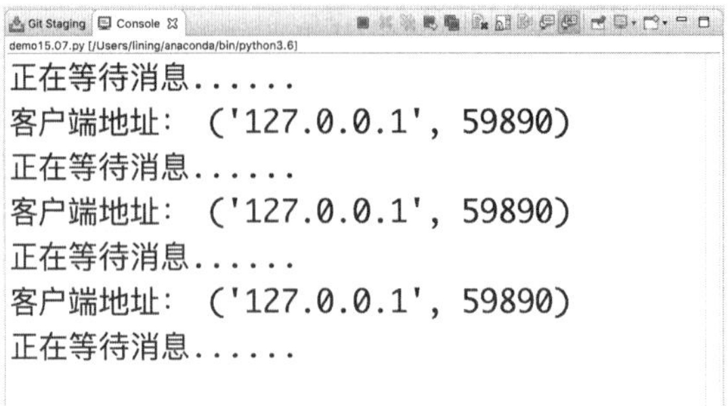

图 15-18　时间戳服务端

## 15.2　socketserver 模块

socketserver 是标准库中的一个高级模块，该模块的目的是让 Socket 编程更简单。在 socketserver 模块中提供了很多样板代码，这些样板代码是创建网络客户端和服务端所必需的代码。本节会利用 socketserver 模块中的 API 重新实现时间戳客户端和服务端，从中会看到，使用 socketserver 模块实现的时间戳服务端的代码更简洁，也更容易维护。

### 15.2.1　实现 socketserver TCP 时间戳服务端

socketserver 模块中提供了一个 TCPServer 类，用于实现 TCP 服务端。TCPServer 类的构造方法有两个参数：第 1 个参数需要传入 host 和 port（元组形式）；第 2 个参数需要传入一个回调类，该类必须是 StreamRequestHandler 类的子类。在 StreamRequestHandler 类中需要实现一个 handle 方法，如果接收到客户端的响应，那么系统就会调用 handle 方法进行处理，通过 handle 方法的 self 参数中的响应 API 可以与客户端进行交互。

【例 15.9】　本例使用 socketserver 模块中的 TCPServer 类和 StreamRequestHandler 类实现一个时间戳服务端，功能与 15.1.4 节实现的时间戳服务端完全相同。

实例位置：**PythonSamples\src\chapter15\demo15. 09.py**

```python
# 将 TCPServer 类重命名为 TCP，将 StreamRequestHandler 类重命名为 SRH
from socketserver import (TCPServer as TCP,StreamRequestHandler as SRH)
from time import ctime
host = ''
port = 9876
addr = (host,port)
# 定义回调类，该类必须从 StreamRequestHandler 类（已经重命名为 SRH）继承
class MyRequestHandler(SRH):
    # 处理客户端请求的方法
    def handle(self):
        # 获取并输出客户端 IP 和端口号
        print('客户端已经连接，地址: ',self.client_address)
        # 向客户端发送服务端的时间，以及按原样返回客户端发过来的字符串
        self.wfile.write(ctime().encode(encoding='utf-8') + b' ' + self.rfile.readline())
# 创建 TCPServer 类（已经重命名为 TCP）的实例
tcpServer = TCP(addr, MyRequestHandler)
```

```
print('正在等待客户端的连接')
# 调用 serve_forever 方法让服务端等待客户端的连接
tcpServer.serve_forever()
```

现在运行程序，然后使用下面的命令连接服务端：

```
telnet localhost 9876
```

在 telnet 中输入 hello 后按 Enter 键，会收到时间戳服务端返回的信息，如图 15-19 所示。

图 15-19　用 telnet 测试基于 socketserver 的时间戳服务端

从上面的代码可以看出，在 handle 方法中通过 self.rfile.readline 方法从客户端读取数据，通过 self.wfile.write 方法向客户端发送数据。由于读取客户端数据使用了 readline 方法，该方法读取客户端发送过来的数据的第 1 行，所以客户端发送过来的数据至少要有一个行结束符（"\r\n" 或 "\n"），否则服务端在读取客户端发送过来的数据时会一直处于阻塞状态，直到超时才结束读取。

## 15.2.2　实现 socketserver TCP 时间戳客户端

socketserver TCP 客户端与前面实现的 TCP Socket 客户端没什么区别，只是在向 socketserver TCP 时间戳服务端发送文本数据时要加一个行结束符。

【例 15.10】　本例实现一个 socketserver TCP 时间戳客户端，在向时间戳服务端发送数据时会加上行结束符（"\r\n"）。

实例位置：**PythonSamples\src\chapter15\demo15. 10.py**

```
from socket import *
host = 'localhost'
port = 9876
bufferSize = 1024
addr = (host, port)
while True:
    tcpClientSocket = socket(AF_INET, SOCK_STREAM)
    # 连接时间戳服务端
    tcpClientSocket.connect(addr)
    # 从终端采集要发送的数据
    data = input('>')
    if not data:
        break
    # 向时间戳服务端发送数据
    tcpClientSocket.send(('%s\r\n' % data).encode(encoding='utf-8'))
    # 接收从时间戳服务端返回的数据
    data = tcpClientSocket.recv(bufferSize)
    if not data:
        break
    # 输出从时间戳服务端接收到的数据
```

```
print(data.decode('utf-8').strip())
# 关闭客户端 Socket
tcpClientSocket.close()
```

首先运行 15.2.1 节的 socketserver TCP 时间戳服务端，然后运行上面的程序，并输入一些字符串，会看到如图 15-20 所示的输出结果。

时间戳服务端也会在每次与客户端交互时输出客户端的 IP 和端口号，如图 15-21 所示。

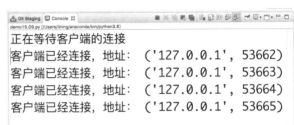

图 15-20　测试 socketserver TCP 时间戳服务端　　　　图 15-21　时间戳服务端输出客户端的 IP 和端口号

## 15.3　小结

本章深入讲解了 Python 网络编程的基础：TCP 和 UDP。目前绝大多数网络应用，不管基于什么协议，底层都是基于 TCP 或 UDP 的。例如，经常使用的 HTTP/HTTPS、FTP、SMTP、POP3、IMAP 等都是基于 TCP 的。使用 TCP Socket，可以从零开始实现这些协议。尽管这么做从技术上没有任何问题，但完全没必要，因为这些常用的应用层协议已经有很多实现了，只管使用就可以了。第 16 章会深入介绍几种常用的应用程序通信协议。

## 15.4　实战与练习

本章练习题，除了配有答案（源代码）外，还会在赠送的视频课程中讲解。

1. 使用 TCP Socket 编写一个图像服务器，将图像文件放到 static 目录中，在浏览器中访问图像 URL，就可以在浏览器中显示 static 目录中对应的图像文件。图像文件大小限制在 100KB 以内。

答案位置：PythonSamples\src\chapter15\practice\solution15.1.py

2. 使用 UDP Socket 编写一个可以计算 Python 表达式的服务端应用，然后再编写一个用于测试这个服务端应用的客户端程序。在客户端程序中输入 Python 表达式，然后将表达式字符串传到服务端，服务端执行后，再将结果返回给客户端程序。

答案位置：PythonSamples\src\chapter15\practice\solution15.2.py

# 第 16 章

# 网络高级编程

尽管大多数应用层协议都是基于 TCP 的，但除了编写像 QQ 服务器那样的服务端应用，很少直接使用 TCP Socket 进行编程。一般编写基于应用层网络协议（HTTP、FTP 等）的应用都是直接使用封装相应协议的模块，这样开发效率会更高。例如，如果要使用 HTTP 或 HTTPS 开发 Python 应用，可以使用 urllib3、twisted 以及其他类似的模块，FTP、SMTP、POP、IMAP 等常用协议也有对应的 Python 模块。本章会结合具体的应用案例讲解 Python 语言中用于开发网络应用的常用模块。

通过阅读本章，您可以：

❑ 了解 Python 语言中与网络有关的模块
❑ 掌握如何使用 urllib3 模块发送 HTTP GET 和 HTTP POST 请求
❑ 掌握如何使用 urllib3 模块获取 HTTP 请求头和 HTTP 响应头
❑ 掌握如何使用 urllib3 模块上传文件
❑ 掌握如何设置超时时间
❑ 了解什么是 twisted 框架
❑ 了解 twisted 框架的基本使用方法
❑ 掌握如何使用 twisted 框架实现客户端和服务端应用
❑ 掌握如何使用 twisted 框架获取 Email 邮箱的目录列表
❑ 掌握如何使用 ftplib 模块与 FTP 服务器交互
❑ 了解什么是 SMTP、POP3 和 IMAP4
❑ 掌握如何用 smtplib 模块发送 Email
❑ 掌握如何用 poplib 模块和 imaplib 模块接收 Email

## 16.1 urllib3 模块

urllib3 是一个功能强大，条理清晰，用于编写 HTTP 客户端的 Python 库，许多 Python 的原生系统已经开始使用 urllib3。urllib3 提供了很多 Python 标准库里所没有的重要特性，这些特性包括：

❑ 线程安全
❑ 连接池
❑ 客户端 SSL/TLS 验证
❑ 使用 multipart 编码上传文件
❑ 协助处理重复请求和 HTTP 重定位
❑ 支持压缩编码

❏ 支持 HTTP 和 SOCKS 代理

❏ 100%测试覆盖率

urllib3 并不是 Python 语言的标准模块，因此，使用 urllib3 之前需要使用 pip 命令或 conda 命令安装 urllib3：

```
pip install urllib3
```

或

```
conda install urllib3
```

## 16.1.1　发送 HTTP GET 请求

使用 urllib3 中的 API 向服务端发送 HTTP 请求的过程：首先需要引用 urllib3 模块；然后创建 PoolManager 类的实例，该类用于管理连接池；最后通过 request 方法发送 GET 请求，request 方法的返回值就是服务端的响应结果，通过 data 属性直接可以获得服务端的响应数据。

当向服务端发送 HTTP GET 请求时，如果请求字段值包含中文、空格等字符，需要对其进行编码。如果在 urllib.parse 模块中有一个 urlencode 函数，则可以将一个字典形式的请求值对作为参数传入 urlencode 函数，该函数返回编码结果。

```
# 使用 urlencode 函数将"极客起源"转换为 URL 编码形式
print(urlencode({'wd':'极客起源'}))
```

执行上面的代码，会输出如下的内容：

```
wd=%E6%9E%81%E5%AE%A2%E8%B5%B7%E6%BA%90
```

使用 request 方法发送 HTTP GET 请求时，可以使用 urlencode 函数对 GET 字段进行编码，也可以直接使用 fields 关键字参数指定字典形式的 GET 请求字段。使用这种方式，request 方法会自动对 fields 关键字参数指定的 GET 请求字段进行编码。

```
# http 是 PoolManager 类的实例变量
http.request('GET', url,fields={'wd':'极客起源'})
```

【例 16.1】　本例通过 urllib3 中的 API 向百度（http://www.baidu.com）发送查询请求，然后获取并输出百度的搜索结果。

**实例位置：PythonSamples\src\chapter16\demo16. 01.py**

```
from urllib3 import *
# urlencode 函数在 urllib.parse 模块中
from urllib.parse import urlencode
# 调用 disable_warnings 函数可以阻止显示警告消息
disable_warnings()
# 创建 PoolManager 类的实例
http = PoolManager()
'''
# 下面的代码通过组合 URL 的方式向百度发送请求
url = 'http://www.baidu.com/s?' + urlencode({'wd':'极客起源'})
print(url)
response = http.request('GET', url)
'''
url = 'http://www.baidu.com/s'
# 直接使用 fields 关键字参数指定 GET 请求字段
```

```
response = http.request('GET', url,fields={'wd':'极客起源'})
# 获取百度服务端的返回值（字节形式），并使用 UTF-8 格式对其进行解码
data = response.data.decode('UTF-8')
# 输出百度服务端返回的内容
print(data)
```

程序运行结果如图 16-1 所示。百度服务端返回的内容很多，这里只显示了一部分返回内容。

图 16-1　通过 HTTP GET 请求百度服务端

## 16.1.2　发送 HTTP POST 请求

向服务端发送比较复杂的数据时，通过 HTTP GET 请求不太合适，因为 HTTP GET 请求将要发送的数据都放到 URL 中。因此，当向服务端发送复杂数据时，建议使用 HTTP POST 请求。

HTTP POST 请求与 IITTP GET 请求的使用方法类似，只是在向服务端发送数据时，传递数据会跟在 HTTP 请求头后面，因此，可以使用 HTTP POST 请求发送任何类型的数据，包括二进制形式的文件（一般会将这样的文件使用 Base64 或其他编码格式进行编码）。为了能更好地理解 HTTP POST 请求，本节首先编写一个专门接收 HTTP POST 请求的服务端。可以使用第 15 章介绍的服务端 Socket 编写，不过手工处理 HTTP 请求太麻烦了，所以本节使用一个基于 Python 语言的轻量级 Web 框架 Flask，只需要几行代码就可以轻松编写一个处理 HTTP POST 请求的服务端程序。

Flask 属于 Python 语言的第三方模块，需要单独安装，不过如果使用的是 Anaconda Python 开发环境，就不需要安装 Flask 模块，因为 Anaconda 已将 Flask 模块集成到里面了。如果使用的是标准的 Python 开发环境，可以使用 pip install flask 命令安装 Flask 模块。本节只是利用 Flask 模块编写一个简单的可以处理 HTTP POST 请求的服务端程序。如果对某些代码不理解也不要紧，在后面的章节会详细介绍 Flask 模块的使用方法。

【例 16.2】　本例通过 Flask 模块编写一个可以处理 HTTP POST 请求的服务端程序，然后使用 urllib3 模块中相应的 API 向这个服务端程序发送 HTTP POST 请求，最后输出服务端的返回结果。

　　实例位置：**PythonSamples\src\chapter16\server.py**

```
# 支持 HTTP POST 请求的服务端程序
from flask import Flask, request
# 创建 Flask 对象，任何基于 Flask 模块的服务端应用都必须创建 Flask 对象
app = Flask(__name__)
# 设置/register 路由，该路由可以处理 HTTP POST 请求
@app.route('/register', methods=['POST'])
def register():
    # 输出名为 name 的请求字段的值
    print(request.form.get('name'))
    # 输出名为 age 的请求字段的值
```

```
    print(request.form.get('age'))
    # 向客户端返回"注册成功"消息
    return '注册成功'

if __name__ == '__main__':
    # 开始运行服务端程序,默认端口号是 5000
    app.run()
```

在上面的程序中涉及一个路由的概念,其实路由就是在浏览器地址栏中输入的一个 Path(跟在域名或 IP 后面),Flask 模块会将路由对应的 Path 映射到服务端的一个函数,也就是说,如果在浏览器地址栏中输入特定的路由,Flask 模块的相应 API 接收到这个请求,就会自动调用该路由对应的函数。如果不指定 methods,默认可以处理 HTTP GET 请求,如果要处理 HTTP POST 请求,需要设置 methods 的值为['POST']。Flask 在处理 HTTP POST 的请求字段时,会将这些请求保存到字典中,form 属性就是这个字典变量。

现在运行上面的程序,会发现程序在 Console 中输出如下一行信息:

```
* Running on http://127.0.0.1:5000/ (Press CTRL+C to quit)
```

这表明使用 Flask 模块建立的服务端程序的默认端口号是 5000。

**实例位置:PythonSamples\src\chapter16\demo16.02.py**

```
from urllib3 import *
disable_warnings()
http = PoolManager()
# 指定要提交 HTTP POST 请求的 URL,/register 是路由
url = 'http://localhost:5000/register'
# 向服务端发送 HTTP POST 请求,用 fields 关键字参数指定 HTTP POST 请求字段名和值
response = http.request('POST', url,fields={'name':'李宁','age':18})
# 获取服务端返回的数据
data = response.data.decode('UTF-8')
# 输出服务端返回的数据
print(data)
```

在运行上面的程序之前,首先应运行 server.py,程序会在 Console 中输出"注册成功"消息,而服务端的 Console 中会输出如图 16-2 所示的信息。

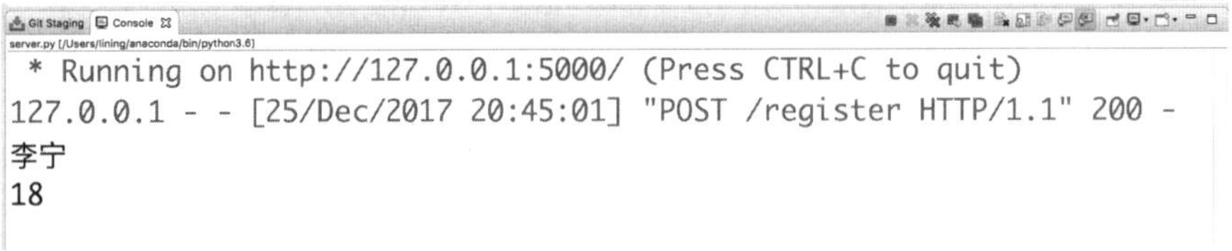

图 16-2　服务端程序获取客户端提交的 HTTP POST 请求字段的值

## 16.1.3　HTTP 请求头

大多数服务端应用都会检测某些 HTTP 请求头,例如,为了阻止网络爬虫或其他的目的,通常会检测 HTTP 请求头的 user-agent 字段,该字段指定了用户代理,也就是用什么应用访问的服务端程序,如果是浏览器,如 Chrome,会包含 Mozilla/5.0 或其他类似的内容,如果 HTTP 请求头不包含这个字段,或该字段的值不符合要求,那么服务端程序就会拒绝访问。还有一些服务端应用要求只有处于登

录状态才可以访问某些数据，所以需要检测 HTTP 请求头的 cookie 字段，该字段会包含标识用户登录的信息。当然，服务端应用也可能会检测 HTTP 请求头的其他字段，不管服务端应用检测哪个 HTTP 请求头字段，都需要在访问 URL 时向服务端传递 HTTP 请求头。

通过 PoolManager 对象的 request 方法的 headers 关键字参数可以指定字典形式的 HTTP 请求头。

```
http.request('GET', url,headers = {'header1': 'value1', 'header2': 'value2'})
```

【例 16.3】　本例通过 request 方法访问了天猫商城的搜索功能，该搜索功能的服务端必须依赖 HTTP 请求头的 cookie 字段。

在编写代码之前，首先要了解的是如何获得要传递的 cookie 字段的值。其实很容易，利用 Chrome 浏览器的检查功能很容易获取所有的 HTTP 请求头。

现在进到天猫首页（建议使用 Chrome 浏览器），输入要搜索的关键字。然后在右击弹出的快捷菜单中选择"检查"菜单项（通常是最后一个），打开 Network 选项卡（一般是第 4 个选项卡），最后在右下方的一组选项卡中选择第一个 Headers 选项卡，并在左下方的列表中找到 search_product.htm 为前缀的 URL，在 Headers 选项卡中就会列出访问该 URL 时发送的 HTTP 请求头，以及接收到的 HTTP 响应头，如图 16-3 所示。

图 16-3　获取 URL 的 HTTP 请求头信息

只需要将要传递的 HTTP 请求头复制下来，再通过程序传递这些 HTTP 请求头即可。为了方便，本例将所有要传递的 HTTP 请求头都放在一个名为 headers.txt 的文件中。经过测试，天猫的搜索页面只检测 cookie 字段，并未检测 user-agent 以及其他字段，所以可以复制所有的字段，也可以只复制 cookie 字段。

**实例位置：PythonSamples\src\chapter16\demo16.03.py**

```python
from urllib3 import *
import re
disable_warnings()
http = PoolManager()
# 定义天猫的搜索页面 URL
url = 'https://list.tmall.com/search_product.htm?spm=a220m.1000858.1000724.4.53ec3e
72bTyQhM&q=%D0%D8%D5%D6&sort=d&style=g&from=mallfp..pc_1_searchbutton#J_Filter'
# 从 headers.txt 文件读取 HTTP 请求头，并将其转换为字典形式
def str2Headers(file):
```

```
        headerDict = {}
        f = open(file,'r')
        # 读取 headers.txt 文件中的所有内容
        headersText = f.read()
        #
        headers = re.split('\n',headersText)
        for header in headers:
            result = re.split(':',header,maxsplit = 1)
            headerDict[result[0]] = result[1]
        f.close()
        return headerDict
headers = str2Headers('headers.txt')
# 请求天猫的搜索页面，并传递 HTTP 请求头
response = http.request('GET', url,headers=headers)
# 将服务端返回的数据按 GB18030 格式解码
data = response.data.decode('GB18030')
print(data)
```

在运行程序之前，需要在当前目录建立一个 headers.txt 文件，并输入相应的 HTTP 请求头信息，每一个字段一行，字段与字段值之间用冒号分隔，不要有空行。

现在运行程序，会输出如图 16-4 所示的信息。

图 16-4　向服务端发送 HTTP 请求头

如果不在 request 方法中使用 headers 关键字参数传递 HTTP 请求头，会在 Console 中输出如图 16-5 所示的错误消息。很明显，这是由于服务端校验 HTTP 请求头失败而返回的错误消息。

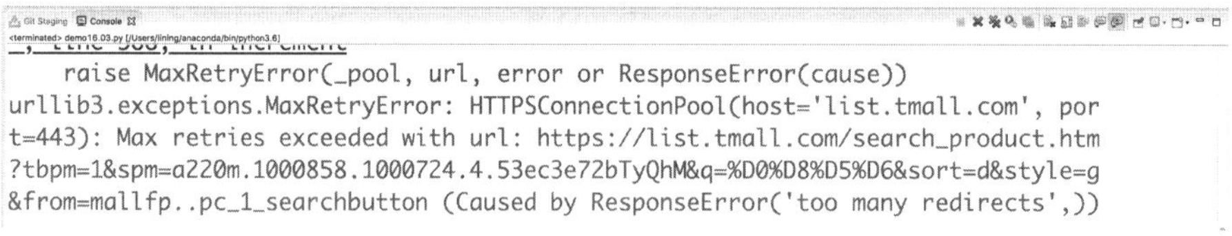

图 16-5　由于未传递 HTTP 请求头，服务端拒绝服务

## 16.1.4　HTTP 响应头

使用 HTTPResponse.info 方法可以非常容易地获取 HTTP 响应头的信息。其中，HTTPResponse 对象是 request 方法的返回值。

【例 16.4】　本例通过 info 方法获取请求百度官网返回的 HTTP 响应头信息。

实例位置：**PythonSamples\src\chapter16\demo16.04.py**

```
from urllib3 import *
disable_warnings()
http = PoolManager()
url = 'https://www.baidu.com'
response = http.request('GET', url)
# 输出 HTTP 响应头信息（以字典形式返回 HTTP 响应头信息）
print(response.info())
print('------------')
# 输出 HTTP 响应头中的 Content-Length 字段的值
print(response.info()['Content-Length'])
```

程序运行结果如图 16-6 所示。

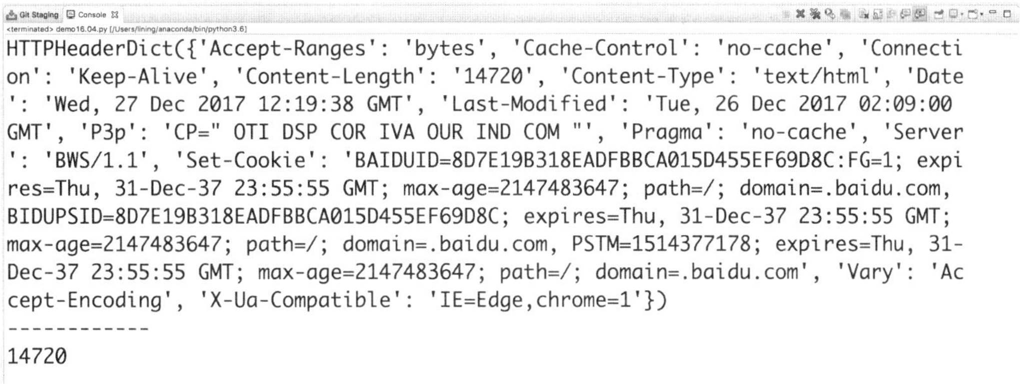

图 16-6　HTTP 响应头

## 16.1.5　上传文件

客户端浏览器向服务端发送 HTTP 请求时有一类特殊的请求，就是上传文件，为什么特殊呢？因为发送其他值时，可能是以字节为单位的，而上传文件时，可能是以 KB 或 MB 为单位的，发送的文件尺寸通常比较大，所以上传的文件内容会用 multipart/form-data 格式进行编码，然后再上传。urllib3 对文件上传支持得非常好，只需要像设置普通的 HTTP 请求头一样在 request 方法中使用 fields 关键字参数指定一个描述上传文件的 HTTP 请求头字段，然后再通过元组指定相关属性即可，例如，上传文件名、文件类型等。

```
# http 是 PoolManager 类的实例
# 上传任意类型的文件（未指定上传文件的类型）
http.request('POST',url,fields={'file':(filename,fileData)})
# 上传文本格式的文件
http.request('POST',url,fields={'file':(filename,fileData,'text/plain')})
# 上传 jpeg 格式的文件
http.request('POST',url,fields={'file':(filename,fileData,'image/jpeg')})
```

【例 16.5】　本例实现了一个可以将文件上传到服务端的 Python 程序，可以通过输入本地文件名来上传任何类型的文件。

为了完整地演示文件上传功能，需要先用 Flask 实现一个接收上传文件的服务端程序，该程序从客户端获取上传文件的内容，并将文件使用上传文件名保存到当前目录的 uploads 子目录中。

**实例位置：PythonSamples\src\chapter16\upload_server.py**

```
import os
from flask import Flask, request
# 定义服务端保存上传文件的位置
UPLOAD_FOLDER = 'uploads'
app = Flask(__name__)
# 用于接收上传文件的路由需要使用 POST 方法
@app.route('/', methods=['POST'])
def upload_file():
    # 获取上传文件的内容
    file = request.files['file']
    if file:
        # 将上传的文件保存到 uploads 子目录中
        file.save(os.path.join(UPLOAD_FOLDER, file.filename))
        return "文件上传成功"

if __name__ == '__main__':
    app.run()
```

接下来编写上传文件的客户端程序。

**实例位置：PythonSamples\src\chapter16\demo16.05.py**

```
from urllib3 import *
disable_warnings()
http = PoolManager()
# 定义上传文件的服务端 Url
url = 'http://localhost:5000'
while True:
    # 输入上传文件的名字
    filename = input('请输入要上传的文件名字（必须在当前目录下）：')
    # 如果什么也未输入，退出循环
    if not filename:
        break
    # 用二进制的方式打开要上传的文件名，然后读取文件的所有内容，使用 with 语句会自动关闭打开的文件
    with open(filename,'rb') as fp:
        fileData = fp.read()
    # 上传文件
    response = http.request('POST',url,fields={'file':(filename,fileData)})
    # 输出服务端的返回结果，本例是 "文件上传成功"
    print(response.data.decode('utf-8'))
```

首先运行 upload_server.py，然后运行 demo16.05.py，输入几个在当前目录下存在的文件，如 headers.txt、code.jpg、demo16.05.py，会看到每次输入完文件名按 Enter 键后，就会在 Console 中输出 "文件上传成功"，如图 16-7 所示。

图 16-7　上传文件

这时在 Eclipse 中刷新 uploads 目录，会看到刚上传的三个文件，如图 16-8 所示。

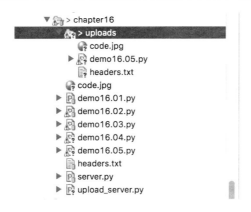

图 16-8　uploads 目录中的文件

## 16.1.6　超时

由于 HTTP 底层是基于 Socket 实现的，所以连接的过程中也可能会超时。Socket 超时分为连接超时和读超时。连接超时是指在连接的过程中由于服务端的问题或域名（IP 地址）弄错了而导致的无法连接服务器的情况，当客户端 Socket 尝试连接服务器超过给定时间后，还没有成功连接服务器，那么就会自动中断连接，通常会抛出超时异常。读超时是指在从服务器读取数据时由于服务器的问题，导致长时间无法正常读取数据而导致的异常。

使用 urllib3 模块中的 API 设置超时时间非常方便，只需要通过 request 方法的 timeout 关键字参数指定超时时间即可（单位是秒）。如果连接超时与读超时相同，可以直接将 timeout 关键字参数值设为一个浮点数，表示超时时间。如果连接超时与读超时不相同，需要使用 Timeout 对象分别设置。

```
# http 是 PoolManager 类的实例
# 连接超时与读超时都是 5s
http.request('GET', url1,timeout=5.0)
# 连接超时是 2s，读超时是 4s
http.request('GET', url1,timeout=Timeout(connect=2.0,read=4.0))
```

如果让所有网络操作的超时都相同，可以通过 PoolManager 类构造方法的 timeout 关键字参数设置连接超时和读超时。

```
http = PoolManager(timeout=Timeout(connect=2.0,read=2.0))
```

如果在 request 方法中仍然设置了 timeout 关键字参数，那么将覆盖通过 PoolManager 类构造方法设置的超时。

【例 16.6】　本例通过访问错误的域名测试连接超时，通过访问 http://httpbin.org 测试读超时。

本例使用了一个特殊的网址用于测试读超时，通过为该网址指定读时间路径，可以控制在指定时间（单位是秒）后再返回要读取的数据。例如，要让服务器延迟 5s 再返回数据，可以使用下面的 URL：

http://httpbin.org/delay/5

可以在浏览器地址栏输入这个 URL，5s 后，浏览器会显示服务器的返回内容。

**实例位置：PythonSamples\src\chapter16\demo16.06.py**

```
from urllib3 import *
```

```
disable_warnings()
# 通过 PoolManager 类的构造方法指定默认的连接超时和读超时
http = PoolManager(timeout=Timeout(connect=2.0,read=2.0))
url1 = 'https://www.baidu1122.com'
url2 = 'http://httpbin.org/delay/3'
try:
    # 此处代码需要放在 try…except 中，否则一旦抛出异常，后面的代码将无法执行
    # 下面的代码会抛出异常，因为域名 www.baidu1122.com 并不存在
    # 由于连接超时设为 2s
    http.request('GET', url1,timeout=Timeout(connect=2.0,read=4.0))
except Exception as e:
    print(e)
print('------------')
# 由于读超时为 4s，而 url2 指定的 Url 在 3s 后就返回数据，所以不会抛出异常
# 会正常输出服务器的返回结果
response = http.request('GET', url2,timeout=Timeout(connect=2.0,read=4.0))
print(response.info())
print('------------')
print(response.info()['Content-Length'])
# 由于读超时为 2s，所以会在 2s 后抛出读超时异常
http.request('GET', url2,timeout=Timeout(connect=2.0,read=2.0))
```

程序运行结果如图 16-9 所示。

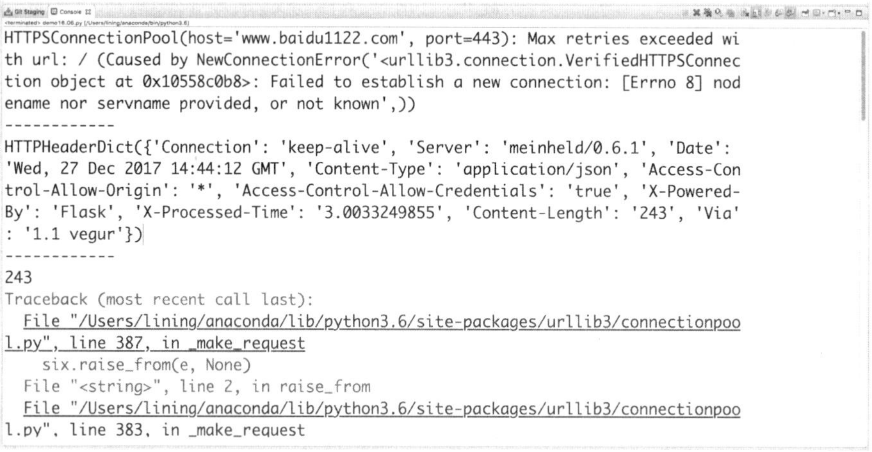

```
HTTPSConnectionPool(host='www.baidu1122.com', port=443): Max retries exceeded wi
th url: / (Caused by NewConnectionError('<urllib3.connection.VerifiedHTTPSConnec
tion object at 0x10558c0b8>: Failed to establish a new connection: [Errno 8] nod
ename nor servname provided, or not known',))
------------
HTTPHeaderDict({'Connection': 'keep-alive', 'Server': 'meinheld/0.6.1', 'Date':
'Wed, 27 Dec 2017 14:44:12 GMT', 'Content-Type': 'application/json', 'Access-Con
trol-Allow-Origin': '*', 'Access-Control-Allow-Credentials': 'true', 'X-Powered-
By': 'Flask', 'X-Processed-Time': '3.0033249855', 'Content-Length': '243', 'Via'
: '1.1 vegur'})
------------
243
Traceback (most recent call last):
  File "/Users/lining/anaconda/lib/python3.6/site-packages/urllib3/connectionpoo
l.py", line 387, in _make_request
    six.raise_from(e, None)
  File "<string>", line 2, in raise_from
  File "/Users/lining/anaconda/lib/python3.6/site-packages/urllib3/connectionpoo
l.py", line 383, in _make_request
```

图 16-9 连接超时与读超时

## 16.2 twisted 框架

twisted 是一个完整的事件驱动的网络框架，利用这个框架可以开发出完整的异步网络应用程序。有很多著名的 Python 模块是基于 twisted 框架的，例如，后面要讲的网络爬虫框架 Scrapy 就是使用 twisted 框架编写的。

twisted 并不是 Python 的标准模块，所以在使用之前需要使用 pip install twisted 安装 twisted 模块，如果使用的是 Anaconda Python 开发环境，也可以使用 conda install -c anaconda twisted 安装 twisted 模块。

### 16.2.1　异步编程模型

学习 twisted 框架之前，先要了解一下异步编程模型。可能很多读者会认为，异步编程就是多线程编程，其实这两种编程模型有着本质的区别。目前常用的编程模型有如下三种：

❑ 同步编程模型
❑ 线程编程模型
❑ 异步编程模型

下面就来看看这三种编程模型有什么区别。

**1．同步编程模型**

如果所有的任务都在一个线程中完成，那么这种编程模型称为同步编程模型。线程中的任务都是顺序执行的，也就是说，只有当第 1 个任务执行完后，才会执行第 2 个任务。多个任务的执行时间顺序如图 16-10 所示。

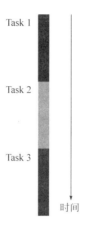

图 16-10　同步编程模型

很显然，同步编程模型尽管很简单，但执行效率比较低。可以想象，如果 Task 2 由于某种原因被阻塞（可以是用户录入数据或其他原因），那么就意味着只要 Task 2 不完成，Task 3 将无限期等待下去。

**2．线程编程模型**

如果要完成多个任务，比较有效的方式是将这些任务分解，然后启动多个线程[①]，每个线程处理一部分任务，最后再将处理结果合并。这样做的好处是当一个任务被阻塞后，并不影响其他任务的执行。图 16-11 所示是多线程编程模型中任务的执行示意图。很明显，从表面上看，Task 1、Task 2 和 Task 3 是同时执行的。

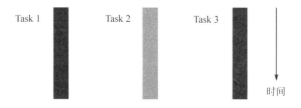

图 16-11　多线程编程模型

---

① 线程从宏观上来看，有些类似于并行计算，但从单个 CPU 执行指令的角度来看，仍然是同步的，只是不同的线程在 CPU 上不断切换，所以从表面上看是同时运行的。关于线程的详细内容，会在第 17 章深入介绍。

如果是单 CPU 单核的计算机，那么多线程其实也是同步执行的，只是任何一个线程都无法长时间独占 CPU 的计算时间，所以多个线程会不断交替在 CPU 上执行，也就是说，每个线程都可能被分成若干个小的执行块，并根据某种调度算法获取 CPU 计算资源。但应该执行哪个线程、什么时间执行，都不是由程序员决定的，而通常是由操作系统的底层机制决定的，所以对于应用层的程序是无法干预的。当然，对于多 CPU 多核这样的高性能计算机，线程有可能同时运行。因此，多线程执行效率的高低在某种程度上取决于计算机是否有多颗 CPU，以及每颗 CPU 有多少个核。不管怎样，线程编程模型在运行效率上肯定会远远高于同步编程模型。

### 3．异步编程模型

异步编程模型的任务执行示意图如图 16-12 所示。

本节只考虑在单 CPU 上的异步编程模型。在多 CPU 上的异步编程模型类似多线程编程模型，它们的基本原理相同，但前者更复杂，这里先不做考虑。

在单 CPU 上，如果采用同步编程模型，则任务会顺序执行，如果其中一个任务被阻塞，那么该任务下面的所有任务都无法执行。采用异步编程模型时，当一个任务被阻塞后，会立刻执行另一个任务，如图 16-13 所示。在异步编程模型中，从一个任务切换到另一个任务，要么是这个任务被阻塞，要么是这个任务执行完毕。而且，在异步编程模型中调度任务是由程序员控制的。

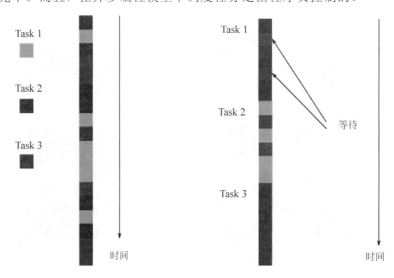

图 16-12　异步编程模型　　　　图 16-13　处于等待状态的任务

从前面的描述可知，就运行效率来看，同步编程模型是最低的，线程编程模型是最高的，尤其是在多 CPU 的计算机上。异步编程模型也可以进行任务切换，但要等到任务被阻塞或执行结束才能切换到其他任务，因此，异步编程模型的运行效率介于同步编程模型和线程编程模型之间。

可能有很多读者会问，既然线程编程模型的运行效率最高，那么为什么还要用异步编程模型呢？主要原因有如下三个。

❏ 线程编程模型在使用起来有些复杂，而且由于线程调度不可控，所以在使用线程模型时要认为这些线程是同时执行的（尽管实际情况并非如此），因此要在代码中加上一些与线程有关的机制，例如，同步、加锁、解锁等。

❏ 如果有一两个任务需要与用户交互，则使用异步编程模型可以立刻切换到其他的任务，这一切都是可控的。

❑ 任务之间相互独立，以至于任务内部的交互很少。这种机制让异步编程模型比线程编程模型更简单，更容易操作。

## 16.2.2　Reactor（反应堆）模式

异步编程模型之所以能监视所有任务的完成和阻塞情况，是因为通过循环用非阻塞模式执行完了所有的任务。例如，对于使用 Socket 访问多个服务器的任务。如果使用同步编程模型，会一个任务一个任务地顺序执行，而使用异步编程模型，执行的所有 Socket 方法都处于非阻塞的（使用 setblocking(0)设置），也就是说，使用异步编程模型需要在循环中执行所有的非阻塞 Socket 任务，并利用 select 模块中的 select 方法监视所有的 Socket 是否有数据需要接收。

这种利用循环体来等待事件发生，然后处理发生的事件的模型被设计成了一个模式：Reactor（反应堆）模式。twisted 就是使用了 Reactor 模式的异步网络框架。Reactor 模式图形化表示如图 16-14 所示。

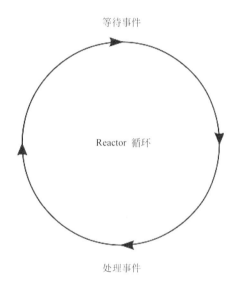

图 16-14　Reactor 模式

## 16.2.3　HelloWorld（twisted 框架）

学习 twisted 框架的最终目的是为了使用 twisted 框架，那么首先来看一下到底如何使用 twisted 框架。

由于 twisted 框架是基于 Reactor 模式的，所以需要一个循环来处理所有的任务，不过这个循环并不需要我们写，twisted 框架已经封装好了，只需要调用 reactor 模块中的 run 函数就可以通过 Reactor 模式以非阻塞方式运行所有的任务。

```
from twisted.internet import reactor
reactor.run()
```

运行上面的两行代码会发生什么呢？答案是除了程序被阻塞没有退出外，什么也不会发生，因为我们什么都没有做。这里调用了 run 函数，实质上是开始启动事件循环，也就是 Reactor 模式中的循环。

在继续写复杂的 twisted 代码之前，需要先了解如下几点：

❑ twisted 的 Reactor 模式必须通过 run 函数启动。

❑ **Reactor 循环是在开始的进程中运行的，也就是运行在主进程中。**

❑ **一旦启动 Reactor，就会一直运行下去。Reactor 会在程序的控制之下。**

❑ **Reactor 循环并不会消耗任何 CPU 资源。**

❑ 并不需要显式创建 Reactor 循环，只要导入 reactor 模块即可。也就是说，Reactor 是 Singleton（单件）模式，即在一个程序中只能有一个 Reactor。

twisted 可以使用不同的 Reactor，但需要在导入 twisted.internet.reactor 之前安装它。例如，引用 pollreactor 的代码如下：

```
from twisted.internet import pollreactor
pollreactor.install()
```

如果在导入 twisted.internet.reactor 之前没有安装任何特殊的 Reactor，那么 twisted 会安装 selectreactor。正因为如此，习惯性做法是不要在顶层的模块内引入 Reactor 以避免安装默认的 Reactor，而是要使用 Reactor 的区域内安装。

下面的代码安装了 pollreactor，然后导入和运行 Reactor。

```
from twisted.internet import pollreactor
# 安装 pollreactor
pollreactor.install()
from twisted.internet import reactor
reactor.run()
```

其实上面的这段代码还是没做任何事情，只是使用了 pollreactor 作为当前的 Reactor。

下面这段代码在 Reactor 循环开始后向终端输出一条消息。

```
def hello():
    print('Hello,How are you?')
from twisted.internet import reactor
# 执行回调函数
reactor.callWhenRunning(hello)
print('Starting the reactor.')
reactor.run()
```

程序运行结果如图 16-15 所示。

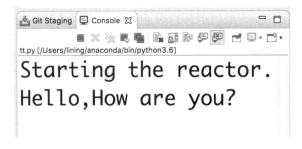

图 16-15　用 twisted 输出字符串

在上面的代码中，hello 函数是在 Reactor 启动后被调用的，这就意味着 twisted 调用了 hello 函数。

通过调用 Reactor 的 callWhenRunning 函数，让 Reactor 启动后回调 callWhenRunning 函数指定的回调函数。

这段代码可以在 basic-twisted/hello.py 中找到。

关于函数回调需要了解以下几点：

- ❏ Reactor 模式是单线程的。
- ❏ 像 twisted 这种交互式模型已经实现了 Reactor 循环，这就意味着无须我们亲自去实现它。
- ❏ 仍然需要框架调用自己的代码来完成业务逻辑。
- ❏ 因为在单线程中运行，所以要想运行自己的代码，必须在 Reactor 循环中调用它们。
- ❏ Reactor 事先并不知道调用代码中的哪个函数。

回调并不仅仅是一个可选项，而是游戏规则的一部分。图 16-16 所示为回调过程。

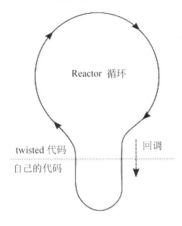

图 16-16　回调过程

很明显，用于回调的代码是传递给 twisted 的。

## 16.2.4　用 twisted 实现时间戳客户端

twisted 框架的异步机制是整个框架的基础，可以在这个基础上实现很多基于异步编程模型的应用，本节会利用 twisted 框架的相关 API 实现一个时间戳客户端，该程序与 15.1.6 节实现的案例在功能上完全相同。

连接服务端 Socket，需要调用 connectTCP 函数，并且通过 giant 函数的参数指定 host 和 port，以及一个工厂对象，该工程对象对应的类必须是 ClientFactory 的子类，并且设置了 protocol 等属性。protocol 属性的类型是 Protocol 对象，Protocol 相当于一个回调类，Protocol 类的子类实现的很多父类的方法都会被回调。

【例 16.7】　本例利用 twisted 框架实现一个时间戳客户端程序，在 Console 中输入字符串，然后按 Enter 键将字符串发送给时间戳服务端，最后时间戳服务端会返回服务端的时间和发送给服务端的字符串。

**实例位置：PythonSamples\src\chapter16\demo16.07.py**

```
# 导入 protocol 模块和 reactor 模块
from twisted.internet import protocol,reactor
host = 'localhost'
port = 9876
```

```
# 定义回调类
class MyProtocol(protocol.Protocol):
    # 从 Console 中采集要发送给服务器的数据，按 Enter 键后，会将数据发送给服务器
    def sendData(self):
        data = input('>')
        if data:
            print('...正在发送 %s' % data)
            # 将数据发送给服务器
            self.transport.write(data.encode(encoding='utf_8'))
        else:
            # 发生异常后，关闭连接
            self.transport.loseConnection()
    # 发送数据
    def connectionMade(self):
        self.sendData()
    def dataReceived(self,data):
        # 输出接收到的数据
        print(data.decode('utf-8'))
        # 调用 sendData 函数，从 Console 采集要发送的数据
        self.sendData()
# 工厂类
class MyFactory(protocol.ClientFactory):
    protocol = MyProtocol
    clientConnectionLost = clientConnectionFailed = lambda
                            self,connector,reason:reactor.stop()
# 连接 host 和 port，以及 MyFactory 类的实例
reactor.connectTCP(host,port,MyFactory())
reactor.run()
```

首先运行 15.1.4 节的时间戳服务端，然后运行上面的程序，在 Console 中输入任意字符串，然后按 Enter 键，会看到在 Console 中输出了服务端的时间，以及按原样返回的字符串，如图 16-17 所示。最后直接按 Enter 键退出时间戳客户端（关闭 Socket 连接）。

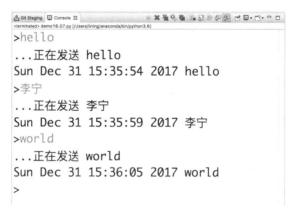

图 16-17　用 twisted 实现的时间戳客户端

## 16.2.5　用 twisted 实现时间戳服务端

用 twisted 编写服务端 Socket 程序与编写客户端 Socket 程序的步骤差不多，只是需要调用 listenTCP

监听端口。编写服务端 Socket 程序同样需要一个 Factory 对象，以及一个从 Protocol 继承的类。

【例 16.8】　本例利用 twisted 框架实现一个时间戳服务端程序，启动后可以等待时间戳客户端程序连接。

实例位置：**PythonSamples\src\chapter16\demo16.08.py**

```python
from twisted.internet import protocol,reactor
from time import ctime
port = 9876
class MyProtocol(protocol.Protocol):
    # 当客户端连接到服务端后，调用该方法
    def connectionMade(self):
        # 获取客户端的 IP
        client = self.transport.getPeer().host
        print('客户端',client,'已经连接')
    def dataReceived(self,data):
        # 接收到客户端发送过来的数据后，向客户端返回服务端的实际
        self.transport.write(ctime().encode(encoding='utf-8') + b' ' + data)
# 创建 Factory 对象
factory = protocol.Factory()
factory.protocol = MyProtocol
print('正在等待客户端连接')
# 监听端口号，等待客户端的请求
reactor.listenTCP(port,factory)
reactor.run()
```

运行程序后，会一直处于等待状态。可以用 16.2.5 节实现的时间戳客户端测试本例，也可以使用 telnet 或其他客户端测试本例。这里选用了 telnet 进行测试。在终端执行 telnet localhost 9876，会运行 telnet，并连接服务端，然后输入字符串，并按 Enter 键，不断重复这一操作，会看到 telnet 中会输出如图 16-18 所示的信息。

```
Last login: Sun Dec 31 16:04:49 on ttys000
liningdeiMac:~ lining$ telnet localhost 9876
Trying 127.0.0.1...
Connected to localhost.
Escape character is '^]'.
hello
Sun Dec 31 16:06:16 2017 hello
world
Sun Dec 31 16:06:18 2017 world
new
Sun Dec 31 16:06:19 2017 new
```

图 16-18　用 telnet 测试时间戳服务端

## 16.2.6　用 twisted 获取 Email 邮箱目录列表

twisted 框架还有很多与网络有关的功能，例如，操作 Email 就是其中最重要的功能之一。本节会使用其中的 imap 模块读取 Email 中指定邮箱的目录列表，这个程序相对比较复杂，请直接看代码。

【例 16.9】 本例利用 twisted 框架和 IMAP 协议实现了一个读取指定邮箱的目录列表的程序，需要在程序中指定 IMAP 服务器、邮箱的用户名和密码。

**实例位置：PythonSamples\src\chapter16\demo16.09.py**

```python
import sys
from twisted.internet import endpoints
from twisted.internet import protocol
from twisted.internet import defer
from twisted.internet import stdio
from twisted.mail import imap
from twisted.protocols import basic
import re
import base64

# 用于接收邮箱信息的类
class TrivialPrompter(basic.LineReceiver):
    from os import linesep as delimiter
    delimiter = delimiter.encode('utf-8')

    promptDeferred = None

    def prompt(self, msg):
        assert self.promptDeferred is None
        self.display(msg)
        self.promptDeferred = defer.Deferred()
        return self.promptDeferred

    def display(self, msg):
        self.transport.write(msg.encode('utf-8'))

    def lineReceived(self, line):
        if self.promptDeferred is None:
            return
        d, self.promptDeferred = self.promptDeferred, None
        d.callback(line.decode('utf-8'))


# 用于向 IMAP 服务器发送请求的类
class SimpleIMAPClient(imap.IMAPClient):
    """
    A client with callbacks for greeting messages from an IMAP server.
    """
    greetDeferred = None

    def serverGreeting(self, caps):
        self.serverCapabilities = caps
        if self.greetDeferred is not None:
            d, self.greetDeferred = self.greetDeferred, None
            d.callback(self)


# 用于封装 protocol 的工厂类
class SimpleIMAPClientFactory(protocol.ClientFactory):
    usedUp = False
    protocol = SimpleIMAPClient
    def __init__(self, username, onConn):
```

```
            self.username = username
            self.onConn = onConn
        def buildProtocol(self, addr):
            assert not self.usedUp
            self.usedUp = True

            p = self.protocol()
            p.factory = self
            p.greetDeferred = self.onConn
            # 注册验证机制，用户名用 MD5 加密
            p.registerAuthenticator(imap.PLAINAuthenticator(self.username))
            p.registerAuthenticator(imap.LOGINAuthenticator(self.username))
            p.registerAuthenticator(
                    imap.CramMD5ClientAuthenticator(self.username))

            return p


    def clientConnectionFailed(self, connector, reason):
        d, self.onConn = self.onConn, None
        d.errback(reason)


# 初始化回调函数
def cbServerGreeting(proto, username, password):
    tp = TrivialPrompter()
    stdio.StandardIO(tp)

    proto.prompt = tp.prompt
    proto.display = tp.display

    return proto.login(username, password
            ).addCallback(cbAuthentication, proto
            )

# 发生错误时回调这个函数
def ebConnection(reason):
    """
    Fallback error-handler. If anything goes wrong, log it and quit.
    """
    log.startLogging(sys.stdout)
    log.err(reason)
    return reason
# 在登录成功后，回调这个函数
def cbAuthentication(result, proto):

    return proto.list("", "*"
        ).addCallback(cbMailboxList, proto
        )
#   当邮箱列表被获取时调用该函数
def cbMailboxList(result, proto):
    result = [e[2] for e in result]
    s = '\n'.join(['%d. %s' % (n + 1, m) for (n, m) in zip(range(len(result)), result)])
    if not s:
```

```
            return defer.fail(Exception("No mailboxes exist on server!"))
        return proto.prompt(s + "\nWhich mailbox? [1] "
            ).addCallback(cbPickMailbox, proto, result
            )

# 当用户选择一个邮箱时，检测这个邮箱
def cbPickMailbox(result, proto, mboxes):

    mbox = mboxes[int(result or '1') - 1]
    return proto.examine(mbox
        ).addCallback(cbExamineMbox, proto
        )

# 返回每封邮件的标题
def cbExamineMbox(result, proto):
    return proto.fetchSpecific('1:*',
                        headerType='HEADER.FIELDS',
                        headerArgs=['SUBJECT'],
        ).addCallback(cbFetch, proto
        )

# 获取邮箱信息后，输出邮件标题
def cbFetch(result, proto):

    if result:
        keys = sorted(result)
        for k in keys:

            subject = result[k][0][2]
            # 输出邮件主题的原始内容，一般是 Base64 编码格式
            print(subject)
            # 通过正则表达式获取编码格式以及 Base64 编码字符串
            matchResult = re.match('[^\?]*\?([^\?]*)\?.{1}\?(.*)',subject)
            # 获取编码格式
            encoding = matchResult.group(1)
            # 获取 Base64 编码字符串
            base64Str = matchResult.group(2)
            # 将邮件主题解码
            subject = base64.b64decode(base64Str).decode(encoding)
            # 输出邮件主题
            proto.display('%s %s\n' % (k,subject))
    else:
        print("邮箱为空!")

    return proto.logout()


def cbClose(result):
    # 当完成任务时关闭连接
    from twisted.internet import reactor
    reactor.stop()


def main():
    hostname = 'imap.126.com'
    port = 143
```

```
username = '邮箱用户名'.encode('ascii')
password = '邮箱密码'.encode('ascii')

onConn = defer.Deferred(
    ).addCallback(cbServerGreeting, username, password
    ).addErrback(ebConnection
    ).addBoth(cbClose)

factory = SimpleIMAPClientFactory(username, onConn)

port = int(port)

from twisted.internet import reactor

endpoint = endpoints.HostnameEndpoint(reactor, hostname, port)


endpoint.connect(factory)
reactor.run()


if __name__ == '__main__':
    main()
```

在运行程序之前，首先要选择一个 Email 服务器，本例选择的是 126 邮箱，IMAP 服务器是 imap.126.com。需要修改 main 函数中的 hostname、username 和 password 变量，将这些变量的值设为自己邮箱的 IMAP 服务器域名或 IP、邮箱用户名（一般不包括@和后面的内容）、邮箱密码。图 16-19 所示是邮箱的文件夹（目录）结构以及"备份"文件中的邮件目录列表。

图 16-19　126 邮箱中邮件的目录结构

现在执行程序，会在 Console 中列出 INBOX 等邮箱文件夹，读者可以选择前面的序号，以便让程序知道要获取哪个文件夹中的邮件列表，这里选择序号 9，获取"备份"文件夹中的邮件列表。这时会输出"备份"文件夹中的所有邮件的主题的列表（包括原始格式的文本和解码后的主题文本）。完整的输出内容如图 16-20 所示。

图 16-20　获取邮件目录名称

## 16.3　FTP 客户端

FTP 是 File Transfer Protocol（文件传输协议）的缩写，与 HTTP 一样，都是非常常用的应用层协议，用于上传和下载文件。

Python 语言中内置了很多模块，封装了各种应用层的协议，其中 ftplib 模块封装了 FTP。该模块中提供了若干个 API，用于编写 FTP 客户端应用。

要想测试本节的例子，首先要有一个 FTP 服务器，Internet 上的或本地的都可以。现在有很多免费的 FTP 服务器可以选择，例如，Windows 的 IIS、FileZilla（FTP 服务器目前只有 Windows 版）等。如果使用 Mac OS X，那就更简单了，只需要一行命令就可以开启 FTP 服务：

```
sudo -s launchctl load -w /System/Library/LaunchDaemons/ftp.plist
```

如果想关闭 Mac OS X 的 FTP 服务，可以执行下面的命令：

```
sudo -s launchctl unload -w /System/Library/LaunchDaemons/ftp.plist
```

FTP 服务器的用户名和密码就是 Mac OS X 的用户名和密码。FTP 服务器的根目录就是当前登录用户的根目录。假设当前登录用户名是 lining，那么 FTP 服务器的根目录是/Users/lining。

连接 FTP 服务器首先要创建一个 FTP 类的实例，FTP 服务器的 IP 或域名要通过 FTP 类构造方法的参数传入。在创建 FTP 对象后，就可以利用 FTP 对象的相关方法进行各种 FTP 操作。下面是几个常用的方法。

❑ login(username,password)：登录 FTP 服务器，如果 FTP 服务器不支持匿名登录，则需要输入用户名和密码。

❑ cwd(dirname)：改变当前的目录。

❑ dir(callback)：列出当前目录中所有的子目录和文件，如果不指定回调函数，dir 方法会自己将所有的子目录和文件输出到终端。如果指定了回调函数，则每得到一个子目录或文件，都会调用回调函数进行处理。

❑ mkd(dirname)：在当前目录下建立子目录。

- ❏ storlines(cmd, f)：向 FTP 服务器上传文本文件，其中 cmd 是 FTP 命令，如 STOR filename；f 是一个文件对象，要用文本形式打开文件，如 open(filename, 'r')。
- ❏ storbinary(cmd,f)：向 FTP 服务器上传二进制文件，其中 cmd 是 FTP 命令，如 STOR filename；f 是一个文件对象，要用二进制形式打开文件，如 open(filename, 'rb')。
- ❏ retrlines(cmd,f)：从 FTP 服务器下载文本文件，其中 cmd 是 FTP 命令，如 RETR filename；f 是一个文件对象，要用文本形式打开文件，如 open(filename, 'w')。
- ❏ retrbinary(cmd,f)：从 FTP 服务器下载二进制文件，其中 cmd 是 FTP 命令，如 RETR filename；f 是一个文件对象，要用二进制形式打开文件，如 open(filename, 'wb')。
- ❏ quit()：关闭 FTP 连接并退出。

FTP 对象的其他方法以及这些方法的详细使用方式请到下面的页面查看官方文档：

https://docs.python.org/3/library/ftplib.html

【例 16.10】　本例使用 ftplib 模块中的相关 API 连接和登录 FTP 服务器，并列出 FTP 服务器中当前目录的所有子目录和文件，然后测试了建立目录、上传文件、下载文件等操作。

**实例位置：PythonSamples\src\chapter16\demo16.10.py**

```python
import ftplib
# 定义 FTP 服务器的域名，这里使用的是本机，所以是 localhost
host = 'localhost'
# 为 dir 方法定义回调函数，处理每一个子目录名和文件名
def dirCallback(dir):
    # 按 utf-8 格式输出命令或文件名
    print(dir.encode('ISO-8859-1').decode('utf-8'))
def main():
    try:
        # 连接 FTP 服务器
        f = ftplib.FTP(host)
    except Exception as e:
        print(e)
        return
    print('FTP 服务器已经成功连接')
    try:
        # 登录服务器，请将 login 方法的两个参数分别替换成真正的用户名和密码
        f.login('用户名','密码')
    except Exception as e:
        print(e)
        return
    print('FTP 服务器已经成功登录.')
    # 将当前目录切换到 Pictures
    f.cwd('Pictures')
    # 列出 Pictures 目录中所有的子目录和文件
    f.dir(dirCallback)
    print('当前工作目录: ',f.pwd())
    try:
        # 在当前目录建立一个名为"新目录"的子目录
        f.mkd('新目录'.encode('GBK').decode('ISO-8859-1'))
        # 将当前目录切换到 Pictures/新目录
        f.cwd('新目录'.encode('GBK').decode('ISO-8859-1'))
```

```
        # 在当前目录建立一个名为 dir1 的子目录
        f.mkd('dir1')
        # 在当前目录建立一个名为 dir2 的子目录
        f.mkd('dir2')
    except:
        f.cwd('新目录'.encode('utf-8').decode('ISO-8859-1'))

    print('-----')

    # 要上传的本地文件名
    upload_file = '/Users/lining/Desktop/a.png'
    # 打开要上传的本地文件
    ff = open(upload_file,'rb')
    # 上传本地文件，上传后的文件名仍为 a.png，并输出一共传输了多少字节块
    # 上传的方式是每次读若干字节一起上传，默认每次读 8192 字节
    print(f.storbinary('STOR %s' % 'a.png',ff))
    # 列出当前目录中的子目录和文件名
    f.dir(dirCallback)
    print('当前工作目录：',f.pwd().encode('ISO-8859-1').decode('utf-8'))
    # 将刚上传的 a.png 文件下载，保存成本地文件 xx.png
    print(f.retrbinary('RETR %s' %
            'a.png',open('/Users/lining/Desktop/xx.png','wb').write))
    # 关闭 FTP 连接并退出
    f.quit()
if __name__ == '__main__':
    # 运行 main 函数开始执行 FTP 的各种操作
    main()
```

程序运行结果如图 16-21 所示。

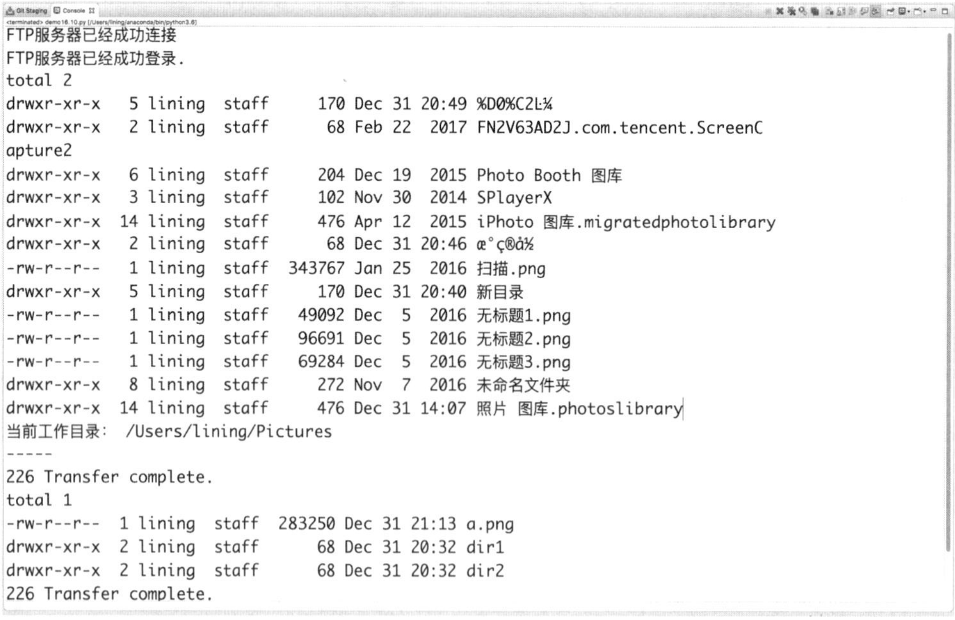

```
FTP服务器已经成功连接
FTP服务器已经成功登录.
total 2
drwxr-xr-x   5 lining  staff     170 Dec 31 20:49 %D0%C2L¼
drwxr-xr-x   2 lining  staff      68 Feb 22  2017 FN2V63AD2J.com.tencent.ScreenC
apture2
drwxr-xr-x   6 lining  staff     204 Dec 19  2015 Photo Booth 图库
drwxr-xr-x   3 lining  staff     102 Nov 30  2014 SPlayerX
drwxr-xr-x  14 lining  staff     476 Apr 12  2015 iPhoto 图库.migratedphotolibrary
drwxr-xr-x   2 lining  staff      68 Dec 31 20:46 æ°ç®å½
-rw-r--r--   1 lining  staff  343767 Jan 25  2016 扫描.png
drwxr-xr-x   5 lining  staff     170 Dec 31 20:40 新目录
-rw-r--r--   1 lining  staff   49092 Dec  5  2016 无标题1.png
-rw-r--r--   1 lining  staff   96691 Dec  5  2016 无标题2.png
-rw-r--r--   1 lining  staff   69284 Dec  5  2016 无标题3.png
drwxr-xr-x   8 lining  staff     272 Nov  7  2016 未命名文件夹
drwxr-xr-x  14 lining  staff     476 Dec 31 14:07 照片 图库.photoslibrary
当前工作目录： /Users/lining/Pictures
-----
226 Transfer complete.
total 1
-rw-r--r--  1 lining  staff  283250 Dec 31 21:13 a.png
drwxr-xr-x  2 lining  staff      68 Dec 31 20:32 dir1
drwxr-xr-x  2 lining  staff      68 Dec 31 20:32 dir2
226 Transfer complete.
```

图 16-21 测试 FTP 的各种操作

## 16.4　Email 客户端

Email（电子邮件）是互联网第一个异常火爆的通信方式，尽管现在已经有了 QQ、微信等通信工具，但 Email 仍然被广泛使用在很多场合，例如正式的商业洽谈、业务咨询、同事之间的交流、给会员发送通知，都会使用 Email。

发送和接收 Email 需要使用很多协议，例如发送 Email 需要 SMTP 协议，接收 Email 需要使用 POP3 或 IMAP4 协议。当然，程序员一般并不需要对这些协议的底层实现有太深的了解，因为在 Python 语言中很多原生的模块对这些 Email 协议进行了很好的封装，只需要直接调用相关的 API 就可以轻松地发送和接收 Email。

### 16.4.1　使用 SMTP 发送简单的 Email

SMTP 是 Simple Message Transfer Protocol（简单邮件传输协议）的缩写，是发送 Email 专用的协议。SMTP 的基本原理就是将要发送的邮件传给 SMTP 服务器，然后 SMTP 服务器再将要发送的邮件发送给对方 Email 所在的 SMTP 服务器，最后，对方会通过 POP3 或 IMAP 4 接收 Email。也就是说，SMTP 是负责在邮件服务器之间传递数据的协议。

从 SMTP 发送 Email 的原理可知，要想成功发送 Email，必须要有一个 SMTP 服务器，这个 SMTP 服务器可以是自己搭建的，也可以是免费或收费的。例如，如果从 126 邮箱发送一封 Email 到 QQ 邮箱，那么首先应该将 Email 上传到 126 的 SMTP 服务器（smtp.126.com），然后 126 的 SMTP 服务器会将 Email 发送到 QQ 的 SMTP 服务器（smtp.qq.com）上，这就完成了一次 Email 的发送任务。

在 Python 语言中发送 Email 需要导入 smtplib 模块，然后根据需要，可导入其他的相关模块。Email 有文本形式的，也有复杂形式的（带 HTML、附件的 Email）。本节介绍如何发送简单的 Email。

如果使用像 126、QQ 这样的免费或收费邮箱，在发送 Email 时必须指定 Email 的用户名和密码，也就是说，需要先登录到自己的 Email，才能利用这个 Email 发送邮件。

使用 smtplib 模块发送 Email 的步骤如下：

（1）创建 SMTP 或 SMTP_SSL 对象。SMTP 分为明文数据传输与加密数据传输两种。SMTP 与 HTTP 一样，都是用明文传输数据的，如果想用加密的方式进行数据传输，需要创建 SMTP_SSL 类的实例。SMTP 的默认端口号是 25，SMTP_SSL 的默认端口号是 465。

（2）登录 Email。在发送 Email 之前，必须使用 SMTP 或 SMTP_SSL 对象的 login 方法登录 Email，需要指定登录 Email 的用户名和密码。

（3）准备 MIMEText 对象。如果发送的是文本形式的 Email，需要创建 MIMEText 对象，并设置相应的值。因为 Email 数据是基于 MIME[①]格式的。要设置的值主要包括 Email 正文内容、发送者的 Email 地址、接收者的 Email 地址、Email 主题等。

（4）发送 Email。前面所有的工作都准备就绪后，就可以使用 sendmail 方法发送 Email 了。

---

① MIME 是 Multipurpose Internet Mail Extensions 的缩写，用于描述消息内容类型的因特网标准。MIME 消息能包含文本、图像、音频、视频以及其他应用程序专用的数据。

**【例 16.11】** 本例实现了一个 SMTP 客户端应用，可以从一个 Email 账号将邮件发送到另一个 Email 账号。

**实例位置：PythonSamples/src/chapter16/demo16.11.py**

```python
import smtplib
from email.mime.text import MIMEText
# 请将 sender 修改为发件人的邮箱账号，如 abcd@126.com
sender ='发件人邮箱账号'
# 请将 password 修改为发件人的邮箱账号密码
password = '发件人邮箱密码'
# 请将 to 修改为收件人的邮箱账号，如 2856432@qq.com
to ='收件人邮箱账号'
def mail():
    ret=True
    try:
        # 指定邮件正文（utf-8 编码）
        msg=MIMEText('这是第一封 email','plain','utf-8')
        # 设置发送者的地址
        msg['From']=sender
        # 设置接收者的地址
        msg['To']=to
        # 设置邮件的主题
        msg['Subject']="这是欧瑞学院（https://geekori.com/edu）发送的一封邮件"

        # SMTP("smtp.126.com", 25)  # 如果使用不安全的传输协议，使用前面的代码
        # 创建 SMTP_SSL 对象，并指定 SMTP 服务器（要和发送者地址一致），这里使用的是 126 的 SMTP 服务器
        server=smtplib.SMTP_SSL("smtp.126.com", 465)
        # 登录 EMail
        server.login(sender, password)   # 括号中对应的是发件人邮箱账号、邮箱密码

        # 发送 Email，sendmail 方法的 3 个参数分别表示发送者地址、接收者地址（可以是多个）以及
        # Email 头和正文（MIME 编码格式）
        server.sendmail(sender,[to,],msg.as_string())
        # 输出 Email 头和正文（MIME 编码格式）
        print(msg.as_string())
        server.quit()   # 关闭连接
    except Exception as e:
        ret=False
        print(e)
    return ret

ret=mail()
if ret:
    print("邮件发送成功")
else:
    print("邮件发送失败")
```

程序运行结果如图 16-22 所示。

```
Content-Type: text/plain; charset="utf-8"
MIME-Version: 1.0
Content-Transfer-Encoding: base64
From: lntoto@126.com
To: 282662591@qq.com
Subject: =?utf-8?b?6L+Z5piv5qyn55Ge5a2m6Zmi77yIaHR0cHM6Ly9nZWVrb3JpLmNvbS9lZHXvv
Inlj5HpgIHnmoTkuIDlsIHpgq7ku7Y=?=

6L+Z5piv56ys5LiA5bCBZW1haWw=

邮件发送成功
```

图 16-22　邮件发送成功

出现如图 16-22 所示的输出内容，说明 Email 发送成功。如果目的地址是正确的，那么对方应该很快就会收到这封 Email。

要注意的是，通过 MIMEText 对象设置的 From 和 To 字段并不是用来发送 Email 的，而只作为 Email 头的一部分，当对方回复 Email 时要用到 From 字段的值。

## 16.4.2　使用 SMTP 发送带附件的 Email

使用 SMTP 发送带附件的 Email 与发送文本形式的 Email 的步骤类似，只是需要创建 MIMEMultipart 对象，并用 related 定义内嵌资源的邮件体。也就是说，需要将附件以及 HTML 等富文本格式的内容嵌入到邮件体内。

**【例 16.12】** 本例实现了一个 SMTP 客户端应用，可以从一个 Email 账号将邮件发送到另一个 Email 账号。

**实例位置：PythonSamples\src\chapter16\demo16.12.py**

```
import smtplib
from email.mime.text import MIMEText
from email.mime.image import MIMEImage
from email.mime.multipart import MIMEMultipart
# 请将 sender 修改为发件人的邮箱账号，如 abcd@126.com
sender ='发件人邮箱账号'
# 请将 password 修改为发件人的邮箱账号密码
password = '发件人邮箱密码'
# 请将 to 修改为收件人的邮箱账号，如 2856432@qq.com
to ='收件人邮箱账号'
def mail():
    ret=True
    try:
        # 创建 MIMEMultipart 对象，并用 related 定义内嵌资源的邮件体
        msg = MIMEMultipart('related')
        msg['From'] = sender
        msg['To'] =  to
        msg['Subject'] = '欧瑞学院（带附件）'
        # 创建 MIMEMultipart 对象，内嵌 HTML 文档
        msgAlternative = MIMEMultipart('alternative')
        # 将 msgAlternative 内嵌在 msg 上
        msg.attach(msgAlternative)
        mail_msg = """
        <p>欧瑞学院祝贺广大学员更上一层楼.</p>
        <p><a href="https://geekori.com/edu">欧瑞学院</a></p>
```

```
<p>图片演示：</p>
<p><img src="cid:image1"></p>
"""
msgAlternative.attach(MIMEText(mail_msg, 'html', 'utf-8'))

# 将本地图片作为附件发送，读者需要将这个文件换成自己机器上存在的文件（必须是图像文件）
fp = open('/Users/lining/Desktop/xx.png', 'rb')
# 创建 MIMEImage 对象内嵌图像文件数据
msgImage = MIMEImage(fp.read())
fp.close()

# 定义图片 ID，HTML 文本要引用这个 ID
msgImage.add_header('Content-ID', '<image1>')
# 将图片作为 msg 的附件内嵌到邮件体中
msg.attach(msgImage)
server=smtplib.SMTP_SSL("smtp.126.com", 465)
server.login(sender, password)
# 发送 Email
server.sendmail(sender,[to,],msg.as_string())
server.quit()  # 关闭连接
except Exception as e:
    ret=False
    print(e)
return ret

ret=mail()
if ret:
    print("邮件发送成功")
else:
    print("邮件发送失败")
```

假设要发送 Email 给 QQ 邮箱的地址，运行程序后，会看到 QQ 邮箱很快就收到了这封带附件以及 HTML 内容的 Email，点进去，邮件的内容如图 16-23 所示。

图 16-23　QQ 邮箱接收到的 Email

## 16.4.3　使用 POP3 接收 Email

POP 是 Post Office Protocol 的缩写，是用于接收邮件的协议。POP3 是 POP 最新的版本（Version3），

也是现在普通使用的版本，所以习惯上称 POP 为 POP3。POP 与 SMTP 一样，都是明文传输的，使用
SSL 加密的 POP3 称为 POP3S。

在 Python 语言中使用 POP3 接收邮件需要导入 poplib 模块。接收邮件同样需要指定邮箱的用户名
和密码，以及 POP3 服务器，126 邮箱的 POP3 服务器是 pop.126.com，QQ 邮箱的 POP3 服务器是
pop.qq.com。

接收邮件相对于发送邮件要复杂一些，首先需要创建 POP3（未加密）或 POP3_SSL（加密），然
后通过 user 和 pass_方法设置邮箱的用户名和密码，接下来就可以调用相应的方法完成各种 POP3 支持
的工作。

【例 16.13】　本例实现了一个 POP3 客户端，输出前 20 封邮件的头部信息，取得第 1 封完整的邮
件信息，并输出这些信息。

**实例位置：PythonSamples\src\chapter16\demo16.13.py**

```python
import poplib

import re
# pop3 服务器地址
host = "POP3 服务器地址"  # 126 邮箱是 pop.126.com，QQ 邮箱是 pop.qq.com
# 用户名
username = "邮箱用户名"  # 如 abcd@126.com
# 密码
password = "邮箱密码"

# 使用安全的 POP3
pp = poplib.POP3_SSL(host)
# 设置调试模式，可以看到与服务器的交互信息
pp.set_debuglevel(1)
# 设置邮箱用户名
pp.user(username)
# 设置邮箱密码
pp.pass_(password)
# 获取服务器上邮件信息，返回的是一个列表，第一项是一共有多少封邮件，第二项是共有多少字节
ret = pp.stat()
# 获得邮件总数量
mailCount = ret[0]
print('一共',mailCount,'封邮件')
# 取出前 20 封邮件的头部信息
for i in range(1, mailCount):
    try:
        mlist = pp.top(i, 0)
        # 输出邮件的头部（列表形式）
        print(mlist[1])
        # 输出 Subject
        print(mlist[1][7])
        if i > 20: break;
    except:
        pass

# 列出服务器上邮件信息，这时会对每一封邮件都输出 ID 和大小。不像 stat 输出的是总的统计信息
ret = pp.list()
```

```
# 取第 1 封邮件完整信息，在返回值里，按行存储在 down[1] 的列表中。down[0] 是返回的状态信息
down = pp.retr(1)

# 输出第 1 封邮件的完整内容
charset = ''
for line in down[1]:
    # 通过正则表达式搜索 charset 字段的值（邮件的编码格式）
    result = re.search('charset\s*=\s*"([^\"]*)"',line.decode('ISO-8859-1'))
    if result != None:
        # 获取 charset 字段的值
        charset = result.group(1)
        print(charset)
    if charset != '':
        print(line.decode(charset))

# 退出
pp.quit()
```

程序运行结果如图 16-24 所示。

图 16-24　接收到的邮件信息

## 16.4.4　使用 IMAP4 接收 Email

**IMAP** 是 Internet Message Access Protocol 的缩写，中文的含义是 "交互式数据消息访问协议"，目前最新的版本是 4，所以习惯上称 IMAP 为 IMAP4，也就是 IMAP 的第 4 个版本。

IMAP4 与 POP3 一样，都是用于接收 Email 的，那么这两个协议有什么区别呢？

**POP3** 协议允许电子邮件客户端下载服务器上的邮件，但是在客户端的操作（如移动邮件、标记已读等），不会反馈到服务器上，比如通过客户端收取了邮箱中的三封邮件并移动到其他文件夹，邮箱服务器上的这些邮件是不会同时被移动的。

而 **IMAP4** 提供了 Email 服务端与电子邮件客户端之间的双向通信，客户端的操作都会反馈到服务器上。例如，在客户端移动邮件、删除邮件，邮件服务器的邮件也同时会被移动、删除。

当然，IMAP4 也像 POP3 那样提供了方便的邮件下载服务，让用户能进行离线阅读。IMAP4 提供的摘要浏览功能可以让用户在阅读完所有的邮件到达时间、主题、发件人、大小等信息后才做出是否下载的决定。此外，IMAP 更好地支持了从多个不同设备中随时访问新邮件功能。

在 Python 语言中使用 IMAP4 接收邮件需要导入 imaplib 模块，然后可以使用 IMAP4_SSL 建立安全的 IMAP 连接，接下来就是调用一系列方法完成各种 IMAP4 支持的操作。另外要说明一下，并不是所有的 Email 服务器都支持 IMAP4，即使支持 IMAP4，也可能支持的并不完整，所以如果使用的 Email

服务器对 IMAP4 支持的有问题，应更换 Email 服务器。

【例 16.14】　本例实现了一个 IMAP4 客户端，并获取了第 1 封邮件的内容。

**实例位置：PythonSamples\src\chapter16\demo16.14.py**

```python
import imaplib
import base64
# 建立安全的 IMAP4 连接
connection = imaplib.IMAP4_SSL('imap.qq.com', 993)
# 邮箱账号
username = '请修改成自己的 QQ 邮箱账号'
# 邮箱密码
password = '请修改成自己的 QQ 邮箱密码'

# 登录邮箱
try:
    connection.login(username, password)
except Exception as err:
    print('登录失败：:', err)  # 输出登录失败的原因

# 输出日志
connection.print_log()
# 列出所有的目录（如 INBOX）
res,data = connection.list()
print('Response code:', data)

# 切换到 INBOX 目录
res, data = connection.select('INBOX')

print(res, data)
print(data[0])  # 邮件数
# 搜索所有邮件
res, msg_ids = connection.search(None, 'ALL')  # 也可以直接搜索邮件
# 输出邮件的 ID
print(res, msg_ids)
# 获取第 1 封邮件的内容
res, msg_data = connection.fetch(data[0], '(UID BODY[TEXT])')
# 输出第 1 封邮件的内容
print(msg_data)
# 退出邮箱
connection.logout()
```

程序运行结果如图 16-25 所示。

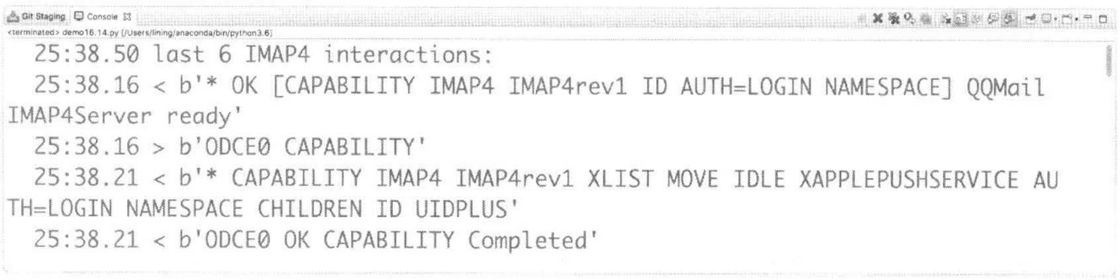

图 16-25　用 IMAP4 接收邮件

## 16.5　小结

本章深入讲解了 Python 语言中与网络有关的常用模块，这些模块涉及的网络协议包括 HTTP、FTP、SMTP、POP3 和 IMAP4。当要编写的应用需要集成 FTP、Email 等功能时，可以很容易利用这些模块中的 API 将这些功能嵌入到应用中。当然，Python 语言还内嵌了很多与网络有关的模块，要想了解更多关于这些模块的信息，可参阅 Python 的官方文档。只要了解了基本的学习方法，学习这些模块的使用是轻而易举的。

## 16.6　实战与练习

本章练习题，除了配有答案（源代码）外，还会在赠送的视频课程中讲解。

1. 编写一个 Python 程序，使用 urllib3 模块下载淘宝首页的 HTML 代码，要求动态获取 HTML 编码（HTTP 响应头的 charset 字段的值）。

答案位置：PythonSamples\src\chapter16\practice\solution16.1.py

2. 编写一个程序，从 FTP 服务器上下载一个图像文件（目录和文件名可任意指定），然后将这个下载的图像文件发送到指定的 EMail 中。

答案位置：　PythonSamples\src\chapter16\practice\solution16.2.py

# 第 17 章

# 多 线 程

本章讨论几种使代码并行运行的方法，开始会讨论进程和线程的区别，以及多线程的概念，并给出一些 Python 多线程编程的例子。本章后面几节将探讨如何使用 threading 模块和 queue 模块实现 Python 多线程编程。

通过阅读本章，您可以：

- ❏ 了解进程与线程的概念，以及进程和线程的区别
- ❏ 掌握如何使用 Python 多线程
- ❏ 掌握如何为线程函数传递参数
- ❏ 掌握如何利用锁判断线程是否结束
- ❏ 掌握 threading 模块中的 Thread 类的使用方法
- ❏ 掌握如何利用线程锁让代码同步
- ❏ 掌握信号量的使用方法
- ❏ 掌握生产者—消费者模型以及实现方法

## 17.1 线程与进程

线程和进程都可以让程序并行运行，但很多读者会有这样的疑惑，这两种技术有什么区别呢？本节将解开这个疑惑。

### 17.1.1 进程

计算机程序有静态和动态的区别。静态的计算机程序就是存储在磁盘上的可执行二进制（或其他类型）文件，而动态的计算机程序就是将这些可执行文件加载到内存中并被操作系统调用，这些动态的计算机程序被称为一个进程，也就是说，进程是活跃的，只有可执行程序被调入内存中才称为进程。每个进程都拥有自己的地址空间、内存、数据栈以及其他用于跟踪执行的辅助数据。操作系统会管理系统中所有进程的执行，并为这些进程合理地分配时间。进程可以通过派生（fork 或 spawn）新的进程来执行其他任务，不过由于每个新进程也都拥有自己的内存和数据栈等，所以只能采用进程间通信（IPC）的方式共享信息。

### 17.1.2 线程

线程（有时候也被称为轻量级进程）与进程类似，不过线程是在同一个进程下执行的，并共享同一个上下文。也就是说，线程属于进程，而且线程必须要依赖进程才能执行。一个进程可以包含一个

或多个线程。

线程包括开始、执行和结束三部分。它有一个指令指针，用于记录当前运行的上下文，当其他线程运行时，当前线程有可能被抢占（中断）或临时挂起（睡眠）。

一个进程中的各个线程与主线程共享同一片数据空间，因此相对于独立的进程而言，线程间的信息共享和通信更容易。线程一般是以并发方式执行的，正是由于这种并行和数据共享机制，使得多任务间的协作成为可能。当然，在单核 CPU 的系统中，并不存在真正的并发运行，所以线程的执行实际上还是同步执行的，只是系统会根据调度算法在不同的时间安排某个线程在 CPU 上执行一小会儿，然后就会让其他的线程在 CPU 上再执行一会儿，通过这种多个线程之间不断切换的方式让多个线程交替执行。因此，从宏观上看，即使在单核 CPU 的系统上仍然看着像多个线程并发运行一样。

当然，多线程之间共享数据并不是没有风险。如果两个或多个线程访问了同一片数据，由于数据访问顺序不同，可能导致结果的不一致。这种情况通常称为静态条件（static condition），幸运的是，大多数线程库都有一些机制让共享内存区域的数据同步，也就是说，当一个线程访问这片内存区域时，这片内存区域暂时被锁定，其他的线程只能等待这片内存区域解锁后再访问。

要注意的是，线程的执行时间是不平等的，例如，有 6 个线程，6s 的 CPU 执行时间，并不是为这 6 个线程平均分配 CPU 执行时间（每个线程 1s），而是根据线程中具体的执行代码分配 CPU 计算时间。例如，在调动一些函数时，这些函数会在完成之前保存阻塞状态（阻止其他线程获得 CPU 执行时间），这样这些函数就会长时间占用 CPU 资源，通常来讲，系统在分配 CPU 计算时间时更倾向于这些贪婪的函数。

## 17.2  Python 与线程

Python 语言虽然支持多线程编程，但还是需要取决于具体使用的操作系统。当然，现代的操作系统基本上都支持多线程，如 Windows、Mac OS X、Linux、Solaris、FreeBSD 等。Python 多线程在底层使用了兼容 POSIX 的线程，也就是众所周知的 pthread。

### 17.2.1  使用单线程执行程序

在使用多线程编写 Python 程序之前，先使用单线程的方式运行程序，然后再看一看和使用多线程编写的程序在运行结果上有什么不同。

【例 17.1】本例会使用 Python 单线程调用两个函数：fun1 和 fun2，在这两个函数中都使用了 sleep 函数休眠一定时间，如果用单线程调用这两个函数，那么会顺序执行这两个函数，也就是说，直到第 1 个函数执行完后，才会执行第 2 个函数。

实例位置：**PythonSamples\src\chapter17\demo17.01.py**

```
from time import sleep, ctime
def fun1():
    print('开始运行 fun1:', ctime())
    # 休眠 4s
    sleep(4)
    print('fun1 运行结束:', ctime())

def fun2():
    print('开始运行 fun2:', ctime())
    # 休眠 2s
```

```
    sleep(2)
    print('fun2 运行结束:', ctime())

def main():
    print('开始运行时间:', ctime())
    # 在单线程中调用 fun1 函数和 fun2 函数
    fun1()
    fun2()
    print('结束运行时间:', ctime())

if __name__ == '__main__':
    main()
```

程序运行结果如图 17-1 所示。

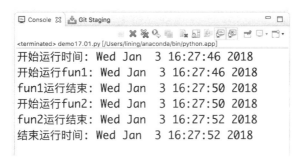

图 17-1　同步调用 fun1 函数和 fun2 函数

很明显，以同步方式调用 fun1 函数和 fun2 函数，只有当 fun1 函数都执行完毕，才会继续执行 fun2 函数，而且执行的总时间至少是 fun1 函数和 fun2 函数执行时间的和（6s），不过执行其他代码也是有开销的，例如，print 函数，从 main 函数跳转到 fun1 函数和 fun2 函数，这些都需要时间，因此，本例的执行总时间应该大于 6s。

### 17.2.2　使用多线程执行程序

Python 提供了很多内建模块用于支持多线程，本节开始讲解第 1 个模块_thread。要注意的是，在 Python2.x 时，这个模块称为 thread，从 Python3.x 开始，thread 更名为_thread，也就是在 thread 前加一个下画线（_）。

使用_thread 模块中的 start_new_thread 函数会直接开启一个线程，该函数的第 1 个参数需要指定一个函数，可以把这个函数称为线程函数，当线程启动时会自动调用这个函数。start_new_thread 函数的第 2 个参数是给线程函数传递的参数，必须是元组类型。

【例 17.2】　本例会使用多线程调用 fun1 函数和 fun2 函数，可以发现，这两个函数会交替执行。

**实例位置：PythonSamples\src\chapter17\demo17.02.py**

```
import _thread as thread
from time import sleep, ctime
def fun1():
    print('开始运行 fun1:', ctime())
    # 休眠 4s
    sleep(4)
    print('fun1 运行结束:', ctime())
```

```
def fun2():
    print('开始运行 fun2:', ctime())
    # 休眠 2s
    sleep(2)
    print('fun2 运行结束:', ctime())

def main():
    print('开始运行时间:', ctime())
    # 启动一个线程运行 fun1 函数
    thread.start_new_thread(fun1, ())
    # 启动一个线程运行 fun2 函数
    thread.start_new_thread(fun2, ())
    # 休眠 6s
    sleep(6)
    print('结束运行时间:', ctime())

if __name__ == '__main__':
    main()
```

程序运行结果如图 17-2 所示。

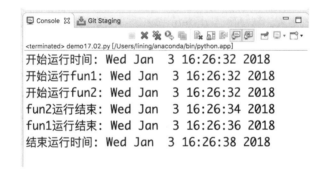

图 17-2　用多线程运行 fun1 函数和 fun2 函数

从程序的运行结果可以看出，在第 1 个线程运行 fun1 函数的过程中，会使用第 2 个线程运行 fun2 函数。这是因为在 fun1 函数中调用了 sleep 函数休眠了 4s，当程序休眠时，会释放 CPU 的计算资源，这时 fun2 函数乘虚而入，抢占了 fun1 函数的 CPU 计算资源。而 fun2 函数只通过 sleep 函数休眠了 2s，所以当 fun2 函数执行完，fun1 函数还没有休眠完。4s 后，fun1 函数继续执行，这时已经没有要执行的函数与 fun1 函数抢 CPU 计算资源，所以 fun1 函数会顺利地执行完。在 main 函数中使用 sleep 函数休眠 6s，等待 fun1 函数和 fun2 函数都执行完，再结束程序。

### 17.2.3　为线程函数传递参数

通过 start_new_thread 函数的第 2 个参数可以为线程函数传递参数，该参数类型必须是元组。

【例 17.3】 本例会利用 for 循环和 start_new_thread 函数启动 8 个线程，并为每一个线程函数传递不同的参数值，然后在线程函数中输出传入的参数值。

实例位置：**PythonSamples\src\chapter17\demo17.03.py**

```
import random
from time import sleep
```

```
import _thread as thread
# 线程函数，其中 a 和 b 是通过 start_new_thread 函数传入的参数
def fun(a,b):
    print(a,b)
    # 随机休眠一段时间（1~4s）
    sleep(random.randint(1,5))
# 启动 8 个线程
for i in range(8):
    # 为每一个线程函数传入 2 个参数值
    thread.start_new_thread(fun, (i + 1,'a' * (i + 1)))
# 通过从终端输入一个字符串的方式让程序暂停
input()
```

程序运行结果如图 17-3 所示。

图 17-3　向线程函数传递参数

从图 17-3 所示的输出结果可以看出，由于每个线程函数的休眠时间可能都不相同，所以随机输出了这个结果，每次运行程序，输出的结果是不一样的。

在本例的最后使用 input 函数从终端采集了一个字符串，其实程序对这个从终端输入的字符串并不关心，只是让程序暂停而已。如果程序启动线程后不暂停，还没等线程函数运行，程序就结束了，这样线程函数将永远不会执行了。

### 17.2.4　线程和锁

在前面的代码中使用多线程运行线程函数，在 main 函数的最后需要使用 sleep 函数让程序处于休眠状态，或使用 input 函数从终端采集一个字符串，目的是让程序暂停，其实这些做法的目的只有一个，即在所有的线程执行完之前，阻止程序退出。因为程序无法感知是否有线程正在执行，以及是否所有的线程函数都执行完毕。因此，只能采用这些手段让程序暂时不退出。如果了解了锁的概念，就会觉得这些做法十分低级。

这里的锁并不是将程序锁住不退出，而是通过锁可以让程序了解是否还有线程函数没执行完，而且可以做到当所有的线程函数执行完后，程序会立刻退出，无须任何等待。

锁的使用分为创建锁、获取锁和释放锁。完成这三个功能需要 _thread 模块中的一个函数和两个方法，allocate_lock 函数用于创建锁对象，然后使用锁对象的 acquire 方法获取锁，如果不需要锁了，可以使用锁对象的 release 方法释放锁；如果要判断锁是否被释放，可以使用锁对象的 locked 方法。

【例 17.4】　本例启动了两个线程，并创建了两个锁，在运行线程函数之前，获取了这两个锁，这

就意味着锁处于锁定状态，然后在启动线程时将这两个锁对象分别传入两个线程各自的锁对象，当线程函数执行完后，会调用锁对象的 release 方法释放锁。在 main 函数的最后，使用 while 循环和 locked 方法判断这两个锁对象是否已经释放，只要有一个锁对象没释放，while 循环就不会退出，如果两个锁对象都释放了，那么 main 函数立刻结束，程序退出。

**实例位置：PythonSamples\src\chapter17\demo17.04.py**

```python
import _thread as thread
from time import sleep, ctime
# 线程函数，index 是一个整数类型的索引，sec 是休眠时间（单位：秒），lock 是锁对象
def fun(index, sec,lock):
    print('开始执行', index,'执行时间: ',ctime())
    # 休眠
    sleep(sec)
    print('执行结束',index,'执行时间: ',ctime())
    # 释放锁对象
    lock.release()


def main():
    # 创建第 1 个锁对象
    lock1 = thread.allocate_lock()
    # 获取锁（相当于把锁锁上）
    lock1.acquire()
    # 启动第 1 个线程，并传入第 1 个锁对象，10 是索引，4 是休眠时间，lock1 是锁对象
    thread.start_new_thread(fun,
            (10, 4, lock1))
    # 创建第 2 个锁对象
    lock2 = thread.allocate_lock()
    # 获取锁（相当于把锁锁上）
    lock2.acquire()
    # 启动第 2 个线程，并传入第 2 个锁对象，20 是索引，2 是休眠时间，lock2 是锁对象
    thread.start_new_thread(fun,
            (20, 2, lock2))
    # 使用 while 循环和 locked 方法判断 lock1 和 lock2 是否被释放
    # 只要有一个没有释放，while 循环就不会退出
    while lock1.locked() or lock2.locked():
        pass
if __name__ == '__main__':
    main()
```

程序运行结果如图 17-4 所示。

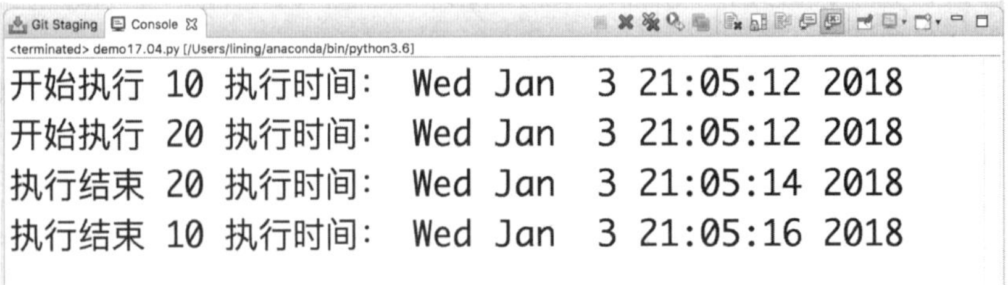

图 17-4　线程与锁

## 17.3 高级线程模块

本节介绍更高级的线程模块——threading。在 threading 模块中有一个非常重要的 Thread 类，该类的实例表示一个执行线程的对象。_thread 模块可以看作线程的面向过程版本，而 Thread 类可以看作线程的面向对象版本。

### 17.3.1 Thread 类与线程函数

在前面的例子中使用锁（lock）检测线程是否释放，以及使用锁可以保证所有的线程函数都执行完毕再往下执行。如果使用 Thread 类处理线程就方便多了，可以直接使用 Thread 对象的 join 方法等待线程函数执行完毕再往下执行，也就是说，在主线程（main 函数）中调用 Thread 对象的 join 方法，并且 Thread 对象的线程函数没有执行完毕，主线程会处于阻塞状态。

使用 Thread 类也很简单，首先需要创建 Thread 类的实例，通过 Thread 类构造方法的 target 关键字参数执行线程函数，通过 args 关键字参数指定传给线程函数的参数。然后调用 Thread 对象的 start 方法启动线程。

【例 17.5】 本例使用 Thread 对象启动了两个线程，并在各自的线程函数中使用 sleep 函数休眠一段时间。最后使用 Thread 对象的 join 方法等待两个线程函数都执行完毕后再退出程序。

**实例位置：PythonSamples\src\chapter17\demo17.05.py**

```
import threading
from time import sleep, ctime
# 线程函数，index 表示整数类型的索引，sec 表示休眠时间，单位：秒
def fun(index, sec):
    print('开始执行', index, ' 时间:', ctime())
    # 休眠
    sleep(sec)
    print('结束执行', index, '时间:', ctime())
def main():
    # 创建第 1 个 Thread 对象，通过 target 关键字参数指定线程函数 fun，传入索引 10 和休眠时间（4s）
    thread1 = threading.Thread(target=fun,
            args=(10, 4))
    # 启动第 1 个线程
    thread1.start()
    # 创建第 2 个 Thread 对象，通过 target 关键字参数指定线程函数 fun，传入索引 20 和休眠时间（2s）
    thread2 = threading.Thread(target=fun,
            args=(20, 2))
    # 启动第 2 个线程
    thread2.start()
    # 等待第 1 个线程函数执行完毕
    thread1.join()
    # 等待第 2 个线程函数执行完毕
    thread2.join()

if __name__ == '__main__':
    main()
```

程序运行结果如图 17-5 所示。

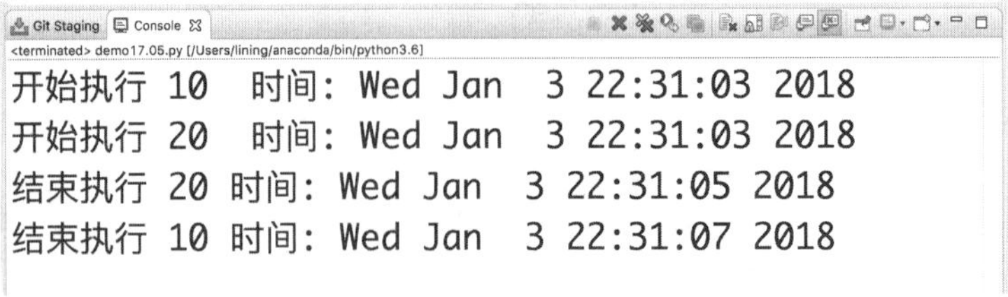

图 17-5　使用 Thread 对象启动线程

从输出结果可以看出，通过 Thread 对象启动的线程只需要使用 join 方法就可以保证让所有的线程函数都执行完再往下执行，这要比_thread 模块中的锁方便得多，起码不需要在线程函数中释放锁了。

## 17.3.2　Thread 类与线程对象

Thread 类构造方法的 target 关键字参数不仅可以是一个函数，还可以是一个对象，可以称这个对象为线程对象。其实线程调用的仍然是函数，只是这个函数用对象进行了封装。这么做的好处是可以将与线程函数相关的代码都放在对象对应的类中，这样更能体现面向对象的封装性。

线程对象对应的类需要有一个可以传入线程函数和参数的构造方法，而且在类中还必须有一个名为“__call__”的方法。当线程启动时，会自动调用线程对象的“__call__”方法，然后在该方法中会调用线程函数。

【例 17.6】　本例在使用 Thread 类的实例启动线程时，通过 Thread 类构造方法传入了一个线程对象，并通过线程对象指定了线程函数和相应的参数。

实例位置：**PythonSamples\src\chapter17\demo17.06.py**

```python
import threading
from time import sleep, ctime
# 线程对象对应的类
class MyThread(object):
    # func 表示线程函数，args 表示线程函数的参数
    def __init__(self, func, args):
        # 将线程函数与线程函数的参数赋给当前类的成员变量
        self.func = func
        self.args = args
    # 线程启动时会调用该方法
    def __call__(self):
        # 调用线程函数，并将元组类型的参数值分解为单个的参数值传入线程函数
        self.func(*self.args)
# 线程函数
def fun(index, sec):
    print('开始执行', index, ' 时间:', ctime())
    # 延迟 sec 秒
    sleep(sec)
    print('结束执行', index, '时间:', ctime())
def main():
    print('执行开始时间:', ctime())
    # 创建第 1 个线程，通过 target 关键字参数指定了线程对象（MyThread），延迟 4s
    thread1 = threading.Thread(target = MyThread(fun,(10, 4)))
    # 启动第 1 个线程
    thread1.start()
```

```
# 创建第 2 个线程，通过 target 关键字参数指定了线程对象（MyThread），延迟 2s
thread2 = threading.Thread(target = MyThread(fun,(20, 2)))
# 启动第 2 个线程
thread2.start()
# 创建第 3 个线程，通过 target 关键字参数指定了线程对象（MyThread），延迟 1s
thread3 = threading.Thread(target = MyThread(fun,(30, 1)))
# 启动第 3 个线程
thread3.start()
# 等待第 1 个线程函数执行完毕
thread1.join()
# 等待第 2 个线程函数执行完毕
thread2.join()
# 等待第 3 个线程函数执行完毕
thread3.join()
print('所有的线程函数已经执行完毕:', ctime())
if __name__ == '__main__':
    main()
```

程序运行结果如图 17-6 所示。

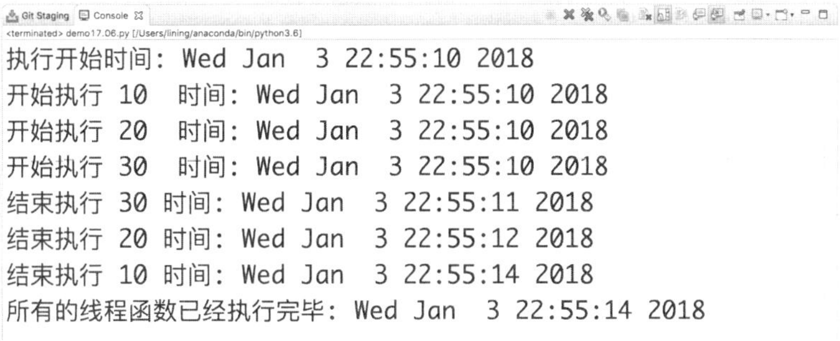

图 17-6　向 Thread 类中传入线程对象

### 17.3.3　从 Thread 类继承

为了更好地对与线程有关的代码进行封装，可以从 Thread 类派生一个子类，然后将与线程有关的代码都放到这个类中。Thread 类的子类的使用方法与 Thread 相同。从 Thread 类继承最简单的方式是在子类的构造方法中通过 super 函数调用父类的构造方法，并传入相应的参数值。

【例 17.7】　本例编写一个从 Thread 类继承的子类 MyThread，并重写了父类的构造方法和 run 方法。最后通过 MyThread 类创建并启动了两个线程，并使用 join 方法等待着两个线程结束后再退出程序。

实例位置：**PythonSamples\src\chapter17\demo17.07.py**

```
import threading
from time import sleep, ctime
# 从 Thread 类派生的子类
class MyThread(threading.Thread):
    # 重写父类的构造方法，其中 func 是线程函数，args 是传入线程函数的参数，name 是线程名
    def __init__(self, func, args, name=''):
        # 调用父类的构造方法，并传入相应的参数值
        super().__init__(target=func, name=name,
                args=args)
```

```
        # 重写父类的 run 方法
        def run(self):
            self._target(*self._args)
# 线程函数
def fun(index, sec):
    print('开始执行', index, '时间:', ctime())
    # 休眠
    sleep(sec)
    print('执行完毕', index, '时间:', ctime())

def main():
    print('开始:', ctime())
    # 创建第 1 个线程，并指定线程名为"线程 1"
    thread1 = MyThread(fun,(10,4),'线程 1')
    # 创建第 2 个线程，并指定线程名为"线程 2"
    thread2 = MyThread(fun,(20,2),'线程 2')
    # 开启第 1 个线程
    thread1.start()
    # 开启第 2 个线程
    thread2.start()
    # 输出第 1 个线程的名字
    print(thread1.name)
    # 输出第 2 个线程的名字
    print(thread2.name)
    # 等待第 1 个线程结束
    thread1.join()
    # 等待第 2 个线程结束
    thread2.join()

    print('结束:', ctime())

if __name__ == '__main__':
    main()
```

程序运行结果如图 17-7 所示。

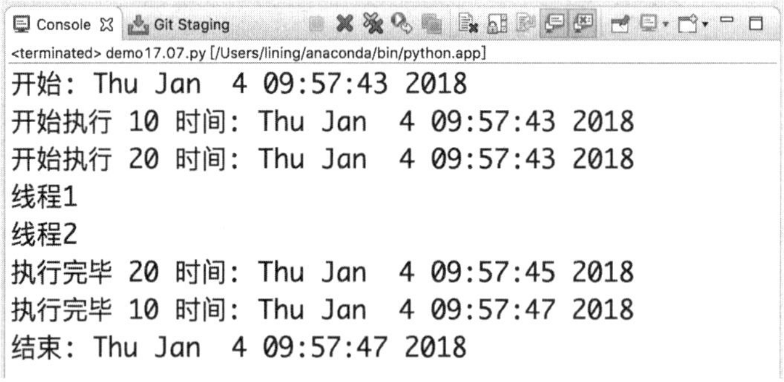

图 17-7　使用 Thread 类的子类创建和启动线程

在调用 Thread 类的构造方法时需要将线程函数、参数等值传入构造方法，其中 name 表示线程的名字，如果不指定这个参数，默认的线程名字格式为 Thread-1、Thread-2。每一个传入构造方法的参数值，在 Thread 类中都有对应的成员变量保存这些值，这些成员变量都以下画线（_）开头，如_target、_args 等（这一点从 Thread 类的构造方法中就可以看出）。在 run 方法中需要使用这些变量调用传入的线程函数，并为线程函数传递参数。

```
# Thread类的构造方法
def __init__(self, group=None, target=None, name=None,
             args=(), kwargs=None, *, daemon=None):
    ...
    self._target = target
    self._name = str(name or _newname())
    self._args = args
    self._kwargs = kwargs
```

这个 run 方法不一定要在 MyThread 类中重写，因为 Thread 类已经有默认的实现了，不过如果想扩展一下这个方法，也可以进行重写，并加入自己的代码。

```
# Thread类的run方法
def run(self):
    try:
        if self._target:
            self._target(*self._args, **self._kwargs)
    finally:
        del self._target, self._args, self._kwargs
```

## 17.4　线程同步

多线程的目的就是让多段程序并发运行，但在一些情况下，让多段程序同时运行会造成很多麻烦，如果这些并发运行的程序还共享数据，则有可能造成脏数据以及其他数据不一致的后果。这里的脏数据是指在多段程序同时读写一个或一组变量时，由于读写顺序的问题导致的与期望值不一样的后果。例如，有一个整数变量 n，初始值为 1，现在要为该变量加 1，然后输出该变量的值，目前有两个线程（Thread1 和 Thread2）做同样的工作。当 Thread1 为变量 n 加 1 后，这时 CPU 的计算时间恰巧被 Thread2 夺走，在执行 Thread2 的线程函数时又对变量 n 加 1，所以目前 n 被加了两次 1，变成了 3。这时不管是继续执行 Thread2，还是接着执行 Thread1，输出的 n 都会等于 3。这也就意味着 n 等于 2 的值没有输出，如果正好在 n 等于 2 时需要做更多的处理，那么这些工作都不会按预期完成了，因为这时 n 已经等于 3 了。把这个变量当前的值称为脏数据，也就是说 n 原本应该等于 2，而现在却等于 3。这一过程可以看下面的线程函数。

```
n = 1
# 如果用多个线程执行fun函数，就有可能造成n持续加1，而未处理的情况
def fun()
    n += 1
    print(n)  # 此处可能有更多的代码
```

解决这个问题的最好方法就是将改变变量 n 和输出变量 n 的语句变成原子操作，在 Python 线程中可以用线程锁来达到这个目的。

### 17.4.1　线程锁

线程锁的目的是将一段代码锁住，一旦获得了锁权限，除非释放线程锁，否则其他任何代码都无法再次获得锁权限。

为了使用线程锁，首先需要创建 Lock 类的实例，然后通过 Lock 对象的 acquire 方法获取锁权限，当需要完成原子操作的代码段执行完后，再使用 Lock 对象的 release 方法释放锁，其他代码就可以再次获得这个锁权限。要注意的是，锁对象要放到线程函数的外面作为一个全局变量，这样所有的线程

函数实例都可以共享这个变量，如果将锁对象放到线程函数内部，那么这个锁对象就变成了局部变量，多个线程函数实例使用的是不同的锁对象，所以仍然不能有效保护原子操作的代码。

【例 17.8】 本例在线程函数中使用 for 循环输出线程名和循环变量的值，并通过线程锁将这段代码变成原子操作，这样就只有当前线程函数的 for 循环执行完，其他线程函数的 for 循环才会重新获得线程锁权限并执行。

**实例位置：PythonSamples\src\chapter17\demo17.08.py**

```
from atexit import register
import random
from threading import Thread, Lock, currentThread
from time import sleep, ctime
# 创建线程锁对象
lock = Lock()
def fun():
    # 获取线程锁权限
    lock.acquire()
    # for 循环已经变成了原子操作
    for i in range(5):
        print('Thread Name','=',currentThread().name,'i','=',i)
        # 休眠一段时间（1～4s）
        sleep(random.randint(1,5))
    # 释放线程锁，其他线程函数可以获得这个线程锁的权限了
    lock.release()
def main():
    # 通过循环创建并启动了 3 个线程
    for i in range(3):
        Thread(target=fun).start()
# 当程序结束时会调用这个函数
@register
def exit():
    print('线程执行完毕:', ctime())
if __name__ == '__main__':
    main()
```

为了观察使用线程锁和不使用线程锁的区别，可以先将 fun 函数中的 lock.require()和 lock.release()语句注释掉，然后运行程序，会看到如图 17-8 所示的输出结果。

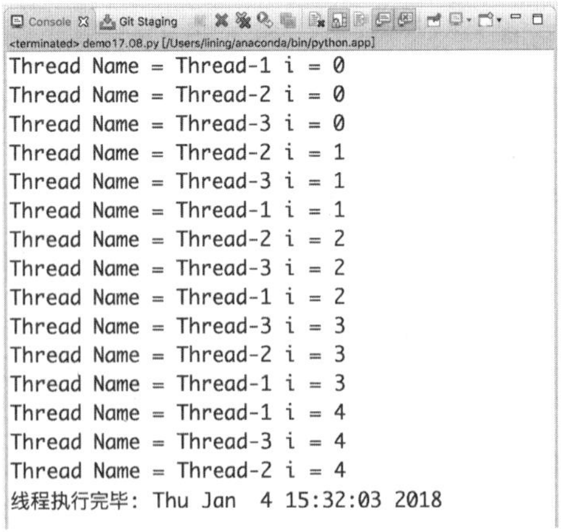

```
Thread Name = Thread-1 i = 0
Thread Name = Thread-2 i = 0
Thread Name = Thread-3 i = 0
Thread Name = Thread-2 i = 1
Thread Name = Thread-3 i = 1
Thread Name = Thread-1 i = 1
Thread Name = Thread-2 i = 2
Thread Name = Thread-3 i = 2
Thread Name = Thread-1 i = 2
Thread Name = Thread-3 i = 3
Thread Name = Thread-2 i = 3
Thread Name = Thread-1 i = 3
Thread Name = Thread-1 i = 4
Thread Name = Thread-3 i = 4
Thread Name = Thread-2 i = 4
线程执行完毕: Thu Jan  4 15:32:03 2018
```

图 17-8 未使用线程锁的效果

很明显，如果未使用线程锁，当调用 sleep 函数让线程休眠时，当前线程会释放 CPU 计算资源，其他线程就会乘虚而入，抢占 CPU 计算资源，因此，本例启动的三个线程是交替运行的。

现在为 fun 函数加上线程锁，再次运行程序，会看到如图 17-9 所示的输出结果。

```
Console 🔲   Git Staging   ⊞ ✖ ❈ ❊ ⚙ ⬚ ⊞ ⊡ ⬚ ⊡ ⬚ ☞ ⊡ ▾ ⬚ ▾ ⊟ ▢
<terminated> demo17.08.py [/Users/lining/anaconda/bin/python.app]
Thread Name = Thread-1 i = 0
Thread Name = Thread-1 i = 1
Thread Name = Thread-1 i = 2
Thread Name = Thread-1 i = 3
Thread Name = Thread-1 i = 4
Thread Name = Thread-2 i = 0
Thread Name = Thread-2 i = 1
Thread Name = Thread-2 i = 2
Thread Name = Thread-2 i = 3
Thread Name = Thread-2 i = 4
Thread Name = Thread-3 i = 0
Thread Name = Thread-3 i = 1
Thread Name = Thread-3 i = 2
Thread Name = Thread-3 i = 3
Thread Name = Thread-3 i = 4
线程执行完毕: Thu Jan  4 16:07:50 2018
```

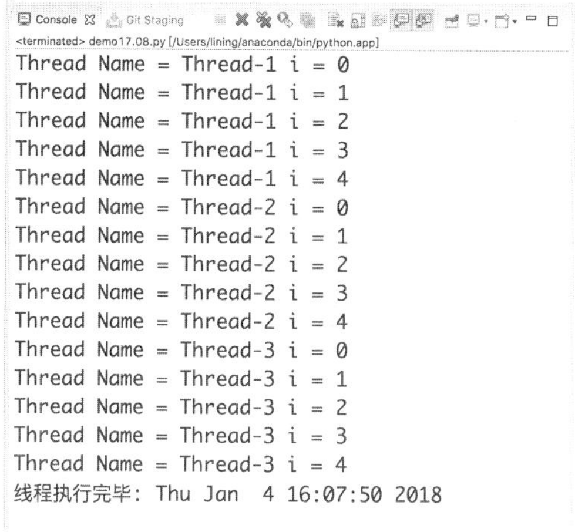

图 17-9　使用线程锁的效果

从图 17-9 所示的输出结果可以看出，如果为 fun 函数加上线程锁，那么只有当某个线程的线程函数执行完，才会运行另一个线程的线程函数。

## 17.4.2　信号量

从前面的例子可以看出，线程锁非常容易理解和实现，也很容易决定何时需要它们，然而，如果情况更加复杂，就可能需要更强大的技术配合线程锁一起使用。本节要介绍的信号量就是这种技术之一。

信号量是最古老的同步原语之一，它是一个计数器，用于记录资源的消耗情况。当资源消耗时递减，当资源释放时递增。可以认为信号量代表资源是否可用。消耗资源使计数器递减的操作习惯上称为 P，当一个线程对一个资源完成操作时，该资源需要返回资源池中，这个操作一般称为 V。Python 语言统一了所有的命名，使用与线程锁同样的方法名消耗和释放资源。acquire 方法用于消耗资源，调用该方法计数器会减 1；release 方法用于释放资源，调用该方法计数器会加 1。

使用信号量首先要创建 BoundedSemaphore 类的实例，并且通过该类的构造方法传入计数器的最大值，然后就可以使用 BoundedSemaphore 对象的 acquire 方法和 release 方法获取资源（计数器减 1）和释放资源（计数器加 1）。

【例 17.9】　本例演示了信号量对象的创建，以及获取与释放资源。

**实例位置**：**PythonSamples\src\chapter17\demo17.09.py**

```python
from threading import BoundedSemaphore
MAX = 3
# 创建信号量对象，并设置了计数器的最大值（也是资源的最大值），计数器不能超过这个值
semaphore = BoundedSemaphore(MAX)
# 输出当前计数器的值，输出结果：3
print(semaphore._value)
# 获取资源，计数器减 1
semaphore.acquire()
```

```
# 输出结果：2
print(semaphore._value)
# 获取资源，计数器减 1
semaphore.acquire()
# 输出结果：1
print(semaphore._value)
# 获取资源，计数器减 1
semaphore.acquire()
# 输出结果：0
print(semaphore._value)
# 当计数器为 0 时，不能再获取资源，所以 acquire 方法会返回 False
# 输出结果：False
print(semaphore.acquire(False))
# 输出结果：0
print(semaphore._value)
# 释放资源，计数器加 1
semaphore.release()
# 输出结果：1
print(semaphore._value)
# 释放资源，计数器加 1
semaphore.release()
# 输出结果：2
print(semaphore._value)
# 释放资源，计数器加 1
semaphore.release()
# 输出结果：3
print(semaphore._value)
# 抛出异常，当计数器达到最大值时，不能再次释放资源，否则会抛出异常
semaphore.release()
```

程序运行结果如图 17-10 所示。

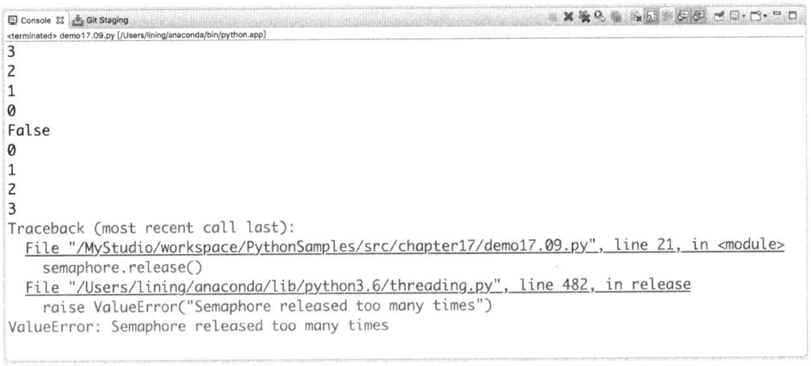

图 17-10　获取信号量资源和释放信号量资源

　　要注意的是信号量对象的 acquire 方法与 release 方法。当资源枯竭（计数器为 0）时调用 acquire 方法会有两种结果。第 1 种是 acquire 方法的参数值为 True 或不指定参数时，acquire 方法会处于阻塞状态，直到使用 release 方法释放资源后，acquire 方法才会往下执行。如果 acquire 方法的参数值为 False，则当计数器为 0 时调用 acquire 方法并不会阻塞，而是直接返回 False，表示未获得资源；如果成功获得资源，则返回 True。

release 方法在释放资源时，如果计数器已经达到了最大值（本例是 3），则直接抛出异常，表示已经没有资源释放了。

【**例 17.10**】　本例通过信号量和线程锁模拟了一个糖果机补充糖果和用户取得糖果的过程，糖果机有 5 个槽，如果发现某个槽没有糖果了，则需要补充新的糖果。当 5 个槽都装满时，无法补充新的糖果。如果 5 个槽都是空的，顾客无法购买糖果。为了方便，本例假设顾客一次会购买整个槽的糖果，每次补充整个槽的糖果。

　　**实例位置：PythonSamples\src\chapter17\demo17.10.py**

```python
from atexit import register
from random import randrange
from threading import BoundedSemaphore, Lock, Thread
from time import sleep, ctime
# 创建线程锁
lock = Lock()
# 定义糖果机的槽数，也是信号量计数器的最大值
MAX = 5
# 创建信号量对象，并指定计数器的最大值
candytray = BoundedSemaphore(MAX)
# 给糖果机的槽补充新的糖果（每次只补充一个槽）
def refill():
    # 获取线程锁，将补充糖果的操作变成原子操作
    lock.acquire()
    print('重新添加糖果...', end=' ')
    try:
        # 为糖果机的槽补充糖果（计数器加 1）
        candytray.release()
    except ValueError:
        print('糖果机都满了，无法添加')
    else:
        print('成功添加糖果')
    # 释放线程锁
    lock.release()
# 顾客购买糖果
def buy():
    # 获取线程锁，将购买糖果的操作变成原子操作
    lock.acquire()
    print('购买糖果...', end=' ')
    # 顾客购买糖果（计数器减 1），如果购买失败（5 个槽都没有糖果了），返回 False
    if candytray.acquire(False):
        print('成功购买糖果')
    else:
        print('糖果机为空，无法购买糖果')
    # 释放线程锁
    lock.release()
# 产生多个补充糖果的动作
def producer(loops):
    for i in range(loops):
        refill()
        sleep(randrange(3))
# 产生多个购买糖果的动作
```

```
def consumer(loops):
    for i in range(loops):
        buy()
        sleep(randrange(3))

def main():
    print('开始:', ctime())
    # 产生一个 2～5 的随机数
    nloops = randrange(2, 6)
    print('糖果机共有%d 个槽!' % MAX)
    # 开始一个线程, 用于执行 consumer 函数
    Thread(target=consumer, args=(randrange(
        nloops, nloops+MAX+2),)).start()
    # 开始一个线程, 用于执行 producer 函数
    Thread(target=producer, args=(nloops,)).start()

@register
def exit():
    print('程序执行完毕: ', ctime())

if __name__ == '__main__':
    main()
```

程序运行结果如图 17-11 所示。

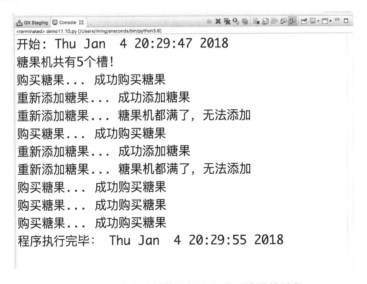

图 17-11　用信号量模拟补充和购买糖果的过程

## 17.5　生产者—消费者问题与 queue 模块

本节使用线程锁以及队列来模拟一个典型的案例: 生成者—消费者模型。在这个场景下, 商品或服务的生产者生产商品, 然后将其放到类似队列的数据结构中, 生产商品的时间是不确定的, 同样消费者消费生产者生产的商品的时间也是不确定的。

这里使用 queue 模块来提供线程间通信的机制, 也就是说, 生产者和消费者共享一个队列。生产

者生产商品后，会将商品添加到队列中。消费者消费商品，会从队列中取出一个商品。由于向队列中添加商品和从队列中获取商品都不是原子操作，所以需要使用线程锁将这两个操作锁住。

【例 17.11】 本例使用线程锁和队列实现了一个生产者—消费者模型的程序。通过 for 循环产生若干个生产者和消费者，并向队列中添加商品，以及从队列中获取商品。

**实例位置：PythonSamples\src\chapter17\demo17.11.py**

```python
from random import randrange
from time import sleep,time, ctime
from threading import Lock, Thread
from queue import Queue
# 创建线程锁对象
lock = Lock()
# 从 Thread 派生的子类
class MyThread(Thread):
    def __init__(self, func, args):
        super().__init__(target = func, args = args)
# 向队列中添加商品
def writeQ(queue):
    # 获取线程锁
    lock.acquire()
    print('生产了一个对象，并将其添加到队列中', end='  ')
    # 向队列中添加商品
    queue.put('商品')
    print("队列尺寸", queue.qsize())
    # 释放线程锁
    lock.release()
# 从队列中获取商品
def readQ(queue):
    # 获取线程锁
    lock.acquire()
    # 从队列中获取商品
    val = queue.get(1)
    print('消费了一个对象，队列尺寸: ', queue.qsize())
    # 释放线程锁
    lock.release()
# 生成若干个生产者
def writer(queue, loops):
    for i in range(loops):
        writeQ(queue)
        sleep(randrange(1, 4))
# 生成若干个消费者
def reader(queue, loops):
    for i in range(loops):
        readQ(queue)
        sleep(randrange(2, 6))

funcs = [writer, reader]
nfuncs = range(len(funcs))
```

```
def main():
    nloops = randrange(2, 6)
    q = Queue(32)

    threads = []
    # 创建 2 个线程运行 writer 函数和 reader 函数
    for i in nfuncs:
        t = MyThread(funcs[i], (q, nloops))
        threads.append(t)
    # 开始线程
    for i in nfuncs:
        threads[i].start()

    # 等待 2 个线程结束
    for i in nfuncs:
        threads[i].join()
    print('所有的工作完成')
if __name__ == '__main__':
    main()
```

程序运行结果如图 17-12 所示。

图 17-12　生产者—消费者模型

## 17.6　小结

本章深入讲解了 Python 语言中线程的实现。尽管线程并不是在每个 Python 应用中都需要，但为了提高程序的运行效率，尤其是在多核的硬件设备上，利用线程思想编写程序是一项必备的基本功，否则多核的系统对于单线程的应用基本上发挥不出硬件优势。

## 17.7　实战与练习

本章练习题，除了配有答案（源代码）外，还会在赠送的视频课程中讲解。

1. 编写 Python 程序，使用 _thread 模块中的相应 API 创建并运行两个线程，使用同一个线程函数，然后在线程函数中使用 for 循环输出当前线程的名字和循环索引变量值。

答案位置：PythonSamples\src\chapter17\practice\solution17.1.py

2. 使用线程锁将第 1 题的线程函数加锁，让每一个 for 循环执行完，再运行另外一个线程函数。

答案位置：PythonSamples\src\chapter17\practice\solution17.2.py

3. 编写一个 Python 程序，从一个文本文件中读取图像 URL（每一个 URL 占一行），然后利用多线程将 URL 指向的图像下载到本地，本地图像文件按 0.jpg、1.jpg、2.jpg 命名规则保存。

答案位置：PythonSamples\src\chapter17\practice\solution17.3.py

# 第 18 章

# GUI 库：tkinter

本章和第 19 章将对图形用户界面（Graphical User Interface，GUI）编程进行简要介绍。Python GUI 技术很多，本章首先介绍 Python 默认的 GUI 库 Tk，通过 Python 的接口 tkinter 可以访问 Tk。

Tk 并不是 Python GUI 库中最新和最好的，也没有包含最强大的 GUI 构建模块集，但 Tk 足够易用，可以使用 Tk 构建能够运行在大多数平台下的 GUI 应用。

通过阅读本章，您可以：

❑ 了解什么是 tkinter
❑ 掌握使用 tkinter 编写 GUI 程序的基本方法
❑ 掌握 tkinter 的三种布局
❑ 掌握 tkinter 中的常用控件
❑ 掌握菜单的使用方法
❑ 掌握 tkinter 中常用对话框的使用方法

## 18.1　tkinter 简介

tkinter 是 Python 的默认 GUI 库。它基于 Tk 工具包，该工具包最初是为工具命令语言（Tool Command Language，TCL）设计的。Tk 普及后，被移植到很多其他的脚本语言中，包括 Perl、Ruby 和 Python，使用这些脚本语言可以开发出很多与商业软件品质相当的 GUI 应用。

如果已经有很多年的 GUI 开发经验，使用过非常多的 GUI 技术，就会惊喜地发现，tkinter 与 Python 的结合非常简单，并且，这两种技术会提供一种高效而又令人兴奋的方法来创建有趣的 GUI 应用，这些 GUI 应用如果使用 C/C++来创建，可能会花费较长的时间。

由于 tkinter 是用 Python 做的一个调用接口，底层仍然使用的是用 C++编写的 GUI 库，所以在运行效率上与 C/C++编写的 GUI 应用相当，但开发效率却远超 C/C++语言。而且由于使用的语言是 Python，这也就意味着可以使用 Python 语言丰富而强大的第三方模块，包括网络、系统访问、XML、JSON、科学计算、深度学习、网络爬虫等。

## 18.2　编写第一个 tkinter 程序

本节将编写第一个 tkinter 程序。如果使用的是 Anaconda Python 开发环境，不需要安装 tkinter 开发环境，因为 Anaconda 已经内置了。如果非要强行再安装一遍，可以使用下面的命令：

```
conda install -c anaconda tk
```

使用 tkinter 模块开发 GUI 应用的基本步骤如下：

（1）导入 tkinter 模块。

（2）创建 Tk 类的实例，Tk 对象表示一个窗口。

（3）对窗口进行设置，如通过 title 方法设置窗口的标题，通过 geometry 方法设置窗口的尺寸和位置。

（4）创建控件类的实例，并将控件添加到窗口上。

（5）调用 mainloop 函数进入事件循环。

上面 5 步最重要的是最后一步，因为这一步需要进入事件循环来监听整个应用产生的所有事件，如窗口装载事件、按钮单击事件。所以如果不完成最后一步，则之前完成的工作都没有意义。

【例 18.1】　本例使用 tkinter 实现一个简单的 GUI 应用，该应用的窗口居中显示，并且设置了窗口的长和宽，以及蓝色背景。然后创建了一个 Label 控件，使用 pack 布局显示在窗口上。

**实例位置：PythonSamples\src\chapter18\demo18.01.py**

```python
# 导入 tkinter 模块
import tkinter
# 创建 Tk 类的实例，也就是要显示的窗口
window = tkinter.Tk()
# 设置窗口背景为蓝色
window['background']='blue'
# 定义窗口的宽度
w = 300
# 定义窗口的高度
h = 200
# 获取屏幕宽度
ws = window.winfo_screenwidth()
# 获取屏幕高度
hs = window.winfo_screenheight()
# 根据屏幕宽度和窗口宽度计算让窗口水平居中的 x 坐标值
x = (ws/2) - (w/2)
# 根据屏幕高度和窗口高度计算让窗口垂直居中的 y 坐标值
y = (hs/2) - (h/2)
# 设置窗口标题
window.title('第一个 tkinter 应用')
# 设置窗口的尺寸和位置
window.geometry('%dx%d+%d+%d' % (w, h, x, y))
# 创建 Label 对象，并将 Label 放在窗口上，文本显示 "Hello World"
label = tkinter.Label(window, text='Hello World!')
# 使用 Pack 布局让 Label 水平居中
label.pack()
# 调用 mainloop 函数进入事件循环
tkinter.mainloop()
```

程序在 Mac OS X 上的运行结果如图 18-1 所示，在 Windows（Windows 10）上的运行结果如图 18-2 所示。

图 18-1　第一个 tkinter 应用（Mac OS X）　　　图 18-2　第一个 tkinter 应用（Windows）

由于 Windows 和 Mac OS X 的窗口风格不同，所以使用 tkinter 创建的窗口的风格也不同，不过这无关紧要，至少已经知道，使用 tkinter 创建的 GUI 应用可以在不修改一行代码的情况下在 Windows 和 Mac OS X 上运行。当然，Linux 也可以运行这个程序，请读者自行测试。

在阅读上面的代码时需要了解如下几点：

❑ tkinter 并没有直接提供让窗口居中的 API，所以需要通过当前计算机屏幕的宽度和高度，以及创建的窗口的宽度和高度，计算得到窗口居中时的 x 坐标值和 y 坐标值。

❑ 窗口对象的 geometry 方法用于设置窗口的尺寸和位置。窗口尺寸和位置需要通过一个字符串描述，格式是 width×height+x+y，例如，200×100+300+150 表示窗口的宽度是 200，高度是 100，窗口左上角的横坐标是 300，窗口左上角的纵坐标是 150。

❑ 如果要想将控件显示在窗口上，则在创建控件对象时，需要将窗口对象作为控件类的第一个参数传入控件对象，就和本例的代码 tkinter.Label(window, text='Hello World!')中的 window 一样。

❑ Label 对象的 pack 方法可以让 Label 通过 pack 布局摆放在窗口上，关于 tkinter 布局的详细内容会在本章后面的部分介绍。

## 18.3　布局

tkinter 有三种布局管理方式：pack、grid 和 place。这三种布局在窗口中不可以混用，也就是说同时只能使用一种布局。tkinter 中布局的主要工作是将控件放置在窗口上，并根据具体的布局调整控件的位置和控件的尺寸。

### 18.3.1　pack 布局

pack 布局是三种布局中最常用的。另外两种布局需要精确指定控件具体的位置，而 pack 布局可以指定相对位置，精确的位置会由 pack 系统自动设置。这也使得 pack 布局没有另外两种布局的方式灵活。所以 pack 布局是简单应用的首选布局。pack 布局的一些常见用法如下。

#### 1. 控件水平居中

【例 18.2】 本例使用 tkinker 实现一个简单的 GUI 应用，该应用的窗口居中显示，并且设置了窗口的长和宽，以及蓝色背景。然后创建了一个 Label 控件，使用 pack 布局显示在窗口上。

**实例位置：PythonSamples\src\chapter18\demo18.02.py**

```
from tkinter import *
window = Tk()
window.title('水平居中')
# 设置窗口的宽度为 200，高度为 100
window.geometry('200x100')
window['background']='blue'
# 以下 3 个 Label 控件都调用了 pack 方法，所以都使用了 pack 布局
# 在窗口上放置一个 Label 控件，背景颜色为红色，文字颜色为白色
Label(window, text="复仇者联盟", bg="red", fg="white").pack()
# 在窗口上放置一个 Label 控件，背景颜色为绿色，文字颜色为黑色
Label(window, text="正义联盟", bg="green", fg="black").pack()
# 在窗口上放置一个 Label 控件，背景颜色为黄色，文字颜色为蓝色
Label(window, text="天启星", bg="yellow", fg="blue").pack()
mainloop()
```

程序运行结果如图 18-3 所示。

图 18-3　控件水平居中

## 2. 水平填充

通过将 pack 方法的 fill 关键字参数值设为'x'，可以让控件水平填充，也就是在水平方向充满整个窗口。

**【例 18.3】** 本例通过设置 pack 方法的 fill 关键字参数，让三个 Label 控件水平填充整个窗口。

**实例位置：PythonSamples\src\chapter18\demo18.03.py**

```
from tkinter import *

window = Tk()
window.title('水平填充')
window['background']='blue'
window.geometry('200x100')

w = Label(window, text="复仇者联盟", bg="red", fg="white")
# 这里的 X 是 tkinter 模块中定义的一个变量，值为'x'
w.pack(fill=X)
w = Label(window, text="正义联盟", bg="green", fg="black")
w.pack(fill=X)
w = Label(window, text="保卫地球", bg="yellow", fg="blue")
w.pack(fill=X)
mainloop()
```

程序运行结果如图 18-4 所示。

图 18-4　水平填充

### 3．设置边距

tkinter 布局可以对控件的外边距和内边距进行设置。外边距和内边距又分为水平外边距、垂直外边距、水平内边距和垂直内边距。

（1）水平外边距。通过指定 pack 方法的 padx 关键字参数可以设置控件的水平外边距。

【例 18.4】　本例为三个 Label 控件设置了水平外边距为 10，也就是说，三个 Label 控件与窗口的左边缘和右边缘的距离为 10。

**实例位置：PythonSamples\src\chapter18\demo18.04.py**

```
from tkinter import *
window = Tk()
window.title('设置水平外边距')
window['background']='blue'
window.geometry('200x100')
w = Label(window, text="复仇者联盟", bg="red", fg="white")
# 设置 Label 控件的水平外边距为 10
w.pack(fill=X,padx=10)
w = Label(window, text="正义联盟", bg="green", fg="black")
# 设置 Label 控件的水平外边距为 10
w.pack(fill=X,padx=10)
w = Label(window, text="保卫地球", bg="yellow", fg="blue")
# 设置 Label 控件的水平外边距为 10
w.pack(fill=X,padx=10)
mainloop()
```

程序运行结果如图 18-5 所示。

图 18-5　设置水平外边距

（2）垂直外边距。通过指定 pack 方法的 pady 关键字参数可以设置控件的垂直外边距。

【例 18.5】　本例为三个 Label 控件设置了垂直外边距为 10，也就是说，三个 Label 控件之间的距离为 20（相邻两个 Label 控件的垂直外边距都是 10），第 1 个 Label 控件到窗口上边缘的距离是 10。

**实例位置：PythonSamples\src\chapter18\demo18.05.py**

```
from tkinter import *
window = Tk()
window.title('设置垂直外边距')
window['background']='blue'
window.geometry('200x200')
w = Label(window, text="复仇者联盟", bg="red", fg="white")
# 设置 Label 控件的垂直外边距为 10
w.pack(fill=X,pady=10)
w = Label(window, text="正义联盟", bg="green", fg="black")
# 设置 Label 控件的垂直外边距为 10
w.pack(fill=X,pady=10)
w = Label(window, text="保卫地球", bg="yellow", fg="blue")
# 设置 Label 控件的垂直外边距为 10
w.pack(fill=X,pady=10)
mainloop()
```

程序运行结果如图 18-6 所示。

图 18-6　设置垂直外边距

由于三个 Label 控件是从上到下排列的，所以设置了垂直外边距后，只会设置第 1 个 Label 控件到窗口上边缘的距离，并不会设置最后一个 Label 控件到窗口下边缘的距离，因为这样会拉大 Label 控件之间的距离。

（3）同时设置水平外边距和垂直外边距。在 pack 方法中 padx 关键字参数和 pady 关键字参数可以同时使用，这样控件就会同时拥有水平外边距和垂直外边距。

【例 18.6】　本例使用 padx 关键字参数和 pady 关键字参数同时设置了三个 Label 控件的水平外边距和垂直外边距。

**实例位置：PythonSamples\src\chapter18\demo18.06.py**

```
from tkinter import *
window = Tk()
window.title('同时设置水平外边距和垂直外边距')
window['background']='blue'
```

```
window.geometry('300x200')
w = Label(window, text="复仇者联盟", bg="red", fg="white")
# 同时设置了 Label 控件的水平外边距和垂直外边距
w.pack(fill=X,padx=10, pady=10)
# 同时设置了 Label 控件的水平外边距和垂直外边距
w = Label(window, text="正义联盟", bg="green", fg="black")
# 同时设置了 Label 控件的水平外边距和垂直外边距
w.pack(fill=X,padx=10, pady=10)
w = Label(window, text="保卫地球", bg="yellow", fg="blue")
w.pack(fill=X,padx=10, pady=10)
mainloop()
```

程序运行结果如图 18-7 所示。

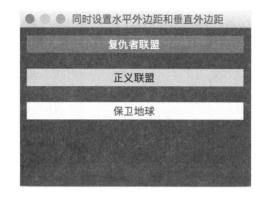

图 18-7　同时设置水平外边距和垂直外边距

（4）内边距。内边距是指控件中的内容（如文本）到控件边缘的距离。通过 pack 方法的 ipadx 关键字参数可以设置控件的水平内边距，通过 ipady 关键字参数可以设置控件的垂直内边距。ipadx、ipady 可以单独使用，也可以混合使用，当然，也可以与 padx 和 pady 一起使用。

【例 18.7】　本例演示了 Label 控件设置 ipadx 和 ipady 参数后的效果。

实例位置：**PythonSamples\src\chapter18\demo18.07.py**

```
from tkinter import *

window = Tk()
window.title('内边距')
window['background']='blue'
window.geometry('200x300')
w = Label(window, text="复仇者联盟", bg="red", fg="white")
# 设置了 Label 控件的垂直内边距，以及水平外边距和垂直外边距
w.pack(fill=X,ipady=30,padx=10, pady=10)
w = Label(window, text="正义联盟", bg="green", fg="black")
# 设置了 Label 控件的水平内边距和垂直内边距
w.pack(fill=X,ipadx=10,ipady=20)
w = Label(window, text="保卫地球", bg="yellow", fg="blue")
# 设置了 Label 控件的水平内边距、水平外边距和垂直外边距
w.pack(fill=X,ipadx=10,padx=10, pady=10)
mainloop()
```

程序运行结果如图 18-8 所示。

图 18-8　内边距

### 4．水平排列

设置 pack 方法的 side 关键字参数可以让多个控件按水平方向从左到右或从右到左排列。

（1）从左到右水平排列。将 pack 方法的 side 关键字参数值设为 LEFT，会让控件从左到右水平排列。

【例 18.8】　本例通过 pack 方法的 side 参数让三个 Label 控件水平从左到右排列，并设置了三个 Label 控件的水平外边距和垂直外边距。

**实例位置：PythonSamples\src\chapter18\demo18.08.py**

```
from tkinter import *
window = Tk()
window.title('从左到右水平排列')
window['background']='blue'
window.geometry('400x100')
w = Label(window, text="复仇者联盟", bg="red", fg="white")
# 设置了 Label 控件从左到右水平排列
w.pack(padx=10,pady=10,side=LEFT)
w = Label(window, text="正义联盟", bg="green", fg="black")
# 设置了 Label 控件从左到右水平排列
w.pack(padx=10,pady=10,side=LEFT)
w = Label(window, text="保卫地球", bg="yellow", fg="blue")
# 设置了 Label 控件从左到右水平排列
w.pack(padx=10,pady=10,side=LEFT)
mainloop()
```

程序运行结果如图 18-9 所示。

图 18-9　从左到右水平排列

（2）从右到左水平排列。将 pack 方法的 side 关键字参数的值设为 RIGHT，可以让控件从右向左水平排列，当然，LEFT 和 RIGHT 可以混合使用。使用 LEFT 的控件会从左到右水平排列，使用 RIGHT 的控件会从右到左水平排列。

【例 18.9】 本例让一个 Label 控件从左到右水平排列，让两个 Label 控件从右左水平排列。

实例位置：**PythonSamples\src\chapter18\demo18.09.py**

```
from tkinter import *
window = Tk()
window.title('混合水平排列')
window['background']='blue'
window.geometry('400x100')
w = Label(window, text="复仇者联盟", bg="red", fg="white")
# 设置 Label 控件水平右对齐
w.pack(padx=10,pady=10,side=RIGHT)
w = Label(window, text="正义联盟", bg="green", fg="black")
# 设置 Label 控件水平右对齐
w.pack(padx=10,pady=10,side=RIGHT)
w = Label(window, text="保卫地球", bg="yellow", fg="blue")
# 设置 Label 控件水平左对齐
w.pack(padx=10,pady=10,side=LEFT)
mainloop()
```

程序运行结果如图 18-10 所示。

图 18-10　混合水平排列

### 18.3.2　place 布局

place 布局允许通过 place 方法的参数指定控件的位置（x 和 y）和尺寸（width 和 height）。这 4 个值通过控件对象的 place 方法的 x、y、width 和 height 四个参数就可以设置。

【例 18.10】 本例通过循环动态产生 5 个 Label 控件，并随机为这 5 个 Label 控件设置了背景颜色和文字颜色，然后通过 place 布局指定了这 5 个 Label 控件的位置和尺寸。

实例位置：**PythonSamples\src\chapter18\demo18.10.py**

```
import tkinter as tk
import random
window = tk.Tk()
window.title('place 布局')
window['background']='blue'
# 设置窗口的宽是 180，高是 200，左上角的横坐标是 30，左上角的纵坐标是 30
window.geometry("180x200+30+30")
# Label 控件中显示的文本
```

```
languages = ['Python','Swift','C++','Java','Kotlin']
labels = range(5)
# 循环产生 5 个 Label 控件
for i in range(5):
    # 随机产生背景色的三原色
    ct = [random.randrange(256) for x in range(3)]
    # 取亮度
    brightness = int(round(0.299*ct[0] + 0.587*ct[1] + 0.114*ct[2]))
    # 得到背景色的十六进制形式
    ct_hex = "%02x%02x%02x" % tuple(ct)
    bg_colour = '#' + "".join(ct_hex)
    # 创建 Label 控件，并根据亮度设置文本颜色为白色或黑色
    label = tk.Label(window,
                text=languages[i],
                fg='White' if brightness < 120 else 'Black',
                bg=bg_colour)
    # place 布局，通过 place 方法设置 Label 控件的位置和尺寸
    label.place(x = 25, y = 30 + i*30, width=120, height=25)

window.mainloop()
```

程序运行结果如图 18-11 所示。

图 18-11　place 布局

### 18.3.3　grid 布局

grid 布局顾名思义，是将控件作为单元格（cell）放到一个表格里，类似于二维表。每一个单元格会根据其中的控件的尺寸调整自己的尺寸。通过调用控件对象的 grid 方法可以让控件按着表格形式摆放。grid 方法需要指定 row 和 column 两个关键字参数，其中 row 表示当前的行（从 0 开始），column 表示当前的列（从 0 开始）。

【例 18.11】　本例通过 for 循环动态创建了 18 个 Label 控件，这 18 个 Label 控件被摆放在一个 6×3 的表格中。

实例位置：**PythonSamples\src\chapter18\demo18.11.py**

```
from tkinter import *
window = Tk()
window.title('grid 布局')
# 设置窗口背景色为灰度
window['background'] = '#AAA'
```

```
# 设置窗口的尺寸和位置
window.geometry("400x150+30+30")
# 在 Label 控件中显示的文本，也是中间一列 Label 控件的背景颜色
colours = ['red','green','orange','white','yellow','blue']
r = 0
# 动态产生 18 个 Label 控件
for c in colours:
    # relief 关键字参数表示 Label 控件边缘的效果
    Label(window,text=c, relief=RIDGE,width=15).grid(row=r,column=0)
    Label(window,bg=c, relief=SUNKEN,width=10).grid(row=r,column=1)
    Label(window,text=c, relief=RIDGE,width=15).grid(row=r,column=2)
    r = r + 1
mainloop()
```

程序运行结果如图 18-12 所示。

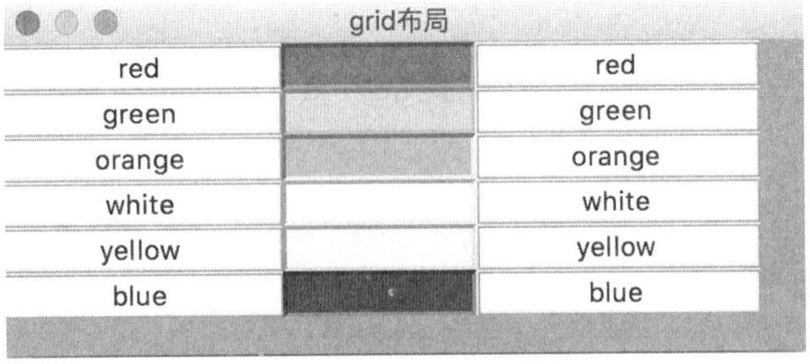

图 18-12　grid 布局

# 18.4　控件

本节会介绍 tkinter 中的常用控件。由于 tkinter 依托于强大的 Python 语言，所以学习 tkinter 其实主要就是学习布局和控件，然后就可以利用 Python 语言海量的原生模块和第三方模块编写拥有强大功能的 GUI 程序。

## 18.4.1　Label 控件和 Button 控件

Label 控件在前面的内容中已经多次使用过了，这个控件是整个 tkinter 中最简单的控件。本节首先会回顾一下 Label 控件，并介绍一些以前没接触到的内容。

Label 类的构造方法需要传入一些必要的参数值，例如，第 1 个参数通常是窗口对象，然后通过 text 参数设置要显示的文本，通过 fg 属性设置文本的演示，通过 width 和 height 参数设置 Label 控件的宽度和高度。

```
Label(window, text='Hello World', fg='blue', bg='green', width=20, height=2)
```

除了上述的这些参数外，还可以通过 font 参数设置 Label 控件中显示文本的字体和字号。

```
Label(window, text='Hello World', fg='blue', bg='green', font=('Arial', 12),
        width=20, height=2)
```

如果要获取和设置 Label 控件中的文本内容，有一个非常简单的方法，就是将一个 Label 控件与一个变量绑定，如果变量改变，那么 Label 控件中显示的文本也会改变。

```
var = StringVar()
Label(window, textvariable=var)
# 设置 Label 控件中的文本
var.set('Hello World')
# 获取并输出 Label 控件中的文本
print(var.get())
```

Button 是 tkinter 中另外一个非常常用的控件，主要用来与用户交互，用户会通过单击按钮通知程序完成一些任务，而程序一般在完成任务后，会给用户一些反馈，例如，会在 Console 中输出消息，会弹出一个对话框等。

Button 控件与 Label 控件在使用上几乎是一样的，只是 Button 控件还需要一个处理单击事件的回调函数，这个回调函数需要通过 Button 类的 command 关键字参数指定。

【例 18.12】 本例创建了两个 Label 控件以及两个 Button 控件，通过单击第 1 个 Button 控件，可以更换 Label 控件中的文本，单击第 2 个 Button 控件，可以获取第 2 个 Label 控件的文本，并在 Console 中显示。

**实例位置：PythonSamples\src\chapter18\demo18.12.py**

```
import tkinter as tk
import random


window = tk.Tk()
window.title('Label 控件和 Button 控件')
window['background']='blue'
window.geometry("300x200+30+30")
# 创建 Label 控件，设置文字字体为 Arial，字号是 12
label1 = tk.Label(window,
    text='Hello World',
    bg='green', font=('Arial', 12), width=20, height=2)
label1.pack()
# 创建一个用于绑定 Label 控件的变量
var = tk.StringVar()
# 初始化变量
var.set('Hello World')
# 创建 Label 控件，并与 var 变量绑定
label2 = tk.Label(window,
    textvariable=var,
    fg = 'blue',
    bg='yellow', font=('Arial', 12), width=15, height=2)
# 使用 pack 布局摆放 Label 控件，并设置 Label 控件的垂直外边距为 20
label2.pack(pady = 20)
onHit = False
# 第 1 个按钮的单击回调函数
def hitMe():
    global onHit
    if onHit == False:
        onHit = True
        var.set('世界你好')
    else:
        onHit = False
        var.set('Hello World')
```

```python
# 创建第 1 个 Button 控件，并与 hitMe 函数绑定
button1 = tk.Button(window,
    text='单击我',
    command=hitMe)
button1.pack()
# 第 2 个按钮的单击回调函数
def getLabelText():
    # 输出 Label 控件的文本
    print(var.get())
# 创建第 2 个 Button 控件
button2 = tk.Button(window,
    text='获取 Label 控件的文本',
    command=getLabelText)
# 使用 pack 布局摆放 Button 控件，并设置 Label 控件的垂直外边距为 20
button2.pack(pady = 20)
window.mainloop()
```

程序运行结果如图 18-13 所示。

现在单击第 1 个按钮，第 2 个 Label 控件中的文本就会变成"世界你好"，如图 18-14 所示。

图 18-13　Label 控件与 Button 控件

图 18-14　更新 Label 控件的文本

单击第 2 个按钮会获取第 2 个 Label 控件中的文本，并会在 Console 中输出"世界你好"的文本。

### 18.4.2　Entry 控件与 Text 控件

Entry 控件与 Text 控件都是用来输入文本的。Entry 是单行文本输入控件，而 Text 是多行文本输入控件，而且支持图像、富文本等格式。

Entry 控件与 Text 控件的基本使用方法与前面介绍的 Label 控件、Button 控件类似，只是多了一些特殊的属性。例如，可以使用 Entry 类构造方法的 show 关键字参数指定录入文本时回显某个字符。

【例 18.13】　本例创建了两个 Entry 控件和一个 Text 控件。其中一个 Entry 控件回显星号（*），当在这个 Entry 控件中输入文本时，会在另一个 Entry 控件中显示同样的文本。在 Text 控件中插入了两个本地图像，在两个图像中间插入了大字体的文本。

**实例位置：PythonSamples\src\chapter18\demo18.13.py**

```python
import tkinter as tk
window = tk.Tk()
window.title('Entry 控件与 Text 控件')
window['background']='blue'
```

```
window.geometry("600x500+30+30")

# 该变量绑定了第 1 个 Entry 控件
entryVar1 = tk.StringVar()
# 在第 1 个 Entry 控件中输入文本时回调的函数
def callback():
    # 更新第 2 个 Entry 控件中的文本
    entryVar2.set(entryVar1.get())
# 将第 1 个 Entry 控件与 entryVar1 绑定，w 表示当写入时调用 callback，其中 a、b、c 是 Lambda 表达式
# 要求传入的 3 个参数，在本例用不着这 3 个参数，但必须要指定，否则会抛出异常
entryVar1.trace("w", lambda a,b,c: callback())
# 创建第 1 个 Entry 控件
entry1 = tk.Entry(window,textvariable=entryVar1,show='*')
# 对第 1 个 Entry 控件使用 pack 布局，垂直外边距为 10
entry1.pack(pady = 10)
# 该变量绑定了第 2 个 Entry 控件
entryVar2 = tk.StringVar()
# 创建第 2 个 Entry 控件
entry2 = tk.Entry(window,textvariable=entryVar2)
# 对第 2 个 Entry 控件使用 pack 布局，垂直外边距为 10
entry2.pack(pady = 10)
# 创建 Text 控件
text = tk.Text(window)
# 对 Text 控件使用 pack 布局，垂直外边距为 10
text.pack(pady = 10)
# 由于 Text 控件只支持少数几种图像格式（gif、bmp 等），不支持 jpg、png，所以要插入这些不支持格式的图像，
# 需要用 PIL 处理下
from PIL import Image, ImageTk
# 装载 pic.png
pic = Image.open('pic.png')
photo1=ImageTk.PhotoImage(pic)
# 在 Text 控件的结尾插入图像
text.image_create(tk.END, image=photo1)
# 进行字体、字号等设置，需要通过 big 引用
text.tag_configure('big', font=('Arial', 25, 'bold'))
# 在 Text 控件的结尾插入文本，并使用 big 指定的字体属性
text.insert(tk.END, "臭美",'big')
ha = Image.open('ha.jpg')
photo2=ImageTk.PhotoImage(ha)
# 在 Text 控件的结尾插入图像
text.image_create(tk.END, image=photo2)
window.mainloop()
```

程序运行结果如图 18-15 所示。

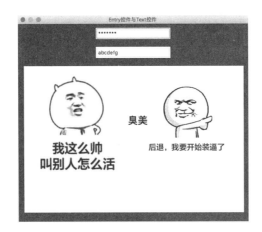

图 18-15　Entry 控件与 Text 控件

### 18.4.3　Radiobutton 控件

Radiobutton 是单选按钮控件，通常是两个或两个以上的 Radiobutton 控件一起使用，同时只能有一个 Radiobutton 控件处于选中状态。为了达到这个目的，需要多个 Radiobutton 控件与同一个变量和选择变化事件绑定。

【例 18.14】　本例创建了 1 个 Label 控件和 3 个 Radiobutton 控件，默认第 1 个 Radiobutton 控件处于选中状态，当单击某一个 Radiobutton 控件时，会将当前选择的结果在 Label 控件中显示。

**实例位置：PythonSamples\src\chapter18\demo18.14.py**

```python
import tkinter as tk

window = tk.Tk()
window.title('Radiobutton 控件')
window.geometry('200x200')
window['background'] = 'blue'
# 该变量同时与 3 个 Radiobutton 控件绑定
var = tk.StringVar()
label = tk.Label(window, bg='yellow', width=20, text='empty')
label.pack()
# 默认选择第 1 个 Radiobutton 控件
var.set('A')
# 当 Radiobutton 的选择变化后，会调用该函数
def printSelection():
    # 更新 Label 控件的文本，显示当前用户选择的状态
    label.config(text='你已经选择了' + var.get())
printSelection()
# 创建第 1 个 Radiobutton 控件
r1 = tk.Radiobutton(window, text='选项 A',
                variable=var, value='A',
                command=printSelection)
r1.pack()
# 创建第 2 个 Radiobutton 控件
r2 = tk.Radiobutton(window, text='选项 B',fg='yellow',
                variable=var, value='B',
                command=printSelection)
```

```
r2.pack()
# 创建第 3 个 Radiobutton 控件
r3 = tk.Radiobutton(window, text='选项 C',
                    variable=var, value='C',fg='yellow',
                    command=printSelection)
r3.pack()
window.mainloop()
```

程序运行结果如图 18-16 所示。

如果选择了其他选项，那么 Label 控件的文本和选中状态都会发生变化，如图 18-17 所示。

图 18-16　Radiobutton 控件的默认状态　　　图 18-17　选择了第 3 个 Radiobutton 控件

## 18.4.4　Checkbutton 控件

Checkbutton 是多选控件，通常是两个或两个以上 Checkbutton 控件一起使用。Checkbutton 控件通过 Checkbutton 类构造方法的 variable 关键字参数与变量绑定，通过 onvalue 关键字参数指定 Checkbutton 选中状态的值，通过 offvalue 关键字参数指定 Checkbutton 未选中状态的值。

【例 18.15】　本例创建了 4 个 Checkbutton 控件以及 1 个 Label 控件，当选中某个 Checkbutton 控件时，就会在 Label 控件中显示这个 Checkbutton 控件的文本。

实例位置：**PythonSamples\src\chapter18\demo18.15.py**

```
import tkinter as tk

window = tk.Tk()
window.title('Checkbutton 控件')
window.geometry('200x200')
window['background'] = 'blue'
label = tk.Label(window, bg='yellow', width=20, text='empty')
label.pack()
# Checkbutton 控件状态变化时调用的函数
def printSelection():
    text = ''
    if var1.get() == 1:
        text += ' ' + c1.cget('text')
    if var2.get() == 1:
        text += ' ' + c2.cget('text')
    if var3.get() == 1:
        text += ' ' + c3.cget('text')
    if var4.get() == 1:
```

```
        text += ' ' + c4.cget('text')
   label.config(text=text)

# 下面的代码创建的 4 个 Int 类型的变量分别与 4 个 Checkbutton 控件绑定
var1 = tk.IntVar()
var2 = tk.IntVar()
var3 = tk.IntVar()
var4 = tk.IntVar()
# 下面的代码创建了 4 个 Checkbutton 控件，并指定了选中状态的值是 1，未选中状态的值是 0
c1 = tk.Checkbutton(window, text='Python', variable=var1, onvalue=1, offvalue=0,
                command=printSelection)
c2 = tk.Checkbutton(window, text='C++', variable=var2, onvalue=1, offvalue=0,
                command=printSelection)
c3 = tk.Checkbutton(window, text='Kotlin', variable=var3, onvalue=1, offvalue=0,
                command=printSelection)
c4 = tk.Checkbutton(window, text='Swift', variable=var4, onvalue=1, offvalue=0,
                command=printSelection)

c1.pack()
c2.pack()
c3.pack()
c4.pack()
window.mainloop()
```

运行程序，选中几个 Checkbutton 控件，会有如图 18-18 所示的效果。

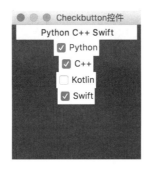

图 18-18　Checkbutton 控件

### 18.4.5　Scale 控件

Scale 是一个滑块组件，支持水平滑动和垂直滑动。通过滑块的滑动可以在有限的范围内进行数值的设置。Scale 控件需要设置的属性比较多（通过 Scale 类的构造方法设置），下面是 Scale 控件需要设置的主要属性。

❑ label：在 Scale 控件旁边显示的标签文本，水平滑块控件在上方显示，垂直滑块控件在右侧显示。

❑ length：Scale 控件的长度。

❑ from_：滑块能设置的最小值，也是 Scale 控件的起始值。

❑ to：滑块能设置的最大值，也是 Scale 控件的结束值。

❑ tickinterval：Scale 控件刻度的步长。

❑ resolution：滑块能滑动的步长。

❑ command：指定滑动事件对应的回调函数。

❏ orient：设置 Scale 控件类型，HORIZONTAL 表示水平 Scale 控件，VERTICAL 表示垂直 Scale 控件。

【例 18.16】　本例创建了两个 Label 控件和两个 Scale 控件，一个是水平 Scale 控件，一个是垂直 Scale 控件。当滑动两个 Scale 控件的滑块时，会在这两个 Label 控件上显示对应 Scale 控件的当前值。

实例位置：**PythonSamples\src\chapter18\demo18.16.py**

```python
import tkinter as tk
window = tk.Tk()
window.title('Scale控件')
window.geometry('300x400')
window['background'] = 'blue'
label1 = tk.Label(window, bg='yellow', width=20)
label1.pack()
# 水平Scale控件滑块滑动时调用的函数
def printSelection1(v):

    # 在Label控件中显示水平Scale控件的当前值
    label1.config(text='当前值：' + v)
# 创建水平Scale控件
scale1 = tk.Scale(window, label='拖我', from_=5, to=11, orient=tk.HORIZONTAL,
            length=200, tickinterval=2, resolution=0.01, command=printSelection1)
scale1.pack(pady = 10)

label2 = tk.Label(window, bg='yellow', width=20)
label2.pack()
# 垂直Scale控件滑块滑动时调用的函数
def printSelection2(v):
    label2.config(text='当前值：' + v)
# 创建垂直Scale控件
scale2 = tk.Scale(window, label='拖我', from_=5, to=11, orient=tk.VERTICAL,
            length=200, tickinterval=2, resolution=0.01, command=printSelection2)
scale2.pack(pady = 10)
window.mainloop()
```

运行程序，然后滑动两个 Scale 控件的滑块，会看到类似图 18-19 所示的效果。

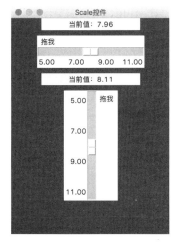

图 18-19　Scale 控件

## 18.4.6 Listbox 控件

Listbox 是一个列表控件，顾名思义，就是可以显示一组值的控件。Listbox 对象提供了 insert 方法和 delete 方法用于向 Listbox 控件添加和删除列表项，如果要编辑列表项，可以先删除要编辑的列表项，然后在该位置再插入新的列表项，也就是先删除，后插入。

Listbox 控件最常用的事件就是列表项选择事件，可以使用 Listbox 对象的 bind 方法绑定 ListboxSelect 事件。代码如下：

```
# 事件名两侧要用"<<"和">>"括起来
bind('<<ListboxSelect>>', onselect)
```

【例 18.17】 本例创建了一个 Label 控件和一个 Listbox 控件，当选择 Listbox 控件的列表项时，会将选中的列表项的文本显示在 Label 控件中。

实例位置：**PythonSamples\src\chapter18\demo18.17.py**

```python
import tkinter as tk

window = tk.Tk()
window.title('Listbox 控件')
window.geometry('200x200')
window['background'] = 'blue'

var1 = tk.StringVar()
l = tk.Label(window, bg='yellow', width=10, textvariable=var1)
l.pack()

# 与 Listbox 控件绑定的变量
var2 = tk.StringVar()
var2.set((11,22,33,44))
# 创建 Listbox 控件
lb = tk.Listbox(window, listvariable=var2)
# Listbox 控件选择列表项时调用的函数
def onselect(evt):
    w = evt.widget
    value = w.get(w.curselection())
    # 将当前选中的列表项文本显示在 Label 控件上
    var1.set(value)
# 将 ListboxSelect 事件与 onselect 函数绑定
lb.bind('<<ListboxSelect>>', onselect)
# 选择第 1 个列表项
lb.selection_set(first=0)
value = lb.get(lb.curselection())
# 在 Label 控件上显示第 1 个列表项的文本
var1.set(value)


list_items = [11111,22222,3333,4444]
# 向 Listbox 控件插入 4 个列表项
for item in list_items:
# 在第 1 个位置插入列表项
lb.insert('end', item)
# 在第 2 个位置插入列表项
```

```
lb.insert(1, 'Python')
# 在第 3 个位置插入列表项
lb.insert(2, 'Kotlin')
# 在第 4 个位置插入列表项
lb.insert(3, 'Swift')
# 删除第 3 个列表项
lb.delete(2)
lb.pack(pady = 20)

window.mainloop()
```

运行程序，选择 Listbox 控件中的列表项，会发现 Label 控件的文本不断变化，如图 18-20 所示。

图 18-20　Listbox 控件

## 18.5　向窗口添加菜单

相信广大读者应该很清楚菜单是什么，用于写作本书的 Word 最上面就有一排菜单。要想在窗口中添加菜单，首先需要创建 Menu 对象。第 1 个创建的 Menu 对象表示菜单的根。因为在创建这个 Menu 对象时，Menu 类构造方法的参数是窗口对象，这样就将菜单与窗口绑定了。然后再创建 Menu 对象，Menu 类构造方法的参数就是父菜单对应的 Menu 对象。为了在一个菜单项上添加子菜单，还需要调用 Menu 对象的 add_cascade 方法。

【例 18.18】　本例使用 Menu 对象创建了"文件"和"编辑"菜单，这两个菜单中又有若干个子菜单项，选择某个菜单项后，会为计数器加 1，然后将计数器当前的值显示在 Label 控件上。

实例位置：**PythonSamples\src\chapter18\demo18.18.py**

```
import tkinter as tk

window = tk.Tk()
window.title('MenuBar')
window.geometry('200x200')

label = tk.Label(window, width = 20, bg='yellow')
label.pack()
# 计数器变量，每选择一次菜单项，计算器就会加 1
counter = 0
```

```
# 选择菜单项后调用的函数
def menuClick():
    global counter
    label.config(text='第 '+ str(counter) + ' 次点击')
    counter+=1
# 创建根菜单
menubar = tk.Menu(window)
# 创建"文件"菜单项
filemenu = tk.Menu(menubar)
# 将"文件"菜单项添加到根菜单上
menubar.add_cascade(label='文件', menu=filemenu)
# 为"文件"菜单项添加新的子菜单项，通过 command 关键字参数绑定菜单项单击回调函数
filemenu.add_command(label='新建', command=menuClick)
filemenu.add_command(label='打开', command=menuClick)
filemenu.add_command(label='保存', command=menuClick)
# 添加一个分隔条
filemenu.add_separator()
# 添加"退出"菜单项，并指定选择该菜单项调用的是系统提供的回调函数，选择该菜单项后退出整个程序
filemenu.add_command(label='退出', command=window.quit)
# 创建"编辑"菜单项
editmenu = tk.Menu(menubar)
# 为"编辑"菜单项添加新的子菜单项
menubar.add_cascade(label='编辑', menu=editmenu)
editmenu.add_command(label='剪切', command=menuClick)
editmenu.add_command(label='复制', command=menuClick)
editmenu.add_command(label='粘贴', command=menuClick)

submenu = tk.Menu(filemenu)
# 在"文件"菜单项下添加带子菜单项的"导入"菜单项
filemenu.add_cascade(label='导入', menu=submenu)
submenu.add_command(label="导入文本文件", command=menuClick)
submenu.add_command(label="导入 pdf 文件", command=menuClick)
# 在窗口上显示菜单
window.config(menu=menubar)
window.mainloop()
```

不同操作系统，显示的菜单风格不同，例如，在 Mac OS X 上运行程序，会显示如图 18-21 所示的菜单。很明显，菜单并没有在窗口上，而是在 Mac OS X 最上方的菜单条中，这是 Mac OS X 的菜单风格，所有原生的 Mac OS X 程序的菜单都是这样的。

如果在 Windows 下运行本例，菜单会直接放到窗口上，如图 18-22 所示。

图 18-21　Mac OS X 风格的菜单

图 18-22　Windows 风格的菜单

## 18.6 对话框

对话框与窗口类似，只是对话框都是模态的，也就是说，一旦显示了对话框，除非将其关闭，否则不能访问对话框后面窗口上的控件。使用 messagebox 模块中相应 API 可以显示不同样式的对话框。

【**例 18.19**】 本例创建了一个 Button 控件，单击该控件，会依次显示各种类型的对话框。

**实例位置：PythonSamples\src\chapter18\demo18.19.py**

```python
import tkinter as tk
import tkinter.messagebox

window = tk.Tk()
window.title('my window')
window.geometry('200x200')
# 调用这个函数会依次执行各种类型的对话框，只有前一个对话框关闭，才会显示后一个对话框
def hit_me():
    # 返回"ok"
    tk.messagebox.showinfo(title='信息对话框', message='这是我要的信息')
    # 返回"ok"
    tk.messagebox.showwarning(title='警告对话框', message='这是警告信息')
    # 返回 "ok"
    tk.messagebox.showerror(title='错误对话框', message='这是错误信息')
    # 返回"yes"或"no"
    print(tk.messagebox.askquestion(title='询问对话框', message='你要干嘛？'))
    # 返回"True"或"False"
    print(tk.messagebox.askyesno(title='yes/no', message='请给出你的选择'))
    # 返回"True"或"False"
    print(tk.messagebox.askokcancel(title='ok/cancel', message='确定/取消'))

    # 返回"True"、"False"或"None"
    print(tk.messagebox.askyesnocancel(title="yes/no/cancel", message="请给出你的选择"))

tk.Button(window, text='hit me', command=hit_me).pack()
window.mainloop()
```

图 18-23～图 18-26 分别是几种常见的对话框效果。

图 18-23　信息对话框

图 18-24　警告对话框

图 18-25　询问对话框

图 18-26　带 3 个按钮的询问对话框

## 18.7 小结

本章介绍了 tkinter 模块中常用的 GUI API，主要包括布局和控件两大部分。剩下的工作就是使用 Python 语言拥有的海量模块编写各种复杂的 GUI 程序。

## 18.8 实战与练习

本章练习题，除了配有答案（源代码）外，还会在赠送的视频课程中讲解。

1. 用 tkinter 编写一个 Python GUI 程序，实现一个如图 18-27 所示的登录对话框效果。单击"登录"按钮，会验证输入的用户名和密码，单击"取消"按钮会关闭登录对话框。

图 18-27  登录对话框

答案位置：PythonSolutions\src\chapter18\practice\solution18.1.py

2. 用 tkinter 编写一个 Python GUI 程序，使用 grid 布局，实现如图 18-28 所示的计算器效果。

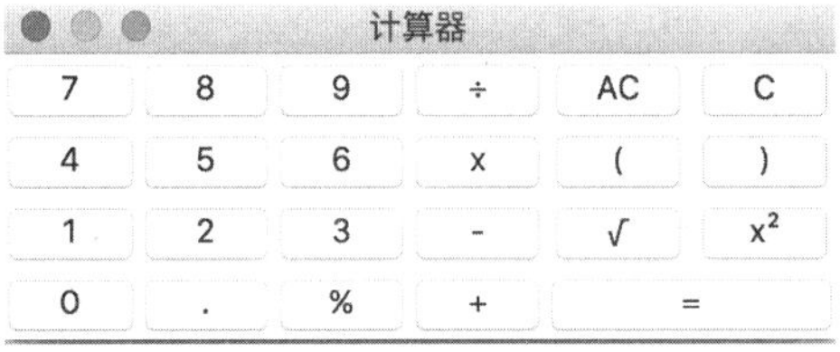

图 18-28  计算器

答案位置：PythonSolutions\src\chapter18\practice\solution18.2.py

# 第 19 章

# GUI 库：PyQt5

PyQt 是另外一套基于 Python 的 GUI 框架，目前最新版本是 5，所以习惯上称为 PyQt5。PyQt5 的功能要远比上一章介绍的 tkinter 框架强大得多。因为 PyQt5 依托于著名的 QT 开发库。这套开发库有多种语言的绑定版本，如 Python、Ruby、Java 等。其中，Python 语言与 QT 绑定的版本即是 PyQt。其实 PyQt 只是用 Python 语言对 QT 做了一个封装，底层仍然是使用 C++编写的 QT 核心图形库，所以 PyQt 在运行效率上非常高，编写的 GUI 程序与本地应用是完全一样的。标准的 QT 开发使用的是 C++ 语言，开发效率比较低，而使用 Python 语言进行封装后，开发效率也大大提升了，因此，PyQt 在开发效率和运行效率上都有一个非常好的表现，而且还可以进行可视化开发。

通过阅读本章，您可以：

❏ 了解什么是 PyQt5

❏ 掌握如何搭建 PyQt5 运行环境

❏ 掌握如何进行可视化开发

❏ 掌握 PyQt5 中窗口的基本功能

❏ 掌握如何使用 PyQt5 中的布局

❏ 掌握如何使用 PyQt5 中常用的控件

❏ 掌握如何使用 PyQt5 中的菜单

## 19.1 PyQt5 简介

PyQt 是基于 QT 的 Python 封装，最新版本是 PyQt5。QT 是一套历史悠久的跨平台开源 GUI 库，使用 C++开发。QT 的第一版是 1991 年（比 Java 诞生时间还早 4 年）由挪威开源公司 Trolltech 发布的。后来在 2008 年，Nokia 花了 1.5 亿美元收购了 Trolltech，并将 QT 应用于 Symbian 程序的开发。在 2012 年 Nokia 又将 QT 以 400 万欧元卖给了 Digia。QT 目前已经独立运行，包括社区版和商业版本，这两个版本的核心功能相同，只是许可协议不同而已。

PyQt 是英国的 Riverbank Computing 公司开发的一套封装 QT 程序库的 Python GUI 库，由一系列 Python 模块组成。包含了超过 620 个类、6000 个函数和方法，能在很多流行的操作系统（UNIX、Linux、Windows、Mac OS 等）上运行。PyQt5 同样也有两种商业授权：GPL 和商业授权。

PyQt5 类分为很多模块，主要模块有：

❏ QtCore：包含了核心的非 GUI 的功能。这些功能主要与时间、文件、文件夹、各种数据、流、URLs、mime 类文件、进程和线程有关。

❏ QtGui：包含了窗口系统、事件处理、2D 图像、基本绘画、字体和文字类。

- ❑ QtWidgets：包含了一系列创建桌面应用的 UI 元素。
- ❑ QtMultimedia：包含了处理多媒体的内容和调用摄像头 API 的类。
- ❑ QtBluetooth：包含了查找和连接蓝牙的类。
- ❑ QtNetwork：包含了网络编程的类，这些工具能让 TCP/IP 和 UDP 开发变得更加方便和可靠。
- ❑ QtPositioning：包含了定位的类，可以使用卫星、WiFi 等进行定位。
- ❑ QtWebSockets：包含了 WebSocket 协议的类。
- ❑ QtWebKit：包含了一个基于 WebKit2 的 Web 浏览器。
- ❑ QtWebKitWidgets：包含了基于 QtWidgets 的 WebKit1 的类。
- ❑ QtXml：包含了处理 XML 的类，提供了 SAX 和 DOM API 的工具。
- ❑ QtSvg：提供了显示 SVG 内容的类，Scalable Vector Graphics（SVG）是一种基于可扩展标记语言（XML），用于描述二维矢量图形的图形格式。
- ❑ QtSql：提供了处理数据库的工具。
- ❑ QtTest：提供了测试 PyQt5 应用的工具。

## 19.2　安装 PyQt5

在使用 PyQt5 开发 GUI 程序之前，首先要安装 PyQt5。包括 PyQt5 的运行环境，以及用于可视化开发的 QTDesigner，用于将 .ui 文件转换为 Python 代码的 PyUIC。

### 19.2.1　PyQt5 开发环境搭建

安装 PyQt5 一般有两种方法，一种是直接下载 PyQt5 源代码，然后自己编译，不过这种方式有点复杂，并不适合初学者。除非要研究 PyQt5 的源代码，否则即使有经验的开发者，也不建议使用这种安装方法。可以到如下的页面下载 PyQt5 的源代码：

https://www.riverbankcomputing.com/software/pyqt/download5

下载完 PyQt5 的源代码后，可以按如下页面的说明配置和编译 PyQt5 的源代码：

http://pyqt.sourceforge.net/Docs/PyQt5/installation.html#downloading-pyqt5

另外一种安装方法是使用 pip 命令。安装 PyQt5 的命令行如下：

```
pip install pyqt5
```

要注意的是，执行这行命令不光是安装 PyQt5 本身，还会安装很多依赖库，所以要保证稳定而快速的网络连接。

如果要卸载 PyQt5，可以使用下面的命令行。

```
pip uninstall pyqt5
```

安装完后，运行 python 命令，进入 Python 的 REPL 环境，输入 import PyQt5，按 Enter 键后，如果没有抛出异常，说明 PyQt5 已经安装成功。

### 19.2.2　配置 QTDesigner（可视化开发）

QTDesigner 是用于可视化开发的工具，在 QT 安装包中，在使用 QTDesigner 之前，先要安装 QT。可以从下面的页面下载 QT 的在线安装版本（请选择开源版本）：

https://www.qt.io/download

如果不想在线安装，可以到下面的页面下载 QT 的离线安装包，请选择相应的操作系统版本：

https://download.qt.io/archive/qt/5.10/5.10.0

如果要下载不同版本的 QT，请将 5.10 和 5.10.0 改成相应的版本号。例如，要下载 QT5.2，可以访问下面的地址：

https://download.qt.io/archive/qt/5.2/5.2.0

QT 安装非常简单，直接单击安装程序并按提示操作即可。

如果使用的是 Anaconda Python 开发环境，那就不需要安装 QT，因为 Anaconda 中已经集成了 QTDesigner。如果使用的是 Mac OS X 版本的 Anaconda，QTDesigner 的路径是<Anaconda 根目录>/bin/Designer.app。如果使用的是 Windows 版本的 Anaconda，QTDesigner 的路径是<Anaconda 根目录>\Library\bin\designer.exe。

得到 QTDesigner 后，可以选择一个 Python IDE，将 QTDesigner 与这个 IDE 关联，也就是在 IDE 中可以调用 QTDesigner。

选择 PyCharm 作为与 QTDesigner 关联的 IDE，现在要将 QTDesigner 添加到 PyCharm 的扩展工具中。首先打开 PyCharm 的 Preferences 窗口（Windows 版的 PyCharm 需要选择 File→Settings 菜单项打开 Settings 窗口），然后在左侧找到 External Tools 节点，在右侧会显示当前所有的扩展工具，默认是空。单击下方的加号按钮添加一个扩展工具，这时会弹出一个 Create Tool 对话框，并按如图 19-1 所示的样式将内容填写到相应的文本框中。

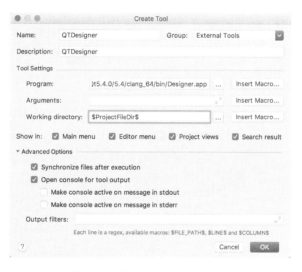

图 19-1　创建 QTDesigner 工具

Create Tool 对话框中需要填写的内容包括 Name、Description（可选）、Program 和 Working directory 四项。其中，Program 要填写 QTDesigner 的路径。这是一个可执行程序，如果是 Windows，是一个 designer.exe 文件；如果是 Mac OS X，则是 Designer.app。假设使用的是 QT5.4，那么 QTDesigner 可执行程序位于<QT 根目录>/5.4/clang_64/bin 目录。如果使用的是 Mac OS X，QT 默认会安装到当前用户目录中。假设当前用户是 lining，那么 QTDesigner 的完整路径如下：

/Users/lining/Qt5.4.0/5.4/clang_64/bin/Designer.app

如果使用的是 Windows，默认会安装在 C 盘。QTDesigner 的完整路径如下：

C:\Qt\Qt5.4.0\5.4\clang_64\bin\designer.exe

Working directory 表示 QTDesigner 的工作目录，一般设为工程文件目录，可以通过单击右侧的

Insert Macro 按钮插入 "$ProjectFileDir$" 宏。

完成以上工作后，关闭 Create Tool 对话框以及 Preferences 窗口，会看到 PyCharm 的 Tools 菜单中多了一个 External Tools 菜单项，在该菜单项中有一个 QTDesigner 菜单项，选择该子菜单项，会启动 QTDesigner。第一次启动 QTDesigner，会弹出如图 19-2 所示的对话框，询问要建立哪种类型的窗口。这里选择 Main Window，然后单击 "创建" 按钮创建这个窗口。

新建窗口后，会出现一个如图 19-3 所示空的窗口。

图 19-2　新建窗口　　　　　　　　　　　　　图 19-3　空的窗口

在窗口的左侧会出现一个 "窗口部件盒" 窗口，如图 19-4 所示。

图 19-4　窗口部件盒

从"窗口部件盒"上可以拖动相应的控件到图 19-3 所示的窗口上，拖动后的效果如图 19-5 所示。

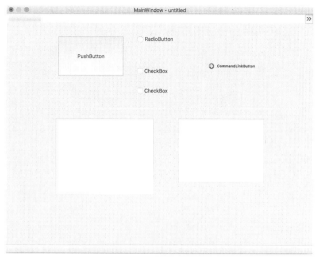

图 19-5　拖动控件到窗口上

然后按 Ctrl+S（Windows）或 Command+S（Mac OS X）键保存窗口，会将窗口保存成一个扩展名为".ui"的文件，这是窗口布局文件。

建议先用 PyCharm 建立一个 Python 工程，然后将.ui 文件放到工程目录，这样使用起来更方便。

## 19.2.3　配置 PyUIC

在上一节已经将设计好的窗口保存成.ui 文件了，但这个.ui 文件并不能被 Python 直接使用，需要用工具将这个.ui 文件转换为 Python 源代码文件（.py 文件），这个工具就是 PyUIC。

在 PyCharm 上配置 PyUIC 与配置 QTDesigner 类似，同样需要打开 Create Tool 对话框进行设置。配置时除了要指定 Name 外（这里输入 PyUIC 即可），还需要配置 Program、Arguments 和 Working directory 三个文本框。这三个文本框的设置有如下两种方式。

### 1．方式一

假设目前使用的是 Mac OS X，以及 Anaconda Python 开发环境。前面描述的三个文本框的内容如下：

❏ Program：/Users/lining/anaconda/bin/python.app

❏ Arguments：-m PyQt5.uic.pyuic　$FileName$ -o $FileNameWithoutExtension$.py

❏ Working directory：$FileDir$

如果使用的是 Windows，则将 Program 文本框中的内容改成 python.exe 文件的路径。

### 2．方式二

PyQt 的安装目录的 bin 子目录中有一个 pyuic5 命令，直接执行这个命令也可以将.ui 文件转换为.py 文件。所以前面描述的三个文本框的内容如下：

❏ Program：/Users/lining/anaconda/pkgs/pyqt-5.6.0-py36_1/bin/pyuic5

❏ Arguments：$FileName$ -o $FileNameWithoutExtension$.py

❏ Working directory：$FileDir$

如果使用的是 Windows，则将 Program 文本框的内容改成 pyuic5.exe 文件的路径。

不管使用哪种配置方式，在 External Tools 菜单项中都会多出一个 PyUIC 子菜单项。假设保存的.ui
文件名是 Form.ui。首先在工程目录中选中该文件，然后在右击弹出的快捷菜单中选择 External Tools→
MyUIC 菜单项，就会在当前目录生成一个 Form.py 文件，打开该文件可以看到全是 Python 代码，这
些代码是从 XML 格式的 Form.ui 文件转换为 Python 语言格式的，转换后的目标代码是使用 Python 代
码动态创建 Form.ui 上的控件。转换后的 Python 工程目录结构如图 19-6 所示。

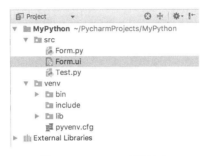

图 19-6  Python 工程结构

Form.py 文件中只包含一个名为 Ui_MainWindow 的类，在这个类的 setupUi 方法中创建了所有的
控件，不过这个类还不能直接运行，需要在 Test.py 文件中输入如下代码才能启动程序。

```python
# Test.py
import sys
import Form
from PyQt5.QtWidgets import QApplication, QMainWindow

if __name__ == '__main__':
    app = QApplication(sys.argv)
    MainWindow = QMainWindow()
    ui = Form.Ui_MainWindow()
    # 调用 setupUi 方法动态创建控件
    ui.setupUi(MainWindow)
    # 显示窗口
    MainWindow.show()
    # 当窗口关闭后会退出程序
    sys.exit(app.exec_())
```

现在选中 Test.py 文件，然后在右击弹出的快捷菜单中选择 Run "Test" 菜单项，就会显示如图 19-7
所示的窗口。

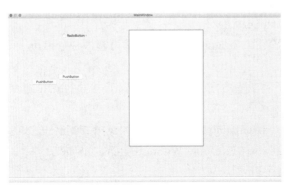

图 19-7  运行后的 Form.ui 窗口

## 19.3　编写第一个 PyQt5 程序

在这一节来编写第一个基于 PyQt5 的程序，尽管在 19.2.3 节已经编写了一个比较复杂的 PyQt5 程序，不过大多数代码是通过 PyUIC 生成的。为了更深入了解编写 PyQt5 程序的方法，本章仍然主要采用手工编写代码的方式学习 PyQt5。当然，如果对这些技术已经比较精通，可以直接使用 QTDesigner 来设计 UI。

编写一个 PyQt5 程序必须使用两个类：QApplication 和 QWidget。这两个类都在 PyQt5.QtWidgets 模块中，所以首先要导入这个模块。

QApplication 类的实例表示整个应用程序。该类的构造方法需要传入 Python 程序的命令行参数（需要导入 sys 模块），因此，基于 PyQt5 的程序也能在终端中执行，并传入命令行参数。

QWidget 类的实例相当于一个窗口，在 19.2.2 节中图 19-5 所示的控件都可以放到这个窗口上。可以通过 QWidget 实例中的方法控制这个窗口，例如，通过 resize 方法改变窗口的尺寸，通过 move 方法移动窗口，通过 setWindowTitle 方法设置窗口的标题。最后，还需要调用 show 方法显示窗口。要注意的是，调用 show 方法显示窗口后，程序并不会处于阻塞状态，会继续往下执行，通常需要在程序的最后调用 app.exec_ 方法进入程序的主循环，在主循环中会不断检测窗口中发生的事件，如单击按钮事件，当窗口关闭后，主循环就会结束，一般会通过 sys.exit 函数确保主循环安全结束。

【例 19.1】　本例实现了一个完整 PyQt5 程序，通过这个例子可以更好地理解编写最基本的 PyQt5 程序的步骤。

**实例位置：PythonSamples\src\chapter19\demo19.01.py**

```python
import sys
# 导入 QApplication 类和 QWidget 类
from PyQt5.QtWidgets import QApplication, QWidget
if __name__ == '__main__':
    # 创建 QApplication 类的实例，并传入命令行参数
    app = QApplication(sys.argv)
    # 创建 QWidget 类的实例，相当于创建一个窗口
    w = QWidget()
    # 将窗口的宽设为 250，高设为 150
    w.resize(250, 150)
    # 移动窗口
    w.move(300, 300)
    # 设置窗口的标题
    w.setWindowTitle('第一个 PyQt5 应用')
    # 显示窗口
    w.show()
    # 进入程序的主循环，并通过 exit 函数确保主循环安全结束
    sys.exit(app.exec_())
```

程序运行结果如图 19-8 所示。

图 19-8　第一个 PyQt5 应用

## 19.4 窗口的基本功能

本节会介绍一些与窗口相关的功能，例如，设置窗口图标、显示提示框、关闭窗口等。

### 19.4.1 设置窗口图标

设置窗口图标需要使用 setWindowIcon 方法，不过 QApplication 类和 QWidget 类都有 setWindowIcon 方法，那么到底使用哪一个 setWindowIcon 方法呢？

对于 Windows 系统来说，使用哪一个 setWindowIcon 方法都一样，都会在窗口的左上角显示图标，但在 Mac OS X 下，使用 QWidget 类的 setWindowIcon 方法不会在窗口上显示图标，只有调用 QApplication 类的 setWindowIcon 方法才会在窗口上显示图标。setWindowIcon 方法需要传入一个图像文件路径，文件格式可以使用 png、jpg 等。建议使用 png 格式，因为 png 格式支持透明背景。

【例 19.2】 本例通过 QApplication 类的 setWindowIcon 方法向窗口添加一个图标。

实例位置：**PythonSamples\src\chapter19\demo19.02.py**

```python
import sys
from PyQt5.QtWidgets import QApplication, QWidget
# 导入QIcon类，用于装载图像文件
from PyQt5.QtGui import QIcon
if __name__ == '__main__':
    app = QApplication(sys.argv)
    w = QWidget()
    # 设为窗口尺寸（300*300）和位置（x=300，y=220）
    w.setGeometry(300, 300, 300, 220)
    w.setWindowTitle('窗口图标')
    # 设置窗口图标
    app.setWindowIcon(QIcon('python.png'))
    w.show()
    sys.exit(app.exec_())
```

运行本例之前，在当前目录应该有一个 python.png 文件。在 Mac OS X 中的运行效果如图 19-9 所示。要注意的是，Mac OS X 中的窗口图标和标题是在标题栏中心显示的。

在 Windows 中的运行效果如图 19-10 所示。

图 19-9　Mac OS X 中的窗口图标　　图 19-10　Windows 中的窗口图标

### 19.4.2 显示提示框

提示框就是一个无法获得焦点的窗口。通常用提示框作为实时帮助或提示使用。例如，当鼠标放在一个按钮上，就会显示这个按钮的作用和使用方法。

提示框需要使用 QWidget 类的 setToolTip 方法创建。任何可视化控件类都有这个方法，因为可视化控件类是从 QWidget 类派生的。setToolTip 接收一个字符串类型的参数值，作为提示框显示的文本。并不是创建了提示框就会立刻显示，需要将鼠标放在添加了提示框的窗口或控件上，大概 1s，就会显示相应的提示框，如果鼠标不动，提示框会在数秒后自动关闭，如果鼠标移动，提示框会立刻关闭。

【例 19.3】　本例在窗口上放置了一个按钮，并为窗口和按钮各添加了一个提示框，并设置了提示框中文本的字体和字号。

**实例位置：PythonSamples\src\chapter19\demo19.03.py**

```python
import sys
from PyQt5.QtWidgets import (QWidget, QToolTip,
    QPushButton, QApplication)
# 导入 QFont 类，用于设置字体和字号
from PyQt5.QtGui import QFont
if __name__ == '__main__':
    app = QApplication(sys.argv)
    w = QWidget()
    w.setGeometry(300, 300, 300, 220)
    w.setWindowTitle('提示框')
    # 设置提示框中文本的字体是 SansSerif，字号是 20
    QToolTip.setFont(QFont('SansSerif', 20))
    # 为窗口设置提示框
    w.setToolTip('这是一个窗口\n 设计者：李宁')
    # 创建一个按钮，并将按钮显示在窗口上
    btn = QPushButton('Button', w)
    # 为按钮设置提示框
    btn.setToolTip('这是一个按钮\n 设计者：Lining')
    btn.resize(btn.sizeHint())
    btn.move(50, 50)
    w.show()
    sys.exit(app.exec_())
```

现在运行程序，然后将鼠标放在按钮上，过大概 1s，就会显示如图 19-11 所示的提示框，如果将鼠标放在窗口上，也会显示类似的提示框。

图 19-11　按钮的提示框

### 19.4.3　关闭窗口

关闭窗口可以直接使用系统内置的 quit 方法，如果单击按钮关闭窗口，可以直接将按钮的单击事件与 quit 绑定。

【例 19.4】 本例在窗口上添加了一个按钮，单击该按钮关闭窗口，同时会退出整个应用程序。

**实例位置：PythonSamples\src\chapter19\demo19.04.py**

```python
import sys
from PyQt5.QtWidgets import QWidget, QPushButton, QApplication
from PyQt5.QtCore import QCoreApplication


if __name__ == '__main__':
    app = QApplication(sys.argv)
    w = QWidget()
    w.setGeometry(300, 300, 300, 220)
    w.setWindowTitle('关闭窗口')
    qbtn = QPushButton('Quit', w)
    # 将按钮的单击事件与quit绑定
    qbtn.clicked.connect(QCoreApplication.instance().quit)
    qbtn.resize(qbtn.sizeHint())
    qbtn.move(50, 50)
    w.show()
    sys.exit(app.exec_())
```

运行程序，然后单击按钮，窗口就会关闭。

### 19.4.4 消息盒子

消息盒子（MessageBox）其实就是各种类型的消息对话框，如信息对话框、警告对话框、询问对话框等。这些对话框的区别主要是对话框的图标以及按钮的个数。QMessageBox 类提供了若干个静态方法可以显示各种类型的对话框。例如，information 方法用于显示信息对话框，warning 方法用于显示警告对话框，question 方法用于显示询问对话框。这些方法的使用方式类似。

【例 19.5】 本例捕捉了窗口的关闭事件，并在关闭事件方法中使用 QMessageBox.question 方法显示一个询问对话框，询问是否真的关闭窗口，如果单击 No 按钮，则不会关闭窗口，单击 Yes 按钮才会真的关闭窗口。

**实例位置：PythonSamples\src\chapter19\demo19.05.py**

```python
import sys
from PyQt5.QtWidgets import QWidget, QMessageBox, QApplication
# 封装窗口代码的类
class MessageBox(QWidget):
    def __init__(self):
        super().__init__()
        # 初始化窗口
        self.initUI()
    def initUI(self):
        self.setGeometry(300, 300, 250, 150)
        self.setWindowTitle('消息盒子')
        # 显示窗口
        self.show()
    # 窗口的关闭事件
    def closeEvent(self, event):
        # 显示询问对话框
        reply = QMessageBox.question(self, '消息',
            "你真的要退出吗?", QMessageBox.Yes |
```

```
                QMessageBox.No, QMessageBox.No)

        if reply == QMessageBox.Yes:
            # 调用 event 的 accept 方法才会真正关闭窗口
            event.accept()
        else:
            # 调用 event 的 ignore 方法会取消窗口的关闭动作
            event.ignore()

if __name__ == '__main__':

    app = QApplication(sys.argv)
    # 创建 MessageBox 类的实例，在该类的构造方法中通过 initUI 方法初始化窗口，以及显示窗口
    ex = MessageBox()
    sys.exit(app.exec_())
```

运行程序，然后关闭窗口，会弹出如图 19-12 所示的询问对话框，默认按钮是 No，如果单击 No 按钮，会取消关闭窗口动作；如果单击 Yes 按钮才会真正关闭窗口。

图 19-12　询问是否真的关闭窗口

学习本例需要了解如下几点：

❑ 本例采用了面向对象的方式将与窗口相关的代码都封装在了 MessageBox 类中，这是编写 PyQt5 程序的常用方式，以后编写的代码都会采用这种方式。

❑ closeEvent 方法是窗口的关闭事件方法，当窗口关闭时，会首先调用该方法。这个方法的调用是自动的，不需要干预，也不需要注册该方法。方法名字必须叫 closeEvent。

❑ closeEvent 方法的第 2 个参数是与关闭事件有关的对象。其中 accept 方法会让窗口关闭，ignore 方法会取消窗口关闭动作。如果这两个方法都不调用，那么窗口仍然会关闭。

## 19.4.5　窗口居中

窗口对象（QWidget）并没有直接提供让窗口居中的方法，不过可以曲线救国，根据窗口的宽度、高度以及屏幕的宽度和高度，计算出窗口左上角的坐标，然后使用窗口对象的 move 方法将窗口移动到中心的位置。

【例 19.6】　本例编写了一个可以在屏幕中心显示的窗口。

实例位置：**PythonSamples\src\chapter19\demo19.06.py**

```
import sys
from PyQt5.QtWidgets import QWidget, QDesktopWidget, QApplication
# 在屏幕中心显示的窗口类
```

```python
class CenterWindow(QWidget):

    def __init__(self):
        super().__init__()
        self.initUI()
    def initUI(self):
        self.resize(250, 150)
        # 调用 center 方法让窗口在屏幕中心显示
        self.center()
        self.setWindowTitle('窗口居中')
        self.show()
    def center(self):
        desktop = app.desktop()
        # 计算窗口处于屏幕中心时左上角的坐标，然后将窗口移动到中心的位置
        self.move((desktop.width() - self.width())/2,
                    (desktop.height() - self.height())/2)


if __name__ == '__main__':
    app = QApplication(sys.argv)
    ex = CenterWindow()
    sys.exit(app.exec_())
```

运行程序，会发现窗口正好居中显示。

# 19.5 布局

在一个 GUI 程序里，布局是非常重要的。布局的作用是管理应用中的控件在窗口上的摆放位置以及控件自身的尺寸。PyQt5 支持如下三种布局：绝对布局、盒布局和网格布局。

## 19.5.1 绝对布局

在窗口上是以像素为单位设置尺寸和位置的，所以可以用绝对定位的方式确定控件的尺寸，以及控件在窗口上的位置。

【例 19.7】 本例在窗口上放置了三个 QLabel 控件，并通过绝对布局让这三个 QLabel 控件在不同位置显示。

**实例位置：PythonSamples\src\chapter19\demo19.07.py**

```python
import sys
from PyQt5.QtWidgets import QWidget, QLabel, QApplication
class AbsoluteLayout(QWidget):
    def __init__(self):
        super().__init__()
        self.initUI()
    def initUI(self):
        lbl1 = QLabel('姓名', self)
        # 设置 QLabel 控件的位置是 15,10
        lbl1.move(15, 10)
        lbl2 = QLabel('年龄', self)
        # 设置 QLabel 控件的位置是 35,40
        lbl2.move(35, 40)
```

```
        lbl3 = QLabel('所在城市', self)
        # 设置 QLabel 控件的位置是 55,70
        lbl3.move(55, 70)
        self.setGeometry(300, 300, 250, 150)
        self.setWindowTitle('绝对布局')
        self.show()
if __name__ == '__main__':
    app = QApplication(sys.argv)
    ex = AbsoluteLayout()
    sys.exit(app.exec_())
```

程序运行结果如图 19-13 所示。

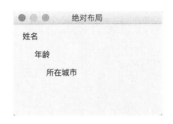

图 19-13　绝对布局

绝对布局尽管非常灵活，可以任意摆放控件的位置，但也有其局限性。

❑ 控件的位置固定，不会随着窗口尺寸的变化而变化。例如，当窗口默认尺寸控件在窗口中心时，如果窗口的尺寸改变，那么这个控件将不再处于窗口中心。

❑ 无法使用不同平台和不同分辨率的显示器。

❑ 更改字体大小可能会破坏布局。

❑ 如果决定对应用进行重构，那么还需要重新计算每一个控件的位置和大小。

因此，绝对布局尽管非常灵活，但并不能适用于所有的情况，如果要让布局适应性更强，可以使用下面介绍的盒布局和网格布局。

## 19.5.2　盒布局

使用盒布局能让程序具有更强的适应性。盒布局分为水平盒布局和垂直盒布局，分别用 QHBoxLayout 类和 QVBoxLayout 类表示。水平盒布局是将控件沿水平方向摆放，垂直盒布局是将控件沿垂直方向摆放。

如果要对控件使用盒布局，需要通过盒布局对象的 addWidget 方法将控件添加到盒布局中，如果要将一个布局添加到盒布局中作为子布局存在，需要通过盒布局对象的 addLayout 方法将布局对象添加到盒布局中。

【例 19.8】　本例在窗口上放置了两个按钮，并且让按钮在右下角。无论窗口尺寸如何变化，这两个按钮始终在右下角。

本例的实现思路是先建立一个水平盒布局，让两个按钮始终在右侧，然后再建立一个垂直盒布局，并且将水平盒布局添加到垂直盒布局中，最后让水平盒布局始终在屏幕的下方。这样分两步处理，两个按钮就在屏幕的右下角了。让水平盒布局的控件始终在右侧与让垂直盒布局的控件始终在下方，需要调用盒布局对象的 addStretch 方法。

**实例位置：PythonSamples\src\chapter19\demo19.08.py**

```python
import sys
from PyQt5.QtWidgets import (QWidget, QPushButton,
    QHBoxLayout, QVBoxLayout, QApplication)
class BoxLayout(QWidget):
    def __init__(self):
        super().__init__()
        self.initUI()


    def initUI(self):
        # 创建"确定"按钮
        okButton = QPushButton("确定")
        # 创建"取消"按钮
        cancelButton = QPushButton("取消")
        # 创建水平盒布局对象
        hbox = QHBoxLayout()
        # 让两个按钮始终在窗口的右侧
        hbox.addStretch()
        # 将"确定"按钮添加到水平盒布局中
        hbox.addWidget(okButton)
        # 将"取消"按钮添加到水平盒布局中
        hbox.addWidget(cancelButton)
        # 创建垂直盒布局对象
        vbox = QVBoxLayout()
        # 让控件始终在窗口的下方
        vbox.addStretch()
        # 将水平盒布局对象添加到垂直盒布局中
        vbox.addLayout(hbox)
        # 将垂直盒布局应用于当前窗口
        self.setLayout(vbox)

        self.setGeometry(300, 300, 300, 150)
        self.setWindowTitle('盒布局')
        self.show()


if __name__ == '__main__':

    app = QApplication(sys.argv)
    ex = BoxLayout()
    sys.exit(app.exec_())
```

程序运行结果如图 19-14 所示。放大、缩小窗口的尺寸，可以发现两个按钮始终在窗口的右下角。

图 19-14　盒布局

### 19.5.3　网格布局

网格布局相当于一个二维表，将窗口划分为若干个行若干个列。一个控件可以摆放在一个单元格中，也可以横跨多行多列。网格布局用 **QGridLayout** 类表示。该类中常用的方法是 addWidget，可以将一个控件添加到网格布局中，并指定该控件从第几行第几列开始，以及占用几行几列。还可以使用 addSpacing 方法指定在水平和垂直方向单元格之间的距离。

【例 19.9】　本例使用网格布局创建了一个提交数据的表单窗口，包含三个 **QLabel** 控件和三个文本编辑框架（**QLineEdit** 和 **QTextEdit**）。

实例位置：**PythonSamples\src\chapter19\demo19.09.py**

```python
import sys
from PyQt5.QtWidgets import (QWidget, QLabel, QLineEdit,
    QTextEdit, QGridLayout, QApplication)


class FormGridLayout(QWidget):

    def __init__(self):
        super().__init__()
        self.initUI()
    def initUI(self):
        title = QLabel('标题')
        author = QLabel('作者')
        summary = QLabel('摘要')
        titleEdit = QLineEdit()
        authorEdit = QLineEdit()
        summaryEdit = QTextEdit()
        # 创建网格布局对象
        grid = QGridLayout()
        # 设置单元格之间的距离
        grid.setSpacing(10)
        # 向网格布局添加 title 控件，位于第 2 行第 1 列
        grid.addWidget(title, 1, 0)
        # 向网格布局添加 titleEdit 控件，位于第 2 行第 2 列
        grid.addWidget(titleEdit, 1, 1)
        # 向网格布局添加 author 控件，位于第 3 行第 1 列
        grid.addWidget(author, 2, 0)
        # 向网格布局添加 authorEdit 控件，位于第 3 行第 2 列
        grid.addWidget(authorEdit, 2, 1)
        # 向网格布局添加 summary 控件，位于第 4 行第 1 列
        grid.addWidget(summary, 3, 0)
        # 向网格布局添加 summaryEdit 控件，位于第 4 行第 2 列，并且占用了 5 行 1 列
        grid.addWidget(summaryEdit, 3, 1, 5, 1)
        # 将网格布局应用于当前窗口
        self.setLayout(grid)

        self.setGeometry(300, 300, 350, 300)
        self.setWindowTitle('网格布局')
        self.show()
```

```
if __name__ == '__main__':

    app = QApplication(sys.argv)
    ex = FormGridLayout()
    sys.exit(app.exec_())
```

程序运行结果如图 19-15 所示。当改变窗口尺寸时，最下方的文本输入框会随着窗口尺寸的变化在垂直和水平方向进行缩放。而前两个文本输入框只会随着窗口尺寸的变化在水平方向上缩放，因为 QLineEdit 是单行输入控件，而 QTextEdit 是多行输入控件。

图 19-15　网格布局

## 19.6　控件

控件是开发 GUI 程序必不可少的组成部分。就像盖房子的砖和瓦一样，需要用一砖一瓦盖起高楼大厦。PyQt5 中的控件很多，本节会介绍几个常用的控件，其他的控件大同小异。本节介绍的控件包括 QPushButton（按钮控件）、QLineEdit（单行文本编辑控件）、QCheckBox（复选框控件）、QSlider（滑块控件）、QProgressBar（进度条控件）、QPixmap（图像控件）、QComboBox（下拉列表框控件）和 QCalendarWidget（日历控件）。

### 19.6.1　QPushButton 控件

QPushButton 是一个按钮控件，不过这个按钮控件支持两种状态，一种是 Normal 状态，另外一种是 Checked 状态。Normal 状态就是正常的未按下的状态，而 Checked 状态就是按钮被按下的状态，按下后颜色变为蓝色，表示已经被选中。

【例 19.10】　本例在窗口上放置了三个 QPushButton 控件和一个 QFrame 控件，这三个 QPushButton 控件分别表示红、绿、蓝三个状态。当单击某一个或某几个按钮时，就会分别设置 RGB 的每个颜色分量，并将设置后的颜色设为 QFrame 控件的背景色。

实例位置：**PythonSamples\src\chapter19\demo19.10.py**

```
from PyQt5.QtWidgets import (QWidget, QPushButton,
    QFrame, QApplication)
# 导入用于设置颜色的 QColor 类
from PyQt5.QtGui import QColor
import sys
class PushButton(QWidget):
```

```
def __init__(self):
    super().__init__()
    self.initUI()

def initUI(self):
    # 创建 QColor 对象，初始颜色为黑色
    self.color = QColor(0, 0, 0)
    # 创建表示红色的 QPushButton 对象
    redButton = QPushButton('红', self)
    # 必须用 setCheckable(True)才能让按钮可以设置两种状态
    redButton.setCheckable(True)
    redButton.move(10, 10)
    # 将 setColor 方法与按钮的单击事件关联，bool 是一个类，表示 setColor 参数类型是一个布尔类型
    # 这个布尔类型的参数值表示按钮按下和抬起两种状态
    redButton.clicked[bool].connect(self.setColor)
    # 创建表示绿色的 QPushButton 对象
    greenButton = QPushButton('绿', self)
    greenButton.setCheckable(True)
    greenButton.move(10, 60)
    greenButton.clicked[bool].connect(self.setColor)
    # 创建表示蓝色的 QPushButton 对象
    blueButton = QPushButton('蓝', self)
    blueButton.setCheckable(True)
    blueButton.move(10, 110)
    blueButton.clicked[bool].connect(self.setColor)
    # 创建用于显示当前颜色的 QFrame 对象
    self.square = QFrame(self)
    self.square.setGeometry(150, 20, 100, 100)
    # 设置 QFrame 的背景色
    self.square.setStyleSheet("QWidget { background-color: %s }" %
        self.color.name())

    self.setGeometry(300, 300, 280, 170)
    self.setWindowTitle('按钮控件')
    self.show()

# 按钮的单击事件方法，3 个按钮共享着一个方法
def setColor(self, pressed):
    # 获取单击了哪一个按钮
    source = self.sender()
    # pressed 参数就是前面 clicked[bool]中指定的布尔类型参数值
    # 参数值为 True，表示按钮已经按下；参数值为 False，表示按钮已经抬起
    if pressed:
        val = 255
    else: val = 0
    # 红色按钮按下，设置颜色的红色分量
    if source.text() == "红":
        self.color.setRed(val)
    # 绿色按钮按下，设置颜色的绿色分量
    elif source.text() == "绿":
        self.color.setGreen(val)
    # 蓝色按钮按下，设置颜色的蓝色分量
```

```
        else:
            self.color.setBlue(val)
        # 用设置后的颜色改变 QFrame 的背景色
        self.square.setStyleSheet("QFrame { background-color: %s }" %
            self.color.name())


if __name__ == '__main__':

    app = QApplication(sys.argv)
    ex = PushButton()
    sys.exit(app.exec_())
```

程序运行结果如图 19-16 所示。

现在单击"红"按钮和"绿"按钮，效果如图 19-17 所示。红和绿的混合色是黄色，所以 QFrame
控件的背景色变成了黄色。

图 19-16　按钮控件

图 19-17　单击"红"和"绿"按钮

## 19.6.2　QLineEdit 控件

QLineEdit 是用于输入单行文本的控件，以前多次使用过这个控件，本节再来回顾一下这个控件
的基本使用方法。

【例 19.11】 本例在窗口上放置一个 QLabel 控件和一个 QLineEdit 控件，当在 QLineEdit 控件中输
入文本时，输入的文本会同步在 QLabel 控件中显示。

实例位置：**PythonSamples\src\chapter19\demo19.11.py**

```
import sys
from PyQt5.QtWidgets import (QWidget, QLabel,
    QLineEdit, QApplication)
class LineEdit(QWidget):
    def __init__(self):
        super().__init__()
        self.initUI()
    def initUI(self):
        # 创建 QLabel 对象
        self.label = QLabel(self)
        # 创建 QLineEdit 对象
        lineEdit = QLineEdit(self)
        lineEdit.move(80, 100)
        self.label.move(80, 40)
        # 将 onChanged 方法与 QLineEdit 控件的文本变化事件绑定，需要传入 onChanged 方法一个
        # 字符串类型的参数，用 str 表示字符串类型，str 是一个类
```

```
        lineEdit.textChanged[str].connect(self.onChanged)
        self.setGeometry(300, 300, 280, 170)
        self.setWindowTitle('QLineEdit 控件')
        self.show()
    # 文本变化时调用的方法, text 参数表示变化后的文本
    def onChanged(self, text):
        self.label.setText(text)
        self.label.adjustSize()

if __name__ == '__main__':
    app = QApplication(sys.argv)
    ex = LineEdit()
    sys.exit(app.exec_())
```

运行程序，然后在 QLineEdit 控件中输入一行文本，会发现 QLabel 控件中也会显示同样的文本，如图 19-18 所示。

图 19-18　QLineEdit 控件

### 19.6.3　QCheckBox 控件

QCheckBox 是复选框控件，用于进行二值选择。也可以多个 QCheckBox 控件在一起使用，用于对多个设置项进行多选操作。QCheckBox 控件默认的是未选中状态，调用 QCheckBox 对象的 toggle 方法可以让 QCheckBox 控件处于选中状态。QCheckBox 控件常用的事件是 stateChanged，当 QCheckBox 控件选中状态发生变化时会触发该事件。

【例 19.12】　本例在窗口上放置了一个 QCheckBox 控件，QCheckBox 控件处于选中或未选中状态时，会改变窗口的标题。

　　**实例位置：PythonSamples\src\chapter19\demo19.12.py**

```
from PyQt5.QtWidgets import QWidget, QCheckBox, QApplication
from PyQt5.QtCore import Qt
import sys
class CheckBox(QWidget):
    def __init__(self):
        super().__init__()
        self.initUI()
    def initUI(self):
        # 创建 QCheckBox 对象
        cb = QCheckBox('请选择我', self)
        cb.move(20, 20)
        # 调用这个方法会让 QCheckBox 控件处于选中状态
        #cb.toggle()
```

```
        # 将 changeTitle 方法与 QCheckBox 控件的 stateChanged 事件绑定
        cb.stateChanged.connect(self.changeTitle)
        self.setGeometry(300, 300, 250, 150)
        self.setWindowTitle('还没有选择我')
        self.show()
    def changeTitle(self, state):
        # QT.Checked 是一个变量，表示选中状态
        if state == Qt.Checked:
            self.setWindowTitle('已经选择我了')
        else:
            self.setWindowTitle('还没有选择我')
if __name__ == '__main__':
    app = QApplication(sys.argv)
    ex = CheckBox()
    sys.exit(app.exec_())
```

现在运行程序，会看到如图 19-19 所示的默认效果。

当选中 QCheckBox 控件后窗口标题就会改变，如图 19-20 所示。

图 19-19　QCheckBox 控件未选中状态

图 19-20　QCheckBox 控件选中状态

## 19.6.4　QSlider 控件

QSlider 是滑块控件，用于控制值在一定的范围变化。可以将 QSlider 控件的 valueChanged 事件与一个方法绑定，用来监听滑块移动的动作。还可以使用 setMinimum 方法和 setMaximum 方法设置滑块可以变化的最小值和最大值。

【例 19.13】本例在窗口上放置了一个 QSlider 控件，滑动 QSlider 控件滑块时，右侧会显示 QSlider 控件当前的值，会改变窗口的标题。

实例位置：**PythonSamples\src\chapter19\demo19.13.py**

```
from PyQt5.QtWidgets import (QWidget, QSlider,
    QLabel, QApplication)
from PyQt5.QtCore import Qt
import sys
class Slider(QWidget):
    def __init__(self):
        super().__init__()
        self.initUI()
    def initUI(self):
        # 创建 QSlider 对象
        sld = QSlider(Qt.Horizontal, self)
        # 设置滑块的最小值为 10
```

```
        sld.setMinimum(10)
        # 设置滑块的最大值为 500
        sld.setMaximum(500)
        sld.setGeometry(30, 40, 100, 30)
        # 将 changeValue 方法与 QSlider 控件的 valueChanged 事件绑定
        sld.valueChanged[int].connect(self.changeValue)
        # 创建 QLabel 对象，用于显示滑块的当前值
        self.label = QLabel(self)
        self.label.setGeometry(160, 40, 80, 30)
        self.setGeometry(300, 300, 280, 170)
        self.setWindowTitle('QSlider 控件')
        self.show()

    def changeValue(self, value):
        # 在 QLabel 控件上显示滑块的当前值
        self.label.setText(str(value))

if __name__ == '__main__':

    app = QApplication(sys.argv)
    ex = Slider()
    sys.exit(app.exec_())
```

运行程序，然后拖动滑块，会看到 QLabel 控件上会显示滑块的当前值，如图 19-21 所示。

图 19-21　QSlider 控件

### 19.6.5　QProgressBar 控件

QProgressBar 是进度条控件，效果与 QSlider 控件类似，只是没有滑块，要想改变 QProgressBar 控件的当前值，需要通过 QProgressBar 控件的 setValue 方法设置。QProgressBar 控件默认最小值是 0，默认最大值是 100，可以通过 setMinimum 方法和 setMaximum 方法设置最小值和最大值，也可以通过 minimum 方法和 maximum 方法获得最小值和最大值。

【例 19.14】　本例在窗口上放置了一个 QProgressBar 控件和一个 QPushButton 控件，单击按钮控件会开始一个定时器（QBBasicTimer），定时器会每 100ms 更新一次 QProgressBar 控件的值，直到达到 QProgressBar 控件的最大值为止。

实例位置：**PythonSamples\src\chapter19\demo19.14.py**

```
from PyQt5.QtWidgets import (QWidget, QProgressBar,
    QPushButton, QApplication)
from PyQt5.QtCore import QBasicTimer
import sys
class ProgressBar(QWidget):
```

```python
    def __init__(self):
        super().__init__()
        self.initUI()
    def initUI(self):

        self.pbar = QProgressBar(self)
        self.pbar.setGeometry(40, 40, 200, 25)
        # 创建 QPushButton 对象
        self.btn = QPushButton('开始', self)
        self.btn.move(40, 80)
        # 将按钮的单击事件与 doAction 方法关联
        self.btn.clicked.connect(self.doAction)

        # 创建定时器对象
        self.timer = QBasicTimer()
        # QProgressBar 控件的当前值
        self.value = 0
        self.setGeometry(300, 300, 280, 170)
        self.setWindowTitle('QProgressBar 控件')
        self.show()
    # 定时器调用的方法, 必须命名为 timerEvent
    def timerEvent(self, e):
        # 当 self.value 大于或等于 100 时, 表示任务完成, 停止定时器
        if self.value >= 100:
            self.timer.stop()
            self.btn.setText('完成')
            return
        # 每次 QProgressBar 控件的当前值加 1
        self.value = self.value + 1
        # 更新 QProgressBar 控件的当前值
        self.pbar.setValue(self.value)
    # 按钮的单击事件方法
    def doAction(self):
        # 如果定时器处于活动状态, 停止定时器
        if self.timer.isActive():
            self.timer.stop()
            self.btn.setText('开始')
        else:
            # 如果定时器还没有开始, 启动定时器, 时间间隔是 100ms
            self.timer.start(100, self)
            self.btn.setText('停止')


if __name__ == '__main__':

    app = QApplication(sys.argv)
    ex = ProgressBar()
    sys.exit(app.exec_())
```

运行程序, 然后单击"开始"按钮, 会看到按钮上方的 **QProgressBar** 控件的进度条会不断前进, 直到进度条处于最右端为止, 如图 **19-22** 所示。

图 19-22　QProgressBar 控件

## 19.6.6　QPixmap 控件

QPixmap 是用于显示图像的控件，通过 QPixmap 类的构造方法可以指定要显示的图像文件名。

【例 19.15】　本例在窗口上放置了一个 QPixmap 控件，并显示了本地的一个 png 格式的图像。

**实例位置：PythonSamples\src\chapter19\demo19.15.py**

```python
from PyQt5.QtWidgets import (QWidget, QHBoxLayout,
    QLabel, QApplication)
from PyQt5.QtGui import QPixmap
import sys

class Pixmap (QWidget):
    def __init__(self):
        super().__init__()
        self.initUI()
    def initUI(self):
        hbox = QHBoxLayout(self)
        # 创建 QPixmap 对象，并指定要显示的图像文件
        pixmap = QPixmap("face.png")
        lbl = QLabel(self)
        lbl.setPixmap(pixmap)
        hbox.addWidget(lbl)
        self.setLayout(hbox)
        self.move(300, 200)
        self.setWindowTitle('显示图像（QPixmap 控件）')
        self.show()
if __name__ == '__main__':
    app = QApplication(sys.argv)
    ex = Pixmap ()
    sys.exit(app.exec_())
```

程序运行结果如图 19-23 所示。

图 19-23　显示图像

### 19.6.7　QComboBox 控件

QComboBox 是下拉列表控件，允许在列表中显示多个值，并且选择其中一个。可以使用 QComboBox 对象的 addItem 方法添加列表项，并通过 QComboBox 控件的 activated 事件处理选择列表项的动作。

【例 19.16】本例在窗口上放置了两个 QComboBox 控件和一个 QLabel 控件，当左侧的 QComboBox 控件选择某个列表项后，就会在 QLabel 控件中显示这个选择的列表项。

**实例位置：PythonSamples\src\chapter19\demo19.16.py**

```python
from PyQt5.QtWidgets import (QWidget, QLabel,
    QComboBox, QApplication)
import sys

class ComboBox(QWidget):

    def __init__(self):
        super().__init__()

        self.initUI()


    def initUI(self):

        self.lbl = QLabel("中国", self)
        self.lbl.move(50, 150)
        combo = QComboBox(self)
        # 向第 1 个 QComboBox 控件添加若干个列表项
        combo.addItem("中国")
        combo.addItem("美国")
        combo.addItem("法国")
        combo.addItem("德国")
        combo.addItem("俄罗斯")
        combo.addItem("澳大利亚")
        combo.move(50, 50)
        self.lbl.move(50, 150)
        # 将 onActivated 方法与 activated 事件绑定
        combo.activated[str].connect(self.onActivated)

        combo1 = QComboBox(self)
        # 向第 2 个 QComboBox 控件添加若干个列表项
        combo1.addItem("Item1")
        combo1.addItem("Item2")
        combo1.addItem("Item3")
        combo1.move(200, 50)

        self.setGeometry(300, 300, 300, 200)
        self.setWindowTitle('QComboBox 控件')
        self.show()
    def onActivated(self, text):

        # 当选择第 1 个 QComboBox 控件的列表项后，将列表项的文本显示在 QLabel 控件中
```

```
            self.lbl.setText(text)
            self.lbl.adjustSize()
if __name__ == '__main__':

    app = QApplication(sys.argv)
    ex = ComboBox()
    sys.exit(app.exec_())
```

运行程序，单击第 1 个 QComboBox 列表项，会弹出如图 19-24 所示的国家列表，选择一个国家，就会在下方的 QLabel 控件显示这个国家的名称。

图 19-24　QComboBox 控件

### 19.6.8　QCalendarWidget 控件

QCalendarWidget 是用于显示日历的控件，可以按年、月显示日历，通过 setGridVisible 方法可以设置是否在日期中显示网格，通过绑定 clicked 事件，可以处理单击日历某一天的动作。

【例 19.17】　本例在窗口上放置了一个 QCalendarWidget 控件和一个 QLabel 控件，当单击 QCalendarWidget 控件的某一天时，会在 QLabel 控件中显示这一天的完整日期（包括星期）。

**实例位置：PythonSamples\src\chapter19\demo19.17.py**

```
from PyQt5.QtWidgets import (QWidget, QCalendarWidget,
    QLabel, QApplication, QVBoxLayout)
from PyQt5.QtCore import QDate
import sys

class CalendarWidget(QWidget):

    def __init__(self):
        super().__init__()
        self.initUI()
    def initUI(self):
        vbox = QVBoxLayout(self)
        cal = QCalendarWidget(self)
        # 让日历控件显示网格
        cal.setGridVisible(True)
        # 将日历的 clicked 事件与 showDate 方法绑定
        cal.clicked[QDate].connect(self.showDate)
        vbox.addWidget(cal)
```

```
        self.lbl = QLabel(self)
        # 获取当前选择的日期
        date = cal.selectedDate()
        self.lbl.setText(date.toString())


        vbox.addWidget(self.lbl)


        self.setLayout(vbox)


        self.setGeometry(300, 300, 350, 300)
        self.setWindowTitle('Calendar 控件')
        self.show()


    def showDate(self, date):
        # 选择某个日期后，会在 QLabel 控件中显示详细的时间
        self.lbl.setText(date.toString())


if __name__ == '__main__':

    app = QApplication(sys.argv)
    ex = CalendarWidget()
    sys.exit(app.exec_())
```

程序运行结果如图 19-25 所示。

图 19-25　Calendar 控件

# 19.7　菜单

调用 QMainWindow 类的 menuBar 方法可以获得主窗口的 QMenuBar 对象，该对象表示主窗口的菜单栏，通过 QMenuBar 对象的 addMenu 方法可以在菜单栏中添加菜单项，然后通过 addAction 方法添加子菜单项。

【例 19.18】　本例在窗口上添加了若干个菜单项，并为其中两个菜单项添加单击动作。

实例位置：**PythonSamples\src\chapter19\demo19.18.py**

```
import sys
from PyQt5.QtWidgets import QMainWindow, QAction, QMenu, QApplication
```

```python
class Menu(QMainWindow):

    def __init__(self):
        super().__init__()

        self.initUI()
    def initUI(self):
        menubar = self.menuBar()
        # 添加"文件"菜单项
        fileMenu = menubar.addMenu('文件')
        # 添加"新建"菜单项
        newAct = QAction('新建', self)
        # 添加"导入"菜单项（带子菜单项）
        impMenu = QMenu('导入', self)
        impAct1 = QAction('从 PDF 导入', self)
        impAct2= QAction('从 Word 导入', self)
        # 为菜单添加单击处理事件
        impAct1.triggered.connect(self.actionHandler1)
        # 为菜单添加单击处理事件
        impAct2.triggered.connect(self.actionHandler2)
        # 下面的代码将前面建立的菜单项关联起来
        impMenu.addAction(impAct1)
        impMenu.addAction(impAct2)
        fileMenu.addAction(newAct)
        fileMenu.addMenu(impMenu)

        self.setGeometry(300, 300, 300, 200)
        self.setWindowTitle('菜单')
        self.show()
    # 响应菜单项的事件方法
    def actionHandler1(self):
        print('从 PDF 导入')
    def actionHandler2(self):
        print('从 Word 导入')
if __name__ == '__main__':
    app = QApplication(sys.argv)
    ex = Menu()
    sys.exit(app.exec_())
```

如果在 Mac OS X 下运行程序，会显示如图 19-26 所示的菜单。

图 19-26　Mac OS X 下的菜单

如果在 Windows 下运行程序，会显示如图 19-27 所示的菜单。

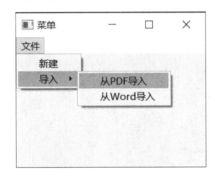

图 19-27　Windows 下的菜单

## 19.8　小结

PyQt5 是一套非常强大的 GUI 库，通过使用 PyQt5，可以利用 Python 语言强大而易用的特性和庞大的第三方模块，以及 Qt 的高效运行和丰富的 UI 控件，开发出非常强大的 GUI 程序。PyQt5 的功能还远不止本章介绍的这么多，也不可能只通过一章的内容介绍完整个 PyQt5，本章的作用只是抛砖引玉，通过本章足可以对 PyQt5 有一个较深入的了解，然后可以再通过其他文档更深入学习 PyQt5，并且还可以通过本书后面章节提供的案例增加 PyQt5 的实战经验。

## 19.9　实战与练习

本章练习题，除了配有答案（源代码）外，还会在赠送的视频课程中讲解。

1. 编写一个 Python 程序，使用网格布局设计如图 19-28 所示的计算器界面。

图 19-28　计算器

答案位置：PythonSamples\src\chapter19\practice\solution19.1.py

2. 用 QTDesigner 设计一个用户登录界面（包含用户名和密码）。然后使用 PyUIC 将.ui 文件转换为.py 文件，并编写相应 Python 代码。然后，单击"登录"按钮，可以验证用户输入的用户名和密码，然后通过消息盒子提示用户密码是否输入错误，单击"取消"按钮关闭登录窗口。用户名和密码可以硬编码在程序中。

答案位置：PythonSamples\src\chapter19\practice\solution19.2.py

# 第 20 章

# 测　　试

到目前为止，已经讲了很多关于 Python 语言的知识，利用这些知识，已经完全可以开发一个非常复杂的程序。但是，对于广大程序员来说，还会面临一个非常令人头痛的问题：如何保证自己编写的代码没有 bug 呢？估计很多人都会说：不能。因为任何一个程序，尤其是非常大的程序，都不可能保证一个 bug 都没有。尽管不能彻底清除程序中的 bug，但却可以通过测试来尽可能将程序中的 bug 数降到最低，至少让程序达到可用的程度。

为了达到这个目的，就要涉及本章主要讨论的内容：测试。相信正在阅读本书的读者都用过不同的测试方法。可能大多数读者第一个想到的就是黑盒测试和白盒测试。其实这两种测试方法只是个泛称，使用这两种测试方法还需要落实到具体的测试工具和测试方法上。本章会将主要精力都放在白盒测试上，因为这种测试方式是与程序员距离最近的。

最简单的测试方法就是即时测试，也就是编写一点代码，就测试一点，免得出现一下子测试成千上万行代码，出现好几百个 bug，令人发疯的场景。当然，复杂的测试还需要依靠一些工具，这样会让工作更轻松，也可以让工作更自动化。本章就从这一点出发，通过各种测试工具，让测试工作变得更轻松。

通过阅读本章，您可以：

❑ 了解什么是代码测试
❑ 了解测试驱动开发
❑ 掌握测试工具 doctest 和 unittest 的使用
❑ 掌握代码检查工具 PyLint 和 Flake8 的使用
❑ 掌握 Python 代码性能分析

## 20.1　先测试后编码

如果使用一般的测试方法，都是先编写代码，然后运行代码，最后看看输出结果和自己预期的是否相符。如果不符合预期，就找到 bug，修改代码，然后再重复这一过程，直到符合自己的预期为止，否则自己就成熊猫眼了！

但这种测试方法有一个问题，就是修改代码后，可能会植入新的 bug。当然，这些 bug 也有可能是由于数据的变化或其他因素重新引发的 bug。不管怎样，只要改动了一行代码，就有可能植入新的 bug。而且这些修改的代码可能是刚刚通过测试的代码，从心理上认为只添加了几行代码，不会出毛病，因此，在添加代码后，就没有再进行测试。一旦这种情况多起来，就会将这些可能产生 bug 的代码重新放回到代码的汪洋大海中，以后再发现 bug，就会让 bug 排除工作变得更困难。为了解决这个问题，可以在编写代码之前，就想好即将编写的程序要达到怎样的预期，然后通过某些方式对这些预期进行描述。当开始编写代码或修改编写好的代码时，可以通过这些预期描述进行测试，如果编写的代码不符合预期，那么程序会自动通知程序员，也就是说，通知这种方式，可以让程序员尽可能早地发现 bug，并及时处理。

### 20.1.1　为代码划定边界

一般在编写代码之前，先要想好要做什么，如果更进一步，要明确写出的代码要达到什么目的，输入必须要符合什么条件等。例如，某一个变量必须大于某个值，运算结果不能是负数。也就是为即将编写的代码划定一个边界，一旦代码超出这个边界，系统就会报警。

为代码划定边界的方法就是测试驱动开发，也就是在编写代码之前，先为代码编写测试程序，然后基于这些测试程序编写代码。当代码编写完成，就可以运行这些测试程序自动检测程序中的 bug。下面先用一个简单的例子来了解一下什么是测试驱动开发。

【例 20.1】　本例编写了一个 circleArea 函数，用于根据圆的半径计算圆的面积。这个函数的边界有两个，第 1 个边界是圆的半径必须大于 0，第 2 个边界是圆面积不能大于 1000。在程序中通过测试代码设置了这两个边界，一旦程序越出了边界，运行程序后会输出错误信息。

**实例位置：PythonSamples\src\chapter20\demo20.01.py**

```python
import math
# 计算圆的面积
def circleArea(r):
    return math.pi * r * r
r = 5
# 第 1 个边界，圆半径必须大于 0
if r <= 0:
    print('测试失败，圆半径必须大于 0')
area = circleArea(r)
# 第 2 个边界，圆面积不能大于 1000
if area > 1000:
    print('测试失败，圆的面积不能大于 1000')
else:
    print('测试成功')
```

上面代码中圆半径（r）为 5，并没有超过代码的边界，所以测试通过，会在 Console 中输出如图 20-1 所示的信息。

假设这时要修改代码，将 r 改成了 20，圆面积超过了 1000，所以会输出如图 20-2 所示的信息，表示没有通过测试。当 r 等于负值或 0 时，也会测试失败。这样一来，当修改的代码超过预先设定的边界时，运行程序就会立刻得知程序有错误。

图 20-1　通过测试

图 20-2　测试失败

### 20.1.2　测试的步骤

在上一节已经了解了测试驱动开发的原理，在这一节归纳一下，看一看测试开发需要哪些步骤。

（1）确定代码要达到的预期，然后为这个预期编写测试代码。

（2）编写骨架代码。如果只编写测试代码，而没有骨架代码，那么是无法运行的。例如，上一节例子中的 circleArea 函数本身就是骨架代码。因为测试代码需要调用 circleArea 函数，所以该函数必须存在。至于 circleArea 里面如何实现，先不用管它。只要编写一个空的 circleArea 函数，并随便返回一个正确的值即可。

（3）编写业务逻辑代码。还拿 circleArea 函数举例。编写了一个空的 circleArea 函数后，让测试代码可以通过测试，然后就可以编写 circleArea 函数的实际代码。

（4）修改或重构代码。测试驱动开发的一个优势就是当修改代码时，一旦出现 bug，运行测试程序后，就会立刻通知程序员。所以以后修改被测试程序监控的代码时，其实就是在为程序设定的边界内修改代码。

## 20.2　测试工具

可能很多读者会觉得编写大量的测试代码保证程序的每个细节都正常工作听起来很烦琐，不过这些工作的大多数都不需要程序员做，因为有很多现成的框架可以使用。Python 标准库中就有两个测试框架可供使用。

❑ doctest：用于检查文档，也可以用来编写单元测试，而且比较容易学习。

❑ unittest：通用测试框架。

### 20.2.1　doctest

doctest 模块是用来检测文档的，但也可以用来编写测试代码。只是这些测试代码要写在多行注释里。多行注释是用三个单引号（'）或三个双引号（"）括起来的部分。要测试的代码前面需要加三个大于号（>），然后返回值放到下一行。最后可以通过 doctest 模块中的 testmod 函数测试指定的模块，测试结果会通过 Console 输出。

【例 20.2】　本例编写了两个函数：square 和 add，其中 square 函数用于求一个数的平方，add 函数用于求两个数的和。然后在多行注释中编写测试用例，最后通过 doctest 模块的 testmod 函数测试这两个函数，如果发生错误，会在 Console 中输出错误信息。

**实例位置：PythonSamples\src\chapter20\demo20.02.py**

```
# 下面的多行注释用于编写测试用例
'''
    测试 square 函数
    >>> square(2)
    4
    >>> square(6)
    36

    测试 add 函数
    >>> add(2,2)
    4
    >>> add(4,5)
```

```
        9
'''
def square(x):
    return x * x

def add(x,y):
    return x + y

if __name__ == '__main__':
    # 导入 doctest 模块以及当前模块（demo20_02）
    import doctest,demo20_02
    # 测试 demo20_02 模块中的代码
    doctest.testmod(demo20_02)
```

现在运行程序，什么也没有输出，如果要让程序输出一些我们感兴趣的信息，可以使用 python -v demo20.02.py 命令，或在 Eclipse、PyCharm 等 IDE 中设置 python 的命令行参数。

加上命令行参数-v 后再运行程序，会输出如图 20-3 所示的信息。后面出现了"4 passed and 0 failed."，表明 4 个测试案例全部通过。

现在修改程序，将 square 函数的返回值修改成"x ** x"，变成了 x 的 x 次方。将 add 函数的返回值改成"x *x"。然后再运行程序，会输出如图 20-4 所示的信息。

图 20-3　测试通过　　　　　　　　　　　　　　图 20-4　测试失败

可以看到，最后输出了"2 passed and 2 failed."，表明有两个测试案例通过了测试，还有两个测试案例未通过测试。明明修改了代码，为什么还有两个测试案例通过测试了呢？这个问题出现在测试案例本身上，square 函数与 add 函数都使用了 2 作为参数值。而 2*2 和 2**2 的值是一样的，2*2 和 2+2 的值也是一样的，所以使用 2 来测试 square 函数和 add 函数，有可能在修改了代码的情况下，仍然会得到正确的结果。因此，在设计测试案例时，尽量不要用特殊的值进行测试，而且要多准备一些案例，这样更能准确测试出程序的 bug。

从本例的代码可以看出，用 testmod 函数测试模块时，该函数会自动读取整个模块的代码，并获取多行注释中"&gt;&gt;&gt;"后面的内容作为要执行的代码。使用 testmod 函数测试模块还需要注意如下几点：

- ❏ testmod 函数只会处理模块中的第 1 个多行注释，而且不能在第 1 个多行注释前面有任何 Python 代码。
- ❏ "&gt;&gt;&gt;"与要执行的代码之间要有空格，不能连在一起。
- ❏ 多行注释使用单引号和双引号都可以。
- ❏ 函数返回值后面不要有空格，否则无法通过测试。
- ❏ 用于注释的文本和函数返回值之间要有空行，否则系统会将注释当作函数返回值处理。例如，本例中的"测试 add 函数"不能紧挨着 36，它们之间要有一个空行。

### 20.2.2　unittest

尽管 doctest 非常容易使用，但是 unittest 则更灵活和强大。unittest 的使用方法有些类似于流行的 Java 测试框架 JUnit。尽管 unittest 学习起来比 doctest 难，但使用 unittest 可以更加结构化地编写大型的测试案例。unittest 在使用上非常复杂，本节只介绍 unittest 的基本用法，其实 unittest 中的大多数方法在多数测试案例中都用不到。如果想详细了解 unittest 的用法，可以查看官方文档。页面地址如下：

https://docs.python.org/3/library/unittest.html

使用 unittest 编写测试代码的步骤如下：

（1）导入 unittest 模块。由于 unittest 是 Python 语言的内建模块，所以不需要安装，可以直接导入。

（2）编写测试类。至少要编写一个用于封装测试用例的类，测试类必须从 unittest.TestCase 或其子类继承。

（3）编写测试案例。每一个测试案例就是测试类中的一个方法（方法名可任意起）。一般在这些方法中都会用到断言方法进行测试。断言方法是指 TestCase 类中以 assert 开头的一系列方法，如 assertEqual、assertNotEqual、assertSetEqual 等。断言方法用于判断某一类型的值是否符合要求，例如，是否等于某个值，集合是否相等，如果不符合要求，直接抛出异常，并会指出哪里不符合要求。

（4）调用 unittest 模块中的 main 函数开始测试。

**【例 20.3】** 本例使用 unittest 模块对上一节的 demo20.02.py 中的 square 函数和 add 函数进行测试。

**实例位置：PythonSamples\src\chapter20\demo20.03.py**

```python
# 导入 unittest 模块和 demo20.02 模块
import unittest,demo20.02
# 定义测试类
class TestCase(unittest.TestCase):
    # 用于测试 square 函数的方法
    def testSquare(self):
        # 使用一段连续的整数测试 square 方法
        for x in range(-20,20):
            # 将每一个 x 传入 square 函数，并获取返回结果
            result = demo20.02.square(x)
            # 调用 assertEqual 方法进行测试，如果该方法的第 1 个参数值和第 2 个参数值不相等
            # 就会抛出异常，异常信息就是第 3 个参数的值
            self.assertEqual(result, x * x, '%d 的二次方失败' % x)
    # 用于测试 add 函数的方法
    def testAdd(self):
        # 使用 2 个连续的整数序列测试 add 函数
        for x in range(-20,20):
            for y in range(-10,10):
```

```
        # 将 x 和 y 传入 add 函数，并获取返回值
        result = demo20.02.add(x,y)
        # 调用 assertEqual 方法进行测试
        self.assertEqual(result, x + y, '%d + %d 失败' % (x,y))

if __name__ == '__main__':
    # 调用 main 函数开始测试
    unittest.main()
```

如果 square 函数和 add 函数的代码是正确的，那么运行程序，会在 Console 中输出如图 20-5 所示的信息。第 1 行显示两个点（..），表示两个用于测试的方法都通过测试了。

```
<terminated> demo20.03.py [/Users/lining/anaconda/bin/python3.6]
..
----------------------------------------------------------------------
Ran 2 tests in 0.002s

OK
```

图 20-5　通过测试

现在将 square 函数的返回值改成“x**x”，add 函数的返回值改成“x + y”，再次运行程序，会看到如图 20-6 所示的输出结果。第 1 行出现了“FF”，表示两个用于测试的方法都失败了，后面显示具体哪一行失败了。

```
<terminated> demo20.03.py [/Users/lining/anaconda/bin/python3.6]
FF
======================================================================
FAIL: testAdd (__main__.TestCase)
----------------------------------------------------------------------
Traceback (most recent call last):
  File "/MyStudio/python_workspace/pythonsamples/src/chapter20/demo20.03.py", line 11, in testAdd
    self.assertEqual(result, x + y, '%d + %d失败' % (x,y))
AssertionError: 200 != -30 : -20 + -10失败

======================================================================
FAIL: testSquare (__main__.TestCase)
----------------------------------------------------------------------
Traceback (most recent call last):
  File "/MyStudio/python_workspace/pythonsamples/src/chapter20/demo20.03.py", line 6, in testSquare
    self.assertEqual(result, x * x, '%d的二次方失败' % x)
AssertionError: 9.5367431640625e-27 != 400 : -20的二次方失败

----------------------------------------------------------------------
Ran 2 tests in 0.000s

FAILED (failures=2)
```

图 20-6　测试失败

## 20.3　检查源代码

除了使用 doctest、unittest 这样的工具直接对代码进行测试外，还可以使用更多的工具对代码风格、错误、警告等内容进行检测。这些工具包括 PyLint、Flake8 等。

### 20.3.1 PyLint

PyLint 用于检测 Python 代码风格。程序员经常会使用 PyLint 检测 Python 代码是否符合规范。这里要说明一点，不规范的代码并不是错误代码，而是不符合一般的编码习惯。当然，这些习惯都是人定的，用户可以不遵守，也可以制定自己的代码风格，但符合大众的编码习惯总是好的。PyLint 就是这样的工具，让 Python 代码尽可能符合大众的编码风格。

如果使用的是 Anaconda Python 开发环境，PyLint 已经随着 Anaconda 安装了；如果使用的是标准的 Python 开发环境，可以使用 pip3 install pylint 命令安装。

PyLint 能检测的代码风格非常多。本节只给出一段简单的代码，看一看 PyLint 到底能检测出哪些代码不符合编码规范。

```
for i in range(1,10):
    print(i)
```

可以看到，上面的代码只有两行，非常简单。一个 for 循环中执行了 print 函数。下面用 PyLint 检测一下这段代码是否符合 Python 的编码规范。

PyLint 中有一个命令行工具 pylint，可以在终端执行如下的命令检查上面的代码是否规范，假设这段代码保存在 test.py 文件中。

```
pylint test.py
```

执行上面的命令后，会在终端输出如图 20-7 所示的评测信息，其中在信息的开头会显示有哪些地方代码不规范，最后会输出 PyLint 对这段代码的评分。

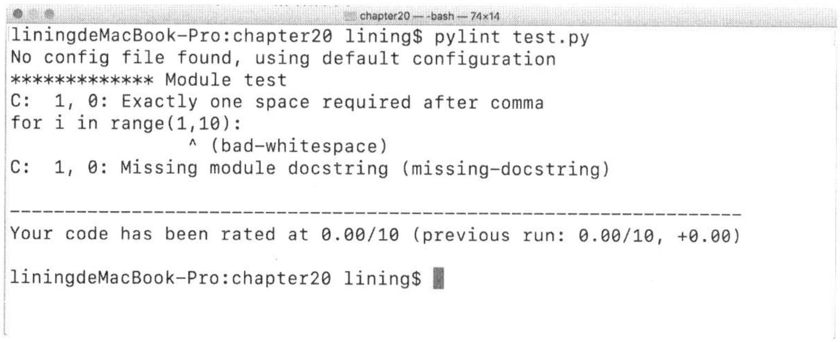

```
liningdeMacBook-Pro:chapter20 lining$ pylint test.py
No config file found, using default configuration
************* Module test
C:  1, 0: Exactly one space required after comma
for i in range(1,10):
                ^ (bad-whitespace)
C:  1, 0: Missing module docstring (missing-docstring)

------------------------------------------------------------------
Your code has been rated at 0.00/10 (previous run: 0.00/10, +0.00)

liningdeMacBook-Pro:chapter20 lining$
```

图 20-7 评测信息（有不规范的地方）

从图 20-7 所示的输出信息可以看出，在上面的代码中有两个不规范之处。第 1 处是调用 range 函数时，10 和前面的逗号（,）之间要有一个空格，第 2 处是在模块的开始要有一个注释文档（用三个单引号或双引号括起来的注释），用于对整个模块的功能进行描述，而且这个多行注释还不能是空的，否则仍然会认为不规范。

在输出的评测信息的最后是为 test.py 打的分，满分为 10 分，而目前的 test.py 只打了 0.00 分。主要是因为 test.py 脚本文件中的代码比较少，而代码不规范的地方比较多（两行代码有两处不规范的地方），所以才打了 0.00 分。

下面就来修正 test.py 脚本文件中不规范的地方。代码如下：

```
'''
通过 for 循环从 1 输出到 9
'''
```

```
for i in range(1, 10):
    print(i)
```

现在再次执行 pylint test.py 命令，会在终端输出如图 20-8 所示的评测信息。

图 20-8　评测结果（满分）

从图 20-8 所示的评测信息可以看出，由于已经修改了两处不规范的地方，所以最后的评测分数为
10.00。这就表明 test.py 脚本文件中的代码非常规范，至少是符合 PyLint 认为的规范。

### 20.3.2　Flake8

Flake8 的功能很多，本节只介绍一下 Flake8 的基本功能：检测 Python 代码的错误和警告。如果
想了解 Flake8 更多的信息，可以查看官方文档。页面地址如下：

http://flake8.pycqa.org/en/latest/user/index.html

可以使用下面的命令安装 Flake8：

```
pip install flake8
```

下面先给出一段代码，然后用 Flake8 检测这段代码。

```
#test1.py
import sys
import os
for i in range(1, 10):
    print(ia)
    fun(i)
```

很明显，这段代码有多处明显的错误和警告。例如，变量 ia 和函数 fun 都没有定义，导入的 sys
模块和 os 模块都没有使用。下面使用 Flake8 对这段代码进行检测。

```
flake8 test1.py
```

执行上面的命令后，会在 Console 中输出如图 20-9 所示的检测信息。

图 20-9　对 test1.py 的检测结果

从图 20-9 所示的检测信息可以看出，在 test1.py 脚本文件中一共有 6 处异常信息，其中 F401、F821

等是异常信息的标识，如 F401 表示某个模块被导入了，但没有使用；F821 表示某个标识（变量、函数等）没有定义；W391 表示 test1.py 脚本文件的结尾是空行。如果修正了这些异常，那么执行上面的命令就什么也不会输出。

对于一个非常大的脚本文件，可能输出的异常信息很多，因此，也可以通过 Flake8 的命令行参数只检测某些特定的异常或忽略一些不感兴趣的异常。

只检测某些特定的异常：

```
flake8 --select F401 test1.py
```

上面的命令只检测标识为 F401 的异常信息。执行这行命令，会在终端输出如图 20-10 所示的检测信息。

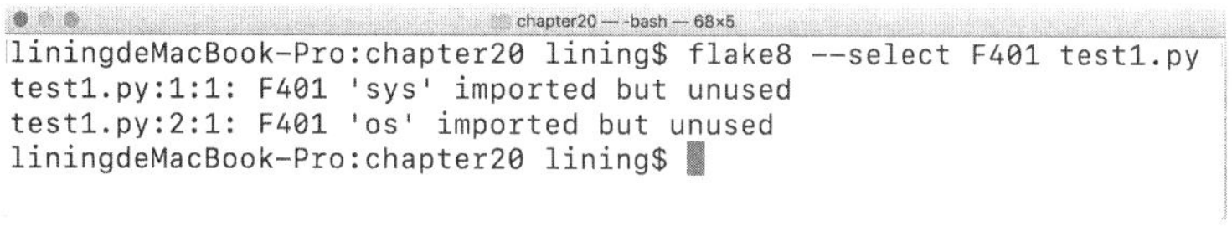

```
● ● ●                    chapter20 — -bash — 68×5
liningdeMacBook-Pro:chapter20 lining$ flake8 --select F401 test1.py
test1.py:1:1: F401 'sys' imported but unused
test1.py:2:1: F401 'os' imported but unused
liningdeMacBook-Pro:chapter20 lining$
```

图 20-10　只检测标识为 F401 的异常

如果想选择更多的异常标识，需要在多个异常标识之间用逗号（,）分隔。

```
flake8 --select F401,F821 test1.py
```

如果想忽略某些标识，可以使用--ignore 命令行参数。

```
flake8 --ignore F401,F821 test1.py
```

执行上面的命令后，会在终端输出如图 20-11 所示的检测信息。

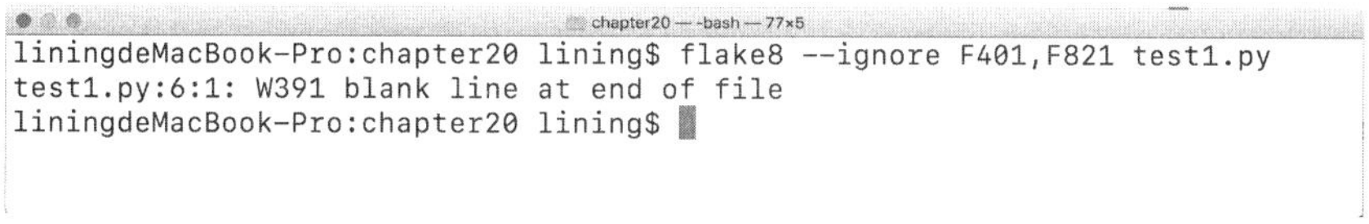

```
● ● ●                    chapter20 — -bash — 77×5
liningdeMacBook-Pro:chapter20 lining$ flake8 --ignore F401,F821 test1.py
test1.py:6:1: W391 blank line at end of file
liningdeMacBook-Pro:chapter20 lining$
```

图 20-11　忽略异常标识 F401 和 F821

Flake8 还支持 API 方法，也就是可以直接在程序中对 Python 脚本文件进行检测。

【例 20.4】　本例通过 Flake8 提供的 API 对 test1.py 进行检测，并在 Console 中输出检测结果信息。

**实例位置：PythonSamples\src\chapter20\demo20.04.py**

```
from flake8.api import legacy as flake8
# 忽略异常标识 F401 和 W503
style_guide = flake8.get_style_guide(ignore=['F401', 'W503'])
# 对 test1.py 脚本文件进行检测
style_guide.check_files(['test1.py'])
```

程序运行结果如图 20-12 所示。

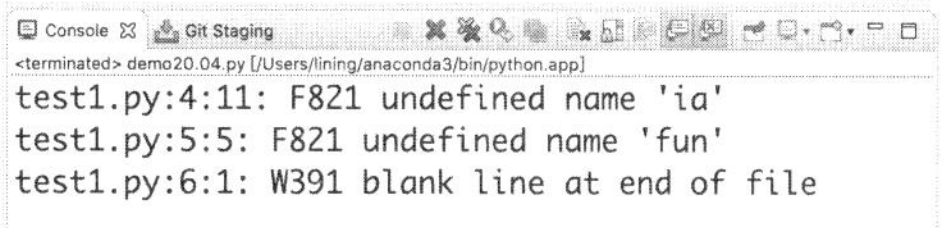

```
🖥 Console ⊠  🍃 Git Staging    ✖ 🔧 💁 🔍 🖳 📑 🔲 📄 🔲 ᵔ 🖯 ᵔ ᵔ
<terminated> demo20.04.py [/Users/lining/anaconda3/bin/python.app]
test1.py:4:11: F821 undefined name 'ia'
test1.py:5:5: F821 undefined name 'fun'
test1.py:6:1: W391 blank line at end of file
```

图 20-12　使用 Flake8 的 API 检测 test1.py 脚本文件

## 20.4 性能分析

性能是程序测试的一项重要指标，如果程序的 bug 大多已经排除，但程序的性能堪忧，轻者会降低用户体验，重者会造成系统资源大量消耗，甚至会导致程序的崩溃。所以在程序发布的最后阶段，对程序的性能进行检测和分析是必不可少的。

在 Python 语言的标准库中已经内建了一些用于性能分析的模块，如 profile 模块就是用于性能分析的。通过 profile 模块中相应的 API，可以得到 Python 程序中函数的调用次数、执行时间以及其他信息。

**【例 20.5】** 本例对 test2.py 脚本文件的代码进行性能分析。

**实例位置：PythonSamples\src\chapter20\test2.py**

```python
import math
import profile
def circleArea(r):
    return math.pi * r * r

def sub(x,y):
    return x - y
# 在 test 函数中通过循环调用了 circleArea 函数和 sub 函数
def test():
    for i in range(10,20):
        print(circleArea(i))
        if i % 2 == 0:
            print(sub(circleArea(i * i) ,10))
# 调用 profile 模块中的 run 函数运行 test 函数，并输出 test 函数中的执行细节
profile.run('test()')
```

程序运行结果如图 20-13 所示。

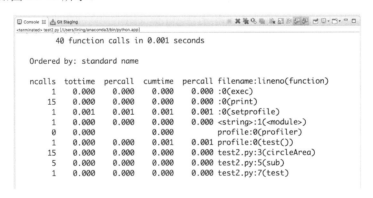

图 20-13 输出 test 函数的调用信息

调用 run 函数后，除了正常执行 test 函数外，还会输出一个统计表，其中包含了多个字段。这些字段的含义如下：

❑ ncalls：调用次数。

❑ tottime：函数的总执行时间（不包括调用子函数的时间）。

❑ 第 1 个 percall：tottime 除以 ncalls 的值。

❑ cumtime：函数执行的总时间，包括子函数的执行时间。

❏ 第 2 个 percall：curtime 除以累计调用次数（当前函数与子函数的调用次数）的值。

❏ filename:lineno(function)：提供每个函数的数据（函数名以及其他信息）。

如果通过 run 函数的第 2 个参数指定了文件名，run 函数会直接将这些性能分析数据保存到这个文件中。

```
profile.run('test()', 'test.profile')
```

test.profile 是一个二进制文件，无法直接打开查看，需要使用例 20.6 的代码输出分析数据。

【例 20.6】　本例使用 pstats 模块的 Stats 类读取 test.profile 文件，并输出该文件的内容。

**实例位置：PythonSamples\src\chapter20\demo20.06.py**

```
import pstats
p = pstats.Stats('test.profile')
p.print_stats()
```

执行这段代码，会输出与图 20-13 类似的分析数据。

## 20.5　小结

本章讨论的内容并不是编写很酷的程序，而是保证用户愿意使用你的程序。不管拥有多么好的创意，界面多么绚丽，软件一运行就崩溃，或者运行结果总与用户的期望背道而驰，那么这样的软件估计也没多少人用。因此，要想让自己编写的软件成功被用户接受，对软件进行全面的测试是必不可少的。测试是一门独立的学科，也是 IT 技术的一个重要分支。光靠本章讨论的这些内容远远不够。本章只是抛砖引玉，让读者对测试有一个新的认识，让自己编写的软件更健壮。

## 20.6　实战与练习

本章练习题，除了配有答案（源代码）外，还会在赠送的视频课程中讲解。

1. 编写一个 Python 程序，使用 doctest 模块测试下面的 factorial 函数（阶乘函数）。

```
def factorial(n):
    if n == 0:
        return 1
    elif n == 1:
        return 1
    else:
        return factorial(n - 1) * n
```

答案位置：PythonSamples\src\chapter20\practice\solution20.1.py

2. 编写一个 Python 程序，使用 unittest 模块测试第 1 题的 factorial 函数。

答案位置：PythonSamples\src\chapter20\practice\solution20.2.py

# 第三篇　Python Web 开发

Python Web 开发篇（第 21 章、第 22 章），主要讲解了 Python 语言中最流行的两个 Web 开发框架（Flask 和 Django）的使用方法。本篇各章标题如下：

第 21 章　Python Web 框架：Flask

第 22 章　Python Web 框架：Django

# 第 21 章

# Python Web 框架：Flask

Python 经常被称为全栈开发语言，这里的全栈是指可以开发多种类型的应用，包括但不限于 Web 应用、桌面应用、服务端应用、移动应用等。本章要讨论的 Flask 就是用来开发 Web 应用的微内核框架。这里的 Web 应用，主要是指类似于 PHP、Servlet、JSP 一样的应用。也就是用 Flask 加上 Python 语言可以开发处理 HTTP/HTTPS 请求的应用。这些应用通常是安装在服务端的。用户通过浏览器输入 URL，然后 Web 应用会返回给浏览器响应信息。

其实 Python 语言本身有着对网络的强大支持，那么为什么要使用 Flask 框架呢？这主要是因为基于 HTTP/HTTPS 的应用在很多处理工作上是重复的，如 Cookie、Session 等。所以最好的方法是将这些重复的代码抽象出来形成一个代码集合，久而久之，就形成了一个框架。Python 语言支持很多 Web 框架，Flask 是其中最简单、最容易学习的 Web 框架。这主要是由于 Flask 是微内核的 Web 框架。这里的微内核是指 Flask 只包含最基础的部分，并不包含像数据库抽象层、表单验证、文件上传，以及各种各样的认证功能。所以 Flask 框架本身非常小。

默认情况下，Flask 不包含数据库抽象层、表单验证，或是其他任何已有多种库可以胜任的功能。然而，Flask 支持用扩展来给应用添加这些功能，如同是 Flask 本身实现的一样。众多的扩展提供了数据库集成、表单验证、上传处理、各种各样的开放认证技术等功能。Flask 也许是"微小"的，但它已准备好在需求繁杂的生产环境中投入使用。如果要在程序中使用这些高级功能，可以通过 Flask 扩展将这些功能集成到自己的应用中。这些 Flask 扩展很多是第三方开发的，不过 Flask 核心团队会审阅这些扩展，确保经过检验的扩展在未来版本中仍能适用。

通过阅读本章，您可以：

❑ 了解什么是 Flask 框架
❑ 掌握 Flask Web 应用的基本步骤
❑ 掌握静态路由和动态路由
❑ 掌握如何获取 Request 和 Response 数据
❑ 掌握 Cookie 和 Session 的使用方法
❑ 掌握静态文件和重定向的使用方法
❑ 了解什么是 Jinja2 模板
❑ 掌握编写 Jinja2 Web 应用的步骤
❑ 掌握如何向 Jinja2 模板传入复杂数据
❑ 掌握 Jinja2 模板过滤器
❑ 掌握 Jinja2 条件控制指令
❑ 掌握 Jinja2 循环控制指令

❑ 掌握宏操作
❑ 掌握 include 指令
❑ 掌握模板继承
❑ 掌握如何使用 Flask-WTF 处理表单数据

## 21.1　Flask 基础知识

本节将介绍一些 Flask 的基础知识，如路由、Request、Response、Cookie、Session 等。如果使用的是 Anaconda Python 开发环境，Flask 框架已经集成到 Anaconda 中，所以并不需要单独安装 Flask。如果使用的是标准的 Python 开发环境，可以使用下面的命令安装 Flask：

```
pip install Flask
```

### 21.1.1　使用 8 行代码搞定 Web 应用

Flask 框架的一大特色就是简单。只需要很少的代码，就可以编写一个可以运行的 Web 应用。下面就看一下使用 Flask 框架开发 Web 应用的基本步骤。

（1）导入 Flask 模块：与 Flask 相关的 API 都在 Flask 模块中，所以在使用 Flask 框架之前，必须导入 Flask 模块。

（2）创建 Flask 对象：一个 Flask 对象表示一个 Flask 应用。

（3）编写路由：要想在浏览器中通过 URL 访问 Web 应用，必须至少编写一个路由。这里的路由其实就是客户端请求的 URL 与服务端处理这个 URL 的程序的一个映射。Flask 中一个路由就是一个 Python 函数。

（4）调用 Flask 对象的 run 方法启动 Web 应用：要想长久处理客户端的请求，Web 应用必须永久运行。调用 run 方法后，Web 应用就会一直处于运行状态，以便等待客户端的请求。

【例 21.1】　本例会使用 Flask 框架编写一个最基本的 Web 应用，这个 Web 应用的代码只有 8 行（不包括注释）。在 Web 应用中添加了一个根路由，然后通过浏览器访问这个根路由，会在浏览器中显示服务器当前的时间。

**实例位置：PythonSamples\src\chapter21\demo21.01.py**

```python
# 导入 flask 模块中的 Flask 类
from flask import Flask
from time import *
# 创建 Flask 对象，一般会将当前模块的名字传入 Flask 类的构造方法
app = Flask(__name__)
# 定义路由方法
@app.route('/')
def hello():
    # 返回服务器的时间
    return strftime('%Y-%m-%d %H:%M:%S',localtime(time()))
if __name__ == "__main__":
    # 运行 Web 应用
    app.run()
```

现在运行程序，会在 Console 中输出如图 21-1 所示的信息。

图 21-1　启动 Web 应用

根据图 21-1 所示的输出信息，用 Flask 框架开发的 Web 应用的默认端口号是 5000。所以如果机器上 5000 端口号已经被占用，请关闭占用 5000 端口号的应用，然后再次运行本例。图 21-2 所示是端口号被占用后输出的错误信息。

如果本例启动成功，请打开浏览器（IE、Chrome、Firefox 等），在浏览器地址栏输入如下的 URL：
http://127.0.0.1:5000

按 Enter 键后，会在浏览器中输出如图 21-3 所示的信息。

图 21-2　5000 端口号被占用后输出的错误信息　　　图 21-3　在浏览器中访问 Web 应用

在阅读本例代码时要了解如下几点：
- 基于 Flask 的 Web 应用的默认端口号是 5000。
- Flask 中的路由是一个函数，使用@app.route 修饰。route 的参数就是路由的路径。本例是 "/"，表示根路由。如果在本机访问，就是 http://localhost:5000。可以使用 route 添加更深的路径，如@app.route('\abc')，客户端访问该路由的 URL 是 http://localhost:5000/abc。
- 路由函数的返回值会直接当作返回给客户端的值，也就是 HTTP 响应数据。
- 一般会在 if __name__ == "__main__"中运行 run 方法来启动 Web 服务。这个条件语句用来判断当前模块是直接运行的（通过 python 命令运行），还是通过其他模块调用的。如果条件为 True，表示是直接运行的。只有直接运行的模块才能启动 Web 服务。因为这个模块很可能会被其他模块引用，如果不加这个条件判断，就会重复启动 Web 服务。

## 21.1.2　静态路由和动态路由

路由分为静态和动态两种，静态路由就是在上一节使用的路由，直接使用@app.route 定义，route 的参数值就是路由，也就是在浏览器地址栏中输入 URL 的路径。例如，@app.route('/greet/abc')表示访问该路由的 URL 是 http://localhost:5000/greet/abc。

尽管静态路由可以解决大多数问题，但如果有多个类似的路由要使用同一个路由函数处理，或想通过 URL 的路径传递一些参数，就要用到动态路由。先看下面几个 URL。

http://localhost:5000/greet/xyz

http://localhost:5000/greet/abc

http://localhost:5000/greet/what

http://localhost:5000/greet/test

http://localhost:5000/greet/geekori

上面 5 个 URL 只有路径的最后部分不同（xyz、abc、what、test、geekori），前面的都相同。如果想让这 5 个 URL 都是用同一个路由函数处理，就要用到动态路由。

动态路由的解决方案是将 URL 中不同的部分作为变量处理，也就是说，需要将 xyz、abc、what、test、geekori 这 5 个值映射到服务端的一个变量中。这个变量也需要在路由中定义。需要使用一对尖括号（<...>）将变量括起来。假设保存这 5 个值的变量名为 name（也可以将 name 称为动态路由的参数），那么动态路由的定义代码如下：

```
@app.route('/greet/<name>')
```

不过光定义一个带参数的路由还不行，需要将这个参数传递给路由函数，否则服务端还是无法获得这个动态路径的值。要想将路由参数传入路由函数，在路由函数中也必须要有一个与路由参数同名的参数。

```
@app.route('/greet/<name>')
# fun 函数的参数名必须与路由参数名相同
def fun(name):
    ...
```

当访问上面的 5 个 URL 或其他类似 URL 时，就都会映射到上面的 fun 函数进行处理，这就是动态路由的定义和使用方式。

一个动态路由可以有任意多个路由参数，而且可以形成更复杂的动态路由。例如，可以组成多级的动态路由，可以将一个复杂的路径拆成多个路由参数。

```
# 多级动态路由，如 http://localhost:5000/abc/xyz/hello 匹配这个路由
# 参数 x 的值是 abc，参数 y 的值是 xyz，参数 z 的值是 hello
@app.route('/greet/<x>/<y>/<z>')
def fun1(x,y,z):
    return '<h1>{},{},{}</h1>'.format(x,y,z)
# 一个路径由 3 个路由参数组成，如 http://localhost:5000/abc-xyz-hello 匹配这个路由
# 参数 x 的值是 abc，参数 y 的值是 xyz，参数 z 的值是 hello
@app.route('/greet/<x>-<y>-<z>')
def fun2(x,y,z):
    return '<h1>{}*{}*{}</h1>'.format(x,y ,z)
```

【例 21.2】 本例演示了如何设置静态路由和动态路由，包括多级动态路由、路由参数以及静态路由和动态路由优先级等内容。

实例位置：**PythonSamples\src\chapter21\demo21.02.py**

```
from flask import Flask
app = Flask('__name__')
# 根路由
@app.route('/')
def index():
    return '<h1>root</h1>'
# 静态路由: /greet
@app.route('/greet')
def greet():
    return '<h1>Hello everyone</h1>'
# 静态路由: /greet/lining1
```

```
@app.route('/greet/lining1')
def greetLining():
    return '<h1>Hello lining</h1>'
# 动态路由：/greet/abc、/greet/xyz 等
@app.route('/greet/<name>')
def greetName(name):
    return '<h1>hello my {}</h1>'.format(name)
# 动态路由：/greet/a/b/c、greet/xyz/abc/ppp 等
@app.route('/greet/<a1>/<a2>/<a3>')
def args1(a1,a2,a3):
    return '<h1>{},{},{}</h1>'.format(a1,a2,a3)
# 动态路由：/greet/a-b-c、/greet/xyz-ppp-ddd 等
@app.route('/greet/<a1>-<a2>-<a3>')
def args2(a1,a2,a3):
    return '<h1>{}*{}*{}</h1>'.format(a1,a2,a3)
if __name__ == '__main__':
    app.run()
```

运行程序，然后打开浏览器，在浏览器中输入下面的 URL：

http://localhost:5000/greet/lining1

输入上面的 URL 后，会在浏览器中输出如图 21-4 所示的信息。

也可以按这样的方式访问本例的其他静态路由。现在通过下面的 URL 访问本例的动态路由：

http://127.0.0.1:5000/greet/xyz/abc/ppp

输入上面的 URL 后，会在浏览器中输出如图 21-5 所示的信息。

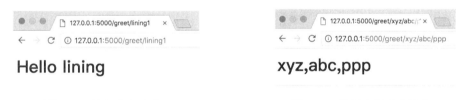

图 21-4　访问静态路由　　　　　　图 21-5　访问多级动态路由

很明显，访问上面的 URL 后，服务端会将这个 URL 映射到 args1 函数，在 args1 函数中会通过路由参数获取 URL 路径中的 xyz、abc 和 ppp，并将这三个值格式化后返回给客户端。

接下来访问下面的 URL，看看会发生什么。

http://127.0.0.1:5000/greet/xyz-abc-ppp

访问上面的 URL 后，会在浏览器中输出如图 21-6 所示的信息。

图 21-6　访问动态路由

当访问上面的 URL 后，服务端会将这个 URL 与 args2 函数匹配，接下来的处理方式与 args1 函数类似。

到现在为止，相信读者对静态路由和动态路由的用法已经相当清楚，但可能有的读者会有这样的

疑问：如果一个 URL 同时满足静态路由和动态路由，那么服务端会如何处理呢？

其实这种情况就涉及路由优先级的问题。静态路由的优先级永远高于动态路由。例如，访问 http://localhost:5000/greet/lining1 时，很明显，这个 URL 同时满足 greetLining 函数对应的静态路由和 greetName 函数对应的动态路由。但根据路由优先级原则，系统会优先使用 greetLining 函数。

### 21.1.3 获取 HTTP 请求数据

客户端通过 URL 访问服务端程序，会发送给服务端两类信息，一类是 HTTP 请求头，另外一类就是请求数据。一般 HTTP 请求会通过 GET 方法和 POST 方法向服务端提交数据。因此，服务端程序需要获得客户端的这些请求数据，然后会做进一步的处理。例如，如果服务端要想对客户端的类型（使用什么浏览器）做一下统计，就需要获取 HTTP 请求头中的 User-Agent 字段的值。如果要得到客户端表单提交的数据，就要在服务端获取 GET 请求或 POST 请求的数据。

读取 POST 请求在本章后面的部分会详细介绍，本节先看一个如何读取 HTTP 请求头和 GET 请求的数据。在 Flask 中读取 HTTP 请求头和 GET 请求的数据需要导入 flask 模块中的一个全局变量 request，然后使用 request.headers.get(…)读取 HTTP 请求头数据。get 方法的参数就是 HTTP 请求头字段的名称。使用 request.args.get(…)读取 GET 请求中的某个字段的值。get 方法的参数值就是 GET 请求的字段名称。

【例 21.3】 本例编写了两个路由，分别用来读取 HTTP 请求头数据和 GET 请求数据。

实例位置：**PythonSamples\src\chapter21\demo21.03.py**

```
from flask import Flask
from flask import request

app = Flask(__name__)
# 根路由，用来读取 HTTP 请求头数据
@app.route('/')
def index():
    # 读取 HTTP 请求头的 User-Agent 字段值
    user_agent = request.headers.get('User-Agent')
    return '<h1>Your browser is %s</h1>' % user_agent
# 用于读取 GET 请求数据的路由
@app.route('/abc')
def abc():
    # 读取 GET 请求中的 arg 字段值
    value = request.args.get('arg')
    return '<h1>arg = %s</h1>' % value
if __name__ == '__main__':
    app.run()
```

运行程序，然后在浏览器地址栏中输入如下的 URL：

http://localhost:5000

访问上面的 URL 后，会在浏览器中输出如图 21-7 所示的信息。要注意的是，这个输出信息会根据使用的浏览器不同而有所差异。但都会描述使用的浏览器类型。例如，本例使用 Chrome 浏览器进行测试，所以输出信息会出现 Chrome 以及对应的版本号。

接下来在浏览器地址栏输入如下的 URL：

http://localhost:5000/abc?arg=hello

会在浏览器中输出如图 21-8 所示的内容。

| | |
|---|---|
| Your browser is Mozilla/5.0 (Macintosh; Intel Mac OS X 10_13_1) AppleWebKit/537.36 (KHTML, like Gecko) Chrome/63.0.3239.132 Safari/537.36 | arg = hello |
| 图 21-7　返回浏览器类型 | 图 21-8　返回 GET 请求参数值 |

## 21.1.4　Response 与 Cookie

我们已经知道，路由函数的返回值会作为 HTTP 响应信息返回给客户端。不过如果要对 HTTP 响应信息做更复杂的操作，如设置 HTTP 响应头，就需要获得 HTTP 响应对象，也就是 Response 对象。

获取 Response 对象需要导入 Flask 模块的 make_response 函数，该函数用于返回一个 flask.wrappers.Response 对象，然后路由函数直接返回这个 Response 对象即可。

Response 对象有很多常用的场景，例如，可以通过 Response 对象向客户端写入 Cookie。相信编写过 Web 应用的读者应该对 Cookie 很了解。Cookie 其实就是服务端向客户端浏览器写入的一段文本信息（最大是 4KB），那么服务端是怎么通知客户端要写入什么的？其实就是通过 HTTP 响应头向客户端浏览器发送要写入的 Cookie 信息。也就是说，在服务端写入 Cookie 的操作就是设置 HTTP 响应头，这就要用到 Response 对象中的 set_cookie 方法。该方法需要传入三个参数：第 1 个参数是 Cookie 的 key[①]，第 2 个参数是 Cookie 的值，第 3 个参数是 Cookie 的过期时间。

```
# 向客户端写入 Cookie，有效期是 20s。20s 后，Cookie 自动失效
response.set_cookie('name', 'lining' ,max_age=20);
```

Cookie 的主要目的是跟踪客户端浏览器。当某个浏览器访问了服务端，服务端就会向客户端浏览器写入一个或多个 Cookie。当该浏览器再次访问服务端时，服务端就会知道这个浏览器曾经访问过服务端。那么这是如何做到的呢？这就涉及浏览器读取 Cookie，并将其通过 HTTP 请求发送给服务端的过程。浏览器读取 Cookie 是自动的，不需要干涉。但对于服务端程序来说，需要读取从客户端浏览器发过来的 Cookie，这就要使用到前面介绍的 request 变量。

```
# 从客户端读取名为 name 的 Cookie 的值，并将读取结果赋给 value 变量
value = request.cookies.get('name');
```

【例 21.4】　本例通过根路由获取了 Response 对象，并返回了这个 Response 对象。然后通过 writeCookie 路由函数向客户端写了一个 Cookie，最后通过 readCookie 路由函数从 HTTP 请求中读取了这个 Cookie。

**实例位置：PythonSamples\src\chapter21\demo21.04.py**

```
from flask import Flask
from flask import request
from flask import make_response
```

---

① 服务端可能会向客户端写入多个 Cookie，为了区分每一个 Cookie，就将每一个 Cookie 写在相应的 key 下，类似于 Python 语言中的字典。

```
app = Flask(__name__)
# 用于获取并返回 Response 对象的根路由
@app.route('/')
def index():
    response = make_response('<h1>This document is response text</h1>')
    return response
# 向客户端写入 Cookie 的动态路由
@app.route('/writecookie/<cv>')
def writeCookie(cv):
    response = make_response('<h1>Cookie 已经写入</h1>')
    # 向客户端写 Cookie，有效期是 20s
    response.set_cookie('cv', cv,max_age=20);
    return response
# 从 HTTP 请求读取 Cookie 的路由
@app.route('/readcookie')
def readCookie():
    value = request.cookies.get('cv');
    print(value)
    # 如果 Cookie 过期，输出"Cookie 失效"
    if value == None:
        value = 'Cookie 失效';
    return value
if __name__ == '__main__':
    app.run()
```

运行程序，然后在浏览器地址栏中输入 http://localhost:5000，会得到如图 21-9 所示的输出内容。

接下来在浏览器地址栏中输入 http://localhost:5000/writecookie/hello，将值为 hello 的 Cookie 写入客户端，会在浏览器中输出如图 21-10 所示的内容。

图 21-9　路由函数返回 Response 对象　　　　　　　图 21-10　写入 Cookie

最后在浏览器地址栏中输入 http://localhost:5000/readcookie 来读取 Cookie，会在浏览器中输出如图 21-11 所示的内容。

由于 Cookie 的有效期是 20s，所以等待 20s 后，再刷新页面，会看到在浏览器上输出如图 21-12 所示的信息。

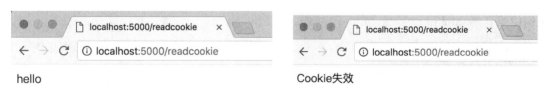

图 21-11　读取 Cookie　　　　　　　　　　　图 21-12　Cookie 失效

## 21.1.5　会话

Cookie 是存储在客户端的，而会话（Session）是存储在服务端的，也可以将 Session 称为服务端的 Cookie。因为 Cookie 和 Session 的使用方式都和字典一样，通过 key 存储和获取值。

服务端会为每一个客户端浏览器创建一个 Session 对象。也就是说，客户端浏览器不仅仅可以在本地将数据保存在 Cookie 中，还可以将敏感或大量的数据存储到服务端的 Session 对象中。

在 Flask 中使用 Session 需要如下几步：

（1）导入 flask 模块中的 session 变量。

（2）在设置 Session 时将 session.permanent 属性设为 True。

（3）设置 app.secret_key，用于对保存到客户端的 Session-Cookie-id 加密。

（4）通过 app.permanent_session_lifetime 属性设置 Session 的有效期。

上面步骤中涉及一个 Session-Cookie-id，这是什么东西呢？其实这就要涉及 Session 内部实现的原理。前面已经讲了，Session 对象与客户端浏览器是一一对应的。也就是说，使用浏览器 A 访问服务端和使用浏览器 B 访问服务端，使用的是两个 Session 对象。当然，用浏览器 A 多次访问服务端，仍然会使用同一个 Session 对象。那么服务端如何知道是哪一个客户端浏览器访问的服务端呢？其实在服务端设置 Session 时，会向客户端自动写入一个 Cookie，这个 Cookie 是一个 ID。这个 ID 也用来在服务端寻找 Session 对象。因为在服务端可能会为多个客户端创建多个 Session 对象，通过每个 Session 的 ID 来定位相应的 Session 对象。也就是说，在服务端会有一个大的字典，字典的 Key 就是 Session ID，通过这个 Key，可以找到对应的 Session 对象。每一个 Session 对象也相当于一个小的字典，Key 是保存在 Session 中的字段名，Value 是字段值。由于 Session ID 是通过 Cookie 写入客户端的，所以也可以称这个 ID 为 Session-Cookie-ID。当浏览器再次访问服务端时，就会将 Session-Cookie-ID 连同其他的 Cookie 数据一起发送给服务端，服务端获得这个 Session-Cookie-ID 后，就会找到对应的 Session 对象。

【例 21.5】　本例创建了三个路由用于模拟登录和注销的过程。根路由用于显示登录状态，/login 路由用于登录，/logout 路由用于注销登录。

实例位置：**PythonSamples\src\chapter21\demo21.05.py**

```
from flask import Flask
from flask import request
from flask import session
from datetime import *
app = Flask(__name__)
# 用于显示登录状态的根路由
@app.route('/')
def index():
    # 如果 Session 中有 username，表明已经登录
    if 'username' in session:
        return '已经登录 %s' % session['username']
    return '未登录'
# 用于登录的/login 路由
@app.route('/login')
def login():
    session.permanent = True
    # 直接通过 GET 请求的 username 字段指定用户名
    # 并将用户名以 Key 为 username 的形式保存到 Session 对象中
    session['username'] = request.args.get('username')
```

```
        return '登录成功'
# 注销登录状态的/logout 路由
@app.route('/logout')
def logout():
    # 将 username 从 Session 对象中弹出
    session.pop('username',None)
    return '注销成功'
# 设置用于加密的 key
app.secret_key = 'geekori.com'
# 设置 Session 的有效期（20s）
app.permanent_session_lifetime = timedelta(seconds = 20)

if __name__ == '__main__':
    app.run()
```

现在运行程序，然后在浏览器地址栏输入 http://localhost:5000，会显示如图 21-13 所示的信息。因为这时 Session 中还没有 username 字段。

图 21-13　未登录状态

接下来使用下面的 URL 登录：

http://localhost:5000/login?username=bill
登录成功后，会在浏览器中输出如图 21-14 所示的信息。

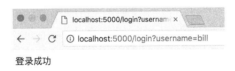

图 21-14　登录成功

然后再访问 http://localhost:5000，会在浏览器中显示已经成功登录，并显示登录用户名为 bill，如图 21-15 所示。

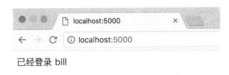

图 21-15　显示登录成功状态

当使用 http://localhost:5000/logout 注销登录后，再访问 http://localhost:5000，会显示如图 21-13 所示的"未登录"信息。由于 Session 的过期时间是 20s，所以即使不注销登录，过 20s 后，访问 http://localhost:5000 仍然会显示"未登录"信息。

### 21.1.6　静态文件和重定向

Web 应用有一类重要资源：静态文件。例如，html、js、css、图像文件等都属于静态文件。在客户端访问服务端的静态资源一般有两种方式：第 1 种方式是转发，第 2 种方式是直接访问。转发一般是将路由与静态文件做一个映射，通过 Flask 对象的 send_static_file 方法进行转发。直接访问是在浏览器中直接输入静态资源的 URL，或通过路由进行重定向。重定向可以通过 redirect 函数完成。静态资源默认要放在 static 目录中。所以在放置静态资源之前，先在 Python 源文件所在的目录建立一个 static 子目录，然后在 static 目录放置一些静态资源，如 p.png、test1.txt 等。

【例 21.6】　本例创建了两个路由/test 和/abc，前者用来转发静态资源，后者用来重定向静态资源。实例位置：**PythonSamples\src\chapter21\demo21.06.py**

```python
from flask import *
app = Flask(__name__)
# 用于转发静态资源的路由
@app.route('/test')
def test():
    # 转发静态资源
    return app.send_static_file('test1.txt')
# 用于重定向静态资源的路由
@app.route('/abc')
def abc():
    # 重定向静态资源
    return redirect('/static/test1.txt')
if __name__ == '__main__':
    app.run()
```

运行程序，然后在浏览器地址栏中输入 http://localhost:5000/test，在浏览器中会显示 test1.txt 文件中的内容，但浏览器地址栏中显示的仍然是 http://localhost:5000/test。

接下来在浏览器地址栏中输入 http://localhost:5000/abc，在浏览器中仍然会显示 test.txt 文件的内容（假设该文件中的文本是"hello world"），但地址栏的 URL 却变成了 http://localhost:5000/static/test1.txt，如图 21-16 所示。

图 21-16　重定向 URL

这个 URL 是 test1.txt 的真实 URL。访问 static 目录中的静态资源，都必须在 URL 的路径中添加 static。例如，访问 static 目录中的 p.png 文件，需要使用 http://localhost:5000/static/p.png。使用 redirect 函数重定向 URL 也需要指定 static 目录，但使用 send_static_file 方法转发静态资源不用指定 static，该方法会自动到 static 目录去寻找静态资源文件。

## 21.2　Jinja2 模板

虽然通过路由函数的返回值可以向客户端发送 HTML 代码，但如果代码非常复杂，就不适合将 HTML、JS 等进行硬编码。当然，可以将这些代码保存在文件中，然后通过 open 函数或其他 API 读取文件的内容，再使用路由函数返回这些代码。首先可以肯定，这是一个非常好的处理方式，但不用这么麻烦，因为 Flask 已经提供了类似的功能，这就是 Jinja2 模板。本节会详细介绍如何使用 Jinja2 模板让路由函数返回更复杂的内容。

## 21.2.1　第一个基于 Jinja2 模板的 Web 应用

Jinja2 模板与静态的 HTML 页面类似，只是在模板代码中包含了一些模板表达式，用于控制从服务端获取的数据。当然，也可以没有这些模板表达式，这样模板代码与 HTML 页面就完全一样了。因此，Jinja2 模板其实就是静态的 HTML 代码和动态的模板表达式的合体。

要想使用 Jinja2 模板，需要从 flask 模块导入 render_template 函数，然后在路由函数中调用 render_template 函数，该函数的第 1 个参数就是模板文件名。Jinja2 模板默认需要保存在 templates 目录。模板文件名的扩展名并没有强制要求，如 abc.html、index.txt 都可以作为 Jinja2 模板文件。

最简单的 Jinja2 模板文件就是普通的 HTML 文档，不过只是静态的 HTML 代码没有什么意义。需要在访问路由时向模板传入相应的参数，并在模板中以一定的样式显示在浏览器中。因此，这就要用到 render_template 函数的关键字参数。假设有一个模板文件（index.txt），代码如下：

```
<h1>Hello, {{name}}</h1>
```

index.txt 文件的代码类似普通的 HTML 代码，只是其中多了一个{{name}}，这个用{{…}}括起来的部分就是模板表达式。在使用 render_template 函数调用 index.txt 模板文件时，需要通过关键字参数指定 name 的值。

```
render_template('index.txt', name='Bill')
```

使用上面的代码调用 index.txt 模板文件时指定了 name 关键字参数，当将 render_template 函数返回值返回给客户端时，{{name}}会被替换成 Bill。

```
<h1>Hello, Bill</h1>
```

【例 21.7】　本例创建了两个路由：根路由和动态路由（/user/<name>）。根路由会使用名为 index.html 的模板文件，该模板文件是静态的 HTML 代码，没有任何模板表达式。动态路由使用了一个名为 user.txt 的模板文件，并传入了一个名为 name1 的关键字参数。

实例位置：**PythonSamples\src\chapter21\demo21.07.py**

```python
from flask import Flask, render_template
app = Flask(__name__)
@app.route('/')
def index():
    # 使用 index.html 模板文件
    return render_template('index.html')
@app.route('/user/<name>')
def user(name):
    # 使用 user.txt 模板文件，并传入 name1 关键字参数
    return render_template('user.txt', name1=name)

if __name__ == '__main__':
# host 关键字参数设为'0.0.0.0'，表示可以通过远程访问 Web 应用
# 通过 port 关键字参数改变了默认的端口号
    app.run(host = '0.0.0.0', port='1234')
```

在运行程序之前，先在当前目录建立一个 templates 子目录，然后在 templates 子目录中建立两个文件：index.html 和 user.txt。代码如下：

（1）index.html

```
<h1>Hello world</h1>
```

（2）user.txt

```
<h1>Hello, {{name1}}</h1>
```

现在运行程序，然后在浏览器地址栏中输入 http://localhost:1234，会在浏览器中显示如图 21-17 所示的内容。

然后在浏览器地址栏中输入如下的 URL：

http://localhost:1234/user/Mike

访问上面的 URL 后，会在浏览器中输出如图 21-18 所示的内容。

# Hello world

图 21-17　使用 index.html 模板文件

# Hello, Mike

图 21-18　使用 user.txt 模板文件

在本例的最后调用 run 方法时使用了 host 关键字参数。如果不指定该参数，Web 应用只能通过 127.0.0.1 或 localhost 访问，不同于通过本机的 IP 地址（如 192.168.1.20）访问。将 host 参数设为'0.0.0.0'，会让 Web 应用能够通过本机对外的 IP 访问。另外，port 关键字参数是用来设置 Web 应用的端口号的，默认端口号是 5000。

## 21.2.2　在 Jinja2 模板中使用复杂数据

在上一节向 Jinja2 模板文件传递了一个字符串类型的值，但在实际应用中，还需要传递一些复杂类型的数据，例如，列表、字典、对象等。向模板文件传递这些复杂类型数据的方式与内建类型（整数、字符串等）类似。但在模板文件中，要引用变量内部的值。如传递一个列表 mylist，需要在模板文件中使用 mylist[0]、mylist[1] 引用列表中的元素。传递一个字典 mydict，需要在模板文件中使用 mydict['key'] 引用 key 对应的 value。

【例 21.8】　本例向模板文件 template.txt 传递了 4 种复杂类型（列表、字典、对象和函数）的数据，并在模板文件中输出这些复杂类型数据中相应的值。

**实例位置：PythonSamples\src\chapter21\demo21.08.py**

```python
from flask import Flask,render_template

app = Flask(__name__)
# 在模板文件中会访问该类的实例
class MyClass:
    def func(self):
        return 'func'
# 在模板文件中会调用该函数
def myfunc():
```

```
        return 'myfunc'
# 定义根路由，通过 template.txt 模板文件向客户端返回数据
@app.route('/')
def index():
    # 要传递给模板文件的字典
    mydict = {}
    mydict['type'] = 'dict'
    # 要传递给模板文件的列表
    mylist = []
    mylist.append('list')
    myclass = MyClass()
    # 通过 render_template 函数装载模板文件，并通过关键字参数传递给模板文件 4 个值
    return render_template('template.txt', mydict = mydict,
                    mylist = mylist, myclass=myclass,
                    myfunc = myfunc)

if __name__ == '__main__':
    app.run(host = '0.0.0.0', port='1234')
```

在运行程序之前，需要在 templates 目录中建立一个 template.txt 文件，然后输入如下的代码：

```
<html>
    <head>
        <meta charset='UTF-8'>
        <title>Jinja2 模板测试</title>
    </head>
    <body>
        <h1>字典：{{mydict['type']}}</h1>
        <h1>列表：{{mylist[0]}}</h1>
        <h1>函数：{{myfunc()}}</h1>
        <h1>对象：{{myclass.func()}}</h1>
    </body>
</html>
```

在 template.txt 模板文件中仍然通过{{…}}定义模板表达式。只是在模板表达式中不光有变量名，还使用了与 Python 语言相同的方式引用不同类型变量的值，如引用字典 mydict 中 key 为"type"的值的代码是{{ mydict['type']}}。

现在运行本例，然后在浏览器地址栏中输入 http://localhost:1234，会在浏览器中输出如图 21-19 所示的内容。

图 21-19  向 Jinja2 模板文件传递复杂数据

### 21.2.3　在 Jinja2 模板中的过滤器

服务端向客户端返回的数据可能来自于多种数据源，例如，本地文件、数据库或自己产生的数据。这些数据的格式可能并不能满足客户端的需要，这就要对这些数据进行二次加工。例如，从数据库中获得了人名列表，客户端要求人名中包含的英文字母都要大写，这就要求对这些人名进行大写转换。这些工作可以在服务端完成，也可以在客户端完成。本节只讨论如何在客户端利用 Jinja2 模板的过滤器完成转换工作，因为使用这些内置的转换器是不需要编写一行代码的，这对于前端设计人员非常友好。

Jinja2 模板内置了一些过滤器，例如，upper 过滤器可以将所有的英文字母都转换为大写，lower 过滤器可以将所有的英文字母都转换为小写。过滤器需要放在模板表达式变量的后面，与变量之间用竖杠（|）分隔。如{{value|upper}}表示将 value 变量中的英文字母都转换为大写形式。

【例 21.9】　本例向 filter.txt 模板文件传递两个值，都是字符串形式。在模板文件中，分别使用两个过滤器（capitalize 和 upper）对这两个值进行转换。capitalize 过滤器会将值的首字母变成大写形式，其他字母都变成小写形式。upper 过滤器会将英文字母变成大写形式。

**实例位置：PythonSamples\src\chapter21\demo21.09.py**

```python
from flask import Flask,render_template
app = Flask(__name__)
@app.route('/')
def index():
    # 向 filter.txt 模板文件传递两个值
    return render_template('filter.txt',name='bill',value='I love python.')
if __name__ == '__main__':
    app.run(host = '0.0.0.0', port='1234')
```

在 templates 目录中建立一个 filter.txt 文件，并输入如下的代码：

```html
<html>
    <head>
        <meta charset='UTF-8'>
        <title>Jinja2 过滤器</title>
    </head>
    <body>
        <!-- 将 name 变量中值的首字母都变成大写形式，其他字母都变成小写形式 -->
        <h1>Hello,{{name|capitalize}}</h1>
        <!-- 将 value 变量中的英文字母都变成大写形式 -->
        <h2>{{value|upper}}</h2>
    </body>
</html>
```

运行程序，然后在浏览器地址栏中输入 http://localhost:1234，会在浏览器中输出如图 21-20 所示的内容。

**Hello,Bill**

**I LOVE PYTHON.**

图 21-20　Jinja2 模板的过滤器

Jinja2 支持如下的过滤器：

❑ safe：渲染值时不转义。

❑ capitalize：把值的首字母转换成大写，其他字母都转换成小写。

❑ lower：把值的所有字母都变成小写。

❑ upper：把值的所有字母都变成大写。

❑ title：把值中每个单词的首字母都转换成大写。

❑ trim：把值的首尾空格去掉。

❑ striptags：渲染之前将值中所有的 HTML 标签都去掉。

## 21.2.4 条件控制

向模板文件传递的值不仅用于显示，还可以用于控制。例如，当 intValue 变量值大于 10 时显示 value1，当 intValue 变量值小于 5 时显示 value2。这些控制要通过 Jinja2 模板的条件控制指令完成。

条件控制指令需要放在{%…%}中，条件控制指令有 4 个关键字：if、elif、else 和 endif。完整的条件控制指令如下所示。

```
# value 是从服务端传递给模板的变量值
{% if value > 10 %}
    value1
{% elif value < 5 %}
    value2
{% else %}
    value3
{% endif %}
```

如果条件指令要判断多个条件，中间可以用 and 表示逻辑与，用 or 表示逻辑或，也可以用 not 表示条件的逻辑非。

【例 21.10】 本例完整地演示了 Jinja2 模板中的逻辑控制指令的使用方法。

**实例位置：PythonSamples\src\chapter21\demo21.10.py**

```
from flask import Flask,render_template
app = Flask(__name__)
@app.route('/')
def index():
    return render_template('if.txt',user='Bill',
                        intValue = 0.0,
                        list = [1,2,3],
                        dict = {'a':'b'},
                        value = None)
if __name__ == '__main__':
    app.run(host = '0.0.0.0', port='1234')
```

在上面的代码中向 if.txt 模板文件传递了多个值：user、intValue、list、dict 和 value。这些值都会在 if.txt 模板文件中使用条件控制指令进行处理。

接下来在 templates 目录中建立一个 if.txt 文件，并输入如下的内容：

```
<html>
    <head>
        <meta charset='UTF-8'>
```

```html
    <title>条件控制</title>
</head>
<body>
    <!-- 当条件为 False 时执行 -->
    {% if user %}
        Hello, {{user}}!
    {% else %}
        Hello, Stranger!
    {% endif %}
    <p>
    <!-- intValue 是数值类型 -->
    {% if not intValue %}
        intValue 的值为 0
    {% elif (intValue > 10) and (intValue < 20) %}
        intValue 的值在 10~20
    {% elif intValue > 100 %}
        intValue 的值大于 100
    {% else %}
        intValue 的值在其他的范围
    {% endif %}
    <p>
    <!-- 列表 -->
    {% if list %}
        列表中有值
    {% else %}
        列表不存在或没有值
    {% endif %}
    <p>
    <!-- 字典 -->
    {% if dict %}
        字典中有值
    {% else %}
        字典不存在或没有值
    {% endif %}

    <p>
    {% if not value %}
        value 为 None
    {% endif %}
</body>
</html>
```

现在运行程序，然后在浏览器地址栏中输入 http://localhost:1234，在浏览器中会输出如图 21-21 所示的内容。

在 if.txt 模板文件中使用了大量的逻辑控制指令，这些指令对不同类型的变量进行了逻辑判断，如字符串类型、数值类型、列表、字典等。那么现在有一个问题，到底在什么情况下条件为 True，什么情况下条件为 False 呢？

Jinja2 模板条件为 False 的条件：

❑ 变量不存在。

❑ 字符串为空（长度为 0 的字符串）。

❑ 数值为 0 或 0.0。
❑ 空列表（元素个数为 0 的列表）。
❑ 空字典（元素个数为 0 的字典）。
❑ None。

图 21-21　条件控制指令

### 21.2.5　循环控制

如果向模板文件传递一个列表或字典，那么在模板文件中一般会将列表或字典当作一个集合处理。例如，从数据库中查询出参加董事会的人员名单，将这些数据放到一个列表中，然后将列表传入模板。在模板中就需要将名单中所有人员的姓名显示出来，这就涉及一个对列表的迭代问题（或称为循环问题），通过 Jinja2 模板的循环控制指令很容易对列表和字典进行迭代，并获取序列中相应的值。

循环控制指令与 Python 语言中的 for 语句的写法类似，都是 for…in…结构。in 后面跟着序列，for 和 in 之间是序列当前迭代的值。假设 persons 是一个列表，对 persons 进行迭代的循环控制指令的代码如下：

```
{% for person in persons %}
  person<br>
{% endfor %}
```

【例 21.11】　本例向 for.txt 文件传递了两个列表，一个列表的元素是普通的字符串类型的值，另一个列表的元素是对象类型的值，该对象包含 id 和 name 两个属性。在 for.txt 模板文件中对这两个列表进行迭代，并输出相应的值。

实例位置：**PythonSamples\src\chapter21\demo21.11.py**

```
from flask import Flask,render_template
app = Flask(__name__)
class MyItem:
    def __init__(self,id,name):
        self.id = id
        self.name = name
@app.route('/')
def index():
    # 向 for.txt 模板文件传递两个列表
    return render_template('for.txt',products = ['iPhone9 Plus','特斯拉','兰博基尼','Bike'],
                        items=[MyItem(100,'Hello'),
                            {'id':2,'name':'John'},
```

```
                          {'id':3,'name':'Mary'}])
if __name__ == '__main__':
    app.run(host = '0.0.0.0', port='1234')
```

在 templates 目录中建立一个 for.txt 文件，并输入如下的代码：

```html
<html>
    <head>
        <meta charset='UTF-8'>
        <title>循环控制</title>
    </head>
    <body>
    <ul>
    <!-- 对 products 列表进行迭代 -->
    {% for product in products %}
        <li>{{product}}</li>
    {% endfor %}

    <p>
    <table border='1'>
    <tr>
    <th>
    id
    </th>
    <th>
    name
    </th>
    </tr>
    <!-- 对 items 列表进行迭代 -->
    {% for item in items %}
    <tr>
        <td>
            {{item.id}}    <!-- 获取列表中每个元素的 id 属性值 -->
        </td>
        <td>
            {{item.name}} <!-- 获取列表中每个元素的 name 属性值 -->
        </td>
    </tr>
    {% endfor %}
    </ul>
    </body>
</html>
```

现在运行程序，然后在浏览器地址栏中输入 http://localhost:1234，会在浏览器中输出如图 21-22 所示的内容。

在 for.txt 模板文件中，使用了循环控制指令对 products 列表和 items 列表进行了迭代。然后将对 products 的迭代结果放在<ul>…</ul>标签中，将对 items 的迭代结果放在一个表格中。items 中的元素值尽管都是对象，但创建的方式却不同。第 1 个元素直接使用了 MyItem 类的实例，后两个元素使用了{…}定义的字典。其实使用哪种方式并不重要，只要每一个元素都有 id 属性和 name 属性即可。

图 21-22　循环控制指令

## 21.2.6　宏操作

在编写 Python 程序时，代码会越来越多，而且还有很多地方调用同样或类似的代码。在这种情况下，通常会将这些被多处重复调用的代码放到函数或类中，只需要访问函数或类的实例就可以实现代码复用。解决代码过多问题的方案是将代码分散在多个 Python 脚本文件中，然后通过 import 导入相关的模块（Python 脚本文件）。

以上是编写 Python 程序时可能遇到的问题，其实在使用 Jinja2 模板时也会遇到这种情况。在 Jinja2 模板中使用宏来防止代码冗余。例如，要利用循环控制指令生成一个表格，循环控制指令需要对一个对象列表进行迭代。每一个列表元素都是一个对象，都包含 id、name、age 三个属性。而读取这三个属性值并生成单元格的代码还会在另外一个循环控制指令中用到。如果按常规的写法，两个循环控制指令中的代码会完全一样，为了不让代码冗余，可以将这段代码提炼出来，放到一个宏中，这样在每一个循环控制指令中就都可以通过调用宏来实现。这里的宏相当于 Python 语言中的函数。

Jinja2 模板中的宏要放到{%…%}中，使用 macro 修饰，支持参数，并且使用{% endmacro %}结束宏。下面是一个定义宏的例子。

```
{% macro myMacro(item) %}
    {{item.id}}-{{item.name}}
{% endmacro %}
```

调用宏和调用 Python 函数类似，下面的代码调用了两次 myMacro 宏。

```
<!-- 第 1 次调用 myMacro 宏 -->
{% for item in items1 %}
    {{ myMacro(item)}}
{% endfor %}
<!-- 第 2 次调用 myMacro 宏 -->
{% for item in items2 %}
    {{ myMacro(item)}}
{% endfor %}
```

其实宏调用就是在调用处插入宏的代码，并用传入的参数值替换宏参数。上面的代码调用 myMacro 宏后，相当于下面的代码。

```
{% for item in items1 %}
    {{item.id}}-{{item.name}}
{% endfor %}
{% for item in items2 %}
    {{item.id}}-{{item.name}}
{% endfor %}
```

在前面定义和调用宏都是在同一个模板文件中，如果宏要被多个模板文件共享，就需要将宏单独放到一个模板文件中，然后使用{% import···%}指令导入该模板。假设将前面定义的 myMacro 宏放在一个名为 m.txt 的模板文件中，那么在另一个模板文件引用 myMacro 宏的代码如下：

```
{% import 'm.txt' as my %}
<!-- 第 1 次调用 myMacro 宏 -->
{% for item in items1 %}
    {{ my.myMacro(item)}}
{% endfor %}
<!-- 第 2 次调用 myMacro 宏 -->
{% for item in items2 %}
    {{ my.myMacro(item)}}
{% endfor %}
```

从上面的代码可以看出，引用其他模板中的宏，与 Python 语言中引用其他模板中的函数一样，都需要首先指定模块（模板）的名字。只是在上面的代码中导入 m.txt 模板时使用 as 为该模板起了一个别名 my。因此，在引用 m.txt 中的宏时，要使用 my.xxx 格式。其中，xxx 表示 m.txt 模板中的宏。

【例 21.12】　本例完整地演示了在同一个模板中定义和引用宏，以及导入和使用其他模板中宏的方式。

**实例位置：PythonSamples\src\chapter21\demo21.12.py**

```
from flask import Flask,render_template
app = Flask(__name__)
class MyItem:
    def __init__(self,id,name):
        self.id = id
        self.name = name
@app.route('/')
def index():
    # 向 macro.txt 模板文件传递 3 个参数
    return render_template('macro.txt',
                    items1=[MyItem(100,'Hello'),
                        {'id':2,'name':'John'},
                            {'id':3,'name':'Mary'}],
                    items2=[MyItem(200,'World'),
                        MyItem(400,'New')
                        ],
                    items3=(MyItem(800,'123'),
                        MyItem(1600,'Horse')
                        ))
if __name__ == '__main__':
    app.run(host = '0.0.0.0', port='1234')
```

在 templates 目录中建立一个 macro.txt 文件，然后输入如下代码：

```
<html>
```

```
<head>
   <meta charset='UTF-8'>
   <title>宏操作</title>
</head>
<body>
<!-- 导入 item.macro 模板文件 -->
{% import 'item.macro' as macros %}
<!-- 定义 render_item 宏，该宏有一个名为 item 的参数 -->
{% macro render_item(item) %}
    <tr>
    <td>
        {{item.id}}
    </td>
    <td>
        {{item.name}}
    </td>
</tr>
{% endmacro %}
<p>
<table border='1'>
<tr>
<th>
id
</th>
<th>
name
</th>
</tr>
<!-- 使用 macros 模板中的 render_item1 宏 -->
{% for item in items1 %}
    {{ macros.render_item1(item)}}
{% endfor %}
<!-- 使用当前模板定义的 render_item 宏 -->
{% for item in items2 %}
   {{ render_item(item)}}
{% endfor %}
<!-- 使用当前模板定义的 render_item 宏 -->
{% for item in items3 %}
{{ render_item(item)}}
{% endfor %}
<!-- 使用当前模板定义的 render_item 宏 -->
{% for item in items1 %}
{{ render_item(item)}}
{% endfor %}
</body>
</html>
```

在 macro.txt 模板文件中导入了一个名为 item.macro 的模板文件，代码如下：

```
{% macro render_item1(item) %}
<tr>
   <td>
     {{item.id}}
```

```
    </td>
    <td>
      {{item.name}}
    </td>
</tr>
{% endmacro %}
```

现在运行程序，然后在浏览器地址栏输入 http://localhost:1234，会显示如图 21-23 所示的内容。

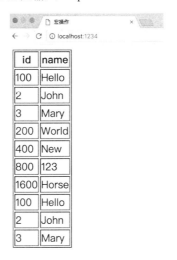

图 21-23　调用宏

## 21.2.7　include 指令

有时在一个模板中引用另外一个模板的目的并不是调用里面定义的宏，而是直接将整个模板的代码导入当前模板，在这种情况下，就需要使用 include 指令。加上有一个模板文件 item.txt，在当前模板中引入这个模板文件的代码如下：

```
{% include 'item.txt' %}
```

【例 21.13】　本例在当前模板中使用 include 指令将模板文件 items.txt 导入了 3 次。
实例位置：**PythonSamples\src\chapter21\demo21.13.py**

```
from flask import Flask,render_template
app = Flask(__name__)
class MyItem:
    def __init__(self,id,name):
        self.id = id
        self.name = name
@app.route('/')
def index():
    return render_template('include.txt',
                    items1=[MyItem(100,'Hello'),
                        {'id':2,'name':'John'},
                         {'id':3,'name':'Mary'}],
                    items2=[MyItem(200,'World'),
                        MyItem(400,'New')
```

```
                            ],
                  items3=(MyItem(800,'123'),
                         MyItem(1600,'Horse')
                         ))
if __name__ == '__main__':
    app.run(host = '0.0.0.0', port='1234')
```

在 templates 目录中建立一个 include.txt 模板文件，并输入如下的内容：

```html
<html>
    <head>
      <meta charset='UTF-8'>
      <title>宏操作</title>
    </head>
    <body>
    <!-- 下面的代码用 include 指令将 items.txt 模板文件引用了 3 次 -->
    {% include 'items.txt' %}
    {% include 'items.txt' %}
    {% include 'items.txt' %}
    </body>
</html>
```

在 templates 目录下建立一个 items.txt 模板文件，并输入如下的代码：

```
{% import 'item.macro' as macros %}

<table border='1'>
<tr>
<th>
id
</th>
<th>
name
</th>
</tr>

{% for item in items1 %}
    {{ macros.render_item1(item)}}
{% endfor %}
{% for item in items2 %}
{{ macros.render_item1(item)}}
{% endfor %}
{% for item in items3 %}
{{ macros.render_item1(item)}}
{% endfor %}
{% for item in items1 %}
{{ macros.render_item1(item)}}
{% endfor %}
```

现在运行程序，然后在浏览器地址栏中输入 http://localhost:1234，会发现在浏览器中显示的内容正好将图 21-23 所示的同样的三个表格垂直方向首尾相接。因为 items.txt 模板显示的表格与图 21-23 所示的表格完全相同，而引入了三次，就相当于显示了三遍这个表格。

### 21.2.8　模板继承

Jinja2 模板还有另外一种代码重用技术，那就是模板继承。与 Python 语言的类一样，当一个模板从另外模板继承后，就可以通过{{super()}}访问父模板的资源。在一个模板中继承另外一个模板，需要使用 extends 指令。例如，child.txt 模板文件从 parent.txt 继承的代码如下：

```
{% extends 'parent.txt' %}
```

child.txt 模板从 parent.txt 模板继承后，会自动使用 parent.txt 中的所有代码，但放在{% block xxxx %}…{% endblock %}中的代码需要 child.txt 中使用{{super()}}引用。其中，xxxx 是块（block）的名字。

【例 21.14】　本例创建了两个模板文件：child.txt 和 parent.txt，其中，child.txt 模板文件从 parent.txt 模板文件继承，并且使用了 parent.txt 模板文件中的一些资源。通过 render_template 函数会向 child.txt 模板文件传入一个 text 参数，然后在 child.txt 模板文件中会组合 parent.txt 模板文件中的资源和 text 参数值作为页面的 Title。

**实例位置：PythonSamples\src\chapter21\demo21.14.py**

```python
from flask import Flask,render_template
app = Flask(__name__)

@app.route('/')
def index():
    # 向 child.txt 模板文件传递一个 text 参数
    return render_template('child.txt',text='Child')
if __name__ == '__main__':
    app.run(host = '0.0.0.0', port='1234')
```

在 templates 目录下建立一个 parent.txt 模板文件，代码如下：

```
<html>
    <head>
    <!-- 名为 head 的块  -->
    {% block head%}
    <title>
        <!-- 名为 title 的块  -->
        {% block title %}Parent{%endblock%}
    </title>
    {% endblock %}
    </head>
    <body>
        I love python.<br>
        <!-- 名为 body 的块  -->
        {% block body %}
        Hello
        {% endblock %}
    </body>
</html>
```

在 templates 目录下建立一个 child.txt 模板文件，代码如下：

```
<!-- 从 parent.txt 模板文件继承  -->
{% extends 'parent.txt' %}
<!-- 继承父模板的 title 块 -->
```

```
{% block title %}
    <!-- 引用父模板的 title 块的内容，也就是"Parent"，text 是模板表达式中的变量 -->
    {{super()}}-{{text}}
{% endblock %}
<!-- 继承父模板的 body 块 -->
{% block body %}
    <!–引用父模板的 body 块的内容 -->
    <h1>{{super()}}, World!</h1>
{% endblock %}
```

现在运行程序，然后在浏览器地址栏中输入 http://localhost:1234，会在浏览器中输出如图 21-24 所示的内容。可以看到，页面中显示的小字体的文字是直接取自父模板 body 标签的内容，而大字体的文字是取自父模板 body 块的内容。也就是说，父模板中未放在块中的代码会直接被子模板继承，而放在块中的代码需要使用{{super()}}引用，否则在子模板中不会出现。

I love python.

# Hello , World!

图 21-24　模板继承

## 21.2.9　使用 flask-bootstrap 模块集成 Twitter Bootstrap

利用 Jinja2 模板的继承可以使用很多第三方的模板。例如，本节介绍的 flask-bootstrap 就是其中之一。flask-bootstrap 是一个第三方的模块，需要使用下面的命令安装：

```
pip install flask-bootstrap
```

flask-bootstrap 模板可以将 Bootstrap 框架集成进自己的 Web 应用。Bootstrap 是 Twitter 推出的一个开源的 Web 前端框架，主要用于制作 Web 页面。对于 Web 前端页面来说，主要就是 CSS，所以 Bootstrap 框架的核心就是提供了一大堆现成的 CSS。

使用 flask-bootstrap 模板时，除了要在 Python 代码中导入 flask-bootstrap 模板外，还要在模板中使用下面的代码从 bootstrap 模板继承。

```
{% extends "bootstrap/base.html" %}
```

【例 21.15】　本例创建了一个 bs.txt 模板文件，在该模板文件中继承了 bootstrap 模板，并覆盖了 bootstrap 模板中的一些块。

**实例位置：PythonSamples\src\chapter21\demo21.15.py**

```
from flask import Flask,render_template
# 导入 flask-bootstrap 模块中的 Bootstrap 类
from flask_bootstrap import Bootstrap
app = Flask(__name__)
# 继承 bootstrap 必须创建 Bootstrap 类的实例
```

```
bootstrap = Bootstrap(app)

@app.route('/')
def index():
    # 向 bs.txt 模板文件传入一个名为 name 的参数
    return render_template('bs.txt',name='李宁')
if __name__ == '__main__':
    app.run(host = '0.0.0.0', port='1234')
```

在 templates 目录中建立一个 bs.txt 模板文件，并输入如下的代码：

```
{% extends "bootstrap/base.html" %}
<!-- 覆盖父模板的 title 块 -->
{% block title %}集成 bootstrap{% endblock %}
<!-- 覆盖父模板的 navbar 块，并使用了父模板的样式 -->
{% block navbar %}
<div class ="navbar navbar-inverse" role="navigation">
    <div class="container">
        <div class="navbar-header">
            <a class="navbar-brand" href="https://geekori.com">Geekori</a>
        </div>
        <div class="navbar-collapse collapse">
        <ul class="nav navbar-nav">
            <li><a href="https://www.baidu.com">百度</a></li>
        </ul>
        </div>
    </div>
</div>
{% endblock %}
<!-- 覆盖父模板的 content 块，并使用了父模板的样式 -->
{% block content %}
  <div class="container">
    <div class="page-header">
      <h1>Hello,{{name}}</h1>
    </div>
  </div>
{% endblock %}
```

现在运行程序，然后在浏览器地址栏中输入 http://localhost:1234，浏览器会输出如图 21-25 所示的内容。

图 21-25　使用 Bootstrap 框架

从图 21-25 所示的页面效果可以看出，bs.txt 模板文件已经集成了 Bootstrap 框架的导航条样式。

### 21.2.10 自定义错误页面

在 Web 应用中经常会出现如图 21-26 所示的异常页面。这是由于页面或路由没找到而由服务端返回的默认异常页面。当然，返回这个页面没什么问题，也不会影响 Web 应用的正常使用，只要再输入正确的 URL 就可以正常访问页面。但问题是整个 Web 应用都是中文的，唯独这个页面是英文的，就显得很不协调，而且显示的信息可能并不是我们需要的。因此，为了加强用户体验，通常会对各种异常页面进行定制。

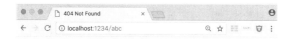

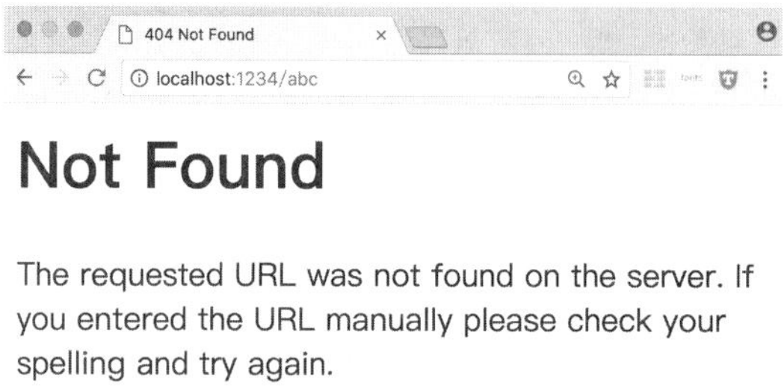

404 Not Found
localhost:1234/abc
Not Found
The requested URL was not found on the server. If you entered the URL manually please check your spelling and try again.

图 21-26 默认的页面没找到异常

在 Web 应用中，最常出现的就是 404 和 500 错误。404 表示页面没找到，也就是图 21-26 所示的错误。500 是服务器内部错误，一般是由于服务端程序抛出异常而造成的错误。这种异常有可能是服务端程序的 bug，或用户输入了错误的数据，也有可能是其他原因。总之，这两种异常都会向客户端返回异常数据（通常是一个静态的 HTML 页面）。

如果要在服务端程序中为异常定制返回数据，需要将某个异常绑定到一个函数中，就和路由函数一样，只是这个函数是异常函数。

将异常与函数绑定需要使用@app.errorhandler(xxx)，其中 xxx 是一个整数类型的值，表示异常返回码，如 404、500 等。

**【例 21.16】** 本例将 page_not_found 函数与 404 错误绑定，internal_server_error 函数与 500 错误绑定，这两类错误都会返回定制的异常页面数据。为了模拟 500 错误，编写了一个/500 路由，在该路由函数中抛出一个异常来模拟 500 错误。

**实例位置：PythonSamples\src\chapter21\demo21.16.py**

```
from flask import Flask,render_template
from flask_bootstrap import Bootstrap
app = Flask(__name__)
bootstrap = Bootstrap(app)
# 用于模拟 500 错误的路由
@app.route('/500')
def index():
    raise Exception('服务器内部错误，请检查代码')
# 处理 404 错误的函数
@app.errorhandler(404)
def page_not_found(e):
    print(e)
    # 返回 404.txt 模板文件的内容作为 404 异常页面,异常函数需要返回一个元组
    # 元组的第 1 个值是 render_template 函数的返回值，第 2 个元素是错误返回码，如 404
```

```
    return render_template('404.txt'),404
# 处理 500 错误的函数
@app.errorhandler(500)
def internal_server_error(e):
    # 返回 500.txt 模板文件的内容作为 500 异常页面
    return render_template('500.txt',error=e),500
if __name__ == '__main__':
    app.run(host = '0.0.0.0', port='1234')
```

在 templates 目录中建立一个 404.txt 模板文件，并输入如下的代码：

```
<!-- 从 bs.txt 模板文件继承，这个模板文件在前面已经实现了 -->
{% extends "bs.txt" %}
{% block title %}Flask-页面没找到{% endblock %}
{% block content %}
<div class="page-header">
    <h1>页面没找到</h1>
</div>
{% endblock %}
```

在 templates 目录中建立一个 500.txt 模板文件，并输入如下的代码：

```
{% extends "bs.txt" %}
{% block title %}Flask-服务器异常{% endblock %}
{% block content %}
<div class="page-header">
    <h1>{{error}}</h1>
</div>
{% endblock %}
```

运行程序，然后在浏览器地址栏中输入 http://localhost:1234，由于根路由并没有定义，所以会出现 404 错误，显示的页面如图 21-27 所示。

然后在浏览器地址栏输入 http://localhost:1234/500，会显示如图 21-28 所示的"服务器内部错误"页面。很明显，这两个错误页面保留了 Bootstrap 的风格，与其他正常页面的风格保持一致。

页面没找到

图 21-27　定制的页面没找到错误页面

服务器内部错误，请检查代码

图 21-28　定制的服务器内部错误页面

## 21.3　Web 表单与 Flask-WTF 扩展

Flask-WTF 扩展是 Flask 的一个模块，用于处理 Web 表单。Web 表单用于通过 HTTP GET 或 HTTP POST 请求向服务端提交数据。Flask-WTF 扩展的主要功能如下：

❏ 生成表单组件的 HTML 代码。

❑ 后台验证。

❑ 向 Web 端返回错误信息。

❑ 在 Web 页面上显示错误信息。

❑ 防止跨域访问。

使用 Flask-WTF 之前需要使用下面的命令安装：

```
pip install flask-wtf
```

## 21.3.1 表单类

Flask-WTF 扩展的核心功能之一就是用于校验表单提交的数据。在 Flask-WTF 扩展中将一个表单映射成了一个 FlaskForm 类，可以将这个类称为表单类。该类拥有生成表单代码、校验表单数据等功能。因此，要想使用 Flask-WTF 扩展，首先要编写一个从 FlaskForm 类继承的子类，并在该类中定义表单中的字段变量。Flask-WTF 扩展将表单中每一个类型的字段都映射了，例如，用于输入数据的文本框在 Flask-WTF 扩展中对应 TextField 类，用于提交数据的 submit 按钮在 Flask-WTF 扩展中对应 SubmitField 类。下面的代码是用于映射表单的 MyForm 类，该类从 FlaskForm 继承，并且定义了两个文本输入组件和一个提交按钮组件。

```
class MyForm(FlaskForm):
    name = TextField(…)
    country = TextField(…)
    submit = SubmitField(…)
```

每一个组件类（TextField、SubmitField 等）都需要为构造方法传入参数，这些内容在后面的例子中再介绍。

在处理 GET 或 POST 请求的路由函数中需要创建表单类的实例，然后调用表单类的 validate_on_submit 方法对表单数据进行校验，如果校验成功，该方法返回 True，否则返回 False。

表单类还有一个重要的功能，就是生成 Web 页面的表单代码。在 MyForm 类中定义的每一个表单字段都可以生成各自的表单代码。由于方法表单类中的表单字段需要使用表单对象，所以通过 render_template 函数返回模板时，需要将表单对象传递给模板。

```
# form.txt 是模板文件，myForm 是 MyForm 类的实例
render_template('form.txt',form=myForm)
```

在模板文件中可以直接使用 form 来访问表单字段，并生成表单代码。

```
# 生成表单代码
{{form.name}}
```

上面的代码会生成如下的表单代码。

```
<input id="name" name="name" type="text" value="">
```

【例 21.17】 本例会通过 contact 路由函数同时处理 GET 和 POST 请求，并校验表单数据。在 contact 路由函数中会创建一个 ContactForm 类的实例，该类的父类是 FlaskForm。在该类中定义了一个文本输入类型的字段（firstname）和一个提交按钮（submit）。

**实例位置：PythonSamples\src\chapter21\demo21.17.py**

```
from flask import Flask,request,render_template
from flask_wtf import FlaskForm
```

```python
from wtforms import TextField,SubmitField,validators
app = Flask(__name__)
```
<!-- 用于 Session、Cookie、Flask-WTF 的 CSRF 保护等加密的密钥，密钥可随意指定，就是一个普通的字
符串 -->
```python
app.secret_key ='sdjsldj4323sdsdfssfdf43434'
# 定义表单类
class ContactForm(FlaskForm):
    # 用于输入文本的字段，其中 validators.Required 是一个校验器，表示该字段必须输入
    firstname = TextField('姓名',[validators.Required('姓名必须输入')])
    submit = SubmitField('提交')
# 用于处理 GET 和 POST 请求的路由函数
@app.route('/', methods=['GET','POST'])
def contact():
    form = ContactForm()
    # 只处理 POST 请求
    if request.method == 'POST':
        # 校验表单数据
        if form.validate_on_submit() == False:
            print(form.firstname.errors)
            print('error')
    # 将校验结果和表单代码返回给客户端
    return render_template('first.txt',form=form)
if __name__ == '__main__':
    app.run(host = '0.0.0.0', port='1234')
```

在 templates 目录中建立一个 first.txt 模板文件，并输入如下代码：

```html
<html>
    <head>
        <meta charset='UTF-8'>
        <title>Flask-WTF 模块</title>
    </head>
    <body>
    <!--  输出与 firstname 字段相关的错误信息  -->
    {% for message in form.firstname.errors %}
        <div>{{message}}
    {% endfor %}
    <!--  定义表单 -->
    <form action='http://localhost:1234' method=post>
    <fieldset>
        <!-- 生成用于保存加密字符串的隐藏文本组件 -->
        {{form.hidden_tag()}}
        <!-- 生成文本组件的标签名称的代码 -->
        {{form.firstname.label}}<br>
        <!-- 生成文本组件的代码 -->
        {{form.firstname}}
        <br>
        <!-- 生成提交按钮的代码 -->
        {{form.submit}}
    </fieldset>
    </form>
    </body>
</html>
```

运行程序，在浏览器地址栏中输入 http://localhost:1234，然后不要在文本框中输入任何字符串，单击"提交"按钮，会在最上方显示"姓名必须输入"的错误提示，如图 21-29 所示。

图 21-29　Web 表单校验

阅读本例的代码，需要了解如下内容：

❑ 服务端程序需要设置 app.secret_key，这是一个字符串形式的密钥，用于对敏感信息（如 Session、Cookie、Flask-WTF 的 CSRF 保护等）进行加密。

❑ 在 first.txt 模板文件的表单中，除了那些可视的表单组件，还使用{{form.hidden_tag()}}生成了一个隐藏的文本组件，这是用于防止 CSRF（cross site request forgery，跨站域请求伪造）攻击的。CSRF 工具可以在受害者毫不知情的情况下以受害者名义伪造请求发送给受攻击站点，从而在并未授权的情况下执行在权限保护之下的操作。

❑ @app.route(…)用于定义路由函数，默认只能处理 GET 请求，如果需要处理 POST 请求，需要用 methods 关键字参数指定一个列表：@app.route('/', methods=['GET','POST'])。

❑ 在 validators 模块中定义了很多校验器，如 Required 校验器要求字段必须输入。实际上，表单类就是依靠这些校验器对表单进行校验的。

❑ 当调用 validate_on_submit 方法对表单数据进行校验时，如果校验失败，会将错误消息添加到表单对象中，然后通过 render_template 函数传给模板。

❑ 校验失败的消息不会自动在 Web 页面显示，需要对相应表单字段的 errors 属性值进行迭代（因为某个表单字段的错误消息可能不止一个），每一个迭代值就是一个消息文本。

❑ 每一个表单字段都有一个 label 属性，用于返回表单字段的文本描述，也就是表单字段类（如 TextField）构造方法的第 1 个参数值。

❑ 在 first.txt 模板文件中的 fieldset 标签没什么大的作用，只是会在表单外围加一个边框。

## 21.3.2　简单的表单组件

Flask-WTF 扩展支持很多表单组件，例如，文本输入组件、输入整数的组件、输入日期的组件、输入多行文本的组件等。本节会介绍这些组件的使用方法。

【例 21.18】　本例会创建一个更复杂的表单，并验收常用表单组件以及校验器的使用方法。

**实例位置：PythonSamples\src\chapter21\demo21.18.py**

```
from flask import Flask,request,render_template
from flask_wtf import FlaskForm
from wtforms import
TextField,IntegerField,TextAreaField,BooleanField,DateField,SubmitField,validators
app = Flask(__name__)
app.secret_key ='sdjsldj4323sdsdfssfdf43434'
```

```python
# 表单类
class ContactForm(FlaskForm):
    # 录入文本的表单组件，该字段必须输入
    name = TextField('姓名',[validators.Required('姓名必须输入')])
    # 录入整数的表单组件，该字段必须输入，并且输入范围必须在10~30，包括30
    age = IntegerField('年龄',[validators.Required('必须输入年龄'),
                        validators.NumberRange(10,30,'年龄必须在10~30')])
    # 录入日期的表单组件，该字段必须输入
    birth = DateField('出生日期',[validators.Required('必须输入出生日期')])
    # 选择表单组件（CheckBox），该字段必须输入
    isStudent = BooleanField('是否为学生')
    # 录入多行文本的表单组件，该字段输入的字符个数必须在10~200
    resume = TextAreaField('简历',[validators.Length(10,200,'简历长度必须在10~200个字
符')])
    # 提交表单组件
    submit = SubmitField('提交')
@app.route('/', methods=['GET','POST'])
def contact():
    form = ContactForm()
    # 用于通知模板服务端校验通过的标志，如果该标志为True，表示所有的字段校验通过
    ok = False
    if request.method == 'POST':
        # 校验表单数据
        if form.validate_on_submit() == False:
            print('error')
        else:
            print('输入成功')
            ok = True
    # 向模板传入的表单类的实例和是否校验成功的布尔类型标志
    return render_template('simple.txt',form=form,ok=ok)
if __name__ == '__main__':
    app.run(host = '0.0.0.0', port='1234')
```

在 templates 目录中建立一个 simple.txt 模板文件，并输入如下的代码：

```html
<html>
    <head>
        <meta charset='UTF-8'>
        <title>Flask-WTF 支持的简单表单组件</title>
    </head>
    <body>
    <!-- 如果校验成功，会弹出一个对话框 -->
    {% if ok %}
    <script>
        alert('数据录入成功.')
    </script>
    {% endif %}
    <!-- 输出 name 字段的错误消息 -->
    {% for message in form.name.errors %}
        <div>{{message}}
    {% endfor %}
    <!-- 输出 age 字段的错误消息 -->
    {% for message in form.age.errors %}
```

```
        <div>{{message}}
    {% endfor %}
    <!-- 输出 birth 字段的错误消息 -->
    {% for message in form.birth.errors %}
        <div>{{message}}
    {% endfor %}
    <!-- 输出 isStudent 字段的错误消息 -->
    {% for message in form.isStudent.errors %}
        <div>{{message}}
    {% endfor %}
    <!-- 输出 resume 字段的错误消息 -->
    {% for message in form.resume.errors %}
        <div>{{message}}
    {% endfor %}
    <form action='http://localhost:1234' method=post>
    <fieldset>
        <!-- 下面的代码生成了表单组件代码 -->
        {{form.hidden_tag()}}
        {{form.name.label}}<br>
        {{form.name}} <br>
        {{form.age.label}}<br>
        {{form.age}}  <br>
        {{form.birth.label}}<br>
        {{form.birth}}  <br>
        {{form.isStudent.label}}
        {{form.isStudent}}  <br>
        {{form.resume.label}}<br>
        {{form.resume}}
        <br>
        <br>
        {{form.submit}}
    </fieldset>
    </form>
    </body>
</html>
```

运行程序，然后在浏览器地址栏输入 http://localhost:1234，会在浏览器显示一个表单，什么也不要输入，单击"提交"按钮，会在页面的顶端显示一堆错误信息（每个错误一行），如图 21-30 所示。如果所有的表单字段都通过校验，那么会弹出一个对话框，表示校验通过。

图 21-30　Flask-WTF 扩展支持的简单表单组件

## 21.3.3　单选和多选组件

Flask-WTF 扩展还支持很多比较复杂的表单组件，如 Radio（选项按钮组件）、Select（单选组件）、SelectMultiple（多选组件）等。本节会介绍这些表单组件的使用方法。

【例 21.19】　本例会创建一个包含 Radio、Select 和 SelectMultiple 组件的表单，并演示如何使用这些复杂的表单组件。

**实例位置：PythonSamples\src\chapter21\demo21.19.py**

```python
from flask import Flask,request,render_template
from flask_wtf import FlaskForm
from wtforms import RadioField,SelectField,SelectMultipleField,SubmitField,
validators
app = Flask(__name__)
app.secret_key ='sdjsldj4323sdsdfssfdf43434'

class ContactForm(FlaskForm):
    # 创建 Radio 组件，通过 choices 关键字参数指定多个选项的值，choices 参数类型是一个列表
    # 列表的每一个元素值是一个元组，元组的第 1 个元素是选项按钮返回的值
    # 元组的第 2 个元素是选项按钮显示的文本
    # 校验器使用了 AnyOf，表示 3 个选项按钮必须选择其中的一个
    radio = RadioField('请选择一个',choices = [('值 1','选项 1'),('值 2','选项 2'),('值 3',
      '选项 3')],validators = [validators.AnyOf(['值 1','值 2','值 3'],'请选择一个值')])
    # 创建 Select 组件，设置值和显示文本的方式与 Radio 组件相同
    # 该组件要求必须选择第 2 项
    select = SelectField('请选择一个选项',choices=[('值 1','选项 1'),('值 2','选项 2'),
      ('值 3','选项 3')],validators = [validators.AnyOf(['值 2'],'请选择第二项')])
    # 创建 SelectMultiple 组件，校验器要求只能选择前两项或第 1 项和第 3 项
    selectMultiple = SelectMultipleField('请选择多个选项',choices = [('值 1','选项 1'),
      ('值 2','选项 2'),('值 3','选项 3')],validators=[validators.AnyOf([['值 1','值 2'],
      ['值 1','值 3']],'只能选择前两项或第 1 项、第 3 项')])
    submit = SubmitField('提交')
@app.route('/', methods=['GET','POST'])
def contact():
    form = ContactForm()
    ok = False
    if request.method == 'POST':
        if form.validate_on_submit() == False:
            print('error')
        else:
            print('输入成功')
            ok = True

    return render_template('select.txt',form=form,ok=ok)
if __name__ == '__main__':
    app.run(host = '0.0.0.0', port='1234')
```

在 templates 目录中建立一个 select.txt 文件，并输入如下的代码：

```html
<html>
    <head>
        <meta charset='UTF-8'>
        <title>Flask-WTF 支持的选择表单组件</title>
```

```
</head>
<body>
{% if ok %}
<script>
    alert('数据录入成功.')
</script>
{% endif %}
<!-- 输出 radio 字段的错误 -->
{% for message in form.radio.errors %}
    <div>{{message}}
{% endfor %}
<!-- 输出 select 字段的错误 -->
{% for message in form.select.errors %}
    <div>{{message}}
{% endfor %}
<!-- 输出 selectMultiple 字段的错误 -->
{% for message in form.selectMultiple.errors %}
    <div>{{message}}
{% endfor %}
<form action='http://localhost:1234' method=post>
<fieldset>
    {{form.hidden_tag()}}
    {{form.radio.label}}<br>
    {{form.radio}}<br>
    {{form.select.label}}<br>
    {{form.select}}
    {{form.selectMultiple.label}}<br>
    {{form.selectMultiple}}
    <br>
    <br>
    {{form.submit}}
</fieldset>
</form>
</body>
</html>
```

运行程序，然后在浏览器地址栏中输入 http://localhost:1234，会在浏览器中显示一个表单，随便选择一个选项，然后单击"提交"按钮，就会显示如图 21-31 所示的错误消息页面。

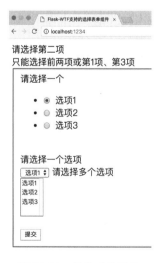

图 21-31 复杂表单组件

### 21.3.4　表单校验器

在 validators 模块中提供了大量用于校验表单的校验器，每一个校验器实际上都是一个类，如 Required 校验器要求字段必须输入，Email 校验器用于校验 Email 是否合法，Regexp 校验器可以使用一个正则表达式对字段值进行校验。本节会详细介绍这些表单校验器的使用方法，如图 21-32 所示。

图 21-32　校验器

【例 21.20】　本例完整地演示了各种常用表单校验器的使用方法。

实例位置：**PythonSamples\src\chapter21\demo21.20.py**

```python
from flask import Flask,request,render_template
from flask_wtf import FlaskForm
from wtforms import TextField,IntegerField,PasswordField,RadioField,TextAreaField,
BooleanField,DateField,SubmitField,validators
app = Flask(__name__)
app.secret_key ='sdjsldj4323sdsdfssfdf43434'
class MyForm(FlaskForm):
    # name 字段必须输入
    name = TextField('姓名',[validators.Required('请输入姓名')])
    # email 字段必须输入，而且 Email 格式必须正确
    email = TextField('Email',[validators.Required('请输入 Email'),validators.email('
     请输入正确的 Email 地址')])
    # ip 字段必须输入，而且 IP 格式必须正确
    ip = TextField('IP',[validators.Required('请输入 IP 地址'),
                         validators.IPAddress(message='请输入正确的 IP 地址')])
    # password1 字段必须输入
```

```
    password1 = PasswordField('密码',[validators.Required('请输入密码')])
    # password2 字段必须输入，而且必须与 password1 字段的值完全一样
    password2 =  PasswordField(' 确 认 密 码 ',[validators.Required(' 请 确 认 密 码
    '),validators.EqualTo('password1','两次输入的密码不一致')] )
    # value 的值必须是 Email，但 value 字段是可选的，也就是说，value 要么什么也不输入，要么必须输
    # 入一个 Email 地址
    value = TextField('电子邮件',[validators.Email('Email 格式不正确'),validators.
    optional()])
    # url 字段是可选的，要么不输入，要么必须输入一个有效的 Url
    url = TextField('Url',[validators.URL(message='Url 格式不正确'),validators.
    optional()])
    # regexpValue 字段是可选的，或者为空，或者输入类似 abc-123 格式的字符串
    regexpValue = TextField('正则表达式
    ',[validators.Regexp('^[a-z]{3}-[1-9]{3}$',message='格式错误，正确格式：abc-123'),
    validators.Optional()])
    submit = SubmitField('提交')
@app.route('/',methods=['GET','POST'])
def contact():
    form = MyForm()
    ok = False
    if request.method == 'POST':
        if form.validate_on_submit() == False:
            print('error')
        else:
            print('校验成功')
            ok = True
    return render_template('validate.txt',form = form, ok = ok)
if __name__ == '__main__':
    app.run(host = '0.0.0.0', port='1234')
```

在 templates 目录中建立一个 validate.txt 模板文件，并输入如下的代码：

```
<html>
    <head>
        <meta charset='UTF-8'>
        <title>Flask-WTF 验证函数</title>
    </head>
    <body>
    <!-- 当所有的字段校验成功后，会弹出一个对话框表示校验成功   -->
    {% if ok %}
    <script>
        alert('数据录入成功.')
    </script>
    {% endif %}
    <!-- 下面的代码输出所有表单字段的错误消息 -->
    {% for message in form.name.errors %}
        <div>{{message}}
    {% endfor %}
    {% for message in form.email.errors %}
        <div>{{message}}
    {% endfor %}
    {% for message in form.ip.errors %}
```

```
        <div>{{message}}
    {% endfor %}
    {% for message in form.password1.errors %}
        <div>{{message}}
    {% endfor %}
    {% for message in form.password2.errors %}
        <div>{{message}}
    {% endfor %}
    {% for message in form.value.errors %}
        <div>{{message}}
    {% endfor %}
    {% for message in form.regexpValue.errors %}
        <div>{{message}}
    {% endfor %}
    {% for message in form.url.errors %}
        <div>{{message}}
    {% endfor %}
    <form action='http://localhost:1234' method=post>
    <fieldset>
        <!-- 下面的代码生成表单代码  -->
        {{form.hidden_tag()}}
        {{form.name.label}}<br>
        {{form.name}} <br>
        {{form.email.label}}<br>
        {{form.email}}  <br>
        {{form.ip.label}}<br>
        {{form.ip}}   <br>
        {{form.password1.label}}<br>
        {{form.password1}}  <br>
        {{form.password2.label}}<br>
        {{form.password2}}  <br>
        {{form.value.label}}<br>
        {{form.value}}  <br>
        {{form.regexpValue.label}}<br>
        {{form.regexpValue}}  <br>
        {{form.url.label}}<br>
        {{form.url}}
        <br>
        <br>
        {{form.submit}}
    </fieldset>
    </form>
    </body>
</html>
```

现在运行程序，然后在浏览器地址栏中输入 http://localhost:1234，会在浏览器页面显示一个表单，什么也不要输入，单击"提交"按钮，会显示如图 21-33 所示的错误消息，如果输入的表单数据不正确，也会在该页面显示相应的错误消息。

图 21-33　表单校验器

## 21.3.5　获取和设置表单组件中的数据

处理表单还有两项重要工作，就是获取用户提交的数据，以及设置表单组件的值，后者一般是用来设置表单组件的默认值的。由于 Flask-WTF 扩展已经将表单映射到了表单对象上，所以直接用表单对象的字段就可以获得对应的表单字段值，设置表单组件也类似，只需要设置表单对象字段的值即可。

【例 21.21】　本例创建了一个表单类，并设置了表单字段的默认值，最后获取用户提交的表单数据，并将这些数据输出到 Console。

实例位置：**PythonSamples\src\chapter21\demo21.21.py**

```python
from flask import Flask,request,render_template
from flask_wtf import FlaskForm
from wtforms import TextField,IntegerField,TextAreaField,BooleanField,DateField,
SubmitField,validators
app = Flask(__name__)
app.secret_key ='sdjsldj4323sdsdfssfdf43434'

class ContactForm(FlaskForm):
    name = TextField('姓名',[validators.Required('姓名必须输入')])
    age = IntegerField('年龄',[validators.Required('必须输入年龄'),
                        validators.NumberRange(10,30,'年龄必须在 10～30')])
    birth = DateField('出生日期',[validators.Required('必须输入出生日期')])
    isStudent = BooleanField('是否为学生')
    resume = TextAreaField('简历',[validators.Length(10,200,'简历长度必须在 10～200 个
    字符')])
    submit = SubmitField('提交')
@app.route('/', methods=['GET','POST'])
def contact():
    form = ContactForm()
```

```
# 为 age 字段设置默认值
form.age.data= 18
ok = False
if request.method == 'POST':
    if form.validate_on_submit() == False:
        print('error')
    else:
        print('输入成功')
        # 获取 name 字段的值
        print('姓名：',form.name.data)
        # 获取 age 字段的值
        print('年龄：', form.age.data)
        # 获取 birth 字段的值
        print('出生日期：',form.birth.data)
        # 如果 name 字段输入的是 John，将其替换成 Joe
        if form.name.data == 'John':
            form.name.data = "Joe"
        ok = True

    return render_template('simple.txt',form=form,ok=ok)
if __name__ == '__main__':
    app.run(host = '0.0.0.0', port='1234')
```

本例使用的 simple.txt 模板文件在第 21.3.2 节已经实现了，这里不再重复实现。现在运行程序，在浏览器地址栏中输入 http://localhost:1234，然后在显示的表单中输入正确的信息，如图 21-34 所示。然后单击"提交"按钮，提交成功后，会在浏览器弹出一个提交成功对话框，然后在服务端的 Console 中会输出如图 21-35 所示的表单数据。

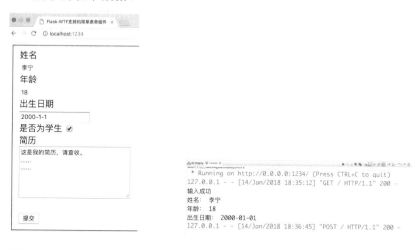

图 21-34　输入表单数据　　　　图 21-35　用户提交的表单数据

## 21.4　小结

本章完整地介绍了 Flask 框架的常用技术。Flask 框架是非常轻量级的 Python Web 框架，非常容易使用，而且有众多的扩展。编写 Web 应用的核心就是接收客户端的请求（GET 或 POST 方法），以及为客户端返回数据。接收请求可以直接获取 GET 或 POST 数据，也可以使用 Flask-WTF 扩展提供的表单类进行处理，建议使用后者，因为可以免去很多麻烦，而且处理 Web 表单与处理 Python 对象类似。向客户端返回数据，可以使用 Jinja2 模板或其他类似的模板。

## 21.5　实战与练习

1. 编写一个 Web 应用，利用 Flask-WTF 扩展为 radio 和 selectMultiple 组件设置默认值，并获取表单提交的 radio、select 和 selectMultiple 组件的数据。

答案位置：PythonSamples\src\chapter21\practice\solution21.1.py

2. 编写一个动态路由，在浏览器地址栏中输入 http://localhost:5000/test/10:30:40 时，在浏览器中要输出如下内容。

```
10.30.40
```

答案位置：PythonSamples\src\chapter21\practice\solution21.2.py

# Python Web 框架：Django

Django 是另外一个著名的 Python Web 框架。Flask 和 Django 正好是两个极端。Flask 是小而轻的 Web 框架，而 Django 是大而全的 Web 框架。Flask 只提供了基本的功能，其他的功能都需要通过第三方扩展支持。而 Django 为你准备了一切，一旦拥有，别无所求。

尽管 Django 与 Flask 相比复杂得多，学习门槛也更高，但 Django 起步更早，更稳定，而且有许多成功的网站和 App①使用的都是 Django。与 Flask 不同，Django 采用了 MVC 设计模式，而 Flask 并没有强制程序员使用任何一种设计模式。所以说 Flask 更灵活，但对程序员的要求更高，因为 Flask 既然对设计模式没做任何要求，那么能将程序设计成什么样，就要完全依靠程序员自身的水平。Django 则采用了流行的 MVC 设计模式，所以基于 Django 框架的 Web 应用更规范。

通过阅读本章，您可以：

❑ 了解什么是 Django 框架
❑ 掌握命令行创建 Django 工程的方式
❑ 掌握用 MyCharm 创建 Django 工程
❑ 了解 Django 工程的目录结构
❑ 掌握如何获取 Request 和 Response 的信息
❑ 掌握如何操作 Cookie 和 Session
❑ 掌握静态文件的使用
❑ 掌握 Django 模板中的条件、for 标签和过滤器

## 22.1　Django 开发环境搭建

不管是否使用的是 Anaconda Python 开发环境，都需要安装 Django 开发环境，因为 Anaconda 并没有集成 Django。如果已经安装了 Anaconda，可以使用下面的命令安装 Django：

```
conda install django
```

如果使用的是标准的 Python 开发环境，可以使用下面的命令安装 Django：

```
pip install django
```

安装完 Django 后，进入 Python 的 REPL 环境，输入如下的命令，如果未抛出异常，说明 Django 已经安装成功了。

---

① Django 可以为 App 做服务端的 Restful API。

```
import django
```

## 22.2 Django 基础知识

本节会介绍一些 Django 的基础知识，包括如何手工建立一个 Django 工程，如何使用 PyCharm 开发 Django 程序，以及获取用户请求信息，Cookie、Session 等内容。

### 22.2.1 建立第一个 Django 工程

本节将遵循学习新技术的标准做法，从 Hello World 开始学习 Django。为了让读者更有信心，本节首先要做的是让第一个 Django 程序能运行起来，而且不需要编写一行代码。

如果成功安装了 Django，会有一个名为 django-admin.py 的脚本文件，如果使用的是 Anaconda Python 开发环境，那么这个脚本文件就在<Anaconda 安装目录>/bin 目录中，建议将这个目录添加到 PATH 环境变量中，这样在任何目录都可以执行 django-admin.py 脚本文件。

现在进入终端（Windows 是控制台）输入如下的命令，会在当前目录建立一个 HelloWorld 子目录，该目录就是 Django 工程目录。

```
django-admin.py startproject HelloWorld
```

现在进入 HelloWorld 目录，然后执行下面的命令运行程序：

```
python manage.py runserver
```

运行这行命令后，如果出现如图 22-1 所示的信息，表示某些资源未被初始化。
现在按 Ctrl+C 键终止程序，然后执行下面的命令进行初始化：

```
python manage.py migrate
```

执行这行命令后，会输出如图 22-2 所示的信息。

图 22-1　初始化之前运行服务　　　　　　　　图 22-2　初始化工程

然后再执行 python manage.py runserver，就会正常运行程序，这个程序其实是 Django 内建的 Web 服务器，直接可以处理 HTTP 请求。现在打开浏览器，在浏览器地址栏中输入如下的 URL：

http://127.0.0.1:8000

如果在浏览器中显示如图 22-3 所示的内容，表示已经成功创建并运行了第一个基于 Django 的 Web 应用。

访问 http://localhost:8000，也可以得到图 22-3 所示的效果。但通过远程访问的方式却显示"无法访问此网站"。例如，假设本机的 IP 地址是 192.168.31.3，访问 http://192.168.31.3:8000 是无法得到图 22-3 所示的页面的。要知道为什么会出现这个问题，以及如何解决这个问题，请参看下一节的内容。

图 22-3　第一个基于 Django 的 Web 应用的运行效果

## 22.2.2　Django 工程结构分析

在上一节已经成功创建并运行了一个基于 Django 的 Web 应用。但这个 Web 应用到目前为止对我们还是黑盒的。Web 应用的目录结构以及每一部分的具体作用完全是未知的。在这一节会对 Django 工程结构做一个简要的分析。图 22-4 所示是 Django 工程的目录结构。

图 22-4　Django 工程结构

在这个目录结构中涉及一个目录和 5 个 Python 脚本文件，它们的含义如下：

❑ manage.py：一个实用的命令行工具，可让用户以各种方式与该 Django 项目进行交互。
❑ HelloWorld：项目的容器目录。
❑ __init__.py：一个空脚本文件，告诉 Python 该目录是一个 Python 包。
❑ settings.py：Django 项目的配置文件。
❑ urls.py：Django 项目的 URL 声明，一份由 Django 驱动的网站"目录"。
❑ wsgi.py：一个与 WSGI 兼容的 Web 服务器的入口，以便运行用户的项目。

## 22.2.3　远程访问与端口号

在上一节使用了 django-admin.py 脚本文件创建了第一个基于 Django 的 Web 应用，并成功运行了这个 Web 应用。但有如下两个问题没有解决：

❑ 无法远程访问 Web 应用。
❑ 修改 Web 应用的默认端口号（8000）。

现在先来看第一个问题。Django 默认只支持本机访问 Web 应用，但在实际应用中，必须要支持远程访问，也就是通过本机的公网 IP 或域名访问 Web 应用。要达到这个目的，首先要使用下面的命令启动 Web 服务：

```
python manage.py runserver 0.0.0.0:8000
```

很明显，在命令行的最后跟着 0.0.0.0:8000，其中 0.0.0.0 表示可以匹配任何 IP，后面的 8000 表示端口号。如果使用上面的命令启动 Web 服务，就意味着支持任何 IP 访问端口号为 8000 的 Web 服务。现在打开浏览器，在浏览器地址栏中输入如下的 URL：

http://192.168.31.3:8000

结果并没有出现想要的效果，反而显示了如图 22-5 所示的页面。

图 22-5　远程访问的错误页面

这是由于 Django 加了另外一道限制，就是除了 127.0.0.1 外，其他的 IP 或域名还需要单独设置才可以正常访问。

如果当前目录正处于 Django 工程的根目录，再进入里面的 HelloWorld 子目录，然后打开该目录中的 settings.py 文件，找到 ALLOWED_HOSTS 部分，在后面的中括号中添加允许访问的 IP 或域名。修改过的 ALLOWED_HOSTS 如下：

```
ALLOWED_HOSTS = [
'192.168.31.3'
]
```

如果要允许多个 IP 或命名，中间用逗号(,)分隔，如下面的配置代码还允许通过 www.geekori.com 访问 Web 应用。

```
ALLOWED_HOSTS = [
'192.168.31.3',
'www.geekori.com',
]
```

如果想允许所有的二级域名访问 Web 应用，也可以使用下面的配置代码：

```
ALLOWED_HOSTS = [
'192.168.31.3',
'.geekori.com',
]
```

使用上面的配置代码后，www.geekori.com、abc.geekori.com、edu.geekori.com 等域名就都可以访问 Web 应用了。

现在重新在浏览器地址栏中输入 http://192.168.31.3:8000，就可以显示如图 22-3 所示的页面。如果将 0.0.0.0:8000 中的 8000 修改成其他数值（需要在 0～65535），就会改变 Django Web 应用的默认端口号，如使用下面的命令启动 Web 服务，可以使用 http://192.168.31.3:1234 访问 Web 应用：

```
python manage.py runserver 0.0.0.0:1234
```

## 22.2.4　用 PyCharm 建立 Django 工程

完成一个复杂的 Django 项目需要一款好的 IDE 支持，PyCharm 就是比较出色的一款 Python IDE。如果使用的是 PyCharm 专业版，可以直接创建 Django 工程。

现在运行 PyCharm，单击 Create New Project 按钮，会弹出如图 22-6 所示的 New Project 窗口。

图 22-6　PyCharm 专业版的 New Project 窗口

在 New Project 窗口的左侧是工程类型列表，其中两个工程类型会比较熟悉，一个是 Django，另外一个是 Flask。也就是说，PyCharm 专业版支持 Django 和 Flask 开发。在上一章已经深入讲解了如何开发基于 Flask 的 Web 应用，相信读者已经对 Flask 比较熟悉。由于开发基于 Flask 的 Web 应用非常简单，只需要一个单独的 Python 脚本文件就可以，所以用 Flask 开发 Web 应用使用任何 IDE 都可以，如 PyDev、PyCharm 等。而 Django 项目比较复杂，需要多个 Python 脚本文件配合一起工作，所以建议使用 PyCharm 开发基于 Django 的 Web 应用。

现在选择左侧的 Django 项，在右侧展开 Project Interpreter，然后选择一个已经安装的 Python 开发环境，如果选择的 Python 开发环境没有安装 Django，PyCharm 会自动下载安装 Django。在 More Settings 设置项可以配置 Django 使用的模板、模板目录、应用程序名称等信息。其中模板支持 Django 内建模板和 Jinja2 模板。后者 Flask 也支持，所以如果使用 Jinja2 模板，Django 与 Flask 程序可以共享模板代码。在这里先选择 Django 的内建模板。最后单击 Create 按钮建立 Django 工程。建好后的 Django 工程如图 22-7 所示。

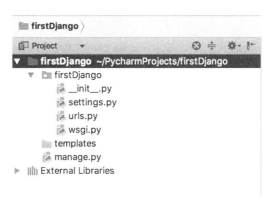

图 22-7　用 PyCharm 建立的 Django 工程

MyCharm 建立的 Django 工程与手工通过 django-admin.py 脚本文件建立的 Django 工程的目录结构基本上一样，只是多了一个 templates 目录，该目录用于存放模板文件，只是 MyCharm 已经事先建好了这个目录。通过 django-admin.py 脚本文件建立的 Django 工程完全可以自己手工建立 templates 目录。

现在单击 MyCharm 主界面右上角如图 22-8 所示的绿色运行按钮，会在 MyCharm 中启动 Django 服务。

图 22-8　启动 Django 服务

启动 Django 服务后，就可以在浏览器地址栏中输入 http://127.0.0.1:8000，显示的页面与图 22-3 完全相同。

## 22.2.5　添加路由

与 Flask 一样，Django 也需要使用路由将 URL 与服务端要执行的代码关联。Flask 与 Django 相同的地方就是都可以将一个普通的函数变成路由函数。而 Flask 与 Django 不同的是，前者使用装饰器 @app.route()定义路由，而后缀使用正则表达式定义路由。

现在为前面建立的 firstDjango 工程添加第一个路由。首先在工程中的 firstDjango 目录建立一个 First.py 脚本文件，然后在 First.py 文件中编写如下的代码：

```
from django.http import HttpResponse
def hello(request):
    # 返回值就是要发送到客户端的数据
    return HttpResponse("Hello world ! ")
```

接下来在 firstDjango 目录找到 urls.py 脚本文件，然后用下面的代码替换 urls.py 脚本文件中原来的代码：

```
from django.conf.urls import url
from . import First
urlpatterns = [
    url(r'^$', First.hello),
]
```

现在启动 Django 服务，然后在浏览器地址栏中输入 http://127.0.0.1:8000，会在浏览器中显示如图 22-9 所示的页面。

图 22-9　自定义根路由

上面代码中的 urlpatterns 列表是用来定义当前 Django 工程所有路由的匹配模式的。每一个列表元素是一个 django.urls.resolvers.RegexURLPattern 类的实例，该实例也是 url 函数的返回值。url 函数的第 1 个参数是匹配 URL 路径的正则表达式，第 2 个参数是路由函数。本例的正则表达式是 "r'^$'"，其中 r 表示正则表达式字符串不对转义符进行转义。"^" 匹配 URL 路径的开始，"$" 匹配 URL 路径的结束。中间什么也没有，所以这个正则表达式匹配了根路径，也就是 "/"。使用正则表达式匹配更复杂 URL 路径的方式请看下面的例子。

【例 22.1】　本例通过修改 First.py 脚本文件和 urls.py 脚本文件的方式为 firstDjango 工程添加三个新路由，分别匹配如下形式的 URL：

❑ http://127.0.0.1:8000/your。
❑ URL 路径以"/product"开头，后面跟任意数字，如 http://127.0.0.1:8000/product123、http://127.0.0.1:8000/product4 等。
❑ URL 路径以"/country"开头，后面跟 China 或 America，如 http://127.0.0.1:8000/country/China。

实例位置：**PythonSamples\django\firstDjango\firstDjango\First.py**

```
from django.http import HttpResponse
def hello(request):
    return HttpResponse("Hello world ! ")
# http://127.0.0.1:8000/your
def your(request):
    return HttpResponse('your')
# http://127.0.0.1:8000/product123
def product(request):
    return HttpResponse('product')
# http://127.0.0.1:8000/country/China
def country(request):
    return HttpResponse('country')
```

实例位置：**PythonSamples\django\firstDjango\firstDjango\urls.py**

```
from django.conf.urls import url
from . import First
urlpatterns = [
    url(r'^$', First.hello),
    # http://127.0.0.1:8000/your
    url(r'^your$', First.your),
    # product 后面可以跟任意的数字，http://127.0.0.1:8000/product123
    url(r'^product\d+$', First.product),
    # http://127.0.0.1:8000/country/China
    url(r'^country/China|America$', First.country),
]
```

现在启动 Django 服务（如果 Django 服务已经启动，则不需要重新启动，因为 Django 服务如果发现代码有变化，会自动重新装载这些代码），然后在浏览器地址栏中输入 http://127.0.0.1:8000/product432，在浏览器中会显示如图 22-10 所示的页面。将 URL 最后的 432 换成其他数字，也会显示同样的页面。也可以在浏览器地址栏中输入前面给出的其他 URL，看看会显示什么内容。

图 22-10　使用正则表达式匹配 URL 路径

## 22.2.6　在 MyCharm 中指定 IP 和端口号

在 MyCharm 中也可以像命令行启动 Django 服务一样指定启动 IP 和端口号。首先在 MyCharm 右上角单击配置列表，在展开的列表中选择 Edit Configurations 列表项，如图 22-11 所示。

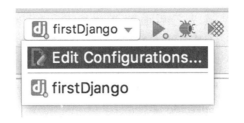

图 22-11　选择 Edit Configurations

在弹出的 Run/Debug Configurations 对话框右侧的 Host 文本框中输入 IP（如 0.0.0.0），在 Port 文本框中输入一个新的端口号（如 5678），如图 22-12 所示。最后单击 OK 按钮关闭对话框，再次启动 Django 服务，就会使用新的 IP 和端口号。

图 22-12　设置 IP 和端口号

## 22.2.7　处理 HTTP 请求

当客户端浏览器通过 URL 访问 Web 应用时，首先要做的就是获取用户提交的信息，也就是从 HTTP 请求数据中获得的信息。HTTP 请求数据分为 HTTP 请求头和 Body。HTTP 请求头包含了一些 HTTP 请求字段和 HTTP GET 字段。Body 中可以包含任何类型的数据。这些数据中有一种是 HTTP POST 类型的值。这类值与 HTTP GET 字段的值类似，只是处于 HTTP 请求数据的不同位置。HTTP POST 类型的数据本章后面的部分会讲，本节先讨论如何获取常用的 HTTP 请求头信息以及 HTTP GET 字段的值。

每一个路由函数都有一个 request 参数，这个参数用来获取 HTTP 请求的所有数据。request 参数值是一个 django.core.handlers.wsgi.WSGIRequest 对象，该对象提供了一些属性用于获取常用的信息，如 scheme 用于获取 URL 的协议头（如 HTTP、HTTPS 等），path 用于获取 URL 的路径，method 用于获取提交的方法（GET、POST 等）。通过 GET 属性可以获取 HTTP 请求的 GET 字段值，GET 属性就是一个字典，里面包含了所有的 HTTP GET 请求字段值，如 request.GET['name'] 可以得到名为 name 的字段值。

如果要想获得某个 HTTP 请求头字段的值，需要使用 META 属性，该属性与 GET 属性一样，也是一个字典类型，里面包含了所有 HTTP 请求头字段，如 request.META['REMOTE_ADDR'] 可以获取客户端的 IP 地址。META 属性包含的主要 HTTP 请求头字段如表 22-1 所示。

表 22-1 所示的 HTTP 请求头字段并不一定在任何情况下都有值，所以在获取 HTTP 请求头字段值时要注意这一点。

【例 22.2】　本例演示了如何利用路由函数的 request 参数获取 HTTP 请求头字段信息以及 HTTP GET 请求字段值。

表 22-1　HTTP 请求头字段及含义

| HTTP 请求头字段名 | 含　义 |
| --- | --- |
| CONTENT_LENGTH | 请求正文的长度 |
| CONTENT_TYPE | 请求正文的 MIME 类型 |
| HTTP_ACCEPT | 响应可接收的 Content-Type |
| HTTP_ACCEPT_ENCODING | 响应可接收的编码 |
| HTTP_ACCEPT_LANGUAGE | 响应可接收的语言 |
| HTTP_HOST | 客服端发送的 HTTP Host 头部 |
| HTTP_REFERER | Referring 页面 |
| HTTP_USER_AGENT | 客户端的 user-agent 字符串 |
| QUERY_STRING | 字符串形式的查询字符串（未解析） |
| REMOTE_ADDR | 客户端的 IP 地址 |
| REMOTE_HOST | 客户端的主机名 |
| REMOTE_USER | 服务器认证后的用户 |
| REQUEST_METHOD | HTTP 请求方法，如 GET、POST 等 |
| SERVER_NAME | 服务器的主机名 |
| SERVER_PORT | 服务器的端口 |

**实例位置：PythonSamples\django\BasicDjango\BasicDjango\request.py**

```python
from django.http import HttpResponse
def myRequest(request):
    response = 'scheme:' + request.scheme + '<br>'
    response += 'path:' + request.path + '<br>'
    response += 'method:' + request.method + '<br>'
    # 下面的代码获取 HTTP 请求头信息
    response += 'HTTP_ACCEPT:' + request.META['HTTP_ACCEPT'] + '<br>'
    response += 'HTTP_USER_AGENT:' + request.META['HTTP_USER_AGENT'] + '<br>'
    response += 'REMOTE_ADDR:' + request.META['REMOTE_ADDR'] + '<br>'
    response += 'QUERY_STRING:' + request.META['QUERY_STRING'] + '<br>'
    # 获取 name 字段的值
    response += 'name:' + str(request.GET['name'])+ '<br>'
    # 获取 age 字段的值
    response += 'age:' + str(request.GET.get('age')) + '<br>'
    return HttpResponse(response)
```

**实例位置：PythonSamples\django\BasicDjango\BasicDjango\urls.py**

```python
from django.conf.urls import url
from . import request
urlpatterns = [
    url(r'^request$', request.myRequest),
]
```

启动 Django 服务器，然后在浏览器地址栏中输入 http://127.0.0.1:8000/request?name=Bill，就会显示如图 22-13 所示的页面。

由于 META 属性和 GET 属性都是字典类型，所以如果使用中括号形式（[…]）获取 key 对应的值，当这个 key 不存在时，会抛出异常。可以使用 try…catch 语句捕获异常，也可以使用 get(…)方法获取

key 对应的值。如果 key 不存在，get(…)方法返回 None。

图 22-13　获取 HTTP 请求头字段值和 HTTP GET 字段值

## 22.2.8　Response 与 Cookie

Web 服务端要完成的任务的最后一步就是向客户端返回数据。如果客户端是浏览器，那么返回的数据通常是 HTML、JS、CSS 或其他类型的代码。这就要涉及服务端如何为客户端返回数据的问题。

在 Django 中需要在路由函数中返回 HttpResponse 类的实例，HttpResponse 类的构造方法可以传入要返回的字符串，也可以通过 content_type 关键字参数设置返回数据的类型，如 text/html。

在 HttpResponse 类中有一个重要的 set_cookie 方法，该方法用于向客户端写入 Cookie 数据。Cookie 本质上是通过 HTTP 响应头的 Set-Cookie 字段设置的，所以 set_cookie 方法其实就是设置了 HTTP 响应头的 Set-Cookie 字段的值。如果要读取 Cookies 的值，需要使用路由函数的 request 参数，因为当客户端浏览器向服务端发送数据时，将保存到本地的 Cookie 通过 HTTP 请求头发送给了服务端，所以就需要通过 request 参数读取 HTTP 请求头中的 Cookie 信息。

```
# 读取名为 name 的 Cookie 值
request.COOKIES.get("name")
```

【例 22.3】　本例通过 writeCookie 函数写入了两个 Cookie 值，然后通过 readCookie 读取了这两个 Cookie 值，并将它们又返回给了客户端。本例还设置了其中一个 Cookie 值的过期时间（20s）。

实例位置：**PythonSamples\django\BasicDjango\BasicDjango\responseCookie.py**

```
from django.http import HttpResponse
import datetime
def myResponse(request):
    return HttpResponse('<h1>hello world</h1>',content_type="text/html")
# 用于向客户端写入 Cookie
def writeCookie(request):
    # Cookie 的到期时间
    dt = datetime.datetime.now() + datetime.timedelta(seconds=int(20))
    response = HttpResponse('writeCookie')
    # 设置第 1 个 Cookie,并设置了这个 Cookie 的有效期（未来 20s）
    response.set_cookie('name', 'Bill',expires=dt)
    # 设置第 2 个 Cookie
    response.set_cookie('age', 30)
    return response
def readCookie(request):
    result = ''
    # 读取名为 name 的 Cookie 值
```

```
name = str(request.COOKIES.get("name"))
# 读取名为 age 的 Cookie 值
age = str(request.COOKIES.get('age'))
result = '<h2>name:<font color="red">' + name + '</font></h2>'
result += '<h2>age:<font color="blue">' + age + '</font></h2>'
return HttpResponse(result,content_type="text/html")
```

接下来在 urls.py 脚本文件上添加上面三个路由函数的正则表达式映射。

**实例位置：PythonSamples\django\BasicDjango\BasicDjango\urls.py**

```
from django.conf.urls import url
from . import request
from . import responseCookie

urlpatterns = [
    url(r'^request$', request.myRequest),
    # 下面 3 行代码是本例配置的路由函数与正则表达式的映射
    url(r'^response$', responseCookie.myResponse),
    url(r'^writeCookie$', responseCookie.writeCookie),
    url(r'^readCookie$', responseCookie.readCookie),
]
```

现在启动 Django 服务，然后在浏览器地址栏中输入 http://localhost:8000/writeCookie，会将两个 Cookie 写入客户端浏览器，接下来输入 http://localhost:8000/readCookie，会在浏览器中显示如图 22-14 所示的页面。

如果没有设置 Cookie 的有效期，那么这个 Cookie 在不关闭当前页面时永远有效，但如果关闭当前页面，Cookie 立刻失效。如果设置了 Cookie 的有效期，在有效期内，无论是否关闭当前页面，Cookie 都会有效。一旦过了有效期，Cookie 就会失效。因此，名为 name 的 Cookie 只能在 20s 内是有效的，超过 20s 就会失效。而名为 age 的 Cookie，只要当前页面不关闭，就会永远有效，当关闭浏览器，并重新启动后，age 就会失效。现在关闭浏览器，然后在 20s 内在浏览器地址栏中再次输入 http://localhost:8000/readCookie，会在浏览器中显示如图 22-15 所示的页面。由于名为 age 的 Cookie 失效了，所以读出的是 None。

図 22-14　读取 Cookie　　　　　図 22-15　第 2 个 Cookie 失效了

## 22.2.9　读写 Session

Session 与 Cookie 有些类似，都是通过字典管理 key-value 对。只不过 Cookie 是保存在客户端的字典，而 Session 是保存在服务端的字典。Session 可以在服务端使用多种存在方式，默认一般是存储在内存中，一旦 Web 服务重启，所有保存在内存中的 Session 就会消失。为了让 Session 即使在 Web

服务重启后仍然能够存在，也可以将 Session 保存到文件或数据库中。不管如何保存 Session，操作上都是一样的。

Session 的另外一个重要作用是跟踪客户端。也就是说，当一个客户端浏览器访问 Web 服务后，关闭浏览器，再次启动浏览器，再次访问 Web 服务。这时 Web 服务就会知道这个浏览器已经访问了两次 Web 服务。这就是通过 Session 跟踪的。每一个客户端访问 Web 服务时都会创建一个单独的 Session，同时为这个 Session 生成一个 ID，这里就叫它 Session-ID。这个 Session-ID 会利用 Cookie 的方式保存在客户端，如果客户端再次访问 Web 服务时，这个 Session-ID 也会随着 HTTP 请求发送给 Web 服务，Web 服务会通过这个 Session-ID 寻找属于这个客户端的 Session。也就是说，如果客户端不支持 Cookie，那么 Session 是无法跟踪客户端的。当然，也可以用其他方式保存这个 Session-ID，但这个不在本章的讨论范围，这里只讨论 Session 和 Cookie 的关系。

读写 Session 都需要使用路由函数的 request 参数，WSGIRequest 对象有一个 session 属性，这是一个字典类型的属性，所以可以用操作字典的方式读写 Session 中的 key-value。

**【例 22.4】** 本例通过 session 属性读写了两对 key-value，并设置了 Session 的有效期。

**实例位置：PythonSamples\django\BasicDjango\BasicDjango\session.py**

```
from django.http import HttpResponse
def writeSession(request):
    # 设置名为 name 的 Session
    request.session['name'] = 'Bill'
    # 设置名为 age 的 Session
    request.session['age']  =20
    return HttpResponse('writeSession')
def readSession(request):
    result = ''
    # 读取名为 name 的 Session，如果没有 name，返回 None
    name = request.session.get('name')
    # 读取名为 age 的 Session，如果没有 age，返回 age
    age = request.session.get('age')
    if name:
        result = '<h2>name:<font color="red">' + name + '</font></h2>'
    if age:
        result += '<h2>name:<font color="blue">' + str(age) + '</font></h2>'
    return HttpResponse(result,content_type="text/html")
```

接下来配置路由函数，在 urls.py 脚本文件中添加相应的代码。

**实例位置：PythonSamples\django\BasicDjango\BasicDjango\urls.py**

```
from django.conf.urls import url
…
from . import session
urlpatterns = [
    …
    # 下面的代码是本例添加的路由方法与正则表达式的映射
    url(r'^writeSession$', session.writeSession),
    url(r'^readSession$', session.readSession),
]
```

启动 Django 服务，在浏览器地址栏中输入如下的 URL 写 Session。

http://127.0.0.1:8000/writeSession

然后输入如下的 URL 读 Session。

http://127.0.0.1:8000/readSession

访问上面的 URL 后，会在浏览器中显示如图 22-16 所示的页面。

name:Bill

name:20

图 22-16　读取 Session

要想精确控制 Session 的有效期，需要在 settings.py 脚本文件中设置 SESSION_COOKIE_AGE 变量，如下面的代码会将 Session 的有效期设为 20s。

```
SESSION_COOKIE_AGE = 20
```

如果使用了上面的设置，Session 在 20s 后将过期，过期的 Session 将无法读取。

## 22.2.10　用户登录

本节会利用 Session 实现一个用户登录的例子，这也是最典型的 Session 案例。实现的基本原理是当登录成功后，会将用户名以及其他相关信息写入 Session。如果用户再用同一个浏览器访问该 Web 应用，就会从与客户端对应的 Session 中重新获取用户名和其他相关信息，这也表明用户处于登录状态，所以当用户第二次访问该 Web 应用时，除非 Session 过期，否则就无须登录了。

【例 22.5】　本例使用 login 路由模拟用户登录，为了方便，使用 HTTP GET 请求指定用户名（user 字段），并使用 logout 注销登录（删除 Session 中的用户名）。

实例位置：**PythonSamples\django\BasicDjango\BasicDjango\user.py**

```
from django.http import HttpResponse
# 根路由，检测用户是否登录
def index(request):
    # 从 Session 获取用户名
    user = request.session.get('user')
    result = ''
    # 如果成功获取用户名，表明用户处于登录状态
    if user:
        result = 'user: %s' % user
    else:
        result = 'Not logged in'
    return HttpResponse(result)
# 用于登录的路由
def login(request):
    # 从 HTTP GET 请求中得到用户名
    user = request.GET.get('user')
    result = ''
    if user:
    # 如果成功获得用户名，就将用户名保存到 Session 中
        request.session['user'] = user
```

```
        result = 'login success'
    else:
        result = 'login failed'
    return HttpResponse(result)
# 用于注销登录的路由
def logout(request):
    try:
        # 删除 Session 中的用户名
        del request.session['user']
    except KeyError:
        pass
    return HttpResponse("You're logged out.")
```

接下来在 urls.py 脚本文件中配置路由。

**实例位置：PythonSamples\django\BasicDjango\BasicDjango\urls.py**

```
from django.conf.urls import url
…
from . import user
urlpatterns = [
    …
    url(r'^$', user.index),
    url(r'^login$', user.login),
    url(r'^logout$', user.logout),
]
```

启动 Django 服务，然后在浏览器地址栏中输入如下 URL 就会成功登录：

http://127.0.0.1:8000/login?user=Bill

然后再输入 http://127.0.0.1:8000，就会在浏览器中显示如图 22-17 所示的登录用户名。

过 20s 后（Session 失效），或访问 http://127.0.0.1:8000/logout 注销用户登录状态，再次访问 http://127.0.0.1:8000，将会显示如图 22-18 所示的未登录信息。

图 22-17　登录成功　　　　　　　　　图 22-18　用户未登录

## 22.2.11　静态文件

Django 默认的静态文件路径是 static，该目录位于 BasicDjango/BasicDjango 目录中，如图 22-19 所示。

要想访问 static 目录中的静态资源，只建立 static 目录还不行，还需要在 settings.py 脚本文件的 INSTALLED_APPS 中添加当前 App 的包名，也就是 BasicDjango。

```
INSTALLED_APPS = [
    …
    'BasicDjango'
]
```

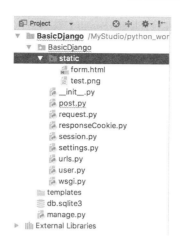

图 22-19　static 目录的位置

　　然后在浏览器地址栏中输入 http://127.0.0.1:8000/static/test.png，就可以直接访问 static 目录中的
test.png 图像文件。

【例 22.6】　本例在 static 目录中建立了一个 form.html 静态页面，该页面有一个<form>标签，用于
向服务端提交 POST 请求。然后在 post.py 脚本文件中添加一个路由方法，用于处理 HTTP POST 请求，
并返回请求字段值。

　　**实例位置：PythonSamples\django\BasicDjango\BasicDjango\post.py**

```
from django.http import HttpResponse
from django.views.decorators.csrf import csrf_exempt
# 禁止 CSRF 校验
@csrf_exempt
def myPost(request):
    # 从 HTTP POST 请求中获取 user 字段值
    user = str(request.POST.get('user'))
    # 从 HTTP POST 请求中获取 age 字段值
    age = str(request.POST.get('age'))
    result = '<h2>name:<font color="red">' + user + '</font></h2>'
    result += '<h2>age:<font color="blue">' + age + '</font></h2>'
    return HttpResponse(result)
```

在 urls.py 脚本文件中配置路由函数。

　　**实例位置：PythonSamples\django\BasicDjango\BasicDjango\urls.py**

```
from django.conf.urls import url
…
from . import post
urlpatterns = [
    …
    url(r'^post$', post.myPost),
]
```

接下来编写静态页面 form.html 的代码。

　　**实例位置：PythonSamples\django\BasicDjango\BasicDjango\static\form.html**

```
<!DOCTYPE html>
```

```
<html lang="en">
<head>
    <meta charset="UTF-8">
    <title>Form</title>
</head>
<body>
    <!--   用于提交 POST 请求的 Form 表单 -->
    <form action="/post" method="post">
        User:<input name="user"/><br>
        Age:<input name="age"/><br>
        <input type="submit" value="提交">
    </form>
</body>
</html>
```

启动 Django 服务，然后在浏览器地址栏中输入如下的 URL：

http://127.0.0.1:8000/static/form.html

接下来在 User 和 Age 文本框中输入 geekori 和 20，如图 22-20 所示。

最后单击"提交"按钮，会将输入的数据用 POST 请求提交给 post 路由，该路由会返回如图 22-21 所示的页面。

图 22-20　form.html 静态页面　　　　　图 22-21　post 路由返回的页面

本例涉及一个 CSRF 校验的问题，CSRF 是 Cross-Site Request Forgery（跨站请求伪造）的缩写，CSRF 校验就是为了防止 CSRF 攻击进行的校验。由于 CSRF 校验与本例的内容无关，所以本例使用 @csrf_exempt 装饰器将 CSRF 校验关闭。

## 22.3　Django 模板

我们已经知道，模板函数的返回值就是返回给客户端的数据，但如果返回数据很复杂，如一个非常大的 HTML 页面，直接将页面代码固化在 Python 脚本文件中显得太臃肿，当然，可以将 HTML 页面代码放到一个文件中，然后通过 open 函数或其他 API 读取该文件的内容。这是一种非常好的方式，不过这些功能已经被 Django 封装了，而且还提供了更多的支持，这就是本节要讲的 Django 模板。Django 模板是 Django 内建的模板，无须单独安装。本节会介绍 Django 模板的基本用法。

### 22.3.1　编写第一个基于 Django 模板的应用

Django 模板就是 HTML 静态页（可能包含 CSS、JS 等前端代码）和标签的组合。也就是说，Django 模板与 HTML 静态页面非常类似，只是除了静态部分，还有动态部分，这一部分被称为标签。由于

Django 模板文件是通过路由函数返回给客户端的，所以在返回之前，Django 模板引擎会先将模板中所有的标签替换成静态的内容（主要是 HTML 代码），也就是说，Django 模板中的标签在浏览器中是看不到的，我们看到的都是这些标签转换而成的 HTML 代码。只有 Web 服务端才能看到这些标签，并进行相应的替换。

　　Django 模板文件默认都放置在 templates 目录中，使用 MyCharm 创建 Django 工程时会自动创建这个目录。除了标签外，Django 模板中的其他部分和 HTML 页面没什么区别。所有的标签都使用{{…}}括起来，一般{{…}}内是一个标识符（如{{name}}），方便 Web 服务端替换标签。

　　返回 Django 模板文件需要使用 django.shortcuts 模块中的 render 函数，该函数需要指定三个参数，第 1 个参数是 request，第 2 个参数是 Django 模板文件名（如 hello.html），第 3 个参数是一个字典类型，用于存储标签要替换的值。字典的 key 就是{{…}}中的标识符。

【例 22.7】　本例在 templates 目录中建立了一个简单的 Django 模板文件（hello.html），然后会在 view.py 脚本文件中编写一个名为 hello 的路由函数，用于返回 hello.html 文件。

　　首先编写 Django 模板文件 hello.html。

**实例位置：PythonSamples\django\MyTemplates\templates\hello.html**

```
<h1>{{ hello }}</h1>
```

接下来建立一个 view.py 脚本文件，然后编写 hello 路由函数。

**实例位置：PythonSamples\django\MyTemplates\MyTemplates\view.py**

```
from django.shortcuts import render
def hello(request):
    values = {}
    # 设置替换标签的值
    values['hello'] = 'Hello World!'
    # 使用 render 函数返回 hello.html 文件
    return render(request, 'hello.html', values)
```

最后在 urls.py 脚本文件中配置路由函数。

**实例位置：PythonSamples\django\MyTemplates\MyTemplates\urls.py**

```
from django.conf.urls import url
from . import view
urlpatterns = [
    url(r'^hello$', view.hello),
]
```

启动 Django 服务，在浏览器地址栏中输入 http://127.0.0.1:8000/hello，会在浏览器中显示如图 22-22 所示的页面。

图 22-22　第一个基于 Django 模板的应用

查看该页面的源代码后发现，{{hello}}已经被替换成 Hello World 了。

```
<h1>Hello World!</h1>
```

## 22.3.2　条件控制标签

在 Django 模板中可以通过条件控制标签进行逻辑控制。条件控制标签的语法如下：

```
{% if condition1 %}
    …
{% elif condition2 %}
    …
{% else %}
    …
{% endif %}
```

其中，elif 和 else 部分都可以没有，这一点与 Python 语言中的 if 语句相同。condition1、condition2 是条件标识符。只有当条件标识符为 True 或其他非空值时才为 True，否则为 False。例如，condition1 为 None、False、[]、{}等值时才为 False，否则为 True。这一点与上一节介绍的 Jinja2 模板类似。

【例 22.8】　本例在 templates 目录中建立了一个 Django 模板文件（condition.html），该模板文件中会使用完整的条件控制标签进行逻辑判断，然后会在 condition.py 脚本文件中编写一个名为 myCondition 的路由函数，用于返回 condition.html 文件。在 myCondition 路由函数中会设置多个条件，用来检测条件控制标签的逻辑判断。

首先编写 Django 模板文件 condition.html。

**实例位置：PythonSamples\django\MyTemplates\templates\condition.html**

```
<!DOCTYPE html>
<html lang="en">
<head>
    <meta charset="UTF-8">
    <title>条件控制</title>
</head>
<body>
{% if condition1 %}
    <h1>条件 1</h1>
{% elif condition2 %}
    <h1>条件 2</h1>
{% else %}
    <h1>其他条件</h1>
{% endif %}
</body>
</html>
```

现在建立一个 condition.py 脚本文件，并编写一个名为 myCondition 的路由函数。

**实例位置：PythonSamples\django\MyTemplates\MyTemplates\condition.py**

```
from django.shortcuts import render
def myCondition(request):
    values = {}
    values['condition1'] = True
    values['condition2'] = False
    return render(request, 'condition.html', values)
```

最后在 urls.py 脚本文件中配置 myCondition 路由函数。

**实例位置：PythonSamples\django\MyTemplates\MyTemplates\urls.py**

```
from django.conf.urls import url
from . import view
from . import condition
urlpatterns = [
    url(r'^hello$', view.hello),
    url(r'^condition$', condition.myCondition),
]
```

现在启动 Django 服务，然后在浏览器地址栏中输入 http://127.0.0.1:8000/condition，会在浏览器中显示如图 22-23 所示的页面。

# 条件1

图 22-23　条件控制标签

在前面的代码中，condition1 的值为 True，所以第 1 个条件满足，如果将 condition1 设为 False 或 []，那么就会在浏览器中输出"其他条件"。

## 22.3.3　循环控制标签

在 Django 模板中可以通过循环控制标签对列表进行迭代。循环控制标签又称为 for 标签，语法格式如下：

```
{% for value in value_list %}
    {{value}}
{% endfor %}
```

【例 22.9】　本例在 templates 目录中建立了一个 Django 模板文件（for.html），该模板文件会使用 for 标签对一个列表进行迭代，并输出列表中每一个元素的 name 属性值。

首先编写 Django 模板文件 for.html。

**实例位置：PythonSamples\django\MyTemplates\templates\for.html**

```
<!DOCTYPE html>
<html lang="en">
<head>
    <meta charset="UTF-8">
    <title>循环控制</title>
</head>
<body>
<ul>
<!-- values 是一个列表变量 -->
{% for value in values %}
    <!-- 列表中每一个元素（value）必须是一个包含 name 属性的字典或对象 -->
    <li>{{ value.name }}</li>
{% endfor %}
```

```
</ul>
</body>
</html>
```

现在建立一个 iteration.py 脚本文件，并编写一个名为 myFor 的路由函数。

**实例位置：PythonSamples\django\MyTemplates\MyTemplates\iteration.py**

```
from django.shortcuts import render
class MyClass:
    name = 'Bill'
def myFor(request):
    # values 中既包含了字典类型值，也包含了对象，只要这些值有名为 name 的属性即可
    values = {'values':[{'name':'item1'},MyClass(),{'name':'Mike'}]}
    return render(request, 'for.html', values)
```

最后在 urls.py 脚本文件中配置 myFor 路由函数。

**实例位置：PythonSamples\django\MyTemplates\MyTemplates\urls.py**

```
from django.conf.urls import url
from . import view
from . import condition
from . import iteration
urlpatterns = [
    url(r'^hello$', view.hello),
    url(r'^condition$', condition.myCondition),
    url(r'^for$', iteration.myFor),
]
```

启动 Django 服务，然后在浏览器地址栏中输入 http://127.0.0.1:8000/for，会在浏览器中显示如图 22-24 所示的页面。

图 22-24　for 标签

## 22.3.4　过滤器

通过 Django 模板的过滤器可以在无须编码的情况下完成一些基本的工作，如字母的大小写转换、日期转换、获取字符串的长度等。过滤器要放到标签的标识符后面，中间用竖杠（|）分隔。如下面的过滤器会将 name 标识符的值中所有的英文字母转换为大写。

```
{{name|upper}
```

【例 22.10】　本例在 templates 目录中建立了一个 Django 模板文件（filter.html），该模板文件会通过一些过滤器进一步处理服务端返回的值。

首先编写 Django 模板文件 filter.html。

**实例位置：PythonSamples\django\MyTemplates\templates\filter.html**

```html
<!DOCTYPE html>
<html lang="en">
<head>
    <meta charset="UTF-8">
    <title>过滤器</title>
</head>
<body>
<!-- 将 value1 中的字母都转换为大写 -->
{{ value1|upper }}
<br>
<!-- 取 value2 中的第 1 个字母，并将其转换为小写 -->
{{ value2|first|lower }}
<br>
<!-- 获取 value3 的长度 -->
{{ value3|length}}
</body>
</html>
```

现在建立一个 filter.py 脚本文件，并编写一个名为 myFilter 的路由函数。

**实例位置：PythonSamples\django\MyTemplates\MyTemplates\filter.py**

```python
from django.shortcuts import render
def myFilter(request):
    values = {}
    values['value1'] = 'hello'
    values['value2'] = 'WORLD'
    values['value3'] = 'abcdefg'
    return render(request, 'filter.html', values)
```

最后在 urls.py 脚本文件中配置 myFilter 路由函数。

**实例位置：PythonSamples\django\MyTemplates\MyTemplates\urls.py**

```python
from django.conf.urls import url
from . import view
from . import condition
from . import iteration
from . import filter
urlpatterns = [
    url(r'^hello$', view.hello),
    url(r'^condition$', condition.myCondition),
    url(r'^for$', iteration.myFor),
    url(r'^filter$',filter.myFilter)
]
```

启动 Django 服务，然后在浏览器地址栏中输入 http://127.0.0.1:8000/filter，会在浏览器中显示如图 22-25 所示的页面。

图 22-25　过滤器

## 22.4 小结

本章介绍了Django框架的基本功能，如果已经阅读了上一章关于Flask框架的内容，会发现Django和Flask在基础功能上非常相似。尤其是在Flask中使用的Jinja2模板和Django中的模板。其实任何的Web框架，基本功能都是这个样子，只要学会了一个，学习另外一个Web框架就容易得多。那么可能有的读者会问，到底是选择Flask，还是选择Django呢？其实这个问题很难直接回答"是"或"否"，因为这要根据具体情况而定。Flask比较轻量，非常适合做Restful API等轻量级的应用。而Django大而全，如果不想到处去找第三方的扩展，可以直接用Django一步到位。另外，Django有的功能，Flask基本上都可以找到类似的扩展，所以单从功能上来看，这两个Web框架差不多。而且编写的程序好坏其实和框架没有太大关系，就像刘强东说的那样，所有的失败都归结为人不行，而不是Web框架不行（这句是我加的）。

## 22.5 实战与练习

**1. 编写一个基于Django的Python程序，该程序在static目录中有一个名为form.html的HTML文件，在该文件中有一个form表单，通过POST请求向solution1路由提交数据，然后该路由对应的函数会将这些数据保存到当前目录的form.txt文件中，每个字段和值是一行。**

**答案位置：**PythonSamples\django\practice\practice\solution1.py

**2. 编写一个基于Django的Python程序，要求使用Django模板的for标签对一个对象类型的列表进行迭代。每一个列表元素包含name和age属性，并通过类的构造方法传入这两个属性值。最终在浏览器显示的页面效果如图22-26所示。**

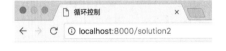

循环控制
localhost:8000/solution2
Bill : 20
Mike : 30
John : 12

图22-26 第2题效果

**答案位置：**PythonSamples\django\practice\practice\solution2.py

# 第四篇　Python 科学计算与数据分析

Python 科学计算与数据分析篇（第 23 章～第 25 章），主要讲解了 Python 语言中最常用的 3 个数据分析和数据可视化库（NumPy、Matplotlib 和 Pandas）的使用方法。本篇各章标题如下：

第 23 章　科学计算库：NumPy

第 24 章　数据可视化库：Matplotlib

第 25 章　数据分析库：Pandas

# 科学计算库：NumPy

从这一章开始，会进入 Python 语言的一个全新领域：数据分析。这也是 Python 语言被广泛应用的领域之一。现在已进入了互联网时代多年，整个互联网已经积累了海量的数据，但光有数据是没有用的，需要从这些浩如烟海的数据中提炼出对我们有用的信息，这一数据提炼的过程就是数据分析。

Python 语言之所以现在这么火，在很大程度上得益于 Python 语言非常适合于数据分析，以及人工智能等高端技术。那么 Python 语言为什么会适合于做这些工作呢？最根本的原因是：Python 语言是动态语言，非常容易使用。而且提供了非常丰富的用于处理文件、字符串、网络通信的 API，这些都是数据分析和人工智能要用到的技术，这也间接导致了另外一个原因，就是基于 Python 语言的第三方程序库大量涌现，尤其是与数据分析、人工智能相关的程序库。本章要讨论的 NumPy 就是其中最著名的科学计算库。

可能有很多读者会说，NumPy 有什么特别的呢？现在用于科学计算的库很多。为什么会提到 NumPy 呢？因为 NumPy 是一个运行速度非常快的科学计算库，这里的关键字不仅是"科学计算库"，还有一个"快"。因为 NumPy 只是用 Python 作了个外壳，底层逻辑是使用 C 语言实现的，所以 NumPy 在运行速度上要远比纯 Python 代码实现的科学计算库快得多。使用 NumPy 可以体验到在原生 Python 代码上从未体验过的运行速度。

那么 NumPy 到底有什么功能呢？其实 NumPy 的功能非常多，主要用于数组计算。NumPy 可以让用户在 Python 语言中使用向量和数学矩阵。NumPy 是 Python 语言在科学计算领域取得成功的关键之一，如果想通过 Python 语言学习数据科学、人工智能（包括深度学习、语言处理等分支），就必须学习 NumPy。

通过阅读本章，您可以：

❑ 了解什么是 NumPy
❑ 掌握如何用 NumPy 操作数组，如改变数组的维度、组合和分隔数组等
❑ 掌握 NumPy 的常用函数，如数组存取函数、加权平均数函数、最大值/最小值函数等

## 23.1 NumPy 开发环境搭建

NumPy 是第三方程序库，所以在使用 NumPy 之前必须安装 NumPy。如果使用的是 Anaconda Python 开发环境，那么 NumPy 已经集成到 Anaconda 环境中了，不需要再安装。如果使用的是官方的 Python 开发环境，可以使用如下的命令安装 NumPy：

```
pip install numpy
```

如果要了解 NumPy 更详细的情况，请访问官方网站。网址如下：

http://www.numpy.org

安装完 NumPy 后，可以测试一下 NumPy 是否安装成功。可以进入 Python 的 REPL 环境，然后使用下面的语句导入 numpy 模块，如果不出错，就说明 NumPy 已经安装成功了。

```
import numpy
```

## 23.2 第一个 NumPy 程序

本节编写第一个 NumPy 程序，来体验一下 NumPy 的强大。在编写程序之前，需要先了解一下这个程序要做什么。

在这个程序中只涉及 numpy 模块中的一个 arange 函数，该函数可以传入一个整数类型的参数 n，函数返回值看着像一个列表，其实返回值类型是 numpy.ndarray。这是 NumPy 中特有的数组类型。如果传入 arange 函数的参数值是 n，那么 arange 函数会返回 0 到 n−1 的 ndarray 类型的数组。而且这个数组还支持很多 Python 语言的基础运算，如加法（+）、减法（−）、次方（**）等。例如，arange(5) ** 2 的结果是[ 0  1  4  9  16]。可以看到，对一个 ndarray 类型的数组使用次方运算，实际上是对每一个数组元素进行次方运算。

**【例 23.1】** 本例使用 arange 函数生成了多个 ndarray 类型的数组，并对数组进行加法和次方运算。
**实例位置：PythonSamples\src\chapter23\demo23.01.py**

```
# 导入 numpy 模块的 arange 函数
from numpy import arange
def sum(n):
    # 对 ndarray 类型的数组进行 2 次方运算
    a = arange(n) ** 2
    # 对 ndarray 类型的数组进行 4 次方运算
    b = arange(n) ** 4
    # 将两个 ndarray 类型的数组相加（每个数组元素相加）
    c = a + b
    return c
# 输出 0 到 4 的数组，运行结果：[0 1 2 3 4]
print(arange(5))
# 运行结果：[ 0  1  4  9 16]
print(arange(5) ** 2)
# 运行结果：[  0   1  16  81 256]
print(arange(5) ** 4)
# 运行结果：[  0   2  20  90 272]
print(sum(5))
```

程序运行结果如图 23-1 所示。

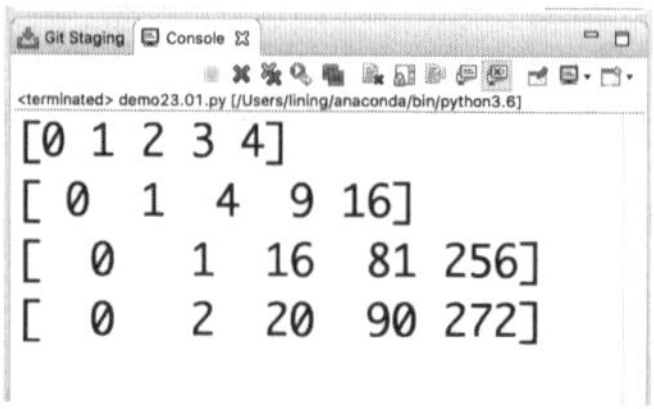

图 23-1　数组运算

## 23.3　NumPy 数组

NumPy 的强项就是进行数组运算，本节会介绍一些 NumPy 常用的数组操作。

### 23.3.1　创建多维数组

numpy 模块的 array 函数可以生成多维数组。例如，如果要生成一个二维数组，需要向 array 函数传一个列表类型的参数，每一个列表元素是一维的 ndarray 类型数组，作为二维数组的行。另外，通过 ndarray 类的 shape 属性可以获得数组每一维的元素个数（元组形式），也可以通过 shape[n] 形式获得每一维的元素个数，其中 n 是维度，从 0 开始。

【例 23.2】　本例使用 array 函数和 arange 函数生成了多个二维数组，并输出了这些二维数组以及相关的属性值。

**实例位置：PythonSamples\src\chapter23\demo23.02.py**

```
from numpy import *
# 创建一个一维的数组
a = arange(5)
# 输出一维数组，运行结果：[0 1 2 3 4]
print(a)
# 输出数组每一维度的元素个数，运行结果：(5,)
print(a.shape)
# 输出第一维的元素个数，运行结果：5
print(a.shape[0])
# 创建一个 3*3 的二维数组
m1 = array([arange(3),arange(3),arange(3)])
print(m1)
# 创建一个 2*3 的二维数组
m2 = array([arange(3),arange(3)])
print(m2)
# 创建一个 3*3 的混合类型数组（每个数组元素的类型可能不一样）
m3 = array([["a","b",4],[1,2,3],[5.3,5,3]])
print(m3)
# 输出 m2 数组每一维度元素的个数，运行结果：(2, 3)
print(m2.shape)
# 运行结果：m2 是二维数组
print("{}是{}维数组".format("m2", len(m2.shape)))
# 输出 m2 的第 1 维的元素个数，运行结果：2
print(m2.shape[0])
# 输出 m2 的第 2 维的元素个数，运行结果：3
print(m2.shape[1])
```

程序运行结果如图 23-2 所示。

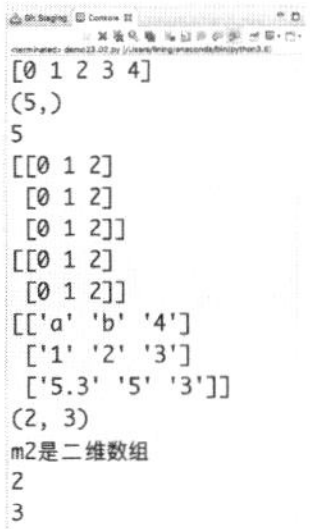

图 23-2　创建二维数组

### 23.3.2 获取数组值和数组的分片

NumPy 数组也指出与 Python 列表相同的操作，例如，通过索引获得数组值，分片等。

**【例 23.3】** 本例演示了如何通过索引获得 NumPy 数组的值，以及对 NumPy 数组使用分片操作。

**实例位置：PythonSamples\src\chapter23\demo23.03.py**

```python
from numpy import *
# 定义一个二维的 NumPy 数组
a = array([[1,2,3],[4,5,6],[7,8,9]])
# 输出数组 a 的第 1 行第 1 列的值，运行结果：1
print(a[0,0])
# 运行结果：a[0,1] = 2, a[2,1] = 8
print("a[0,1] = {}, a[2,1] = {}".format(a[0,1],a[2,1]))
# 分片操作，将 3*3 的二维数组变成 1*3 的二维数组，运行结果：[[1 2 3]]
print(a[0:1])
# 分片操作，获取 1*3 的二维数组的第 1 行的值，运行结果：[1 2 3]
print(a[0:1][0])
# 分片操作，将 3*3 二维数组变成 2*3 的二维数组
print(a[0:2])
b = a[0:]
# 分片操作，b 与 a 的值是相同的
print(a)
# 分片操作，步长是 2
print(a[0::2])
# 与 a[0:2]的结果相同
print(a[-3:-1])
```

程序运行结果如图 23-3 所示。

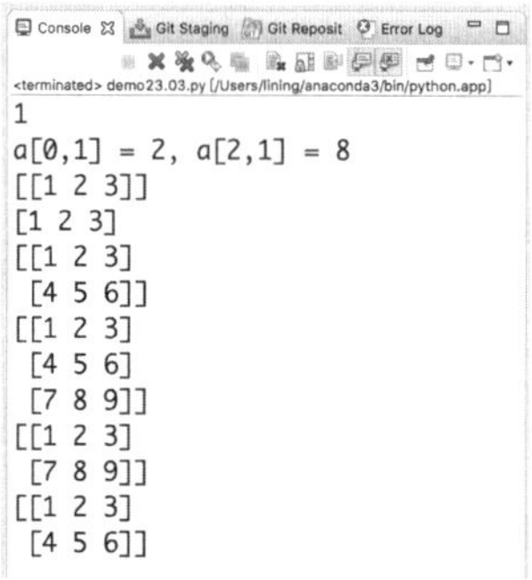

图 23-3　数组的索引和分片操作

### 23.3.3 改变数组的维度

处理数组的一项重要工作就是改变数组的维度，包括提高数组的维度和降低数组的维度，还包括数组的转置。NumPy 提供的大量 API 可以很轻松地完成这些数组的操作。例如，通过 reshape 方法可以将一维数组变成二维、三维或者多维数组。通过 ravel 方法或 flatten 方法可以将多维数组变成一维数组。改变数组的维度还可以直接设置 NumPy 数组的 shape 属性（元组类型），通过 resize 方法也可以改变数组的维度。通过 transpose 方法可以对数组进行转置。本节将介绍 NumPy 中与数组维度相关的常用 API 的使用方法。

【例 23.4】　本例演示了如何利用 NumPy 中的 API 对数组进行维度操作。

实例位置：**PythonSamples\src\chapter23\demo23.04.py**

```python
from numpy import *
b = arange(24).reshape(2,3,4)
# 将一维数组变成三维数组
print(b)
print('------------------')
# 将三维数组变成一维数组
b1 = b.ravel()
print(b1)
print('------------------')
# 将三维数组变成一维数组
b2 = b.flatten()
print(b2)
print('------------------')

# 将三维数组变成二维数组（6 行 4 列）
b.shape = (6,4)
print(b)
print('------------------')
# 数组转置
b3 = b.transpose()
print(b3)
print('------------------')

# 将三维数组变成二维数组（2 行 12 列）
b.resize((2,12))
print(b)
```

程序运行结果如图 23-4 所示。

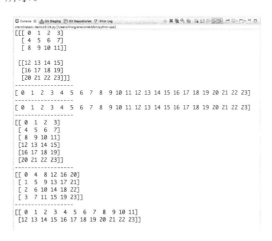

图 23-4　改变数组的维度

## 23.3.4　水平组合数组

通过 hstack 函数可以将两个或多个数组水平组合起来形成一个数组，那么什么叫数组的水平组合呢？下面先看一个例子。

现在有两个 3*2 的数组 A 和 B。

**数组 A**

```
0 1 2
3 4 5
```

**数组 B**

```
6 7 8
4 1 5
```

使用 hstack 函数将两个数组水平组合的代码如下：

```
hstack(A,B)
```

hstack 函数的返回值就是组合后的结果。

```
0 1 2 6 7 8
3 4 5 4 1 5
```

可以看到，数组 A 和数组 B 在水平方向首尾连接了起来，形成了一个新的数组。这就是数组的水平组合。多个数组进行水平组合的效果类似。但数组水平组合必须要满足一个条件，就是所有参与水平组合的数组的行数必须相同，否则进行水平组合会抛出异常。

【例 23.5】 本例通过 reshape 方法以及乘法运算创建了 3 个二维数组（行数相同），然后使用 hstack 函数水平组合其中的两个或三个数组。

**实例位置：PythonSamples\src\chapter23\demo23.05.py**

```python
from numpy import *
a = arange(9).reshape(3,3)
b = a * 3
print(a)
print('----------------')
print(b)
print('----------------')
c = a * 5
# 水平组合 a 和 b
print(hstack((a,b)))
print('----------------')
# 水平组合 a、b 和 c
print(hstack((a,b,c)))
```

程序运行结果如图 23-5 所示。

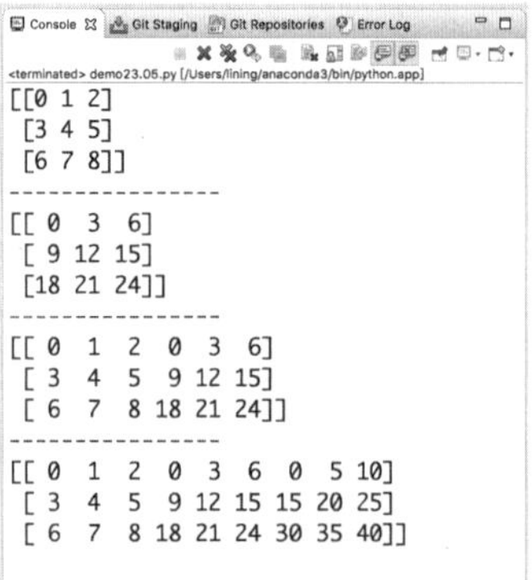

图 23-5 水平组合数组

### 23.3.5　垂直数组组合

通过 vstack 函数可以将两个或多个数组垂直组合起来形成一个数组，那么什么叫数组的垂直组合呢？下面先看一个例子。

现在有两个 3*2 的数组 A 和 B。

**数组 A**

```
0 1 2
3 4 5
```

**数组 B**

```
6 7 8
4 1 5
```

使用 vstack 函数将两个数组垂直组合的代码如下：

```
vstack(A,B)
```

vstack 函数的返回值就是组合后的结果。

```
0 1 2
3 4 5
6 7 8
4 1 5
```

【例 23.6】　本例通过 reshape 方法以及乘法运算创建了 3 个二维数组（行数相同），然后使用 vstack 函数垂直组合其中的两个或三个数组。

**实例位置：PythonSamples\src\chapter23\demo23.06.py**

```python
from numpy import *
a = arange(12).reshape(3,4)
b = arange(16).reshape(4,4)
c = arange(20).reshape(5,4)
print(a)
print('------------')
print(b)
print('------------')
print(c)
print('------------')
# 垂直组合
print(vstack((a,b,c)))
```

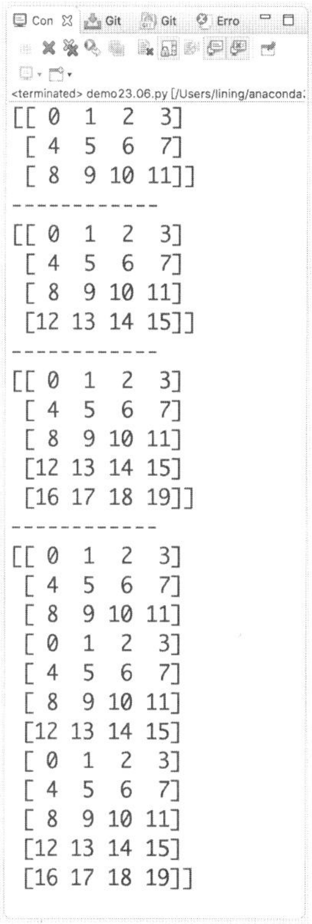

程序运行结果如图 23-6 所示。

图 23-6　垂直组合数组

### 23.3.6　水平分隔数组

分隔数组是组合数组的逆过程。与组合数组一样，分隔数组也分为水平分隔数组和垂直分隔数组。水平分隔数组与水平组合数组对应。水平组合数组是将两个或多个数组水平进行首尾相接，而水平分隔数组是将已经水平组合到一起的数组再分开。

使用 hsplit 函数可以水平分隔数组，该函数有两个参数，第 1 个参数表示待分隔的数组，第 2 个参数表示要将数组水平分隔成几个小数组。现在先来看一个例子。下面是一个 2*6 的二维数组 X。

**数组 X**

```
0 1 2 6 7 8
3 4 5 4 1 5
```

现在使用如下的代码对数组 X 进行分隔：

```
hsplit(X,2)
```

分隔后的结果如下：

```
0 1 2        6 7 8
3 4 5        4 1 5
```

很明显，将数组 X 分隔成了列数相同的两个数组。现在使用下面的代码重新对数组 X 进行分隔。

```
hsplit(X,3)
```

分隔后的结果如下：

```
0 1     2 6     7 8
3 4     5 4     1 5
```

现在将数组 X 分隔成了 3 个列数都为 2 的数组。但要是使用 hsplit(X,4) 分隔数组 X 就会抛出异常。这是因为数组 X 是没有办法被分隔成列数相同的 4 个数组的，尽管可以分隔成列数不同的 4 个数组，但 hsplit 函数并不知道如何分隔，因此，hsplit 就会抛出异常。所以使用 hsplit 函数分隔数组的一个规则是第 2 个参数值必须可以整除待分隔数组的列数。

【例 23.7】 本例使用 hsplit 函数分别将一个 2*4 的二维数组分隔成了 4 个和 2 个数组。

**实例位置：PythonSamples\src\chapter23\demo23.07.py**

```python
from numpy import *
# 创建一个 2*4 的二维数组
a = arange(8).reshape(2,4)
print(a)
print('----------------')
# 将 2*4 的二维数组分隔成 4 个 2*1 的二维数组
b = hsplit(a,4)
print(b)
print('----------------')
print(b[0].shape)
print('----------------')
print(b[0])
print('----------------')
print(b[2])
print('----------------')
# 将 2*4 的二维数组分隔成 2 个 2*2 的二维数组
print(hsplit(a,2))
```

程序运行结果如图 23-7 所示。

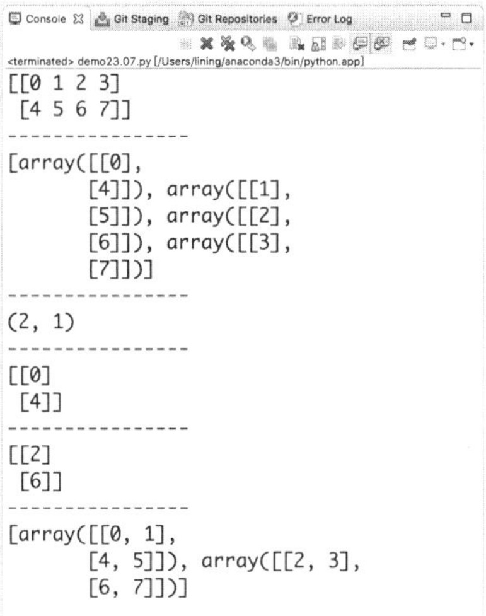

图 23-7　水平分隔数组

### 23.3.7　垂直分隔数组

垂直分隔数组是垂直组合数组的逆过程。垂直组合数组是将两个或多个数组垂直进行首尾相接，而垂直分隔数组是将已经垂直组合到一起的数组再分开。

使用 vsplit 函数可以垂直分隔数组，该函数有两个参数，第 1 个参数表示待分隔的数组，第 2 个参数表示要将数组垂直分隔成几个小数组。现在先来看一个例子。下面是一个 4*3 的二维数组 X。

**数组 X**

```
0 1 2
3 4 5
6 7 8
4 1 5
```

现在使用如下的代码对数组 X 进行分隔：

```
vsplit(X,2)
```

分隔后的结果如下：

```
0 1 2
3 4 5


6 7 8
4 1 5
```

很明显，将数组 X 分隔成了行数相同的两个数组。现在使用下面的代码重新对数组 X 进行分隔。

```
vsplit(X,4)
```

分隔后的结果如下：

```
0 1 2

3 4 5
```

```
6 7 8

4 1 5
```

现在将数组 X 分隔成了 4 个行数都为 1 的数组。但要是使用 vsplit(X,3)分隔数组 X 就会抛出异常。这是因为数组 X 是没有办法被分隔成行数相同的 3 个数组的，尽管可以分隔成行数不同的 3 个数组，但 vsplit 函数并不知道如何分隔，因此，vsplit 就会抛出异常。所以使用 vsplit 函数分隔数组的一个规则是第 2 个参数值必须可以整除待分隔数组的行数。

**【例 23.8】** 本例使用 vsplit 函数将一个 4*2 的二维数组分隔成了 4 个 1*2 的数组。

**实例位置：PythonSamples\src\chapter23\demo23.08.py**

```python
from numpy import *
a = arange(8).reshape(4,2)
# 将 4*2 的二维数组分隔成 4 个 1*2 的数组
c = vsplit(a,4)
print(c)
print("---------")
print(c[0].shape)
print("---------")
print(c[0])
print("---------")
print(c[2])
```

程序运行结果如图 23-8 所示。

```
[array([[0, 1]]), array([[2, 3]]), array([[4, 5]]), array([[6, 7]])]
---------
(1, 2)
---------
[[0 1]]
---------
[[4 5]]
```

图 23-8  垂直分隔数组

## 23.3.8  将数组转换为 Python 列表

有时 NumPy 数组需要与 Python 语言内建的函数或第三方的 API 配合使用，这些函数或 API 并不识别 NumPy 数组，而只能处理 Python 语言的列表。所以就需要将 NumPy 数组转换为 Python 语言列表。使用 tolist 方法可以直接将 NumPy 数组转换为 Python 语言的列表。

**【例 23.9】** 本例使用 tolist 方法将一维和二维的 NumPy 数组分别转换成了 Python 语言的列表。

**实例位置：PythonSamples\src\chapter23\demo23.09.py**

```python
from numpy import *
a = array([1,2,3,4,5,6])
# 将一维数组转换为列表
b1 = a.tolist()
print(b1)
print(type(b1))
print('--------------')
b2 = a.reshape(2,3)
print(b2)
```

```
# 运行结果: <class 'numpy.ndarray'>
print(type(b2))
# 将二维数组转换为 Python 语言的列表
b2 = b2.tolist()
print(b2)
# 运行结果: <class 'list'>
print(type(b2))
```

程序运行结果如图 23-9 所示。

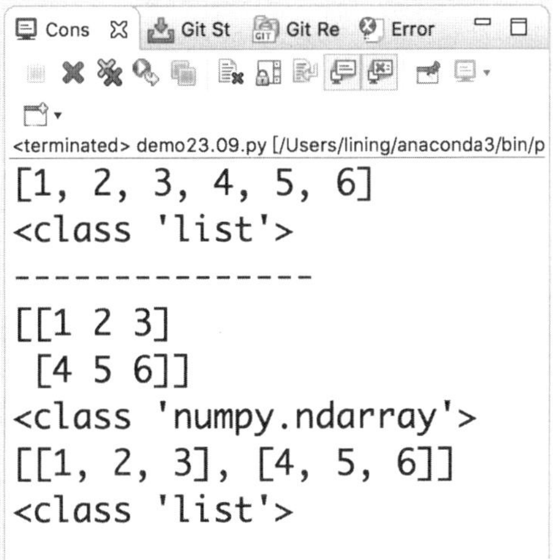

图 23-9　NumPy 数组转换为 Python 语言的列表

# 23.4　NumPy 常用函数

本节将介绍 NumPy 中比较常用的函数，主要包括文件存储函数、加权平均数函数、计算最大值和最小值的函数、中位数函数、方差函数等。

## 23.4.1　存取 NumPy 数组

对数组进行各种操作后，需要将成果保存起来。NumPy 本身提供了丰富的 API 可以存取 NumPy 数组。使用 savetxt 函数可以将 NumPy 数组以指定的格式保存成文本文件。loadtxt 函数能从文本文件中读取数据，并以 NumPy 数组形式返回。

【例 23.10】　本例使用 savetxt 函数将一个一维数组以整数形式和浮点数形式分别保存到 a.txt 文件和 b.txt 文件中，然后使用 loadtxt 函数从这两个文件中读取数据，并以 NumPy 数组形式返回。最后使用 reshape 方法将一维数组变成 4*4 的二维数组，并使用 savetxt 函数和 loadtxt 函数对这个二维数组进行存取操作。

实例位置：**PythonSamples\src\chapter23\demo23.10.py**

```
from numpy import *
a = arange(20)
print(a)
# 将数组 a 以整数格式保存成 a.txt 文件
savetxt("a.txt", a,fmt='%d')
```

```
# 将数组 a 以浮点数格式保存成 b.txt 文件
savetxt("b.txt", a,fmt='%.2f')
# 从 a.txt 文件以整数形式读取文本数据，并返回 NumPy 数组
aa = loadtxt("a.txt",dtype='int')
# 从 b.txt 文件以浮点数形式读取文本数据，并返回 NumPy 数组
bb = loadtxt("b.txt", dtype='float')
print(aa)
print(bb)
# 将一维数组转换为 4*4 的二维数组
x = arange(16).reshape(4,4)
print(x)
# 将二维数组以整数形式保存到 x.txt 文件中
savetxt("x.txt",x,fmt='%d')
# 以整数形式从 x.txt 文件装载二维数组
y = loadtxt("x.txt",dtype='int')
print(y)
```

程序运行结果如图 23-10 所示。运行程序后，会发现当前目录多了三个文本文件：a.txt、b.txt 和 x.txt。

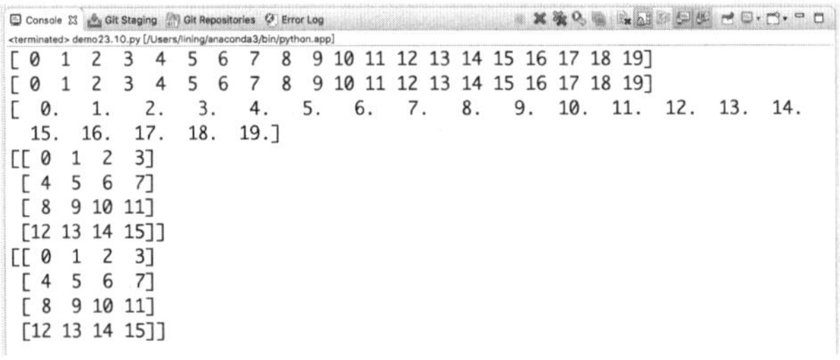

图 23-10　存取 NumPy 数组

## 23.4.2　读写 CSV 文件

CSV 文件是用分隔符分隔的文本文件，通常的分隔符包括空格、逗号（,）、分号（;）等。通过 loadtxt 函数可以读取 CSV 文件，通过 savetxt 函数可以将数组保存成 CSV 文件。savetxt 和 loadtxt 函数默认都是使用空白符（空格、制表符等）作为 CSV 文件的分隔符，但可以通过 delimiter 关键字参数指定分隔符，还可以通过 usecols 关键字参数将读取的数据拆成多列返回，列索引从 0 开始。

【例 23.11】　本例通过 savetxt 函数将一个二维数组以整数形式保存为一个 CSV 文件（a.txt），并使用 loadtxt 函数从 a.txt 文件中读取数据，以及通过 usecols 关键字参数获取指定列的数据。

实例位置：PythonSamples\src\chapter23\demo23.11.py

```
from numpy import *
# 创建 4*5 的二维数组
a = arange(20).reshape(4,5)
print(a)
# 将二维数组保存到 a.txt 文件中，并用逗号分隔
savetxt('a.txt', a, fmt='%d', delimiter=',')
print('---------------')
# 从 a.txt 文件以整数类型装载数据，只获取第 2、4、5 列的数据
b = loadtxt('a.txt', dtype=int, delimiter=',', usecols=(1,3,4))
print(b)
```

```
print('---------------')
# 获取第 1 列和第 4 列的数据，并分别将数据赋给 x 变量和 y 变量
# 分别返回多列，必须将 unpack 关键字参数的值设为 True
x,y = loadtxt('a.txt', dtype=int, delimiter=',',usecols=(1,4),unpack=True)
print(x)
print('---------------')
print(y)
```

程序运行结果如图 23-11 所示。

打开 a.txt 文件，会发现该文件中也是分 4 行 5 列形式存储的，每一列之间用逗号（,）分隔，如图 23-12 所示。

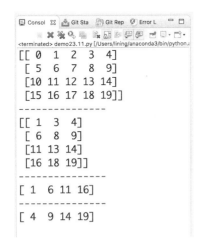

Consol
Git Sta
Git Rep
Error L
<terminated> demo23.11.py [/Users/lining/anaconda3/bin/python.
[[ 0  1  2  3  4]
 [ 5  6  7  8  9]
 [10 11 12 13 14]
 [15 16 17 18 19]]
---------------
[[ 1  3  4]
 [ 6  8  9]
 [11 13 14]
 [16 18 19]]
---------------
[ 1  6 11 16]
---------------
[ 4  9 14 19]

图 23-11　读写 CSV 文件

a.txt
1 0,1,2,3,4
2 5,6,7,8,9
3 10,11,12,13,14
4 15,16,17,18,19

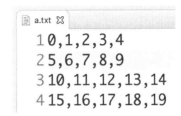

图 23-12　a.txt 文件中的内容

### 23.4.3　成交量加权平均价格

本节会利用 average 函数计算成交量加权平均价格。在经济学中，加权平均价格代表金融资产的平均价格。这里使用成交量作为权值进行计算，所以叫成交量加权平均价格。

在开始计算之前，先要准备一个数据源，这里使用 data.csv 文件作为数据源。该文件中的数据包含某只股票在一段时间内的成交量、开盘价格、平均价格等内容。图 23-13 所示是 data.csv 文件的部分内容。

data.csv
1 AAPL,28-01-2016, ,344.17,344.4,333.53,336.1,21144800
2 AAPL,12-01-2016, ,335.8,340.04,334.3,339.32,13473000
3 AAPL,01-02-2016, ,341.3,345.65,340.98,345.03,15236800
4 AAPL,02-02-2016, ,344.45,345.25,343.55,344.32,9242600

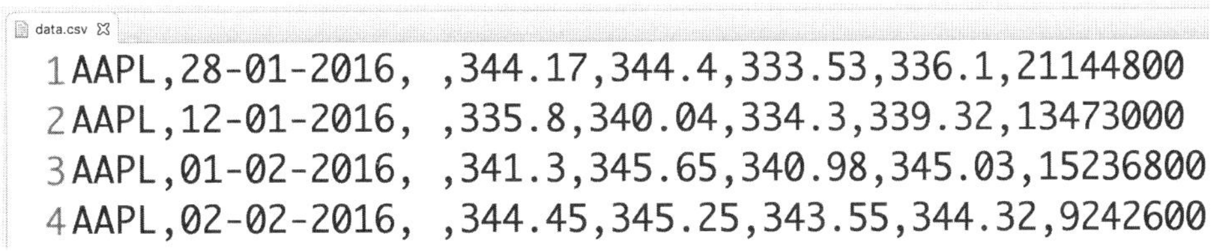

图 23-13　data.csv 文件的部分内容

data.csv 文件的倒数第 2 列是股票的平均价格，最后一列是当前的交易量。本节只需要对这两列进行计算。

**【例 23.12】** 本例通过 average 函数计算成交量加权平均价格。

**实例位置：PythonSamples\src\chapter23\demo23.12.py**

```
from numpy import *
# 读取 data.csv 文件的内容，只返回第 7 列（股票平均价格）、第 8 列（交易量）的数据
price, weights=loadtxt('data.csv', delimiter=',', usecols=(6,7),unpack=True)
print(price)
print(weights)
# 计算成交量加权平均价格
vwap = average(price, weights = weights)
# 运行结果：350.589549353
print('vwap','=', vwap)
```

程序运行结果如图 23-14 所示。从运算结果可以看出，average 函数返回的是一个值。该值是 price 数组与 weights 数组的加权平均数。

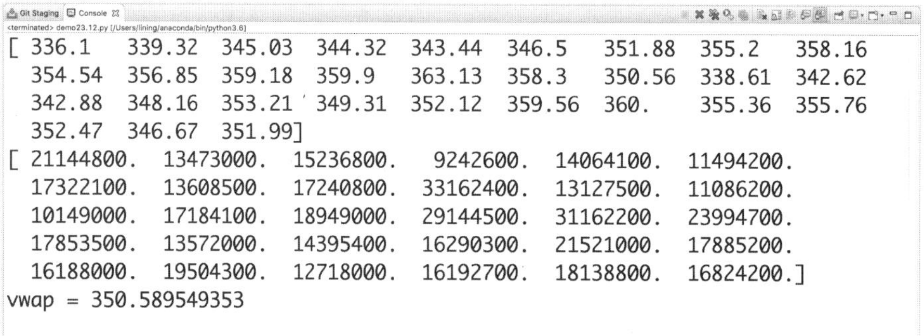

图 23-14　成交量加权平均价格

## 23.4.4　数组的最大值、最小值和取值范围

使用 max 函数可以计算一个数组的最大值，使用 min 函数可以计算一个数组的最小值，使用 ptp 函数可以计算一个数组的取值范围，也就是最大值和最小值之差。在计算数组的最大值、最小值和取值范围时数组不需要排序。

【例 23.13】　本例使用 max 函数、min 函数和 ptp 函数分别计算了数组的最大值、最小值和取值范围。

实例位置：**PythonSamples\src\chapter23\demo23.13.py**

```
from numpy import *
# 读取 data.csv 文件的第 5 列、第 6 列的数据
h,l=loadtxt('data.csv', delimiter=',', usecols=(4,5),unpack=True)
# 输出第 5 列数据的最大值
print('highest', '=', max(h))
# 输出第 6 列数据的最小值
print('lowest','=', min(l))
# 计算最大值和最小值之差
print('范围','=',max(h) - min(h))
# 通过 ptp 函数计算取值范围，也就是最大值和最小值之差
print('范围','=',ptp(h))
```

程序运行结果如图 23-15 所示。

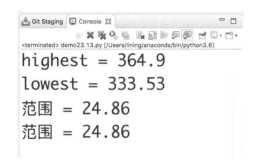

图 23-15　计算数组的最大值、最小值和取值范围

## 23.4.5　计算数组的中位数和方差

数组的中位数就是在数组中间的那个值。先看下面的数组。

4, 5, 3, 2, 1

上面的数组一共有 5 个元素，如果按数字大小排序，3 正好是中间一个元素，所以对于这个数组的中位数是 3。那么对于一个有偶数个数的数组呢？

4, 5, 2, 3

对于上面的数组来说，不存在中间的值，因为无法拿出任何一个元素，使左右两侧都有相同个数的元素。那么对于这种情况，中位数就是数组中所有元素值的平均值，也就是(4 + 5 + 2 + 3) / 4 = 3.5。

方差是测度数据变异程度的最重要、最常用的指标。假设数组元素值的算数平均数是 a，元素个数是 n，元素值是 x1、x2、⋯、xn，那么这个数组的方差的计算公式如下：

((x1 - a)^2 + (x2 - a)^2 + ⋯ + (xn - a)^ 2) / n

NumPy 提供了如下两个函数可以计算数组的中位数和方差。

❑ median：计算数组的中位数。

❑ var：计算数组的方差。

【例 23.14】　本例使用 median 函数计算了数组的中位数，使用 var 函数计算了数组的方差。

**实例位置：PythonSamples\src\chapter23\demo23.14.py**

```
from numpy import *
a = array([4,2,1,5])
# 计算元素个数为偶然的数组的中位数，运行结果：3.0
print(median(a))
a = array([4,2,1])
# 计算元素个数为奇数的数组的中位数，运行结果：2.0
print(median(a))
price =loadtxt('data.csv', delimiter=',', usecols=(6,),unpack=True)
print(price)
# 计算 price 价格数组的中位数，运行结果：352.055
print(median(price))
# 计算 price 价格数组的方差，运行结果：50.1265178889
print('方差：',var(price))
```

程序运行结果如图 23-16 所示。

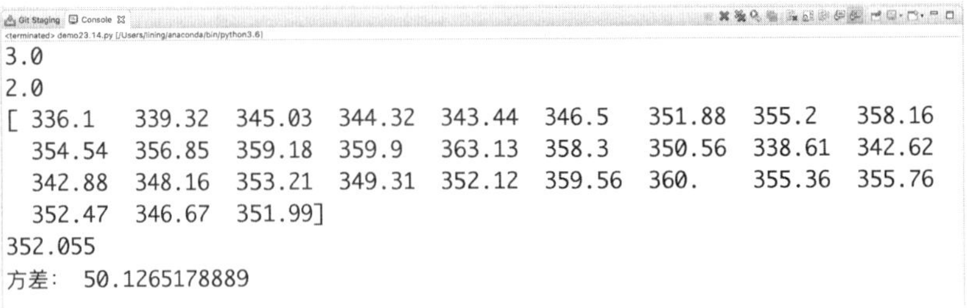

图 23-16　计算数组的中位数和方差

## 23.4.6　计算两只股票的相关性

两只股票的相关性就是一只股票的涨幅影响另一只股票涨幅的程度，影响的程度越高，说明这两只股票越相关。股票的相关性可以使用 corrcoef 函数计算，如果计算两只股票的相关性，需要将这两只股票在一定时间段的股价分别放到两个数组中，然后传入 corrcoef 函数，该函数会返回相关性二维数组。二维数组的辅对角线（从右上角到左下角的对角线）就是相关性。实际上，相关性有一个比较复杂的计算公式：协方差除以各自的标准差的乘积。不过有了 corrcoef 函数，就直接调用这个函数计算两个数组之间的相关性就可以了。相关性的取值是−1～1。

【例 23.15】　本例使用 corrcoef 函数计算了两只股票的相关性，并使用 Matplotlib 绘制了两只股票的股价变化曲线图。

实例位置：**PythonSamples\src\chapter23\demo23.15.py**

```
from numpy import *
# 第一只股票的股价
a =
array([121.836,124.332,122.928,121.29,122.109,120.107,119.743,120.068,119.288,122.083,
122.98,121.251,122.759,124.826,124.488,122.811,122.642,119.886,114.803,116.467,
115.726,113.035,110.344,113.594,115.128,116.467,115.323,117.026,118.638,117.871])
# 第二只股票的股价
b =
array([44.681,45.669,45.682,45.903,46.241,45.539,43.472,44.122,44.473,44.551,44.499,
43.888,44.616,45.331,44.85,43.199,43.277,42.744,41.483,41.821,42.172,41.483,40.352,
40.963,41.782,42.146,41.925,42.51,42.068,42.042])
# 将第二只股票的股价乘以 3，为了绘制股票曲线时让这两条股票曲线更接近
b = b * 3
# 计算两只股票的相关性
print(corrcoef(a,b))
# 导入 matplotlib.pyplot 模板
from matplotlib.pyplot import *
# 创建一个模拟时间的数组
t = arange(len(a))
# 绘制第一只股票的曲线
plot(t,a,lw = 1)
# 绘制第二只股票的曲线
plot(t,b,lw = 2)
# 显示两只股票股价变化曲线
show()
```

程序运行结果如图 23-17 所示。

除了在 Console 中显示两只股票的相关性矩阵外，还会弹出一个如图 23-18 所示的窗口用来显示两只股票的变化趋势曲线。

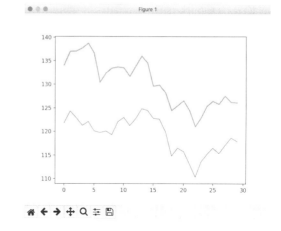

图 23-17　两只股票的相关性矩阵　　图 23-18　两只股票的变化趋势曲线

从两只股票的相关性矩阵可以看出，这两只股票的相关性是 0.86649883，也就是说两只股票的相关性比较高。从两只股票的变化趋势曲线也可以看出这一点。当第一只股票的股价升高时，第二只股票的股价大多数时候也会随着升高，所以也可以从侧面证明了这两只股票有着高度的相关性。

本节使用了一个没有讲过的 matplotlib.pyplot 模块，这个模块属于 Matplotlib 程序库，这是一个非常强大的数据可视化程序库，在下一章会详细讲解 Matplotlib 的使用方法。

## 23.5　小结

NumPy 是一个非常强大的科学计算库，由于 NumPy 过于强大，也过于复杂，所以里面的 API 相当多，有很多 API 对于大多数程序并不常用，读者也不需要从头到尾学习 NumPy，只需要了解 NumPy 到底能做什么即可。如果需要使用哪个 API，到官网查询就可以了。

## 23.6　实战与练习

1. 编写一个 Python 程序，创建两个二维数组（行和列自己指定），然后将这两个二维数组水平组合在一起。

答案位置：PythonSamples\src\chapter23\practice\solution23.1.py

2. 编写一个 Python 程序，创建一个 5*4 的二维数组，元素类型是整数，然后将这个 5*4 的二维数组水平拆分成两个 5*2 的数组，最后将这两个二维数组分别保存成 a.txt 和 b.txt 两个文本文件，列之间的分隔符是分号（;），以整数格式保存。

答案位置：PythonSamples\src\chapter23\practice\solution23.2.py

# 第 24 章

# 数据可视化库：Matplotlib

作为一个数据科学家，或者企业的数据分析师，经过了日夜奋战，终于从浩如烟海的数据中提炼出了有价值的信息。这些信息可能是一堆 CSV 文件，里面有大量的数据，或是一些 Excel 表格，或是保存到 MySQL 数据库中的上百万条记录。不管这些有用的信息是什么格式的，分析完数据，总是要给别人看的，如果直接将这些数据呈现给领导或用户，估计他们一定会抓狂，心里一定会说，这难道是"最强大脑"的测试题吗？

其实作为数据的呈现形式，最好使用图表的样式，因为人类的大脑对图形比对文字更有好感。例如，为一个生产胸罩的厂商提供不同尺寸（75A、80B 等）胸罩全年的销售比例的数据，饼图要远比一堆百分比要好得多。

为了将数据变成所有人都喜欢的图形，就需要使用本章要介绍的数据可视化库 Matplotlib。当然，还有很多类似的程序库。但 Matplotlib 的功能更强大，而且可以很容易与 NumPy、Pandas 等程序库结合在一起使用。Matplotlib 与上一章讲的 NumPy，以及下一章要讲的 Pandas，并称为 Python 数据分析的三剑客。因此，要想学习如何用 Python 语言进行数据分析，以及深度学习等，这三个程序库必须学好。

通过阅读本章，您可以：

❑ 了解什么是 Matplotlib
❑ 掌握如何用 Matplotlib 绘制各种图形（随机点、柱状图、直方图等）
❑ 掌握如何定制图形的颜色和样式
❑ 掌握如何为坐标系、坐标轴添加文本注释和 LaTex 注释

## 24.1 Matplotlib 开发环境搭建

如果使用的是 Anaconda Python 开发环境，那么 Matplotlib 已经被集成进 Anaconda，并不需要单独安装。如果使用的是标准的 Python 开发环境，可以使用下面的命令安装 Matplotlib：

```
pip install matplotlib
```

如果要了解 Matplotlib 更详细的情况，请访问官方网站。网址如下：

https://matplotlib.org

安装完 Matplotlib 后，可以测试一下 Matplotlib 是否安装成功。可以进入 Python 的 REPL 环境，然后使用下面的语句导入 matplotlib.pyplot 模块，如果不出错，就说明 Matplotlib 已经安装成功了。

```
import matplotlib.pyplot
```

## 24.2　基础知识

本节会介绍如何使用 Matplotlib 绘制常见的图形，这些图形包括随机点、柱状图、直方图、盒状图和饼图。

### 24.2.1　第一个 Matplotlib 程序

在这一节会用 Matplotlib 来绘制一个一元二次方程曲线，也就是 $y = x^2$ 的图形。学过初等数学的读者应该一下子就会在大脑中出现这个方程的图形。不过这次直接用 Matplotlib 在二维坐标系中绘制出来。

在计算机中通过程序绘图有两种方式：位图和矢量图。位图就是用一个一个像素点绘制的图形，而矢量图是将多个点进行连接的图形。Matplotlib 所采用的矢量图的绘制方式，也就是连接相邻的两个点形成一条曲线。如果要让曲线平滑，就要让两个点之间的距离尽可能短，也就是说，需要用更多的点来绘制图形，因此，绘制一元二次方程的曲线使用了 200 个点进行绘制。

Matplotlib 有很多函数用于绘制各种图形，其中 plot 函数用于曲线，需要将 200 个点的 X 坐标和 Y 坐标分别以序列的形式传入 plot 函数，然后调用 show 函数显示绘制的图形。

【例 24.1】　本例使用 plot 函数绘制一条一元二次方程的曲线，并使用 savefig 函数将这条曲线保存到 result1.jpg 文件中。

**实例位置：PythonSamples\src\chapter24\demo24.01.py**

```
import matplotlib.pyplot as plt
# 生成 200 个点的 X 坐标
X = range(-100,101)
# 生成 200 个点的 Y 坐标
Y = [x ** 2 for x in X]
# 绘制一元二次曲线
plt.plot(X,Y)
# 将一元二次曲线保存为 result1.jpg
plt.savefig('result1.jpg')
# 显示绘制的曲线
plt.show()
```

运行程序，会看到如图 24-1 所示的一元二次曲线。

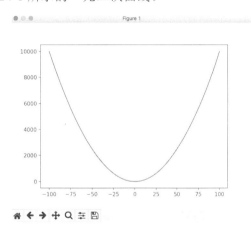

图 24-1　一元二次曲线

### 24.2.2 绘制正弦曲线和余弦曲线

本节会利用 NumPy 和 Matplotlib 绘制正弦曲线和余弦曲线。可能有的读者会问，用 Matplotlib 绘制曲线，怎么把 NumPy 也牵扯进来了？其实 Python 语言内建的 math 模块就有计算正弦（sin）和余弦（cos）的函数，但绘制曲线需要多个坐标点，如果要使用 math 模块中的 sin 函数和 cos 函数，还需要计算多个坐标点的值，需要将这些值组成列表，太麻烦，而 NumPy 中的 sin 函数和 cos 函数天生就是用来计算多个坐标点的，所以正好和 Matplotlib 搭配。

使用 plot 函数绘制任何曲线的第一步都是生成若干个坐标点（X,Y），理论上坐标点是越多越好。本节的例子取 100 个坐标点。要计算正弦和余弦，需要的是弧度值。这里只取 $0\sim2\pi$ 的值。所以要将 $0\sim2\pi$ 分成 100 份，这就形成了 100 个 X 坐标值，然后将这 100 个 X 坐标值一起传入 NumPy 的 sin 函数或 cos 函数，就会得到 100 个 Y 坐标值，最后就可以使用 plot 函数绘制正弦曲线和余弦曲线。

【例 24.2】 本例使用 plot 函数绘制正弦曲线和余弦曲线。
实例位置：**PythonSamples\src\chapter24\demo24.02.py**

```
import math
import matplotlib.pyplot as plt
import numpy
# 将 0 到 2π 分成 100 份，以 NumPy 数组形式返回这 100 个 X 值
X = numpy.linspace(0, 2 * numpy.pi, 100)
# 计算正弦函数每一个 X 坐标对应的 Y 坐标，以 NumPy 数组形式返回这 100 个 Y 值
Y = numpy.sin(X)
# 开始绘制正弦曲线
plt.plot(X,Y)
# 显示正弦曲线
plt.show()
```

运行程序，会看到如图 24-2 所示的正弦曲线。

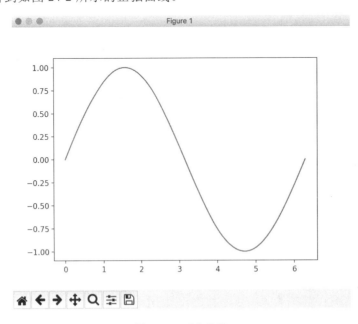

图 24-2　正弦曲线

如果将 sin 函数改成 cos 函数，会得到如图 24-3 所示的余弦曲线。

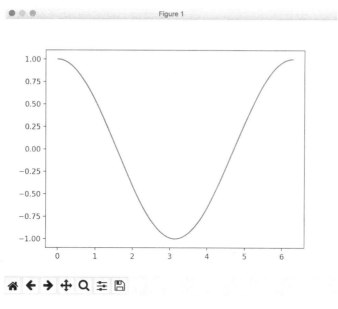

图 24-3　余弦曲线

如果调用两次 plot 函数，分别绘制 sin 和 cos 曲线，那么会在同一个二维坐标系显示两条曲线，如图 24-4 所示。

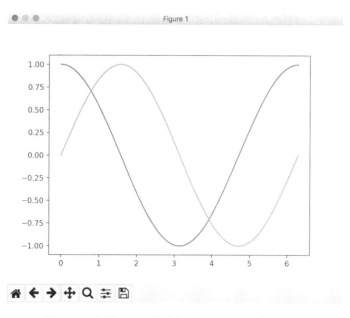

图 24-4　在同一个二维坐标系显示正弦和余弦曲线

### 24.2.3　绘制随机点

使用 scatter 函数可以绘制随机点，该函数需要接收 X 坐标和 Y 坐标的序列。

【例 24.3】　本例使用 scatter 函数绘制了 1024 个随机点。

**实例位置：PythonSamples\src\chapter24\demo24.03.py**

```python
import random
import matplotlib.pyplot as plt
count = 1024
# 随机参数 1024 个随机点的 X 坐标值
X = [random.random() * 100 for i in range(count)]
# 随机参数 1024 个随机点的 Y 坐标值
Y = [random.random() * 100 for i in range(count)]
# 绘制 1024 个随机点
plt.scatter(X,Y)
# 显示绘制的随机点
plt.show()
```

运行程序，会看到如图 24-5 所示的随机点。

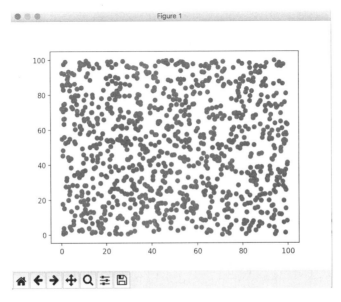

图 24-5    1024 个随机点

## 24.2.4    绘制柱状图

使用 bar 函数可以绘制柱状图。柱状图需要水平的 X 坐标值，以及每一个 X 坐标值对应的 Y 坐标值，从而形成柱状的图。柱状图主要是用来纵向对比和横向对比的。例如，根据年份对销售收据进行纵向对比，X 坐标值就表示年份，Y 坐标值表示销售数据。

【例 24.4】    本例使用 bar 函数绘制了柱状图，并设置了柱的宽度。

**实例位置：PythonSamples\src\chapter24\demo24.04.py**

```python
import matplotlib.pyplot as plt
# 绘制柱状图，[1980,1985,1990,1995]表示 X 坐标序列
# [1000,3000,4000,5000]表示 Y 坐标序列，width 表示柱的宽度
plt.bar([1980,1985,1990,1995],[1000,3000,4000,5000],width = 3)
# 显示状态图
plt.show()
```

运行程序，会看到如图 24-6 所示的柱状图。

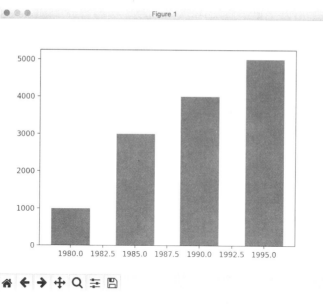

图 24-6　柱状图

要注意的是，bar 函数的 width 关键字参数指定的柱的宽度并不是像素宽度。bar 函数会根据二维坐标系的尺寸，以及 X 坐标值的多少，自动确定每一个柱的宽度。而 width 关键字参数指定的宽度就是这个标准的柱宽度的倍数，该参数值可以是浮点数，如 0.5，表示柱的宽度是标准宽度的 0.5 倍，如图 24-7 所示。

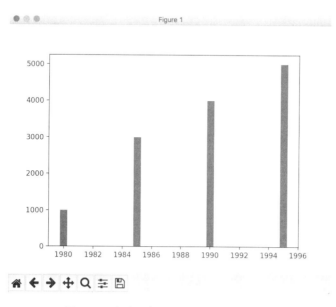

图 24-7　宽度是标准宽度 0.5 倍的柱状图

## 24.2.5　绘制直方图与盒状图

直方图与柱状图的风格类似，都是由若干个柱组成的，但直方图和柱状图的含义却有很大差异。

直方图是用来观察分布状态的，而柱状图是用来看每一个 X 坐标对应的 Y 值的。也就是说，直方图关注的是分布，并不关心具体的某个值，而柱状图关心的是具体某个值。

盒状图与直方图尽管形态上有很大差异，但含义类似，都是用于表示分布状态的，不过盒状图还有一个功能，就是能体现数据的平均值。

使用 hist 函数可以绘制直方图。该函数需要传入两个参数值，第 1 个参数值用于指定数据序列，第 2 个参数值表示 X 轴的分布区域，一般这个参数值与数据序列的个数相同。boxplot 函数用于绘制盒状图，该函数只需要传入数据序列即可。

**【例 24.5】** 本例使用 randn 函数生成了 100 个正态分布的随机数，并使用 hist 函数与 boxplot 函数绘制这 100 个随机数的分布状态。

**实例位置：PythonSamples\src\chapter24\demo24.05.py**

```python
import numpy as np
import matplotlib.pyplot as plt
# 产生 100 个正态分布的随机数
data = np.random.randn(100)
print(data)
# 计算 100 个随机数的平均数
print(np.average(data))
# 在同一个窗口创建两个二维坐标系，左侧的坐标系显示直方图，右侧的坐标系显示盒状图
fig,(ax1,ax2) = plt.subplots(1,2,figsize=(8,8))
# 绘制直方图
ax1.hist(data,100)
# 绘制盒状图
ax2.boxplot(data)
# 显示直方图和盒状图
plt.show()
```

运行程序，会在窗口中显示如图 24-8 所示的直方图和盒状图。

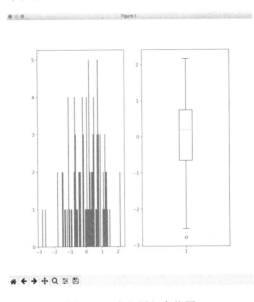

图 24-8　直方图与盒状图

运行程序后，会在 Console 中输出如图 24-9 所示的 100 个随机数和平均值。

```
[ 0.68870956 -1.28701107 -2.78369262  2.16483448  0.50153615 -1.47340993
  0.36801761 -1.06882641  1.17681689  1.21395798 -1.07758468 -2.53990266
  0.69501686  1.21039182 -0.17426638  0.7339019  -0.31055152 -0.69341195
 -0.93164537  1.33880384  0.48756721  0.88921683  1.15366312  1.09974344
  0.40187723 -0.65552583  0.20636997  0.92733967  0.7942019  -0.35219668
  0.824321    0.06874326 -0.63542289  0.05969193 -1.07565336  0.50600984
 -1.76554188 -0.67626274 -0.4343542  -0.6515746  -1.45535134  0.18125103
 -1.19347371  1.25288392  0.06613521 -0.52051883  0.81581319 -0.15543763
  0.32285714  2.14098654 -0.71540186 -0.85733733  0.22753792  1.27968964
  0.62928433 -0.681328   -0.37552647 -1.40880342 -1.07781334  1.10082582
  0.12371715 -0.36353732 -0.17450185 -0.58180808  0.19055528 -0.19707183
 -0.02813669  0.91041615 -0.73772017  1.23034289 -0.18282437  0.44116116
  0.49480132  0.01951988  0.44318217  0.75663313  1.47483054  0.1865534
 -0.15571609 -1.02104349 -0.13287732  0.23925387  0.67653334  1.03595984
 -0.43370095  0.77140228  0.77826603  0.35999638  1.27845888  0.26478644
 -0.65795387  0.75632855  0.39529851  0.22387015 -1.74480991 -1.40061485
  0.47725976  0.05473497 -1.33427717  0.70239182]
0.0363983046682
```

图 24-9　100 个正态分布随机数和平均值

可以看到，这 100 个正态分布的随机数的平均值是 0.0363983046682，而盒状图中间的红线表示了平均值，盒状图的纵坐标表示 100 个随机数的取值范围，从目前来看，随机数大多都在-2～2。盒状图中间的红线正好在 0 的位置靠上一点，也就是大概 0.0363983046682 的位置。

不管是盒状图，还是直方图，都可以了解这 100 个随机数的分布。先来看盒状图，中间的方块就表示数据主要集中的区域，从这个区域可以估算，这 100 个随机数主要集中在-1.5～1.5（大概估算）。在直方图中，X 轴表示数据的分布范围，越密集的地方，数据越多。很明显，在-1～1 是最密的，所以数据主要会集中在这个区域。

要注意的是，直方图和盒状图是用来看数据分布的，这个分布只是一个覆盖率问题，并不能用非常精确的值表示，只是一个趋势而已。

## 24.2.6　绘制饼图

使用 pie 函数可以绘制饼图。饼图一般是用来呈现比例的。如特斯拉电动车中中国、美国、日本等国家的销售量占全球销售量的比例。pie 函数的使用方法比较简单，只需要传入比例数据即可。

【例 24.6】　本例使用 pie 函数绘制了 5 个数值的饼图。

实例位置：**PythonSamples\src\chapter24\demo24.06.py**

```python
import matplotlib.pyplot as plt
data = [5,67,23,43,64]
# 绘制饼图
plt.pie(data)
# 显示饼图
plt.show()
```

运行程序后，会在窗口中显示如图 24-10 所示的饼图。

图 24-10　饼图

## 24.3 定制颜色和样式

本节会介绍如何通过 API 定制曲线、离散点、柱状图、饼图的颜色，以及曲线类型和填充类型。

### 24.3.1 定制曲线的颜色

plot 函数可以通过 color 关键字参数指定曲线的颜色。Matplotlib 支持多种颜色类型，如预定义颜色、HTML 颜色、灰度等。

预定义颜色如下：

❑ Blue（蓝色）

❑ Green（绿色）

❑ Red（红色）

❑ Cyan（青色）

❑ Magenta（品红色）

❑ Yellow（黄色）

❑ Black（黑色）

❑ White（白色）

HTML 颜色就是以井号（#）开头的颜色值，如#FFABFF。灰度是介于 0 到 1 的浮点数，0 表示黑色，1 表示白色。

【例 24.7】 本例通过 plot 函数绘制了多条一元二次曲线，并用 plot 函数的 color 关键字参数为这些曲线设置了不同的颜色。

**实例位置：PythonSamples\src\chapter24\demo24.07.py**

```python
import numpy
import matplotlib.pyplot as plt
# 将-6 到 6 分成 1024 份，形成 1024 个值
X = numpy.linspace(-6,6,1024)
# 定义曲线的颜色集合，所有的曲线颜色都从这个列表中选取
colors =['red','yellow','b','c','#FF00FF','0.75']
# 绘制 20 条一元二次曲线，并从 colors 中依次取颜色值
for i in range(20):
    plt.plot(X,-X**2 + (i+1)*2,color=colors[i % len(colors)])
# 显示 20 条曲线
plt.show()
```

运行程序后，会看到如图 24-11 所示的曲线。

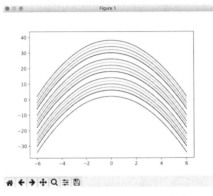

图 24-11　20 条不同颜色的曲线

### 24.3.2　定制离散点的样式

离散点的样式主要包括颜色、边缘颜色、边缘宽度、尺寸等。可以定制离散点的颜色、边缘颜色、边缘宽度和尺寸等。通过 scatter 函数的 color 关键字参数设置离散点的颜色，通过 edgecolor 关键字参数设置边缘颜色，通过 s 关键字参数设置尺寸，通过 linewidth 关键字参数设置边缘宽度。

【例 24.8】　本例生成了两组满足标准正态分布的值，并利用这些值绘制离散点，然后设置不同离散点的样式。

**实例位置：PythonSamples\src\chapter24\demo24.08.py**

```
import numpy
import matplotlib.pyplot as plt
# 产生第 1 组标准正态分布的随机数，100 是 NumPy 数组元素个数，2 是数组的维度
A = numpy.random.standard_normal((100,2))
# 将 A 数组中的每一个值都加-1
A += numpy.array((-1,-1))
# 产生第 2 组标准正态分布的随机数
B = numpy.random.standard_normal((100,2))
# 将 B 数组中的每一个值都加 1
B += numpy.array((1,1))
# 设置离散点要用到的颜色
colors =['red','yellow','b','c','#FF00FF','0.75']
# 取 A 和 B 不同的列绘制离散点
plt.scatter(A[:,0],A[:,1],color=colors[0])
plt.scatter(B[:,0],B[:,1],color=colors[2])
# 修改离散点的默认样式
plt.scatter(A[:,0],B[:,1],color=colors[4],edgecolor=colors[2],s=200,linewidths = 3)
plt.show()
```

运行程序后，会显示如图 24-12 所示的效果。

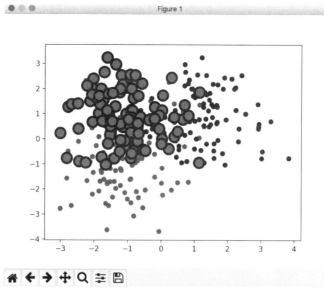

图 24-12　定制离散点的样式

### 24.3.3 定制柱状图颜色

通过 bar 函数的 color 关键字参数可以设置柱状图的演示，color 参数可以是一个颜色值，也可以是颜色值的序列，如果只设置了一个颜色值，那么所有的柱形图都会是同样的颜色；如果用一个颜色值序列，bar 函数会从这个颜色值序列中选择合适的颜色作为柱状图的颜色。

【例 24.9】 本例随机产生 50 个数作为 X 轴的坐标，并产生 50 个颜色值，用于绘制 50 个柱状图。
实例位置：**PythonSamples\src\chapter24\demo24.09.py**

```
import random
import matplotlib.pyplot as plt
# 随机产生 50 个 0 到 99 的随机数，同于 X 轴的坐标值
values = [random.randint(0,99) for i in range(50)]
# 颜色会从这个列表中获取
color_set = ['#FF00FF','#FFFF00','r','b']
# 产生 50 个颜色值的列表
color_list = [color_set[random.randint(0,3)] for i in range(50)]
# 用多种颜色绘制柱状图
plt.bar(range(len(values)),values,color=color_list)
# 显示柱状图
plt.show()
```

运行程序，会在窗口中显示如图 24-13 所示的用不同颜色绘制的柱状图。

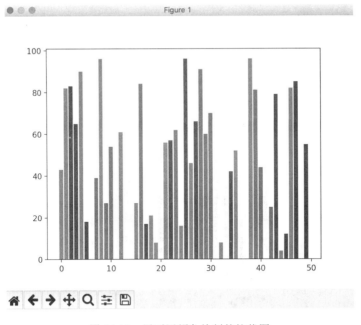

图 24-13 用不同颜色绘制的柱状图

### 24.3.4 定制饼图颜色

通过 pie 函数的 colors 关键字参数可以为饼图的不同部分设置颜色。colors 需要设置一个颜色值的序列。pie 函数会从这个颜色值序列中选择一个颜色值作为饼图某一部分的颜色，pie 函数会尽量让饼图中相邻部分的颜色值不同。所以 colors 参数的颜色值序列应该有足够多的颜色值供 pie 函数选择，

否则有可能相邻部分的颜色值相同或类似。

【例 24.10】　本例会使用 pie 函数绘制饼图，并定制饼图每一部分的颜色值。

实例位置：**PythonSamples\src\chapter24\demo24.10.py**

```
import random
import matplotlib.pyplot as plt
values  = [random.random() for i in range(15)]
color_set = ['r','b','y','0.5']
plt.pie(values,colors = color_set)
plt.show()
```

运行程序，会看到窗口中出现如图 24-14 所示的饼图。

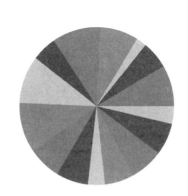

图 24-14　定制饼图各部分的颜色

### 24.3.5　定制曲线类型

设置 plot 函数的 linestyle 关键字参数可以改变曲线的类型，该参数值是字符串类型。默认是实线（solid），可以设置成虚线（dashed）或点画线（dashdot）。

【例 24.11】　本例会使用 plot 函数绘制三条曲线，分别为实线、虚线和点画线。

实例位置：**PythonSamples\src\chapter24\demo24.11.py**

```
import numpy
import matplotlib.pyplot as plt
X = numpy.linspace(-6,6,1024)
# 设置曲线类型为实线
plt.plot(X, -X**2,color='r',linestyle='solid')
# 设置曲线类型为虚线
plt.plot(X, -X**2 + 3, color='b',linestyle='dashed')
# 设置曲线类型为点画线
plt.plot(X,-X**2 + 6,color='k',linestyle='dashdot')
plt.show()
```

运行程序，会在窗口上显示如图 24-15 所示的三条曲线。

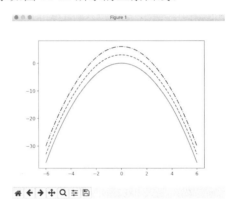

图 24-15　三条不同类型的曲线

## 24.3.6　定制柱状图的填充模式

通过 bar 函数的 hatch 关键字参数可以设置柱状图的填充模式，默认填充模式是实心。hatch 参数值是一个字符，不过字符并不能随便设置，有一些固定的字符，如 "x" "*" 等。

【例 24.12】　本例会使用 bar 函数绘制使用不同填充模式的柱状图。

实例位置：**PythonSamples\src\chapter24\demo24.12.py**

```
import numpy
import matplotlib.pyplot as plt
N = 8
A = numpy.random.random(N)
B = numpy.random.random(N)
# 设置柱状图下半部分的填充模式为 "x"
plt.bar(range(N),A,color='b',hatch='x')
# 设置柱状图上半部分的填充模式为 "*"
plt.bar(range(N),A+B,bottom=A,color='r',hatch='*')
plt.show()
```

运行程序，窗口上会显示如图 24-16 所示的柱状图。

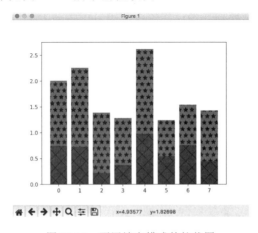

图 24-16　不同填充模式的柱状图

## 24.4　注释

在前面绘制的各种图形并没有什么详细的注释，这让人很难弄清楚这些图到底表示什么，因此，一个完整的图表应该是带注释的。本节会详细介绍 Matplotlib 中常用的注释添加方法。

### 24.4.1　在坐标系上显示标题

使用 title 函数直接在坐标系上显示标题。这样坐标系中的图表就清楚是做什么的了。

【例 24.13】　本例使用 plot 函数绘制了一条多项式方程曲线，并使用 title 函数为坐标系添加标题。

**实例位置：PythonSamples\src\chapter24\demo24.13.py**

```
import numpy
import matplotlib.pyplot as plt
# 如果标题包含中文字符，要加上如下的代码
plt.rcParams['font.sans-serif'] = ['SimHei']
X = numpy.linspace(-4,4,1024)
Y = 0.25 * (X + 4) * (X + 1) * (X - 2)
# 为坐标系添加标题
plt.title('多项式曲线')
# 绘制曲线，并设置曲线颜色为红色
plt.plot(X,Y,c='r')
plt.show()
```

运行程序，在窗口上会显示如图 24-17 所示的曲线，并在坐标系的上方显示了"多项式曲线"。

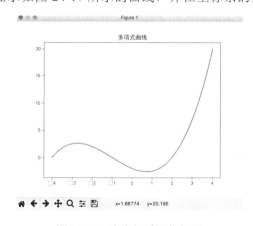

图 24-17　为坐标系添加标题

### 24.4.2　使用 LaTex 格式的标题

如果标题是普通文本，直接使用 title 函数设置即可。那如果标题是数学公式呢？例如，上一节的多项式方程，如果要将多项式方程的公式作为标题显示，就需要使用 LaTex 格式的文本来设置标题。LaTex 是著名的排版系统，可以用一些特殊的表示法通过文本来描述数学公式。title 函数支持使用 LaTex 格式的文本。

【例 24.14】　本例使用 plot 函数绘制了一条多项式方程曲线，并使用 title 函数将多项式方程作为标题添加到坐标系上。

**实例位置：PythonSamples\src\chapter24\demo24.14.py**

```
import numpy
import matplotlib.pyplot as plt
X = numpy.linspace(-4,4,1024)
Y = 0.25 * (X + 4) * (X + 1) * (X - 2)
# 设置 LaTex 格式的标题
plt.title(r'$f(x) = \frac{1}{4}(x+4)(x+1)(x-2)$')
#  绘制蓝色的曲线
plt.plot(X,Y, c='b')
plt.show()
```

运行程序，会在窗口上显示如图 24-18 所示的曲线，坐标系上方是一个多项式数学公式。

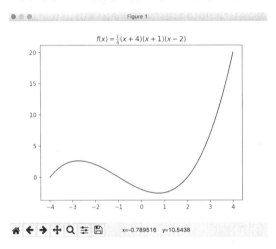

图 24-18　在坐标系上显示数学公式

## 24.4.3　为 X 轴和 Y 轴添加注释

使用 xlabel 函数和 ylabel 函数可以将注释添加到 X 坐标轴和 Y 坐标轴上。

【例 24.15】　本例使用 plot 函数绘制了一条多项式方程曲线，并利用 xlabel 函数和 ylabel 函数为 X 轴和 Y 轴添加注释。

实例位置：**PythonSamples\src\chapter24\demo24.15.py**

```
import numpy
import matplotlib.pyplot as plt
plt.rcParams['font.sans-serif'] = ['SimHei']
X = numpy.linspace(-5,5,1024)
Y = 0.25 * (X + 4) * (X + 1) * (X - 2)
plt.title('Power curve')
# 为 X 轴添加注释
plt.xlabel('空前速度')
# 为 Y 轴添加注释
plt.ylabel('Total drag')
plt.plot(X,Y,c='b')
plt.show()
```

运行程序，会在窗口上显示如图 24-19 所示的曲线，在 X 轴和 Y 轴侧面是添加的注释。

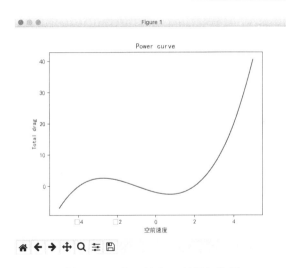

图 24-19　为 X 轴和 Y 轴添加注释

## 24.4.4　在坐标系指定位置放置注释

如果要在坐标系的任何位置放置注释，可以使用 text 函数，该函数的前两个参数分别是横坐标和纵坐标，第 3 个参数是要添加的注释文本。

【例 24.16】　本例使用 plot 绘制一条蓝色的曲线，然后使用 text 函数在曲线的周围放置一个注释。
**实例位置：PythonSamples\src\chapter24\demo24.16.py**

```python
import numpy
import matplotlib.pyplot as plt
plt.rcParams['font.sans-serif'] = ['SimHei']
X = numpy.linspace(-5,5,1024)
Y = 0.25 * (X + 4) * (X + 1) * (X - 2)
# 绘制一个注释文本
plt.text(-1,-0.3,'新的注释')
plt.plot(X,Y,c='b')
plt.show()
```

运行程序，会在窗口上显示如图 24-20 所示的曲线，在曲线的周围有一行注释文本。

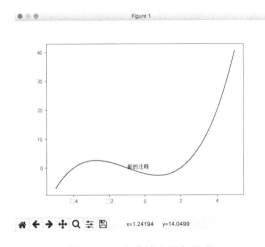

图 24-20　在曲线上添加注释

### 24.4.5 为文本注释添加 Box

text 函数还能为注释设置边框、背景色、文字颜色等样式，这些样式要依赖于 text 函数的 bbox 关键字参数。该参数是字典类型，字典的每一个 key 就是一个样式，如 facecolor 表示文字颜色。

```python
import numpy
import matplotlib.pyplot as plt
plt.rcParams['font.sans-serif'] = ['SimHei']
X = numpy.linspace(-5,5,1024)
Y = 0.25 * (X + 4) * (X + 1) * (X - 2)
box = {
    'facecolor':'0.75',
    'edgecolor':'b',
    'boxstyle':'round'
    }
# 设置注释文本的样式
plt.text(-0.5,-0.2,'abcde',bbox = box)
plt.plot(X,Y,c='r')
plt.show()
```

运行程序，在窗口上会显示如图 24-21 所示的曲线，在曲线周围显示一个带边框、有背景色的注释文本。

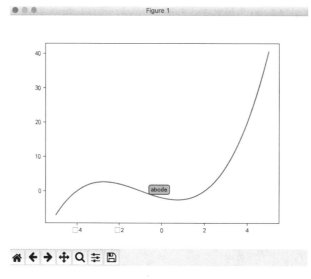

图 24-21　设置注释的样式

## 24.5　小结

本章介绍了 Matplotlib 的基本使用方法。Matplotlib 是一个非常强大的数据可视化库。除了本章介绍的知识外，Matplotlib 还可以绘制更复杂的图形，如 3D 图像。通过对本章的学习，可以对 Matplotlib 的基本使用方法有一个全面的了解，对于大多数数据可视化应用，这些知识已经足够了，如果想更进一步学习 Matplotlib，可以参考官方文档。

## 24.6　实战与练习

1. 编写一个 Python 程序，用 Matplotlib 绘制余切曲线。

答案位置：PythonSamples\src\chapter24\practice\solution24.1.py

2. 编写一个 Python 程序，用 Matplotlib 在一个窗口显示两个坐标系，分别绘制一个饼图和柱状图（绘制的数据可以自己指定）。

答案位置：PythonSamples\src\chapter24\practice\solution24.2.py

# 数据分析库：Pandas

可能很多读者一看到 Pandas，就会联想到中国的国宝大熊猫。其实 Pandas 在 Python 数据分析领域的确是一套国宝级的工具。Pandas 是基于 NumPy 的一套数据分析工具，该工具是为了解决数据分析任务而创建的。Pandas 纳入了大量标准的数据模型，提供了高效地操作大型数据集所需的工具。Pandas 提供了大量能使我们快速便捷地处理数据的函数和方法。你很快就会发现，它是使 Python 成为强大而高效的数据分析环境的重要因素之一。

通过阅读本章，您可以：

❑ 了解什么是 Pandas
❑ 了解样本数据集
❑ 掌握如何使用 Pandas API 装载数据集、查看数据集（列、行、单元格等）
❑ 掌握 Series 对象的基本操作
❑ 掌握 DataFrame 对象的基本操作

## 25.1  Pandas 开发环境搭建

Pandas 是第三方程序库，所以在使用 Pandas 之前必须安装 Pandas。如果使用的是 Anaconda Python 开发环境，那么 Pandas 已经集成到 Anaconda 环境中，不需要再安装。如果使用的是官方的 Python 开发环境，可以使用如下的命令安装 Pandas：

```
pip install pandas
```

如果要了解 Pandas 更详细的情况，请访问官方网站。网址如下：

https://pandas.pydata.org

安装完 Pandas 后，可以测试一下 Pandas 是否安装成功。可以进入 Python 的 REPL 环境，然后使用下面的语句导入 pandas 模块，如果不出错，就说明 Pandas 已经安装成功了。

```
import pandas
```

## 25.2  样本数据集

本章会以一个样本数据集为例来讲解如何用 Pandas 来分析数据。不过要先解释一下这个数据集中的数据。数据集的文件名是 gapminder.tsv。图 25-1 所示是数据集的部分数据和字段名。

```
gapminder.tsv
country continent   yearlifeExp pop gdpPercap
Afghanistan Asia195228.801  8425333 779.4453145
Afghanistan Asia195730.332  9240934 820.8530296
Afghanistan Asia196231.997  10267083853.10071
Afghanistan Asia196734.02   11537966836.1971382
Afghanistan Asia197236.088  13079460739.9811058
```

图 25-1 样本数据集的部分数据

这个样本数据集有近 2000 条数据，是 1952 年到 2007 年世界各国经济发展的数据，每 5 年记录一次。每列直接用制表符分隔。这个数据集涉及一些字段，现在来解释一下。

- country：国家
- continent：洲
- year：年份
- lifeExp：预期寿命
- pop：人口
- gdpPercap：人均 GDP

如果用文本方式打开 gapminder.tsv 文件看着不舒服，也可以使用 Excel 打开这个文件。打开后的结果如图 25-2 所示。

| | A | B | C | D | E | F |
|---|---|---|---|---|---|---|
| 1 | country | continent | year | lifeExp | pop | gdpPercap |
| 2 | Afghanistan | Asia | 1952 | 28.801 | 8425333 | 779.4453145 |
| 3 | Afghanistan | Asia | 1957 | 30.332 | 9240934 | 820.8530296 |
| 4 | Afghanistan | Asia | 1962 | 31.997 | 10267083 | 853.10071 |
| 5 | Afghanistan | Asia | 1967 | 34.02 | 11537966 | 836.1971382 |
| 6 | Afghanistan | Asia | 1972 | 36.088 | 13079460 | 739.9811058 |
| 7 | Afghanistan | Asia | 1977 | 38.438 | 14880372 | 786.11336 |
| 8 | Afghanistan | Asia | 1982 | 39.854 | 12881816 | 978.0114388 |

图 25-2 用 Excel 打开 gapminder.tsv 文件的效果

# 25.3 Pandas 基础知识

本节会介绍 Pandas 的一些基础知识，包括如何装载数据集、查看数据集的行和列、分组、可视化统计数据等。

## 25.3.1 数据集的装载与基础操作

在分析数据之前，先要装载数据，因为为了提高数据分析效率，分析数据都是在内存中完成的。gapminder.tsv 文件是 CSV 格式的文件，所以需要使用 pandas 模块中的 read_csv 函数装载这个样本文件，并使用 sep 关键字参数指定分隔符，本例是制表符（\t）。

如果成功装载数据，read_csv 函数会返回一个 DataFrame[①]对象，该对象提供了很多方法和属性，可以完成很多操作，通过 head 方法可以获取前 5 行的数据，通过 columns 属性可以获得样本数据的列。

**【例 25.1】** 本例使用 read_csv 函数装载了 gapminder.tsv 文件，并输出样本数据的前 5 行，然后会输出这个二维数据集的记录数和列数，最后会获取数据集的列信息。

① DataFrame 对象表示一个数据集，在本章后面的内容会详细介绍 DataFrame。

**实例位置：PythonSamples\src\chapter25\demo25.01.py**

```
# 使用 Pandas 之前必须先导入 pandas 模块
import pandas
# 装载 gapminder.tsv 文件
df = pandas.read_csv('gapminder.tsv',sep='\t')
# 输出 df 的数据类型
print(type(df))
# 获取数据集的前 5 行数据，如果要取前 n 行数据，需要将获取的数据行数传入 head 方法
# 如 df.head(10)会获取数据集的前 10 行数据
print(df.head())

# 获取二维表的维度（行和列）
print(df.shape)
# 获取数据集的列
print(df.columns)
# 对数据集的列进行迭代
for column in df.columns:
    print(column,end = ' ')
```

程序运行结果如图 25-3 所示。

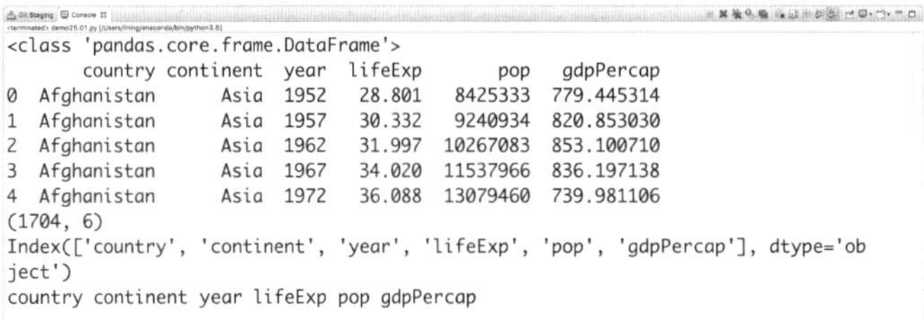

图 25-3　输出数据集相关信息

从图 25-3 所示的输出信息可知，这个数据集一共有 1704 行数据。

## 25.3.2　查看数据集中的列

通过 DataFrame 对象可以非常容易地获取数据集指定列的数据。获取的方法与从字典中通过 key 检索 value 类似。假设 df 是 DataFrame 类的实例，df['abc']就可以获取名为 abc 的列的所有数据。如果只获取一列的数据，可以使用 df['abc']，也可以使用 df[['abc']]形式。前者返回的是 Series[①]对象，后者返回的是 DataFrame 对象。Series 对象可以看作 Python 语言中的列表。也就是说，如果只是返回一列数据，可以是列表形式（Series），也可以是数据集形式（DataFrame）。如果要返回多列的数据，必须使用 df[['abc']]形式。例如，获取名为 a 和 b 的两列数据，需要使用 df[['a', 'b']]形式获取，返回的是 DataFrame 对象。

【例 25.2】　本例获取了数据集的 1 列（country）和 3 列（country、continent 和 year）的数据。前者返回了 Series 对象，后者返回了 DataFrame 对象。

**实例位置：PythonSamples\src\chapter25\demo25.02.py**

---

① Series 与 DataFrame 一样，都是 Pandas 中的重要数据类型。Series 相当于 Python 语言中的列表，DataFrame 相当于一个二维的记录集。

```
import pandas
# 装载 gapminder.tsv 文件
df = pandas.read_csv('gapminder.tsv',sep='\t')
# 获取 country 列的数据，返回 Series 对象
country_df = df['country']
# 获取 country 列前 2 行的数据
print(country_df.head(2))
# 获取 country 列最后 2 行的数据，如果不指定参数，会获取最后 5 行的数据
print(country_df.tail(2))
# 获取 country、continent 和 year 列的数据，返回 DataFrame 对象
subset = df[['country', 'continent', 'year']]
# 获得子数据集的前 2 行数据
print(subset.head(2))
# 获得子数据集的后 2 行数据
print(subset.tail(2))
```

程序运行结果如图 25-4 所示。

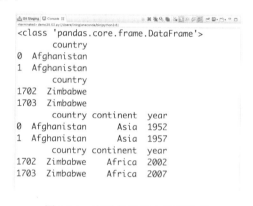

图 25-4　查看数据集中的列数据

### 25.3.3　查看数据集的行

查看数据集的行有两个方法：loc 和 iloc。这两个方法的功能相同，只是获取行的方式不同。loc 通过记录集的索引列获取行，索引列从 0 开始，不能为负数。而 iloc 方法获取行的方式与 Python 语言的列表相同，可以用正索引，也可以用负索引（从 –1 开始）。

【例 25.3】　本例通过 loc 方法获取了数据集第 5 行的数据，然后再通过 loc 方法获取了第 3、5、6 行的数据，最后使用 iloc 方法获取了数据集最后一行的数据。

**实例位置：PythonSamples\src\chapter25\demo25.03.py**

```
import pandas
df = pandas.read_csv('gapminder.tsv',sep='\t')
# 输出第 5 行的数据
print(df.loc[4])
print('---------------')
# 输出第 3、5、6 行的数据
print(df.loc[[2,4,5]])
print('---------------')
# 输出最后一行的数据
print(df.iloc[-1])
```

程序运行结果如图 25-5 所示。

```
country       Afghanistan
continent            Asia
year                 1972
lifeExp            36.088
pop              13079460
gdpPercap         739.981
Name: 4, dtype: object
---------------
       country continent  year  lifeExp       pop   gdpPercap
2  Afghanistan      Asia  1962   31.997  10267083  853.100710
4  Afghanistan      Asia  1972   36.088  13079460  739.981106
5  Afghanistan      Asia  1977   38.438  14880372  786.113360
---------------
country       Zimbabwe
continent       Africa
year              2007
lifeExp         43.487
pop           12311143
gdpPercap      469.709
Name: 1703, dtype: object
```

图 25-5　查看数据集的行数据

从图 25-5 所示的输出结果可以看出，使用 loc[4]形式输出的行数据其实是一个 Series 对象，所以输出的并不是二维表形式的数据集，而是有点像字典形式的数据，左侧是列名，右侧是列值。如果要按二维表形式输出，需要使用 loc[[4]]获取指定的行。

## 25.3.4　查看数据集单元格中的数据

如果在获取数据集的子数据集时，同时指定行和列，那么会解决数据集中间的一块数据，甚至可以获取某个单元格中的数据。

loc 方法与 iloc 方法都可以实现这个功能。例如，df.loc[1,'abc']同时指定了行和列，这条语句设置了第 2 行，列名为 abc 的列，所以这条语句会获取这个单元格中的数据。如果使用 iloc 方法，列要使用索引。例如，df.iloc[0:3,3:6]指定了索引为 0、1、2 的行和列索引为 3、4、5 的列。所以使用这条语句可以获得 3 行 3 列共 9 个单元格的数据。

**【例 25.4】** 本例通过 loc 方法和 iloc 方法同时指定行和列，获取数据集中间的一部分数据。

**实例位置：PythonSamples\src\chapter25\demo25.04.py**

```
import pandas
df = pandas.read_csv('gapminder.tsv',sep='\t')
# 获取 year 列和 pop 列的所有数据
subset = df.loc[:,['year', 'pop']]
print(subset.head(2))
print('---------------------')
# 获取列索引为 2、4、-1（最后一列）的列的所有数据
subset = df.iloc[:,[2,4,-1]]
print(subset.head(2))
print('---------------------')
# 获取列索引为 3、4、5 的列的所有数据
subset = df.iloc[:,3:6]
print(subset.head(2))
print('---------------------')
```

```
# 获取行索引为 0、1、2，列索引为 3、4、5 的数据（9 个单元格的数据）
subset = df.iloc[0:3,3:6]
print(subset)
print('--------------------')
# 获取行索引为 1，列名为 lifeExp 的列的数据（一个单元格的数据）
subset = df.loc[1,'lifeExp']
# 运行结果：30.332
print(subset)
```

程序运行结果如图 25-6 所示。

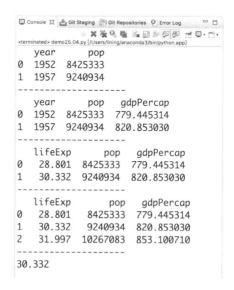

图 25-6　查看单元格的数据

## 25.3.5　对数据集进行分组统计

对一个数据集进行分组是数据分析经常要做的工作，例如要得到每一年平均预期寿命，就需要按 year 列进行分组，然后对 lifeExp 取平均值。对数据集分组使用 groupby 方法，计算某一列的平均值用 mean 方法。

```
# 对 year 列分组，然后在组内对 lifeExp 列计算平均值
df.groupby('year')['lifeExp'].mean()
```

使用 nunique 方法可以计算分组后某个列的不同值的个数。

```
# 按 continent 列分组后，统计每一个 continent 含有多少个国家
df.groupby('continent')['country'].nunique()
```

【例 25.5】　本例使用 groupby 对数据集的 year 列进行分组，按年统计出每一年的平均预期寿命（lifeExp），以及进行多列分组和多列计算平均值。最后使用 nunique 方法统计每一个洲共有多少个国家。

实例位置：**PythonSamples\src\chapter25\demo25.05.py**

```
import pandas
df = pandas.read_csv('gapminder.tsv',sep='\t')
# 对预期寿命分组统计
```

```
print(df.groupby('year')['lifeExp'].mean().head(3))
print('-----------------')
# 多列分组统计
multi_group_var =
df.groupby(['year','continent'])[['lifeExp','gdpPercap']].mean().head(3)
print(multi_group_var)
print('-----------------')
# 重置索引，让每一个行都显示行索引（从 0 开始）
print(multi_group_var.reset_index())
print('-----------------')
# 统计每一个洲有多少个国家
print(df.groupby('continent')['country'].nunique())
```

程序运行结果如图 25-7 所示。

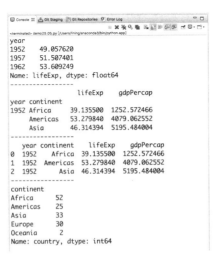

图 25-7　对数据集进行分组统计

## 25.3.6　可视化统计数据

使用 Pandas 完成数据分析后，通常会用 Matplotlib 将分析结果展现出来，本节会用一个例子来演示一下如何将 Pandas 和 Matplotlib 结合到一起使用。

【例 25.6】　本例使用 groupby 方法按年对数据集分组，分别计算每一年的预期寿命（lifeExp）和人均 GDP（gdpPercap），并使用 Matplotlib 绘制两条曲线，看一下 lifeExp 和 gdpPercap 逐年的变化趋势。

实例位置：**PythonSamples\src\chapter25\demo25.06.py**

```
import pandas
import matplotlib.pyplot as plt
df = pandas.read_csv('gapminder.tsv',sep='\t')
# 统计每年的预期寿命（lifeExp）
global_yearly_life_expectancy = df.groupby('year')['lifeExp'].mean()
print(global_yearly_life_expectancy)
# 统计每年的人均 GDP（gdpPercap）
multi_group_var = df.groupby('year')['gdpPercap'].mean()
print(multi_group_var)
fig,(ax1, ax2) = plt.subplots(1,2,figsize=(8,4))
# 绘制预期寿命变化曲线
```

```
ax1.plot(global_yearly_life_expectancy)
# 绘制人均 GDP 变化曲线
ax2.plot(multi_group_var)
plt.show()
```

程序运行结果如图 25-8 所示。

程序运行后，会在窗口上显示如图 25-9 所示的两条曲线，左侧的曲线是逐年的预期寿命变化，右侧的曲线是逐年的人均 GDP 寿命。可以看到，这两条曲线都是逐年升高的，也就是说，预期寿命和人均 GDP 都是逐年提高的，只是人均 GDP 可能受多种因素影响（如世界的经济环境、天灾、人祸等），波动比较大而已。

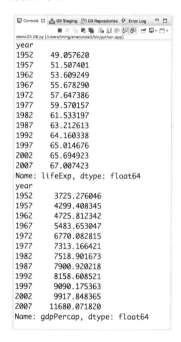

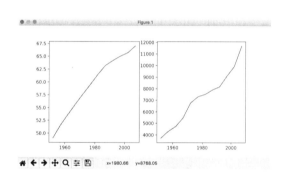

图 25-8　统计预期寿命和人均 GDP 逐年的变化　　　　图 25-9　逐年预期寿命和人均 GDP 变化曲线

## 25.4　Pandas 数据类型

本节主要介绍 Pandas 中两个重要的数据类型：Series 和 DataFrame。Series 表示数据列表，DataFrame 表示二维数据集。

### 25.4.1　创建 Series

Series 对象其实就是对一个序列的封装，相当于 Python 语言中的列表。Series 对象不仅可以在数据分析的过程中获取，还可以单独创建。可以通过传给 Series 类的构造方法一个列表的方式创建 Series 对象。

```
# pd 是 pandas 模块的别名
pd.Series([1,2,3,4])
```

【例 25.7】　本例通过列表创建了多个 Series 对象。这些 Series 对象中的值有的是同一个数据类型的，有的是不同数据类型的。

实例位置：**PythonSamples\src\chapter25\demo25.07.py**

```python
import pandas as pd
# 创建整数类型的 Series 对象
s1 = pd.Series([43,56,65,32])
print(s1)
# 创建整数和浮点数混合类型的 Series 对象
s2 = pd.Series([43,12.4])
print(s2)
# 创建布尔类型的 Series 对象
s3 = pd.Series([False,True])
print(s3)
# 创建混合类型的 Series 对象
s4 = pd.Series([44,23.1,True,'Hello World'])
print(s4)

# 改变第 1 列的索引（默认是数字）
ss = pd.Series(['Bill Gates','微软创始人'],index=['Person','Who'])
print(ss)
```

程序运行结果如图 25-10 所示。

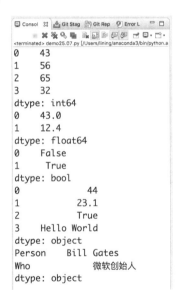

图 25-10　创建 Series 对象

## 25.4.2　创建 DataFrame

DataFrame 相当于二维数据表，向 DataFrame 类构造方法传入一个字典可以手工创建一个 DataFrame 对象，字典每一个 key 对应一列，与 key 对应 value 是一个列表类型的值，表示该列下的所有的数据。同时还可以使用 columns 关键字参数指定列的顺序，通过 index 关键字参数改变默认的索引值。

【**例 25.8**】　本例创建了两个 DataFrame 对象，其中第 2 个 DataFrame 对象中创建时使用了 columns

和 index 关键字参数。

**实例位置：PythonSamples\src\chapter25\demo25.08.py**

```python
import pandas as pd
# 创建第 1 个 DataFrame 对象
scientists = pd.DataFrame({
    'Name':['Rosaline Franklin', 'William Gosset'],
    'Occupation':['Chemist', 'Statistician'],
    'Born':['1920-07-25', '1876-06-13'],
    'Died':['1958-04-16','1937-10-16'],
    'Age':[37,61]})
print(scientists)
# 创建第 2 个 DataFrame 对象
scientists = pd.DataFrame({
    'Name':['Rosaline Franklin', 'William Gosset'],
    'Occupation':['Chemist', 'Statistician'],
    'Born':['1920-07-25', '1876-06-13'],
    'Died':['1958-04-16','1937-10-16'],
    'Age':[37,61]},columns=['Occupation','Born','Died','Age'],
        index=['Rosaline Franklin', 'William Gosset']
                )
print(scientists)
```

程序运行结果如图 25-11 所示。从数据集的输出结果可以看出，通过 index 关键字参数改变索引后，每行的索引就从 0、1 变成了'Rosaline Franklin' 'William Gosset'。另外，columns 关键字参数中指定的列名必须是字典中的 key，否则列的值就都变成 NaN 了。

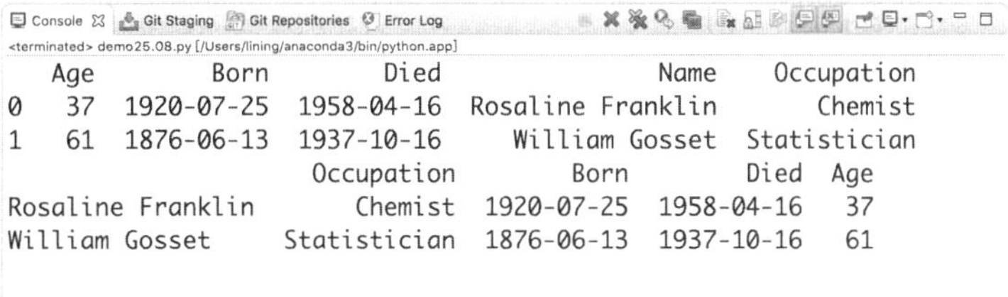

图 25-11 创建 DataFrame 对象

## 25.4.3 Series 的基本操作

Series 对象支持很多操作。例如，获取索引、数据值等。本节会通过例子来演示 Series 对象的一些常用操作。

**【例 25.9】** 本例从数据集获取了一行数据，并创建了一个 Series 对象，然后获取了 Index 和 Value。

**实例位置：PythonSamples\src\chapter25\demo25.09.py**

```python
import pandas as pd
scientists = pd.DataFrame({
    'Name':['Rosaline Franklin', 'William Gosset'],
    'Occupation':['Chemist', 'Statistician'],
    'Born':['1920-07-25', '1876-06-13'],
    'Died':['1958-04-16','1937-10-16'],
    'Age':[37,61]},columns=['Occupation','Born','Died','Age'],
```

```
                        index=['Rosaline Franklin', 'William Gosset'])
print(scientists)
print('-------------------')
# 获取行索引为 "Rosaline Franklin" 的整行数据
first_row = scientists.loc['Rosaline Franklin']
# 运行结果：<class 'pandas.core.series.Series'>
print(type(first_row))
print('-------------------')
print(first_row)
print('-------------------')
# 获取列名（Index）
print(first_row.index)
print('-------------------')
# 与 index 返回同样的结果
print(first_row.keys())
print('-------------------')
# 获取所有值
print(first_row.values)
# 获取第一个值，运行结果：Occupation
print(first_row.index[0])
```

程序运行结果如图 25-12 所示。

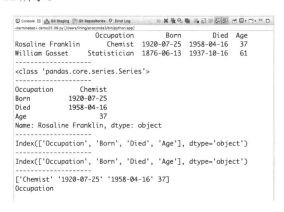

图 25-12　Series 的基本操作

## 25.4.4　Series 的方法

Series 对象中有很多常用的方法可以对数据进行各种处理。例如，mean 方法可以对某一列数据取平均数，min 方法可以取最小值，max 方法可以取最大值，std 方法可以取标准差。本节会介绍如何使用这些方法。

【例 25.10】　本例通过 mean、min、max、std 等方法对数据集进行各种运行，最后对数据集进行排序和追加操作。

实例位置：**PythonSamples\src\chapter25\demo25.10.py**

```
import pandas as pd
import matplotlib.pyplot as plt
scientists = pd.DataFrame({
    'Name':['Rosaline Franklin', 'William Gosset'],
```

```
          'Occupation':['Chemist', 'Statistician'],
          'Born':['1920-07-25', '1876-06-13'],
          'Died':['1958-04-16','1937-10-16'],
          'Age':[37,61]},columns=['Occupation','Born','Died','Age'],
                index=['Rosaline Franklin', 'William Gosset'])
print(scientists)
# 获取数据集中 Age 列的所有数据，返回一个 Series 对象
ages = scientists['Age']
print(type(ages))
print(ages)
# 计算 Age 列的平均数
print('mean',':',ages.mean())
# 计算 Age 列的最小值
print('min',':',ages.min())
# 计算 Age 列的最大值
print('max',':',ages.max())
# 计算 Age 列的标准差
print('std',':',ages.std())
print('-------------')
# 对 Ages 降序排列
print(ages.sort_values(ascending=False))
print('-------------')
# 将 ages 追加到自身上
print(ages.append(ages))
```

程序运行结果如图 25-13 所示。

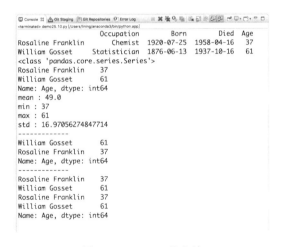

图 25-13　Series 的方法

## 25.4.5　Series 的条件过滤

Series 对象也可以像 SQL 语句一样，通过指定条件来过滤数据，例如，列出年龄大于平均值的数据。

【例 25.11】　本例使用条件过滤对 Series 中的数据进行筛选。

实例位置：**PythonSamples\src\chapter25\demo25.11.py**

```
import pandas
scientists = pandas.read_csv('scientists.csv')
```

```
ages = scientists['Age']
# 筛选出 Age 大于平均值的数据
print(ages[ages > ages.mean()].head(3))
print('---------')
# 筛选出 Age 大于平均值的数据，与前面的筛选方式显示的输出格式不同
print((ages > ages.mean()).head(3))
print('---------')
print(type(ages > ages.mean()))
print('---------')
# 直接指定哪行记录不显示，哪行记录显示，True 表示显示，False 表示不显示
print(ages[[True,True,False,True,False,True,True,False]])
```

程序运行结果如图 25-14 所示。

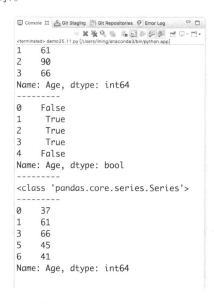

图 25-14　Series 的条件过滤

## 25.4.6　DataFrame 的条件过滤

DataFrame 与 Series 类似，也可以使用条件进行过滤。例如，下面的代码可以获得 Age 大于平均值的所有记录。

```
scientists[scientists['Age'] > scientists['Age'].mean()]
```

【例 25.12】　本例使用条件过滤对 Series 中的数据进行筛选。

**实例位置：PythonSamples\src\chapter25\demo25.11.py**

```
import pandas as pd
# 装载 scientists.csv 文件
scientists = pd.read_csv('scientists.csv')
# 输出数据集中所有 Age 大于平均值的记录
print(scientists[scientists['Age'] > scientists['Age'].mean()])
print('------------------')
# 只显示行索引为 0、1 和 3 的记录
print(scientists.loc[[True,True,False,True]])
print('------------------')
```

```
# 只显示记录索引为 1、3、4 的记录
print(scientists.iloc[[1,3,4]])
print('------------------')
# 获取 Age 大于平均值的所有记录，只显示 Name、Age 和 Occupation 三列
print(scientists[['Name','Age','Occupation']][scientists['Age']>
scientists['Age'].mean()].head(2))
print('------------------')
print(scientists[['Name','Age','Occupation']][scientists['Age']>
scientists['Age'].mean()].loc[[True,True]])
print('------------------')
print(scientists[['Name','Age','Occupation']][scientists['Age']>
scientists['Age'].mean()].iloc[[0,2]])
```

程序运行结果如图 25-15 所示。

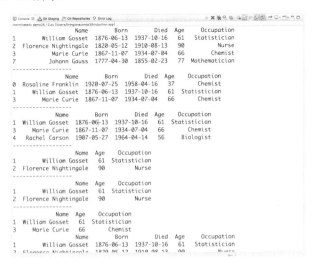

图 25-15　DataFrame 的条件过滤

本例涉及一个 scientists.csv 文件，该文件中是一些科学家的生卒年份以及领域等信息，内容如图 25-16 所示。

图 25-16　scientists.csv 文件的内容

## 25.5　小结

Pandas 是非常著名的基于 Python 语言的数据分析工具。Pandas 的功能非常强大。可能读者还不太清楚本章讲的知识如何进行完整的数据分析，不过这并不要紧，后面的数据分析项目实战章节会给

出一个完整的分析胸罩销售数据的例子，通过这个例子可以更深入地掌握如何用 Pandas 分析真实的数据，并得出很多有趣的分析结果。

## 25.6　实战与练习

1. 编写一个 Python 程序，装载 gapminder.tsv 样本文件，并显示前 10 条记录和后 10 条记录。

答案位置：PythonSamples\src\chapter25\practice\solution25.1.py

2. 编写一个 Python 程序，装载 gapminder.tsv 样本文件，并按洲和年份分组，统计每一个洲每一年的平均预期寿命。

答案位置：PythonSamples\src\chapter25\practice\solution25.2.py

# 第五篇　Python Web 爬虫技术

Python 爬虫技术篇（第 26 章、第 27 章），主要讲解了编写网络爬虫的关键技术和常用程序库，这些程序库主要包括 Beautiful Soup 和 Scrapy。本篇各章标题如下：

第 26 章　网络爬虫与 Beautiful Soup

第 27 章　网络爬虫框架：Scrapy

# 网络爬虫与 Beautiful Soup

从这一章开始，进入 Python 的另一个全新的领域：网络爬虫。也可以叫网络蜘蛛，英文叫 web crawler 或 web spider。那么网络爬虫到底是做什么的呢？其实网络爬虫的一个基本功能就是从网络上下载资源，如 HTML 页面、图像文件等。那么网络爬虫有什么用呢？用处可是相当的大！网络爬虫通常会作为其他系统的数据源。例如，数据分析、深度学习、搜索引擎、API 系统等。在本书最后的项目实战中有一个分析天猫和京东胸罩销售数据的案例，马云和刘强东肯定不会直接给你要分析的数据，那么数据怎么来呢？当然是自己利用网络爬虫从天猫和京东网站上抓取，并经过一定的处理（可以利用 Beautiful Soup 或其他类似的 HTML 代码分析库进行分析）后保存到本地的文件或数据库中，然后再经过进一步的数据清洗，最后使用 Pandas、Matplotlib 等工具对数据进行分析统计和可视化。从这个案例可以看出，数据分析的第一步就是使用网络爬虫从网上抓取需要的数据。对于深度学习、API 系统也是一样。例如，要做一个查询城市 PM2.5 的微信小程序。核心问题只有一个，PM2.5 的数据从哪里来？当然，对于土豪来说，可以花钱买。但对于大多数想做个程序玩玩的人来说，花钱买就不值得了，而免费提供 PM2.5 API 接口的服务商又不多，就算有，提供的数据也可能不全。所以还剩下最后一张王牌：网络爬虫。现在有很多网站提供完整的 PM2.5 数据，但都是 HTML 版的，用程序根本无法直接获得有价值的数据。为了获得有用的数据，可以先使用网络爬虫定向抓取 HTML 页面中 PM2.5 的数据，然后将这些数据保存到本地数据库中（如 SQLite、MySQL 等），最后再做一个 Web 服务端（用 Flask 就可以胜任），直接从自己的数据库中查询数据，再做成 API 形式，供微信小程序、Android、iOS 等客户端调用。如果要实时更新，可以每隔一定时间抓取一次，然后更新旧的数据即可。通过这种曲线救国的方式，理论上可以将任何公开出来的 Web 数据做成我们自己的 API 服务。关于网络爬虫的案例还很多，这里不再一一陈述。下面就进入网络爬虫的第一课，自己动手编写一个真正的网络爬虫。

通过阅读本章，您可以：

❑ 了解什么是网络爬虫
❑ 了解网络爬虫的原理和种类
❑ 掌握 Beautiful Soup 的基本使用方法
❑ 掌握基于多线程和下载队列的网络爬虫的基本实现方法

## 26.1  网络爬虫基础

本节会介绍网络爬虫的基础知识，如网络爬虫的分类、网络爬虫的基本原理、如何保存抓取到的数据，并演示如何利用网络爬虫从百度上抓取比基尼美女图片。

### 26.1.1　爬虫分类

爬虫，也叫网络爬虫或网络蜘蛛，主要的功能是下载 Internet 或局域网中的各种资源，如 html 静态页面、图像文件、js 代码等。网络爬虫的主要目的是为其他系统提供数据源，如搜索引擎（Google、Baidu 等）、深度学习、数据分析、大数据、API 服务等。这些系统都属于不同的领域，而且都是异构的，所以肯定不能通过一种网络爬虫来为所有的这些系统提供服务。因此，在学习网络爬虫之前，先要了解网络爬虫的分类。

如果从按抓取数据的范围进行分类，网络爬虫可以分为如下几类。

- ❏ 全网爬虫：用于抓取整个互联网的数据，主要用于搜索引擎（如 Google、Baidu 等）的数据源。
- ❏ 站内爬虫：与全网爬虫类似，只是用于抓取站内的网络资源。主要用于企业内部搜索引擎的数据源。
- ❏ 定向爬虫：这种爬虫的应用相当广泛，一般讨论的大多都是这种爬虫。这种爬虫只关心特定的数据，如网页中的 PM2.5 实时监测数据、天猫胸罩的销售记录、美团网的用户评论等。抓取这些数据的目的也五花八门，有的是为了加工整理，供自己的程序使用，有的是为了统计分析，得到一些有价值的结果，例如，哪种颜色的胸罩卖得最好。

如果从抓取的内容和方式进行分类，网络爬虫可以分为如下几类。

- ❏ 网页文本爬虫
- ❏ 图像爬虫
- ❏ JS 爬虫
- ❏ 异步数据爬虫（JSON、XML），主要抓取基于 AJAX 的系统的数据
- ❏ 处理验证码登录的爬虫
- ❏ 抓取其他数据的爬虫（如 Word、Excel、PDF 等）

这些爬虫主要使用的是网页文本爬虫、图像爬虫和异步数据爬虫。本书关于网络爬虫的部分也会将主要精力放在第 3 种网络爬虫上。

### 26.1.2　编写第 1 个网络爬虫

本节会编写一个简单的网络爬虫，在编写代码之前，先来了解一下网络爬虫的原理。本节编写的网络爬虫属于全网爬虫类别，但我们肯定不会抓取整个互联网的资源。所以本节会使用 7 个 HTML 文件来模拟互联网资源，并将这 7 个 HTML 文件放在本地的 Nginx 服务器的虚拟目录，以便抓取这 7 个 HTML 文件。

全网爬虫至少要有一个入口点（一般是门户网站的首页），然后会用网络爬虫抓取这个入口点指向的页面，接下来会将该页面中所有链接标签（a 标签）中 href 属性的值提取出来。这样会得到更多的 url（这里只考虑这些 url 指向的是另一个 HTML 页面），然后再用同样的方式下载这些 url 指向的 HTML 页面，再提取出这些 HTML 页面中 a 标签的 href 属性的值，然后再继续，直到所有的 HTML 页面都被分析完为止。只要任何一个 HTML 页面都是通过入口点可达的，使用这种方式就可以抓取所有的 HTML 页面。这很明显是一个递归过程。下面就用伪代码来描述这一递归过程。

从前面的描述可知，要实现一个全网爬虫，需要下面两个核心技术。

- ❏ 下载 Web 资源（HTML、CSS、JS、JSON）
- ❏ 分析 Web 资源

假设下载资源通过 download(url)函数完成，url 是要下载的资源链接。download 函数返回了网络

资源的文本内容（这里只使用 download 函数下载 HTML 页面）。analyse（html）函数用于分析 Web
资源，html 是 download 函数的返回值，也即是下载的 HTML 页面代码。analyse 函数返回一个列表类
型的值，该返回值包含了 HTML 页面中所有的 url（a 标签 href 属性值）。如果 HTML 页面中没有 a 标
签，那么 analyse 函数返回空列表（长度为 0 的列表）。下面的 crawler 函数就是下载和分析 HTML 页
面的函数，外部程序第 1 次调用 crawler 函数时传入的 url 就是入口点 HTML 页面的链接。

```
def crawler(url)
{
    # 下载 url 指向的 HTML 页面
    html = download(url)
    # 分析 HTML 页面，并返回该页面中所有的 url
    urls = analyse(html)
    # 对 url 列表进行迭代，对所有的 url 递归调用 crawler 函数
    for url in urls
    {
        crawler(url)
    }
}
# 外部程序第一次调用 crawler 函数，https://geekori.com 就是入口点的链接
crawler('https://geekori.com ')
```

【例 26.1】　本例使用递归的方式编写了一个全网爬虫，该爬虫会从本地的 Nginx 服务器（其他服
务器也可以）抓取所有的 HTML 页面，并通过正则表达式分析 HTML 页面，提取出 a 标签的 href 属
性值，最后将获得的所有 url 输出到 Console。

在编写代码之前，先要准备一个 Web 服务器（Nginx、Apache、IIS 都可以），并建立一个虚拟目
录。Nginx 默认的虚拟目录路径是<Nginx 根目录>/html。然后准备一些通过链接关联的 HTML 文件，
为了方便读者，本例已经准备好了 7 个 HTML 文件，都在如下的位置，请将这些 HTML 文件所在的
files 目录放到 Web 服务器的虚拟目录下，加速 Web 服务器的端口号是 8888，也可以根据自己的实际
情况使用其他端口号。

**files 目录位置：PythonSamples\src\chapter26\files**

下面是本例的 7 个 HTML 文件的代码，网络爬虫会抓取和分析这 7 个 HTML 文件的代码。

```
<!-- index.html  入口点  -->
<html>
    <head><title>index</title></head>
    <body>
        <a href='a.html'>first page</a>
        <p>
        <a href='b.html'>second page</a>
        <p>
        <a href='c.html'>third page</a>
        <p>
    </body>
</html>
<!-- a.html -->
<html>
    <head><title>a</title></head>
    <body>
        <a href='aa.html'>aa page</a>
```

```
        <p>
        <a href='bb.html'>bb page</a>
    </body>
</html>
<!-- b.html -->
<html>
    <head><title>a</title></head>
    <body>
        <a href='cc.html'>cc page</a>
    </body>
</html>
<!-- c.html -->
c.html（No Content）
<!-- aa.html -->
aa.html(No Content)
<!-- bb.html -->
bb.html(No Content)
<!-- cc.html -->
cc.html(No Content)
```

从上面的代码可以看到，c.html、aa.html、bb.html 和 cc.html 只有一行文本，并没有任何的 a 标签，所以这 4 个页面就是递归的终止条件。

下面是基于递归算法的网络爬虫的代码。

**实例位置：PythonSamples\src\chapter26\demo26.01.py**

```python
from urllib3 import *
from re import *
http = PoolManager()
disable_warnings()
# 下载 HTML 文件
def download(url):
    result = http.request('GET', url)
    # 将下载的 HTML 文件代码用 utf-8 格式解码成字符串
    htmlStr = result.data.decode('utf-8')
    return htmlStr
# 分析 HTML 代码
def analyse(htmlStr):
    # 利用正则表达式获取所有的 a 标签，如<a href='a.html'>a</a>
    aList = findall('<a[^>]*>',htmlStr)
    result = []
    # 对 a 标签列表进行迭代
    for a in aList:
        # 利用正则表达式从 a 标签中提取出 href 属性的值，如<a href='a.html'>中的 a.html
        g = search('href[\s]*=[\s]*[\'"]([^>\'""]*)[\'"]',a)
        if g != None:
            # 获取 a 标签 href 属性的值，href 属性值就是第 1 个分组的值
            url = g.group(1)
            # 将 url 变成绝对链接
            url = 'http://localhost:8888/files/' + url
            # 将提取出的 url 追加到 result 列表中
            result.append(url)
    return result
```

```
# 用于从入口点抓取 HTML 文件的函数
def crawler(url):
    # 输出正在抓取的 url
    print(url)
    # 下载 HTML 文件
    html = download(url)
    # 分析 HTML 代码
    urls = analyse(html)
    # 对每一个 url 递归调用 crawler 函数
    for url in urls:
        crawler(url)
# 从入口点 url 开始抓取所有的 HTML 文件
crawler('http://localhost:8888/files')
```

程序运行结果如图 26-1 所示。本例只输出了抓取到的 url，并没有保存这些 HTML 文件，在下一节的案例中会将这些抓取到的 HTML 页面保存到本地。

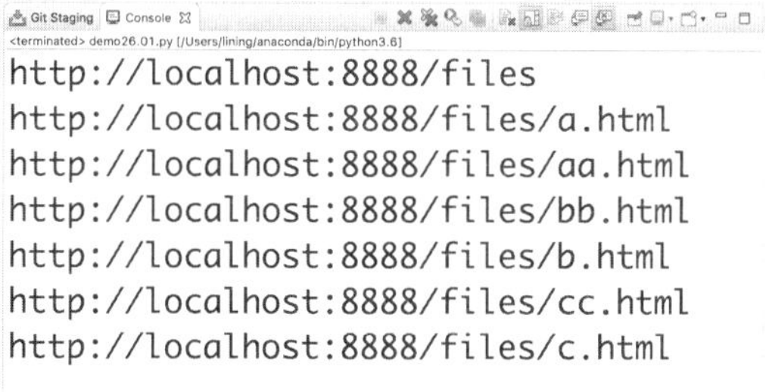

图 26-1　抓取到的 url

## 26.1.3　保存抓取的数据

光抓取 HTML 文件，如果不保存，那岂不是白抓取了。因此，网络爬虫在抓取 Web 资源时，会将 Web 资源的原始数据保存到本地，待以后进一步分析。

将 HTML 文件保存到本地的方式很多。例如，可以保存到文本文件中，也可以保存到数据库中。为了提高效率，通常会先保存到文本文件中，这样更节省资源。因为访问数据库消耗的资源是很昂贵的，尤其是对于需要抓取成千上万 Web 资源的网络爬虫来说更是如此。

将 HTML 文件保存到文本文件是非常容易的，关键是要为文本文件起一个名字。最直接的方式就是将 url 作为文件名，不过 url 中的有些字符可能操作系统不支持，因此，最好不要直接用 url 作为文件名。本节案例采用的方法是对 url 提取 MD5 摘要，然后再将 MD5 摘要转换为十六进制编码形式（也可以是 Base64 或其他类似的编码形式）。这个十六进制编码的字符串是与 url 一一对应的，可以作为文件名使用。

【例 26.2】　本例编写的网络爬虫与例 26.1 编写的网络爬虫在功能上类似，只是将抓取到的 HTML 文件都保存到了本地。文件名用 url 生成的十六进制编码字符串。所有下载的 HTML 文件都保存在当前目录下的 download 子目录中。本例的准备工作与例 26.1 完全相同，这里不再详述。

实例位置：**PythonSamples\src\chapter26\demo26.02.py**

```
from urllib3 import *
from re import *
import os
```

```python
import hashlib
http = PoolManager()
disable_warnings()
# 在当前目录下创建一个 download 子目录, 用于保存抓取的 HTML 文件
os.makedirs('download', exist_ok = True)
# 将字符串进行 MD5 编码成字节流, 并将字节流转换为十六进制编码格式
def computeMD5hash(myString):
    m = hashlib.md5()
    # 开始提取 MD5 摘要
    m.update(myString.encode('utf-8'))
    # 将 MD5 摘要转换为十六进制编码格式
    return m.hexdigest()
# 以只写的方式打开 urls.txt 文件, 该文件用于保存所有抓取到的 url
f = open('download/urls.txt','w')
# 用于下载 url 的函数
def download(url):
    result = http.request('GET', url)
    # 生成 HTML 文件名
    md5 = computeMD5hash(url)
    f.write(url + '\n')
    htmlStr = result.data.decode('utf-8')
    htmlFile =open('download/' + md5,'w')
    # 将 HTML 代码写入对应的文本文件
    htmlFile.write(htmlStr)
    htmlFile.close()
    return htmlStr
# 分析 HTML 代码的函数
def analyse(htmlStr):
    # <a href='a.html'>a</a>
    aList = findall('<a[^>]*>',htmlStr)
    result = []
    for a in aList:
        # <a href='a.html'>
        g = search('href[\s]*=[\s]*[\'"]([^>\'""]*)[\'"]',a)
        if g != None:
            url = g.group(1)
            url = 'http://localhost:8888/files/' + url
            result.append(url)
    return result
# 网络爬虫函数
def crawler(url):
    print(url)
    html = download(url)
    urls = analyse(html)
    for url in urls:
        crawler(url)
crawler('http://localhost:8888/files')
# 关闭打开的 urls.txt 文件
f.close()
```

现在运行程序, 会看到当前目录下多了一个 download 子目录, 该目录中会有如图 26-2 所示的 8 个文件, 其中一个是保存所有 url 的 urls.txt 文件, 其他文件都是对应 HTML 文件。可以打开一个文件, 里面就是前面给出的相应的 HTML 文件的内容。

图 26-2　download 目录中的文件

## 26.1.4　从百度抓取海量比基尼美女图片

这一节来编写一个比较有意思的网络爬虫，这个网络爬虫可以从百度上抓取任意多个比基尼美女图片。在这个案例中要使用 Chrome 浏览器的页面分析工具。

先打开 Chrome 浏览器，切换到百度的图片搜索，并输入"比基尼美女"，然后单击"百度一下"按钮开始搜索，这时会在页面下方列出很多比基尼美女图片，不过这只是在浏览器中呈现的样式。我们的目的是获得每一个图片的链接，然后将这些图片下载到本地。不过当向下滑动浏览器图片列表时会发现，百度显示的图片随着向下滑动列表会不断显示新的图片，好像拥有无穷无尽的图片资源一样。其实这是目前一种常用的异步显示图片的方式。也就是说，当前的 HTML 页面和图像资源不是同时从服务端下载的。HTML 页面是用同步方式下载的，而图像资源是通过 AJAX 技术异步方式下载的，因此，就需要找到百度是通过哪个 URL 以异步方式下载图片的。

当然，光用脑袋想是想不出来的，还需要对 Web 页面进行分析。幸好 Chrome 提供了非常强大的分析工具。

在页面右击，从弹出的快捷菜单中选择"检查"菜单项，会在 Chrome 浏览器右侧显示一个用于调试和分析的面板，切换到 Network 选项卡，这时该选项卡什么都没有，需要再次刷新页面，这时会在 Network 选项卡中显示刷新页面时向服务端请求的所有 URL。在 Network 选项卡上方的搜索框中输入 acjson，会列出 1～n 个 acjson 链接，如图 26-3 所示。

图 26-3　分析比基尼美女页面

单击某个 acjson 链接，在右侧会显示该链接的 HTTP 请求头和 HTTP 响应头，打开旁边的 Preview 选项卡，会看到如图 26-4 所示的内容。

图 26-4　acjson 链接的内容

很明显，Preview 选项卡中显示的是 JSON 格式的代码。根据代码内容，基本上可以断定，这就是我们要的数据。

下面再看一下完整的 acjson 链接，在链接中包含了两个 HTTP GET 请求字段：pn 和 rn。可以多看几个 acjson 链接，如下面的是第 1 个 acjson 链接。

https://image.baidu.com/search/acjson?… pn=30&rn=30&gsm=1e&1516507849790=

下面是第 2 个 acjson 链接。

https://image.baidu.com/search/acjson?… pn=60&rn=30&gsm=1e&1516507849790=

下面是第 3 个 acjson 链接。

https://image.baidu.com/search/acjson?… pn=90&rn=30&gsm=1e&1516507849790=

从上面三个 acjson 链接基本上可以猜出来，pn 随着不同的链接而变化，即 30、60、90，下一个应该是 120。rn 固定都是 30。所以基本上可以肯定，rn 表示每次返回的图像数，而 pn 表示每一次从哪个图像开始返回。其实要获得海量的图像，也不必太细究 pn 到底表示什么，可以按这几个 acjson 链接确定 pn 和 rn 的值。例如，pn 可以从 30 开始，每循环一次增加 30，rn 就固定为 30 即可。也可以将 acjson 链接直接在浏览器中查看，会看到返回的就是 JSON 数据。为了更清楚查看这些 JSON 数据，还是通过 Preview 选项卡查看更清楚。现在一切细节已经搞清楚，然后就可以编写代码从百度网址下载比基尼美女图片。

【例 26.3】 本例会编写一个从百度抓取海量比基尼美女图片的网络爬虫，使用 urllib3 进行网络操作。由于百度服务端会校验客户端是否为浏览器，所以需要设置 HTTP 请求头的 User-Agent 字段。为了方便，本例在当前目录建立了一个 image_headers.txt 文件，将 User-Agent 字段的内容保存在这个文件中，以便随时修改。

实例位置：**PythonSamples\src\chapter26\demo26.03.py**

```
from urllib3 import *
import os
```

```
import re
import json
http = PoolManager()
disable_warnings()
# 在当前目录建立 download/images 子目录，所有下载的比基尼美女图片文件都会保存在这个目录中
os.makedirs('download/images', exist_ok = True)
# 从 image_headers.txt 文件中读取 HTTP 请求头，并以字典形式返回
def str2Headers(file):
    headerDict = {}
    f = open(file,'r')
    headersText = f.read()
    # Linux、UNIX、Mac OS X 用\n 作为换行符
    # Windows 用\r\n 作为换行符，所以使用\n 分隔每一行所有的操作系统都是可行的
    headers = re.split('\n',headersText)
    # 将每一个 HTTP 请求头添加到字典中
    for header in headers:
        result = re.split(':',header, maxsplit=1)
        headerDict[result[0]] = result[1]
    f.close()
    return headerDict


# 将 image_headers.txt 文件中的 HTTP 请求头转化为字典对象
headers = str2Headers('image_headers.txt')
# 处理每一个抓取的 JSON 文档
def processResponse(response):
    global count
    if count > 100:
        return
    s = response.data.decode('utf-8')
    # 将下载的 JSON 文本转化为 JSON 对象
    d = json.loads(s)
    n = len(d['data'])
    for i in range(n - 1):
        if count > 100:
            return
        # 获取比基尼美女图像的 URL
        imageUrl = d['data'][i]['hoverURL'].strip()
        if imageUrl != '':
            print(imageUrl)
            r = http.request('GET', imageUrl,headers = headers)
            count += 1
            # 将比基尼美女图像文件保存到本地文件，文件名用长度为 5 的序号，不足 5 位前面补 0
            imageFile = open('download/images/%0.5d.jpg' % count,'wb')
            imageFile.write(r.data)
            imageFile.close()
count = 0
pn = 30
rn = 30
# acjson 链接，已经将 pn 和 rn 替换成{pn}和{rn}，需要不断改变 pn 的值
url = 'https://image.baidu.com/search/acjson?tn=resultjson_com&ipn=rj&ct=201326592&
is=&fp=result&queryWord=%E6%AF%94%E5%9F%BA%E5%B0%BC%E7%BE%8E%E5%A5%B3&cl=2&lm=-1&i
e=utf-8&oe=utf-8&adpicid=&st=-1&z=&ic=0&word=%E6%AF%94%E5%9F%BA%E5%B0%BC%E7%BE%8E%
```

```
E5%A5%B3&s=&se=&tab=&width=&height=&face=0&istype=2&qc=&nc=1&fr=&pn={pn}&rn={rn}&g
sm=1e&1512281761218='.format(pn=pn,rn=rn)
# 只下载 100 个比基尼美女图像文件
while count <= 100:
    r = http.request('GET',url)
    processResponse(r)
    # 每次 pn 加 30
    pn += 30
```

现在运行程序，会在 download/images 目录中出现很多比基尼美女的图像文件。本例为了测试，只下载了 100 个图像文件，如果要想下载更多比基尼美女图像文件，可以将 100 改成更大的值，如 100000。这些下载的图像用处是非常广的，例如，可以用于深度学习框架（如 Tensorflow）的数据源，用来训练深度学习模型，进行图片分类。通过这些图片，可以训练让机器自动识别某个女孩穿的是否是比基尼。

## 26.2  HTML 分析库：Beautiful Soup

网络爬虫的一个重要功能就是对抓取的数据进行分析，提取出我们感兴趣的信息。如果抓取的数据是 JSON、XML 等格式，那就好办多了。因为 Python 语言有很多处理这类数据格式的模块。如果抓取的数据是 HTML 格式，那就比较麻烦。因为 HTML 格式的数据太自由了。以前采用的方法是通过正则表达式从 HTML 代码中提取出我们需要的信息，不过正则表达式使用起来不那么人性化，也就是说比较难用（相对于其他方式而言）。我们希望能将 HTML 代码转换为对象树的形式，那本节要介绍的 Beautiful Soup 就是最佳选择。

### 26.2.1  如何使用 Beautiful Soup

Beautiful Soup 是第三方的开发库，在使用之前需要安装。可以使用下面的命令安装 Beautiful Soup：

```
pip install beautifulsoup4
```

如果使用的是 Anaconda Python 开发环境，可以使用下面的命令安装 Beautiful Soup：

```
conda install beautifulsoup4
```

安装 Beautiful Soup 后，在 Python 的 REPL 环境中执行下面的代码，如果未抛出异常，就说明 Beautiful Soup 已经安装成功了。

```
import bs4
```

bs4 模块中有一个核心类 BeautifulSoup，该类构造方法的第 1 个参数可以指定要分析的 HTML 代码，第 2 个参数表示 HTML 分析引擎。BeautifulSoup 类主要支持如表 26-1 所示的几种 HTML 分析引擎。

表 26-1  HTML 分析引擎

| 引 擎 名 | 优 点 | 缺 点 |
| --- | --- | --- |
| html.parser | ① Python 内置的标准库，不需要安装 ② 执行速度适中 ③ 文档容错能力强 | Python2.7.3 或 3.2.2 以前的版本，对中文容错能力比较差 |
| lxml | ① 速度快 ② 文档的容错能力强 | 需要安装 C 语言库 |

续表

| 引　擎　名 | 优　　点 | 缺　　点 |
|---|---|---|
| html5lib | ① 最好的容错性<br>② 以浏览器的方式解析文档<br>③ 生成 HTML5 格式的文档 | 速度慢 |

由于 html.parser 是 Python 内置的 HTML 分析引擎，所以不需要单独安装。而 lxml 和 html5lib 都需要单独安装。

安装 lxml：

```
conda install lxml
```

安装 html5lib：

```
conda install html5lib
```

【例 26.4】　本例会同时使用前面给出的三种 HTML 分析引擎处理 HTML 代码，并得到 HTML 代码中指定的内容。

**实例位置：PythonSamples\src\chapter26\demo26.04.py**

```python
from bs4 import BeautifulSoup
# 使用 html.parser 引擎
soup1 = BeautifulSoup('<title>html.parser 测试</title>','html.parser')
# 获取 title 标签
print(soup1.title)
# 获取 title 标签中的文本
print(soup1.title.text)
print('-----------')
# 使用 lxml 引擎
soup2 = BeautifulSoup('<title>lxml 测试</title>','lxml')
# 获取 title 标签中的文本
print(soup2.title.text)
print('-----------')
html = '''
<html>
    <head><title>html5lib 测试</title></head>
    <body>
        <a href='a.html'>first page</a>
        <p>
        <a href='b.html'>second page</a>
        <p>
        <a href='c.html'>third page</a>
        <p>
    </body>
</html>
'''
# 使用 html5lib 引擎
soup3 = BeautifulSoup(html,'html5lib')
# 获取 title 标签
print(soup3.title)
# 获取 title 标签中的文本
print(soup3.title.text)
```

```
# 获取第 1 个 a 标签中 href 属性的值
print(soup3.a['href'])
```

程序运行结果如图 26-5 所示。可以看到，Beautiful Soup 使用起来是多么方便，一旦创建完 BeautifulSoup 对象，就可以用对象属性的方式获取 HTML 代码中的任何部分。

图 26-5　获取 HTML 代码中指定的内容

## 26.2.2　Tag 对象的 name 和 string 属性

使用 BeautifulSoup 对象装载 HTML 代码后，每一个 HTML 代码中的元素都会变成一个 Tag 对象，在 Tag 对象中可以使用 name 属性获取标签名，使用 string 属性获取和设置某个标签中的文本。BeautifulSoup 对象可以将 HTML 代码中任何标签封装成 Tag 对象，包括自定义的标签。

【例 26.5】　本例通过 name 属性将一个标签变成另外一个标签，并通过 string 属性获取和设置相应标签中的文本。

实例位置：**PythonSamples\src\chapter26\demo26.05.py**

```
from bs4 import BeautifulSoup
html = '''
<html>
    <head><title>index</title></head>
    <body>
        <a href='a.html'>first page</a>
        <p>
        <a href='b.html'>second page</a>
        <p>
        <a href='c.html'>third page</a>
        <p>
        <x k='123'>hello</x>
    </body>
</html>
'''
soup = BeautifulSoup(html,'lxml')
# 获取 HTML 文档中的第 1 个 a 标签
print(soup.a)
# 获取 Body 中的第 1 个 a 标签
print(soup.body.a)
# 获取第 1 个 a 标签中的文本
print(soup.a.text)
# ----设置节点名称------
# 将第 1 个 a 标签变成 div 标签
```

```
soup.a.name = 'div'
# 获取第 1 个自定义的 x 标签
print(soup.x)
print('--------')
# 获取第 1 个自定义的 x 标签中的文本
print(soup.x.string)
# 改变第 1 个 x 标签中的文本
soup.x.string = 'word'
# 获取第 1 个 x 标签中的文本
print(soup.x)
```

程序运行结果如图 26-6 所示。

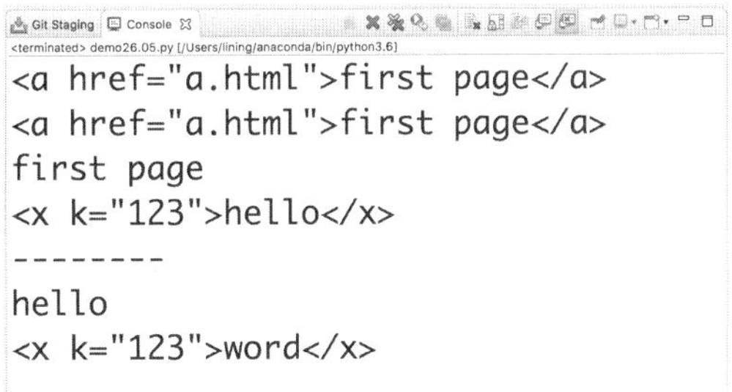

图 26-6　name 属性和 string 属性

## 26.2.3　读写标签属性

节点的属性值类型分为两类：字符串和列表。大多数属性值的类型都是字符串，如 href 属性。还有少数的属性可能会设为多个值，例如几乎所有的标签都有的 class 属性。该属性需要设置一个或多个样式，如果是多个样式，中间用空格分隔。如果要读写这样的属性，就需要按列表的方式操作。

【例 26.6】　本例演示了如何读取和设置标签（Tag 对象）的指定属性。

**实例位置：PythonSamples\src\chapter26\demo26.06.py**

```
html = '''
<html>
    <head><title>index</title></head>
    <body attr='test xyz' class='style1 style2'>
        <a rel='ok1 ok2 ok3' class='a1 a2' href='a.html'>first page</a>
        <p>
        <a href='b.html'>second page</a>
        <p>
        <a  href='c.html'>third page</a>
        <p>
        <x k='123' attr1='hello' attr2='world'>hello</x>
    </body>
</html>
'''
from bs4 import *

soup = BeautifulSoup(html,'lxml')
# 获取 body 标签所有属性的集合的类型（字典类型），可以通过 attrs 属性获取指定的属性值
print(type(soup.body.attrs))
```

```
# 获取 body 标签的 class 属性值（列表类型）
print('body.class','=',soup.body['class'])
# 获取 body 标签的 attr 属性值（字符串类型）
print('body.attr','=',soup.body['attr'])
# 获取 a 标签的 class 属性值（列表类型）
print('a.class','=',soup.a['class'])
# 设置 x 标签的 attr1 属性值
soup.x['attr1'] = 'ok'
# 获取 x 标签的 attr1 属性值
print('x.attr1','=',soup.x['attr1'])
# 设置 body 标签的 class 属性值
soup.body['class'] = ['x','y','z']
# 为 body 标签的 class 属性添加一个新的属性值
soup.body['class'].append('ok')
print(soup.body)
# 获取 a 标签的 rel 属性值
print(soup.a['rel'])
```

程序运行结果如图 26-7 所示。

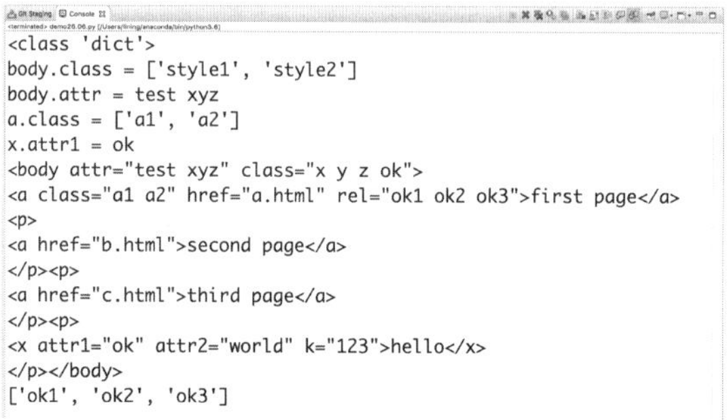

图 26-7  读写标签属性

阅读本例的代码，需要了解如下几点：

❑ 列表类型的属性是系统内定的，尽管自定义属性可以按 class 属性那样将多个值用空格分开，但 Beautiful Soup 仍然会认为这是一个字符串类型的属性。

❑ HTML 支持的列表类型属性，除了 class，还有 rel、rev、accept-charset、headers、accesskey 等。

❑ 对于列表类型的属性，如 class，在设置属性时，也要使用列表的语法，如使用 append 方法为属性添加新的值。

## 26.2.4  用 Beautiful Soup 分析京东首页的 HTML 代码

在前面的部分一直用自己编写的 HTML 代码测试 Beautiful Soup，这一节用 Beautiful Soup 分析一下京东商城的首页。

【例 26.7】 本例演示了如何用 Beautiful Soup 分析京东商城的首页，并获取了 meta 标签、title 标签和 body 标签的相关内容。

实例位置：**PythonSamples\src\chapter26\demo26.07.py**

```
from bs4 import *
from urllib3 import *
disable_warnings()
```

```
http = PoolManager()
# 下载京东商城首页的 HTML 代码
r = http.request('GET','https://www.jd.com')
soup = BeautifulSoup(r.data,'lxml')
# 获取 meta 标签
print(soup.meta)
# 获取 meta 标签的 charset 属性的值
print(soup.meta['charset'])
# 获取 title 标签的文本
print(soup.title.text)
# 获取 body 标签的 class 属性值
print(soup.body['class'])
```

程序运行结果如图 26-8 所示。

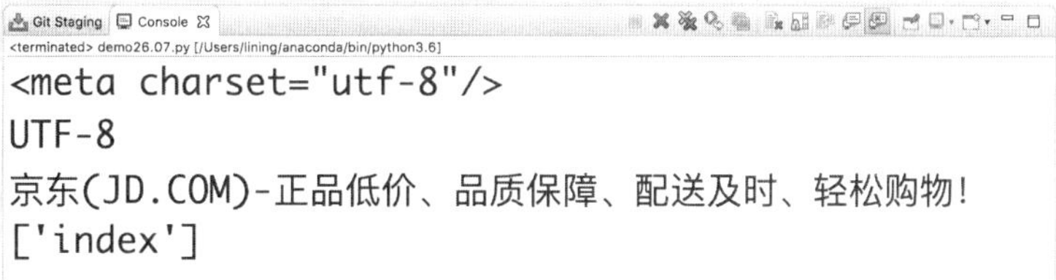

图 26-8　分析京东商城首页的 HTML 代码

## 26.2.5　通过回调函数过滤标签

对于大多数网络爬虫,关心的只是 HTML 代码中的一部分,所以需要根据某些规则从海量的 HTML 代码中提取出我们感兴趣的部分（一般是某些标签）。在 Beautiful Soup 中过滤标签的方法非常多,本节会介绍一种通用的方式：利用回调函数过滤标签。通过这种方式,每当扫描到一个标签,系统就会将封装该标签的 Tag 对象传入回调函数,然后回调函数就可以根据标签的属性、名称进行过滤,如果这个标签符合要求,回调函数返回 True,否则返回 False。

【例 26.8】　本例演示了如何通过回调函数过滤指定的标签。

实例位置：**PythonSamples\src\chapter26\demo26.08.py**

```
from urllib3 import *
from bs4 import BeautifulSoup
disable_warnings()
html = '''
<html>
    <head><title>我的网页</title></head>
    <body attr="test" class = "style1">
    <a href='aa.html'>aa.html</a>
    <a href='bb.html' class = "style1">bb.html</a>
    <b>xyz</b>
    </body>
</html>
'''
soup = BeautifulSoup(html,"lxml")
from bs4 import NavigableString
# 用于过滤标签的回调函数
def filterFun(tag):
```

```
    # 该标签必须有一个 class 属性
    if tag.has_attr('class'):
        # class 属性必须有一个名为 style1 的样式
        if 'style1' in tag['class']:
            return True
    return False
# 对所有满足条件的标签进行迭代
for tag in soup.find_all(filterFun):
    print(tag)
    print('------------')
```

程序运行结果如图 26-9 所示。本例过滤了含有 class 属性，并且 class 属性值包含 style1 的所有标签，很明显，只有两个标签（body 标签和第 2 个 a 标签）满足条件。

图 26-9    通过回调函数过滤标签

## 26.3    支持下载队列的多线程网络爬虫

在 26.1.2 节实现的爬虫是基于递归的。尽管代码很简单，但使用递归的缺点就是太占用内存资源。如果要抓取整个互联网的 Web 资源，估计过不了多久就要崩溃了。所以本节会换一种非递归的方式来编写网络爬虫。

本节编写的爬虫不仅支持多线程，而且还支持下载队列。爬虫的实现原理是通过多线程下载 Web 页面，然后分析里面的 a 标签，并将提取出的 URL 添加到下载队列中。每一个线程要分析 HTML 代码时都会从这个下载队列取一个 URL，然后再下载这个 URL 指向的 Web 页面继续分析，再将提取出的 URL 加入到下载队列。如果某个 URL 已经处理完了，会从下载队列删除，并将这个 URL 添加到另外一个队列中。

**【例 26.9】**  本例会通过队列、线程锁、多线程、网络、BeautifulSoup 等多种技术编写一个基于多线程和下载队列的网络爬虫。

实例位置：**PythonSamples\src\chapter26\demo26.09.py**

```
from urllib import request
import re
from bs4 import BeautifulSoup
from time import ctime,sleep
import os,sys,io
import threading
# 在当前目录创建一个 urls 子目录，用于保存下载的 HTML 文件
os.makedirs('urls', exist_ok = True)
# 下载队列，入口点 URL 会作为下载队列的第一个元素
```

```python
insertUrl=["https://geekori.com"]
# 已经处理完的 URL 会添加到这个队列中
delUrl=[]
# 负责下载和分析 HTML 代码的函数，该函数会在多个线程中执行
def getUrl():
    while(1):
        global insertUrl
        global delUrl
        try:
            if  len(insertUrl)>0 :
                # 从队列头取一个 URL
                html = request.urlopen(insertUrl[0]).read()
                soup = BeautifulSoup(html,"lxml")
                # 开始分析 HTML 代码
                title=soup.find(name='title').get_text().replace('\n','')
                fp=open("./urls/"+str(title)+".html",'w',encoding='utf-8')
                # 将 HTML 代码保存到相应的文件中
                fp.write(str(html.decode('utf-8')))
                fp.close()
                # 开始查找所有的 a 标签
                href_ = soup.find_all(name='a')
                # 对所有的 a 标签进行迭代
                for each in href_:
                    urlStr=each.get('href')
                    if str(urlStr)[:4]=='http' and urlStr not in insertURL:
                        # 添加所有以 http 开头并且没有处理过的 URL
                        insertURL.append(urlStr)
                        print(urlStr)
                # 将处理完的 URL 添加到 delUrl 队列中
                delUrl.append(insertUrl[0])
                # 删除 insertUrl 中处理完的 URL
                del insertUrl[0]
        except:
            delUrl.append(insertUrl[0])
            del insertUrl[0]
            continue
        sleep(2)
# 下面的代码启动了 3 个线程运行 getUrl 函数
threads = []
t1 = threading.Thread(target=getUrl)
threads.append(t1)
t2 = threading.Thread(target=getUrl)
threads.append(t2)
t3 = threading.Thread(target=getUrl)
threads.append(t3)

if __name__ == '__main__':
    for t in threads:
        t.setDaemon(True)
        t.start()
    for tt in threads:
        tt.join()
```

运行程序，会发现爬虫会一直下载 Web 资源，在 Console 中不断输出正在处理的 URL，如图 26-10 所示。打开 urls 目录，会发现该目录下会不断有文件写入。

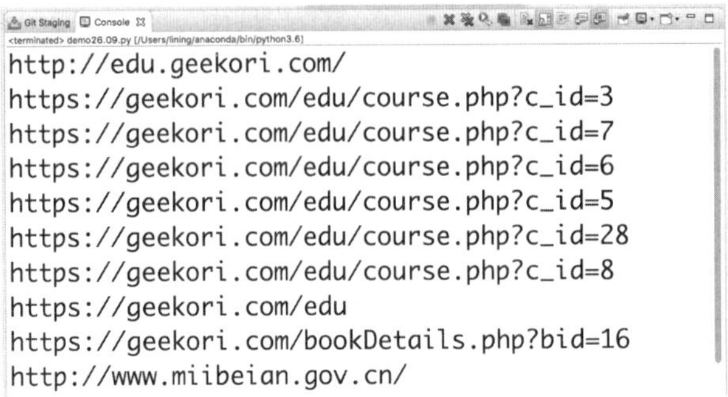
Git Staging
Console
http://edu.geekori.com/
https://geekori.com/edu/course.php?c_id=3
https://geekori.com/edu/course.php?c_id=7
https://geekori.com/edu/course.php?c_id=6
https://geekori.com/edu/course.php?c_id=5
https://geekori.com/edu/course.php?c_id=28
https://geekori.com/edu/course.php?c_id=8
https://geekori.com/edu
https://geekori.com/bookDetails.php?bid=16
http://www.miibeian.gov.cn/

图 26-10　基于多线程和下载队列的网络爬虫

## 26.4　小结

网络爬虫是 Python 语言的一个重要领域。根据不同的需求，网络爬虫的类型也千差万别。网络爬虫就像英语，尽管有通用的英语语法，但放到不同的领域（如 IT、医学、物理等）就会形成专业英语。网络爬虫也一样，有通用的编写网络爬虫的方法，但需要和具体领域相结合，例如，搜索引擎和深度学习需要的网络爬虫是不一样的。所以除了网络爬虫的基础知识外，还需要补充各种相关的知识才能让自己编写的网络爬虫应用于各个领域。

## 26.5　实战与练习

1. **用 Python 语言编写一个网络爬虫，提取淘宝首页（https://www.taobao.com）如图 26-11 所示导航条的文本。**

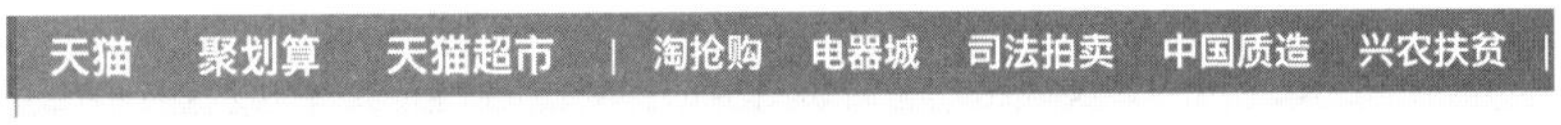
天猫
聚划算
天猫超市
淘抢购
电器城
司法拍卖
中国质造
兴农扶贫

图 26-11　淘宝首页导航条

**运行程序，需要得到如图 26-12 所示的结果。**

Console
淘抢购
电器城
司法拍卖
中国质造
兴农扶贫
天猫
聚划算
天猫超市

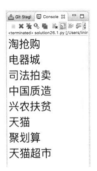

图 26-12　分析淘宝首页导航条输出的结果

**答案位置：**PythonSamples\src\chapter26\practice\solution26.1.py

2. 用 Python 语言编写一个网络爬虫，将如图 26-13 所示的京东图书信息转换为字典形式。

| | | | |
|---|---|---|---|
| 出版社：清华大学出版社 | ISBN：9787302447849 | 版次：1 | 商品编码：12002469 |
| 包装：平装 | 丛书名：清华开发者书库 | 开本：16开 | 出版时间：2016-10-01 |
| 用纸：胶版纸 | 页数：524 | 字数：759000 | 正文语种：中文 |

图 26-13　京东图书信息

运行程序，会输出如图 26-14 所示的结果。

```
Git Staging  Console
<terminated> solution26.2.py [/Users/lining/anaconda/bin/python3.6]
{'出版社': '清华大学出版社', 'ISBN': '9787302447849', '版次': '1', '商品编码': '12002469', '包装':
 '平装', '丛书名': '清华开发者书库', '开本': '16开', '出版时间': '2016-10-01', '用纸': '胶版纸', '页数': '
524', '字数': '759000', '正文语种': '中文'}
```

图 26-14　将京东图书信息转换为字典的结果

**答案位置：**PythonSamples\src\chapter26\practice\solution26.2.py

# 网络爬虫框架：Scrapy

在第 26 章已经讲了爬虫的实现原理，并且编写了一些简单的网络爬虫。对于一般功能的网络爬虫，使用任何编程语言，使用任何技术都是可以胜任的。不过对于工业级的网络爬虫来说，从零开始编写代码就会太累，而且需要做的工作太多。有一些爬虫还是分布式的，甚至更复杂的爬虫，这些爬虫程序从底层实现是非常困难的。不过也不用担心，现在有很多现成的网络爬虫框架可以利用。这些网络爬虫框架已经实现了通用的部分，用户只要专注于编写业务逻辑即可。本章要介绍的 Scrapy 框架就是其中比较著名的网络爬虫框架。

通过阅读本章，您可以：

❑ 了解什么是 Scrapy
❑ 掌握如何安装 Scrapy 开发环境
❑ 了解 Scrapy Shell 的使用方法
❑ 掌握创建 Scrapy 工程的方法
❑ 了解如何用 PyCharm 开发基于 Scrapy 框架的网络爬虫
❑ 掌握使用 Scrapy 框架编写网络爬虫的一般方法

## 27.1 Scrapy 基础知识

本章会介绍一些 Scrapy 的基础知识，如安装 Scrapy，以及 Scrapy Shell、XPath 等。

### 27.1.1 Scrapy 简介

Scrapy 主要包括如下几个部分。

❑ Scrapy Engine（Scrapy 引擎）：用来处理整个系统的数据流，触发各种事件。
❑ Scheduler（调度器）：从 URL 队列中取出一个 URL。
❑ Downloader（下载器）：从 Internet 上下载 Web 资源。
❑ Spiders（网络爬虫）：接收下载器下载的原始数据，做更进一步的处理。例如，使用 XPath 提取感兴趣的信息。
❑ Item Pipeline（项目管道）：接收网络爬虫传过来的数据，以便做进一步处理。例如，存入数据库，存入文本文件。
❑ 中间件：整个 Scrapy 框架有很多中间件，如下载器中间件、网络爬虫中间件等，这些中间件相当于过滤器，夹在不同部分之间截获数据流，并进行特殊的加工处理。

以上各部分的工作流程可以使用图 27-1 所示的流程图描述。

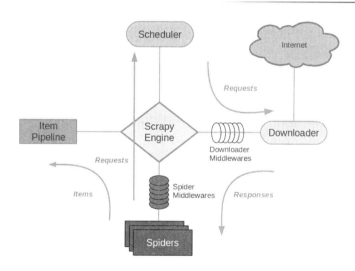

图 27-1　Scrapy 工作流程图

从图 27-1 所示的流程图可以看出，整体在 Scrapy Engine 的调度下，首先运行的是 Scheduler，Scheduler 从下载队列中取一个 URL，将这个 URL 交给 Downloader，Downloader 下载这个 URL 对应的 Web 资源，然后将下载的原始数据交给 Spiders，Spiders 会从原始数据中提取出有用的信息，最后将提取出的数据交给 Item Pipeline，这是一个数据管道，可以通过 Item Pipeline 将数据保存到数据库、文本文件或其他存储介质上。

## 27.1.2　Scrapy 安装

在使用 Scrapy 前需要安装 Scrapy，如果使用的是 Anaconda Python 开发环境，可以使用下面的命令安装 Scrapy：

```
conda install scrapy
```

如果使用的是标准的 Python 开发环境，可以使用下面的命令安装 Scrapy：

```
pip install scrapy
```

安装完后，进入 Python 的 REPL 环境，输入下面的语句，如果未抛出异常，说明 Scrapy 已经安装成功。

```
import scrapy
```

关于 Scrapy 的其他安装方法和更详细的信息，请查看 Scrapy 的官网：

https://scrapy.org

## 27.1.3　Scrapy Shell 抓取 Web 资源

Scrapy 提供了一个 Shell，相当于 Python 的 REPL 环境，可以用这个 Scrapy Shell 测试 Scrapy 代码。

现在打开终端，然后执行 scrapy shell 命令，就会进入 Scrapy Shell。其实 Scrapy Shell 和 Python 的 REPL 环境差不多，也可以执行任何的 Python 代码，只是又多了对 Scrapy 的支持。例如，在 Scrapy Shell 中输入 1+3，然后按 Enter 键，会输出 4，如图 27-2 所示。

Scrapy 主要是使用 XPath 过滤 HTML 页面的内容。那么什么是 XPath 呢？也就是类似于路径的过滤 HTML 代码的一种技术，关于 XPath 的内容后面再详细讨论。本节基本不需要了解 XPath 就可以使用，因为 Chrome 可以根据 HTML 代码的某个节点自动生成 XPath。

现在先体验下什么叫 XPath。启动 Chrome 浏览器，进入淘宝首页（https://www.taobao.com），然后在页面右击弹出的快捷菜单中选择"检查"菜单项，在弹出的调试窗口中选择第一个 Elements 选项卡，然后单击 Elements 左侧黑色箭头的按钮，将鼠标放到淘宝首页的导航条"聚划算"上，如图 27-3 所示。

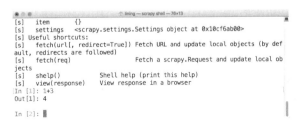

图 27-2　Scrapy Shell　　　　　　　　图 27-3　淘宝首页导航条

这时 Elements 选项卡中的 HTML 代码会自动定位到包含"聚划算"的标签上，然后在右击弹出的快捷菜单中选择如图 27-4 所示的 Copy→Copy XPath 菜单项，就会复制当前标签的 XPath。

很明显，包含"聚划算"文本的是一个 a 标签。复制的 a 标签的 XPath 如下：

```
/html/body/div[3]/div/ul[1]/li[2]/a
```

根据这个 XPath 代码就可以基本猜出来 XPath 到底是怎么回事。XPath 通过层级的关系，最终指定了 a 标签，其中 li[…]这样的标签表示父标签不只有一个 li 标签，[…]里面是索引，从 1 开始。

现在可以在 Chrome 上测试一下这个 XPath。打开 Console 选项卡，在 Console 中输入如下的代码会过滤出包含"聚划算"的 a 标签：

```
$x('/html/body/div[3]/div/ul[1]/li[2]/a')
```

如果要过滤出 a 标签里包含的"聚划算"文本，需要使用 XPath 的 text 函数。

```
$x('/html/body/div[3]/div/ul[1]/li[2]/a/text()')
```

图 27-5 所示是在 Console 中执行的结果，这里就不展开了，因为 Chrome 会列出很多辅助信息，这些信息大多用处不大。

图 27-4　复制标签的 XCopy

图 27-5　在 Chrome 中测试 XPath

为了在 Scrapy Shell 中测试，需要再使用下面的命令重新启动 Scrapy Shell：

```
scrapy shell https://www.taobao.com
```

在 Scrapy Shell 中要使用 response.xpath 方法测试 XPath。

```
response.xpath('/html/body/div[3]/div/ul[1]/li[2]/a/text()').extract()
```

上面的代码输出的是一个列表，如果要直接返回"聚划算"，需要使用下面的代码：

```
response.xpath('/html/body/div[3]/div/ul[1]/li[2]/a/text()').extract()[0]
```

从包含"聚划算"的 a 标签周围的代码可以看出，li[1]表示"淘宝"，li[3]表示"天猫超市"，所以使用下面两行代码，可以分别得到"淘宝"和"天猫超市"。

```
# 输出"淘宝"
response.xpath('/html/body/div[3]/div/ul[1]/li[1]/a/text()').extract()[0]
# 输出"天猫超市"
response.xpath('/html/body/div[3]/div/ul[1]/li[3]/a/text()').extract()[0]
```

在 Scrapy Shell 中输入上面三条语句的输出结果如图 27-6 所示。

图 27-6　在 Scrapy Shell 中使用 XPath

## 27.1.4　XPath 入门

本节会介绍一些 XPath 的基本用法。

### 1. 获取整个标签的代码

使用"/tag"形式可以获得整个标签的代码。下面几个 XPath 分别获得相应标签的全部代码。

❑ /html：获得整个 HTML 文档的代码。

❑ /html/body：获得 body 标签的所有代码。

❑ /html/body/div：获得 body 标签中所有的直接 div 标签的代码。

上面的几个 XPath 都是获取直接父标签中的所有标签的代码，如果要想递归获取某个标签下的所有指定标签的代码，需要使用两个斜杠（//）。如下面的 XPath 要获取 body 标签下的所有 div 标签的代码。

```
/html/body//div
```

### 2. 获取标签的属性

使用"@"符号可以获取标签的属性。例如，下面的 XPath 获取了整个 HTML 代码中所有 a 标签的 href 属性值。

```
//a/@href
```

### 3. 获取标签中的文本

使用 text 函数可以获取标签中的文本。例如，下面的 XPath 获取了整个 HTML 代码中所有 a 标签中的文本。

```
//a/text()
```

#### 4. 根据标签属性值过滤标签

这是最常用的过滤方式。例如，想得到所有 href 属性值为 https://geekori.com 的 a 标签中的文本，可以使用下面的 XPath。

```
//a[@href="https://geekori.com"]/text()
```

## 27.2　用 Scrapy 编写网络爬虫

本节会介绍 Scrapy 框架的基本用法，以及如何使用 Scrapy 来编写网络爬虫。

### 27.2.1　创建和使用 Scrapy 工程

Scrapy 框架提供了一个 scrapy 命令用来建立 Scrapy 工程，可以使用下面的命令建立一个名为 myscrapy 是 Scrapy 工程。

```
scrapy startproject myscrapy
```

执行上面的命令后，会在当前目录下创建一个 myscrapy 子目录。在 myscrapy 目录中还有一个 myscrapy 子目录，在该目录中有一堆子目录和文件，这些目录和文件就对应了图 27-1 所示的各部分。例如，spiders 目录就对应了网络爬虫，其他的目录和文件先不用管。因为使用 Scrapy 框架编写网络爬虫的主要工作就是编写 Spider。所有的 Spider 脚本文件都要放到 spiders 目录中。

【例 27.1】　本例会在 spiders 目录中建立一个 firstSpider.py 脚本文件，这是一个 Spider 程序，在该程序中会指定要抓取的 Web 资源的 URL。

实例位置：**PythonSamples\scrapy\myscrapy\myscrapy\spiders\FirstSpider.py**

```
import scrapy
class Test1Spider(scrapy.Spider):
    # Spider 的名称，需要该名称启动 Scrapy
    name = 'firstscrapy'
    # 指定要抓取的 Web 资源的 Url
    start_urls = [
        'https://geekori.com'
        ]
    # 每抓取一个 Url 对应的 Web 资源，就会调用该方法，通过 response 参数可以执行 XPath 过滤标签
    def parse(self,response):
        # 输出日期信息
        self.log('hello world')
```

这个 Spider 类非常简单，任何一个 Spider 类都必须从 scrapy 模块的 Spider 类继承。必须有一个名为 name 的属性，指定 Spider 的名字，该名字用于启动 Scrapy。start_urls 属性是一个列表类型，用于指定要抓取的 URL。当抓取一个 URL 对应的 Web 资源后，就会调用 parse 方法过滤 HTML 代码。parse 方法的 response 参数就是在图 27-6 的 Scrapy Shell 中使用的 response。

现在从终端进到最上层的 myscrapy 目录，然后执行下面的命令运行 Scrapy：

```
scrapy crawl firstscrapy
```

运行的结果如图 27-7 所示。

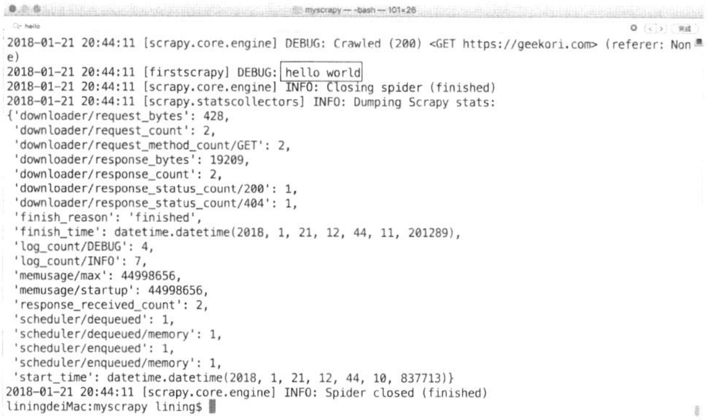

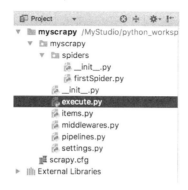

图 27-7 运行 Scrapy 后的输出结果

运行 Scrapy 后的输出结果中的 Debug 消息输出了 hello world，这就表明 parse 方法运行了，从而说明 URL 指定的 Web 资源成功被抓取。

## 27.2.2 在 PyCharm 中使用 Scrapy

上一节的例子是通过文本编辑器编写的，但在实际的开发中不可能用文本编辑器编写整个网络爬虫，所以需要选择一个 IDE。本书介绍了两个开发 Python 程序的 IDE：基于 Eclipse 的 PyDev 和 PyCharm，如果是开发网络爬虫，选择哪个 IDE 都可以。本章选择了 PyCharm 开发基于 Scrapy 框架的网络爬虫。

MyCharm 不支持建立 Scrapy 工程，所以要先使用上一节介绍的方法通过命令行方式创建一个工程，然后再使用 MyCharm 建立一个普通的 Python 工程，将包含 spiders 子目录的 myscrapy 目录和 scrapy.cfg 文件复制到新建立的 Python 工程中。为了能直接在 Python 工程中运行网络爬虫，需要在 myscrapy 目录中建立一个 execute.py 脚本文件（文件名可以任意起），然后输入下面的代码。

```
from scrapy import cmdline
# 通过代码运行基于 Scrapy 框架的网络爬虫
cmdline.execute('scrapy crawl firstscrapy'.split())
```

如果要运行其他的网络爬虫，只需要修改上面代码中字符串里面的命令即可。现在 Python 工程的目录结构如图 27-8 所示。

图 27-8 用 PyCharm 创建的 Python 工程结构（包含 Scrapy 工程）

现在执行 execute.py 脚本文件，会在 MyCharm 的 Console 中输出与图 27-7 相同的信息。

## 27.2.3 使用 Scrapy 抓取数据并通过 XPath 指定解析规则

本节的案例会在 parse 方法中通过 response 参数设置 XPath，然后从 HTML 代码中过滤出我们感兴趣的信息，最后将这些信息输出到 MyCharm 的 Console 中。

【例 27.2】 本例会通过 XPath 过滤出指定页面的博文列表，并利用 Beautiful Soup 对博文的相关信息进一步过滤，最后在 Console 中输出博文标题等信息。

实例位置：**PythonSamples\scrapy\myscrapy\myscrapy\spiders\BlogSpider.py**

```python
import scrapy
from bs4 import *
class BlogSpider(scrapy.Spider):
    name = 'blogspider'
    start_urls = [
        'https://geekori.com/blogsCenter.php?uid=geekori'
    ]
    def parse(self,response):
        # 过滤出指定页面所有的博文
        sectionList = response.xpath('//*[@id="all"]/div[1]/section').extract()
        # 对博文列表进行迭代
        for section in sectionList:
            # 利用 BeautifulSoup 对每一篇博文的相关信息进行过滤
            bs = BeautifulSoup(section,'lxml')
            articleDict = {}
            a = bs.find('a')
            # 获取博文标题
            articleDict['title'] = a.text
            # 获取博文的 URL
            articleDict['href'] = 'https://geekori.com/' + a.get('href')
            p = bs.find('p', class_='excerpt')
            # 获取博文的摘要
            articleDict['abstract'] = p.text
            print(articleDict)
```

新建一个 executeBlogSpider.py 脚本文件，并输入如下的代码：

```python
from scrapy import cmdline
cmdline.execute('scrapy crawl blogspider'.split())
```

执行 executeBlogSpider.py 脚本文件，会在 Console 中输出抓取到的博文标题等信息，如图 27-9 所示。

图 27-9 输出抓取到的信息

## 27.2.4　将抓取到的数据保存为多种格式的文件

parse 方法的返回值会被传给 Item Pipeline，并由相应的 Item Pipeline 将数据保存成相应格式的文件。parse 方法必须返回 Item 类型的数据。也就是说，parse 方法的返回值类型需要是从 scrapy.Item 类继承的子类的实例。在该类中会定义与要保存的数据对应的属性。

【例 27.3】　本例首先会定义一个 Item 类，在该类中会定义 title、href 和 abstract 三个属性，然后在 parse 方法中返回 Item 类的实例，并设置这三个属性的值。最后在运行网络爬虫时会通过 "-o" 命令行参数指定保存的文件类型（通过扩展名指定），成功运行后，就会将抓取到的数据保存到指定的文件中。

首先要在 items.py 脚本文件中编写一个 Item 类，在创建 Scrapy 工程时，items.py 脚本文件中已经有了一个 MyscrapyItem 类，可以直接利用这个类。

**实例位置：PythonSamples\scrapy\myscrapy\myscrapy\items.py**

```
import scrapy
class MyscrapyItem(scrapy.Item):
    # 每一个要保存的属性都必须是 Field 类的实例
    title = scrapy.Field()
    href = scrapy.Field()
    abstract = scrapy.Field()
```

现在来编写网络爬虫类。

**实例位置：PythonSamples\scrapy\myscrapy\myscrapy\spiders\SaveBlogSpider.py**

```
import scrapy
from bs4 import *
from myscrapy.items import MyscrapyItem
class Test1Spider(scrapy.Spider):
    name = 'saveblogspider'
    start_urls = [
        'https://geekori.com/blogsCenter.php?uid=geekori'
        ]
    def parse(self,response):
        # 创建 MyscrapyItem 类的实例
        item = MyscrapyItem()
        sectionList = response.xpath('//*[@id="all"]/div[1]/section').extract()
        for section in sectionList:
            bs = BeautifulSoup(section,'lxml')
            articleDict = {}
            a = bs.find('a')
            articleDict['title'] = a.text
            articleDict['href'] = 'https://geekori.com/' + a.get('href')
            p = bs.find('p', class_='excerpt')
            articleDict['abstract'] = p.text
            # 为 MyscrapyItem 对象的 3 个属性赋值
            item['title'] = articleDict['title']
            item['href'] = articleDict['href']
            item['abstract'] = articleDict['abstract']
            # 本例只保存抓取的第 1 条博文相关信息，所以迭代一次后退出 for 循环
            break
    # 返回 MyscrapyItem 对象
```

```
        return item
```

现在建立一个 executeSaveBlogSpider.py 脚本文件，并输入如下的代码。

```
from scrapy import cmdline
# 将抓取的数据保存为 json 格式的文件（blog.json）
cmdline.execute('scrapy crawl saveblogspider -o blog.json'.split())
```

执行 executeSaveBlogSpider.py 脚本文件，会在当前目录（executeSaveBlogSpider.py 脚本文件所在的目录）生成一个 blog.json 文件。如果使用"-o blog.xml"就会生成 XML 格式的文件，使用"-o blog.csv"就会生成 CSV 格式的文件，使用 "-o blog.jl" 也会生成 JSON 格式的文件，只是 blog.json 文件将每一个元素（包含博文相关信息的对象）都放到一个 JSON 数组中，而 blog.jl 文件的每一个元素都是独立的。也就是说，如果要读取 blog.json 文件的内容，需要整个文件都装载，如果要读取 blog.jl 文件的内容，可以一个元素一个元素地读取。

## 27.3　小结

Scrapy 框架非常复杂，光凭一章是绝对不可能深入讲解整个 Scrapy 框架的。本章只是抛砖引玉，通过对本章的学习，至少可以让读者对 Scrapy 有一个比较全面的认识，可以用 IDE 来开发基于 Scrapy 框架的网络爬虫，以及用 Scrapy 抓取 Web 资源。对于大型的网络爬虫，建议读者利用 Scrapy 框架或类似的框架提供的功能来开发，这样会起到事半功倍的效果。

## 27.4　实战与练习

1. 使用 Scrapy 框架编写一个 Python 爬虫，从 https://geekori.com 抓取页面，并将整个 HTML 代码输出到 Console。

答案位置：PythonSamples\scrapy\myscrapy\myscrapy\spiders\MySpider.py

2. 使用 Scrapy 框架编写一个 Python 爬虫，从 https://geekori.com/blogsCenter.php?uid=geekori 抓取博文信息，并将所有的博文信息保存到 blogs.json 文件中。

答案位置：PythonSamples\scrapy\myscrapy\myscrapy\spiders\SaveBlogsSpider.py

# 第六篇　Python 项目实战

Python 项目实战篇（第 28 章～第 33 章），主要包括 Web 项目开发实战、爬虫项目开发实战、API 项目开发实战、桌面应用项目开发实战和游戏项目开发实战。本篇各章标题如下：

# 第 28 章

# Web 项目实战：基于
# Flask 的美团网

本章的项目是一个高仿美团网的 Web 应用，使用 Vue2 + jQuery + Flask + MySQL 实现。本项目演示了如何混合这些技术开发一个完整的 Web 应用。

通过阅读本章，您可以：

❑ 掌握如何设计服务 API
❑ 掌握如何使用 jQuery 异步访问服务 API
❑ 掌握如何使用 Vue2 在 HTML 组件中显示数据
❑ 掌握微信支付的原理
❑ 掌握如何用 Python 语言实现微信扫描支付 SDK

## 28.1 项目概述

本节主要演示了项目的效果，并介绍工程的目录结构。

### 28.1.1 项目效果演示

美团网项目的模板是直接取自美团官网（http://sy.meituan.com）。只是为了演示需要，将其中的某些部分替换成了 Vue2 + jQuery 的形式，服务端换成了 Python + Flask 框架。图 28-1 所示是美团网项目的主页。

图 28-1　美团网主页

美团网主页左侧的"全部分类"菜单都是动态的，数据全部通过自己的 MySQL 数据库获取，然后通过 Vue2 + jQuery 异步更新。

由于很多页面是类似的，使用同一种技术就可以实现，所以本项目只做了一个"美食"页面。进入该页面，会看到如图 28-2 所示的样式。"分类"和"区域"的数据以及下方的店铺数据都是动态的，通过服务 API 异步从服务端获得。

图 28-2　美食页面

本项目还支持真实的微信支付，而且微信支付部分是使用 Python 语言从 0 开始实现的（因为腾讯官方并没有提供 Python 版本的微信支付 SDK）。下订单后，会在 Web 页面显示如图 28-3 所示的支付二维码。

然后用手机微信扫描这个二维码，就会在手机微信上弹出如图 28-4 所示的支付窗口，单击"立即支付"按钮即可成功支付。

图 28-3　支付二维码　　　　　　　　　　　　　图 28-4　微信支付

## 28.1.2　项目工程结构

**项目位置：PythonSamples\src\projects\flaskmeituan**
在工程目录中建立数据库的脚本文件（meituan.sql）。

由于 Flask 框架相当小巧，只需要一个单独的 Python 脚本文件就可以编写一个 Web 服务，所以使用任何的 IDE 都可以开发基于 Flask 的 Web 应用。本项目使用了 PyDev，使用 PyCharm 也没有任何问题，只要将工程目录整个复制到 PyCharm 中即可，不需要纠结 IDE 的问题。

尽管 PyCharm 专业版可以建立 Flask 工程，不过这个 Flask 工程与 Python 普通工程没太大区别，我们完全可以用 PyCharm 的普通 Python 工程开发基于 Flask 的 Web 应用。不过下一章要实现的基于 Django 的 58 同城项目就要使用 PyCharm 来开发了，因为 Django 工程实在有些复杂。

所有的项目文件都在 flaskmeituan 目录中，如图 28-5 所示。其中有若干个 Python 脚本文件，例如，index.py 是 Web 服务的启动文件，运行 Web 服务需要执行 index.py 脚本文件，login.py 是为登录提供 API 的脚本文件，personal.py 是为个人中心提供 API 的脚本文件。在 static 目录中是美团静态页面文件（HTML、CSS、JS、图像文件等）。

图 28-5　工程结构

## 28.2　美团网核心功能实现

由于美团网大部分功能在技术上是类似的，只是业务逻辑不同。所以本节只介绍实现美团网的核心技术，利用这些技术，可以实现一个完整的美团网。

### 28.2.1　设计服务 API

对于一个 Web 应用来说，操作数据库是必不可少的。美团网使用了 MySQL 数据库。所以在运行本项目之前一定要先开启 MySQL 服务，并且要知道 MySQL 的用户名和密码。

在 common.py 脚本文件中定义了一个 Query 类，用来连接 MySQL 数据库。

```
class Query:
    def conn(self):
        db=connect("127.0.0.1","root","12345678","meituan",charset='utf-8')
        return db
```

从 connect 函数的参数值可以看出，这里使用的 MySQL 用户名是 root，密码是 12345678，数据库名是 meituan。编码是 utf-8。如果建立的数据库名，以及用户名和密码与本项目不同，需要修改 Query 类中的相关代码。

当数据库打开后，就会在相应的路由函数中直接操作数据库中的表和视图。例如，在 index.py 脚本文件中的 index_fields 路由函数为客户端返回首页所有分类的数据（JSON 格式）。这个路由相当于一个服务 API。客户端通过 http://localhost:1234/field 即可访问这个路由，并返回 JSON 格式的数据。

```python
@app.route('/field')
def index_fields():
    cursor = db.cursor()
    sql = 'select * from t_fields where flag = 1 order by order_value asc'
    try:
        # 查询 t_fields 表中的数据，flag 字段值为 1 表示该分类显示
        cursor.execute(sql)
        # 获取所有的数据
        results = cursor.fetchall()
        print(results)
        fields = ['_id', 'field_name','order_value','flag']
        arr = []
        # 将数据转换为客户端识别的格式
        for row in results:
            arr.append(dict(zip(fields,row)))
        return json.dumps(arr)
    except Exception as e:
        return e
    db.close()
```

其他的路由函数的实现方式类似，关于路由函数对应的数据表或视图，可以参考随书提供的源代码。

## 28.2.2　用 Ajax 技术与服务端交互

美团网的客户端使用了 Vue2 和 jQuery。Vue2 是 Web 前端响应式框架，操作方式有点像微信小程序，也就是可以将一个 JavaScript 变量与 HTML 组件关联，要想更新组件中的值，只需要修改变量的值即可。jQuery 则利用了里面的 Ajax 功能异步访问服务端的路由（服务 API）。

客户端所有与异步访问服务端路由相关的 JavaScript 代码都在 static/javascripts 目录中，例如，在 index.js 文件中有如下代码,负责利用 Ajax 技术访问上一节编写的获取全部分类的路由,并通过 success 函数获得服务端返回的 JSON 格式的数据。在 success 函数中创建了一个 Vue 对象，该对象通过 el 属性与 HTML 中 id 属性值为 field 的组件关联，只要更新 css 变量的值，组件的值就会改变。

```javascript
$.ajax({
    url:'/field',
    dataType: "json",
    type:'get',
    success: function (result) {
        new Vue({
            el: '#field',
            data: {
                css:result
            }
        })
    },
    error:function (err) {
```

```
    console.log("123");
  }
});
```

在 index.htm 页面中可以很容易找到 id 属性值为 field 的组件（是一个 ul 标签）。里面的 li 标签使用 v-for 指令（Vue2 中的指令）对 css 变量进行迭代。所以这里的 css 应该是一个集合。每迭代一次，就会生成一个 li 标签，所以每一个大分类，都是一个 li 标签。

```
<ul id="field">
  <li class="nav-li" v-for="cs in css" :data-id=cs._id><i class="home-category-
iconfont hc-icon-food"></i><span class="nav-text-wrapper"><span><a class="nav-text"
href="/food" target="_blank">{{cs.field_name}}</a></span></span><i class="nav-
right-arrow"></i></li>
</ul>
```

## 28.3　Python 与微信支付

本项目完全使用 Python 语言实现的微信扫码支付 SDK，本节会详细介绍具体的实现细节。

### 28.3.1　微信支付要准备的数据以及支付流程

微信支付需要做如下准备。
❑ 服务号的 AppID。
❑ 商户号：如果成功申请了商户，腾讯会给你发一封 Email，商户号、登录账号和初始密码都会在 Email 里面。
❑ 微信商户平台 API 密钥。
❑ 微信商户平台证书。

微信支付只针对企业、政府等机构开发，所以要想使用微信支付，先要注册个企业，拿到营业执照。然后就可以做一系列准备了。

服务号的 AppID 需要登录微信公众号服务端，然后切换到"基本配置"，第一项就是 AppID，如图 28-6 所示。

图 28-6　获取公众号的 AppID

微信商户平台 API 密钥和平台证书需要登录到商户后台，切换到"API 安全"，右侧页面上面有一个"下载证书"，单击即可下载证书文件，下面有一个"设置密钥"按钮，单击可以重新设置密钥，这个密钥非常重要，不要让不相关的人知道，否则就需要重新设置密钥，而且重新设置完，所有使用以前密钥的应用就都不好使了，需要重新更新一遍密钥。另外，重要的事情说三遍：不要泄露密钥、不要泄露密钥、不要泄露密钥！"API 安全"页面如图 28-7 所示。

图 28-7 "API 安全"页面

下面是微信支付的基本流程：

（1）向微信服务器下单。

（2）如果下单成功，获取支付二维码的链接。

（3）在自己的网站上显示支付二维码。

（4）用手机微信扫描支付二维码。

（5）如果支付成功或失败，都会调用一个通知的 URL。这个 URL 对应的服务端程序通常是自己编写的用于决定支付成功或失败后下一步做什么。

## 28.3.2 编写支付核心类 WXPay

从上一节的描述可以看出，核心就是第 1 步：向微信服务器下单。为什么要下单呢？因为要获取支付二维码图像的链接。向微信服务器下单的 URL 如下：

https://api.mch.weixin.qq.com/pay/unifiedorder

需要通过 HTTP POST 请求数据向微信服务器提供上一节给出的几个信息，如 AppID、商户号（mch_id）、签名字符串（sign）等。这些信息都需要用 XML 格式传输，核心代码都在 WXPay.py 脚本文件中，下面是向微信服务端下订单的代码。

```
ss = '''
<?xml version="1.0" encoding="UTF-8" standalone="yes"?>
<root>
  <body>%s</body>
  <out_trade_no>%s</out_trade_no>
  <total_fee>%d</total_fee>
  <spbill_create_ip>%s</spbill_create_ip>
  <notify_url>%s</notify_url>
  <trade_type>%s</trade_type>
  <product_id>%s</product_id>
  <nonce_str>%s</nonce_str>
  <appid>%s</appid>
```

```
    <mch_id>%s</mch_id>
    <sign>%s</sign>
</root>
'''
%(data['body'],data['out_trade_no'],data['total_fee'],data['spbill_create_ip'],data
['notify_url'],data['trade_type'],data['product_id'],data['nonce_str'],data['appid'],
data['mch_id'],sign)


# 微信支付的服务端并没有使用 utf-8，使用的是 Latin-1
# 下面的代码必须加上，否则商品描述无法显示中文
ss = ss.encode(encode='utf-8').decode('Latin-1')
# 向微信服务端下订单
response =
http.request('POST','https://api.mch.weixin.qq.com/pay/unifiedorder',body=ss)
xml = response.data
# 将 XML 格式的数据转换为字典
dict = xmltodict.parse(xml)
```

在上面的代码中，向微信服务端成功下订单后，会返回 XML 格式的数据，其中支付二维码链接就在这些数据中，最后将 XML 格式的数据转换为字典对象，通过名为 code_url 的 key 可以获得这个 URL，然后就当作普通的图像在页面上显示即可。这些代码都在 pay.py 脚本文件中，该脚本文件提供了与支付相关的一些路由。其中，"/pay" 路由用于向微信服务器下订单，并在页面上显示支付二维码。该路由对应的函数如下：

```
@app.route('/pay',methods=['GET','POST'])
def createOrder():
    name = urllib.parse.unquote(request.form.get('cname'))
    total = float(request.form.get('total')) * 100
    transaction_id = request.form.get('trade')
    nonce_str = createNonceStr()
    out_trade_no = createId()
    session['out_trade_no'] = out_trade_no
    # notify_url 就是支付成功或失败后的通知 URL
    requestData = {"body":'%s' %(name),
                   "out_trade_no":'%s' %(out_trade_no),
                   "total_fee":total,
                   "nonce_str":'%s' %(nonce_str),
                   "spbill_create_ip":'127.0.0.1',
                   "notify_url":'http://127.0.0.1/notify',
                   "trade_type":'NATIVE', # 扫码支付 ISAPI
                   "product_id":'%s' %(transaction_id),
                   "appid":'请输入公众号（服务号）的appid',
                   "mch_id":'请输入商户号'}
    wx = WXPay(requestData)
    # 向微信服务端下订单
    orderResult = wx.createOrder()
    # 重定向到支付二维码页面
    return redirect(url_for('toqr',_anchor = orderResult['code_url']))
```

由于 WXPay.py 脚本文件和 pay.py 脚本文件中的代码量比较大，所以本节只给出了核心代码。关于微信支付的详细信息，请参阅微信的官方文档。

## 28.4　小结

　　本章美团网的项目并不是让大家完整地实现一个美团网应用，因为那样工作量是非常巨大的，也不是个人可以在短时间内完成的。本项目的主要目的是教大家将多种技术（Vue2、jQuery、Python、Flask、MySQL 等）结合起来实现一个完整的项目，读者可以利用本章的技术实现复杂的 Web 应用，剩下的就只是工作量的问题。

# 第 29 章

# Web 项目实战：基于
# Django 的 58 同城

本章的项目会使用 Django 框架做一个 58 同城网站（使用 PyCharm 开发），由于 58 同城网站很多页面使用的技术都类似，所以本项目只实现了"招聘"和"汽车"页面的部分功能，从本项目学习到的技术可以实现更复杂的 Web 应用。

通过阅读本章，您可以：

❑ 了解使用 Django 框架实现一个 Web 应用的基本步骤
❑ 掌握如何在基于 Django 的 Web 应用中操作数据库
❑ 掌握如何使用用户免登录功能
❑ 掌握如何通过异步（AJAX）的方式与服务端 API 交互
❑ 掌握如何使用 Django 模板标签读取服务端的数据

## 29.1　项目效果演示

**项目位置：PythonSamples\src\projects\django58**

本节将会演示一下项目的一些页面，如图 29-1～图 29-3 所示。在运行本项目之前，请使用工程目录中的 58.sql 脚本文件建立名为 58 的 MySQL 数据库名和相关的表、视图。

图 29-1　58 同城的首页

图 29-2　招聘页面

图 29-3　二手车页面

## 29.2　操作 MySQL 数据库

在项目中对 MySQL 数据库的操作仍然使用传统的方式，在 view.py 脚本文件中包含了一个 mysqlConnect 函数，该函数用于连接 MySQL 数据库，并执行传入的 SQL 语句，最后返回执行结果。

```
def mysqlConnect(sql):
    db = pymysql.connect("localhost","root","12345678","58",charset='utf-8')
    cursor = db.cursor()
    cursor.execute(sql)
    data = cursor.fetchall()
    # 将执行结果转换为 JSON 格式的数据
    data = json.dumps(data)
    db.commit()
    db.close()
    return data
```

## 29.3　账号

本节主要介绍与账号有关的功能如何实现，主要包括用户注册和用户登录。

## 29.3.1　用户注册

在 view.py 脚本文件中有一个 register 函数，用于接收客户端注册用户的请求。

```python
# 在 urls.py 中的映射代码: url(r'^register/$', view.register),
@csrf_exempt
def register(request):
    # 如果是 GET 请求，直接显示注册页面
    if request.method == "GET":
        return render(request, 'register.html')
    else:
        # 如果是 POST 请求，获取用户名和密码
        u=request.POST.get('username')
        p=request.POST.get('password')
        sql='select * from users where username="'+u+'"'
        res=mysqlConnect(sql)
        if res!="[]":
            # 用户名已经存在
            return HttpResponse('isset')
        else:
            # 将密码 md5 加密保存到数据库中
            sql2='insert into users(username,password)
                  values("'+u+'","'+md5(p.encode("utf-8"))+'")'
            mysqlConnect(sql2)
            # 将用户名保存到 session 中，下次免登录（注册成功自动转入登录状态）
            request.session['username'] = u
            return HttpResponse('success')
```

用户注册使用的模板是 register.html，该模板使用 Ajax 异步提交注册消息，下面是异步访问服务端 "/register" 路由的代码。

```javascript
# 设置注册按钮的单击事件
$('#regButton').click(function(){
    # 从用户的输入获取用户名和密码
    var username=$('.regMobileUsername').val();
    var password=$('.regPassword').val();
    var repassword=$('.regRepassword').val();
    if(username.length==0){
        $('#regUsernameTipText').text('请输入用户名');
        return;
    }
    if(password != repassword || password.length==0){
        $('#regRepasswordTipText').text('两次输入密码不一致');
        return;
    }
    # 异步提交用户注册请求
    $.ajax({
        url:"/register/",
        data:{username:username,password:password},
        dataType:"TEXT",
        type:"POST",
        success:function(data){
            if(data=='isset'){
```

```
            $('#regUsernameTipText').text('用户名已存在');
        }
        if(data=='success'){
            alert('注册成功!')
            # 如果注册成功，重定向到首页
            window.location.href="/index"
        }
    }
});
})
```

用户注册页面如图 29-4 所示。

图 29-4 用户注册页面

## 29.3.2 用户登录

在 view.py 脚本文件中有一个 login 路由函数，用于处理用户登录请求。

```
# 路由: /login
@csrf_exempt
def login(request):
    # GET 请求，直接显示用户登录页面
    if request.method == "GET":
        return render(request, 'login.html')
    else:
        # POST 请求，获取用户输入的用户名和密码
        u=request.POST.get('username')
        p=request.POST.get('password')
        sql='select * from users where username="'+u+'" and password="'+md5(p.encode
        ("utf-8"))+'"'
        # 从数据库中查询用户名和密码是否正确
        res=mysqlConnect(sql)
        if res=="[]":
            return HttpResponse('defeat')
```

```
        else:
            # 如果登录成功，会将用户名写入 session，下一次免登录
            request.session['username'] = u
            return HttpResponse('success')
```

登录页面使用 login.html 模板文件，该模板使用下面的代码异步提交登录请求。

```
// 设置登录按钮的单击事件
$('#loginButton').click(function(){
    # 获取用户输入的用户名和密码
    var username=$('#loginUsernameText').val();
    var password=$('#loginPasswordText').val();
    if(username.length==0){
        $('#regUsernameTipText').text('请输入用户名');
        return;
    }
    # 异步请求 "/login" 路由，提交用户登录消息
    $.ajax({
        url:"/login/",
        data:{username:username,password:password},
        dataType:"TEXT",
        type:"POST",
        success:function(data){
            if(data=='defeat'){
                $('#loginPasswordTipText').text('用户名或密码错误');
            }
            if(data=='success'){
                # 如果用户登录成功，直接跳转到首页
                window.location.href="/index"
            }

        }
    });
```

登录页面如图 29-5 所示。

图 29-5　用户登录页面

## 29.4 招聘页面

招聘页面的核心是每一个具体工种的招聘页面，如图 29-6 所示。

图 29-6 招聘页面

该页面中很多信息都是动态从服务端获取的，在 view.py 脚本文件中有一个 recList 路由函数，用于获取该页面的相关数据。

```python
# 路由：/recList
def recList(request):
    context = {}
    context['username']=request.session.get('username')
    # 获取当前筛选条件信息
    # 获取福利
    if request.GET.get('wid'):
        context['welfareInfo']=assocArr(mysqlConnect('select * from welfare where
            id='+str(request.GET.get('wid'))),['id','name'])[0]
    context['typeInfo']=assocArr(mysqlConnect('select * from rec_type where id='+
    str(request.GET.get('type'))),['id','name','hot','value'])[0]
    # 获取分类
    typeStr=mysqlConnect('select * from rec_type order by value')
    typePar=['id','name','hot','value']
    context['type']=assocArr(typeStr,typePar)

    # 只保留福利的 id 和 name 字段
    welfareStr=mysqlConnect('select * from welfare')
    welPar=['id','name']
    context['welfareList']=assocArr(welfareStr,welPar)

    # 获取招聘信息（type 是招聘类型）
    typeId=request.GET.get('type')

    if request.GET.get('wid'):
        # 根据招聘类型获取福利列表
        sql="select * from v_all_rec_list where type="+str(typeId) + " and
wid="+str(request.GET.get('wid'))
```

```
    else:
        sql="select * from v_rec_list where type="+ str(typeId)
    recListStr=mysqlConnect(sql)
    recPar=['id','type','company_id','money','title','job_name','edu','exp',
    'cname','wid_list','mname_list']
    recList=assocArr(recListStr,recPar)
    resRecList=[]
    # 将福利拆分，放到 resRecList 列表中
    for row in recList:
        row['mname_list']=row['mname_list'].split(',')
        row['wid_list']=row['wid_list'].split(',')
        resRecList.append(row)
    context['recList']=resRecList
    return render(request, 'recList.html', context)
```

招聘页面使用的是同步的方式从服务端获取数据。使用了 recList.html 模板文件，该模板文件使用了 Django 模板标签展现从服务端获取的数据。下面是该模板的部分代码。

```
<div class="filter">
    <div class="select_options">
        <div class="filter_item" id="filterJob">
            <span class="filter_name">职位: </span>
            <ul class="filter_items clearfix">
                <!-- 对职位进行迭代  -->
                {%for item in type%}
                <li><a href="/recList?type={{item.id}}">{{item.name}}</a></li>
                {%endfor%}
            </ul>
        </div>
        <div class="filter_item" id="filterWel">
            <span class="filter_name">福利: </span>
            <ul class="filter_items clearfix">
                <li><a href="/recList?type={{typeInfo.id}}">不限</a></li>
                <!-- 对福利进行迭代  -->
                {%for item in welfareList%}
                <li><a
href="/recList?type={{typeInfo.id}}&wid={{item.id}}">{{item.name}}</a></li>
                {%endfor%}
            </ul>
        </div>
    </div>
</div>
```

## 29.5　二手车页面

二手车页面与招聘页面实现的技术类似。在 view.py 脚本文件中有一个 carAjaxInfo 路由函数，用于获取汽车信息。

```
# 路由: carAjaxInfo
@csrf_exempt
def carAjaxInfo(request):
    # 汽车部分 Vue 异步获取新信息接口
```

```python
requesType=request.GET.get('type')
if requesType=='carBrand':
    # 获取品牌
    carBrand=assocArr(mysqlConnect('select * from car_brand'),['id','name'])
    return HttpResponse(json.dumps(carBrand))
elif requesType=='carType':
    # 获取类型 轿车 suv…
    carType=assocArr(mysqlConnect('select * from car_type'),['id','name'])
    return HttpResponse(json.dumps(carType))
else :
    # 二手车信息列表
    if request.GET.get('tid') and request.GET.get('bid'):
        sql="select * from car where type_id="+request.GET.get('tid')+" and
brand_id="+request.GET.get('bid')
    elif not request.GET.get('tid') and request.GET.get('bid'):
        sql="select * from car where brand_id="+request.GET.get('bid')
    elif request.GET.get('tid') and not request.GET.get('bid'):
        sql="select * from car where type_id="+request.GET.get('tid')
    else :
        sql="select * from car"

    carList=assocArr(mysqlConnect(sql),['id','type_id','brand_id','title','rush',
'time','journey','cc','gear','price','hy','img'])
        return HttpResponse(json.dumps(carList))
```

二手车页面获取汽车信息也是通过同步的方式，使用 Django 模板标签获取。代码如下：

```html
<ul class="car_list ac_container">
    {% verbatim myblock %}
    <!-- 对汽车列表进行迭代  -->
    <li class="clearfix car_list_less ac_item" id="carItem"  v-for="item in car" >
        <div class="col col1">
            <a target="_blank" class="ac_linkurl">
                <img src="{{item.img}}" />
            </a>
        </div>
        <div class="col col2">
            <a class="ac_linkurl">
                <h1 class="info_tit">
                    {{item.title}}
                    <span class="tit_icon tit_icon3" v-if="item.rush>0">急</span>
                </h1>
            </a>
            <div class="info_param">
                <span>{{item.time}}年</span>
                <span>{{item.journey}}公里</span>
                <span>{{item.cc}}升</span>
                <span>{{item.gear}}</span>
            </div>

            <div class="info_tags">
                <div class="tags_left" style="float: left;">
                    <a target="_blank" rel="nofollow">
```

```
            <em>会员{{item.hy}}年</em>
        </a>
    </div>
    <span class="im-chat"></span>
</div>
</div>
<div class="col col3">
    <h3>{{item.price}}<span>万</span></h3>
</div>
</li>
{% endverbatim myblock %}
</ul>
```

二手车页面如图 29-7 所示。

图 29-7　二手车页面

## 29.6　小结

本章 58 同城项目的目的是展现如何在一个 Web 项目中使用 Django 框架，并且同时使用异步和同步的方式与服务端交互。用户登录和用户注册主要使用了异步的方式（Ajax）向服务端提交请求，而其他页面大部分使用了同步（Django 模板标签）方式读取从服务端获取的数据。

# 第 30 章

# 网络爬虫实战：天气预报
# 服务 API

本章会利用网络爬虫从网上抓取天气预报数据，并将这些数据保存到 MySQL 数据库中，然后编写一个用于查询天气情况的 API 服务（用 Flask 框架实现），最后会用静态页面编写一个 Web 版本的天气预报查询客户端，通过 Ajax 与天气预报服务 API 通信。

通过阅读本章，您可以：

❑ 掌握如何使用网络爬虫抓取天气预报数据
❑ 掌握如何利用抓取的天气预报数据和 Flask 框架编写 API 服务
❑ 掌握如何通过 Ajax 技术实现客户端异步访问 API 服务

## 30.1 项目效果演示

**项目位置：PythonSamples\src\projects\weather**

在运行项目之前，先要启动 MySQL 服务，并建立一个名为 weather 的数据库，然后执行工程目录中的 t_weather.sql 脚本文件建立 t_weather 表。接下来运行工程目录中的 server.py 脚本文件，这是天气预报 API 服务器。一开始建立的是空表，需要执行 crawlerWeather.py 脚本文件抓取天气预报数据，并将这些数据保存到 t_weather 表中。最后在浏览器地址栏中输入 http://localhost:5000/static/index.html，会在浏览器中显示查询天气的页面，在"城市名称"文本框中输入"北京"，会查询出北京的天气情况，如图 30-1 所示。

图 30-1　查询北京的天气情况

## 30.2  建立 MySQL 数据库

本项目只使用了一个数据表（t_weather），用于保存全国所有城市的天气预报数据。可以使用 t_weather.sql 脚本文件建立 t_weather 表，如果要手工建立 t_weather 表，可以参考图 30-2 所示的表结构。

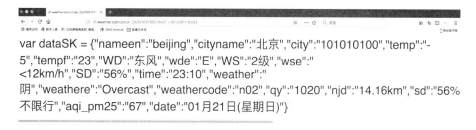

| # | 名字 | 类型 | 排序规则 | 属性 | 空 | 默认 | 注释 | 额外 |
|---|---|---|---|---|---|---|---|---|
| 1 | _id | int(11) | | | 否 | 无 | 城市编号 | AUTO_INCREMENT |
| 2 | cityNumber | varchar(255) | utf8_general_ci | | 是 | NULL | | |
| 3 | cityName | varchar(255) | utf8_general_ci | | 是 | NULL | | |
| 4 | cityNameen | varchar(255) | utf8_general_ci | | 是 | NULL | 拼音 | |
| 5 | cityWeather | varchar(255) | utf8_general_ci | | 是 | NULL | 晴 阴… | |
| 6 | temp | varchar(255) | utf8_general_ci | | 是 | NULL | 温度 | |
| 7 | sd | varchar(255) | utf8_general_ci | | 是 | NULL | 湿度 | |
| 8 | njd | varchar(255) | utf8_general_ci | | 是 | NULL | 能见度 | |
| 9 | wd | varchar(255) | utf8_general_ci | | 是 | NULL | 风向 | |
| 10 | ws | varchar(255) | utf8_general_ci | | 是 | NULL | 风级 | |
| 11 | pm25 | varchar(255) | utf8_general_ci | | 是 | NULL | | |
| 12 | limitnumber | varchar(255) | utf8_general_ci | | 是 | NULL | 限行 | |

图 30-2  t_weather 表的结构

## 30.3  抓取天气预报数据

本项目会从 http://www.weather.com.cn 抓取天气预报数据。这个网站是通过 JSON 格式返回天气预报数据的，每个城市使用一个编码。例如，北京的实时天气预报数据对应的 URL 如下：

http://d1.weather.com.cn/sk_2d/101010100.html?_=1513091119303

其中，101010100 是北京的城市编码，后面的"_=1513091119303"无关紧要，这是一个随机数，用来防止浏览器使用缓存的，因为天气预报要求实时性非常高，所以不能使用缓存。每次访问该链接都是用一个不同的后缀，浏览器就会认为每次都使用了不同的 URL，所以自然就不会使用缓存了。

在浏览器地址栏中输入上面的 URL，会在浏览器中显示如图 30-3 所示的天气预报数据。

```
var dataSK = {"nameen":"beijing","cityname":"北京","city":"101010100","temp":"-
5","tempf":"23","WD":"东风","wde":"E","WS":"2级","wse":"
<12km/h","SD":"56%","time":"23:10","weather":"
阴","weathere":"Overcast","weathercode":"n02","qy":"1020","njd":"14.16km","sd":"56%
不限行","aqi_pm25":"67","date":"01月21日(星期日)"}
```

图 30-3  JSON 格式的天气预报数据

从返回的天气预报数据可以看出，这些数据其实是一段 JavaScript 代码，dataSK 是一个对象变量，Web 前端会执行这段代码，从而生成 dataSK 变量。

城市编码是标准的，所以应该事先将城市编码保存在文件或数据库中，本例为了方便，直接将城市编码硬编码在 crawlerWeather.py 脚本文件的 cityCode 列表中。

在 crawlerWeather.py 脚本文件中有一个 getWeatherInfo 函数用于根据城市编码下载天气预报数据。在这个函数中，会将图 30-3 所示的天气预报数据中 JSON 格式的内容截取出来，然后使用 loads 函数将这些 JSON 格式的数据转换为 Python 字典对象，最后返回这个对象。

```
def getWeatherInfo(cityCode):
    n = len('var dataSK = ')
    url = 'http://d1.weather.com.cn/sk_2d/' + cityCode + '.html?_=1513091119303'
    r = http.request('GET',url,headers = headers)
    str = r.data.decode('utf-8')
    # 截取 JSON 格式的数据（将前面的 dataSK 变量和相关代码去掉）
    str = str[n:]
    # 将 JSON 格式的数据转换为字典对象
    weatherDict = json.loads(str)
    return weatherDict
```

在 crawlerWeather.py 脚本文件中还有一个核心函数，这个函数是 saveWeatherInfo，该函数需要传入城市编码，并调用 getWeatherInfo 函数获得字典形式的天气预报信息，然后将相关的天气信息提取出来，并将这些数据写入 t_weather 表中。

```
def saveWeatherInfo(cityCode):
    weather = getWeatherInfo(cityCode)
    wdata = {}
    wdata['cityNumber'] = weather['city']
    wdata['cityName'] = weather['cityname']
    wdata['cityNameen'] = weather['nameen']
    wdata['cityWeather'] = weather['weather']
    wdata['temp'] = weather['temp']
    wdata['sd'] = weather['sd']
    wdata['njd'] = weather['njd']
    wdata['wd'] = weather['WD']
    wdata['pm25'] = weather['aqi_pm25']
    wdata['limitnumber'] = weather['limitnumber']

    sql ='update t_weather set '
    for val in wdata:
        sql += (val + "='" + wdata[val] + "',")
    sql = sql.rstrip(',') + " where cityNumber='" + cityCode + "'"
    print(sql)
    # 将天气信息写入 t_weather 表中
    cursor.execute(sql)
```

最后会使用 for 循环对所有的城市编码进行迭代，每次迭代都会调用 saveWeatherInfo 函数将某个城市的天气数据保存到数据库中。

```
for city in cityCode:
    cityStr = '%d' % city
    try:
        saveWeatherInfo(cityStr)
    except:
        continue
```

## 30.4 编写天气预报服务 API

天气预报服务端是使用 Flask 框架实现的 Web 应用（server.py 脚本文件）。在 server.py 脚本文件中定义了一个路由函数，代码如下：

```
@app.route('/weather')
def index():
    cityName = request.values.get('city')
    sql = "select * from t_weather where cityName like '%" +  cityName + "%' or cityNameen
    like '%" + cityName + "%'"
    # 执行查询 SQL 语句
    info = mysqlConnect(sql)
    return info
```

上面代码实现了一个很简单的 API，通过访问 http://localhost:5000/weather 可以获得指定城市的天气数据，其中城市名称通过 HTTP GET 请求字段 city 发送到服务端。

## 30.5　实现 Web 版天气预报查询客户端

Web 版本的天气预报查询客户端是一个静态页面（index.html），该页面通过 Ajax（调用了 jQuery 中的 API）异步访问 "/weather" 路由，并获得指定城市的天气预报数据。在 index.html 页面中有一个非常重要的单击事件代码，这是提交按钮的单击事件代码，在这段代码中通过 Ajax 异步访问了 "/weather" 路由，并获得了相应的数据。

```
$('.submit').click(function(){
    var city = $('.city').val()
    $.ajax({
        url:'/weather',
        data:{city:city},
        dataType:'json',
        type:'GET',
        success:function(data){
            console.dir(data)
            //  获取服务端返回的数据，并更新 index.html 页面中的相应元素
            $('.city').html(data[2]);
            $('.weather').html(data[4]);
            $('.temp').html(data[5]);
            $('.feng').html(data[8] + data[9]);
            $('.sd').html(data[6]);
            $('.njd').html(data[7]);
            $('.pm25').html(data[10]);
            $('.xx').html(data[11]);
        }
    })
})
```

## 30.6　小结

本章实现的天气预报服务 API 项目尽管规模不大，但完整地展现了利用网络爬虫抓取数据，以及利用数据实现自己的 API 服务的完整过程。如果要获得实时的天气预报数据，可以在一定时间间隔重复执行 crawlerWeather.py 脚本文件。

# 第 31 章

# 爬虫项目实战：胸罩销售
# 数据分析

本章实现一个非常有趣的项目。这个项目是关于胸罩销售数据分析的，是网络爬虫和数据分析的综合应用项目。本项目会从天猫和京东抓取胸罩销售数据，并将这些数据保存到 SQLite 数据库中，然后对数据进行清洗，最后通过 SQL 语句、Pandas 和 Matplotlib 对数据进行数据可视化分析。从分析结果中可以得出很多有用的结果，例如，中国女性胸部标准尺寸是多少；胸罩上胸围的销售比例；哪个颜色的胸罩最受女性欢迎。

通过阅读本章，您可以：

❏ 掌握如何分析天猫和京东商品的评论数据，掌握该数据的来源
❏ 了解如何用 SQL 语句进行数据清洗
❏ 掌握如何用 SQL 语句进行统计分析
❏ 掌握如何用 Pandas 对抓取的数据集进行分组、统计、分析等操作
❏ 掌握如何用 Matplotlib 对抓取的数据进行可视化分析

## 31.1 项目效果演示

**项目位置：PythonSamples\src\projects\bra**

本项目涉及网络技术、网络爬虫技术、数据库技术、数据分析技术、数据可视化技术。首先应该运行 tmallbra.py 脚本文件和 jdbra.py 脚本文件分别从天猫和京东抓取胸罩销售数据，并将这些数据保存到 SQLite 数据库中。接下来可以执行 analyze 目录中的相应 Python 脚本文件进行可视化数据分析。图 31-1～图 31-3 所示是一些分析结果展示。

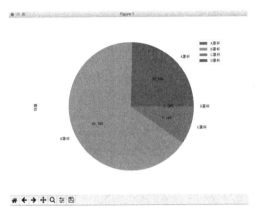

图 31-1　ABCD 罩杯胸罩销售比例

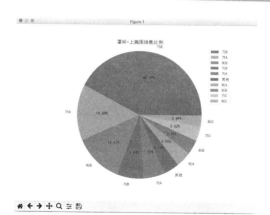

图 31-2　胸罩销售比例（罩杯和上胸围综合指标）

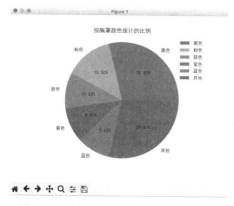

图 31-3　胸罩销售比例（按颜色分析）

其实 Google 和淘宝也给出了类似的数据（根据其数据可得到图 31-4 所示的结果）。Google 曾给出了一幅世界女性胸部尺寸分布地图[①]，从地图中可以明显看出中国大部分地区呈现绿色（表示平均胸部尺寸为 A 罩杯），少部分地区呈现蓝色（表示平均胸部尺寸为 B 罩杯），这也基本验证了图 31-2 所示的统计结果：中国大部分女性胸部尺寸是 75B 和 75A。

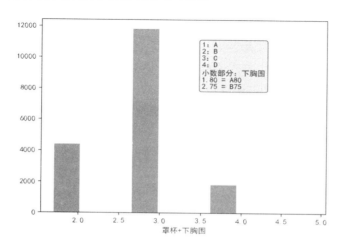

图 31-4　世界女性罩杯和下胸围分布直方图

---

① 原图可到网址 https://www.guokr.com/post/91595 查看。

在 Google 给出的分布地图中，红色代表大于 D 罩杯，橙色是 D，黄色是 C，蓝色是 B，绿色则为 A。而中国地区主要集中在蓝色和绿色，也就是中国女性胸部罩杯主要以 A 和 B 为主。而俄罗斯女性胸部尺寸全面大于 D 罩杯。

再看一下淘宝给出的胸罩（按罩杯和上胸围统计）销售比例柱状图，如图 31-5 所示。

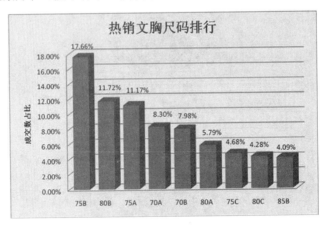

图 31-5 淘宝胸罩销售比例柱状图（按罩杯和上胸围统计）

从淘宝给出的数据可以看出，销售最好的胸罩尺寸是 75B，这个统计结果虽然销售比例不同（取的样本不同而导致的），但按销售数据排行，这个分析结果与本项目的统计结果（图 31-2）基本吻合。

## 31.2 天猫胸罩销售数据

本节会分析天猫商城胸罩销售数据，并抓取胸罩销售数据，最后将这些数据保存到 SQLite 数据库中以供后续进行数据清洗和分析。

### 31.2.1 天猫胸罩销售数据分析

这里的销售数据其实就是评论数据。用户购买一件商品并发表了评论，就会记录销售数据。分析销售数据的第一步就是要搞明白数据是怎么跑到客户端浏览器上的。通常来讲，浏览器从服务端获取数据有两种方式：同步和异步。同步就是数据随 HTML 代码一同发送到客户端，不过现在的大型网站很少有用同步方式传输数据的。异步方式是 HTML 代码与数据分别发送到客户端，数据一般是 JSON 格式，通过 Ajax 技术获取，然后再使用 JS 将获取到的数据显示在 HTML 中的元素上。不过有时会加一些反爬虫技术，或出于其他目的，异步数据可能并不是纯的 JSON 格式。例如，有可能是一段 JavaScript 代码，或在 JSON 格式数据中加一些其他的内容。不过这些基本都没用，加的内容肯定是有规律的，否则自己的程序都无法读了。

现在进到天猫商城官网 https://www.tmall.com，在搜索框输入"胸罩"，单击"搜索"按钮进行搜索，随便找一个销售胸罩的店铺点进去。然后在页面的右击弹出的快捷菜单中选择"检查"菜单项，打开调试窗口，切换到 Network 选项卡。接下来查看商品的评论，会在 Network 选项卡显示评论信息要访问的 URL。在上方的搜索框输入 list_detail，会列出所有以 list_detail 作为前缀的 URL。这些 URL 就是用 Ajax 异步获取的评论数据。单击某个 URL，会在右侧显示如图 31-6 所示的数据。很明显，这些数据与 JSON 非常像，不过加了一些前缀以及其他信息，估计是要满足一些特殊需要。

图 31-6　天猫评论数据

在返回的评论数据中，rateList 就是需要的信息，rateList 列表中一共是 20 个对象，包含了 20 条评论数据，也就是说，通过这个 URL，每次返回了 20 条评论数据。

在 URL 中还有两个 HTTP GET 请求字段对我们有用。

❑ itemId：当前商品的 ID。通过这个字段，可以获得指定商品的评论数据（不光是胸罩）。

❑ currentPage：当前的页码，从 1 开始。通过这个字段，可以获得更多的评论数据。

## 31.2.2　抓取天猫胸罩销售数据

既然对天猫胸罩的评论数据的来源已经非常清楚，本节就抓取这些数据。在 tmallbra.py 脚本文件中有一个核心函数，用于抓取指定商品的某一页评论数据。

```
def getRateDetail(itemId,currentPage):
    # URL 最后的 callback 字段是用于天猫网站内部回调的，和我们没关系，不过这个字段的值关系到
    # 返回数据的前缀，可以利用这个值去截取返回数据
    url = 'https://rate.tmall.com/list_detail_rate.htm?itemId=' + str(itemId) +
'&spuId=837695373&sellerId=3075989694&order=3&currentPage=' + str(currentPage) +
'&append=0…&callback=jsonp1278'
    r = http.request('GET',url,headers = headers)
    # 返回数据时 GB18030 编码，所以要用这个编码格式进行解码
    c = r.data.decode('GB18030')
    # 下面的代码将返回的评论数据转换为 JSON 格式
    c = c.replace('jsonp1278(','')
    c = c.replace(')','')
    c = c.replace('false','"false"')
    c = c.replace('true','"true"')
    # 将 JSON 格式的评论数据转换为字典对象
    tmalljson = json.loads(c)
    return tmalljson
```

## 31.2.3　抓取胸罩商品列表

应用让爬虫自动选取胸罩商品，而不是我们一个一个挑。所以可以利用如下的天猫商城的搜索页面 URL 进行搜索，按销量从大到小排列。

https://list.tmall.com/search_product.htm…

这个 URL 不需要传递任何参数，本项目只取第一个商品页的所有商品。在 tmallbra.py 脚本文件中有一个核心函数 getProductIdList，用于返回第一个商品页的所有商品 ID（以列表形式返回）。

```python
def getProductIdList():
    url = 'https://list.tmall.com/search_product.htm…'
    r = http.request('GET', url,headers = headers)
    c = r.data.decode('GB18030')
    soup = BeautifulSoup(c,'lxml')
    linkList = []
    idList = []
    # 用 Beautiful Soup 提取商品页面中所有的商品 ID
    tags = soup.find_all(href=re.compile('detail.tmall.com/item.htm'))
    for tag in tags:
        linkList.append(tag['href'])
    linkList = list(set(linkList))
    for link in linkList:
        aList = link.split('&')
        # //detail.tmall.com/item.htm?id=562173686340
        # 将商品 ID 添加到列表中
        idList.append(aList[0].replace('//detail.tmall.com/item.htm?id=',''))
    return idList
```

### 31.2.4  将抓取的销售数据保存到 SQLite 数据库中

剩下的工作就很简单了，只需要对商品 ID 列表迭代，然后对每一个商品的评论数据进行抓取，天猫每个商品最多可以获得 99 页评论，最大评论页数可以通过 **getLastPage** 函数获得。

```python
def getLastPage(itemId):
    tmalljson = getRateDetail(itemId,1)
    return tmalljson['rateDetail']['paginator']['lastPage']
```

下面的代码会抓取商品搜索第一页的所有胸罩商品的评论数据，并将这些数据保存到 SQLite 数据库中。

```python
# 对商品 ID 进行迭代
while initial < len(productIdList):
    try:
        itemId = productIdList[initial]
        print('----------',itemId,'------------')
        maxnum = getLastPage(itemId)
        num = 1
        while num <= maxnum:
            try:
                # 抓取某个商品的某页评论数据
                tmalljson = getRateDetail(itemId, num)
                rateList = tmalljson['rateDetail']['rateList']
                n = 0
                while n < len(rateList):
                    # 颜色分类:H007 浅蓝色加粉色;尺码:32/70A
                    colorSize = rateList[n]['auctionSku']
                    m = re.split('[:;]',colorSize)
```

```
            rateContent = rateList[n]['rateContent']
            color = m[1]
            size = m[3]
            dtime = rateList[n]['rateDate']
            # 将抓取的数据保存到 SQLite 数据库中
            cursor.execute('''insert into t_sales(color,size,source,discuss,
            time)
                        values('%s','%s','%s','%s','%s') ''' % (color,size,
            '天猫',rateContent,dtime))
            conn.commit()
            n += 1
            print(color)
        print(num)
        num += 1
    except Exception as e:
        continue
    initial += 1
except Exception as e:
    print(e)
```

## 31.3　京东胸罩销售数据

京东胸罩销售数据抓取的方式与天猫商城类似，本节会介绍一些基本原理和主要的实现代码。

### 31.3.1　京东胸罩销售数据分析

可以用分析天猫商城胸罩销售数据的方法分析京东商城的胸罩销售数据。京东商城会通过 productPageComments 异步获取如图 31-7 所示的商品评论数据。从这些评论数据可以看出，数据格式与天猫商城的胸罩评论数据类似，只是每次只返回 10 条评论数据（comments 列表中的数据）。

图 31-7　京东胸罩评论数据

URL 的参数也与天猫商城的获取评论数据的 URL 类似，只是字段名不同而已。京东商城获取评论数据的 URL 有如下两个 HTTP GET 请求字段对我们有用。

❑ productId：商品 ID。

❑ page：评论的当前页数。

## 31.3.2 抓取京东胸罩销售数据

搞定了京东商城获取评论数据的方式，剩下的工作就和天猫商城差不多了，抓取某个商品的评论数据、抓取商品列表中所有商品的评论数据，最后将这些数据保存到 SQLite 数据库中。

jdbra.py 脚本文件用于抓取京东胸罩销售数据，下面给出核心的代码。

```
# 获取指定商品某一页的评论，并以字典对象形式返回评论数据
def getComments(productId,page):
    url =
'https://sclub.jd.com/comment/productPageComments.action?callback=fetchJSON_commen
t98vv14&productId=' + str(productId) + '&… '
    r = http.request('GET',url)
    c = r.data.decode('ISO-8859-1')
    c = c.replace('fetchJSON_comment98vv14(','')
    c = c.replace(')','')
    c = c.replace('false','"false"')
    c = c.replace('true','"true"')
    c = c.replace('null','"null"')
    c = c.replace(';','')
    jdDict = json.loads(c)
    return jdDict
# 获取最多可以获取的评论页数
def getMaxPage(productId):
    return getComments(productId,0)['maxPage']
# 获取搜索页的商品 ID 列表
def getProductIdList():
    url = "https://search.jd.com/Search?keyword=%E8%83%B8%E7%BD%A9&enc=utf-8&qrst=
1&rt=1&stop=1&vt=2&wq=%E8%83%B8%E7%BD%A9&psort=3&click=0"
    r = http.request('GET', url,headers = headers)
    r = r.data.decode('ISO-8859-1')

    soup = BeautifulSoup(r,'lxml')
    links = []
    idList = []
    # 利用 Beautiful Soup 提炼出所有的商品页面的 URL
    tags = soup.find_all(href=re.compile('//item.jd.com/'))
    for tag in tags:
        links.append(tag['href'])
    linkList = list(set(links))
    for k in linkList:
        a = k.split('com/')
        # 从商品页面的 URL 中提取出商品 ID，并添加到列表中
        idList.append(a[1].replace('.html','').replace('#comment',''))
    return idList
# 获取所有的商品 ID
productIdList = getProductIdList()
initial = 0
# 下面的代码获取所有商品的所有评论数据，并将这些评论数据保存到 SQLite 数据库中
while initial < len(productIdList):
    try:
```

```
        productId = productIdList[initial]
        maxnum = getMaxPage(productId)
        num = 1
        while num <= maxnum:
            try:
                jdDict = getComments(productId, num)
                comments = jdDict['comments']
                n = 0
                while n < len(comments):
                    comment = comments[n]
                    content = comment['content'].encode(encoding='ISO-8859-1').decode
                    ('GB18030')
                    productColor = comment['productColor'].encode(encoding='ISO-8859-
                    1').decode('GB18030')
                    creationTime = comment['creationTime'].encode(encoding='ISO-8859-
                    1').decode('GB18030')
                    productSize = comment['productSize'].encode(encoding = 'ISO-8859-1')
                    .decode('GB18030')
                    cursor.execute('''insert into t_sales(color,size,source,discuss,
                    time)
                                    values('%s','%s','%s','%s','%s')'''
                                    % (productColor,productSize,'京东','a',creationTime))

                    conn.commit()
                    n += 1
                num += 1
            except Exception as e:
                print(e)
                continue
        initial += 1
    except Exception as e:
        print(e)
conn.close()
```

# 31.4　数据清洗

如果使用前面介绍的方法从天猫和京东抓取了胸罩销售数据，现在已经有了一个 SQLite 数据库，里面有一个 t_sales 表，保存了所有抓取的数据，如图 31-8 所示。

| id | color | size | source | discuss | time |
|---|---|---|---|---|---|
| 过滤 | 过滤 | 过滤 | 过滤 | 过滤 | 过滤 | |
| 2 | 3962 | 泥土紫 | 70C | 天猫 | 感觉一般般，就刚好值得这... | 2017-12-04 22:58:06 |
| 3 | 3963 | 米白色 | 80B | 天猫 | 一直穿68，穿过后就不想... | 2017-12-01 22:36:51 |
| 4 | 3964 | 黑色 | 75A | 天猫 | 没有抢到五折八折也是很划... | 2017-12-04 12:26:01 |
| 5 | 3965 | 米白色 | 70B | 天猫 | 双十一折扣还是蛮大的，抢... | 2017-12-06 20:30:05 |
| 6 | 3966 | 米白色 | 75B | 天猫 | 本来很喜欢他们家的，质量... | 2017-12-01 17:07:56 |

图 31-8　保存到数据库中的胸罩销售数据

从销售数据可以看出，网络爬虫抓取了颜色（color）、尺寸（size）、来源（source）、评论（discuss）和时间（time）五类数据。当然还可以抓取更多的数据，这里只为了演示数据分析的方法，所以并没有抓取那么多的数据。

不过这五类数据有些不规范，本项目只考虑 color 和 size，所以先要对这两类数据进行清洗。由于每个店铺，每个商品的颜色叫法可能不同，所以需要将这些颜色值统一一下。例如，所有包含"黑"的颜色值都可以认为是黑色。所以可以新建立一个 color1 字段（尽量不要修改原始数据），将清洗后的颜色值保存到 color1 字段中。然后可以使用下面的 SQL 语句对颜色值进行清洗。

```
update t_sales  set color1 = '黑色'  where color like '%黑%' ;
update t_sales  set color1 = '绿色'  where color like '%绿%' ;
update t_sales  set color1 = '红色'  where color like '%红%' ;
update t_sales  set color1 = '白色'  where color like '%白%' ;
update t_sales  set color1 = '蓝色'  where color like '%蓝%' ;
update t_sales  set color1 = '粉色'  where color like '%粉%'  and color1 is null ;
update t_sales  set color1 = '青色'  where color like '%青%' ;
update t_sales  set color1 = '卡其色'  where color like '%卡其%' ;
update t_sales  set color1 = '紫色'  where color like '%紫%' ;
update t_sales  set color1 = '肤色'  where color like '%肤%' ;
update t_sales  set color1 = '水晶虾'  where color like '%水晶虾%' ;
update t_sales  set color1 = '玫瑰色'  where color like '%玫瑰%' ;
update t_sales  set color1 = '银灰'  where color like '%银灰%' ;
```

接下来要对胸罩尺寸进行清洗，由于胸罩尺寸有罩杯和上胸围两个指标，但抓取的胸罩尺寸数据将这两个指标都混到了一起，所以在数据清洗时需要将它们分开。首先建立两个新字段（size1 和 size2），size1 保存罩杯尺寸，size2 保存上胸围尺寸。可以使用下面的 SQL 语句将 size 的值进行拆分，分别保存到 size1 和 size2 中。

保存罩杯尺寸的 SQL 语句：

```
update t_sales  set size1 = 'AA' where size like '%AA%'  ;
update t_sales  set size1 = 'A' where size like '%A%'  and size not like '%AA%'  ;
update t_sales  set size1 = 'B' where size like '%B%' ;
update t_sales  set size1 = 'C' where size like '%C%' ;
update t_sales  set size1 = 'D' where size like '%D%' ;
update t_sales  set size1 = 'E' where size like '%E%' ;
update t_sales  set size1 = 'F' where size like '%F%' ;
update t_sales  set size1 = 'G' where size like '%G%' ;
```

保存上胸围尺寸的 SQL 语句：

```
update t_sales  set size2 = '70'  where size like '%70%' ;
update t_sales  set size2 = '75'  where size like '%75%' ;
update t_sales  set size2 = '80'  where size like '%80%' ;
update t_sales  set size2 = '85'  where size like '%85%' ;
update t_sales  set size2 = '90'  where size like '%90%' ;
update t_sales  set size2 = '95'  where size like '%95%' ;
update t_sales  set size2 = '100'  where size like '%100%' ;
update t_sales  set size2 = '105'  where size like '%105%' ;
update t_sales  set size2 = '110'  where size like '%110%' ;
```

清洗完的数据如图 31-9 所示。

| size1<br>过滤 | size2<br>过滤 | color1<br>过滤 |
|---|---|---|
| B | 75 | 白色 |
| C | 70 | 紫色 |
| B | 80 | 白色 |
| A | 75 | 黑色 |
| B | 70 | 白色 |
| B | 75 | 白色 |

图 31-9　清洗后的数据

## 31.5　数据分析与可视化

本节会利用经过数据清洗后的 t_sales 表中的胸罩销售数据进行可视化数据分析，得到想要的结果。

### 31.5.1　用 SQL 语句分析胸罩（按罩杯尺寸）的销售比例

既然销售数据都保存在 SQLite 数据库中，那么不妨先用 SQL 语句做一下统计分析。本节将对胸罩按罩杯的销售量做一个销售比例统计分析。由于抓取的数据没有超过 D 罩杯的，所以做数据分析时就不考虑 D 以上罩杯的胸罩销售数据了。这里只考虑 A、B、C 和 D 罩杯胸罩的销售数据。

本节要统计的是某一个尺寸的胸罩销售数量占整个销售数量的百分比，这里需要统计和计算如下三类数据。

- □ 某一个尺寸的胸罩销售数量。
- □ 胸罩销售总数量。
- □ 第 1 类数据和第 2 类数据的差值（百分比）。

这三类数据完全可以用一条 SQL 语句搞定，为了同时搞定 A、B、C 和 D 罩杯的销售比例，可以用 4 条类似的 SQL 语句，中间用 union all 连接。

```
select 'A' as 罩杯,printf("%.2f%%",(100.0 * count(*)/ (select count(*) from t_sales
where size1 is not null))) as 比例, count(*) as 销量 from t_sales where size1='A'
union all
select 'B',printf("%.2f%%",(100.0 * count(*)/ (select count(*) from t_sales  where
size1 is not null))) , count(*) as c from t_sales where size1='B'
union all
select 'C',printf("%0.2f%%",(100.0 * count(*)/ (select count(*) from t_sales  where
size1 is not null))) , count(*) as c from t_sales where size1='C'
union all
select 'D',printf("%.2f%%",(100.0 * count(*)/ (select count(*) from t_sales  where
size1 is not null))) , count(*) as c from t_sales where size1='D'
order by 销量 desc
```

上面的 SQL 语句不仅加入了销售比例，还加入了销售数量，并且按销量降序排列。这些 SQL 语句需要考虑 size1 字段空值的情况，因为抓取的少部分销售记录并没有罩杯尺寸数据。执行上面的 SQL 语句后，会输出如图 31-10 所示的查询结果。

| | 罩杯 | 比例 | 销量 |
|---|---|---|---|
| 1 | B | 65.78% | 13821 |
| 2 | A | 24.58% | 5164 |
| 3 | C | 9.56% | 2008 |
| 4 | D | 0.08% | 17 |

图 31-10　用 SQL 语句统计胸罩（按罩杯尺寸）销售比例

## 31.5.2　用 Pandas 和 Matplotlib 对胸罩销售比例进行可视化分析

既然 Python 提供了这么好的 Pandas 和 Matplotlib，那么就可以完全不使用 SQL 语句进行数据分析。可以 100%使用 Python 代码搞定一切。

本节将使用 Pandas 完成与上一节相同的数据分析，并使用 Matplotlib 将分析结果以图形化方式展现出来。

Pandas 在前面的章节已经讲过了，这里不再深入介绍。本次分析主要使用了 groupby 方法按罩杯（size1）分组，然后使用 count 方法统计组内数量，最后使用 insert 方法添加了一个"比例"字段。

**实例位置：PythonSamples\src\projects\bra\analyze\demo01.py**

```
from pandas import *
from matplotlib.pyplot import *
import sqlite3
import sqlalchemy
# 打开 bra.sqlite 数据库
engine = sqlalchemy.create_engine('sqlite:///bra.sqlite')
rcParams['font.sans-serif'] = ['SimHei']
# 查询 t_sales 表中所有的数据
sales = read_sql('select source,size1 from t_sales',engine)
# 对 size1 进行分组，并统计每一组的记录数
size1Count = sales.groupby('size1')['size1'].count()
print(size1Count)
# 计算总销售数量
size1Total = size1Count.sum()
print(size1Total)
print(type(size1Count))
# 将 Series 转换为 DataFrame
size1 = size1Count.to_frame(name='销量')
print(size1)
# 格式化浮点数
options.display.float_format = '{:,.2f}%'.format
# 插入新的"比例"列
size1.insert(0,'比例', 100 * size1Count / size1Total)
print(size1)
# 将索引名改为"罩杯"
size1.index.names=['罩杯']
print(size1)
```

```
# 数据可视化
print(size1['销量'])
# 饼图要显示的文本
labels = ['A罩杯','B罩杯','C罩杯','D罩杯']
# 用饼图绘制销售比例
size1['销量'].plot(kind='pie',labels = labels, autopct='%.2f%%')
# 设置长宽相同
axis('equal')
legend()
show()
```

运行程序，会看到在窗口上绘制了如图 31-11 所示的胸罩销售比例。用 Pandas 分析得到的数据与使用 SQL 分析得到的数据完全相同。

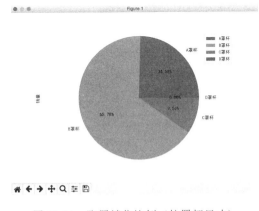

图 31-11　胸罩销售比例（按罩杯尺寸）

### 31.5.3　按上胸围分析胸罩的销售比例

按上胸围分析胸罩的销售比例与按罩杯分析胸罩的销售比例的方式相同，只是将 size1 换成了 size2。

实例位置：**PythonSamples\src\projects\bra\analyze\demo02.py**

```
from pandas import *
from matplotlib.pyplot import *
import sqlite3
import sqlalchemy
engine = sqlalchemy.create_engine('sqlite:///bra.sqlite')
rcParams['font.sans-serif'] = ['SimHei']
options.display.float_format = '{:,.2f}%'.format

sales = read_sql('select source,size2 from t_sales',engine)
size2Count = sales.groupby('size2')['size2'].count()
print(size2Count)

size2Total = size2Count.sum()
print(size2Total)
size2 = size2Count.to_frame(name='销量')
size2.insert(0,'比例',100*size2Count/size2Total)
size2.index.names=['上胸围']
```

```
# 按销量排序
size2 = size2.sort_values(['销量'], ascending=[0])
print(size2)
# 将上胸围尺寸转换为列表，作为在饼图上显示的标签
labels = size2.index.tolist()
size2['销量'].plot(kind='pie',labels=labels,autopct='%.2f%%')
legend()
axis('equal')
show()
```

运行程序，会看到在窗口中绘制了如图 31-12 所示的饼图。

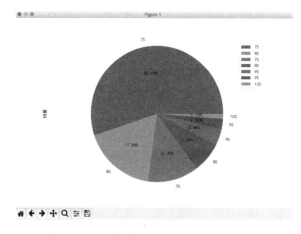

图 31-12　胸罩销售比例（按上胸围尺寸）

## 31.5.4　罩杯和上胸围综合数据可视化分析

罩杯和上胸围综合数据分析要稍微复杂一些，因为要同时考虑 size1 和 size2。主要是同时按 size1 和 size2 分组。但组分得这么细就会造成一个问题，有一些组的记录很少，而且组过多，如果将所有的组都放到饼图上，那么显得太乱。所以会将销售量比较大的组显示在饼图上，把那些销售量比较小的组统计一个总销量，都作为"其他"显示。本例将 500 作为单独显示的阈值，也就是说，只有销量大于 500 的组才会显示在饼图上。

实例位置：**PythonSamples\src\projects\bra\analyze\demo03.py**

```
from pandas import *
from matplotlib.pyplot import *
import sqlite3
import sqlalchemy
engine = sqlalchemy.create_engine('sqlite:///bra.sqlite')
rcParams['font.sans-serif'] = ['SimHei']
options.display.float_format = '{:,.2f}%'.format

sales = read_sql('select source,size1,size2 from t_sales',engine)
size1size2Count = sales.groupby(['size1','size2'])['size1'].count()
print(size1size2Count)
size1size2Total = size1size2Count.sum()
print(size1size2Total)
size1size2 = size1size2Count.to_frame(name='销量')
```

```
n = 500
# 过滤出销量小于或等于 500 的组，并统计这些组的总销量，将统计结果放到 DataFrame 中
others = DataFrame([size1size2[size1size2['销量'] <=
    n].sum()],index=MultiIndex(levels=[[''],['其他']],labels=[[0],[0]]))

# 将"其他"销量放到记录集的最后
size1size2 = size1size2[size1size2['销量']>n].append(others)
print(size1size2)

size1size2 = size1size2.sort_values(['销量'],ascending=[0])
size1size2.insert(0,'比例',100 * size1size2Count / size1size2Total)
print(size1size2)
labels = size1size2.index.tolist()
newLabels = []
# 生成饼图外侧显示的每一部分的表示（如 75B、80A 等）
for label in labels:
    newLabels.append(label[1] + label[0])
pie(size1size2['销量'],labels=newLabels,autopct='%.2f%%')
legend()
axis('equal')
title('罩杯+上胸围销售比例')
show()
```

运行程序，会看到在窗口上显示了如图 31-13 所示的饼图。

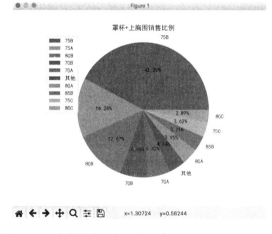

图 31-13　胸罩销售比例（按罩杯和上胸围综合分析）

## 31.5.5　统计哪一种颜色的胸罩卖得最好

本节会按颜色统计胸罩的销售比例，从而可知哪一种颜色的胸罩卖得最好。按颜色对胸罩销售数据进行统计和按罩杯、上胸围对胸罩销售数据进行统计的方式类似，只是需要将分组的字段改成 color1。

**实例位置：PythonSamples\src\projects\bra\analyze\demo04.py**

```
from pandas import *
from matplotlib.pyplot import *
import sqlite3
```

```
import sqlalchemy
engine = sqlalchemy.create_engine('sqlite:///bra.sqlite')
rcParams['font.sans-serif'] = ['SimHei']
options.display.float_format = '{:,.2f}%'.format
sales = read_sql('select source,color1 from t_sales',engine)
# 按 color1 分组，并统计每组的数量
color1Count = sales.groupby('color1')['color1'].count()
# 统计总销量
color1Total = color1Count.sum()
print(color1Total)
color1 = color1Count.to_frame(name='销量')
print(color1)
color1.insert(0,'比例', 100 * color1Count / color1Total)
color1.index.names=['颜色']
color1 = color1.sort_values(['销量'], ascending=[0])
print(color1)
n = 1200
# 销量小于或等于 1200 都属于 "其他" 分组
others = DataFrame([color1[color1['销量'] <= n].sum()],index=MultiIndex(levels=
[['其他']],labels=[[0]]))
# 将 others 添加到原来的记录集中
color1 = color1[color1['销量']>n].append(others)
print(color1)
# 将索引转换为在饼图周围显示的标签
labels = color1.index.tolist()
pie(color1['销量'],labels=labels,autopct='%.2f%%')
legend()
axis('equal')
title('按胸罩颜色统计的比例')
show()
```

运行程序，会在窗口上显示如图 31-14 所示的饼图。

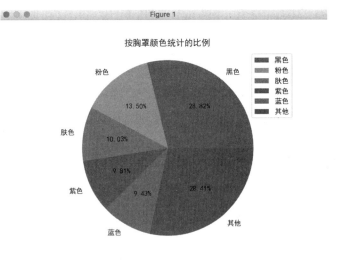

图 31-14　哪一种颜色的胸罩卖得最好

### 31.5.6　用盒状图与直方图表示罩杯与上胸围分布

通过盒状图和直方图可以体现胸罩和上胸围的分布，也就是胸罩和上胸围主要集中在哪一个区域。要将罩杯和上胸围的综合统计数据显示在盒状图和直方图上，需要做一个变化。X 轴用浮点数同时表示罩杯和上胸围。整数部分表示罩杯：1—A、2—B、3—C、4—D。小数部分表示上胸围，如 0.75 表示上胸围是 75。那么将整数和小数整合在一起就是：2.75 表示 75B，3.80 表示 80C，以此类推。

**实例位置：PythonSamples\src\projects\bra\analyze\demo05.py**

```python
from pandas import *
from matplotlib.pyplot import *
import sqlite3
import sqlalchemy
engine = sqlalchemy.create_engine('sqlite:///bra.sqlite')
rcParams['font.sans-serif'] = ['SimHei']
options.display.float_format = '{:,.2f}%'.format
sales = read_sql('select source,size1,size2,color1 from t_sales', engine)
# 将 A、B、C、D 变成 1、2、3、4
sales.loc[sales['size1'] == 'A','size1'] = 1
sales.loc[sales['size1'] == 'B','size1'] = 2
sales.loc[sales['size1'] == 'C','size1'] = 3
sales.loc[sales['size1'] == 'D','size1'] = 4
sales = sales.dropna()
print(sales)
# 组合整数和小数部分，变成 2.75、2.80 等形式
sales['size3'] = sales['size1'].astype('str') + '.' + sales['size2'].astype('str')
print(sales)
# 将 size3 转换为 float 类型的列
sales['size3'] = sales['size3'].astype('float')
box = {
    'facecolor':'0.75',
    'edgecolor':'b',
    'boxstyle':'round'
    }
fig,(ax1,ax2) = subplots(1,2,figsize=(12,6))
ax1.hist(x=sales.size3)
ax2.boxplot(sales.size3)
ax1.text(3.5,8000,'1:A\n2:B\n3:C\n4:D\n 小数部分：上胸围\n1.80 = A80\n2.75 = B75',bbox = box)
ax2.text(1.2,4,'1:A\n2:B\n3:C\n4:D\n 小数部分：上胸围\n1.80 = A80\n2.75 = B75',bbox = box)

show()
```

运行程序，会在窗口上显示如图 31-15 所示的直方图和盒状图。很显然，直方图和盒状图都显示数据主要集中在 2.0～3.0，这个区间主要包含 2.75、2.80、2.85 等值。而盒状图的平均值正好在 2.75 的位置，所以说这一尺寸的胸罩是最多的，也就是 75B，这个分析结果也正好与图 31-14 的结果吻合（75B 尺寸的胸罩销售量最大）。

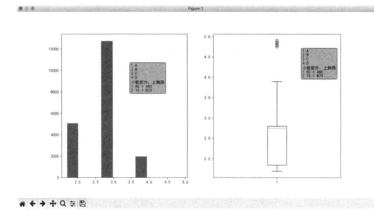

图 31-15　胸罩与上胸围分布

## 31.6　小结

本章的项目是一个完整的集网络爬虫和数据分析于一体的系统。通过这个系统，可以非常全面地了解网络爬虫到底有什么用。如果只会网络爬虫，就算将整个互联网的数据都抓取到本地也毫无意义，因为抓取数据的目的是利用数据，不是躺在自己的硬盘里睡大觉。

# 第 32 章

# GUI 项目实战：动态修改域名指向的 IP

本章要完成的项目是一个可以动态修改域名 IP 的 GUI 程序。那么为什么要动态修改域名 IP 呢？其实本项目的目的是利用动态 IP 搭建一个 Web 服务器（或其他网络应用）。目前国内很多网络运营商（如联通、电信、移动等）提供的宽带服务（包括个人和企业）都有外网 IP。这个 IP 是全球唯一的，但问题是这个 IP 在很多时候都不是固定的，都是网络设备连入互联网后动态分配的，也就是动态分配的外网 IP。如果将某个域名指向这样的 IP，当 IP 变化后，域名就需要重新指向新的 IP。当然这些工作可以通过后台域名管理进行修改，但问题是我们需要实时监测外网 IP 是否变化，而且还需要有人 24 小时值班来修改域名配置。这成本太大了，所以需要编写一个程序，自动监测外网 IP 是否变化，当发现外网 IP 变化后，自动更新域名指向的 IP。这样就可以实现无人值守动态更新域名 IP 的功能。

通过阅读本章，您可以：

❑ 掌握如何用 PyQt5 设计图形化的程序

❑ 掌握定时器的使用

❑ 掌握如何监测外网 IP 的变化

❑ 掌握如何利用阿里云的 SDK 设置域名指向的 IP

## 32.1 搭建开发环境

在项目中使用了 PyQt5 和 aliyun-sdk 两个开发包，如果已经阅读了本书关于 PyQt5 的一章，相信广大读者已经安装了 PyQt5，如果没有安装，可以使用下面的命令安装 PyQt5。

```
pip install pyqt5
```

阿里云 SDK（aliyun-sdk）用于修改域名配置，需要使用下面两条命令安装 aliyun-sdk。

```
pip install aliyun-python-sdk-core
pip install aliyun-python-sdk-alidns
```

## 32.2 项目效果演示

项目位置：**PythonSamples\src\projects\ModifyIP**

运行项目中的 dns.py 文件，会看到如图 32-1 所示的程序主界面。

在该界面中用于与用户交互的有两个文本输入框和一个"执行"按钮。其中，"当前 IP"文本输入框中显示了当前外网的 IP，要史新的域名 IP 就是这个 IP。用户可以修改这个 IP 地址，但最好不要改，因为这个 IP 地址是自动检测的。下面的"更新时间"文本输入框中的数字是检测的时间间隔，单位是秒。默认是每 10s 检测一次。如果发现 IP 变化了，就会更新"当前 IP"文本输入框，然后使用阿里云 SDK 更新服务端的域名 IP。

图 32-1　程序主界面

要想做这个实验，首先要在阿里云上注册一个域名，然后还需要到阿里云后台获取与域名相关的 4 个数据。

❑ ID：Access Key ID。

❑ Secret：Access Key Secret，获取需要手机验证码。

❑ RegionId：云服务（ECS）所在区域。如果有 ECS，就设置 ECS 所在区域的 ID，如 cn-hangzhou，如果没有 ECS，使用默认值 cn-hangzhou 即可。

❑ DomainName：要修改的域名，如 geekori.com。

如果不知道如何获得 ID、Secret 和 RegionsId，请咨询阿里客服。这里假设读者已经对阿里云的域名服务比较熟悉。

这 4 个值都在 dns.py 文件的前面通过如下 4 个变量定义了，要想让本项目运转正常，必须将这 4 个变量修改成与自己域名相关的值。但要注意，不要拿自己正在使用的域名做实验，否则域名对应的 IP 真的会被修改。

```
ID="LTx8y598di4a6jmF12dxc"
Secret="P4P1adpoxQxixf43343ruQPKx05wC942"
RegionId="cn-hangzhou"
DomainName="geekori.com"
```

## 32.3　获取公网 IP

获取公网 IP 的方式非常多，例如，在百度（https://www.baidu.com）的搜索框中输入 ip，搜索出的第 1 条结果就是公网 IP，如图 32-2 所示。

图 32-2　用百度获取公网 IP

尽管百度可以获得公网 IP，不过要提取出这个 IP，还需要分析 Web 页面，比较麻烦。当然还有很多其他方法。例如，可以自己编写一个简单的 Web 程序（PHP、Node.js、Python 都可以）放到服务端，然后客户端访问这个 Web 程序的 URL，服务端就会得到你的公网 IP。不过这些方式都太麻烦。现在有很多网站有这个功能，例如 http://ip.chinaz.com 就提供了如下的 URL 可以返回公网的 IP。

　　http://ip.chinaz.com/getip.aspx

这个 URL 返回的是 JSON 格式的数据，所以获得 IP 很容易。在浏览器地址栏中输入上面的 URL，就会得到类似图 32-3 所示的返回信息。

图 32-3　返回公网 IP

在 dns.py 脚本文件中编写了一个 getLocalIP 函数用于通过上面的 URL 获取公网 IP。该函数的代码如下：

```
def GetLocalIP():
    # 访问获取公网 IP 的 URL
    IPInfo = http.request('GET',"http://ip.chinaz.com/getip.aspx")
    IPInfo=IPInfo.data.decode('utf-8')
    IPInfo=IPInfo.replace('b','')
    IPInfo=IPInfo.replace('ip','"ip"')
    IPInfo=IPInfo.replace('address','"address"')
    # 将文本形式的 JSON 数据转换成 Python 字典对象
    IPInfo=eval(IPInfo)
    # 获取公网 IP
    IP = IPInfo['ip']
    return IP
```

## 32.4　定时更新公网 IP

当单击"执行"按钮时，会启动一个定时器，每隔一段时间就会检测一下公网 IP 是否变化，如果有变化，就会更新"当前 IP"文本框中的 IP，然后会更新域名对应的 IP。

本项目的定时器使用了 QTimer 类，这是 PyQt5 的一个类，所以在使用定时器之前，需要先使用下面的代码导入 QTimer 类。

```
from PyQt5.QtCore import QTimer
```

单击"执行"按钮后会执行 ModifyIP 类中的 start 方法，在该方法中会创建 QTimer 类的实例，并开启定时器。start 方法的代码如下：

```
def start(self):
    a=self.gettext()
    t=int(a)*1000
    self.timer=QTimer(self)
    self.timer.timeout.connect(self.setip)
```

```
    self.timer.start(t)
```

setip 方法是定时器的回调方法，每一个调用周期，该方法就会被调用。该方法的代码如下：

```
def setip(self):
    # 获取公网 IP
    ip=getLocalIP()
    # 将新的公网 IP 更新到 "当前 IP" 文本框中
    self.le.setText(ip)
    # 更新域名对应的 IP
    updateIp()
```

## 32.5  更新域名对应的 IP

updateIp 函数用于更新域名对应的 IP。该方法的代码如下：

```
def updateIp():
    IP = getLocalIP()
    # Types 表示记录类型，本例是 A 记录
    getAllDomainRecords(DomainName, Types, IP)
```

在 updateIp 方法中涉及一个以前从来没有遇到过的 getAllDomainRecords 函数。该函数获得所有的域名记录，然后更新要修改的域名信息。该函数的代码如下：

```
def getAllDomainRecords(DomainName, Types, IP):
    DomainRecords = DescribeDomainRecordsRequest.DescribeDomainRecordsRequest()
    DomainRecords.set_accept_format('json')
    DomainRecords.set_DomainName(DomainName)
    DomainRecordsJson = json.loads(clt.do_action_with_exception(DomainRecords))
    for HostName in HostNameList:
        for x in DomainRecordsJson['DomainRecords']['Record']:
            RR = x['RR']
            Type = x['Type']
            # 必须要更新的域名和记录类型都符合，才会更新
            if RR == HostName and Type == Types:
                RecordId = x['RecordId']
                # 调用 editDomainRecord 函数更新域名 IP 信息
                editDomainRecord(HostName, RecordId, Types, IP)
```

在 getAllDomainRecords 函数中调用了 editDomainRecord 函数更新域名 IP 信息。该函数的代码如下：

```
def editDomainRecord(HostName, RecordId, Types, IP):
    try:
        # 返回更新域名信息的请求对象
        updateDomainRecord = updateDomainRecordRequest.updateDomainRecordRequest()
        updateDomainRecord.set_accept_format('json')
        updateDomainRecord.set_RecordId(RecordId)
        updateDomainRecord.set_RR(HostName)
        updateDomainRecord.set_Type(Types)
        # 域名信息更新的 TTL，最小是 10min（600s）
        updateDomainRecord.set_TTL('600')
        # 更新 IP
```

```
        updateDomainRecord.set_Value(IP)
        # 开始向服务端发送请求，更新域名对应的 IP
        updateDomainRecordJson                                              =
json.loads(clt.do_action_with_exception(updateDomainRecord))
    except Exception as e:
        return e
```

如果更新成功，阿里云服务端会在 10min 内让这个新 IP 有效。

## 32.6　小结

本章实现的项目虽然不大，但却包含了 GUI、网络、定时器、SDK 调用等技术。利用本章实现的项目，可以将拥有动态公网 IP 的计算机变成 Web 服务器。如果公网 IP 改变，会自动更新域名对应的 IP。利用这种技术做下载服务器也是很好的，下载服务器可以直接通过公网 IP 进行下载，公网 IP 变化后，只要将新的公网 IP 更新即可。

第 33 章

# 游戏项目实战：俄罗斯方块

本章的项目是一个俄罗斯方块游戏程序，使用 PyQt5 和 pygame 实现。其中，PyQt5 用于制作 UI 部分以及绘制游戏主界面，pygame 负责播放背景音乐。俄罗斯方块游戏支持多用户 PK，每个用户在游戏结束后会将分值保存到数据库中。为了方便读者运行游戏，本项目的数据库使用了 SQLite。

通过阅读本章，您可以：

❑ 掌握如何模拟 Cookie 实现游戏免登录功能
❑ 掌握如何使用 PyQt5 绘制游戏元素
❑ 掌握如何使用 pygame 播放背景音乐

## 33.1　搭建开发环境

在项目中使用了 PyQt5 和 pygame 两个开发包，如果已经阅读了本书关于 PyQt5 的一章，相信广大读者已经安装了 PyQt5，如果没有安装，可以使用下面的命令安装 PyQt5。

```
pip install pyqt5
```

pygame 是用于做游戏和图像渲染的程序库，可以使用下面的命令安装 pygame。

```
pip install pygame
```

如果想了解更多关于 pygame 的信息，可以访问下面的 pygame 官网。

https://www.pygame.org

安装完 pygame 后，可以在 Python 的 REPL 环境中输入如下的命令，如果未抛出异常，说明 pygame 已经安装成功。

```
import pygame
```

## 33.2　项目效果演示

**项目位置：PythonSamples\src\projects\tetris**

要想运行游戏，首先要注册一个用户，然后使用这个用户登录游戏，会显示如图 33-1 所示的游戏主界面。

游戏主界面的左侧是排行榜，积分从高到低排列参与游戏的用户。右侧是游戏界面。通过上下左右键可以改变方块的方向。按空格键可以让方块快速落下。在玩游戏的同时播放背景音乐。

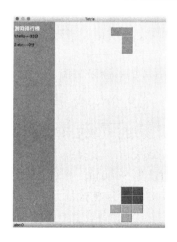

图 33-1 游戏主界面

## 33.3 用户注册

运行游戏，首先会弹出一个如图 33-2 所示的窗口，屏幕上有两个按钮："注册"和"登录"。单击"注册"按钮，就会进入如图 33-3 所示的注册窗口。

图 33-2 游戏入口 　　　　图 33-3 注册用户界面

在两个文本输入框中分别输入用户名和密码，然后单击"注册"按钮就可以注册用户。当单击"注册"按钮后，会调用 Register 类的 start 方法开始注册用户。

```
def start(self):
    # 创建用于管理用户的 User 对象
    users=User()
    username=self.getName()
    password=self.getPwd()
    # 将用户名和密码保存到数据库中
    users.create(username, password)
    # 计算过去时间（1 小时后过期）
    times=str(time.time()+3600)
    # 将过期时间写入 time.txt 文件
    with open("time.txt","w") as f:
```

```
            f.write(times)
        result=self.close()
        if result:
            # 如果注册成功,直接进入俄罗斯方块游戏主界面
            self.next=Tetris()
            self.next.show()
```

在上面的代码中涉及一个 User 类,该类用于管理用户。主要是在数据库中保存用户名和密码,并将当前登录的用户名保存到 credentials.txt 文件中,以便下次运行游戏,直接可以用该用户登录。start 方法还计算了用户登录过期时间(本例设为 3600s),并将这个过期时间写到 time.txt 文件中。在登录时,如果在有效期之内,不需要登录直接进入游戏界面。

在 start 方法中调用了 User 类的 create 方法向数据库中添加用户名和密码。该方法的代码如下:

```
def create(self,name,pwd):
    username=name
    password=pwd
    db=self.conn()
    cursor=db.cursor()
    # 向 SQLite 数据库中插入用户名和密码的 SQL 语句
    sql="INSERT INTO t_rank_user (username,pwd) VALUES ('%s','%s')" %(username,password)
    try:
        # 向数据库插入数据
        cursor.execute(sql)
        db.commit()
        # 打开 credentials.txt 文件,并写入当前注册的用户名
        with open("credentials.txt","w") as f:
            f.write(username)
    except:
        db.rollback()
```

## 33.4 用户登录

单击图 33-2 所示窗口中的"登录"按钮,如果用户以前没有登录过,或已经过了有效期,就可以进入如图 33-4 所示的登录窗口。

图 33-4 登录窗口

单击"登录"按钮，会调用 Login 类中的 start 方法。代码如下：

```python
def start(self):
    users=User()
    username=self.getName()
    password=self.getPwd()
    # 检测用户名和密码是否正确
    num=users.check(username, password)
    if num>0:
        result=self.close()
        times=str(time.time()+3600)
        # 重新计算过期时间
        with open("time.txt","w") as f:
            f.write(times)
        if result:
            # 登录成功后显示俄罗斯方块游戏主界面
            self.next=Tetris()
            self.next.show()
    else:
        QMessageBox.information(self,"登录 err","登录失败?账号或密码错误! ",QMessageBox.Yes|
        QMessageBox.No)
```

在 start 方法中调用了 User 类的 check 方法，该方法用于检测用户名和密码是否正确。

```python
def check(self,name,pwd):
    username=name
    password=pwd
    db=self.conn()
    cursor=db.cursor()
    sql="select * from t_rank_user where username='%s' and pwd='%s'" %(username,password)
    try:
        # 查询是否有该用户信息
        cursor.execute(sql)
        result=cursor.fetchall()
        num=len(result)

        if num>0:
            # 如果登录成功，更新 credentials.txt 文件中的用户名
            with open("credentials.txt","w") as f:
                f.write(username)

        return num
    except:
        db.rollback()
```

当单击图 33-2 所示窗口中"登录"按钮时，如果正好在有效期内，并不需要登录，也就是说不会显示图 33-4 所示的登录窗口，会直接跳到图 33-1 所示的游戏主界面。单击"登录"按钮会调用 Start 类的 login 方法。代码如下：

```python
def login(self):
    # 判断 time.txt 文件是否存在
    if os.path.exists("time.txt"):
```

```
f=open("time.txt")
ptime=f.read()
f.close()
d2=int(round(time.time()))
# 判断当前时间是否超过了登录过期时间
if (d2-int(round(float(ptime))))<0:
    result=self.close()
    if result:
        # 仍然在登录有效期内，直接显示游戏界面
        self.next=Tetris()
        self.next.show()
    else:
        result=self.close()
        if result:
            # 过了登录有效期，显示登录窗口
            self.next=Login()
            self.next.show()

else:
    result=self.close()
    if result:
        # time.txt 文件不存在，直接显示登录窗口
        self.next=Login()
        self.next.show()
```

## 33.5  游戏界面绘制和渲染

俄罗斯方块游戏的核心就是绘制每次出现的小方块。完成这些工作的核心类是 Board。在该类中有一个 drawSquare 方法，用于绘制每一个小方块。该方法的代码如下：

```
def drawSquare(self, painter, x, y, shape):
    colorTable = [0x000000, 0xCC6666, 0x66CC66, 0x6666CC,
                  0xCCCC66, 0xCC66CC, 0x66CCCC, 0xDAAA00]

    color = QColor(colorTable[shape])
    # 填充方块
    painter.fillRect(x + 1, y + 1, self.squareWidth() - 2,
        self.squareHeight() - 2, color)

    painter.setPen(color.lighter())
    # 下面的代码绘制方块的 4 条边框
    painter.drawLine(x, y + self.squareHeight() - 1, x, y)
    painter.drawLine(x, y, x + self.squareWidth() - 1, y)

    painter.setPen(color.darker())
    painter.drawLine(x + 1, y + self.squareHeight() - 1,
        x + self.squareWidth() - 1, y + self.squareHeight() - 1)
    painter.drawLine(x + self.squareWidth() - 1,
        y + self.squareHeight() - 1, x + self.squareWidth() - 1, y + 1)
```

在窗口上绘制图形实际上是以非常快的频率（通常是 1/60s）不断刷新屏幕，每刷新一次，就会调

用一个回调方法重新绘制整个窗口图形。因为每次刷新后，整个屏幕就被清空了，所以必须重新绘制。由于刷新的速度非常快，所以对于人类来说，看着就像没刷新一样。

在 PyQt5 中，绘制回调方法是 Board 类中的 paintEvent。代码如下：

```python
def paintEvent(self, event):
    # 创建画笔对象
    painter = QPainter(self)
    rect = self.contentsRect()

    boardTop = rect.bottom() - Board.BoardHeight * self.squareHeight()
    # 绘制已经落下的方块
    for i in range(Board.BoardHeight):
        for j in range(Board.BoardWidth):
            shape = self.shapeAt(j, Board.BoardHeight - i - 1)

            if shape != Tetrominoe.NoShape:
                self.drawSquare(painter,
                    rect.left() + j * self.squareWidth(),
                    boardTop + i * self.squareHeight(), shape)

    if self.curPiece.shape() != Tetrominoe.NoShape:
        # 绘制正在下落的方块
        for i in range(4):

            x = self.curX + self.curPiece.x(i)
            y = self.curY - self.curPiece.y(i)
            self.drawSquare(painter, rect.left() + x * self.squareWidth(),
                boardTop + (Board.BoardHeight - y - 1) * self.squareHeight(),
                self.curPiece.shape())
```

## 33.6　用按键控制游戏

在 Board 类中有一个 keyPressEvent 方法，在按下键盘中的某个键时会调用该方法。该方法处理了多个按键，用来控制方框的移动、旋转、暂停和继续。keyPressEvent 方法的代码如下：

```python
def keyPressEvent(self, event):
    if not self.isStarted or self.curPiece.shape() == Tetrominoe.NoShape:
        super(Board, self).keyPressEvent(event)
        return
    key = event.key()
    # 按 P 键暂停，再按一下继续
    if key == Qt.Key_P:
        self.pause()
        return

    if self.isPaused:
        return
    # 下面的代码通过上下左右键控制方块的旋转
    elif key == Qt.Key_Left:
        self.tryMove(self.curPiece, self.curX - 1, self.curY)
```

```
    elif key == Qt.Key_Right:
        self.tryMove(self.curPiece, self.curX + 1, self.curY)

    elif key == Qt.Key_Down:
        self.tryMove(self.curPiece.rotateRight(), self.curX, self.curY)

    elif key == Qt.Key_Up:
        self.tryMove(self.curPiece.rotateLeft(), self.curX, self.curY)
    # 按空格键会让方块直接落到底端
    elif key == Qt.Key_Space:
        self.dropDown()
    # 按 D 键让方块加速落下
    elif key == Qt.Key_D:
        self.oneLineDown()

    else:
        super(Board, self).keyPressEvent(event)
```

在 keyPressEvent 方法中通过调用 pause 方法让游戏暂停和继续，通过这个方法，可以看出游戏是如何运作的。

```
def pause(self):
    username=''
    if os.path.exists("credentials.txt"):
        f=open("credentials.txt")
        username=f.read()
        f.close()
    if not self.isStarted:
        return
    self.isPaused = not self.isPaused
    # 如果是暂停状态，停止定时器，方块停止移动
    if self.isPaused:
        self.timer.stop()
        self.msg2Statusbar.emit("paused")
    else:
        # 继续游戏，重新开启定时器
        self.timer.start(Board.Speed, self)
        self.msg2Statusbar.emit(username+":"+str(self.numLinesRemoved))
```

从 pause 方法可以看出，游戏是通过定时器每隔一定的时间间隔就移动一次方块。

## 33.7 播放背景音乐

播放游戏使用 pygame 模块，在使用该模块之前，需要先使用下面的代码导入 pygame 模块。

```
import pygame
```

控制音乐播放和停止的类是 Music。代码如下：

```
class Music():
    # 播放音乐
    def start(self):
        file=r'./els.mp3'
```

```
        pygame.mixer.init()
        track = pygame.mixer.music.load(file)
        pygame.mixer.music.play()
    # 停止播放
    def stop(self):
        pygame.mixer.music.pause()
    # 继续播放音乐
    def cont(self):
        pygame.mixer.music.unpause()
```

在 Board 类的构造方法中会调用 Music 类的 start 方法播放背景音乐。

```
def __init__(self, parent):
    super().__init__(parent)
    # 播放背景音乐
    music.start(self)
    self.initBoard()
```

## 33.8　用户积分

当方块每消除一行，就记 1 分，这个分值是需要保存到 SQLite 数据库中的。与积分相关的类是 Rank。在 Rank 类的 initRank 方法中调用了 User 类的 queryrank 方法查询当前所有玩家的积分，然后会将这些用户名和积分显示在游戏界面的左侧。queryrank 方法的代码如下：

```
def queryrank(self):
    db=self.conn()
    cursor=db.cursor()
    sql="select * from  t_rank_user order by rank desc limit 10"
    try:
        cursor.execute(sql)
        result=cursor.fetchall()
        return result
    except:
        db.rollback()
```

当游戏结束时，会调用 User 类的 update 方法更新用户积分。update 方法的代码如下：

```
def update(self,rank):
    ranks=rank
    # 获取当前登录用户名
    f=open("credentials.txt")
    username=f.read()
    f.close()
    print(username)
    db=self.conn()
    cursor=db.cursor()
    sql="select * from  t_rank_user where username='%s'" %(username)
    try:
        cursor.execute(sql)
        result=cursor.fetchall()
        value=result[0][2]
    except:
```

```
            db.rollback()
    if value<ranks:
        sql1="update t_rank_user set rank='%s' where username='%s'" %(ranks,username)
        try:
            # 如果用户刷新了记录，则用新的积分更新数据库
            cursor.execute(sql1)
            db.commit()
            QMessageBox.information(Tetris(),"恭喜","恭喜你创造新的个人记录！",QMessageBox.Yes)
        except:
            db.rollback()
    else:
        QMessageBox.information(Tetris(),"鼓励","再接再厉哦！",QMessageBox.Yes)
```

## 33.9 小结

本章利用 PyQt5 和 pygame 编写了一个俄罗斯方块游戏，并给出了核心代码。本游戏展示了 Python 语言在游戏开发方面的天赋。其实基于 Python 语言的游戏框架还很多，pygame 只是其中之一。其实本章所讲的知识也不一定非要用于游戏开发中，任何与图形相关的应用都可以用到。例如，要开发一款绘图应用，就完全可以使用本章介绍的绘制方块的技术。